NEW 재미있는 물리여행

Thinking Physics

생각의 오류를
깨뜨리는 328가지
물리 질문

NEW 재미있는 물리여행

THINKING PHYSICS

강남화 (한국교원대학교 물리교육과) 교수와 현직 교사들 옮김

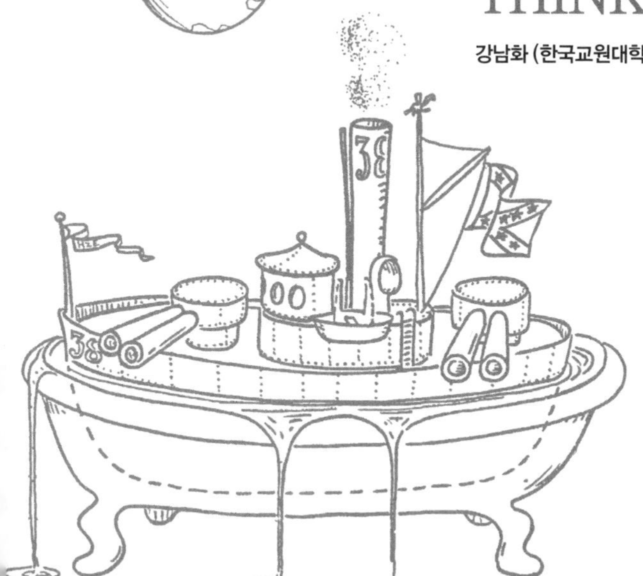

꿈결

NEW 재미있는 물리여행: 정식 한국어판

초판 1쇄 펴낸 날 2017년 7월 28일
초판 6쇄 펴낸 날 2024년 2월 8일

지은이 루이스 캐럴 엡스타인
옮긴이 강남화 · 고수영 · 김민성 · 서영석 · 오기철 · 유정웅 · 이나리
이승택 · 이은경 · 이창현 · 정호경 · 최민영 · 최세희

펴낸이 백종민
편 집 최새미나 · 이연선
외서기획 강형은
디자인 임진형 · 임채원
마케팅 박진용
관 리 장희정

펴낸곳 주식회사 꿈결
등 록 2016년 1월 21일(제2016-000015호)
주 소 서울시 영등포구 당산로 50길 3 꿈을담는빌딩 6층
대표전화 1544-6533
팩 스 02) 749-4151
홈페이지 dreamybook.co.kr
이메일 ggumgyeol@naver.com
블로그 blog.naver.com/ggumgyeol
인스타그램 instagram.com/ggumgyeol

ISBN 979-11-88260-16-4 03420

이 도서의 국립중앙도서관 출판예정도서목록(CIP)은 서지정보유통지원시스템 홈페이지(http://seoji.nl.go.kr)와 국가자료공동목록시스템(http://www.nl.go.kr/kolisnet)에서 이용하실 수 있습니다.(CIP제어번호: CIP2017016100)

| 헌사 |

대부분의 사람은 학교 수업에서 요구하기 때문에 물리를 배웁니다. 그보다 적은 수의 사람들은 자연의 숨겨진 법칙을 알기 위해 물리를 공부하지요. 그들은 물체를 더 크거나 더 작게, 더 빠르거나 더 강력하게, 또는 더 민감하게 만드는 방법을 발견합니다. 그런데 드물게 아주 소수의 사람들은 사물이 어떻게 작동하는가보다는 왜 이런 일이 일어나는가에 대한 호기심 때문에 물리를 공부합니다. 이들은 사물의 근원이 있다면 그 근원이 무엇인지를 궁금해합니다.

이 책은 바로 '왜'라는 궁금증을 가진 사람들을 위한 것입니다. 이들 중 한 명이 나의 형 바비Bobby, 로버트 재러드 엡스타인Rebert Jared Epstein입니다.

이 책을 사용하는 가장 좋은 방법은 단순히 읽거나 공부하는 것이 **아닙니다**. 문제를 읽고 잠시 **멈추어야** 합니다. 책을 덮어 멀찍이 떨어뜨려 놓은 다음, 문제를 충분히 **생각해 보아야** 합니다. 추론을 하면서 찬찬히 자신의 생각을 정리한 뒤에 해답을 보아야 합니다. 왜 인간은 끊임없이 생각을 할까요? 또 왜 조깅을 하고 팔굽혀펴기를 할까요?

만약 세 살의 여러분이 못을 박고 싶어 할 때 망치를 쥐어 준다면 '어, 좋은데'라고 생각할 것입니다. 그런데 세 살일 때는 돌멩이를 주고 못을 박으라고 한 뒤 네 살이 되어 망치를 주면, 여러분은 '와, 대단한 발명품인걸'이라고 생각할 것입니다. 문제를 알지 못하면 그 해결책에 대해 고마운 마음을 갖지 못한다는 말이지요.

물리 문제란 무엇일까요? 계산하기? 예, 맞습니다. 하지만 그 이상이지요. 물리에서 가장 중요한 것은 **인식**perception입니다. 머릿속으로 이미지를 떠올리고, 필수 사항과 불필요한 것을 구분하여 문제의 핵심에 도달하는 방법이라고 할 수 있습니다. 다시 말해 **자신에게 스스로 질문하는 법**이기도 합니다. 이러한 질문은 거의 계산할 필요가 없으며, 단순히 '예' 또는 '아니요'로 답하는 것들입니다. 무거운 물체와 가벼운 물체가 같은 높이에서 동시에 떨어진다면 어느 것이 먼저 바닥에 닿을까요? 관찰된 물체의 속력은 관찰자의 속력과 관계가 있을까요? 입자는 존재할까요? 간섭무늬는 존재할까요? 이런 질적인 질문은 물리학에서 매우 중요한 질문들입니다.

물리의 정량적인 거대 구조가 정성적인 기초를 가리게 해서는 안 됩니다. 많은 현명한 역사적 물리학자들은 말합니다. 계산을 하기 전에 직관적으로 답을 추측할 수 있을 때, 문제를 실제로 이해할 수 있을 것이라고 말입니다. 어떻게 그럴 수 있을까요? 운동으로 자신의 몸을 단련하는 것과 같은 방식으로 물리에 대한 직관을 키워야 합니다.

이 책은 정신적 팔굽혀펴기라고 할 수 있습니다. 여러분은 저자가 제공한 해답을 읽기 전에 질문을 충분히 생각하고 답해야 합니다. 처음에는 기대와 다르게 많은 정답을 맞히지 못할 것입니다. 그 결과가 물리에 대한 감각이 없음을 의미할까요? 전혀 그렇지 않습니다. 이 책은 상식적으로 모순되게 보이는 물리의 면면을 보여 주기 위해 일부러 선택한 문제들만을 담았습니다. 자기 생각의 오류를 바로잡는 것은 쉬운 일이 아닙니다. 그러나 이러한 과정을 통해서 아르키메데스, 갈릴레오, 뉴턴, 맥스웰, 아인슈타인의 마음을 사로잡았던 문제들을 풀어 보게 될 것입니다. 여러분이 이 책에서 몇 시간 동안 접하는 물리를 이들 물리학자들은 수세기에 걸쳐 알아냈습니다. 생각하는 시간은 여러분에게 매우 의미 있는 경험이 될 것입니다. 부디 즐기시기를!

루이스 캐럴 엡스타인

이 책은 우리 역자들에게 특별한 의미가 있습니다. 어떤 이는 중학교 시절이 책의 퀴즈를 풀면서 물리학도의 꿈을 키웠습니다. 다른 이는 이 책을 보며 과학경시대회나 물리올림피아드 시험을 준비했습니다. 또 다른 이는 교사로 근무하면서 이 책의 문제를 응용하여 각종 시험 문항을 출제하기도 했습니다. 일반인들에게도 이 책은 매우 다양하고 풍부한 사연을 담고 있을 것입니다.

과거에 커다란 인기를 누린 책의 개정판이 다시금 우리 손에 의해 출판되는 것은 매우 설레고 기대되는 일입니다. 물리를 교육하는 입장에서 이 책은 학생들의 선개념을 확인하고 그것을 이용하여 더 수준 높은 물리 개념을 이해하도록 만드는 데 큰 도움이 됩니다. 번역을 하면서 우리가 가르쳤던 그리고 앞으로 우리가 가르칠 수많은 학생의 호기심 가득한 얼굴을 상상했습니다. 그리고 교실 밖의 어린이들을 비롯해 많은 사람이 궁금증을 해결하기 위해 서점에 꽂힌 이 책을 집어 들고 호기심 어린 표정으로 읽는 모습을 떠올렸습니다.

물리학은 우리에게 해가 뜨고 지는 원리를 비롯한 우주의 신비를 알려주기도 하고, 인간이 우주선을 만들어 지구를 탈출하여 우주로 나가는 것을 가능하게 했습니다. 전기를 만드는 원리를 비롯해서 휴대폰을 사용할 수 있는 원리뿐만 아니라, 인터넷을 통해 엄청난 정보를 순식간에 교환할 수 있는 기술의 기초 원리를 제공합니다. 우리가 궁금해하던 질문의 답을 얻고, 지금은 당연히 여기는 이 많은 기술을 누릴 수 있게 된 것은 바로 오랫동안 발전해 온 물리학 덕분입니다. 또 물리학은 현재 전 세계가 당면한 환경문제, 에너지 문제 등을 해결할 수 있는 기초 원리를 제공하기도 합니다. 이 책은 이러한 물리학의 기초 원리를 고민하게 하고, 쉽게 지나쳐 온 사소한 현상에 질문을 던지게도 합니다.

이 책은 물리학의 여러 분야에 관심 있는 사람들이 읽고 이해할 수 있는 내용들을 소개합니다. 이 책의 저자도 언급했지만 역학은 물리학의 핵심이며 우리의 일상과 가장 직결된 내용을 다루는 분야입니다. 가령 작은 힘으로 쉽게 일하는 것이 가능한지, 물체의 운동이 어떤 방식으로 바뀌거나 유지되는지, 충격에서 보호하기 위해서는 어떻게 해야 하는지 등에 관한 질문을 역학이 다룹니다. 유체역학은 물과 같은 액체나 공기와 같은 기체처럼 흐르는 물질의 운동을 담고 있습니다. 바다에 어떻게 거대한 배를 띄울 수 있는지, 배를 더 빨리 원하는 방향으로 움직이게 하려면 어떻게 해야 하는지, 방 안 구석에 켜 둔 난로를 이용해서 어떻게 방 전체를 따뜻하게 할 수 있는지 등을 다룹니다. 물리학은 이렇게 만질 수 있고 볼 수 있는 것만이 아니라 눈에 보이지 않는 것도 포함합니다. 이 책은 열, 소리, 빛, 전기가 어떻게 만들어지고 전달되는지 이야기하고, 그 원리를 이용해 만든 유용한 물건들을 소개합니다. 또 20세기 이후 발전한 상대성이론이나 양자 이론도 다룹니다. 상대성이론에서는 시간 여행을 할 수 있는지 이야기하며 아직까지 물리학자들이 연구하고 있는 질문들을 소개합니다. 양자 이론에서는 우리 눈에 보이지 않는 작은 입자의 세계와 이를 활용한 핵발전 등의 원리를 들여다봅니다.

물리는 자연에서 그리고 일상에서 일어나는 많은 현상의 원리를 알아보고, 알아낸 원리를 활용하여 더 나은 삶을 위한 문제를 해결하려는 학문입니다. 질문과 그에 대한 답으로 이루어진 이 책은 물리의 성격을 그대로 반영한 것입니다. 이 책은 답을 알려 주기보다는 질문하고 그 답을 추론하는 방식을 보여 줍니다. 독자 여러분! 문제를 읽고 스스로 답을 찾는 시간을 꼭 가지시기를 바랍니다.

이 책의 번역에는 한국교원대학교 물리교육학과 소속 연구자와 교사연구회(메이커쌤네트워크) 소속 선생님들이 함께 참여했습니다. 현재 물리 및 과학 교과의 국가 교육과정을 기획하고 교과서를 개발하는 등 우리나라 과학 교육을 이끄는 전문가들입니다.

물리에 관심 있는 청소년과 대학생, 일반인 모두에게 이 책을 적극 추천합니다.

옮긴이 대표 강남화

| 목차 |

Chapter 02 유체

Chapter 03 열

Chapter 06

전기와 자기

Chapter 07

상대성이론

Chapter 08

양자

Chapter 01

역학

Mechanics

역학은 문명이 생기면서부터, 에너지 위기와 함께 시작되었습니다. 투입되는 것보다 더 많은 일을 할 수 있는 기계를 만드는 것은 인간의 오랜 꿈입니다. 그것은 과연 불가능한 꿈이었을까요? 지레는 한쪽 끝에 가한 힘보다 더 큰 힘을 다른 한쪽 끝에 작용합니다. 그러나 그것이 과연 더 많은 일을 해낼까요? 혹은 더 많은 운동을 유발할까요? 지레의 경우가 아니라면, 어떤 다른 장치가 궁극적인 목표인 영구운동을 이끌어 낼 수 있을까요? 성공하지는 못했지만 금을 만들어 내려는 연금술에서 화학이라는 학문이 탄생했습니다. 점성술에 대한 탐구에서 천문학이 탄생하기도 했습니다. 마찬가지로 성공하지는 못했지만 영구운동에 대한 탐구에서 역학이 시작되었습니다.

여러분은 (많은 다른 물리학 책과 마찬가지로) 이 책에서 **역학**이 가장 많은 부분을 차지하고 있다는 점을 쉽게 알게 될 것입니다. 왜 역학이 중요할까요? 물리학의 다른 주제들을 역학으로 귀결시키는 것이 바로 물리학의 목표이기 때문입니다. 왜일까요? 우리는 역학을 가장 잘 이해하기 때문입니다. 과거에 열(heat)을 물질의 한 종류로 여긴 적이 있었습니다. 물론 나중에 그것은 역학의 한 현상임이 밝혀졌습니다. 열은 분자라는 작은 공이 공간에서 튕기거나 스프링으로 연결되어 앞뒤로 진동하는 현상으로 이해할 수 있습니다. 소리(sound)도 역시 역학으로 유사하게 설명할 수 있습니다. 빛(light)도 역학으로 설명하기 위해 많은 노력을 해 왔습니다.

역학은 크게 두 부분으로 나눌 수 있습니다. 하나는 **정역학**(statics)으로, 모든 힘이 균형을 이루고 있기 때문에 아무 일도 일어나지 않는 경우입니다. 그리고 좀 더 복잡한 경우는 **동역학**(dynamics)입니다. 동역학은 모든 힘이 상쇄되지 않으며, 남은 알짜힘(합력)은 어떤 일을 일어나게 합니다. 얼마나 힘이 오랫동안 작용하는지에 따라 발생하는 일은 달라집니다. 그러나 '오랫동안'이라는 표현은 분명하지 않습니다. 그것은 긴 거리를 뜻할까요? 아니면 긴 시간을 의미할까요? 긴 거리를 작용하는 힘과 긴 시간 동안 작용하는 힘 사이에는 미묘한 차이가 있습니다. 이것을 구별하는 것은 동역학을 이해하는 중요한 열쇠가 됩니다.

여러분은 충돌과 관련된 상황('와장창!', '풍덩!', '다시, 퍽!' 등)이 많이 다루어진 데 주목하게 될 것입니다. 보통의 충돌은 그 자체로 흥미롭습니다. 그러나 그것이 모두 중요할까요? 많은 물리학자는 중요하다고 생각합니다. 왜일까요? 모든 세계는 작은 공(분자, 전자, 광자, 중력자 등)의 관점에서 역학으로 설명되기 때문입니다. 한 공이 다른 공에 영향을 미치는 유일한 방법은 작은 공이 충돌하는 경우입니다. 그렇다면 충돌은 물리적 상호작용의 핵심이라고 할 수 있습니다.

물리학의 목표는 모든 주제를 역학으로 귀결시키고, 역학을 충돌 현상으로 귀결시키는 것입니다. 하지만 그 목표는 실현되지 않았으며, 앞으로도 결코 실현되지 못할 것입니다. 그럼에도 불구하고 여러분이 물리학을 이해하려면, 먼저 역학을 이해해야만 합니다. 아마도 역학을 사랑해야 할지도 모릅니다.

과학 학습에서 예를 드는 것은 교훈보다 유용하다.

_아이작 뉴턴 경

시각화하기

지금 당신이 자전거를 타고 있다고 가정해 보겠습니다. 당신은 한 시간에 5km를 가는 속력으로 한 시간 동안 자전거를 탔습니다. 이어서, 한 시간에 4km를 가는 속력으로 세 시간, 한 시간에 7km를 가는 속력으로 두 시간을 더 탔습니다. 당신은 얼마나 많은 거리를 이동했을까요?

ⓐ 5
ⓑ 12
ⓒ 14
ⓓ 31
ⓔ 36

답: 시각화하기

정답은 ⓓ입니다. 속력에 시간을 곱하면 거리를 구할 수 있습니다. 그런데 속력은 무엇일까요? 속력은 움직이고 있는 동안 변합니다. 그래서 당신의 여행 과정을 여러 부분으로 나누어 볼 필요가 있습니다. 5km/h로 한 시간을 가면 5km가 됩니다. 4km/h로 세 시간을 가면 12km이며, 7km/h로 두 시간을 가면 14km입니다. 이를 모두 더하면, 5+12+14=31(km)입니다. 이것이 정답입니다.

물론 이것은 정답이지만, 단순히 산술적인 계산일 뿐입니다. 눈으로 볼 수는 없습니다. 당신이 무엇을 하고 있는지 시각화할 수 있습니까? 시각화를 위해서는 기하학을 사용할 수 있으며, 눈으로 볼 수 있습니다.

이동한 기록을 보여 주는 그래프를 만들어 보세요. 한 시간 동안 5km/h를 유지합니다. 그런 다음에 속력은 4km/h로 낮아지며 세 시간 동안 유지합니다. 다시 두 시간 동안 7km/h로 빠르게 이동하다가, 마지막으로 자전거가 멈추면서 속력은 0으로 떨어집니다. (물론 자전거가 갑자기 멈출 수는 없습니다. 그렇다고 가정해 보세요.)

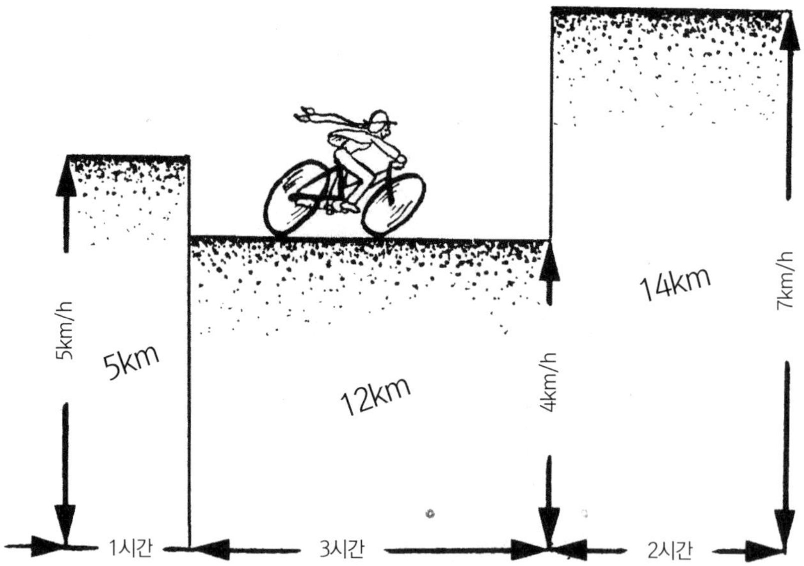

그래프는 세 개의 사각형으로 나누어집니다. 각각의 사각형은 자전거 여행의 한 부분을 나타냅니다. 첫 번째 사각형의 높이는 5km/h이고 너비는 한 시간입니다. 이 사각형의 면적은 무엇을 의미할까요? 사각형의 높이와 너비를 곱해 보겠습니다. 즉, 5km/h와 1시간을 곱하면 5km를 얻게 됩니다. 사각형의 면적은 당신이 이동한 첫 번째 부분의 거리입니다. 마찬가지로 두 번째 사각형의 면적은 4km/h와 3시간을 곱한 12km입니다. 결국 각각의 사각형 면적은 여러분이 이동한 거리와 같습니다.

이것은 여러분이 여행한 거리를 시각화할 수 있는 훌륭한 방법입니다. 시간에 따른 속력을 그래프로 그려 주는 속력계를 상상해 보세요. 속력 곡선 아래의 전체 면적은 당신이 얼마나 이동했는지 말해 줍니다.

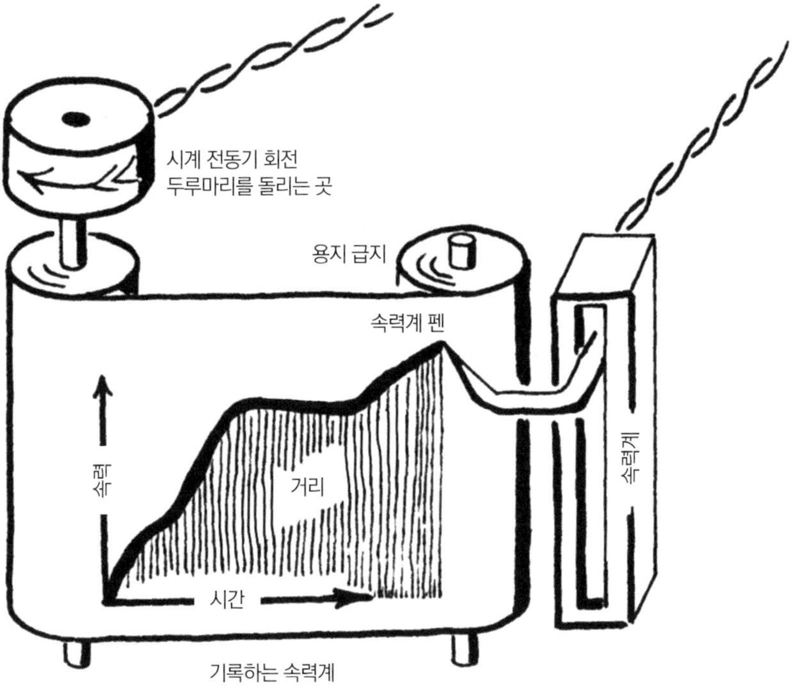

미적분

다음 속력 그래프를 보고, 질문들에 답해 보세요.

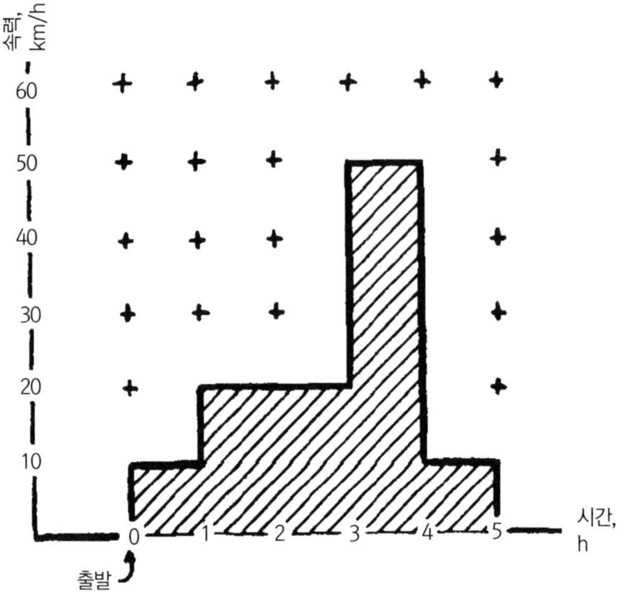

출발 후 두 시간이 된 순간에 물체는 얼마나 빨리 움직이고 있나요?

ⓐ 0km/h

ⓑ 10km/h

ⓒ 20km/h

ⓓ 30km/h

ⓔ 40km/h

물체는 전부 얼마의 거리를 움직였나요?

ⓐ 40km

ⓑ 80km

ⓒ 110km

ⓓ 120km

ⓔ 210km

답: 미적분

첫 번째 질문의 정답은 ⓒ입니다. 그래프에서 2h로 표시된 지점의 속력은 20km/h로 읽을 수 있습니다.

두 번째 질문의 정답도 ⓒ입니다. 속력 곡선 아래의 영역은 작은 정사각형들로 나뉩니다. 각 정사각형의 너비는 1h이고 높이는 10km/h입니다. 그것은 작은 정사각형의 면적이 10km임을 의미합니다. 이제 곡선 아래에 있는 작은 정사각형의 수를 세어 보세요. 모두 열한 개입니다. 10km가 열한 개이므로 110km가 됩니다. 따라서 그래프 아래의 전체 면적은 110km가 되며, 그것이 바로 전체 움직인 거리입니다. 정사각형의 면적이 어떻게 거리를 나타내는 것일까요? 제곱킬로미터(km^2)로 나타내야 하지 않을까요? 만약 너비와 높이가 km로 측정되었다면 하나의 정사각형의 면적은 km^2로 나타내야 합니다. 그러나 너비가 시간(h) 단위로 측정되고 높이가 km/h로 측정되는 경우에 그 면적은 거리(km)가 됩니다.

움직인 거리를 찾기 위해서 여기서 사용한 방법은 미적분(integral calculus)입니다. 적분(integral)은 많은 작은 부분을 합하는 것을 의미합니다. 미분(calculus)은 매우 작은 많은 부분들 또는 전체를 만들기 위해 쌓아 올린 많은 층을 말합니다. 이 이름은 당신의 치아 위에 쌓이는 미분(calculus)과 같이 층으로 쌓아 올린 광물(minerals)에서 유래했습니다. 치과 의사가 이것을 긁어 내면 얇게 벗겨집니다. 벗겨진 각 조각은 하나의 층이 됩니다.

경주용자동차

경주용자동차가 쉬었다가 10초 동안 60km/h로 가속합니다. 이 10초 동안 얼마나 멀리 이동했을까요?

ⓐ 1/60 km

ⓑ 1/12 km

ⓒ 1/10 km

ⓓ 1/2 km

ⓔ 60km

답: 경주용자동차

정답은 ⓑ입니다. 먼저 모든 것을 시간으로 표현해 봅니다. 10초는 1분의 1/6이고, 1분은 한 시간의 1/60이기 때문에, 10초는 한 시간의 1/360입니다. 속력 곡선 아래의 면적은 삼각형이며, 삼각형의 면적은 높이와 너비를 곱한 것의 절반에 해당합니다. 왜냐하면 삼각형 면적은 사각형 면적의 절반이고 사각형 면적은 높이와 너비를 곱한 것이기 때문입니다.

삼각형 높이는 60km/h이고, 너비는 한 시간의 1/360이기 때문에, 전체 이동한 거리는 (1/2) × (60km/h) × (1/360 h)=1/12 km가 되는 것입니다.

만약 여러분이 원한다면, 삼각형을 일정한 속력을 가진 계단의 집합으로 생각할 수 있습니다. 각 계단은 하나의 미분된 층에 해당됩니다.

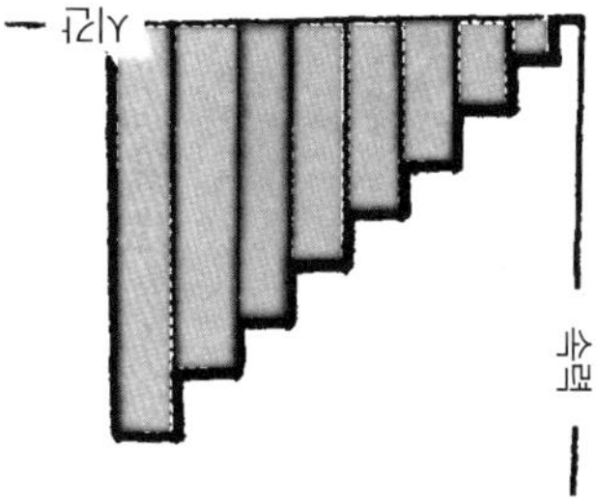

속력계가 없어요

다음 경주용자동차는 너무 낡아서 속력계가 없습니다. 정지 상태에서 최고로 가속되기까지 10초에 1/10 km를 이동했습니다. 그러면 이 10초 동안 속력은 얼마까지 올라갔을까요?

ⓐ 6km/h

ⓑ 52km/h

ⓒ 60km/h

ⓓ 62km/h

ⓔ 72km/h

답: 속력계가 없어요

정답은 ⓔ입니다. 이것은 '경주용자동차' 문제와 거의 같습니다. 공식은 (1/2) × (최고 속력) × (시간)=(거리)입니다.

그래서 이 경우에는 (1/2) × (?km/h) × (1h/360)=1/10 km입니다.

이 방정식의 양변을 1h/360으로 나눕니다. 1h/360을 1h/360으로 나눈 값은 1이고, 1/10 km를 1h/360으로 나눈 값은 36km/h입니다. 그렇다면, (1/2)(?km/h)=36km/h 결국 ?km/h=(2) × (36km/h)=72km/h가 됩니다.

멀지 않은

다음의 속력 그래프를 보고, 이 운동이 출발점에서 끝날 때까지 얼마나 멀리 이동했는지를 말해 보세요.

ⓐ 이 그래프에는 수치를 나타내는 척도가 없기 때문에 말하기가 불가능하다.

ⓑ 출발점에서 끝났다.

ⓒ 정확한 지점을 말할 수는 없지만 시작점에서 끝나지 않았다.

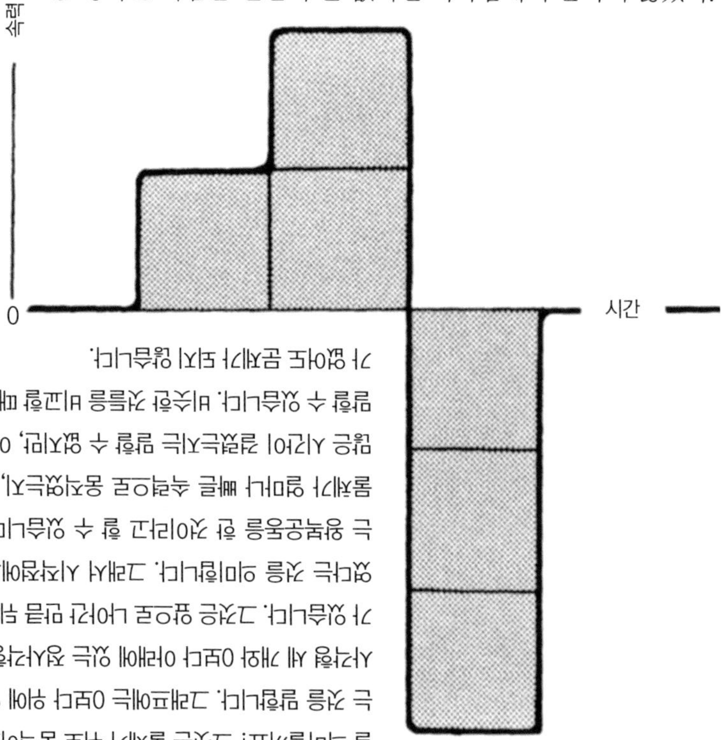

답: 멀지 않은

정답은 ⓑ입니다. 속력이 0보다 작다는 것은 무엇을 의미할까요? 그것은 물체가 뒤로 움직이고 있다는 것을 말합니다. 그래프에는 0보다 위에 있는 정사각형 세 개와 0보다 아래에 있는 정사각형 세 개가 있습니다. 그것은 앞으로 나아간 만큼 뒤로 움직였다는 것을 의미합니다. 그래서 시작점에서 끝나는 왕복운동을 한 것이라고 할 수 있습니다. 물론 물체가 얼마나 빠른 속력으로 움직였는지, 얼마나 많은 시간이 걸렸는지는 말할 수 없지만, 이것만은 말할 수 있습니다. 비슷한 것들을 비교할 때는 단위가 없어도 문제가 되지 않습니다.

두 대의 자전거와 여왕벌

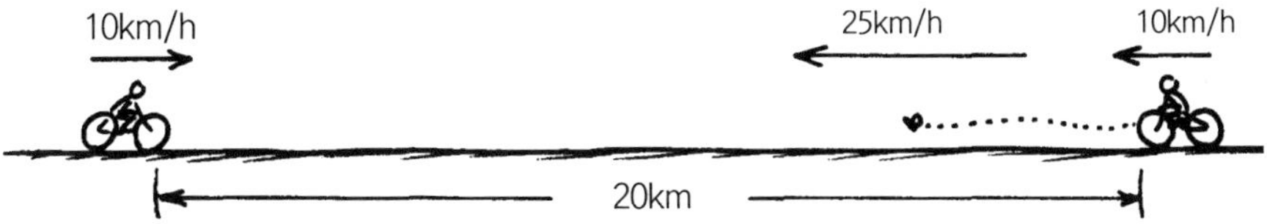

두 명의 자전거 선수가 서로를 향해 10km/h의 일정한 속력으로 달리고 있습니다. 두 사람 사이의 거리가 20km가 되는 순간 여왕벌 한 마리가 한쪽 자전거의 앞바퀴에서 25km/h의 일정한 속력으로 직선으로 날아서 다른 자전거의 바퀴로 갔습니다. 여왕벌은 자전거 바퀴에 닿자마자 같은 속력으로 날아서 처음 자전거로 되돌아왔습니다. 이 여왕벌은 바퀴에 도달하는 순간 곧바로 반대쪽으로 돌아가는 왕복운동을 계속 되풀이했습니다. 이러한 운동은 점점 짧아지면서 두 자전거가 충돌할 때까지 계속되어 불쌍한 여왕벌은 두 앞바퀴 사이에 끼여 짓눌리게 되었습니다. 그러면 두 자전거가 20km 떨어져 있던 순간부터 충돌할 때까지 여왕벌이 여행한 왕복운동의 거리는 모두 몇 km일까요? (이 문제는 생각하기에 따라 매우 간단할 수도 또는 까다로울 수도 있습니다.)

ⓐ 20km　　ⓑ 25km　　ⓒ 50km

ⓓ 50km 이상　　ⓔ 주어진 조건만으로는 문제를 풀 수 없다.

답: 두 대의 자전거와 여왕벌

정답은 ⓑ입니다. 벌이 움직인 전체 거리는 25km입니다. 이 문제를 푸는 가장 간단한 방법은 걸린 시간을 생각하면 됩니다. 두 자전거 선수가 만나는 데 걸리는 시간은 한 시간입니다. 각각 10km/h의 속력으로 10km를 달리게 되니까, 벌도 왕복 여행을 한 시간 동안 계속하게 됩니다. 벌의 속력은 25km/h이므로 움직인 전체 거리는 25km가 됩니다. 다시 말해, 시간은 속력과 속도 문제에서 매우 중요하게 고려되어야 합니다.

샘

피사니 박사는 15분간 산책을 하면서, 반려견 샘에게 운동을 시킵니다. 샘에게 막대기를 던지고 샘이 이것을 쫓아가 가져오게 하는 것이지요. 피사니 박사가 걷는 동안 샘을 가장 오랫동안 계속 뛰게 만들려면 어떤 방향으로 막대기를 던져야 할까요?

ⓐ 피사니 박사의 앞

ⓑ 피사니 박사의 뒤

ⓒ 옆

ⓓ 어느 방향으로 던져도 모두 같다.

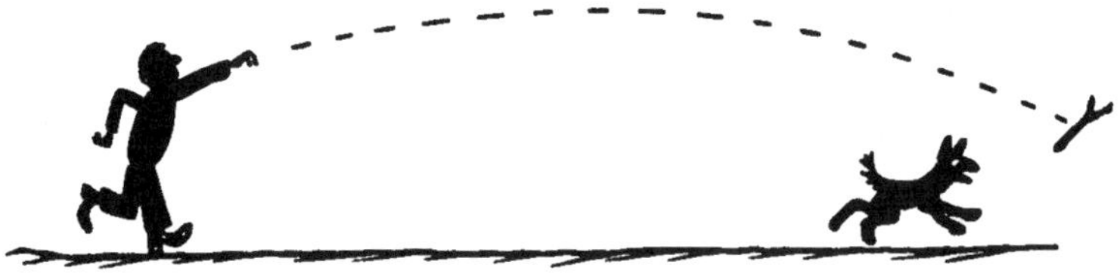

답: 샘

정답은 ⓓ입니다. 시간이 중요한 요소입니다. 피사니 박사는 막대기를 어느 방향으로 던지든 샘을 15분 동안 움직이게 하려고 합니다. 만일 문제가 던진 횟수당 가장 오래 움직인 시간을 묻는 것이라면 답은 ⓑ(뒤쪽 방향)일 것입니다. 이 경우에 샘은 막대기를 쫓는 동안 피사니 박사가 걸어간 거리를 더 뛰어가야 하기 때문입니다. 하지만 이 문제는 단순히 피사니 박사가 산책하는 15분 동안 샘이 움직인 거리를 묻는 것입니다. 함정이라고요? 그럴지도 모릅니다. 하지만 여기서 주의할 점은 문제가 요구하는 정답을 구하라는 것입니다. 많은 학생이 시험을 치르면서 문제가 요구하지도 않는 엉뚱한 답을 하는 경우가 종종 있습니다. **시험을 볼 때** 이런 실수를 하지 않도록, 이 문제를 통해 자신을 점검해 보기 바랍니다.

속력과 속력의 합

세인트 찰스 가[street]의 전차는 144cm/s의 속도로 캐널 가[street]로 향하고 있습니다. 전차 안의 한 사람이 앞쪽을 향해 걷고 있는데 차 안의 물건이나 의자에 대하여 36cm/s의 속도로 움직이고 있습니다. 이 사람은 햄버거를 초속 2cm/s의 속도로 먹어 치우고 있습니다(매우 빨리 먹는 셈이지요). 햄버거 위에는 개미가 한 마리 있는데 이 개미는 이 남자의 입에서 햄버거의 끝 쪽으로 달아나고 있습니다. 개미와 개미가 달아나는 쪽 햄버거 끝부분 사이의 거리는 1초에 1cm씩 줄어들고 있습니다. 이 개미는 얼마나 빠른 속도로 캐널 가로 다가가는 것일까요?

ⓐ 0cm/s
ⓑ 100cm/s
ⓒ 170cm/s
ⓓ 179cm/s
ⓔ 180cm/s

위 문제의 답을 cm/s에서 km/h로 바꿀 수 있습니까? (실제로 계산할 필요는 없습니다.)

ⓐ 있다. ⓑ 없다.

만약 바꿀 수 있다면 다음 문제를 생각해 보세요. 불쌍한 개미는 단 몇 초 만에 먹힐 운명인데 한 시간 동안 얼마나 움직일 수 있는지 알아보는 것은 무슨 의미가 있을까요?

답: 속력과 속력의 합

첫 번째 문제의 정답은 ⓓ입니다. 이것을 다음과 같이 그림으로 나타낼 수 있습니다. 전차의 속력에 남자의 속력을 더합니다. 둘은 모두 캐널 가를 향해 가고 있기 때문입니다. 여기에서 햄버거의 속력을 뺍니다(햄버거는 반대 방향으로 움직이니까요). 다음에 개미의 속력을 더합니다(개미 역시 캐널 가 쪽으로 가고 있으니까요).

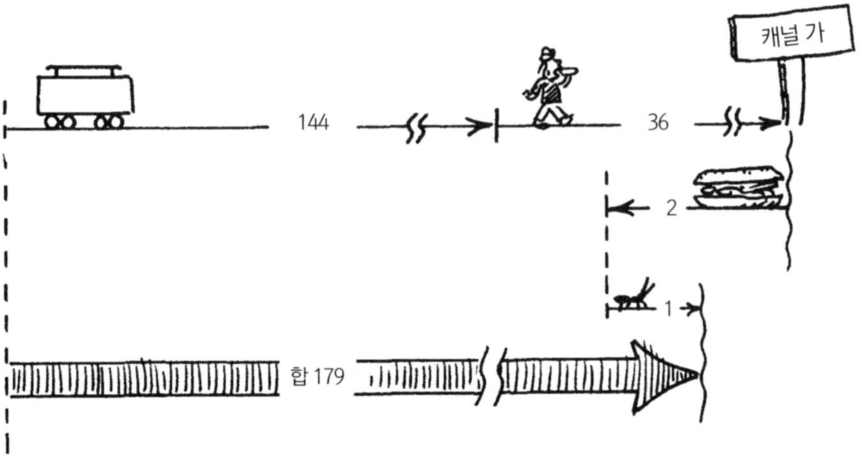

앞뒤 방향으로 움직이지 않는 속력도 마찬가지의 방법으로 더할 수 있습니다(속도는 크기와 방향을 모두 고려한 벡터량입니다. 속력은 크기만을 고려한 스칼라량이므로 속도와는 다른 물리량입니다. 이 경우에는 방향이 나란하지 않으므로 속도를 벡터적으로 합해야 합니다: 옮긴이 주). 예를 들어, 전차 안의 사람이 비스듬한 방향으로 걷는 경우가 있습니다. (햄버거와 개미 문제는 잠시 잊어버리세요.)

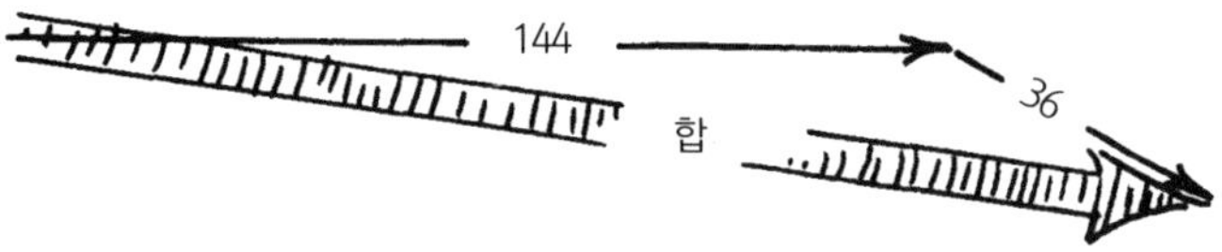

두 번째 문제의 정답은 ⓐ입니다. 그러나 우리는 km/h를 사용할 때, 하나의 **전제 조건**이 있음을 기억해야 합니다. 그것은 이 문제에서 개미가 실제로 갈 수 있는 거리를 말하는 것이 아닙니다. 단지 한 시간 동안 **간다면** 얼마나 멀리 갈 수 **있는가**를 말하는 것이지요.

속력은 가속도와 달라요

공이 그림과 같은 경사면을 구를 때

ⓐ 속력은 증가하고 가속도는 감소한다.

ⓑ 속력은 감소하고 가속도는 증가한다.

ⓒ 둘 다 증가한다.

ⓓ 둘 다 일정하다.

ⓔ 둘 다 감소한다.

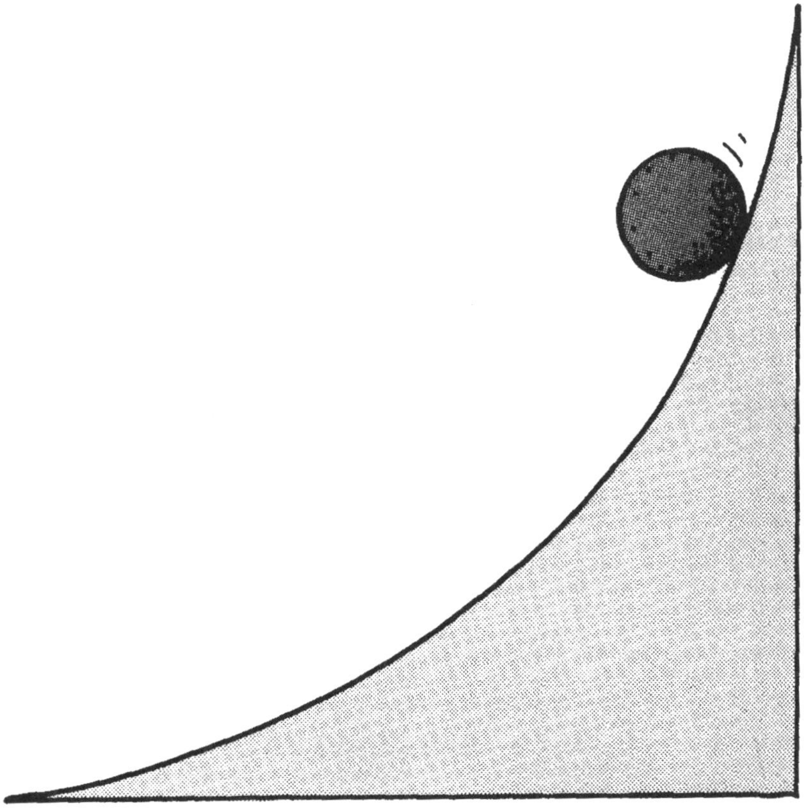

답: 속력은 가속도와 달라요

정답은 ⓐ입니다. 공의 속력은 아래로 내려갈수록 증가하지만, 가속도는 경사면이 얼마나 기울어져 있는지에 따라 다릅니다. 경사면 꼭대기는 가장 기울어져 있으므로 가속도는 최고가 됩니다. 밑으로 내려갈수록 경사가 완만해지므로 가속도는 점점 줄어듭니다. 그러므로 속력이 증가하는데도 가속도는 줄어들 수 있습니다. 속력과 가속도의 차이점을 잊어버린 경우, 이 문제를 기억해 내길 바랍니다.

그림에서 공의 가속도 a는 지면과 평행하게 표시했으며, 자유낙하할 때의 가속도 g는 수직하게 나타냈습니다. 다시 말하면, g는 수직 '경사면'을 내려올 때의 가속도라고 여길 수 있습니다. 경사면이 가파를수록 a는 g에 가까워집니다. 반대로 경사면이 완만할수록 a의 값은 0에 가까워집니다. 그것은 바로 공이 수평한 면을 움직일 때 얻는 가속도와 같습니다. 벡터 성분은 나중에 다루기로 하겠습니다.

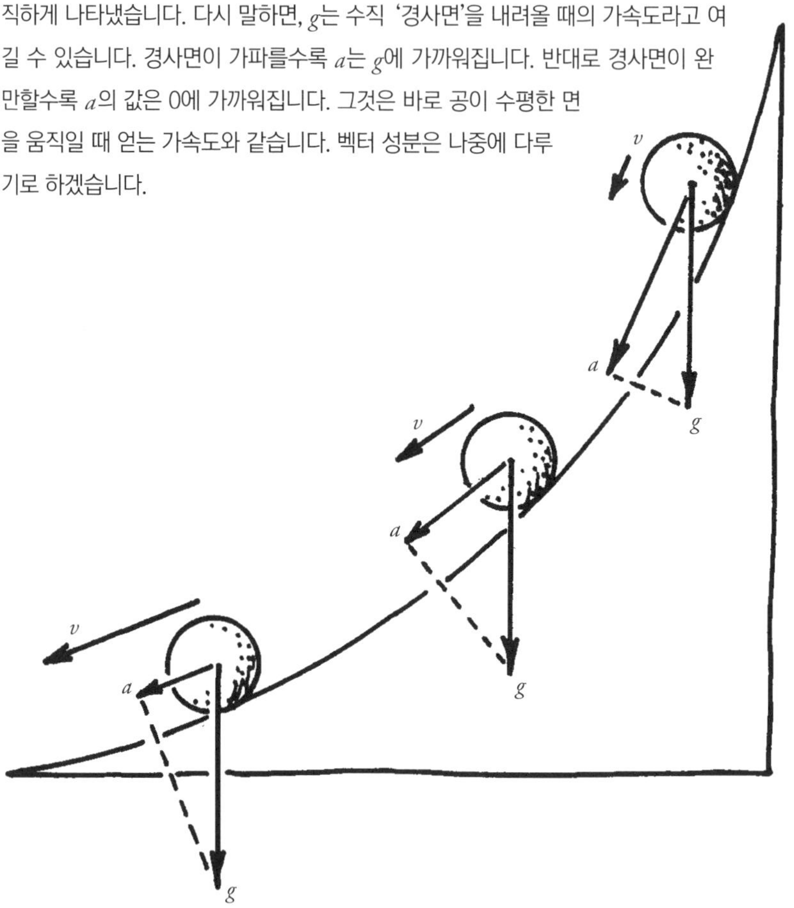

정확히 말하면 여기서 다룬 가속도의 개념은 완벽하지 않습니다. 공이 직선 경로가 아닌 휘어진 경로로 움직였는데, 이런 경우에는 또 다른 효과가 포함됩니다. 이것은 뒤에서 다루기로 하겠습니다.

정점에서의 가속도

돌멩이를 위를 향해 똑바로 던졌을 때, 그 궤적의 맨 꼭대기 점에서 돌멩이 속도는 순간적으로 0이 됩니다. 그러면 이 점에서 가속도는 얼마일까요?

ⓐ 0

ⓑ 9.8m/s^2

ⓒ 0보다 크고, 9.8m/s^2보다는 작다.

답: 정점에서의 가속도

정답은 ⓑ입니다. 순간적으로 속력이 0이 된다고 하더라도, 그 순간에도 **속력의 변화**는 일어나고 있습니다. 맨 꼭대기 점을 중심으로 돌멩이의 앞과 뒤 운동을 생각해 보면 분명히 알 수 있습니다. 예를 들어 꼭대기에 도달하기 1초 전이나 1초 후의 돌멩이의 속력은 9.8m/s입니다. 그러므로 돌멩이는 속도가 0이 되는 지점을 통과할 때도, 다른 값의 속도를 갖는 지점들에서와 마찬가지로 똑같은 비율의 속도 변화를 갖게 됩니다. 공기 저항을 무시한다면 이 속도의 변화율은 9.8m/s^2입니다.

다른 관점에서 생각해 볼 수 있습니다. 뉴턴 제2법칙에 따르면, 어떠한 물체에 가해진 힘은 그 물체를 가속시킵니다. 중력은 돌이 움직이는 동안 돌멩이가 지나는 모든 점에 작용하며, 모든 점에서의 가속도는 일정합니다. 물론 맨 꼭대기 점에서도 말이지요. 어쨌든 돌멩이가 맨 꼭대기에서 가속되지 않는다면 순간적으로 정지하여 그 상태로 계속 있어야 합니다. 다시 말해서 영원히 떨어지지 않아야 합니다. 하지만 그런 일은 일어나지 않습니다.

시간을 거꾸로 돌리기

낙하하는 물체를 찍은 영화 필름은 그 물체가 아래쪽으로 가속되는 것을 보여 줍니다. 만약 필름을 거꾸로 돌린다면 물체가 어느 쪽으로 가속하는 것으로 보일까요?

ⓐ 위쪽

ⓑ 여전히 아래쪽

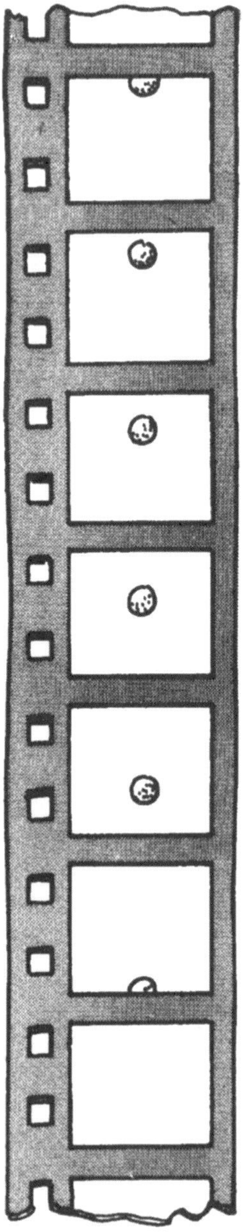

답: 시간을 거꾸로 돌리기

놀랍게도 정답은 ⓑ입니다. 필름을 거꾸로 돌릴 경우, 물체는 위로 움직이는 것처럼 보이지만 가속도의 방향은 아래쪽입니다. 머릿속으로 한번 필름을 거꾸로 돌려 보세요. 그러면 공은 처음에는 위로 빠르게 움직이지만 점차 느리게 움직일 것입니다. 마치 위로 집어던졌을 때처럼, 분명히 위쪽으로의 움직임은 빨라지지 않습니다. 그래서 위쪽으로 가속될 수는 없습니다. 그러나 속도는 변하고 있는 것이므로 가속도는 분명히 있습니다. 위로 올라가는 속도가 점점 줄어들면 가속도의 방향은 아래쪽이 되는 것입니다.

이 문제가 보여 주는 것은 변화의 비율에 관한 것입니다. 만일 시간을 거꾸로 돌린다면 어떤 것의 변화율도 뒤집어집니다. 즉 원래 증가하는 방향으로 변하던 것은 그 변화율이 감소하는 방향으로 바뀐다는 뜻입니다. 그러나 시간이 거꾸로 흐를 때는 그 어떤 것의 변화율의 변화율은 바뀌지 않습니다. 가속도는 속도의 변화율이고 속도는 위치의 변화율이므로 가속도는 변화율의 변화율인 까닭에 반대가 되지 않습니다.

그러면 변화율의 변화율의 변화율의 경우는 어떨까요? 이것은 시간이 역행할 때 역시 뒤집어질까요? 물론 그렇습니다. 변화율의 변화율의 변화율의 변화율은 어떨까요? 이것은 시간이 뒤집혀도 거꾸로 되지 않습니다. 다행히도 이런 것들을 나타내는 기호가 있어서 말을 절약할 수 있습니다.

어떤 물체의 위치를 X라고 표시하면 그 위치의 변화율인 속력은 $\dot{X}$로 그 가속도는 $\ddot{X}$로, 가속도의 변화율은 $\dddot{X}$로 나타내고 저크(jerk)라고 부릅니다. 저크의 변화율은 $\ddddot{X}$이며, 그것의 이름은 마음대로 불러도 됩니다.

스칼라(scalar)

배터리의 출력전압, 병의 용량[부피], 시계의 시간 그리고 질량의 측정에는 공통점이 있습니다. 이것들은 ___로 표시됩니다.

ⓐ 하나의 수치

ⓑ 둘 이상의 수치

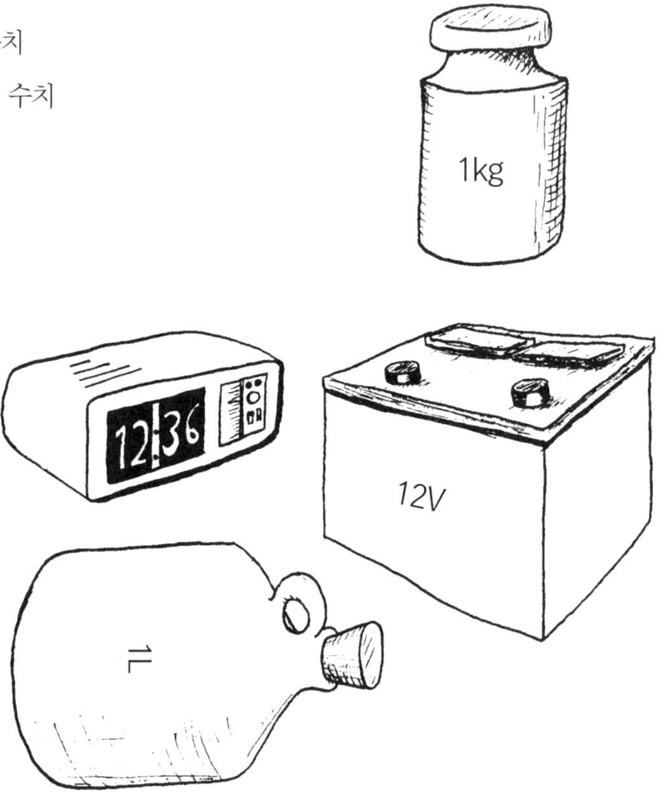

답: 스칼라(scalar)

정답은 ⓐ입니다. 각각은 하나의 수치로 표시됩니다. 12V의 배터리, 1L의 병, 12시 36분의 시각, 그리고 1kg의 질량까지. 하나의 수치로 나타내는 것을 스칼라라고 합니다.

예를 들어 여러분이 선생님을 평가한다면 1에서 10까지 별점을 몇 개 줄 수 있나요?

벡터(vector)

아래 그림의 청바지, 볼트, 거리의 교차로, 미인 대회 우승자는 공통점이 있습니다. 이것들은 ___로 표시됩니다.

ⓐ 하나의 수치

ⓑ 여러 개의 수치

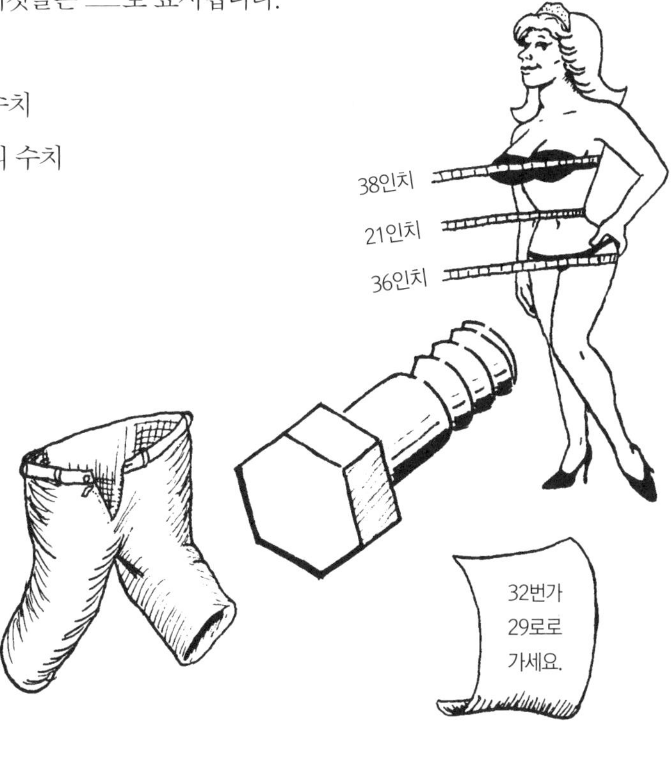

답: 벡터(vector)

정답은 ⓑ입니다. 청바지는 길이와 허리둘레로, 볼트는 길이, 지름, 그리고 나사산의 길이로, 거리의 교차로는 두 개의 거리로, 미인 대회 우승자는 38, 21, 36과 같이 적어도 세 개의 수치로 표시됩니다. 한 개 이상의 수치로 나타내는 것을 벡터라고 합니다.

벡터는 운반자를 의미합니다. 의학에서 모기는 말라리아 벡터입니다. 물리학에서의 벡터는 물체가 어디로 운반되는지를 측정합니다. 어떤 물건이 3m 앞으로, 5m 오른쪽으로, 6m 위로 운반되었다고 가정해 보세요. 이 벡터의 변위는 (3, 5, 6)입니다. 벡터는 물체가 어느 곳에서부터 다른 운반된 장소까지를 연결하는 화살표로 표현할 수 있습니다.

힘(force)과 속도(velocity)도 화살표로 표현할 수 있기 때문에 벡터입니다. 화살표의 방향은 힘 또는 속도의 방향을 나타냅니다. 화살표의 길이는 힘의 크기 또는 운동 속력을 나타냅니다. 하지만 속력은 벡터가 아니라는 것을 주의하세요. 왜냐고요? 이것은 7km/h처럼 하나의 수치로 기술되기 때문입니다. 속력은 스칼라입니다. 속력은 운동 방향을 가지지 않습니다. 반면에 속도는 속력과는 달리 운동 방향을 가집니다.

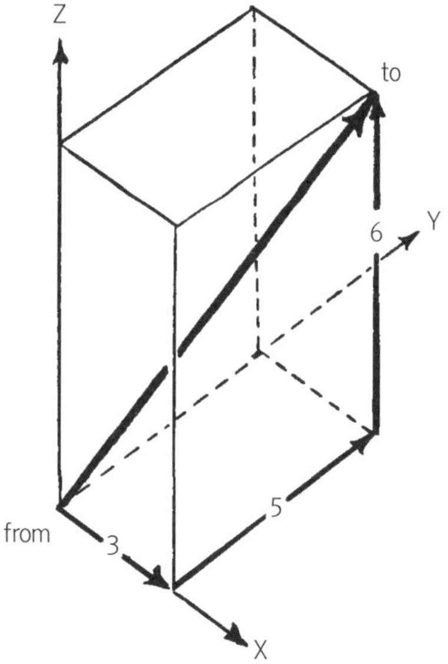

앞쪽, 오른쪽, 위쪽의 세 방향은 때로는 X, Y, Z로도 불립니다. 이 벡터는 (X, Y, Z)=(3, 5, 6)으로 표현됩니다.

여러분이 물리학자가 되지 않을 것이라고 가정해 보겠습니다. 그래도 스칼라와 벡터의 차이점에 관심을 가져야 할까요? 대부분 사람이 물리학자는 아니지만, 공무원이나 사업가들의 경우에는 때때로 물건을 분류하거나 범주화하고 측정 체계를 설계하기도 합니다. 그들은 자신이 무엇을 분류하고 있는지 충분히 고민하지 않고, 물건을 1에서 10까지 또는 A에서 F까지의 기준에 집어넣으려고 합니다. 때로는 이러한 방식이 그 일을 망치기도 합니다.

예를 들어, IQ라는 가장 잘 알려진 지능의 측정값은 하나의 수치로 표현됩니다. 즉 지능은 스칼라라고 할 수 있습니다. 그러나 지능은 정말 스칼라일까요? 어떤 사람들은 좋은 기억력을 가지고 있지만, 추론 능력이 떨어지기도 합니다. 또 어떤 사람들은 빨리 익히지만, 빨리 잊어버립니다(주로 벼락치기 하는 사람). 지능은 이해력, 기억력, 추론 능력 말고도 많은 것에 의해 결정됩니다. 그래서 지능은 스칼라가 아닌 벡터라고 할 수 있습니다. 이것은 매우 중요한 차이점을 가지며, 이 점을 잘못 인식하여 많은 사람들에게 상처를 줄 수도 있습니다. 그래서 물리학자가 아니더라도 머릿속에 벡터와 스칼라에 대한 개념을 바르게 가지고 있는 편이 좋을 것입니다.

텐서(tensor)

고무로 된 작은 정사각형이 있다고 가정해 보겠습니다. 정사각형이 단순히 A에서 B로 이동했다면 그 변화는 쉽게 벡터로 표현될 수 있습니다. 하지만 작은 정사각형이 움직이지 않고 A에 그대로 남아 있다고 생각해 보세요. A에 있는 고무로 된 작은 정사각형이 평행사변형 모양으로 당겨집니다. 정사각형에서 평행사변형으로의 변화는 무엇으로 쉽게 나타낼 수 있을까요?

ⓐ 스칼라

ⓑ 벡터

ⓒ 둘 다 아니다.

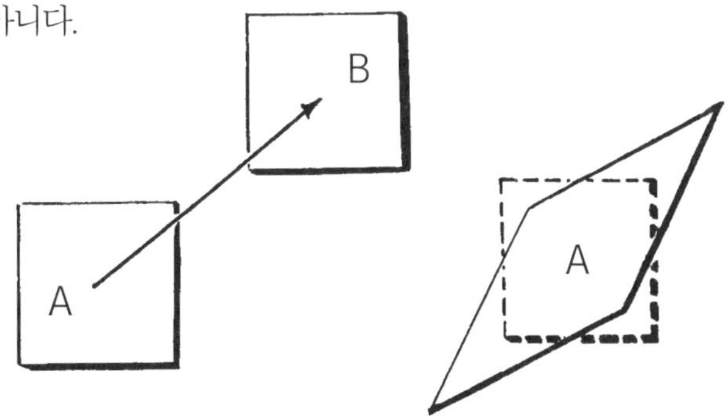

답: 텐서(tensor)

정답은 ⓒ입니다. 평행사변형의 경우처럼 스칼라 또는 벡터로 쉽게 표현할 수 없는 것이 있습니다. 평행사변형은 **텐서**로 나타낼 수 있습니다. 이 이름은 사각형을 평행사변형 모양으로 변형시킨 '장력(tension)'에서 유래했습니다. 텐서는 슈퍼 벡터(super vector)입니다. 보통의 벡터는 (3, 5, 6)과 같은 일련의 스칼라로 구성됩니다. 3, 5, 6은 그 자체로 각각 스칼라입니다. 슈퍼 벡터는 문자의 배열로 만들어집니다. 그러나 일련의 문자는 스칼라가 아닙니다. 각각의 문자는 그 자체가 벡터입니다. 이런 이유로 텐서를 슈퍼 벡터라고 부를 수 있습니다. 그래서 텐서는 일련의 벡터인 (→, ↗, ⇀)처럼 보여야 합니다.

평행사변형을 나타내는 데 얼마나 많은 벡터가 필요할까요? 평행사변형은 얼마나 많은 변을 가지고 있을까요? 네 개입니다. 그러나 여러분은 평행사변형의 양변이 평행하기 때문에 두 개만 알아도 됩니다. 어쨌든 평행사변형이라고 부르는 이유가 바로 이것 때문입니다. 평행사변형은 두 개의 벡터를 가진 텐서로 나타낼 수 있습니다. 예를 들어 평행사변형이기도 한 정사각형은 (↑, →)와 같은 텐서로 표시합니다. 정사각형이 당겨져 변형되면, (↗, ↗) 텐서로 표시합니다.

이제 각 벡터는 일련의 스칼라 수치로 표현할 수 있으며, 이것은 행이 아닌 열로 기록할 수 있습니다.

(3, 5, 6) 대신에 $\begin{pmatrix} 3 \\ 5 \\ 6 \end{pmatrix}$

그래서 텐서는 다음과 같이 $\left[\begin{pmatrix} 3 \\ 5 \\ 6 \end{pmatrix}, \begin{pmatrix} a \\ b \\ c \end{pmatrix}, \begin{pmatrix} g \\ h \\ i \end{pmatrix} \right]$처럼 표현할 수 있습니다.

여기에서 $\begin{pmatrix} a \\ b \\ c \end{pmatrix}$와 $\begin{pmatrix} g \\ h \\ i \end{pmatrix}$는 다른 벡터들입니다.

3×3 텐서는 변형된 하나의 큐브로 나타내야만 합니다. 큐브는 세 개의 가장자리를 가지며, 각각의 가장자리는 3차원 벡터로 표현됩니다. 텐서는 구조 공학자에게 매우 유용합니다. 그들은 전단 변형률, 회전, 팽창 및 편차(벗어나기)와 같은 실용적인 것들을 표현합니다. 우리는 구름에서 텐서 변환을 자주 보곤 합니다. 이것은 구름 주변 바람의 속력이 지표 근처 바람의 속력보다 더 크기 때문에 발생합니다. 따라서 정사각형 모양을 가진 공기 덩어리의 질량이 변하고, 그 안에 포함된 구름도 변하는 것입니다.

돌풍에 의한 구름의 텐서 변환

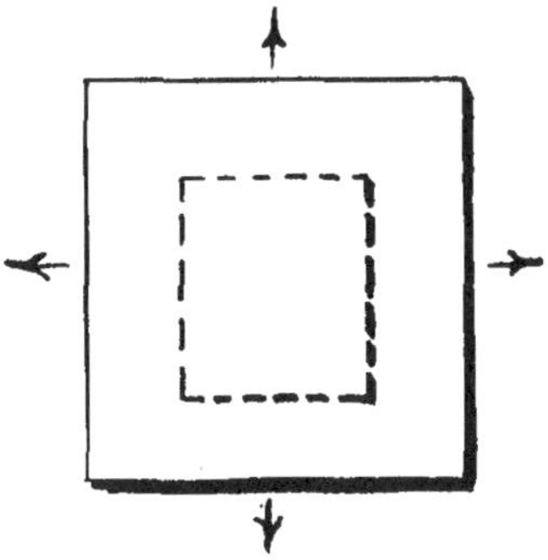

확장

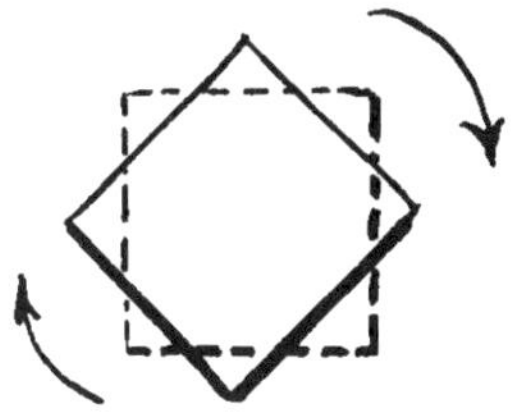

회전

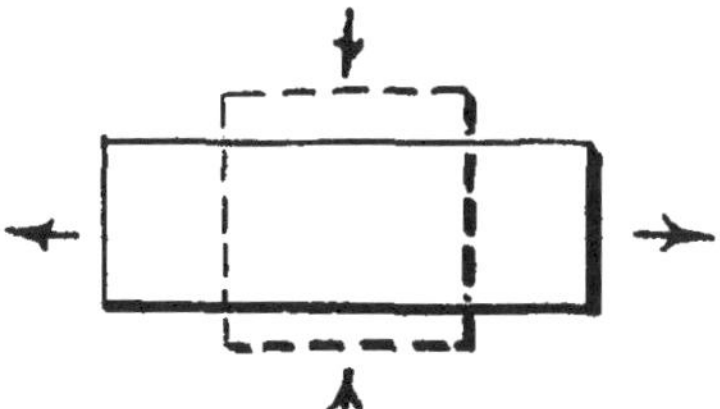

편차(벗어나기)

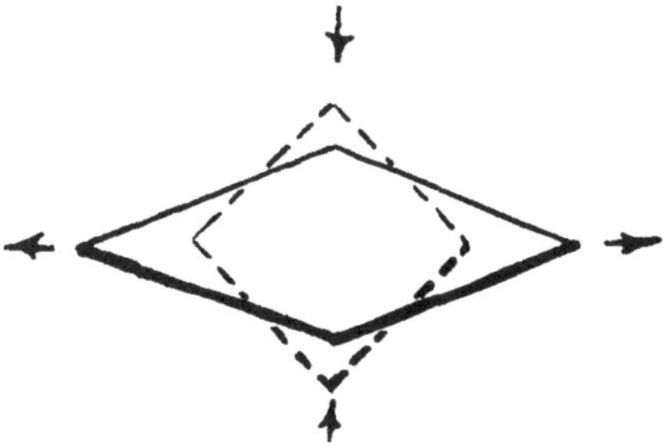

편차(벗어나기)

모든 텐서 변환은 팽창, 회전 및 편차(벗어나기)의 조합으로 표현할 수 있습니다. 예를 들어 정사각형은 회전, 편차(벗어나기) 및 역회전에 의해 평행사변형으로 변형됩니다.

회전

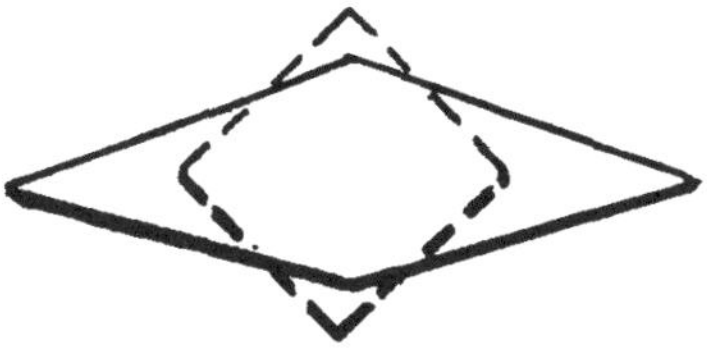

편차

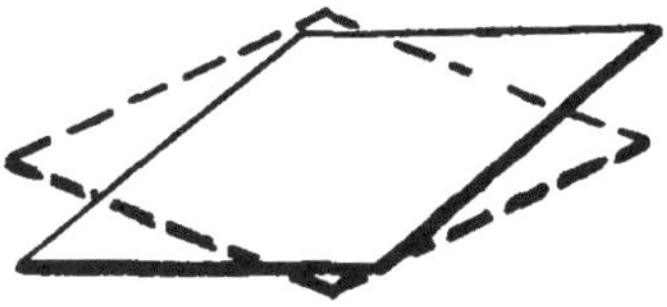

역회전

슈퍼 텐서

슈퍼 텐서가 존재할까요?

ⓐ 그렇다. ⓑ 아니다.

답: 슈퍼 텐서

정답은 ⓐ입니다. 슈퍼 텐서는 일련의 텐서로 만들어진 벡터입니다. 그러면 슈퍼-슈퍼 텐서도 존재할까요? 그렇습니다. 그들은 슈퍼 텐서의 문자열로 만들어진 벡터이고, 계속해서 더 만들 수 있습니다.

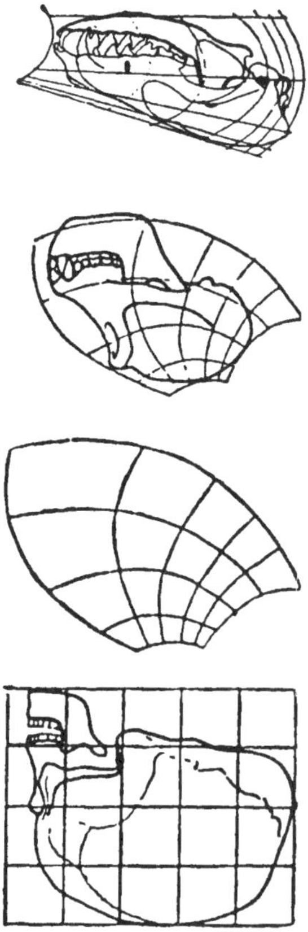

슈퍼 텐서로 표현할 수 있는 사례를 들 수 있을까요? 물론입니다. 인간의 두개골을 슈퍼 텐서로 변형하여 개코원숭이 또는 개의 두개골을 표현할 수 있습니다. 그림에 표현된 두개골의 각 사각형은 각각 다른 모양을 가진 평행사변형으로 변형됩니다. 각 평행사변형이 모두 다르므로, 이 변환은 사각형을 하나의 평행사변형으로 변형시키는 일반적인 텐서에 의해 단순히 기술할 수 없습니다. 하나 이상의 텐서, 즉 서로 다른 텐서가 필요하고 슈퍼 텐서는 일련의 텐서가 됩니다. 일반적인 텐서는 직선의 방향과 길이를 바꿀 수 있지만, 슈퍼 텐서는 직선을 곡선으로 바꿀 수 있을 뿐만 아니라 방향과 길이도 바꿀 수 있습니다. 일반적인 텐서는 직선을 휘게 할 수는 없습니다.

아인슈타인의 상대성이론 방정식은 슈퍼 텐서로 표현됩니다. 이론에 의해 묘사된 중력은 물체의 경로를 곡선으로 나타내며, 중력이 없을 때의 경로는 직선으로 나타냅니다. 그리고 중력, 전자기력, 또 다른 힘을 하나로 묶는 통일장 이론은 슈퍼-슈퍼 텐서를 기반으로 했습니다.

물리학 도서들은 이런 텐서를 3차 또는 4차 텐서라고 부릅니다. 때로는 스칼라를 0차 텐서라고 부르기도 합니다.

구부러짐

물이 호스의 한쪽 끝에서 쏟아져 나오고 있습니다. 호스 끝은 숫자 6 모양으로 구부러져 있습니다. 물은 어떤 모양으로 나올까요?

ⓐ 물은 곡선을 그리며 나올 것이다.

ⓑ 물은 직선으로 나올 것이다. (단, 중력의 영향은 무시한다.)

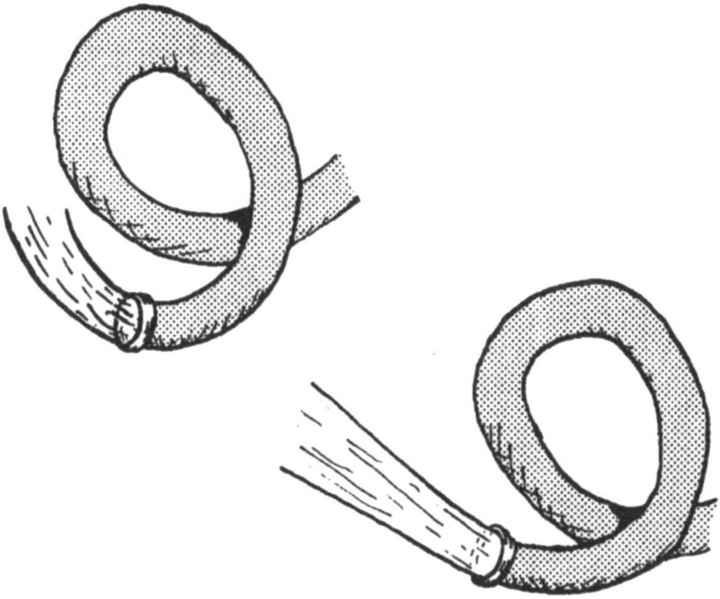

답: 구부러짐

정답은 ⓑ입니다. 호스에서 나온 물은 직선으로 나옵니다. 물의 경로가 휘어지기 위해서는 힘이 필요합니다. 물이 호스 안에 있으면, 구부러진 호스의 경로를 따라 흐를 수 있습니다. 그러나 물이 밖으로 나오게 되면 자유로워집니다. 결국 물은 직선으로 움직이게 됩니다.

떨어지는 돌멩이

바위는 조약돌보다 몇 배나 무겁습니다. 따라서 바위에 작용하는 중력은 조약돌에 비해서 몇 배는 더 큽니다. 그런데 만약 바위와 조약돌을 동시에 떨어뜨린다면 (공기의 저항을 무시할 때) 두 돌의 가속도는 똑같습니다. 바위가 조약돌보다 더 가속도가 크지 않은 중요한 이유는 무엇일까요?

ⓐ 에너지

ⓑ 무게

ⓒ 관성

ⓓ 표면적

ⓔ 어느 것도 아니다.

답: 떨어지는 돌멩이

정답은 ⓒ입니다. 관성이 매우 분명하고 간단한 답입니다.

만약에 가속도가 힘에 비례한다면, 바위에 작용한 중력의 크기가 가벼운 조약돌보다 더 크기 때문에 가속도도 더 클 것입니다. 그러나 가속도는 그 물체의 질량, 즉 관성과도 관계가 있기 때문에 운동 변화를 막는 경향과도 관계가 있습니다. 주어진 힘에 비해 질량이 크면 클수록 가속도는 작아집니다. 즉 주어진 힘에 비해 질량이 크다면 가속도는 작은 값을 갖습니다. 이것이 바로 뉴턴 제2법칙입니다. 가속도는 힘의 크기에 비례하고 질량에는 반비례합니다. 즉 a=F/m입니다. 자유낙하하는 물체의 경우, 물체에 작용하는 힘은 중력(그 물체의 무게)뿐입니다. 그리고 무게는 질량에 비례합니다(2kg 설탕의 무게는 1kg 설탕이 가지는 무게의 두 배입니다). 바위의 무게가 조약돌의 100배라면, 바위의 질량도 조약돌의 100배가 됩니다. 바위는 조약돌에 비해 100배 큰 중력으로 당겨지지만, 그 관성이 100배나 더 큽니다. 즉 관성이 100배라는 것은, 운동 변화를 막는 경향도 100배가 되는 것이지요.

이제 우리는 왜 모든 자유낙하하는 물체의 가속도가 $\frac{힘}{질량}$과 같은 값(9.8m/s^2)을 가지는지 알게 되었습니다. 단, 공기저항을 무시할 수 없는 (다음 문제) 경우에는, 낙하운동의 가속도가 9.8m/s^{2}보다 작아집니다. 만일 공기저항이 낙하하는 물체의 무게와 같아진다면, 알짜힘(합력)은 0이 되어, 가속도는 사라집니다.

코끼리와 깃털

커다란 나무 꼭대기에서 코끼리와 깃털이 떨어진다고 상상해 보세요. 지상으로 낙하하면서 공기저항을 가장 많이 받는 쪽은 어느 것일까요?

ⓐ 코끼리

ⓑ 깃털

ⓒ 양쪽이 같다.

답: 코끼리와 깃털

정답은 ⓐ입니다. 공기저항의 **효과**는 깃털에서 더 크게 나타나지만, 실제로 공기저항으로 받게 되는 힘은 코끼리가 깃털에 비해 훨씬 큽니다. 이것은 깃털보다 큰 코끼리가 떨어지면서 더 많은 양의 공기를 헤치고 나아가기 때문입니다. 또 무거운 코끼리가 더 빨리 떨어지기 때문에 공기저항은 더 증가하게 됩니다.

몇 그램에 지나지 않는 깃털은 너무 가벼워서 공기저항이 그 무게와 같아지기 전에는 빨리 떨어지지 않습니다. 공기저항과 무게가 같아지면 깃털은 종단속도에 도달합니다. 즉 남은 낙하운동에서 속도와 공기저항은 변하지 않으며 가속도는 0이 됩니다. 한편 떨어지는 코끼리가 받은 공기저항은 대략 9kgf 정도가 됩니다. 이것은 깃털의 경우보다는 훨씬 크지만, 2톤의 무거운 코끼리가 지상으로 가속되며 떨어지는 것에 비하면 무시할 만큼 작은 값이라고 할 수 있습니다.

만일 여러분이 말한 답이 틀렸다면, 그것은 이 문제가 묻는 것을 정확히 이해하지 못했기 때문일 것입니다. 실제로 묻는 것이 무엇인지 다시 한 번 주의 깊게 읽어 보세요. 앞으로 이런 문제를 더 다루게 되니 조심하시기를!

병 안에 든 파리

파리 떼가 유리병 안에 들어 있습니다. 이 병을 저울에 올려놓으면 파리들이 어떻게 할 때 저울의 눈금이 최대로 올라갈까요?

ⓐ 병 바닥에 내려앉아 있을 때

ⓑ 병 안을 날아다닐 때

ⓒ 두 경우 다 무게가 같다.

답: 병 안에 든 파리

정답은 ⓒ입니다. 파리들이 떠 있거나 바닥에 내려앉아 있을 때 유리병의 무게에 약간의 차이가 있을지도 모릅니다. 그러나 마개로 막은 병 안에서 파리 떼가 날아다닌다면 병의 무게는 파리 떼가 바닥에 내려앉아 있거나 날아다니거나 똑같습니다. 무게는 병 내부의 질량에 따라 달라지는데, 이 질량은 변하지 않기 때문입니다. 그렇다면 공중에 떠 있는 파리의 무게가 어떻게 병의 바닥으로 전해질까요? 그것은 바로 파리의 날갯짓으로 생기는 공기의 흐름, 특히 아래쪽 기류에 의해서입니다. 그렇지만 그 하강기류는 다시 위로 올라오게 됩니다. 그렇다면 그 공기의 움직임은 유리병의 바닥에 가한 힘과 같은 힘을 병의 윗부분에도 미칠까요?

그렇지 않습니다. 병 속의 공기는 바닥에 더 큰 힘을 가합니다. 공기가 아래쪽으로 더 빨리 움직이며 바닥에 충돌하기 때문이지요. 그러면 위로 올라오는 공기는 왜 느리게 움직일까요? 바로 마찰이 원인입니다. 파리는 공기의 마찰 없이 날 수 없기 때문입니다.

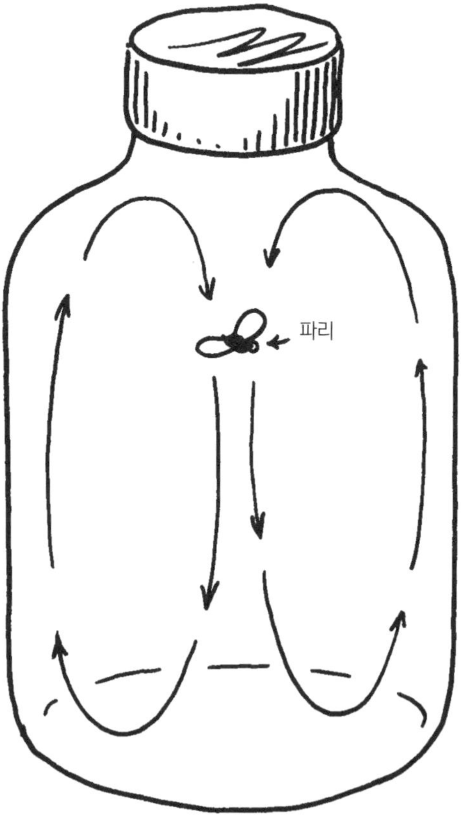

바람 부는 방향으로

많은 사람이 요트 타기를 좋아합니다. 바람이 부는 날이라면 특별히 더 그렇겠지요. 20km/h의 속력으로 불어오는 바람을 따라 그림과 같이 항해한다면, 요트가 얻을 수 있는 최대 속력은 얼마일까요?

ⓐ 거의 20km/h

ⓑ 20km/h와 40 km/h의 사이

ⓒ 이 경우에는 이론적으로 속도의 한계가 없다.

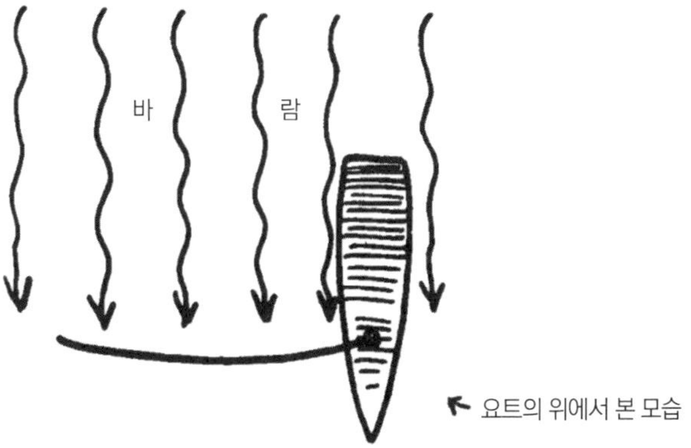

답: 바람 부는 방향으로

정답은 ⓐ입니다. 요트에 가해지는 물에 의한 마찰이 없다고 가정할 때, 요트는 바람의 속력과 같아지며 바람보다 더 빨리 나아갈 수는 없습니다. 왜 그럴까요? 요트가 바람과 같은 속력으로 움직일 때는 공기에 의한 충격이 전혀 없는 상태가 됩니다. 이때 돛은 바람이 없을 때와 마찬가지로 축 처지며, 풍속과 같은 속력에서 돛에 부는 상대적인 바람은 없어집니다.

다시, 바람 부는 방향으로

당신은 다시 바람이 부는 방향으로 항해를 합니다. 하지만 앞의 경우와는 달리 바람이 부는 방향으로 놓인 배의 용골과 돛이 더 이상 직각을 이루지 않도록 돛대를 돌립니다. 배의 속도는 어떻게 될까요?

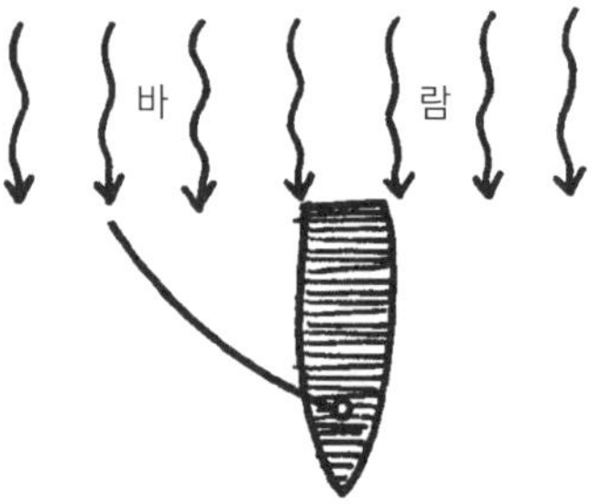

ⓐ 감소한다. ⓑ 증가한다.
ⓒ 아무런 변화도 없다.

답: 다시, 바람 부는 방향으로

정답은 ⓐ입니다. 여기에는 두 가지 이유가 있습니다. 첫째, 돛이 비스듬히 기울어져 바람을 덜 받으므로 돛에 대한 충격이 작아집니다. 둘째, 바람에 의한 충격력의 방향이 배의 운동 방향과 같지 않습니다. 기체나 액체 어떤 유체든지 이것이 평평한 면에 작용하게 되면 그때 힘의 방향은 그 면과 수직을 이룹니다. 그러므로 이 힘을 나타내는 벡터 화살표의 방향은 그림처럼 돛의 면과 직각을 이룹니다. 이 힘의 벡터는 앞의 문제에서처럼 돛이 바람을 최대로 맞는 경우보다 작을 뿐만 아니라 이 벡터의 일부만 배의 운동 방향과 같게 됩니다. 바로 이 성분이 배를 움직이는 추진력이 됩니다. (배의 운동 방향과 수직한 힘의 성분은 배를 옆으로 밀 뿐 앞으로 나아가도록 하지 못합니다.) 그래서 배는 바람에 의해 앞으로 나아가기는 하지만 앞의 문제처럼 많은 힘을 받지는 못합니다. 그리고 돛을 기울일수록 힘의 크기는 점점 감소해 움직이게 하는 성분도 작아집니다. 돛을 완전히 돌려서 선체와 나란히 한다면 바람을 전혀 받지 않게 되므로 추진력은 0이 됩니다.

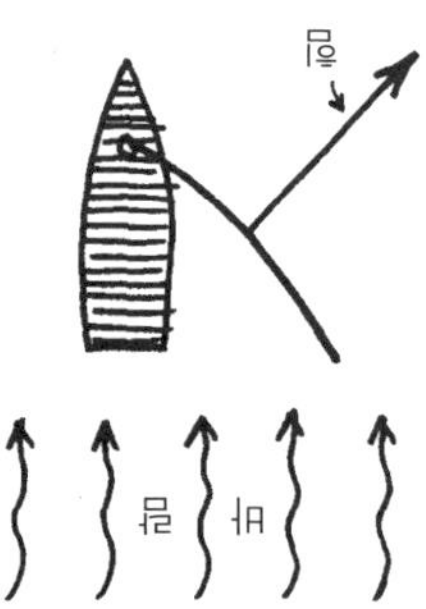

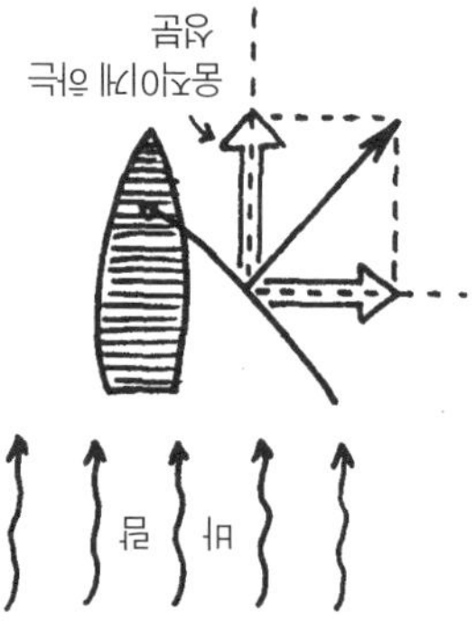

바람을 가로질러

이번에는 돛의 각도를 앞의 문제에서처럼 선체와 비스듬하게 고정하고 배가 바람을 타고 가는 것이 아니라 바람을 가로질러 나아가도록 합니다. 전보다 배가 더 빠를까요? 아니면 더 느릴까요?

ⓐ 더 빠르다.
ⓑ 더 느리다.
ⓒ 같다.

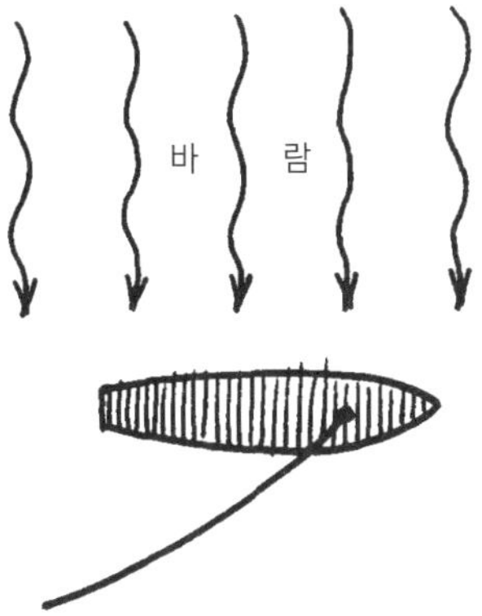

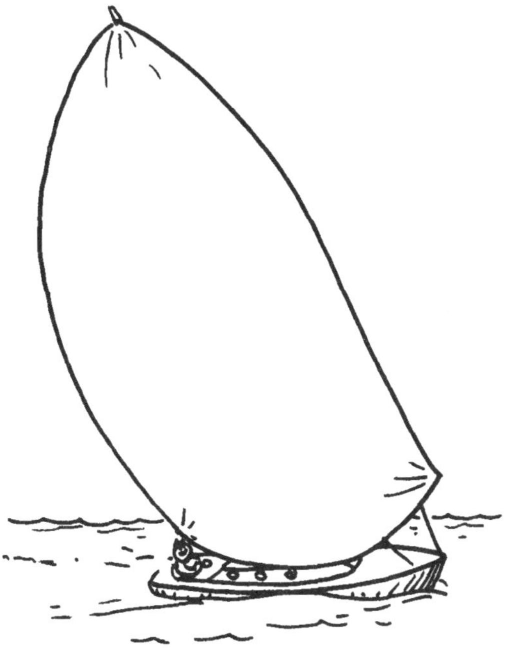

답: 바람을 가로질러

정답은 ⓐ입니다. 앞의 경우처럼 돛의 표면에 수직한 힘 벡터는 수평·수직 성분으로 분해할 수 있습니다. 배의 운동 방향 성분은 배를 추진시키고 배의 운동 방향에 직각인 성분은 필요가 없습니다. 이 경우 주요한 힘 벡터(돛에 가해진 바람의 충격)가 전보다 크지 않다면 배의 속력은 전과 같습니다. 그러나 힘 벡터는 더 큽니다. 왜 그럴까요? 돛이 바람의 속력을 따라잡지 못하기 때문에 앞에서처럼 돛이 축 처지지는 않습니다. 또 배가 바람과 같은 속력으로 나아가도 돛에 가해지는 충격은 있습니다. 그래서 배는 더 빨리 나아가게 되고 이 위치에서는 바람보다도 빠르게 움직일 수 있습니다. 배는 '자연적인' 바람과 배의 운동으로 생긴 '만들어진' 바람의 합인 '상대적인 바람'이 돛에 나란히 불면 돛에 가해지는 충격이 없어져 종단속도에 도달하게 됩니다.

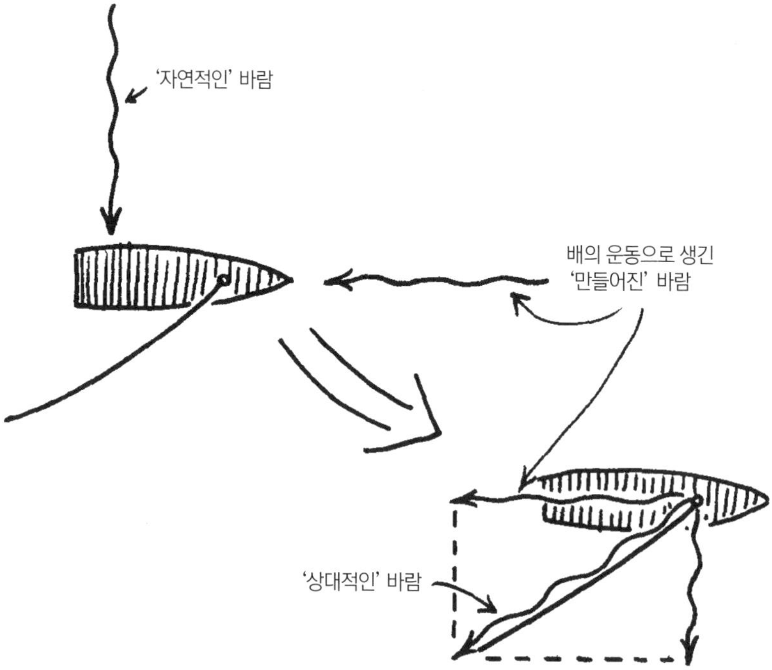

상대적 바람의 각도가 돛의 각도와 같아지면 바람의 영향이 더 이상 없습니다.

바람을 거슬러서

이 문제는 앞의 세 문제에서 이해한 내용을 바탕으로 풀 수 있습니다. 아래 그림에서 네 대의 배는 바람과 선체에 대한 돛의 방향이 서로 다릅니다. 이 중 가장 빠른 속력으로 전진하는 배는 어느 것일까요?

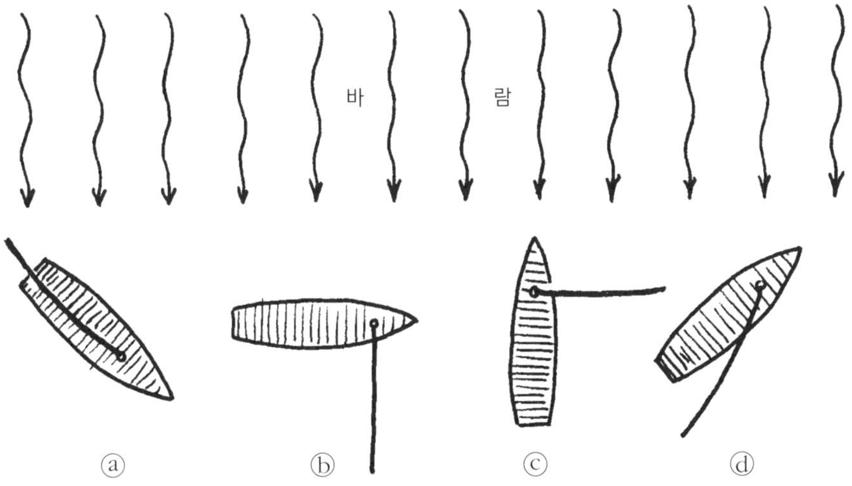

답: 바람을 거슬러서

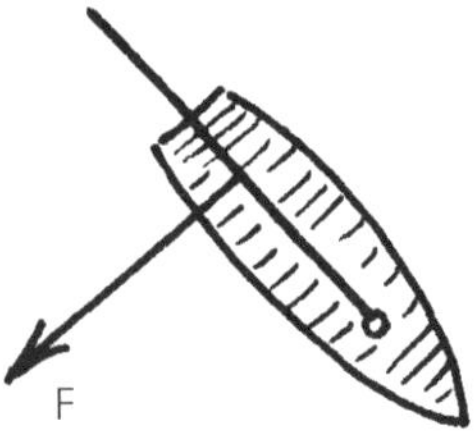

정답은 ⓓ입니다. ⓓ만 앞으로 움직이는 유일한 배입니다. ⓐ 배의 돛의 방향을 보면 배가 자유롭게 움직일 수 있는 방향과 힘 벡터의 방향이 직각을 이루게 되어 있습니다.

이것은 완전히 측면을 향한 힘이므로 앞쪽(혹은 뒤쪽) 방향의 성분이 없습니다. 마치 중력이 지면 위에 놓인 볼링공을 구르게 할 수 없는 것처럼, 이 힘은 배를 전진시키는 데 아무 소용이 없습니다. ⓑ 배는 전체적으로 바람의 충격이 없습니다. 바람이 돛에 부딪치는 것이 아니라 옆으로 지나가기 때문입니다. ⓒ 배는 바람의 충격을 최대한 받지만 뒤로 나아가게 됩니다. ⓓ 배의 경우가 바람을 가로지르는 문제와 유사합니다.

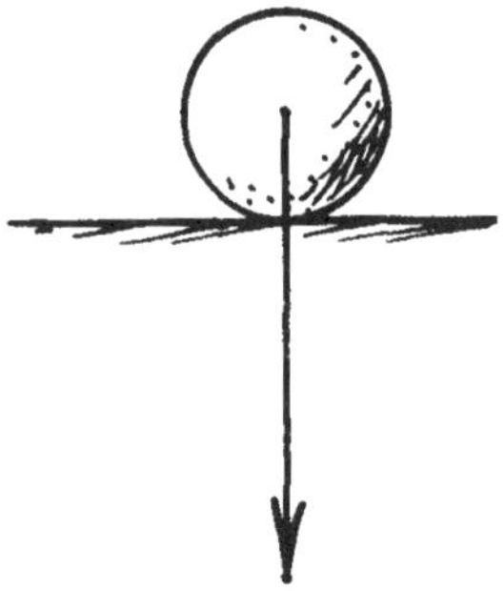

아래 그림에 따르면, 배의 힘 벡터는 바람과 비스듬한 방향, 바람에 대해 일정한 각도를 가지고 배가 추진되는 방향의 두 가지로 구성되어 있습니다. 이 배는 실제로 바람을 가로지르는 배보다 빠르게 항해할 수 있습니다. 왜냐하면 빠르게 나아갈수록 바람의 충격력도 커지기 때문입니다. 그러므로 실제로 바람을 비스듬히 맞고 가는 경우에 배의 속력은 최대가 됩니다. 실제로 배가 맞바람을 맞으며 직진할 수는 없습니다. 그러므로 바람이 불어오는 쪽의 목적지에 도달하기 위해서는 지그재그로 움직여야 합니다. 이것을 '태킹(tacking)'이라고 부릅니다.

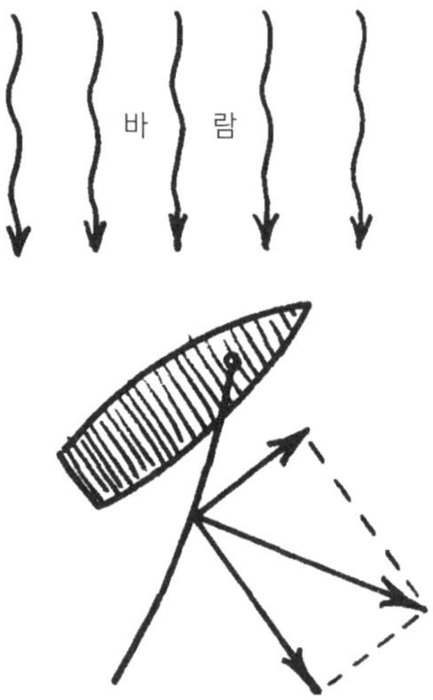

힘센 사나이

힘센 사나이가 100N의 책을 밧줄에 매달아 들고 있을 때, 각 줄에 걸리는 장력은 50N입니다. 이제 그림과 같이 줄을 양쪽에서 팽팽하게 당겨서 수평하게 만든다면, 이때 각 줄에 걸리는 장력은 얼마일까요?

ⓐ 약 50N

ⓑ 약 100N

ⓒ 약 200N

ⓓ 100만 N보다 더 크다.

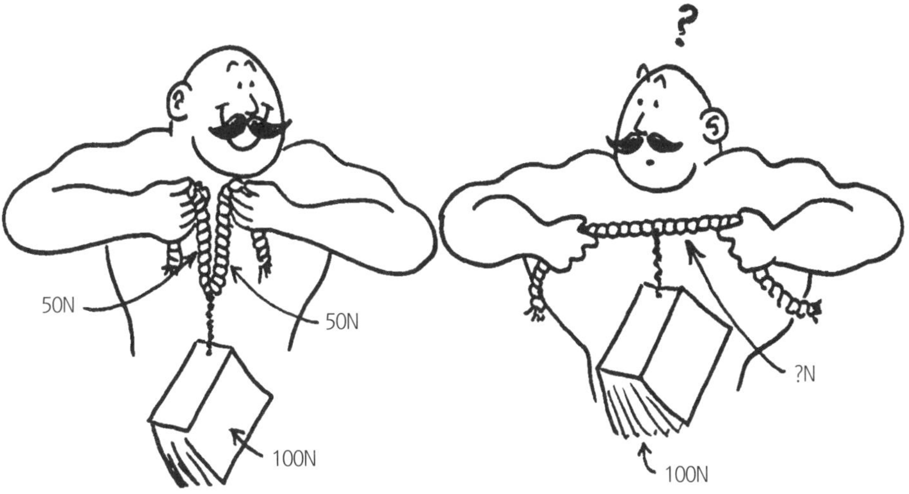

답: 힘센 사나이

정답은 ⓓ입니다. 밧줄에 매달린 책이 만드는 각을 살펴보면 그 이유를 알 수 있습니다. 책에 작용하는 모든 힘을 벡터 화살표로 표시하기로 하겠습니다. 100N짜리 벡터는 책의 무게를 나타내며, 바로 아래쪽으로 작용하여 지구의 중심을 향합니다. 이 벡터의 길이는 100N을 나타냅니다. 그렇다면 책이 평형 상태를 유지하기 위해서 다른 벡터의 길이는 얼마가 되어야 할까요? 100N의 벡터를 기준으로 비교할 때 이 벡터 화살표의 크기가 밧줄에 걸린 장력이 얼마인지를 알려 줍니다.

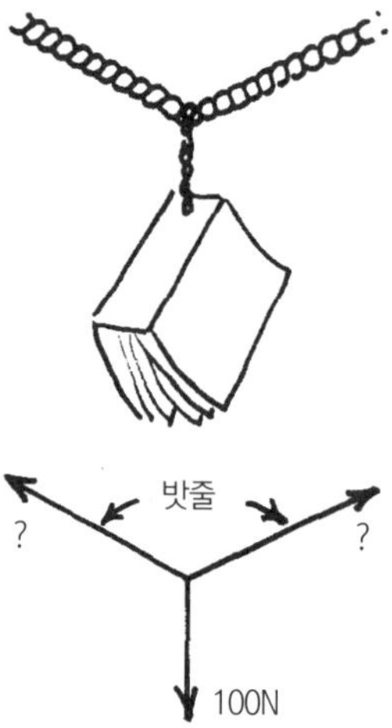

그림 I

두 개의 힘이 작용할 때 두 힘의 합력은 다음과 같은 방법으로 구할 수 있습니다. 우선 두 힘을 벡터 화살표로 표시합니다(그림 II). 그다음 점선으로 평행사변형을 완성시킵니다. 그리고 대각선 방향으로 화살표를 그립니다. 두꺼운 화살표가 알짜힘입니다.

일반적으로, 어떤 사람은 더 기다란 줄로 물체를 잡아당기면 힘 벡터의 화살표 길이를 더 길게 그리는데, 물리 교사 데이브 월은 이는 틀린 생각이라고 말합니다. 힘을 나타내는 화살표의 길이는 힘의 크기를 말하는 것이므로 얼마나 세게 당기느냐 하는 것과 관계가 있고 밧줄의 길이와는 아무 관계가 없습니다.

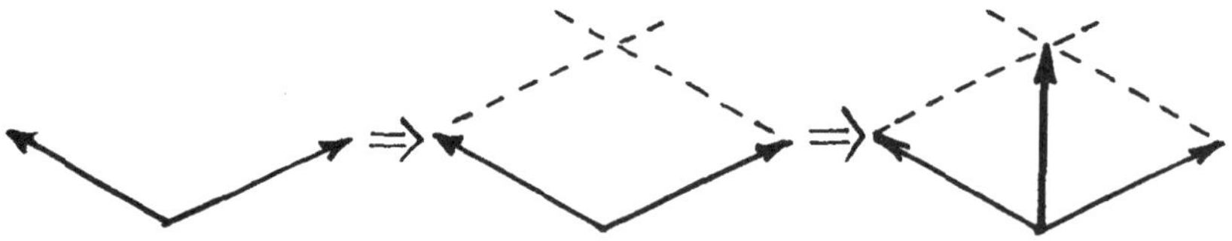
그림 II

양쪽에 걸린 밧줄의 전체적인 효과는 책을 공중에 떠 있게 하는 것입니다. 이것은 밧줄에 걸린 힘의 합력이 위로 향한 100N 크기의 힘이란 뜻입니다. 밧줄에 얼마의 힘이 걸려야 위쪽으로 100N의 힘이 생길까요? 이 힘을 찾기 위해 우선 밧줄의 방향으로 두 개의 선을 그립니다(그림 III). 밧줄이 만드는 100N의 힘을 위로 그립니다(굵은 화살표). 100N의 굵은 화살표 끝에서 점선을 그려서 밧줄과 평행사변형을 이루게 합니다. 점선과 밧줄이 만나는 점에 화살의 촉을 그립니다. 이렇게 해서 밧줄을 따라 그린 두 화살표가 밧줄에 걸리는 힘을 나타냅니다.

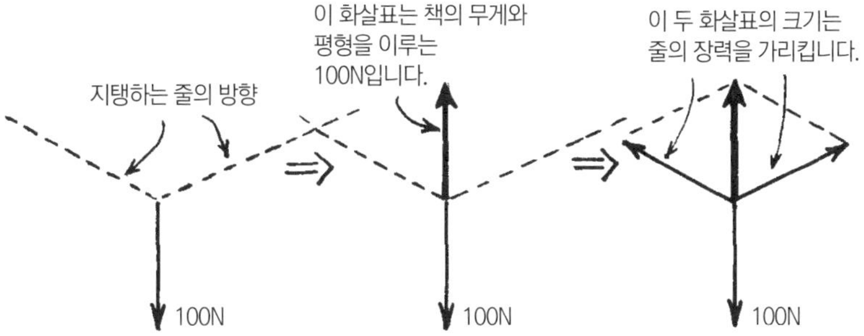

그림 III

그림에서 알 수 있듯이 두 화살표는 100N의 화살표보다 더 깁니다. 따라서 더 큰 힘을 나타냅니다. 이 힘의 크기는 화살표의 길이를 100N 힘의 길이와 비교하여 그 값을 정할 수 있는데 정확히 그린다면 측정이 가능합니다.

그런데 문제는 힘센 사나이가 이런 각도를 유지하며 책을 들고 있지 않다는 것입니다. 잡아당기는 밧줄이 점점 수평에 가까워질수록 장력은 그만큼 더 커지기 때문입니다. 각이 커질수록 벡터 평행사변형은 더 길어져야 합니다. 실제로 밧줄이 수평에 가까워지면 100N의 합력을 만드는 장력은 무한대로 커집니다. 책을 지탱하는 밧줄을 완벽하게 수평으로 유지하는 것은 불가능합니다. 그러므로 '100만 N보다 더 크다'라는 답이 맞습니다.

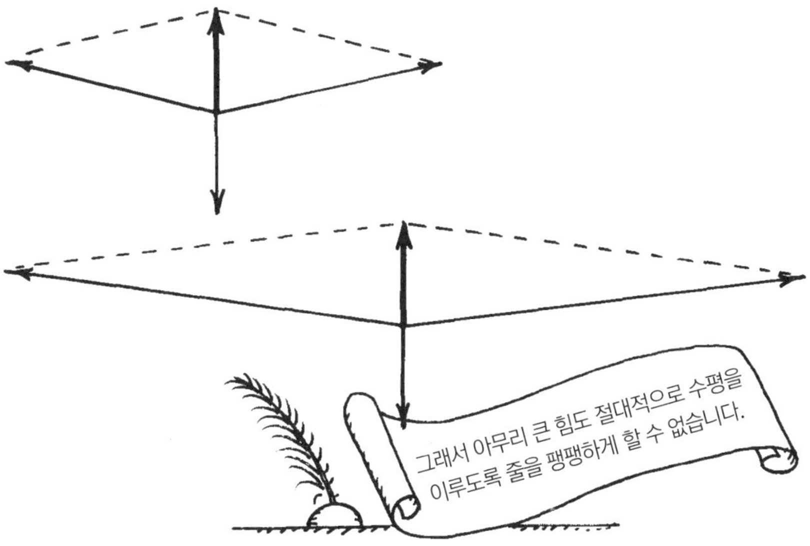

한편 두 개의 변을 가지고 평행사변형을 그리는 법을 잊었다면, 자를 사용하여 한 변의 끝에 대고 다른 한 변과 평행한 선을 그을 수 있습니다. 그다음에 남은 변도 똑같은 방식으로 그리면 됩니다.

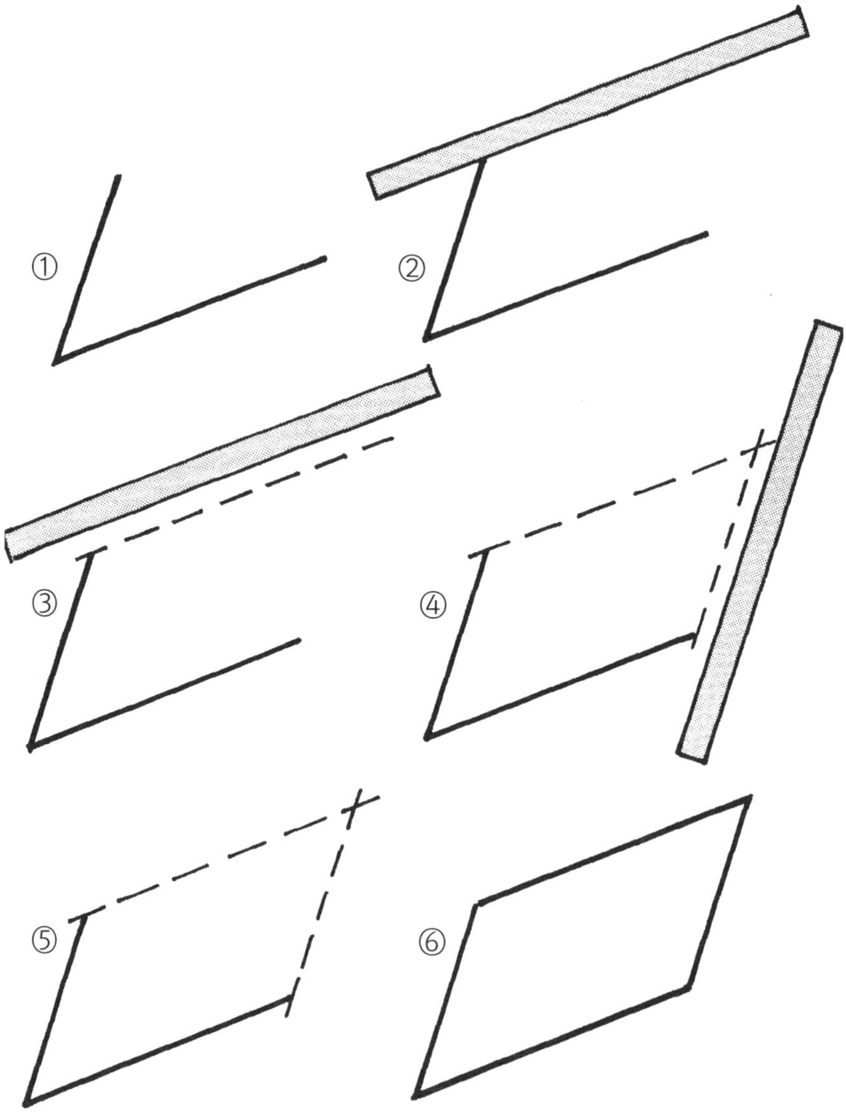

벡터는 항상 더해질까요?

벡터로 표현된 두 개의 물리량은 항상 두 벡터를 더하여 하나의 물리량으로 나타낼 수 있을까요? 벡터 A와 벡터 B를 각각 같은 종류의 물리량으로 표현할 수 있다면, 두 벡터를 더해 평행사변형의 대각선인 하나의 벡터 C로 표현할 수 있습니다. 그렇다면 벡터는 항상 더해질까요?

ⓐ 그렇다. 벡터는 항상 더해진다.

ⓑ 아니다. 벡터는 항상 더해지는 것은 아니다.

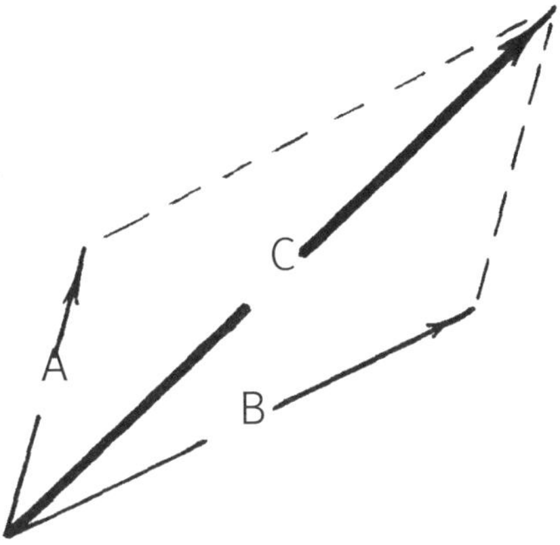

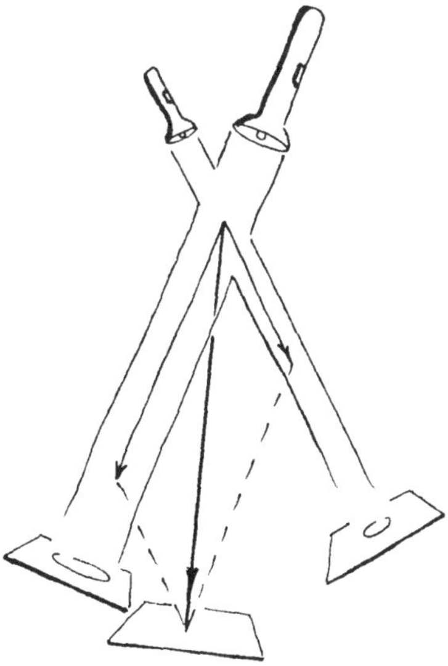

답: 벡터는 항상 더해질까요?

정답은 ⓑ입니다. 대부분의 벡터는 더해집니다. 대부분의 물리 책은 벡터에 의해 표현될 수 있는 것은 벡터처럼 더해야 한다고 말하고 있습니다. 예를 들어, 어떤 사람들은 증명 없이 각 운동량 벡터가 더해진다고 여깁니다. 더해지기는 하지만 그것이 분명한 것은 아닙니다.

그리고 모든 벡터가 더해지는 것은 아닙니다. 예를 들어, 광선을 따라 흐르는 전력은 벡터로 표현됩니다. 그것을 '포인팅 벡터'라고 부릅니다. 그러나 두 개의 광선이 같이 움직일 때 더해져서 제3의 광선이 되지는 않습니다.

힘?

힘이 센 남자가 용수철을 양쪽으로 당기고 있습니다. 용수철에는 힘이 있을까요?

ⓐ 확실히 있다.

ⓑ 용수철에는 어떤 힘도 없다.

답: 힘?

놀랍게도 정답은 ⓑ입니다. 왜 그럴까요? 우선 하나의 힘이 일정한 방향으로 작용하고 있습니다. 그렇다면 용수철에서 작용하는 힘은 어떤 방향일까요? 왼쪽? 아니면 오른쪽? 다른 측면에서 생각해 보겠습니다. 힘은 물체의 가속도를 만듭니다. 용수철은 어떤 방향으로 가속되고 있나요? 용수철은 가속되지 않습니다. 움직이지도 않지요.

결국 용수철에 작용하는 힘이 없다고 할 수 있는데, 무엇이 용수철에 작용하고 있나요? 바로 **장력**(tension)입니다. 힘과 장력은 매우 다릅니다. 이 차이점은 꽤 많이 혼동되는 부분입니다. 장력은 물체의 여러 부분에 작용하는 **여러** 힘에서 나옵니다. 따라서 장력은 물체를 파괴할 수 있습니다. 물체의 모든 부분에 같은 힘이 작용한다면, 물체는 조각으로 떨어져서 움직이지 않고, 전체가 힘의 방향으로 가속될 것입니다.

같은 힘이 물체의 모든 부분에 작용할 때, 이 힘을 순수한 힘(pure force)이라고 부릅니다. 순수한 힘은 **물체를 부서뜨리지 않습니다.**

물체에 작용하는 모든 힘이 상쇄되거나 합해서 0이 된다면, 장력은 순수한 장력이라고 불립니다. 물론 힘과 장력이 섞여 있는 상황을 생각할 수 있습니다.

비록 힘과 장력이 모두 뉴턴(N)으로 측정될지라도 사실 힘과 장력은 본질적으로 다른 물리량입니다.● 힘은 벡터이고, 장력은 텐서입니다.

● 토크와 에너지는 같은 단위(N · m)를 가집니다. 그러나 토크와 에너지는 확실히 매우 다른 물리량입니다.

당기기

다음 문제를 신중하게 생각해 보겠습니다. 아래 그림에서 a와 b의 경우 모두 100N의 알짜힘에 의해 벽돌 A가 탁자를 따라서 도르래 방향으로 가속됩니다. 이때 모든 마찰은 무시합니다.● A 벽돌의 가속도는?

ⓐ a 경우가 더 크다.

ⓑ b 경우가 더 크다.

ⓒ 두 경우 다 같다.

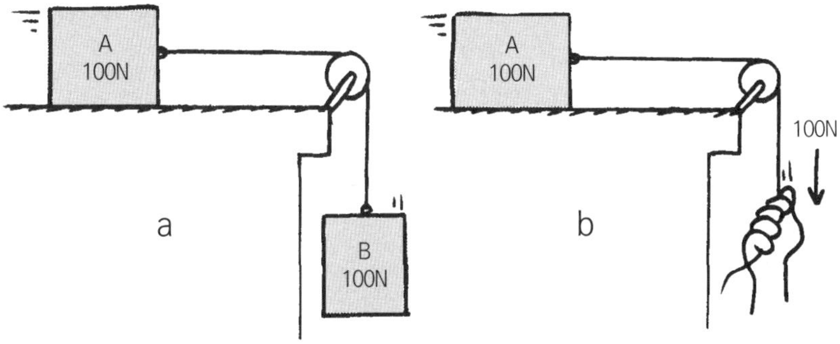

● 그러나 이 경우에는 실제로 마찰이 **존재합니다.** A 벽돌과 탁자 면 사이에, 그리고 벽돌이 움직이면서 공기와 마찰이 일어나고 심지어 도르래와도 마찰이 있으므로 이것이 운동을 방해하는 방향으로 작용합니다. 그러면 어떻게 "마찰은 무시합니다"라고 간단히 가정할 수 있을까요? 실재하지는 않지만, 이상적인 세계에 있다고 가정하고 설명하면 가능해집니다.
이런 가정은 부분적으로만 옳은 이야기이지만, 실제로 존재하는 세계를 이해하는 가장 강력한 열쇠 가운데 하나가 됩니다. 복잡하고 세부적인 것을 무시함으로써 상황이 더욱 간단해질 수 있기 때문입니다. 현실이라는 옷을 벗기면 중요한 부분만 따로 떼어서 만져 보고 이해할 수 있는 길이 열리는 것이지요. 이렇게 핵심적인 부분을 먼저 이해하고 난 뒤 다시 복잡하고 자세한 옷을 입히면 됩니다.
그러면 마찰이 제거해야 하는 복잡한 요소라는 사실을 어떻게 알 수 있을까요? 다루기 힘든 것이 있을 때 현실에서는 이를 마음대로 최소화시킬 수 있기 때문입니다. 그렇다면 또 어떤 것들이 최소화될 수 있을까요? 이는 현실 세계에서 궁극적으로 가능하거나 가능하지 않은 것을 감지하는 능력을 통해 알 수 있습니다. 일종의 예술과도 같은 과정이지요. 이 책은 여러분의 이런 능력을 발전시키는 데 큰 도움을 줄 것입니다.

답: 당기기

정답은 ⓑ입니다. 이것은 줄에 걸리는 장력이 서로 다르기 때문입니다. 손으로 잡아 당겨서 생기는 줄의 장력은 b의 경우 100N이며 이때 물론 A 벽돌은 가속도를 갖습니다. 그러나 a의 경우 100N짜리 무게에 의해 생긴 줄의 장력은 100N보다 작아집니다. 왜 그럴까요? 만일 장력이 100N이라면 도르래에 매단 벽돌은 아래쪽으로 가속도를 갖지 못하고 평형 상태에 놓이게 됩니다. 만일 A 벽돌이 B 벽돌보다 엄청나게 무겁기 때문에 움직이기 어렵다면 그때 줄에 걸리는 장력은 거의 100N에 가까워질 것입니다. 또 A 벽돌이 깃털만큼 가볍다면 장력은 매우 작을 것입니다. 줄은 느슨해지고 B 벽돌은 거의 자유낙하하게 될 것입니다. 장력은 0과 100N 사이의 값으로 실제로 50N입니다. 그래서 A 벽돌은 B 벽돌의 무게로 당겨질 때 가속도의 절반으로 속도가 증가하게 됩니다.

다른 방법으로도 생각할 수 있습니다. 양쪽 다 100N의 힘이 작용하지만 a의 경우 두 배의 질량이 가속됩니다. 즉 한 개의 100N짜리 벽돌의 무게가 100N짜리 벽돌 두 개의 질량을 가속시키는 것입니다. 그래서 가속도는 당연히 한 개의 100N짜리 벽돌의 질량만이 관계된 경우에 비해 1/2의 비율로 증가하게 됩니다. 또 한 가지, b의 경우 100N의 힘이 100N짜리 무게를 가진 벽돌에 작용합니다. 이것은 가속도가 자유낙하 운동의 경우처럼 $9.8m/s^2$의 값을 가져야 한다는 것을 의미합니다('떨어지는 돌멩이'를 기억해 보세요).

결론적으로 A 벽돌은 100N의 힘을 가하는 손으로 당길 때 탁자를 가로질러 $9.8m/s^2$의 가속도로 움직이며, 100N의 무게를 매달아 당기면 그 절반 값인 $4.9m/s^2$의 가속도로 운동합니다. 이 두 가지 경우는 같지 않습니다.

자석으로 가는 차

그림처럼 철로 만든 차의 앞부분에 자석을 매달아 보겠습니다. 차가 앞으로 움직일까요?

ⓐ 움직인다.

ⓑ 마찰이 없다면 움직인다.

ⓒ 움직이지 않는다.

답: 자석으로 가는 차

정답은 ©입니다. 이 문제는 간단히 처리할 수 있습니다. 투입한 일이 없다면 산출된 일도 없습니다. 다시 말해 영구적인 운동은 불가능합니다. 또 뉴턴의 제3법칙(작용·반작용 법칙)으로 생각해도 됩니다. 차에 작용하는 힘과 자석에 작용하는 힘은 크기는 같고 반대 방향이므로 서로 상쇄됩니다. 그러나 이런 이론적인 설명은 왜 차가 움직이지 않는지를 보여 주지 못합니다.

차가 움직이지 않는 이유를 직관적으로 알아보기 위해 차 앞에 다른 자석을 놓아서 이 문제를 다시 설계합니다. 이를 더 간결하게 하고자 두 개의 자석을 차 안으로 옮겨 놓아 봅니다. 이제 의문이 생길 것입니다. 차가 어느 쪽으로 움직이게 될까요?

"푸-"와 "흡!"

이 문제는 당황스러운 것입니다. 공기를 압축시켜 넣은 깡통에 구멍을 내서 공기가 오른쪽으로 빠져나가도록 하면, 깡통은 마치 로켓처럼 왼쪽으로 움직입니다. 이번에는 내부가 진공인 깡통에 구멍을 냅니다. 공기가 깡통 구멍을 통해 왼쪽으로 들어갑니다. 진공 상태가 공기로 채워지면 이 깡통은 어떻게 움직일까요?

ⓐ 왼쪽으로

ⓑ 오른쪽으로

ⓒ 움직이지 않는다.

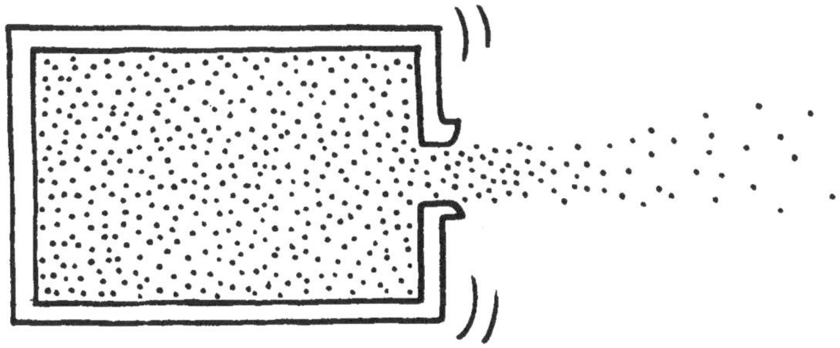

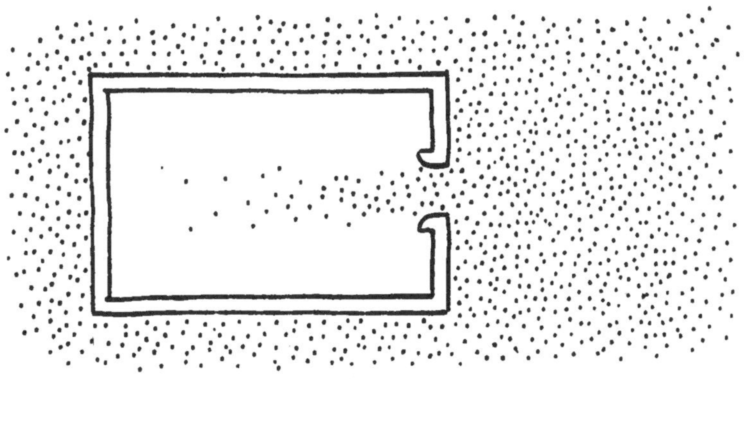

답: "푸-"와 "흡!"

논리적으로 해답을 생각해 보기 전에 이 해답을 읽고 있나요? 그렇다면 팔굽혀펴기 운동을 하기 전에 다른 사람이 팔굽혀펴기를 하는 것을 먼저 보나요? 만약 이 두 질문에 대한 답이 '아니요'이고 정답을 ⓒ로 골랐다면 축하합니다.

왜 그런지 살펴보겠습니다.

그림 I에서 물을 가득 담은 수레는 오른쪽으로 가속되는데 이것은 오른쪽 벽에 대한 물의 힘이 왼쪽 벽에 대한 물의 힘보다 크기 때문입니다. 왼쪽에 대한 힘이 적은 이유는 배출구에 작용하는 힘이 수레에는 가해지지 않기 때문입니다. 공기가 든 깡통의 경우도 이것과 비슷합니다. 구멍에 작용하는 힘은 깡통에는 가해지지 않으므로 이 같은 불균형이 깡통을 오른쪽으로 가속시킵니다.

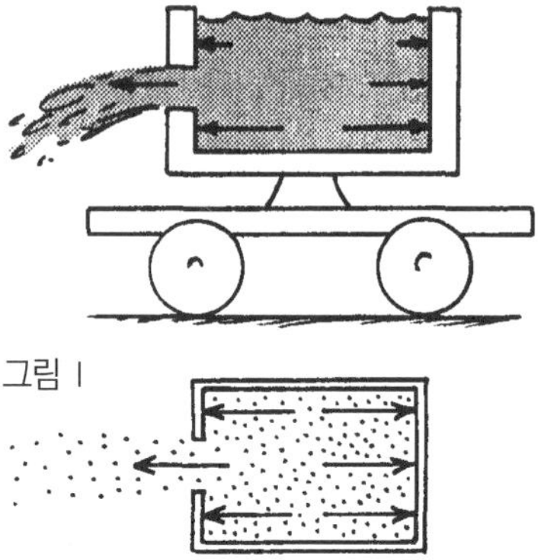

그림 I

이제 그림 II를 보겠습니다. 이 두 개의 물을 채운 수레는 움직일 수 있을까요? 없습니다. 어째서 그럴까요? 빠져나가는 물의 힘이 수레에 작용하기 때문입니다. 위의 수레에서는 그 힘이 바깥쪽 벽에, 아래 수레에서는 안쪽 벽에 작용하게 됩니다. 그러므로 물이 수레에 가하는 알짜힘은 0이며 운동 상태에는 아무런 변화도 일어나지 않게 됩니다(단지 무게중심의 위치가 일시적으로 변할 뿐입니다). 진공의 깡통에 구멍을 낸 것도 이와 비슷한 경우입니다. 구멍에서 작용하지 않는 공기의 힘이 깡통의 다른 쪽 면, 즉 안쪽의 왼쪽 면에는 작용하기 때문에 이중벽 수레의 경우처럼 힘의 균형이 만들어져 로켓 추진 운동은 일어나지 않습니다.

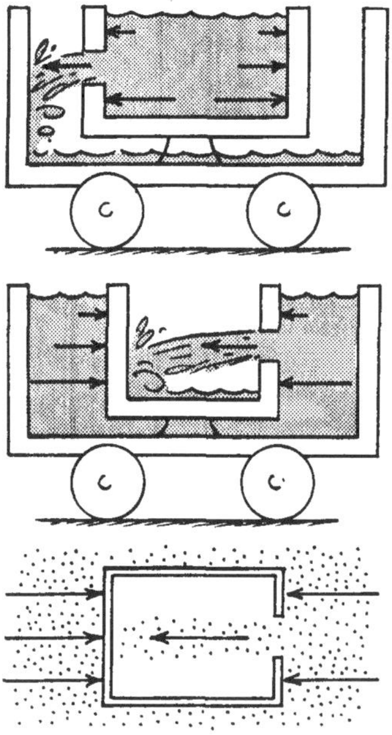

그림 II

리바이스

리바이스 스트라우스Levis Strauss 상표는 두 마리의 말이 바지를 양쪽으로 당기는 모습을 표현하고 있습니다. 리바이스가 말을 한 마리만 가지고 있어서 바지의 다른 한쪽을 기둥에 매었다고 가정해 보겠습니다. 단지 한 마리 말을 사용한다면 어떻게 될까요?

ⓐ 바지에 걸리는 장력은 절반으로 줄어든다.

ⓑ 바지 전체에 걸리는 장력은 변하지 않는다.

ⓒ 바지의 장력은 두 배가 된다.

답: 리바이스

정답은 ⓑ입니다. 한 마리 말이 1톤의 힘을 낼 수 있다고 가정해 보겠습니다. 줄다리기가 팽팽하다면, 다른 말도 1톤의 힘을 낼 것입니다. 한 마리가 1톤으로 기둥을 당긴다면 기둥도 청바지를 1톤으로 반대 방향으로 당겨야 할 것입니다. 그렇지 않으면 말은 바지를 멀리 당겨 버릴 것입니다. 따라서 말이 다른 한쪽을 당기든 기둥이 당기든 마찬가지입니다. 바지에 작용하는 힘이 있을까요? 아니요, 장력만 있을 뿐입니다.

이러한 생각은 확장될 수 있습니다. 동일한 질량을 가진 두 대의 자동차가 55km/h의 속력으로 서로 반대 방향으로 주행하다가 충돌합니다. 또 자동차 한 대가 돌담으로 55km/h의 속력으로 돌진하는 상황을 가정합니다. 어떤 경우에 차가 더 많은 피해를 입을까요? 차이점은 없습니다. 두 경우가 같습니다.

말과 자동차는 각각 어떤 힘을 가합니다. 그 힘은 다른 동일한 말이나 자동차가 반대 방향으로 작용하는 힘에 의해 상쇄될 수 있습니다. 움직일 수 없는 물체는 힘의 거울처럼 작용합니다. 작용한 힘을 거울로 반사한 것과 같은 힘을 작용합니다. 여러분이 벽을 때린다면, 벽도 반대로 그만큼의 세기로 여러분에게 충격을 가합니다. 그것이 뉴턴의 제3법칙인 작용·반작용 법칙입니다.

말과 마차

이것은 아마도 고전물리학에서 가장 오래되고 유명한 '수수께끼'일 것입니다. 어떤 것이 맞을까요?

ⓐ 작용이 항상 반작용과 같다면, 말은 마차를 당길 수 없다. 왜냐하면 마차에 대한 말의 작용이 정확하게 말에 대한 마차의 반작용에 의해 상쇄될 수 있기 때문이다. 말이 마차를 당기는 것과 같은 힘으로 마차는 반대 방향으로 말을 당긴다. 그래서 그들은 움직일 수 없다.

ⓑ 마차가 말을 반대 방향으로 당기는 것보다 약간 더 큰 힘으로 말이 마차를 당긴다. 그래서 그들은 앞으로 움직인다.

ⓒ 마차가 반작용할 시간보다 앞서서 말이 마차를 당긴다. 그래서 그들은 앞으로 움직인다.

ⓓ 말이 마차보다 조금 더 무겁다면, 말은 마차를 앞으로 당길 수 있다.

ⓔ 마차에 작용하는 힘의 크기와 말에 작용하는 힘의 크기는 같다. 그러나 말은 판판한 말굽에 의해 지구에 붙어 있는 반면에 마차는 둥근 바퀴로 구르기 쉽다.

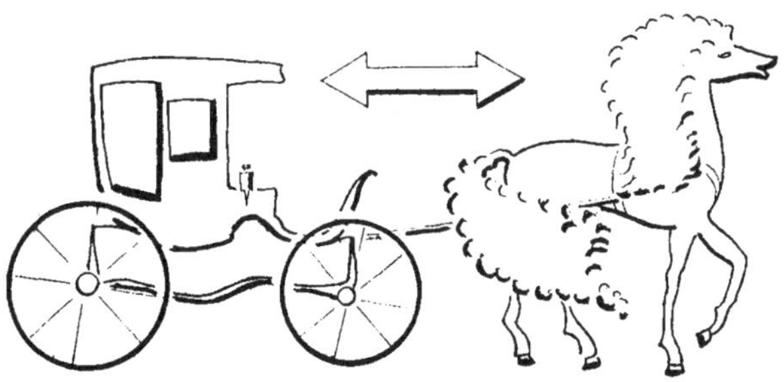

답: 말과 마차

정답은 ⓔ입니다. 사실 말에 작용하는 힘은 마차에 작용하는 힘과 같습니다. 그러나 여러분은 힘이 아닌 운동과 가속도에 관심이 있습니다. 물체의 가속도는 그것에 가해지는 힘과 마찬가지로 물체의 질량에 따라 다릅니다.

그렇다면 누가 더 큰 질량을 가졌나요? 말일까요? 마차일까요? 이것은 중요하지 않습니다. 왜냐하면 말은 판판한 말굽에 의해 지구에 붙어 있기 때문입니다. 그래서 사실 두 힘 중 하나는 마차를 당기고, 반대 방향으로 같은 크기의 다른 힘은 말과 **지구**를 당기게 됩니다. 말을 반대 방향으로 당기는 것은 질량이 큰 지구를 당기는 것이기도 합니다. 반면에 지구보다 작은 질량을 가진 마차는 훨씬 쉽게 움직이게 됩니다. 그러나 마차가 앞으로 움직임에 따라 지구는 극히 **조금만** 반대 방향으로 움직이게 됩니다.

만약 말이 마차를 앞으로 1m만큼 당긴다면, 지구는 반대 방향으로 얼마나 움직일까요? 마차의 질량이 500kg이라고 가정한다면, 지구의 질량은 그것보다 10,000,000,000,000,000,000,000배나 더 큽니다. 따라서 지구는 반대 방향으로 1m의 10,000,000,000,000,000,000,000분의 1만큼 움직이게 됩니다. 거의 영향을 주지 않을 만큼이지요. (부가적으로 말하자면, 10^{22}이라고 쓴다면, 당신은 0을 22개나 쓰는 데 드는 잉크를 절약할 수 있습니다.)

팝콘 중성미자(뉴트리노)

프라이팬에서 옥수수 한 알이 튀겨지는데, 'p' 방향으로 튀어나가면서 팝콘이 된다고 가정해 보겠습니다. 이 과정에서 'q' 방향으로는 무슨 일이 일어날까요?

ⓐ 중성미자 같은 소립자가 q 방향으로 방출된다.

ⓑ 중성미자가 아닌, 다른 어떤 보이지 않는 물체가 q 방향으로 방출된다.

ⓒ q 방향으로 아무것도 나타나지 않는다.

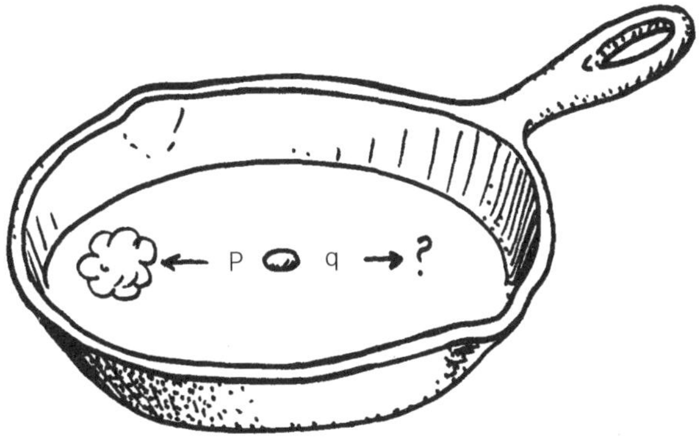

답: 팝콘 중성미자(뉴트리노)

정답은 ⓑ입니다. 팝콘에서 뉴트리노가 나온다면 18세기에 벌써 발견되었을 것입니다. 그러나 보이지 않는 어떤 것이 반드시 나온다고 할 수 있습니다. 무엇이 팝콘을 p 방향으로 밀어냈을까요? 보이지 않는 그것은 대체 무엇일까요? 정체는 바로 수증기입니다. 말린 옥수수 알에는 수분이 남아 있는데 이것이 가열되면 수증기로 변해서 옥수수 알을 터트립니다. 이 수증기가 q 방향으로 분출하면, 튀겨진 옥수수는 p 방향으로 날아가게 됩니다.

운동량

운동량은 운동에서 관성으로 그 물체의 질량과 속도를 곱한 값입니다. 예를 들어, 발사한 대포알의 속도가 두 배가 되면 운동량도 두 배가 됩니다. 대포알의 질량이 두 배가 되면 운동량도 역시 두 배가 됩니다. 만약 대포알의 질량과 속도가 모두 두 배가 되었다면 운동량은 몇 배가 될까요?

ⓐ 같다.
ⓑ 두 배
ⓒ 네 배
ⓓ 이 중 어느 것도 아니다.

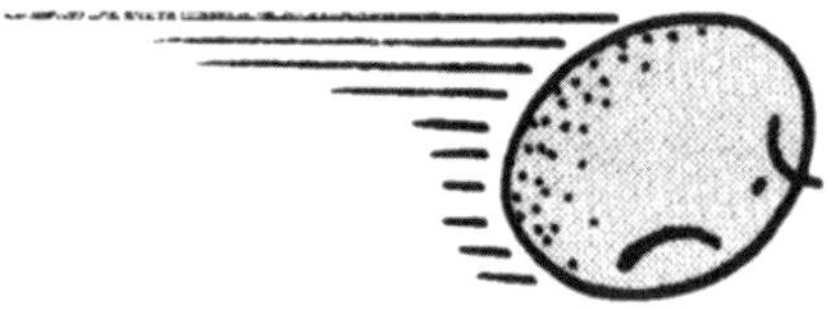

답: 운동량

정답은 ⓒ입니다. 운동량의 정의에서 쉽게 정답을 알 수 있습니다. 운동량은 질량×속도이므로 두 배의 질량에 두 배의 속도를 곱하면, 운동량은 네 배가 됩니다. 어떤 물체에 충격량이 가해지면 운동량이 생깁니다. 충격량이란 **힘**에 힘이 작용한 **시간**을 곱한 값입니다.

'충격량' = '운동량의 변화량'입니다.

$Ft=\Delta mv$로 표현할 수 있습니다.

움직임 지속하기

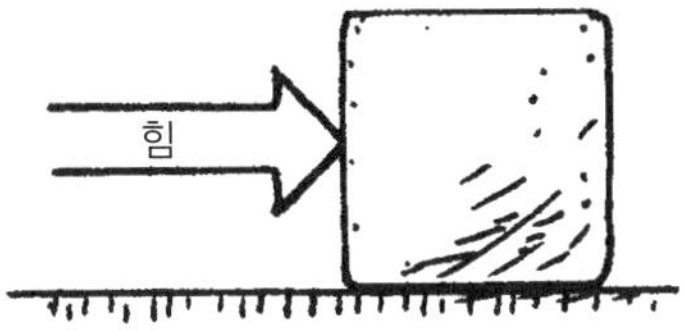

충격량과 운동량에 대해 좀 더 이야기해 봅시다. 마찰이 없는 얼어붙은 호수면 위에 얼음 벽돌이 놓여 있습니다. 이 벽돌에 힘이 계속 작용하고 있습니다. 물론 이 힘으로 벽돌이 움직이고 가속됩니다. 힘이 얼마 동안 작용한 후 벽돌의 속도는 조금 증가했습니다. 이제 벽돌의 질량과 힘의 크기에 변화가 없이 힘이 작용한 시간만 두 배로 증가했다면 속력은 몇 배로 증가할까요?

ⓐ 변함없다. ⓑ 두 배 ⓒ 세 배
ⓓ 네 배 ⓔ 반으로 준다.

이번에는 힘과 시간에는 변화 없이 벽돌의 질량만 두 배가 되면 속력은 얼마나 증가할까요?

ⓐ 변함없다. ⓑ 두 배 ⓒ 반으로 준다.
ⓓ 네 배 ⓔ 1/4로 준다.

또 질량과 작용 시간은 변하지 않고 힘만 두 배로 커졌다면 속력은?

ⓐ 변함없다. ⓑ 두 배 ⓒ 반으로 준다.
ⓓ 네 배 ⓔ 1/4로 준다.

마지막으로, 가해진 힘, 질량, 작용 시간 모두 처음과 같은 값이고 단지 중력이 두 배가 되었다면(다른 행성에서 실험하는 셈입니다) 속력은?

ⓐ 변함없다.　　ⓑ 두 배　　ⓒ 반으로 준다.

ⓓ 네 배　　ⓔ 1/4로 준다.

• **다른 아이디어:** 운동의 변화가 꼭 속도의 증가일 필요는 없습니다. 속도의 감소도 힘의 방향이 바뀐다면 속도의 증가처럼 생각할 수 있습니다. 또 벽돌의 측면으로 힘이 작용한다면 운동 방향이 옆으로 바뀔 수도 있습니다. 그런 변화는 벽돌의 속도 변화를 주지는 않을 수도 있습니다. 단지 운동 방향만을 바꾸게 할 것입니다.

• **마지막 아이디어:** 보통 말할 때 우리는 '속도'와 '속력'이란 말을 구분 없이 씁니다. 그러나 정확히 말하면, 속력(speed)은 방향에 대해 고려하지 않고, 단순히 얼마나 빠른가를 말하는 것입니다. 반면에 속도(velocity)는 일정한 방향을 가진 속력을 말합니다. 그러므로 속력에는 변함이 없어도, 속도는 바뀔 수가 있습니다. 만약 줄 끝에 벽돌을 매달고 원을 그리며 빙빙 돌린다면 매 순간 방향은 바뀌지만 속력은 일정하다고 할 수 있습니다. 반면에 방향은 바뀌기 때문에 속도는 바뀐다고 할 수 있습니다. 결국 속도의 변화란 속력과 방향 모두, 또는 속력과 방향 중 하나의 변화를 고려해야 합니다. 반면에 속력 변화란 단지 빠르기의 변화를 말합니다. 이러한 논리를 바탕으로 물리학자들은 가속도를 (시간에 대한 속력의 변화율이라고 정의하지 않고) 시간에 대한 속도의 변화율이라고 정의합니다.

● 방정식은 물리학자에게 필수적인 것으로 모든 관계를 축약한 것입니다. 그러나 이것을 이해하지 못한다면 아무 소용이 없습니다. 방정식의 기호들이 상징하는 의미를 이해하지 못한 채 무조건 외우려 하면 안 됩니다. 이 개념을 이해해야만 방정식은 의미가 있습니다.

허리케인

120km/h의 속력을 가진 허리케인에 의해 집에 가해진 힘은

ⓐ 60km/h의 강풍에 의해 집에 가해진 힘과 같다.

ⓑ 60km/h의 강풍에 의해 집에 가해진 힘의 두 배이다.

ⓒ 60km/h의 강풍에 의해 집에 가해진 힘의 세 배이다.

ⓓ 60km/h의 강풍에 의해 집에 가해진 힘의 네 배이다.

답: 허리케인

정답은 ⓓ입니다. 바람의 속력이 두 배가 된다면, 1초 동안 집에 부딪히는 공기의 질량은 두 배가 됩니다. 그러나 공기가 부딪히는 속력도 두 배가 됩니다. 질량이 두 배가 되고 속력이 두 배가 되는 것은 네 배나 많은 운동량이 집에 부딪히는 것을 의미합니다. 집에 가해지는 힘은 얼마나 많은 운동량이 집에 부딪히는가에 비례합니다. 따라서 바람의 속력이 두 배가 된다면, 가해지는 힘은 네 배가 됩니다. 만약 바람의 속력이 세 배가 된다면? 힘은 아홉 배가 될 것입니다.

로켓 썰매

무게 10N인 썰매가 장난감 로켓의 모터로 마찰 없는 얼음 위를 미끄러지고 있습니다. 로켓의 연료가 모두 떨어진 후에, 얼음 위의 썰매는 1초당 1m의 속도로 미끄러져 나갑니다. 썰매가 나아가도록 로켓이 썰매에 가하는 힘은 얼마인가요?

ⓐ 10N

ⓑ 20N

ⓒ 30N

ⓓ 40N

ⓔ 주어진 조건으로는 답을 구할 수가 없다.

답: 로켓 썰매

정답은 ⓔ입니다. 이것만으로는 알 수 없습니다. 로켓의 모터는 작은 힘으로 긴 시간 동안 힘을 주었을 수도 있고, 큰 힘을 짧은 시간 동안 가했을 수도 있습니다. 그러므로 주어진 조건만으로는 답을 알 수 없습니다. 이 문제는 마치 면적 12cm의 직사각형의 가로 길이가 얼마인지를 묻는 문제와도 같습니다. 그것은 가로 1cm, 세로 12cm일 수도 있으며, 가로 2cm, 세로 6cm, 또는 가로 3cm, 세로 4cm일 수도 있기 때문입니다. 썰매의 경우, 운동량은 직사각형의 면적이라고 할 수 있습니다. 힘과 그 힘이 작용하는 시간은 직사각형의 두 변으로서, 서로 곱한 값은 면적을 이루게 됩니다.

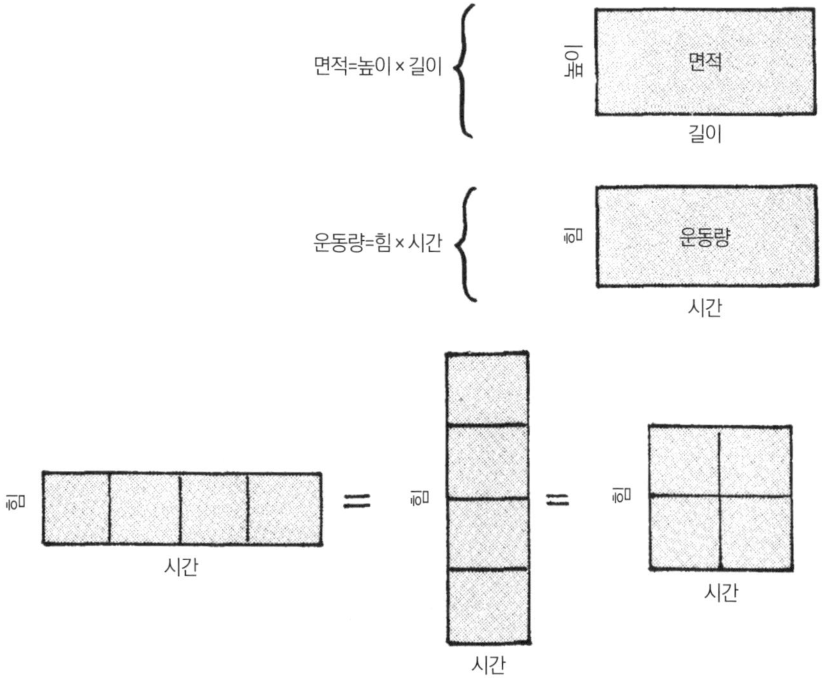

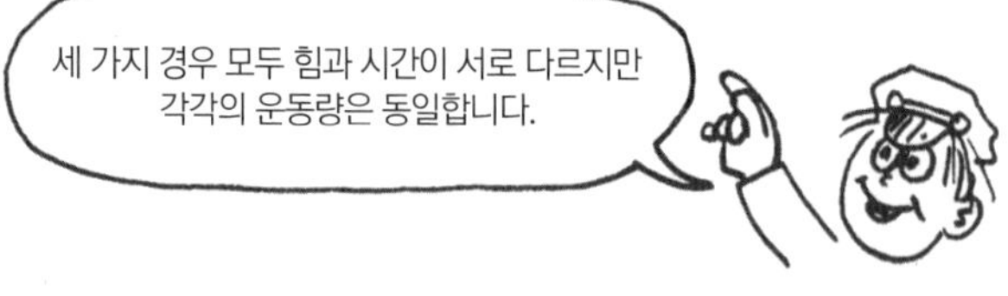

운동에너지

우리는 힘과 힘이 작용한 시간을 곱한 값이 힘이 작용한 물체의 운동량의 변화와 같다는 것을 알았습니다. 즉 '충격량=운동량의 변화량'입니다. 이제 물리학의 또 다른 핵심 개념인 일과 에너지의 법칙을 알아보겠습니다. 어떤 물체에 행해진 일[힘×힘이 작용한 거리]은 그 물체의 에너지를 증가시킵니다. 한 예로, 일은 운동에너지로 전환이 가능한 퍼텐셜에너지를 증가시킬 수 있습니다[중력에 의한 퍼텐셜에너지=무게×높이]. 다음의 경우에 적용해 보겠습니다. 벽돌을 주어진 높이까지 들어 올린 후 다시 떨어뜨립니다. 그리고 두 번째 벽돌은 처음의 두 배의 높이까지 들어 올린 후 떨어뜨립니다. 두 번째 벽돌이 지면에 닿을 때 가지는 운동에너지는 첫 번째와 어떻게 다를까요?

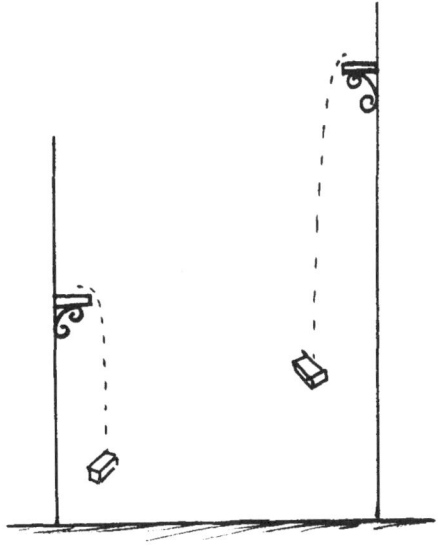

ⓐ 절반
ⓑ 같다.
ⓒ 두 배
ⓓ 세 배

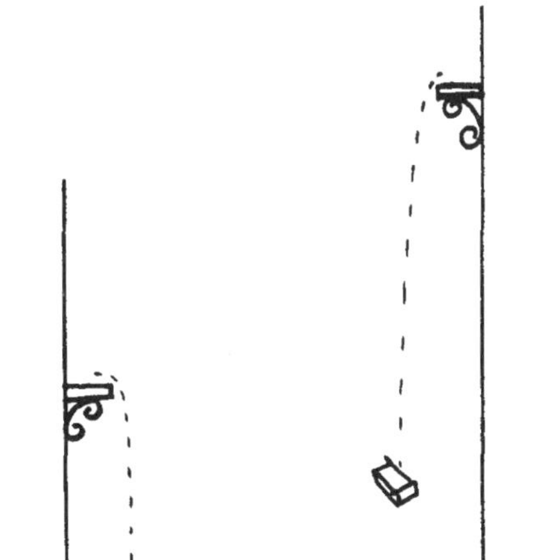

답: 운동에너지

정답은 ⓒ입니다. 물체를 두 배의 높이로 들어 올리려면 두 배의 일을 해야 합니다. 또 이 벽돌을 들어 올리는 데 한 일은 지면으로 떨어질 때 모두 운동에너지로 바뀌게 됩니다.

운동에너지 좀 더 알아보기

벽돌을 일정한 높이로 들어 올린 후 지상으로 떨어뜨립니다. 다음으로 무게가 두 배인 벽돌을 같은 높이까지 들어 올린 후 떨어뜨립니다. 두 번째 벽돌이 지면에 떨어질 때 운동에너지는 첫 번째와 어떻게 다를까요?

ⓐ 절반

ⓑ 처음과 같다.

ⓒ 두 배

ⓓ 네 배

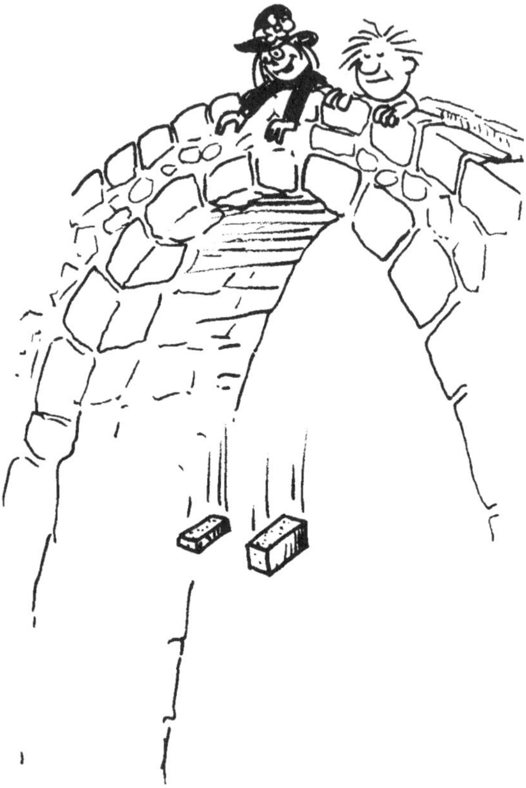

답: 운동에너지 좀 더 알아보기

정답은 ⓒ입니다. 무게가 두 배인 벽돌을 들어 올리는 것은 처음의 벽돌을 두 번 들어 올리는 것만큼의 일을 하게 되는 셈이 됩니다. 이 일은 지면에 떨어질 때 모두 운동에너지로 변하므로 운동에너지도 두 배가 됩니다.

법정에서

재판을 준비하던 한 변호사가 이런 생각을 했습니다. 선반에 올린 무게 1N짜리 화분이 선반에서 30cm 떨어져 고객의 머리에 맞았다면 화분은 고객의 머리에 어느 정도의 힘을 가했을까요?

ⓐ 1N

ⓑ 4N

ⓒ 16N

ⓓ 32N

ⓔ 주어진 정보로는 답을 알 수 없다.

답: 법정에서

정답은 ⓔ입니다. 왜일까요? 이러한 종류의 문제는 물리학 전공자에게 '식은 죽 먹기'이지만, 머리에 어느 정도의 '탄성'이 있는지 알 수 없다면 아무도 풀 수 없습니다(뿐만 아니라 목과 화분 그리고 머리카락이나 모자까지, 모자가 만약에 있다면 말이죠). 만약 화분이 베개 같은 탄성이 큰 물체에 떨어졌다면, 매우 적은 힘이 가해졌을 것입니다. 만약 콘크리트 같은 곳에 떨어졌다면…… 와장창! 화분이 탄성이 전혀 없는 물체에 떨어진다면 힘은 무한대로 커질 것입니다. 고객의 머리가 1cm의 탄성을 가지고 있다고 가정하면, 화분이 떨어지는 동안 가지고 있던 1N·30cm의 에너지는 그 1cm 안에 모두 방출되어야 합니다. 자, 30cm에 걸쳐 작용한 1N의 평균 힘이 한 일은 1cm에 걸쳐 작용한 30N의 평균 힘이 한 일과 같습니다. 만약 그 절반인 0.5cm의 탄성을 가졌다면 평균 힘은 15N이 되겠지요. (단단한 모자를 썼다고 생각한다면 그렇게 어렵지 않지만 사실 모자 안의 재질은 탄성이 큽니다.)

하역 인부

인부가 경사면 위쪽으로 100N짜리 드럼통을 굴려 트럭 위에 싣고 있습니다. 트럭의 짐칸이 지면에서 1m 높이에 있고, 경사면의 길이는 2m입니다. 그렇다면 이 인부는 드럼통을 싣기 위해 얼마의 힘을 들여야 할까요?

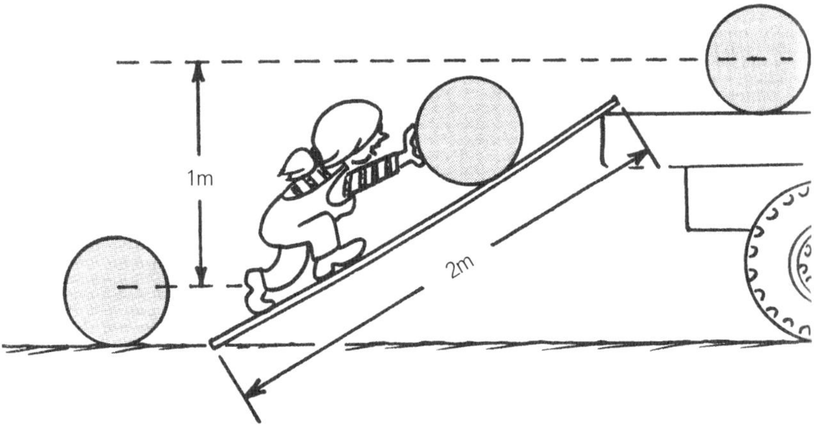

ⓐ 200N

ⓑ 100N

ⓒ 50N

ⓓ 10N

ⓔ 알 수 없다.

답: 하역 인부

정답은 ©입니다. 드럼통은 지면에서 1m 높이에 올라가 1m × 100N=100J(줄은 에너지의 단위: 옮긴이)의 에너지를 가지게 됩니다. 그렇다면 2m의 거리에 얼마만큼의 힘이 작용하면 100J의 일을 하게 될까요? 2m × 50N=100J이므로 50N의 힘입니다. 몇 가지 설명을 덧붙이자면,

1) 대부분의 책에서는 이런 유형의 문제를 앞서 논의한 바와 같이 벡터를 이용한 방법으로 해결합니다. 벡터를 이용하여 문제를 해결하는 방법을 알고 싶다면 다른 책들도 찾아보세요. 어떠한 문제를 다른 관점에서 보는 것은 중요한 일입니다. 그리고 다른 관점을 통해 같은 결론을 내는 것을 보는 일은 환상적입니다.

2) 사과와 오렌지 또는 m과 N을 더할 수 없다면, 곱하는 것은 왜 가능한가요?

3) 경사면에 대한 개념은 기본적으로 지렛대나 시소나 복합 도르래의 개념과 같습니다.

각각의 경우는 모두 힘이 작용하는 거리를 늘림으로써 일정한 양의 일을 하는 데 드는 힘을 줄이는 원리를 이용하는 것입니다. 드럼통을 1m 높이까지 들어 올리는 데 그 두 배의 길이를 가진 경사면을 이용했다면 힘은 절반만 필요하게 되는 것입니다. 만약 시소를 이용하여 중심에서 10cm 떨어진 곳에 앉아 있는 어른을 중심에서 30cm 떨어진 곳에 앉은 어린아이가 들어 올리려고 한다면, 어린아이의 몸무게는 어른의 3분의 1이면 충분합니다. 비슷한 경우로, 그림에서 엔진을 1m 들어 올리기 위해서 정비사는 2m만큼의 줄을 당겨야 합니다(Ⅰ번 줄 1m 그리고 Ⅱ번 줄 1m). 그렇게 함으로써 정비사는 엔진 무게 절반의 힘으로 엔진을 들어 올릴 수 있습니다.

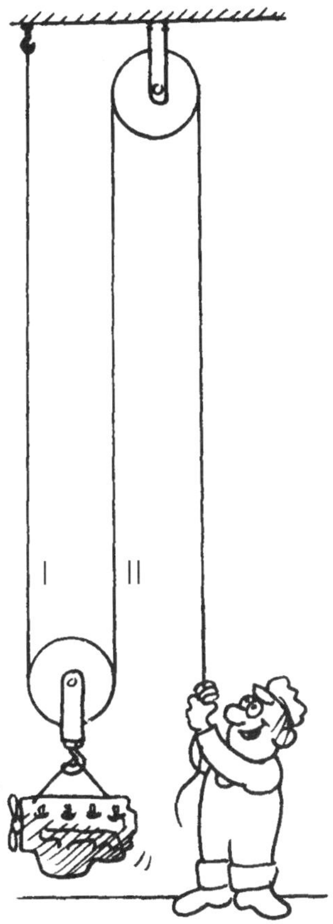

언덕 오르기

골목의 길이가 1km이고 상당히 가파르다고 가정해 보겠습니다. 만약 제가 자전거를 타고 지그재그로 언덕을 올라가면서 이동한 거리가 2km라면, 저는 평균적으로 얼마만큼의 힘을 가해야 할까요?

ⓐ 직선으로 언덕을 올랐을 경우와 비교하여 1/4만큼
ⓑ 직선으로 언덕을 올랐을 경우와 비교하여 1/3만큼
ⓒ 직선으로 언덕을 올랐을 경우와 비교하여 1/2만큼
ⓓ 직선으로 언덕을 올랐을 경우와 같다.

또 지그재그로 오를 때 어느 정도의 에너지를 소비할까요?

ⓐ 직선으로 언덕을 올랐을 경우와 비교하여 1/4만큼
ⓑ 직선으로 언덕을 올랐을 경우와 비교하여 1/3만큼
ⓒ 직선으로 언덕을 올랐을 경우와 비교하여 1/2만큼
ⓓ 직선으로 언덕을 올랐을 경우와 같다.

답: 언덕 오르기

첫 번째 문제의 정답은 ⓒ이고, 두 번째 문제의 정답은 ⓓ입니다.

어떤 경로를 통해 정상에 올라도 같은 에너지 소비가 요구됩니다. 만약 어떠한 길이 다른 경우보다 더 많은 에너지 소비를 필요로 한다면, 저는 에너지 소비가 적은 길로 올라갔다가 에너지 소비가 큰 길로 돌아와 처음 장소에서 더 많은 에너지를 가지고 있을 것입니다. 너무 좋아서 믿어지지가 않네요.

이 경우 에너지는 힘에 거리를 곱한 값입니다. 언덕의 정상에 오르기 위해 필요한 에너지는 두 경로 모두 같지만 거리는 같지 않습니다. 그래서 거리가 두 배로 늘어나면 필요한 힘은 절반으로 줄어들게 됩니다.

증기기관차

승객을 태우는 기관차는 화물을 싣는 기관차와 다릅니다. 화물용 기관차가 무거운 적재량을 끌도록 설계된 반면 승객용 기관차는 빠른 속력으로 달릴 수 있도록 설계되었습니다. 아래의 기관차들을 보면 두 기관차의 바퀴 크기가 다름을 알 수 있습니다. 다음의 설명 중 맞는 것을 고르세요.

ⓐ 기관차 Ⅰ은 화물용, 기관차 Ⅱ는 승객용이다.

ⓑ 기관차 Ⅰ은 승객용, 기관차 Ⅱ는 화물용이다.

ⓒ 둘 다 화물용 기관차이다.

ⓓ 둘 다 승객용 기관차이다.

I

II

답: 증기기관차

정답은 ⓑ입니다. 승객용 기관차의 바퀴는 직경이 큽니다. 바퀴의 둘레가 크기 때문에 피스톤이 한 번 움직일 때 더 먼 거리를 갈 수 있습니다. 그래서 같은 주기로 피스톤을 움직여도 두 개의 기차 중 큰 바퀴를 가진 승객용 기관차가 더 빠르게 달립니다. 승객용 기관차는 바퀴가 작은 화물용 기관차보다 적은 피스톤의 움직임과 증기로 같은 거리를 갈 수 있습니다. 따라서 화물용 기관차는 일정 거리를 움직일 때 더 많은 증기와 에너지를 비축합니다.

무거운 트럭이 저단 기어로 운행하는 것처럼, 무거운 화물용 기관차를 움직이기 위해서는 더 빠르지만 가벼운 승객용 기관차보다 더 많은 에너지를 필요로 합니다.

과거에는 화물용을 더 많이 만들었기 때문에, 영화에서 흔히 볼 수 있는 증기기관차는 화물용 기관차입니다.

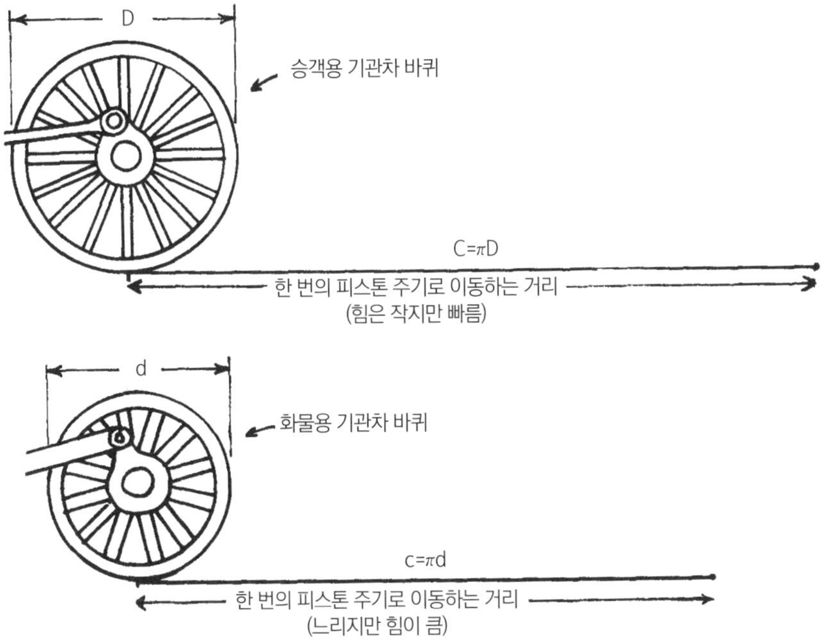

별난 도르래

보통 도르래의 회전축이나 중심은 도르래의 중심에 있고, 마찰 효과를 뺀다면 도드래 양쪽에 걸린 줄의 장력은 같습니다. 그러나 다음 그림처럼 도르래의 회전축이 중심에 있지 않다고 가정해 보겠습니다. 이때 도르래 양쪽 줄에 걸리는 장력은 어떻게 될까요?

ⓐ 같다.

ⓑ 다르다.

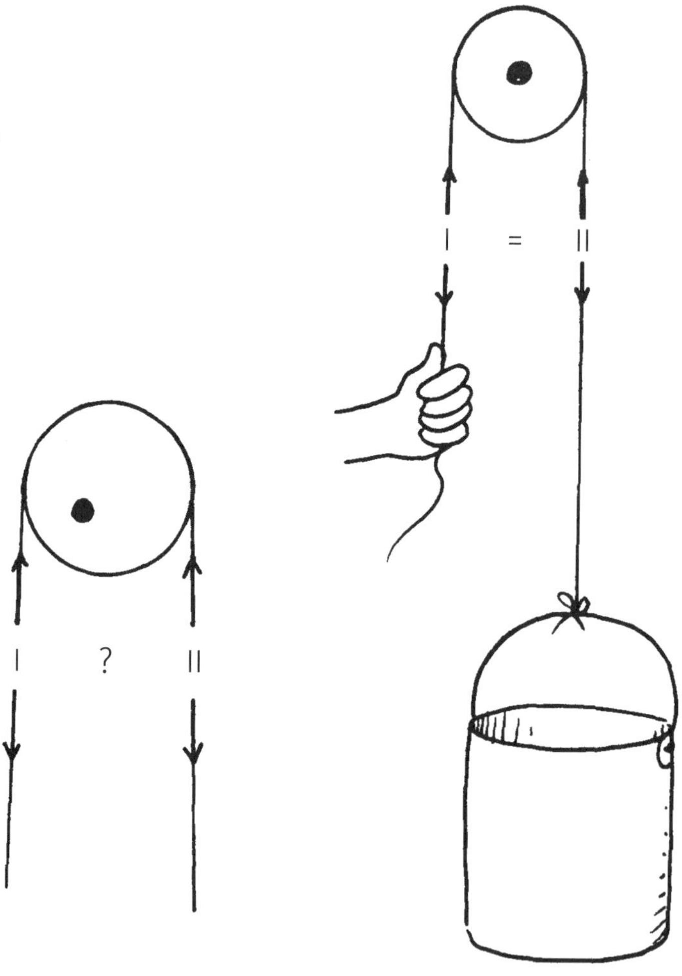

답: 별난 도르래

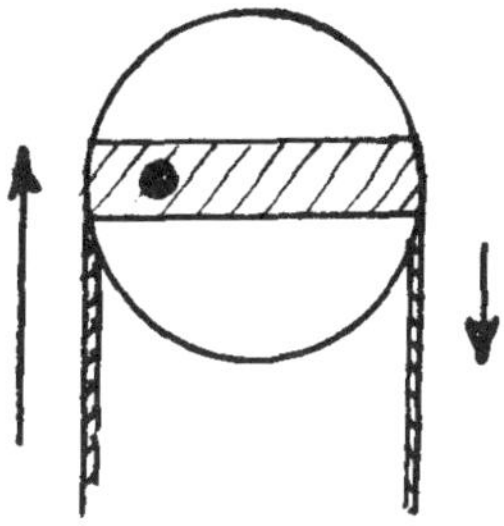

정답은 ⓑ입니다. 왜일까요? 이 별난 도르래는 약간 변장을 했을 뿐 간단한 지렛대입니다.

이 별난 도르래는 **이심** 도르래라고 불립니다. 이 도르래가 어떻게 활시위에 걸린 매우 작은 장력으로 활을 휘게 만들 수 있을까요? 그리고 어떻게 보통의 활과 달리 화살이 발사되면서 활시위의 장력도 증가할 수 있을까요?

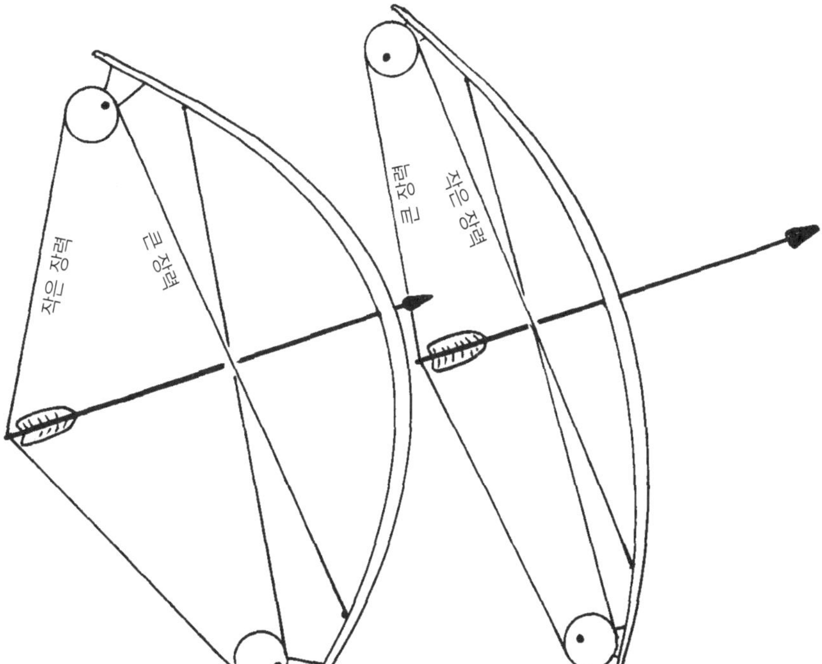

기계공학자들은 이런 종류의 다양한 지렛대 장치를 부르는 이름을 여럿 가지고 있습니다. 이는 **토글** 작용이라고 합니다. 많은 전기 조명 스위치는 토글 작용을 이용한 것입니다. 따라서 **토글스위치**라고 부릅니다.

육상 선수

한 육상 선수가 정지해 있다가 달리기 시작합니다. 이 육상 선수는 자신에게 일정량의 운동량을 사용하고,

ⓐ 지면에 더 많은 운동량을 가한다.
ⓑ 지면에 더 적은 운동량을 가한다.
ⓒ 지면에 같은 양의 운동량을 가한다.

또 이 육상 선수는 자신에게 일정량의 운동에너지를 사용하고,

ⓐ 지면에 더 많은 운동에너지를 가한다.
ⓑ 지면에 더 적은 운동에너지를 가한다.
ⓒ 지면에 같은 양의 운동에너지를 가한다.

답: 육상 선수

첫 번째 문제의 정답은 ⓒ이고, 두 번째 문제의 정답은 ⓑ입니다.

운동량의 크기는 힘과 시간의 곱입니다. 육상 선수에 가해지는 힘과 힘이 작용한 시간은 지면에 작용하는 힘과 힘이 작용한 시간과 같습니다. 따라서 육상 선수와 지면에 가해진 운동량은 같습니다.

에너지의 크기는 힘과 거리의 곱입니다. 육상 선수와 지면에 가해지는 힘은 같지만 힘이 가해지는 동안 움직인 거리는 **같지 않습니다.** 육상 선수는 수 미터 앞으로 움직였지만, 거대한 행성 지구는 뒤로 조금도 움직이지 않았습니다. 그래서 지면의 에너지는 0입니다. 육상 선수의 모든 에너지는 육상 선수에게 돌아갑니다.

수영 선수

한 수영 선수가 정지해 있다가 수영하기 시작합니다. 이 수영 선수는 자신에게 일정량의 운동량을 사용하고,

ⓐ 물에 더 많은 운동량을 가한다.
ⓑ 물에 더 적은 운동량을 가한다.
ⓒ 물에 같은 양의 운동량을 가한다.

또 이 수영 선수는 자신에게 일정량의 운동에너지를 사용하고,

ⓐ 물에 더 많은 운동에너지를 가한다.
ⓑ 물에 더 적은 운동에너지를 가한다.
ⓒ 물에 같은 양의 운동에너지를 가한다.

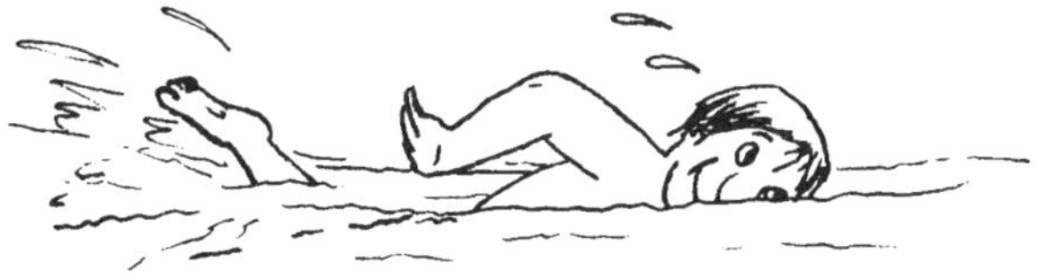

답: 수영 선수

정답은 ⓒ와 ⓐ입니다. 육상 선수와 마찬가지로 수영 선수는 자신의 운동량만큼의 운동량을 물에 가하게 됩니다. 하지만 에너지는 이야기가 달라집니다. 수영 선수와 물에 가해지는 힘은 같습니다. 수영 선수가 한 움큼의 물을 뒤쪽으로 멀리 쳐낼 동안 그의 몸은 앞으로 그보다 적게 전진할 것입니다. (이는 한 움큼의 물의 질량이 수영 선수의 몸무게보다 훨씬 적기 때문입니다.) 에너지는 힘과 거리의 곱이고, 수영 선수보다 쳐 내는 물이 더 멀리 움직이므로 물이 수영 선수보다 더 많은 에너지를 가집니다. 그래서 육상 선수가 본인의 대부분의 에너지를 자신에게 돌아가게 할 수 있는 반면 수영 선수는 본인의 에너지 대부분을 물에 사용하게 됩니다. 이것이 훌륭한 수영 선수보다 형편없는 육상 선수가 빠른 이유입니다.

평균 낙하 속력

나무에 거꾸로 매달린 아이가 돌멩이를 갖고 있다가 떨어뜨렸습니다. 돌멩이가 1초 동안 떨어졌다면, 1초 동안 평균속력은 얼마일까요?

ⓐ 0m/s

ⓑ 1m/s

ⓒ 1.2m/s

ⓓ 4.9m/s

ⓔ 9.8m/s

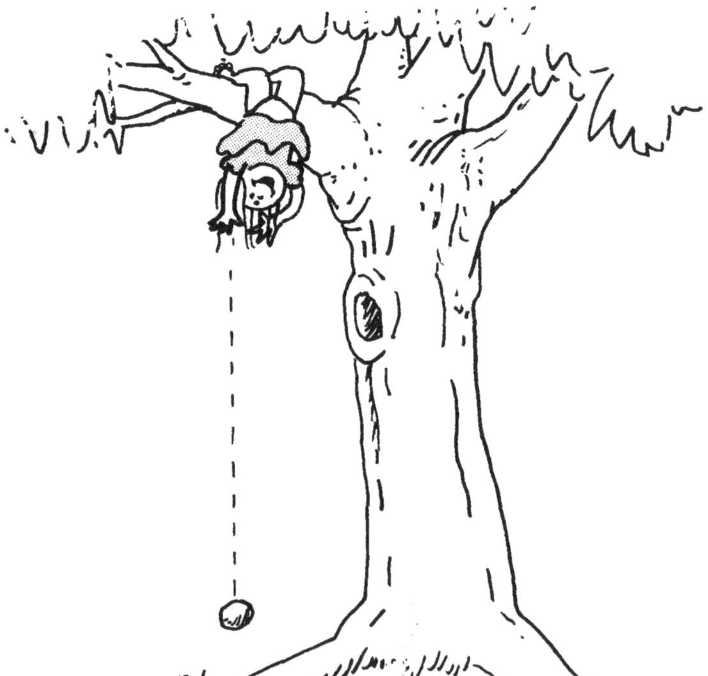

답: 평균 낙하 속력

정답은 ⓓ입니다. 1초가 지나는 순간 돌멩이의 속력은 9.8m/s이지만 처음 속력은 0m/s이었습니다. 돌멩이는 정지 상태에서 떨어졌습니다. 그렇기 때문에 평균속력은 9.8m/s가 아니고 0m/s도 아닙니다. 낙하하는 동안 가속도는 일정하므로 평균속력은 간단하게 중간값인 4.9m/s입니다. 우리는 어떤 특정한 순간의 속력인 순간 속력과 전체의 평균속력을 구분할 수 있어야 합니다. 돌멩이의 평균속력이 4.9m/s이므로 돌멩이가 1초 동안 낙하한 거리는 4.9m가 됩니다.

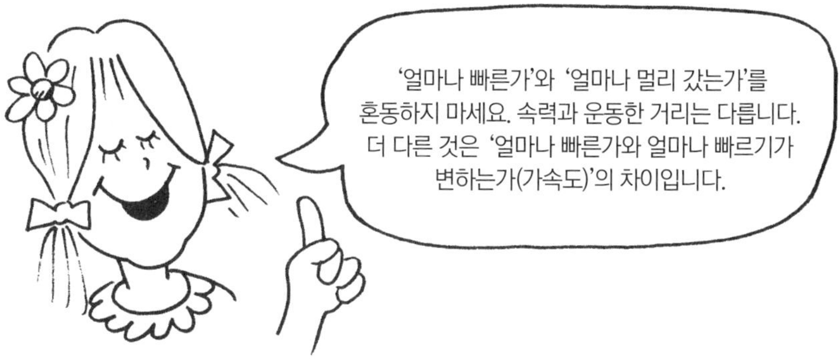
'얼마나 빠른가'와 '얼마나 멀리 갔는가'를 혼동하지 마세요. 속력과 운동한 거리는 다릅니다. 더 다른 것은 '얼마나 빠른가와 얼마나 빠르기가 변하는가(가속도)'의 차이입니다.

평균 낙하 속력 좀 더 알아보기

앞의 문제를 이해했는지 확인하기 위해 다음을 생각해 보겠습니다. 만약 돌멩이가 2초 동안 떨어졌다면, 2초 동안의 평균속력은 얼마일까요?

ⓐ 1m/s　　ⓑ 1.2m/s　　ⓒ 4.9m/s

ⓓ 9.8m/s　　ⓔ 19.6m/s

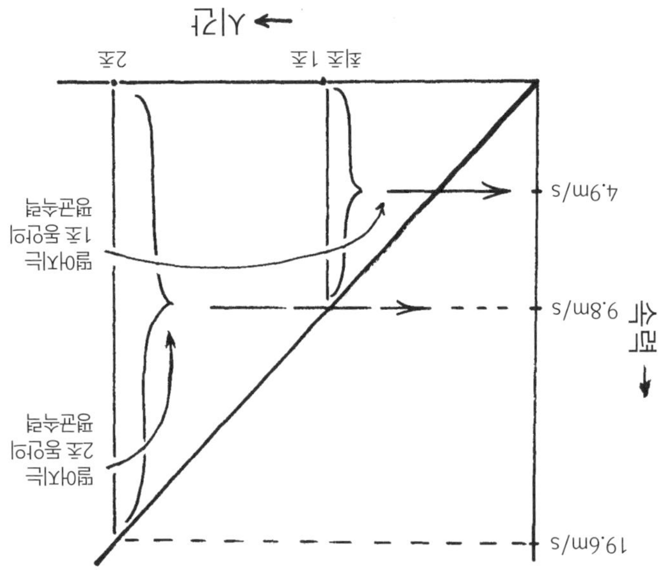

답: 평균 낙하 속력 좀 더 알아보기

정답은 ⓓ입니다. 속력은 0에서 시작하여 매초 9.8m/s씩 점점 빨라집니다. 2초 후에는 19.6m/s(19.6=2×9.8)까지 증가합니다. 0과 19.6의 평균값은 9.8입니다. 그래서 평균속력은 9.8m/s가 되는 것입니다. 그렇다면 2초 동안 돌멩이는 얼마만큼의 거리를 떨어졌을까요? 자, 총거리는 평균속력에 시간을 곱한 값과 같으므로 총 낙하 거리는 9.8m/s×2초=19.6m입니다.

얼마나 떨어질까요?

고층 빌딩 옥상에서 목수가 망치를 떨어뜨렸습니다. 1초 동안 망치는 꼭대기에서 한 층만큼 떨어졌습니다. 1초가 더 지난 후에는 얼마만큼 떨어지고 있을까요?

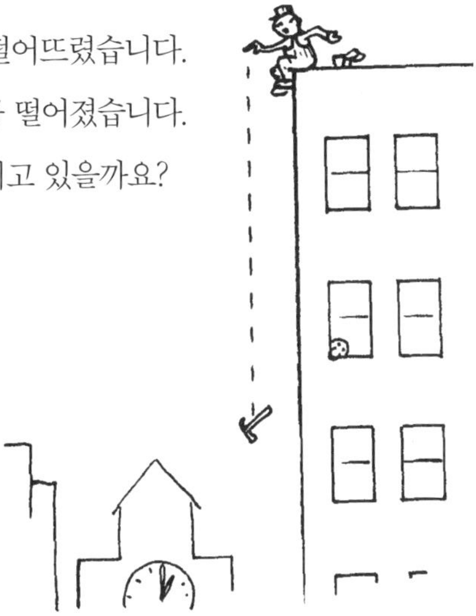

ⓐ 2층 아래

ⓑ 3층 아래

ⓒ 4층 아래

ⓓ 16층 아래

ⓔ 위 보기에는 없다.

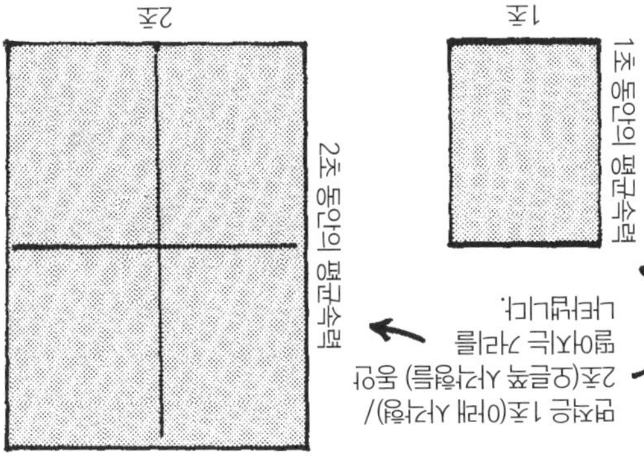

답: 얼마나 떨어질까요?

정답은 ⓒ입니다. 1초 동안 한 층만큼 떨어졌으니 2초 동안 두 층만큼 떨어졌을 것이라고 생각하는 사람이 있을 수 있습니다. 계속 같은 속력으로 떨어졌다면 맞겠지만 아닙니다. 망치의 속력은 점점 빨라지기 때문에 각각의 시간 동안 이동한 거리는 같지 않습니다. 2초 후에는 평균속력과 시간 모두 두 배가 되기 때문에 총 낙하 거리는 네 배가 됩니다. 기억하세요! 거리=평균속력 × 시간

와장창!

1층 발코니에서 병이 떨어져서 인도에 부딪쳤습니다. 충돌 속력이 두 배라면 발코니의 위치는 어디쯤일까요?

ⓐ 두 배 더 높은 곳이다.

ⓑ 세 배 더 높은 곳이다.

ⓒ 네 배 더 높은 곳이다.

ⓓ 다섯 배 더 높은 곳이다.

ⓔ 여섯 배 더 높은 곳이다.

답: 와장창!

정답은 ⓒ입니다. 간단히 생각하면 2층 발코니라고 말할 수도 있습니다. 하지만 속력이 두 배가 되기 위해서는 낙하 시간이 두 배여야 하고, 낙하 시간이 두 배가 되려면 낙하 거리는 네 배가 됩니다. '얼마나 떨어질까요?'를 기억하세요. 이는 병을 네 배 높이에 가지고 올라가야 함을 의미하고, 네 배의 에너지를 가해야 함을 의미합니다. 만약 병을 두 배 빠르게 떨어뜨리면 운동량도 두 배가 됩니다. '운동량'을 보세요. 하지만 에너지는 네 배가 됩니다. 그러므로 운동량이 두 배가 된다고 해서 운동에너지가 두 배가 되는 것은 아닙니다. 네 배가 되는 것입니다! 여기서 우리는 운동에너지와 운동량의 큰 차이를 알 수 있습니다.

롤러코스터

앞의 문제를 이해했는지 확인하기 위해 다음을 생각해 보겠습니다. 롤러코스터가 가장 높은 지점에 올라가서 떨어집니다. 짜릿함을 더 느끼기 위해 가장 낮은 지점에서의 속력이 두 배가 되기를 원합니다. 이것을 실현하려면 최고 지점이 얼마나 높아야 할까요?

ⓐ 두 배

ⓑ 세 배

ⓒ 네 배

ⓓ 다섯 배

ⓔ 여섯 배

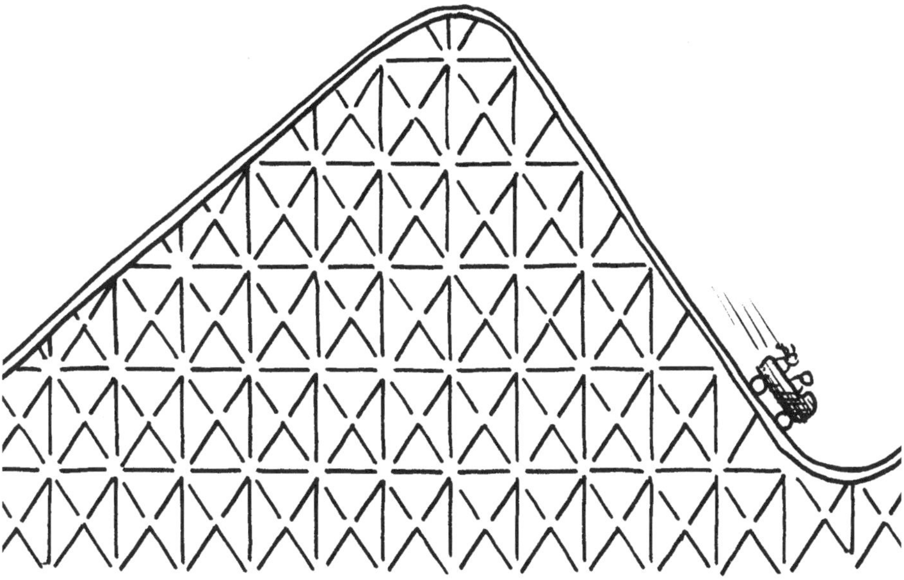

답: 롤러코스터

정답은 ©입니다. 이 문제는 '와장창!'과 매우 비슷합니다. 속력을 두 배로 하려면 운동량이 두 배가 되어야 합니다. 두 배의 운동량을 위해서는 운동에너지가 네 배가 되어야 합니다. 운동에너지를 네 배로 증가시키기 위해서는 높이를 네 배로 높여야 합니다. 어떻게 운동량과 운동에너지의 관계를 시각화할 수 있을까요? 빵 한 덩이로 보았을 때 흰 부분을 운동에너지, 그리고 빵 껍질을 운동량이라고 가정합니다. 빵 조각의 크기를 두 배로 늘리면 빵의 하얀 부분은 네 배가 되지만 빵 껍질은 두 배가 됩니다.

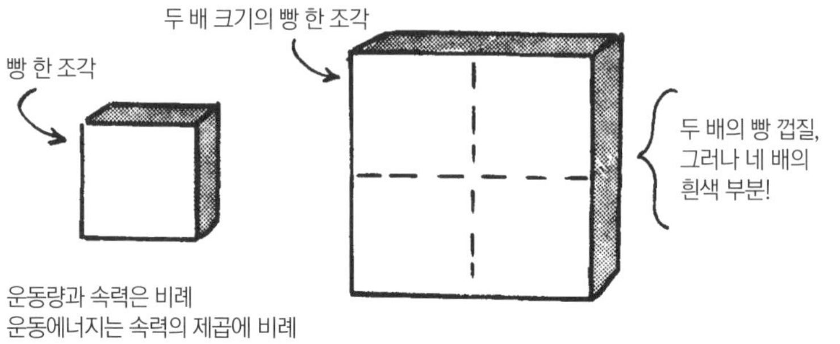

움직이는 물체의 질량을 증가시켰을 때를 가정하려면 두 개의 빵 조각이나 두꺼운 조각 하나만 그리면 됩니다. 2kg짜리 물체는 1kg짜리 물체 두 개로 생각할 수 있습니다. 운동에너지와 운동량 사이의 차이가 명확하지 않았던 갈릴레오 시대에는 빵의 하얀 부분과 껍질을 합쳐 임피도(impedo)라고 불렀습니다.

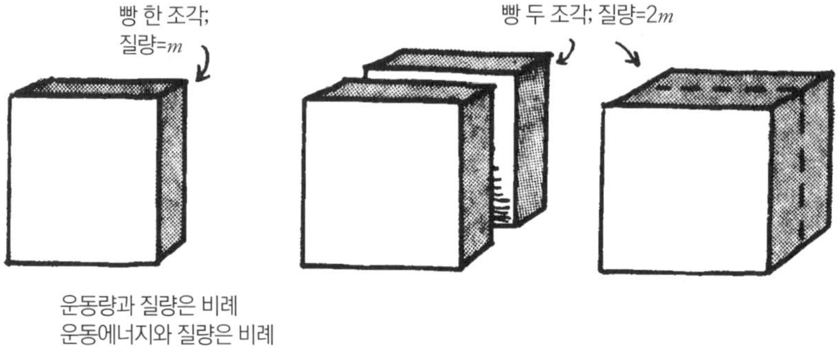

풍덩!

부드럽고 묽은 진흙에 돌멩이를 던져 돌멩이가 1cm만큼 파고들었습니다. 4cm만큼 파고들어가게 하려면 얼마의 속력으로 던져야 할까요?

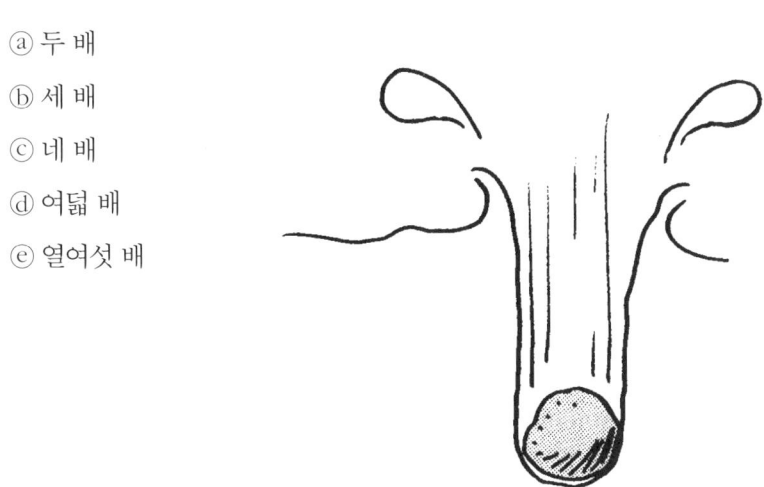

ⓐ 두 배

ⓑ 세 배

ⓒ 네 배

ⓓ 여덟 배

ⓔ 열여섯 배

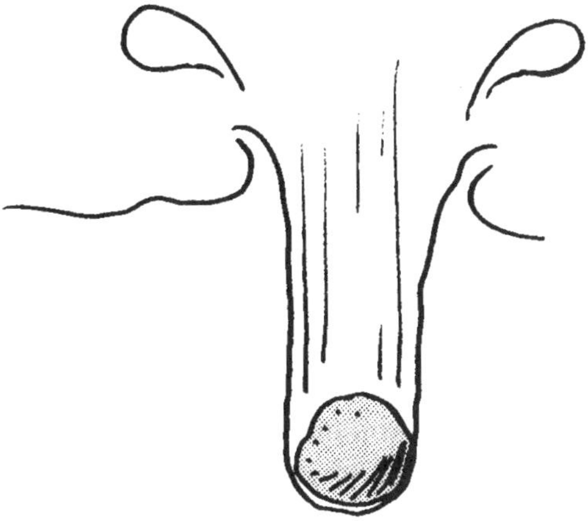

답: 풍덩!

정답은 ⓐ입니다. 또다시 잘못된 상식이 잘못된 답을 이끌어 냅니다. 네 배의 속력은 네 배의 침투력을 만들어 낼 것이라고 생각됩니다. 하지만 아닙니다. 어째서일까요? 진흙 속에 손가락을 넣어 보세요. 당연히 힘을 주어야 한다는 사실에 놀라는 사람은 없을 것입니다. 네 배의 깊이로 들어가게 하려면 똑같은 힘을 네 배의 거리에 걸쳐 가해야 합니다. 그러므로 네 배의 에너지가 필요하게 됩니다. 돌멩이의 운동에너지를 네 배 증가시키려면 속력은 두 배만 늘어나면 됩니다('와장창!'을 기억하세요). 총알의 경우를 생각해 보세요. 총알의 질량은 변화를 주지 않고 총알의 속력만 두 배로 늘린다면 운동량이 두 배가 되므로 표적을 쓰러뜨리는 힘도 두 배가 됩니다. 하지만 표적을 뚫고 들어가는 능력은 네 배가 됩니다. 운동에너지와 운동량은 서로 다릅니다.

고무 총알

크기, 속력, 질량이 같은 고무 총알과 알루미늄 총알이 있습니다. 두 총알을 나무토막에 쏘았을 때, 어떤 총알이 나무토막을 쓰러뜨릴 확률이 가장 클까요?

ⓐ 고무 총알

ⓑ 알루미늄 총알

ⓒ 둘 다 같다.

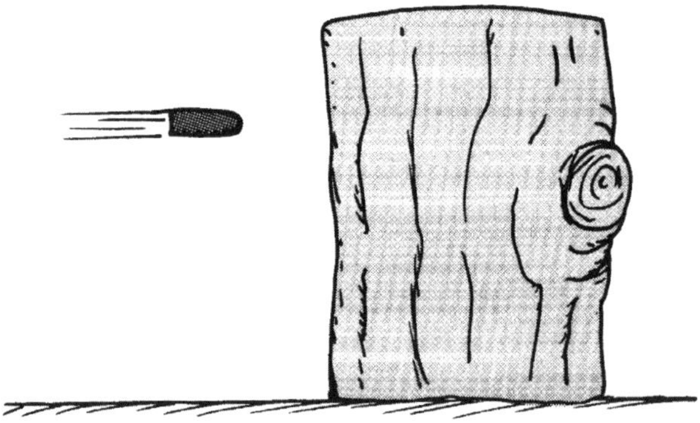

어떤 총알이 나무에 손상을 많이 입힐까요?

ⓐ 고무 총알

ⓑ 알루미늄 총알

ⓒ 둘 다 같다.

답: 고무 총알

첫 번째 질문에 대한 정답은 ⓐ이고, 두 번째 질문에 대한 정답은 ⓑ입니다. 두 경우 모두 나무에 부딪칠 때 똑같은 운동량만큼 나무에 충격을 줍니다. 하지만 고무 총알은 튕기는 반면, 알루미늄 총알은 나무토막을 통과하기 때문에 각각의 충격량은 다릅니다. 알루미늄 총알의 운동량은 전부 나무로 이동하여, 총알이 멈추는 데 필요한 충격량을 만듭니다. 그러나 고무 총알의 경우 나무가 총알을 멈추는 데 필요한 충격량을 제공할 뿐만 아니라, '총알을 다시 뒤로 보내는' 충격량도 부가적으로 주므로 고무 총알의 충격량이 훨씬 큽니다. 이것은 되튕길 때의 탄성에 따라, 고무 총알의 충격에 의해 충격량이 두 배로 가해지며, 나무에 두 배의 운동량이 전달됩니다. 그래서 고무 총알이 나무토막을 쓰러뜨릴 확률이 더 커집니다. 만약 명사수들에게 물체들을 쓰러뜨리는 데 고무 총알이 더 효과적이라고 말한다면, 그들은 전혀 믿지 않을 것입니다. 하지만 이는 사실입니다.

이제 두 번째 문제를 보겠습니다. 고무 총알이 나무토막에 가장 많은 운동량을 주겠지만, 가장 많은 에너지를 주는 것은 아닙니다. 만약 총알이 큰 속력으로 다시 튕겨 나온다면 그것은 운동에너지를 그대로 유지하고 있다는 의미입니다. 반면, 알루미늄 총알은 정지하기 때문에 모든 운동에너지를 잃은 것입니다. 잃은 운동에너지는 전부 나무토막으로 이동하게 됩니다. 이때 주목해야 할 가장 중요한 것은 알루미늄 총알에서 빼앗은 에너지에는 그에 해당하는 운동량이 없다는 점입니다. 운동량이 없는 에너지는 운동에너지가 될 수 없지만, 다른 종류의 에너지로 나타날 것입니다. 열에너지, 변형, 손상 등이 해당됩니다.

그러므로 고무 총알은 나무토막에 많은 양의 운동량을 전달하지만 에너지는 적게 주고, 알루미늄 총알은 작은 운동량 대신 많은 에너지를 준다는 것을 알 수 있습니다.

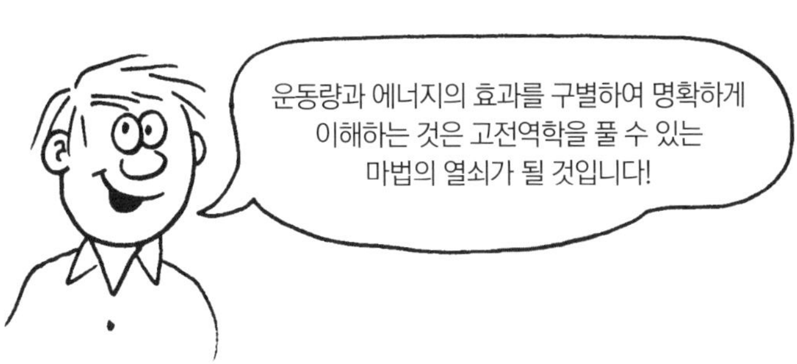

정지거리

시속 16km/h로 달리는 차가 있습니다. 운전자가 브레이크를 밟은 후, 차는 0.9m 더 움직였습니다. 똑같은 차가 시속 32km/h로 달리다가 브레이크를 밟으면 몇 m 더 앞으로 이동할까요?

ⓐ 0.9m

ⓑ 1.8m

ⓒ 2.7m

ⓓ 3.6m

답: 정지거리

정답은 ⓓ입니다. 차를 멈추는 것은 공중에 돌을 똑바로 던져 올리는 것과 같은 원리입니다. 돌에 일정한 힘(중력)이 작용하여 멈추는 것입니다. 공중에 던져진 돌이 어떻게 운동하는지 파악하려면, 머릿속에서 떨어지는 물체의 운동을 거꾸로 돌려서 상상해 보면 됩니다. 돌의 낙하 속도를 두 배로 하려면 낙하 시간이 두 배가 되고, 자동적으로 낙하 거리는 네 배가 되어야 합니다. 이는 초속도를 두 배로 해서 돌을 위로 던지면 멈추기 전에 이동한 거리는 네 배가 된다는 뜻입니다.

시속 32km/h로 달리는 차도 마찬가지입니다. 제동 거리는 시속 16km/h로 달리는 차에 비해 네 배 늘어납니다. 아마도 이 책에서 얻을 수 있는 가장 실제적이고 중요한 사실일 것입니다. 차의 속력을 두 배로 늘리면 정지하는 시간은 두 배로 늘어나고, 정지할 때까지 움직이는 거리는 네 배로 늘어날 것입니다. 그리고 무엇에 충돌할지 아닐지는 시간이 아니라 거리에 의해 결정될 것입니다.

퍽!

초속 1m/s로 이동하는 1kg의 찰흙 덩어리가 정지해 있는 다른 1kg의 찰흙 덩어리로 던져졌습니다. 퍽! 하고 충돌한 두 개의 찰흙 덩어리는 서로 달라붙어 2kg짜리 한 덩어리가 되었습니다. 이 2kg의 찰흙 덩어리의 속력은 몇 m/s일까요?

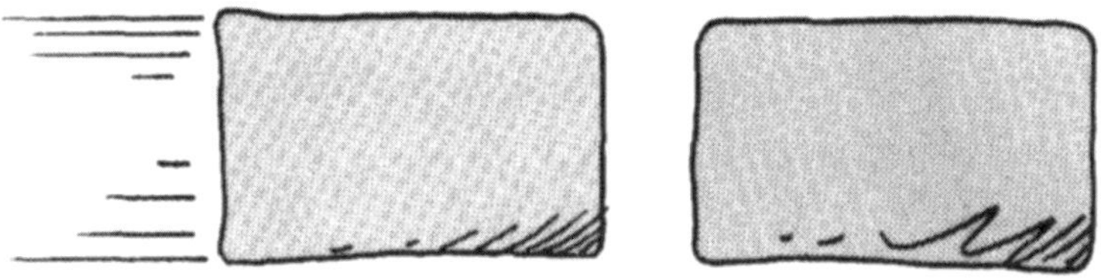

ⓐ 0m/s

ⓑ 1/4 m/s

ⓒ 1/2 m/s

ⓓ 1m/s

ⓔ 2m/s

답: 퍽!

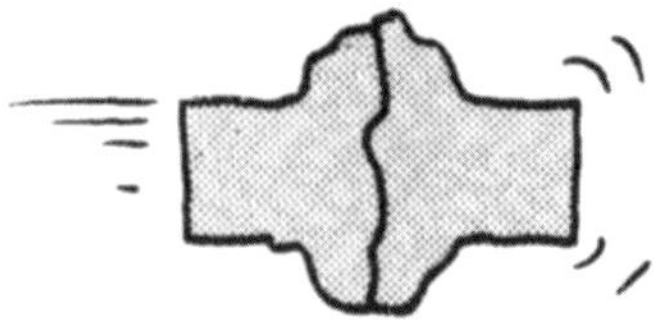

정답은 ⓒ입니다. 움직이는 덩어리가 잃은 속력은 정지한 덩어리가 얻고, 두 덩어리의 속력이 같아질 때까지 주고받게 됩니다. 바꿔 말하면, 움직이는 덩어리가 잃은 운동량은 정지한 덩어리로 이동합니다.

이것은 정지한 덩어리의 속력을 증가시킨 충격량이 움직이는 덩어리의 속력을 감소시킨 충격량과 그 크기가 같고, 방향이 반대이기 때문입니다. 한쪽이 잃어버린 운동량은 다른 한쪽이 얻게 되므로 운동량의 손실은 없습니다. 그래서 충돌 전후의 운동량은 같습니다. 운동량은 질량에 속력을 곱한 값입니다. 충돌 전에는 움직이는 덩어리가 모든 운동량을 갖고 있고, 정지한 덩어리의 운동량은 0이었습니다. 충돌로 인하여 움직이는 덩어리의 질량은 운동량의 증감 없이 두 배가 되었습니다. 질량이 두 배가 되고 운동량에 변화가 없다면, 속력은 1/2로 줄어듭니다. 만일 1kg짜리 덩어리가 정지한 2kg짜리 덩어리에 부딪친다면, 충돌로 인하여 운동량의 변화 없이 움직이는 덩어리의 질량이 세 배가 되는 것입니다. 질량이 세 배가 되고 운동량에 변화가 없다면, 속력은 처음 값의 1/3로 줄어듭니다.

이것은 매우 중요한 법칙을 설명하고 있습니다. 바로 운동량 보존의 법칙입니다. 운동량이 시작과 끝에 똑같이 나타나면 우리는 운동량이 보존되었다고 말합니다. 어째서 우리는 이 문제를 운동에너지 보존이라고 생각하지 않을까요? 왜냐하면 운동에너지는 보존되지 않기 때문입니다. 덩어리들끼리 부딪치고 변형될 때 그 일부는 열에너지로 바뀝니다. 물체가 변형될 때도 에너지가 필요합니다. 자동차 사고 시 '차체가 구부러질 때' 에너지가 필요합니다. 찰흙 덩어리를 벽에 던졌을 때 모든 운동에너지는 열에너지로 전환됩니다. 그러나 완전 탄성체로 만들어진 공을 벽에 던지면 도로 튀어나오면서 운동에너지는 열에너지로 전환되지 않습니다. 따라서 운동에너지를 전혀 잃지 않게 됩니다. 여기에서 또 한 가지 중요한 점이 있습니다. 어떻게 보면 열은 실제로 숨겨진 운동에너지입니다. 모든 분자가 같은 방향으로 움직일 때, 이를 일반 운동에너지 또는 역학적 운동에너지라고 합니다. 분자들이 각각 다른 방향으로 움직일 때 찰흙 덩어리는 전체적으로 움직이지 않고 운동에너지는 섞이거나 숨겨지는데, 이를 열 운동에너지 또는 열이라고 부릅니다.

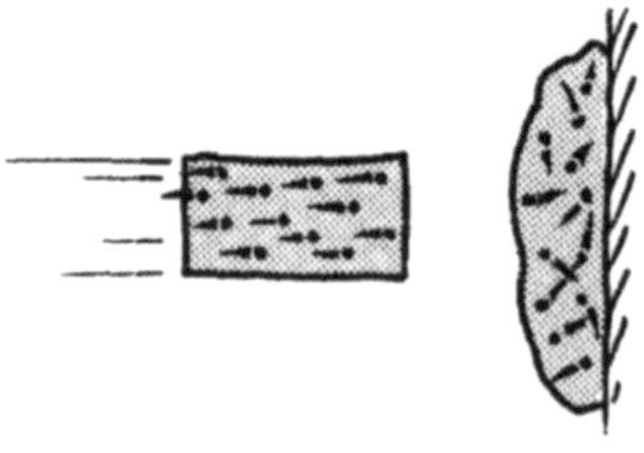

다시, 퍽!

초속 1m/s로 운동하는 1kg의 찰흙 덩어리가 정지해 있는 1kg의 찰흙 덩어리에 부딪쳤습니다. 퍽! 하고 붙어 버린 두 덩어리는 2kg짜리 한 개의 찰흙 덩어리가 되었습니다. 충돌 전 움직이던 덩어리의 운동에너지는 충돌하는 동안 몇 % 열에너지로 전환되었을까요?

ⓐ 0%

ⓑ 25%

ⓒ 50%

ⓓ 75%

ⓔ 100% (즉, 운동에너지가 전부 열에너지로 바뀌었다.)

답: 다시, 퍽!

정답은 ⓒ입니다. 앞 문제에서 알 수 있었듯이, 합쳐진 덩어리의 속력은 충돌 전 한 개의 덩어리가 가졌던 속력의 1/2입니다. 이제 2kg의 덩어리를 한 쌍의 1kg짜리 덩어리로 생각해 보겠습니다. 이 덩어리들은 충돌을 한 덩어리보다 속력이 1/2로 느려지므로, 운동에너지는 충돌하기 전 한 개의 덩어리가 가졌던 운동에너지 값의 1/4을 운동에너지 값으로 가지게 됩니다('와장창!' 참고). 한 쌍의 두 개의 찰흙 덩어리가 있으므로 1/4+1/4=1/2의 운동에너지를 가지게 됩니다. 그래서 원래 움직이는 덩어리의 운동에너지의 절반(50%)이 충돌 후 2kg짜리 덩어리의 운동에너지 값이 되는 것입니다. 나머지 50%의 에너지는 열에너지로 변했습니다. 만약 충돌할 때 소리가 난다면 어떻게 될까요? 소리도 운동에너지의 일부가 바뀐 것으로, 결국 운동에너지가 전부 열에너지로 바뀌지 못한 것일까요? 그러면 소리는 무엇으로 변할까요? 말소리를 포함한 모든 소리는 무엇으로 변할까요? 그것은 바로 뜨거운 공기입니다. 소리는 매우 빨리 열에너지로 변합니다. 얼마나 빨리 바뀌냐 하면 메아리가 사라지는 동안 바뀝니다.

빗속을 달리는 차

지붕이 없는 열차가 연직 방향으로 쏟아지는 빗속을 마찰 없이 달리고 있습니다. 빗물이 계속 열차 안으로 떨어져 꽤 많은 양이 열차 안에 차게 되었습니다. 담긴 빗물이 열차의 속력, 운동량, 운동에너지에 어떻게 영향을 미치게 될지 생각해 보세요.

열차의 **속력**은 어떻게 변할까요?

ⓐ 증가한다. ⓑ 감소한다. ⓒ 변화하지 않는다.

열차의 **운동량**은 어떻게 변할까요?

ⓐ 증가한다. ⓑ 감소한다. ⓒ 변화하지 않는다.

열차의 **운동에너지**는 어떻게 변할까요?

ⓐ 증가한다. ⓑ 감소한다. ⓒ 변화하지 않는다.

답: 빗속을 달리는 차

첫 번째 질문의 정답은 ⓑ, 두 번째 질문의 정답은 ⓒ, 세 번째 질문의 정답은 ⓑ입니다. 움직이는 열차는 수평 방향의 운동량만 가지고 있습니다. 빗물은 연직 방향으로 내리고 있기 때문에 수평 방향의 운동량이 없으므로 열차의 운동량은 변하지 않습니다. 하지만 열차의 질량은 차오르고 있는 빗물 때문에 증가합니다. 운동량이 변화하지 않으면서 질량이 증가하므로, 속력은 감소합니다. 그래서 빗물이 차오르면서 열차가 느려지는 것입니다. 이러한 상황은 '다시, 퍽!' 문제와 비슷합니다. 운동량이 변하지 않으면, 속력과 운동에너지는 감소합니다. 감소한 운동에너지는 어떻게 되었을까요? 운동에너지가 열에너지로 바뀌어 열차 안의 물이 빗물보다 조금 더 따뜻해집니다.

우리는 지금까지 운동량과 에너지보존법칙만을 가지고 문제를 풀었습니다. 많은 문제를 복잡한 힘들의 관계를 고려하지 않고, 이 강력한 법칙을 이용하여 풀 수 있습니다. 결론을 좀 더 잘 이해하기 위해 힘에 대해 생각해 보겠습니다. 열차에 떨어지는 빗방울은 수평 방향으로 움직이는 열차에 부딪쳐 그치게 됩니다. 벽, 바닥 또는 열차 안에 담긴 물의 표면 등 그것과의 상호작용으로 인한 힘이 작용합니다. 빗방울에 수평 성분의 속도를 갖게 해 주는 힘은 역시 열차에도 작용합니다. 이것이 열차를 느리게 하는 반작용의 힘입니다.

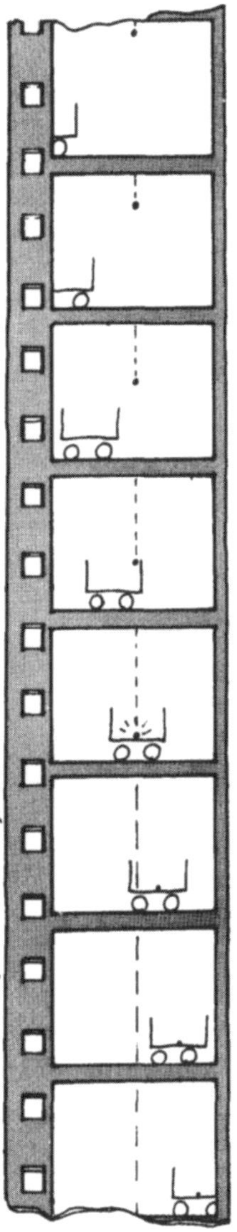

수직으로 떨어지는 빗방울이 열차와 부딪칠 때,
어떻게 오른쪽으로 힘이 작용할까요?
이것은 열차를 느리게 하는
왼쪽 방향의 반작용입니다.

달리는 배수구

비가 그쳤습니다. 움직이는 열차 바닥의 배수구 뚜껑을 열어 가득 차 있던 물이 빠져나가게 했습니다. 빠져나가는 물이 달리는 열차의 속력, 운동량, 운동에너지에 어떤 영향을 미치는지 알아보겠습니다.

열차의 **속력**은 어떻게 될까요?

ⓐ 증가한다. ⓑ 감소한다. ⓒ 변화하지 않는다.

열차의 **운동량**은 어떻게 될까요?

ⓐ 증가한다. ⓑ 감소한다. ⓒ 변화하지 않는다.

열차의 **운동에너지**는 어떻게 될까요?

ⓐ 증가한다. ⓑ 감소한다. ⓒ 변화하지 않는다.

답: 달리는 배수구

첫 번째 질문의 정답은 ⓒ, 두 번째 질문의 정답은 ⓑ, 세 번째 질문의 정답은 ⓑ입니다. 만약 물체를 갖고 있다가 놓아 버리면, 이 물체는 나에게 어떤 힘도 작용하지 않고, 물체 역시 나에게 힘을 작용하지 않을 것입니다. 마찬가지로 열차에서 빠져나가는 물도 열차에 아무런 힘을 작용하지 않아 열차의 속력은 변하지 않습니다. 물은 차 안에 들어 있을 때와 같은 수평 방향의 속도로 빠져나갑니다. 움직이는 열차의 창문 밖으로 맥주 캔을 버리는 것과 비슷합니다. 물론 빠져나가는 물은 운동량과 운동에너지를 빼앗아 갑니다. 그래서 열차의 운동량과 운동에너지는 감소합니다.

에너지는 얼마일까요?

이 문제는 여러분 대부분을 당황하게 만들 것입니다. 일정한 양의 가솔린이 가진 화학적 퍼텐셜에너지가 운동에너지로 전환되어 자동차의 속력을 0km/h에서 50km/h로 증가시켰습니다. 운전자가 다른 차를 추월하기 위해 100km/h로 가속했습니다. 50km/h에서 100km/h로 가속할 때 필요한 에너지는 0km/h에서 50km/h로 가속할 때 필요한 에너지의 몇 배가 될까요?

ⓐ 1/2배　　ⓑ 같다.　　ⓒ 두 배

ⓓ 세 배　　ⓔ 네 배

답: 에너지는 얼마일까요?

정답은 ⓓ입니다. 0에서 50km/h로 변할 때 속도 증가량은 50km/h이고 50km/h에서 100km/h로 변할 때의 증가량도 50km/h이므로 두 경우 에너지의 증가율이 같다고 생각했다면, 이는 착각입니다. 0km/h, 50km/h, 100km/h 대신 0m/s, 50m/s, 100m/s로 바꾼 후, '얼마나 떨어질까요?' 문제를 기억해 보세요. 100m/s의 속도로 떨어지는 물체는 50m/s로 움직이는 물체보다 두 배의 시간 동안 네 배의 거리를 더 운동합니다. 그러므로 전자는 후자에 비해 네 배의 운동에너지를 갖게 됩니다. 이제 50km/h나 50m/s를 한 '덩어리'의 운동에너지라고 생각합니다. 그러면 100km/h나 100m/s는 네 개 '덩어리'의 운동에너지에 해당합니다(요컨대 km/h는 큰 덩어리, m/s는 작은 덩어리로 생각하면 됩니다). 50에서 100으로 높이려면 세 '덩어리'만 더해 주면 되는 것입니다.

속력은 에너지가 아닙니다

언덕 위에 정지해 있던 트럭이 내려와 언덕 아래에서 속력이 4km/h가 되었습니다. 다음번에는 트럭이 정지해 있지 않고 3km/h의 속력으로 출발해서 언덕을 내려왔습니다. 언덕 아래에 다다랐을 때, 트럭의 속력은 얼마일까요?

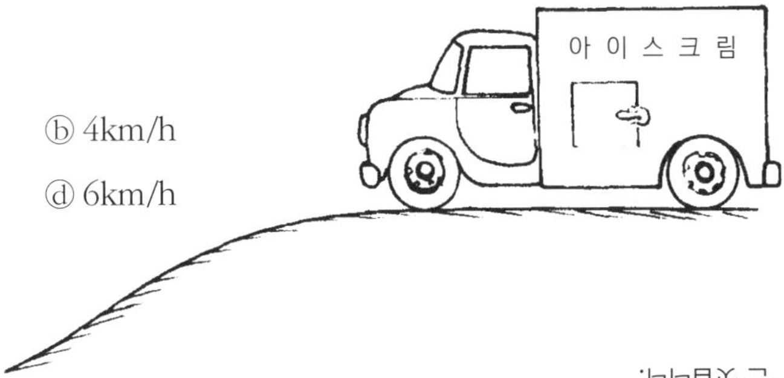

ⓐ 3km/h ⓑ 4km/h

ⓒ 5km/h ⓓ 6km/h

ⓔ 7km/h

답: 속력은 에너지가 아닙니다

정답은 ⓔ가 **아닙니다.** 만약 7km/h를 답으로 골랐다면, 다시 돌아가서 좀 더 생각해 보세요. '에너지는 얼마일까요?' 문제를 다시 봐도 좋습니다.

언덕을 내려가는 운동에서 운동에너지는 일정량을 더해 주면 되지만, **속력은 그렇지 않습니다.** 속력을 단순히 더하면 3+4=7이지만, 이것은 **틀린** 답입니다.

속력끼리는 왜 더할 수 없을까요? 언덕 위에서 4km/h의 속력을 얻으려면 트럭은 언덕에서 어느 정도의 시간이 걸려야 하기 때문입니다. 3km/h의 속력으로 출발하면 언덕에서 시간이 덜 걸리고, 언덕을 내려가면서 적은 속력을 얻게 됩니다. 그러나 단순히 **더할 수 있는** 물리량이 있습니다. 바로 에너지입니다. 우리는 속력이 두 배로 될 때 에너지는 네 배가 되고, 속력이 세 배가 될 때 에너지는 아홉 배가 된다는 것을 알고 있습니다. 운동에너지는 속력의 제곱에 비례합니다. 그러므로 초속도 3은 9단위의 에너지에 해당되고, 속력 4(언덕을 내려오면서 얻은)는 에너지 16단위에 해당합니다. 따라서 총 에너지는 9+16=25단위가 됩니다. 그럼 25단위의 에너지에 해당하는 속력은 얼마일까요? 바로 속력 5. 따라서 정답은 ⓒ가 됩니다.

여기서 속력이나 에너지 단위의 종류는 그다지 중요하지 않습니다. 중요한 사실은 에너지가 속도의 제곱에 비례한다는 것, 그리고 운동량과는 달리 에너지는 단순히 더할 수 있다는 것입니다.

관통

트럭이 언덕 1에서 정지해 있다가 매우 큰 건초 더미를 향해 내려갔습니다. 다른 동일한 트럭이 언덕 1보다 두 배 높은 언덕 2에서 동일한 건초 더미를 향해 내려갔습니다. 언덕 1에서의 트럭과 비교해서 언덕 2에서 내려간 트럭은 건초 더미를 얼마나 더 뚫고 들어갔을까요?

ⓐ 같은 거리　　ⓑ 두 배 거리

ⓒ 세 배 거리　　ⓓ 네 배 거리

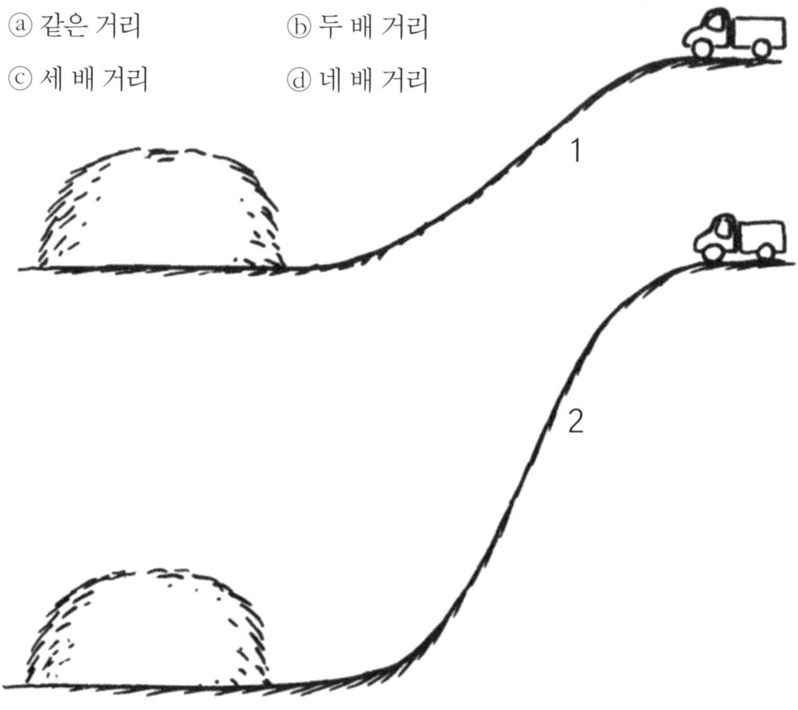

답: 관통

정답은 ⓑ입니다. 언덕을 내려가는 트럭에 미치는 중력이 작용하는 거리를 두 배로 늘인다는 것은 트럭의 운동에너지가 두 배가 된다는 것입니다. 이것은 트럭이 건초 더미를 뚫고 들어갈 때 가하는 힘이 작용하는 거리가 두 배가 된다는 뜻입니다.

태클

90kg인 힘센 마이크가 2m/s의 속력으로 풋볼 경기장을 달리고 있습니다. 45kg의 날쌘 곤잘레스는 4m/s의 속력으로 달리고 있고, 180kg인 육중한 폰초는 1m/s의 속력으로 달리고 있습니다. 마이크를 막는 데 더 유리한 사람은 누구일까요?

ⓐ 빠른 곤잘레스　　　ⓑ 육중한 폰초　　　ⓒ 둘 다 같다.

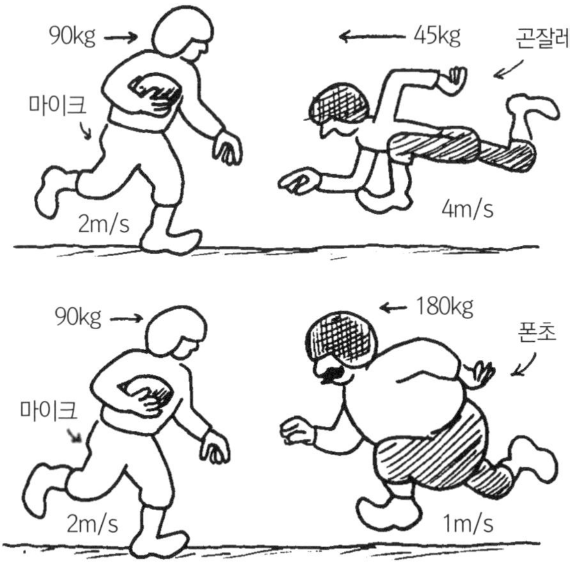

마이크의 뼈를 부러뜨릴 확률이 큰 사람은 누구일까요?

ⓐ 빠른 곤잘레스　　　ⓑ 육중한 폰초　　　ⓒ 둘 다 같다.

답: 태클

첫 번째 문제의 정답은 ⓒ입니다. 이것은 직선 운동량 보존입니다. 마이크의 운동량은 곤잘레스나 폰초의 운동량(90 × 2=45 × 4=180 × 1)과 정확히 똑같습니다. 따라서 마이크가 충돌에 의해 정지하는 데 드는 충격량은 곤잘레스나 폰초가 똑같습니다. 둘 다 마이크를 정지시키는 데 똑같이 영향을 미칩니다.

두 번째 문제의 정답은 ⓐ입니다. 비록 곤잘레스나 폰초가 정지 효과나 운동량 또는 충격량, 펀치 같은 면에서 같은 효과를 내더라도 마이크는 곤잘레스와 충돌할 때 더 많이 다치게 됩니다(미식축구 선수에게 한번 물어보세요). 어째서일까요? 바로 곤잘레스가 폰초보다 운동에너지가 더 크기 때문입니다. '풍덩!'과 '정지거리' 문제를 생각해 보세요. 물체의 속력이 두 배가 되면 정지하는 데 걸리는 시간은 두 배가 되지만, **정지할 때까지 움직인 거리는 네 배**가 됩니다. 네 배나 더 깊게 들어가는 것입니다. 이는 운동에너지가 네 배라는 뜻입니다. 곤잘레스는 폰초보다 네 배가 빠릅니다. 그럼 곤잘레스가 폰초보다 열여섯 배 더 많은 운동에너지로 열여섯 배나 더 깊이 파고들까요? 아닙니다. 어째서일까요? 곤잘레스의 질량은 폰초의 질량에 1/4밖에 안 되기 때문에 열여섯 배의 1/4값인 네 배의 운동에너지를 갖게 됩니다. 따라서 곤잘레스가 마이크에게 네 배나 더 깊이 파고들게 됩니다. 이것이 곤잘레스가 폰초보다 마이크를 더 다치게 하는 이유입니다.

기둥 박기

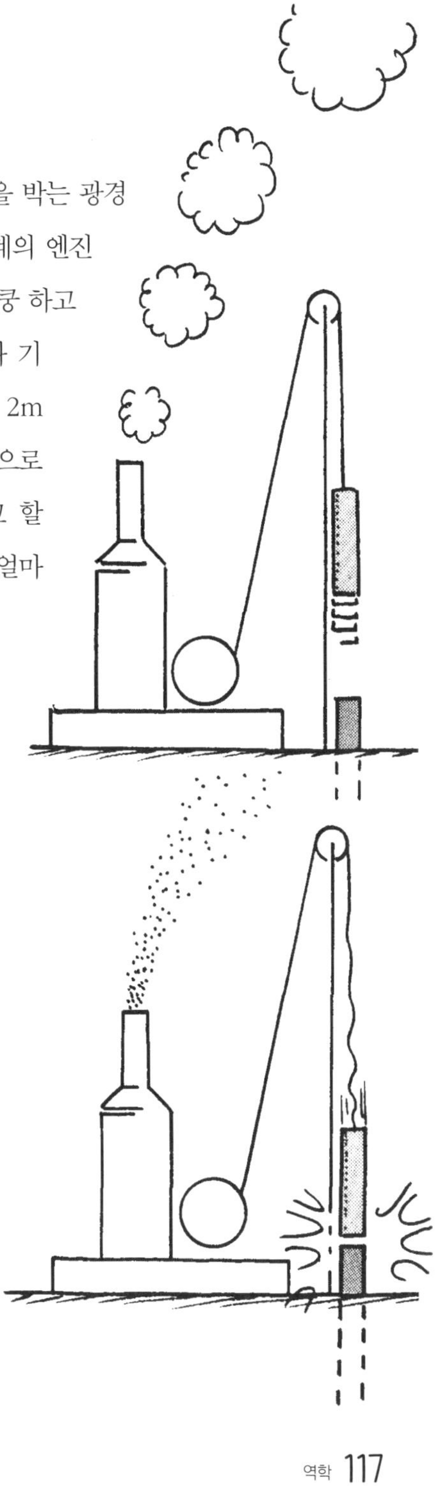

예전에는 공사 현장에서 땅속에 기둥을 박는 광경을 흔히 볼 수 있었습니다. 거대한 기계의 엔진이 칙칙거리고 쇳소리를 내면 망치가 쿵 하고 기둥을 내려칩니다. 이 문제의 망치와 기둥은 각각 무게가 1톤입니다. 망치가 2m의 높이에서 기둥을 내리쳐서 그 충격으로 기둥이 땅속으로 1cm가 들어간다고 할 때, 기둥이 지면에 가하는 평균 힘은 얼마일까요?

ⓐ 1톤

ⓑ 2톤

ⓒ 100톤

ⓓ 101톤

ⓔ 102톤

답: 기둥 박기

정답은 ⓔ입니다. 망치가 기둥을 내려칠 때 운동에너지는 2m 곱하기 무게입니다. 망치와 기둥은 질량이 같으므로 에너지의 절반은 충격에 의해 열에너지로 바뀝니다('다시, 퍽!' 문제를 다시 보세요). 이제 기둥을 1cm 들어가게 하는 운동에너지는 1m 곱하기 1톤(1m·t)이 남았습니다. 지금 1m·t은 100cm·t과 같습니다. 즉, 1m를 밀어내는 1톤의 힘은 1cm를 밀어내는 100톤의 힘과 같은 일을 합니다. 그러면 기둥은 지면에 100톤의 힘을 가한다는 뜻일까요? 좀 더 생각해야 할 것이 있습니다! 기둥은 망치가 내려치기 전에 이미 1톤의 무게로 지면을 누르고 있습니다. 역시 1톤의 무게를 가진 망치가 충격을 가한 직후, 망치는 순간적으로 기둥 위에 정지한 상태가 됩니다. 결국 2톤의 힘이 더 있는 셈이므로 전부 합해 102톤이 됩니다. 이것은 지면에 대해 102cm·t의 일을 했다는 뜻이 될까요? 그렇습니다. 이 여분의 2cm·t은 기둥의 무게와 둘이 합쳐져 지면을 1cm 파고들 때 망치의 무게에서 나온 것입니다. 속임수라고요? 약간은 그렇습니다. 그것이 바로 토목 기사가 배관공만큼 시간당 수익을 올리는 이유입니다.

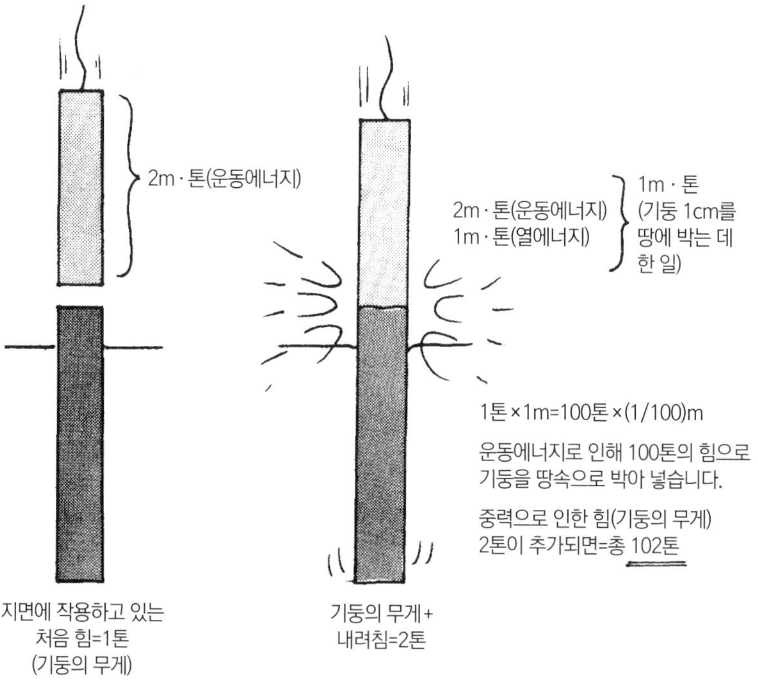

큰 망치

물리학 수업 시간에 아래 그림과 같이 실험● 을 했습니다. 용감한 물리학 교수의 배 위에 놓인 모루는 다음 중 어떤 것을 가장 많이 막아 줄까요?

ⓐ 운동량

ⓑ 운동에너지

ⓒ 둘 다

ⓓ 어느 쪽도 아니다.

● 이 실험은 몇 학기 전에 실제로 제가 제자들과 한 것으로 아마 평생 잊지 못할 것입니다. 저는 어리석게도 망치를 내려칠 사람을 학생들 중에서 자원 받았고, 신이 난 학생은 모루를 내리친 것이 아니라 제 손을 내리쳤습니다! 크게 다칠 수밖에요. 그 뒤로 저는 실험을 할 때 숙련된 조교와만 함께합니다. –폴 휴이트

답: 큰 망치

정답은 ⓑ입니다. 망치에서 모루로 전달된 운동량은 전부 교수에게 (그 후, 교수를 받치고 있는 지구까지) 전달됩니다. 모루는 망치가 가지고 있는 운동량에서 교수를 전혀 막아 줄 수 없습니다.

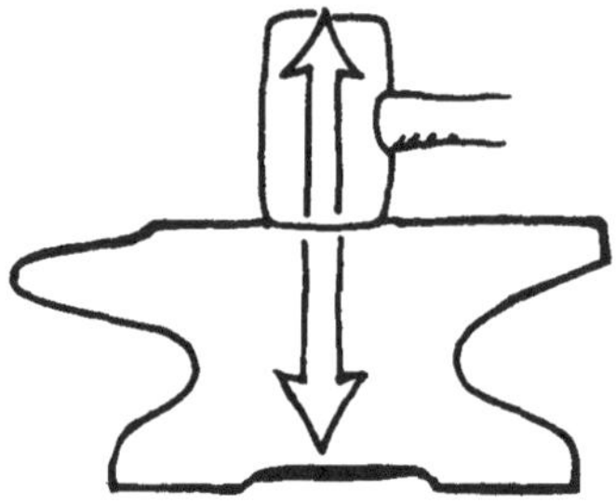

하지만 운동에너지의 경우 이야기가 달라집니다. 망치의 운동에너지 중 상당한 양이 교수에게 전해지지 않고, 열에너지로 모루에 흡수됩니다. 격렬한 망치질 후에 망치 머리 부분이 따뜻해진 것을 경험해 본 적이 있지 않나요? 요컨대, 운동에너지의 종착점은 열이 됩니다.

망치와 모루 사이에서 충돌이 일어나는 과정을 좀 더 자세히 살펴보겠습니다. 충돌이 일어나는 동안, 모루에 매 순간 가해지는 힘은 같은 순간 망치에 가해지는 힘과 크기는 같고 방향은 반대가 됩니다. 망치는 모루가 망치에 작용(혹은 반작용)하는 만큼 똑같은 세기로 똑같은 시간 동안 모루에 작용합니다. 그러므로 망치를 멈추게 하는 충격이나 힘은 모루나 교수에게 전달되는 충격량과 힘이 같아집니다. 만약 망치가 순간적으로 멈춘다면, 그 충격량은 망치의 운동량을 상쇄시킬 것이며, 그 충격량은 모루에 같은 크기의 운동량을 줍니다. 그래서 모루는 망치가 잃은 모든 운동량을 얻고, 망치에서 모루로 운동량이 완전히 전달됩니다. 물론 이때 얻은 운동량으로 모루가 빠르게 운동할 수는 없습니다. 왜냐하면 망치보다 훨씬 무거우니까요!

이번에는 운동에너지를 살펴보겠습니다. 우리는 운동량을 분석할 때 힘이 작용하는 **시간**에 관해 생각하지만, 에너지를 분석할 때는 힘이 작용하는 **거리**에 관해 생각해야 합니다. 어떤 물체가 얻는 에너지는 그 물체를 움직인 힘이 작용한 거리에 그 힘을 곱한 값과 같기 때문입니다. 망치와 모루가 충돌하는 동안 움직인 상대적인 거리를 살펴보겠습니다. 망치가 I에서 II까지 움직이는 동안 모루는 겨우 1에서 2까지 움직였습니다. 모루가 더 짧은 거리를 움직인 것입니다.●

힘은 같지만 작용 거리가 같지 않다면 운동에너지의 변화도 같지 않습니다. 망치는 모루가 얻은 것보다 더 많은 운동에너지를 잃는 것입니다. 그래서 망치의 모든 운동량이 모루와 교수에게 차례로 전달되지만, 운동에너지는 그렇지 않습니다. 교수는 운동에너지를 얻지 못한 채 다시 강의를 시작해야만 합니다.

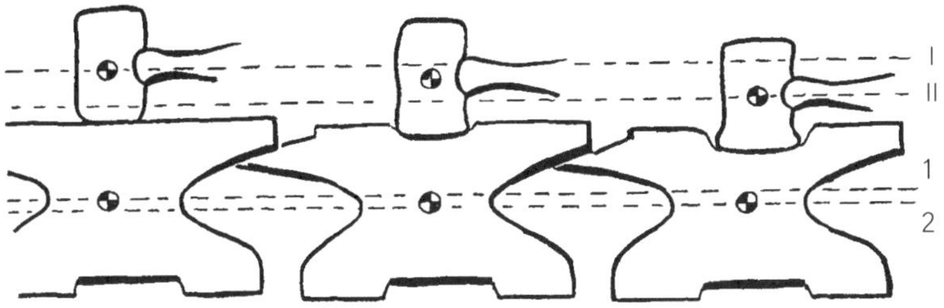

● 다른 방법으로 이 문제를 생각해 보겠습니다. 충돌이 일어나는 동안 망치의 속도는 약 48km/h에서 1.6km/h로 감속하는 반면, 모루의 속력은 0km/h에서 1.6km/h밖에 증가하지 않습니다. 이 두 물체는 충돌 후 같은 속력으로 멈추게 되지만, 그 순간 외에는 망치가 모루보다 빠른 속도로 움직이므로 충돌하면서 더 많은 거리를 움직이는 것입니다.

스크래치

(이 문제는 이 책에서 다룬 가장 어려운 문제보다도 한 단계 위의 문제로 에너지와 운동량 보존을 포함하고 있습니다. 또 약간의 벡터 계산법도 따릅니다.) 당구대 위에 Q 볼과 8번 볼이 그림처럼 놓여 있습니다. 초보인 선수가 Q 볼을 쳐서 8번 볼을 구석의 구멍에 집어넣는 데 성공했습니다. 이때 Q 볼이 방향을 바꾸면서 다른 구석의 포켓으로 떨어질 확률은 얼마나 클까요? Q 볼이 구멍으로 빠지는 것을 스크래치라고 합니다.

ⓐ 그림과 같은 위치에서는 스크래치의 확률이 크다.
ⓑ 그림과 같은 위치에서는 스크래치의 확률이 거의 없다.

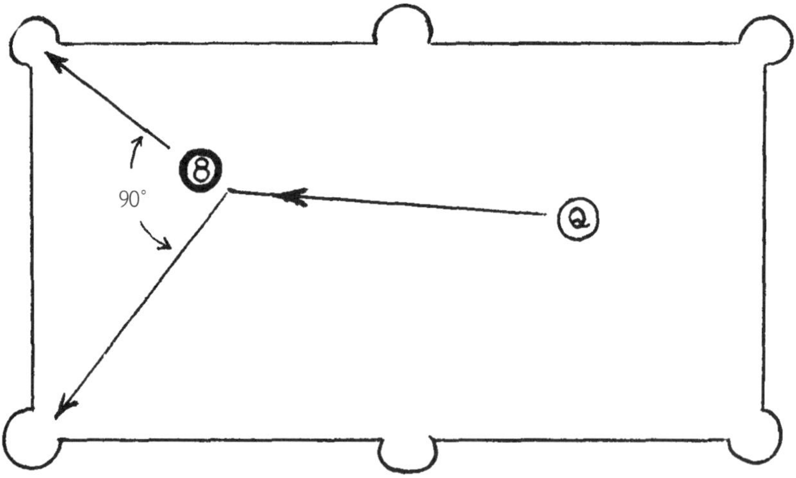

답: 스크래치

정답은 ⓐ입니다. 당구 실력이 뛰어난 사람은 알겠지만 Q 볼이 8번 볼과 부딪치면, 두 공은 90°의 방향으로, 서로 직각 방향으로 움직입니다. 그림에 나타난 8번 볼의 위치에서 약 90° 방향에 구멍이 있으므로 스크래치가 일어날 위험이 큽니다.

그러면 어째서 두 볼이 직각으로 움직여 갈까요? 공들의 질량은 서로 같으므로(혹은 같아야 하므로) 그 운동량은 속도에 비례합니다. 따라서 충돌 후 Q 볼의 속도와 8번 볼 속도의 벡터 합은 충돌 전의 Q 볼이 가졌던 속도 벡터와 같아야 합니다. 그러나 오른쪽 그림에서 볼 수 있듯이 두 개의 속도 벡터를 더해서 원래 Q 볼의 속도와 같게 하는 방법은 여러 가지입니다. 어떤 방법을 선택해야 할까요?

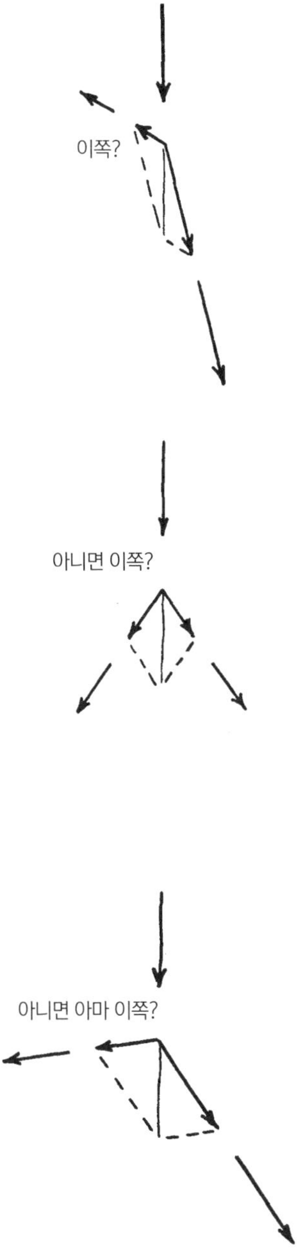

여기서는 운동량만이 고려의 대상이 아닙니다. 당구공은 일종의 탄성체이므로 충돌 후 두 볼이 갖는 운동에너지는 원래 Q 볼의 운동에너지와 같아야 합니다. 그리고 당구공의 운동에너지는 공의 속도의 제곱에 비례하고, 두 개의 공은 질량이 같으므로 충돌 후 Q 볼의 속도의 제곱에 8번 볼의 속도의 제곱을 더한 값은 충돌 전 Q 볼의 속도의 제곱과 같아야 합니다. 벡터 계산법에 따르면, 8번과 Q 볼의 속도 벡터는 각각 평행사변형의 두 변을 이루고 운동량 보존의 법칙에 의해서 평행사변형의 대각선은 충돌 전 Q 볼의 속도와 같게 됩니다. 또 운동에너지의 보존에 따라 평행사변형 두 변의 각 제곱의 합은 대각선을 제곱한 값과 같아야 합니다. 이것은 평행사변형의 두 변 사이 각이 90°라야 한다는 뜻입니다. 피타고라스의 법칙을 기억하면 됩니다.

결국 이러한 이유로 두 공은 직각 방향으로 움직이는 것입니다. 그럼 왜 앞에서 정확히 90°라는 말 대신 약 90° 방향이라는 표현을 썼을까요? 이 경우는 완전한 탄성 충돌이 아니라서 운동에너지의 일부가 열로 바뀌었기 때문입니다. 또 당구대와 볼 사이에 약간의 마찰이 있기 때문입니다. 결국 충돌 후 두 공이 갖는 운동량과 에너지는 충돌 전의 운동량 및 에너지와 같지 않습니다. 일부 에너지는 충돌 후 두 공 가운데 하나의 회전을 시키는 데 쓰일 수도 있습니다. 이러한 효과를 이용하여 능숙한 선수는 항상 Q 볼에 스크래치가 일어나지 않게 칠 수 있는 것입니다.

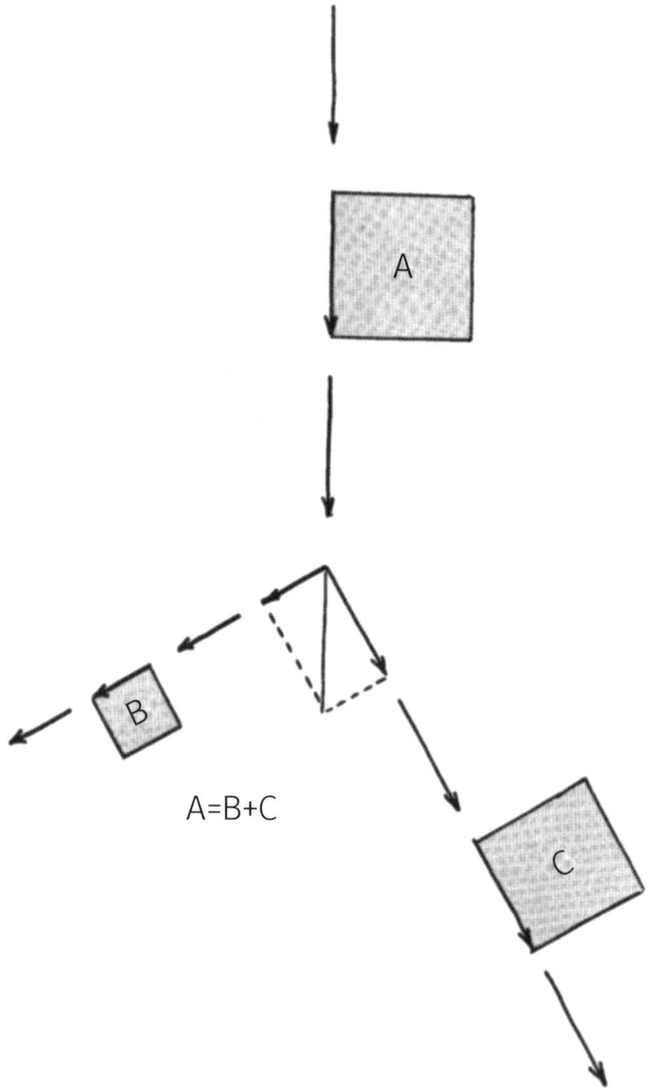

무거운 그림자

(이 문제 역시 다소 어렵습니다.) 두 개의 탄성이 있는 공이 서로 충돌하고 튀면서 3차원 운동을 하고 있습니다. 이때 운동에너지와 운동량은 보존됩니다. 두 공은 바닥에 그림자를 드리우는데 이 그림자들은 평평한 2차원 상에서 충돌과 되튐의 운동을 하게 됩니다. 이제 그림자에도 질량이 있다고 가정합니다. 그림자의 질량이 공의 질량에 비례한다고 가정한다면, 그림자가 충돌할 때 운동에너지와 운동량은 어떻게 변할까요?

ⓐ 운동에너지가 보존됩니다.
ⓑ 운동량이 보존됩니다.
ⓒ 운동에너지, 운동량 둘 다 보존됩니다.
ⓓ 운동에너지, 운동량 둘 다 보존되지 않습니다.

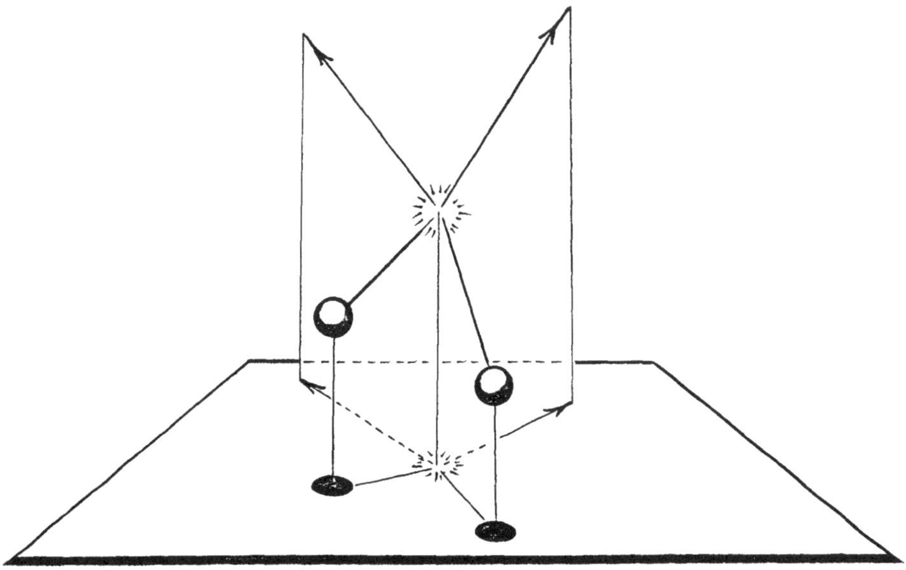

답: 무거운 그림자

정답은 ⓑ입니다. 그림자는 운동에너지를 보존하지 못합니다. 두 공이 아래 그림처럼 운동할 경우, 충돌 후에 그림자의 움직임은 없어집니다. 그러므로 에너지는 보존되지 않습니다.

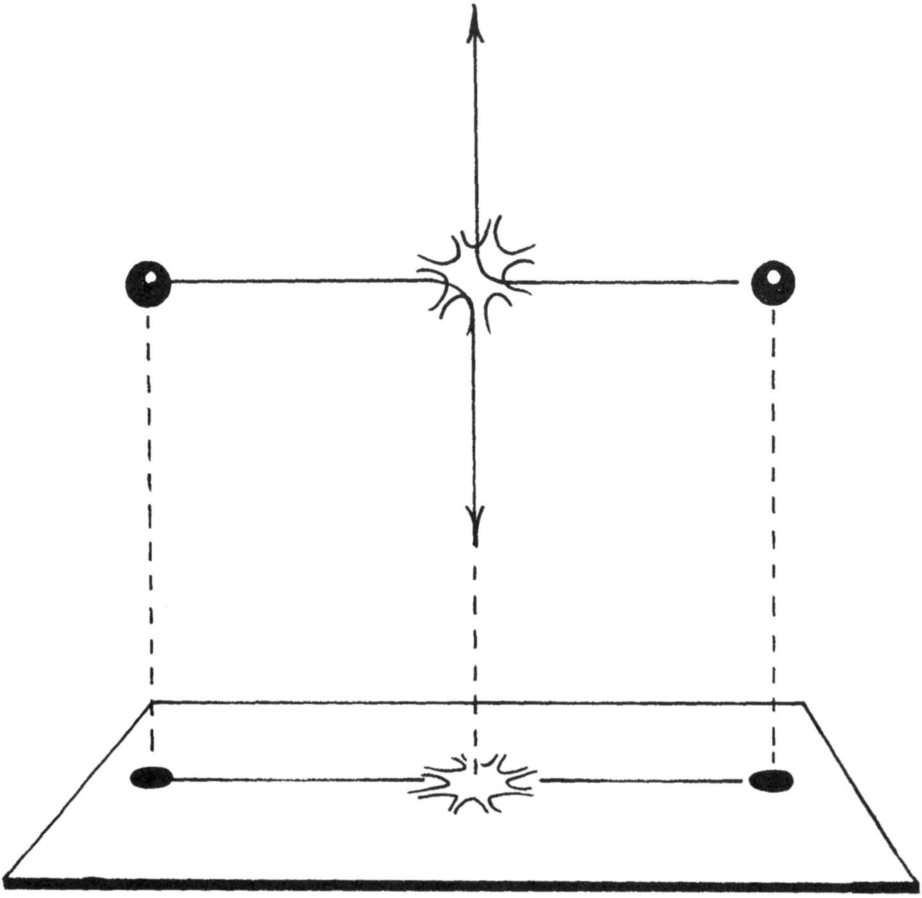

운동량을 보겠습니다. 충돌 전 두 공의 운동량의 합 벡터를 P_1, 충돌 후 두 운동량의 합을 P_2라 하겠습니다. 운동량 보존에 의해 $P_1=P_2$가 됩니다. 평면 위에 투사된 P_1의 그림자를 p_1, P_2의 그림자를 p_2라 하면 역시 $p_1=p_2$가 됩니다. 어째서일까요? 길이가 똑같은 평행한 막대기(혹은 벡터)의 그림자가 같기 때문입니다. 만약 두 공이 완전탄성체가 아닌 경우라도 그림자의 운동량이 보존될까요? 그렇습니다. 탄성이건 비탄성이건 모든 충돌에서 운동량은 보존됩니다. 단, 운동에너지는 탄성충돌 시에만 보존됩니다. 그러면 그림자의 운동량이 보존된다는 것은 과연 무슨 뜻일까요? 그것은 P와 같은 운동량이 그림처럼 X와 Y 성분 혹은 수평과 수직 성분으로 이루어졌다고 생각할 수 있다는 뜻입니다. 또 이 성분들은 각각 다른 성분 없이 그 자체만으로도 보존됩니다.

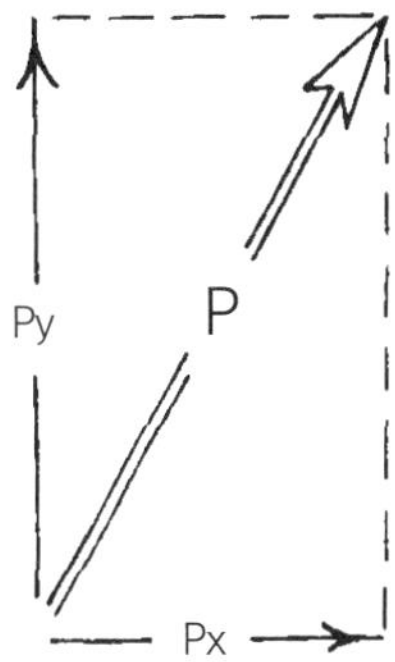

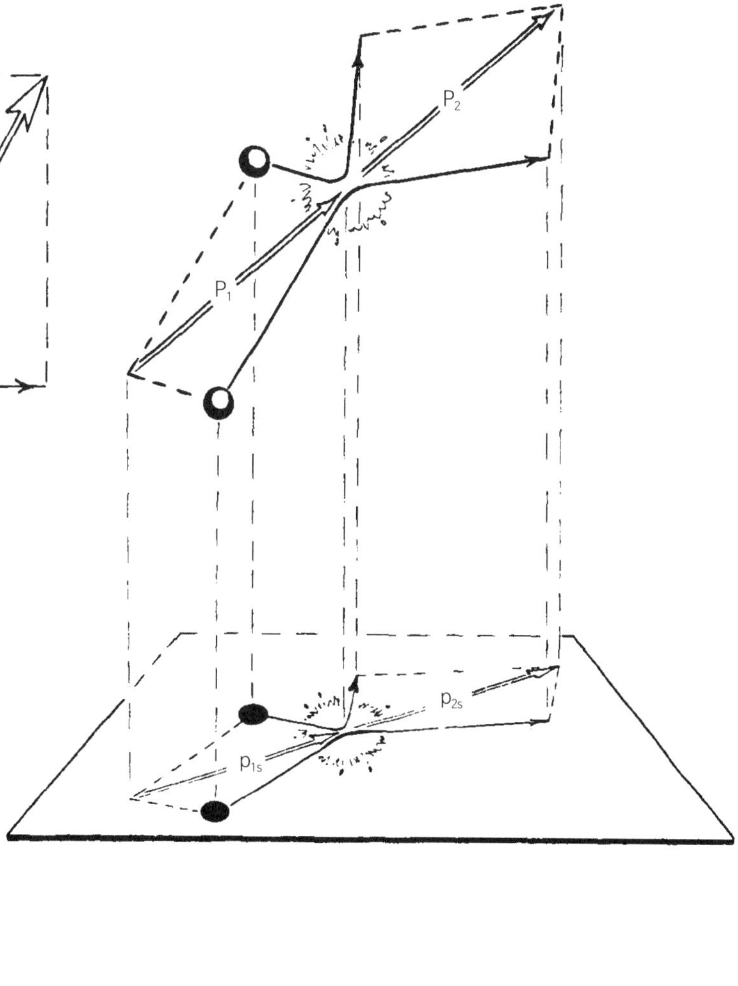

절대운동

한 과학자가 우주 공간 속에서 일직선으로 부드럽게 움직이는 완전히 고립된 상자 안에 앉아 있습니다. 또 다른 과학자 역시 완전히 고립된 상자 안에 앉아 있는데, 이 상자는 우주 공간 속에서 부드럽게 회전운동을 하고 있습니다. 두 과학자는 우주 공간에서 각각 자신의 운동 상태를 감지하기 위해 과학적인 방법을 이용할 수 있습니다. 어떤 과학자가 자신의 운동 상태를 감지할 수 있을까요?

ⓐ 직선운동을 하는 상자 안의 과학자가 운동을 감지할 수 있다.

ⓑ 회전운동을 하는 상자 안의 과학자가 운동을 감지할 수 있다.

ⓒ 양쪽 다 감지할 수 있다.

ⓓ 어느 쪽도 감지할 수 없다.

답: 절대운동

정답은 ⓑ입니다. 이 문제는 회전운동에서의 관성에 대해 묻는 것입니다. 만약 회전하지 않고 우주 공간 속을 직선으로 천천히 움직이는 상자 안에 있다면 이 운동을 느낄 수 없습니다. 예를 들어, 상자가 움직이든 안 움직이든 이 안에 있는 컵 위에 동전을 떨어뜨려 보면 동전은 컵 속으로 똑바로 떨어집니다.

이 실험은 등속도로 움직이는 열차나 비행기 안에서 해 볼 수 있습니다. 그러나 상자가 정지하거나 출발 혹은 돌아가거나 갑자기 움직이면 이때는 운동을 느낄 수 있습니다. 상자가 가속도를 갖고 움직인다면 움직임을 감지할 수 있지만 이것이 가속되지 않을 경우 운동 여부는 알 수 없습니다. 등속도로 직선운동을 하는 상자 안에서는 하고 싶은 물리학 실험을 모두 해 보아도 여전히 움직임은 알 수 없습니다. 심지어 바깥을 내다봤을 때 움직이는 배경을 보아도 자신이 움직이는 것인지 배경이 움직이는 것인지 알 수 없습니다. 오직 알 수 있는 것이라곤 상자가 배경에 대해 상대적으로 또는 동일하게, 혹은 역으로 움직이고 있다는 것입니다. 직선운동은 상대적입니다.

그러나 회전운동은 그렇지 않습니다. 이때는 외부와 아무 상관없이 움직이며 회전속도가 빠를 경우 오직 뱃속의 상태와 관련이 있을 것입니다(유원지에서 회전목마를 탔을 때 속이 메스꺼운 적이 있나요?). 그리고 상자가 매우 느린 속도로 회전할 때에도 진자의 추가 세차운동을 하는 것으로 상자의 회전운동을 알 수 있습니다. 회전운동은 절대운동입니다.

어째서 어떤 종류의 운동은 상대적이고 어떤 것은 절대적일까요? 어째서 둘 다 상대적이거나 둘 다 절대적인 것이 아닐까요?

왜 자연에서
이 모든 운동 중
선형이 특별한
것일까요?

또는 둘 다 상대적인 것도 절대적인 것도 아닌 이유는 무엇일까요? 어쨌든 고대 그리스인들은 신이 원운동을 가장 선호한다고 생각했습니다. 이 심오한 문제는 아직껏 풀리지 않은 채 남아 있습니다. 우리가 알 수 있는 것이라곤 우리가 존재하는 우주에서 직선운동은 상대적이고, 회전운동은 절대적이라는 것입니다. 만일 그렇지 않다면, 운동의 법칙이 오늘날 우리가 알고 있는 것과는 상당히 다른 모양을 하고 있을 것입니다. 그러나 이 모든 것이 사물이 지금의 방법대로 움직이고 있는지를 설명해 주지는 못합니다. 대단히 심오한 이 문제를 누가 풀 수 있을까요? 아마 당신일지도 모릅니다!

방향 전환

고양이 한 마리가 마룻바닥을 가로질러 Ⅰ 지점에서 Ⅱ 지점, Ⅱ 지점에서 Ⅲ 지점으로 속력 변화 없이 달리고 있습니다. 고양이는 속력 변화 없이 Ⅱ 지점에서 운동 방향만 바꾸었습니다. Ⅱ 지점에서 고양이에게 힘이 작용했을까요?

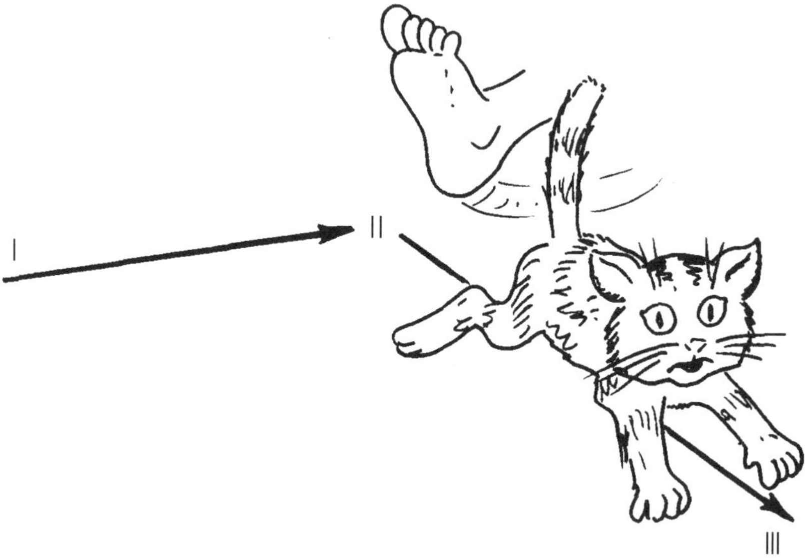

ⓐ 그렇습니다. 고양이는 Ⅱ 지점에서 힘을 받고 있습니다.

ⓑ 속력에 변화가 없기 때문에 힘을 받지 않습니다.

답: 방향 전환

정답은 ⓐ입니다. II 지점에서 고양이는 반드시 힘을 받습니다. 만일 힘을 받지 않는다면, 고양이는 III 방향으로 가지 않고 IV 방향으로 직진하게 됩니다. 아마도 누군가 이 불쌍한 고양이를 걷어차서 II 지점에서 V 방향으로 보낼 수도 있습니다. 이때 걷어찬 힘이 고양이의 방향을 III으로 전환시켰거나, 고양이가 스스로 바닥을 밀어냄으로써 방향을 바꿀 수가 있습니다. 그렇지만 마찰 없는 얼음 위에서라면 II 지점에서 돌아가는 데 필요한 힘을 얻을 수 없습니다. 즉, 힘이 없으면 방향을 전환할 수 없습니다. 이것이 바로 '스키드 아웃(skid out: 자동차가 옆으로 미끄러지는 것)'입니다.

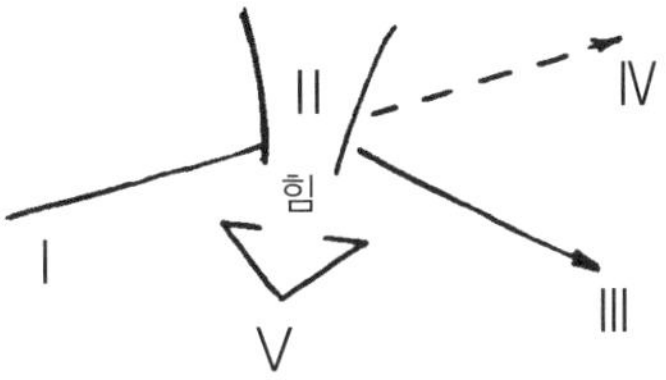

그런데 왜 힘은 고양이의 속력에는 변화를 주지 못했을까요? 그것은 힘이 측면에서 작용했기 때문입니다. 앞 방향으로 미는 힘은 물체를 더 빨리 가게 합니다. 뒤로 작용하는 힘은 물체를 느리게 하거나, 정지 또는 반대 방향으로 움직이게도 합니다. 그러나 측면에서 작용하는 힘은 물체의 방향을 전환시킵니다.

물리학자들은 힘은 물체의 속도를 항상 변화시키지만, 속력을 항상 변화시키지는 않는다고 흔히 이야기합니다. 속도란 무엇일까요? 속도는 물체의 운동을 표시하는 '화살'입니다. 물리학자들은 이 화살을 벡터라고 부릅니다. 물체가 점점 빠르게 움직일 때는 그림 A처럼 화살이 더 길어집니다. 물체가 감속하거나 반대 방향의 가속도에 의해 점점 느려지면, 화살표 또는 벡터는 그림 B처럼 짧아집니다. 그리고 방향을 바꾸게 되면 새 속도 벡터는 원래의 것과 길이는 같고 방향만 다른 곳을 향하게 됩니다. 즉, 속력은 같고 방향만 바뀐 그림 C의 경우와 같게 됩니다. 여기서 속력은 변하지 않아도 속도는 변할 수 있다는 것을 알 수 있습니다.

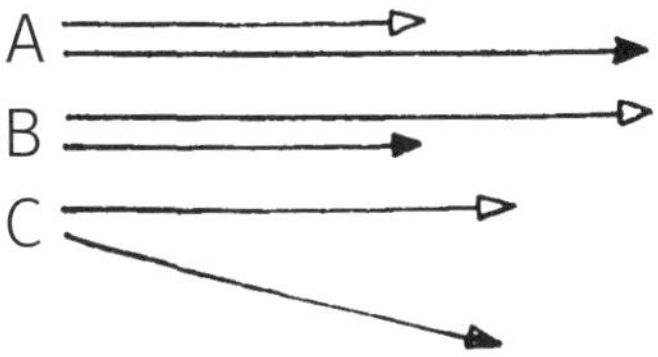

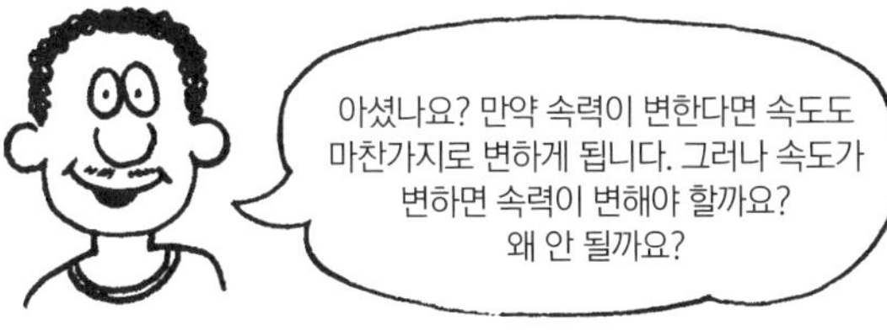

더 빠른 원운동

두 개의 동일한 물체가 동일한 지름의 원둘레를 돌고 있는데, 한쪽 물체가 다른 쪽보다 두 배 빠르게 운동합니다. 빠른 물체가 계속 원운동을 하는 데 필요한 회전력[구심력]은?

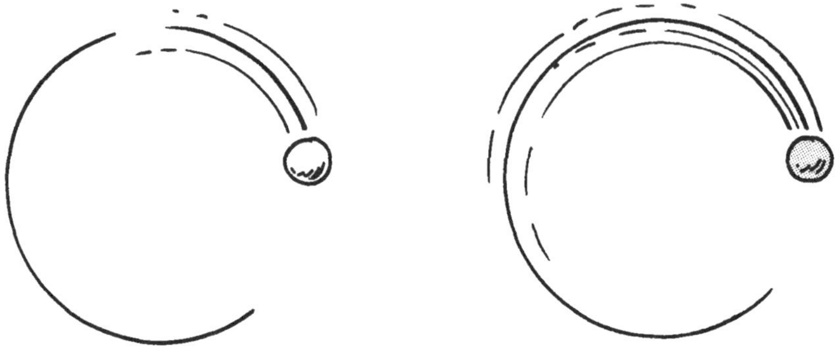

ⓐ 느린 쪽이 계속 원운동하는 데 필요한 힘과 같다.

ⓑ 느린 쪽이 계속 원운동하는 데 필요한 힘의 1/4배이다.

ⓒ 느린 쪽이 계속 원운동하는 데 필요한 힘의 1/2배이다.

ⓓ 느린 쪽이 계속 원운동하는 데 필요한 힘의 두 배이다.

ⓔ 느린 쪽이 계속 원운동하는 데 필요한 힘의 네 배이다.

답: 더 빠른 원운동

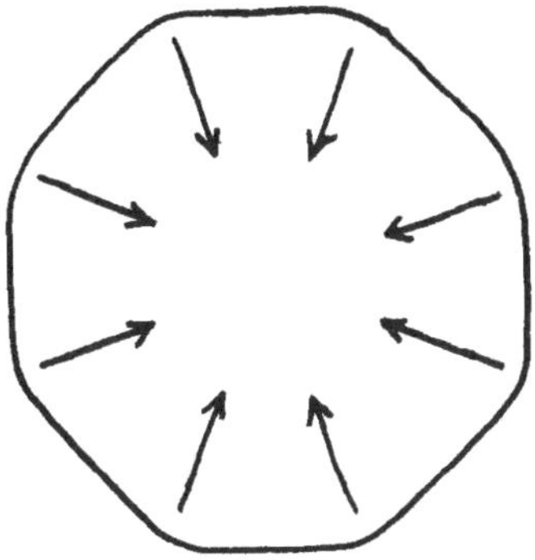

정답은 ⓔ입니다. 원을 아주 많은 변을 가진 다각형이라고 생각해 보세요. 물체가 궤도를 따라 움직일 때 그 경로가 구부러지려면 조금씩 힘을 받아야 합니다. 만일 물체가 두 배나 빠른 속도로 돌아간다면, 똑같은 정도로 경로를 구부릴 때는 당연히 두 배의 힘을 가해야 합니다. 따라서 물체에 작용하는 평균 힘은 두 배가 된다고 생각하는 사람도 있을 것입니다. 그렇지만 빠뜨린 것이 있습니다. 두 배의 속도로 움직일 때는 각 커브도 두배나 빠르게 지나야 합니다. 그러므로 두 배의 힘을 두 배 더 자주 가해야 하는 것입니다. 그러면 평균 힘은 네 배가 됩니다. 만약 속도가 세 배로 빨라진다면, 힘은 세 배의 크기로 세 배나 더 자주 가해야 하는 것입니다. 이때 평균 힘은 물론 아홉 배가 됩니다.

저자 루이스 엡스타인의 집 근처에는 급커브 길이 한 군데 있습니다. 도로 표지판에는 속도제한이 32km/h인데, 하루는 루이스가 장난삼아 48km/h의 속도를 내 보았습니다. 여분의 16km/h가 얼마나 더 큰 해를 입혔을까요? 32에서 48로 높인 것은 속도를 1.5배 증가시킨 것입니다. 속도를 1.5배 높이면, 차에 작용하는 구심력은 1.5 × 1.5=2.25배로 증가합니다. 따라서 속도가 50% 증가하면 원심력은 100% 이상 증가되어야 합니다. 물론 비포장도로에서는 일어나지 않을 일이지만 루이스의 차는 길에서 벗어나 버렸습니다!

말할 수 있을까요?

질량이 1kg인 물체가 Ⅰ 지점에서 Ⅱ 지점으로 1m/s의 속력으로 움직이고 있습니다. Ⅱ 지점에서 물체에 힘이 작용했는데, 속력은 변하지 않고, 운동 방향만 45도만큼 바뀌었습니다. 이론적으로 이 힘의 크기를 계산할 수 있을까요?

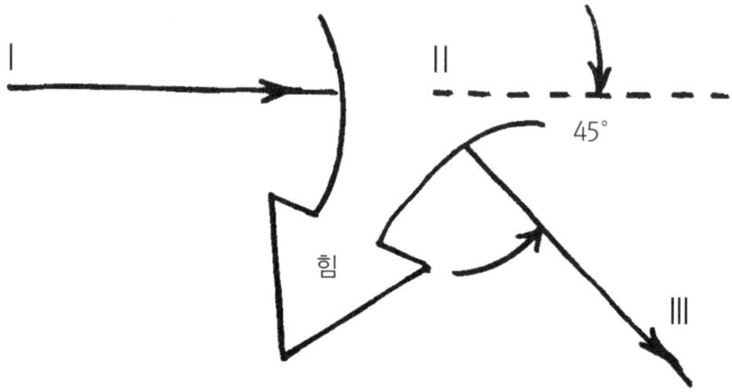

ⓐ 그렇습니다. 힘의 크기는 계산할 수 있습니다(어떻게 계산하는지 모르겠지만).

ⓑ 그렇지 않습니다. 아무도 힘의 크기를 계산할 수 없습니다.

답: 말할 수 있을까요?

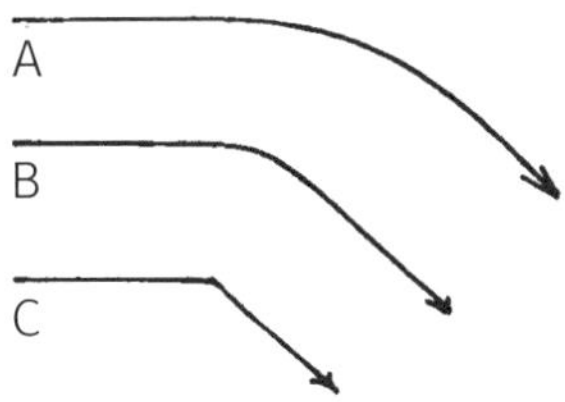

정답은 ⓑ, 알 수 없습니다. 이 문제는 '로켓 썰매' 문제와 매우 흡사합니다. 방향 전환은 작은 힘이 긴 시간 동안 작용하거나 큰 힘이 짧은 시간에 작용해야 이루어집니다. 만일 힘의 크기가 작고 작용하는 시간이 길면, 방향 전환은 그림 A처럼 점진적으로 일어나게 됩니다. 그러나 힘이 크고 작용 시간이 짧은 경우 B처럼 방향이 갑자기 꺾이게 됩니다. 그림 C에서처럼 방향이 순간적으로 바뀐다면, 힘의 크기는 무한대로 커지게 됩니다. 따라서 완벽하게 방향이 갑자기 꺾이게 되는 경우는 자연계에는 존재하지 않습니다.

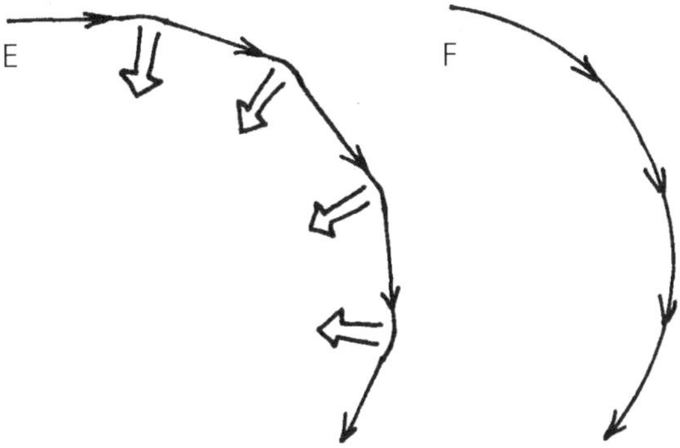

어떤 물체가 그림 E처럼 구부러진 경로를 따라 움직인다면, 힘이 어느 순간 작용했다가 다음 순간에는 작용하지 않은 것입니다. 구부러진 곳에서는 힘이 작용하지만 직선 위에서는 작용하지 않습니다. 평균 힘을 구하는 것이 편리할 때도 있습니다. 그림 F처럼 물체가 좀 더 부드러운 원호를 그리며 움직일 때는 작용하는 힘은 평균 힘과 크기가 똑같습니다.

더 빠른 회전

한 물체가 구부러진 경로 Ⅰ을 따라 1.6km/h의 속력으로 움직이고 있습니다. 동일한 물체가 역시 같은 속력으로 구부러진 경로 Ⅱ를 따라 움직입니다. 경로 Ⅱ의 지름은 경로 Ⅰ의 지름의 절반입니다. 경로 Ⅱ를 움직이는 물체가 경로에서 벗어나지 않게 하는 데 필요한 평균 힘은 얼마일까요?

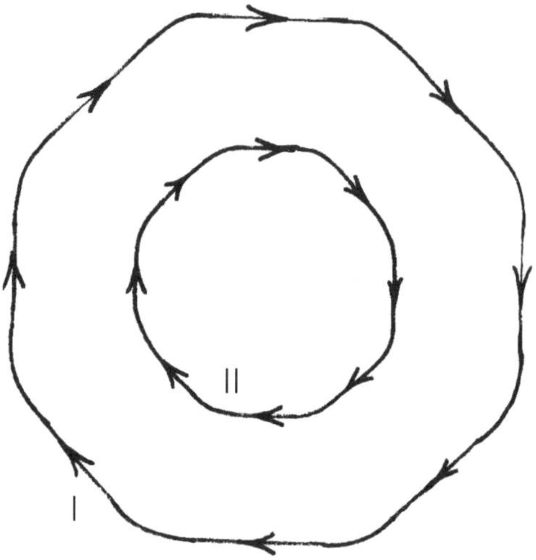

ⓐ 경로 Ⅰ의 물체에 작용하는 평균 힘과 같다.

ⓑ 경로 Ⅰ의 물체에 작용하는 힘의 1/2배이다.

ⓒ 경로 Ⅰ의 물체에 작용하는 힘의 두 배이다.

ⓓ 경로 Ⅰ의 물체에 작용하는 힘의 네 배이다.

ⓔ 경로 Ⅰ의 물체에 작용하는 힘의 1/4배이다.

답: 더 빠른 회전

정답은 ⓒ입니다. 경로 I과 II를 움직이는 물체의 회전각과 질량 그리고 속력은 모두 똑같습니다. 그래서 평균 힘도 같다고 생각할지도 모릅니다. 하지만 그렇지 않습니다. 어째서일까요? 우리는 힘의 평균값을 구해야 하기 때문입니다. 경로 II의 길이가 경로 I의 반이기 때문에, 경로 II에서 각 커브 사이를 지나는 데 걸리는 시간은 경로 I보다 1/2배로 짧습니다. 따라서 경로 II에서는 평균값을 내는 데 계산되는 시간이 1/2이고, 결국 경로 II의 평균 힘은 경로 I의 평균 힘보다 두 배 커집니다. 마치 1,000원을 20분으로 나눈 평균값은 1분당 50원이지만, 10분으로 나눈 값은 1분당 100원인 것과 마찬가지입니다.

경로 I과 II를 완전한 원으로 만든다 해도, 이제까지 얻은 결론에는 변함이 없습니다. 다시 말해 동일한 물체들이 동일한 속력으로 움직일 때는 작은 원둘레를 따라 운동하는 물체에 가해지는 힘이 더 커집니다. 작은 쪽 원의 지름이 큰 원의 1/2 또는 1/3일 경우, 작은 원둘레 위를 움직이는 물체에 작용하는 힘은 큰 원둘레 위를 운동하는 물체에 작용하는 힘의 각각 두 배 또는 세 배가 되는 것입니다.

물체가 원운동을 할 때 항상 측면으로 작용하는 회전력은 언제나 원의 중심을 향합니다. 구심력이라 부르는 이 회전력은 물체를 계속 나아가게 하는 것이 아니라 계속 회전하도록 하는 것으로 물체를 계속 원둘레 위에 있도록 합니다.

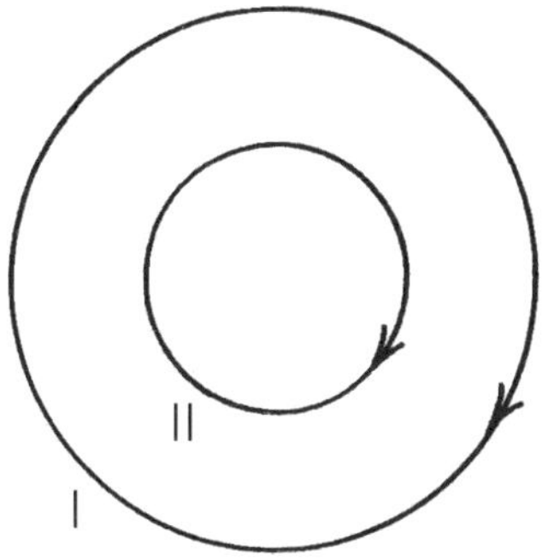

열차나 자동차가 달릴 때 커브가 급하면 급할수록 돌아가는 데 힘이 더 듭니다. 이제 왜 그런지 이유를 알게 되었을 것입니다. 커브가 급할수록 회전하게 되는 원둘레는 작아지는 것입니다. 원이 작아질수록 구심력은 더 커집니다. 만일 구심력이 작용하지 않는다면, 결과는 앞에서 언급한 스키드 아웃이나 궤도를 이탈하게 될 것입니다.

물론 두 물체의 질량이 다르다면 이야기는 달라집니다. 물체가 원운동하는 데 필요한 힘은 물체의 질량에 비례하여 증가합니다.

방정식으로 표시하면, 질량 m인 물체가 반지름 r인 원둘레 위를 속도 v로 움직일 때 작용하는 구심력 F는,

$F=m\frac{v^2}{r}$이 됩니다.

회전목마

피터와 대니가 그림처럼 돌고 있는 회전판 위에 서 있습니다. 피터가 데니를 향해 똑바로 공을 던졌을 때, 공은 어떻게 될까요?

ⓐ 공은 대니에게 간다.

ⓑ 공은 대니의 오른쪽으로 간다.

ⓒ 공은 대니의 왼쪽으로 간다.

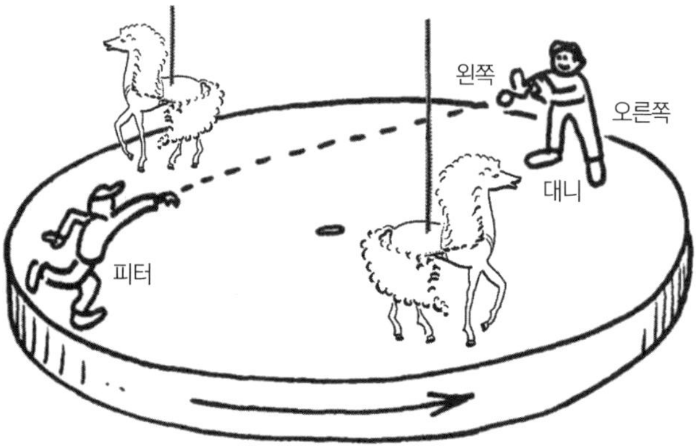

답: 회전목마

정답은 ⓑ입니다. 처음에는 공이 대니에게 똑바로 던져졌지만, 공이 다다를 때 대니와 회전목마는 그 자리에 있지 않고 움직이기 때문에 위치가 달라져 공은 대니에게 가지 못합니다. 다음 필름은 회전목마가 어떻게 움직였는지, 또 'R'이 원래 대니가 서 있던 장소로 옮겨 간 과정을 보여 줍니다. 결국 공은 대니의 'R' 쪽 방향으로 가게 됩니다.

게다가 피터가 대니를 향해 똑바로 공을 던진 순간에도 공은 대니 쪽으로 날아가지 않습니다. 어째서일까요? 피터가 서 있는 위치는 고정되지 않았기 때문입니다. 피터도 회전목마를 따라 움직이고 있습니다. 공은 피터의 속도에 영향을 받으며 결국 'R' 방향으로 비껴 나가게 됩니다.

우리가 사는 세상이 빙빙 돌고 있다면, 물체는 목표에 겨눈 방향대로 움직일 수 없습니다. 사실 똑바로 직진하는 **것처럼 보이지** 않을 것입니다.

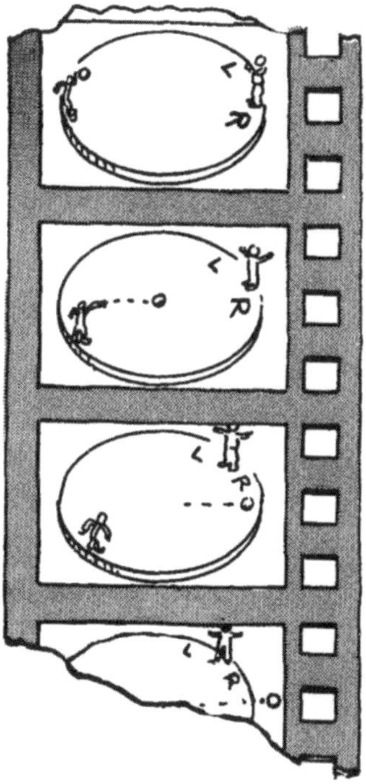

이러한 전향 효과는 이것을 처음으로 연구한 사람의 이름을 따서 '코리올리효과'라고 부릅니다. 지구도 실제로 자전하고 있으므로, 지상에서 움직이는 물체에는 크든 작든 코리올리효과가 나타납니다.

공을 피터에게서 대니에게로 강제로 가게 하려면 어떤 방향으로 던져야 할까요? 방법은 피터에게서 대니까지 이어지는 파이프 속을 지나게 하는 것입니다(그림을 보세요). 파이프는 직선형이지만 볼이 가는 동안 회전을 하게 됩니다. 따라서 파이프는 직선이지만 공은 휘어진 경로를 따라 움직인 셈입니다. 물체를 회전시키는 데는 힘이 필요합니다. 파이프의 굵은 선 쪽에서 공에 힘이 가해져야 합니다. 피터와 대니는 공이 휘어졌다고 생각할까요? 그렇지 않습니다. 그들은 파이프와 같이 회전을 했기 때문에, 공은 똑바로 움직였다고 생각하게 됩니다. 그렇지만 왜 공이 파이프의 옆을 계속 밀어내는지 의아해할 것입니다. 물론 자신들이 원운동을 하고 있다는 것을 깨닫는다면 그 의문은 풀릴 것입니다.

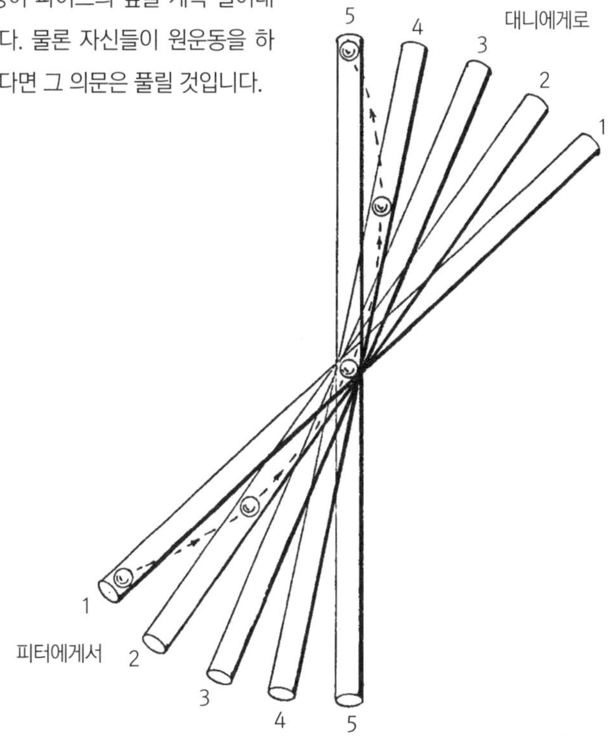

토크(돌림힘)

해리는 꽉 조여져 잘 움직이지 않는 나사를 렌치로 돌리려고 하는데, 돌리기에 토크가 충분하지 않다는 것을 알게 되었습니다. 긴 파이프가 있으면 렌치의 손잡이를 길게 해서 지렛대의 힘을 높이겠지만, 파이프가 없어서 대신 밧줄을 사용하기로 했습니다. 밧줄을 렌치 손잡이에 잡아매고 똑바로 잡아당길 때 토크는 과연 커질까요?

ⓐ 그렇다.

ⓑ 아니다.

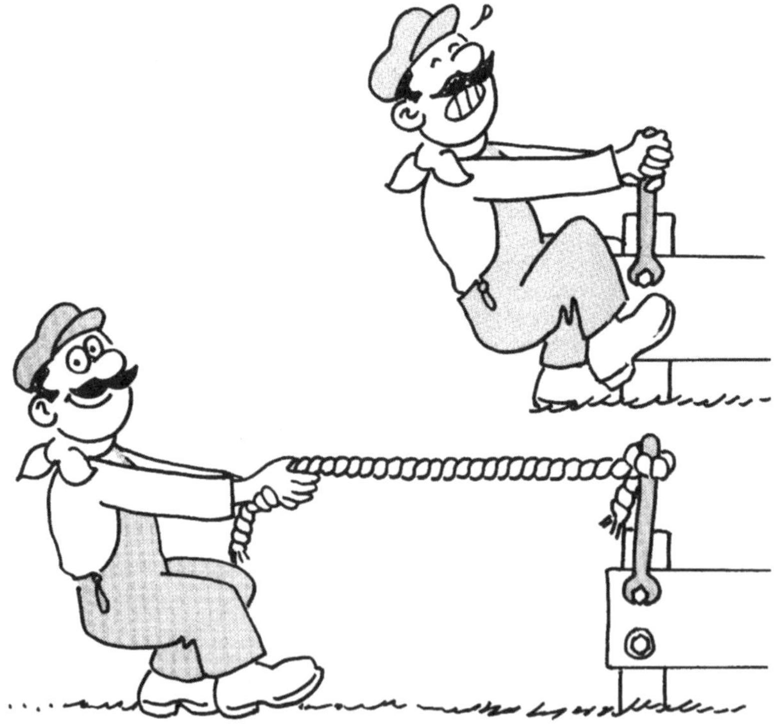

답: 토크(돌림힘)

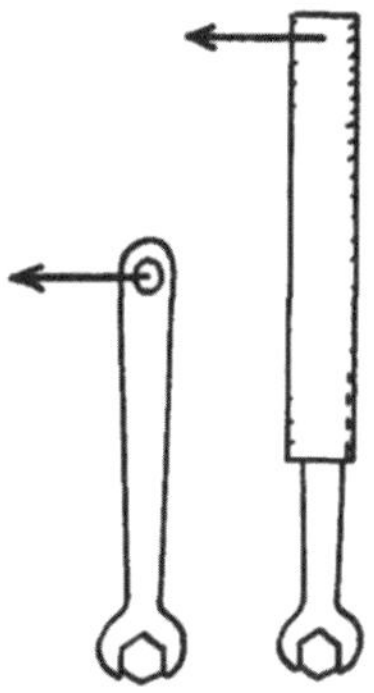

정답은 ⓑ입니다. 말 안 듣는 나사에 작용하는 토크(돌림힘)는 가해진 힘뿐만 아니라 그 힘이 작용하는 지렛대 팔의 길이에도 좌우됩니다. 이 관계는 아마도 시소나 렌치를 직접 사용했던 경험으로 비추어 보면 알 수 있을 것입니다. 지렛대가 길어질수록 토크도 커집니다. 렌치에 밧줄을 연결함으로써 힘점과 볼트 사이의 거리는 늘어났지만 지렛대 팔의 길이는 늘어나지 않았습니다. 이것은 지렛대 팔의 회전축 중심(볼트)에서 작용한 힘까지의 거리가 아니라 힘의 **작용선**(line of action)까지의 거리이기 때문입니다.

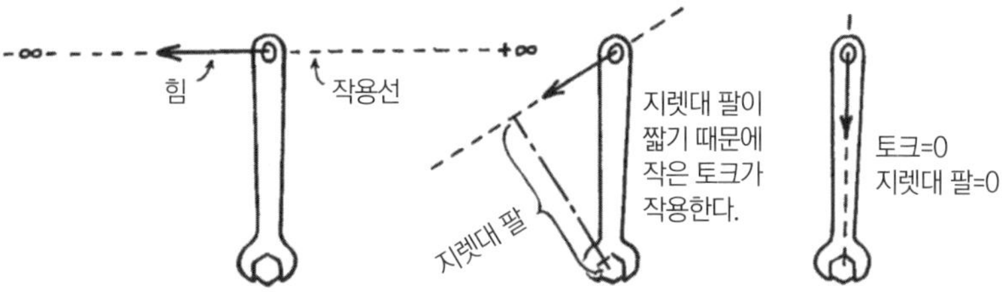

지렛대 팔은 힘의 작용선과 직각을 이룹니다. 이것은 힘의 작용선과 회전 중심 사이의 최단 거리입니다. 해리는 밧줄을 이용했지만 지렛대 팔의 길이에는 변화를 주지 않았습니다.

토크의 정의는 힘과 지렛대 팔의 길이를 곱한 값입니다. 토크는 기하학적으로 나타낼 수 있습니다. 그것은 어떤 특정한 삼각형 면적의 두 배입니다. 지렛대 팔의 길이를 삼각형의 높이, 힘 벡터를 밑변이라고 해 보겠습니다. 삼각형의 면적은 높이와 밑변을 곱한 값의 1/2입니다. 높이=지렛대 팔, 밑변=힘이므로, 삼각형의 면적은 토크의 1/2이 됩니다. 아래 그림을 보면 힘이 렌치 손잡이에 직접 작용하든 또는 렌치에 연결된 밧줄에 의해 작용하든 두 경우 다 작용된 힘과 회전중심으로 이루어진 삼각형의 면적은 같습니다(높이와 밑변이 같습니다). 따라서 토크도 같아집니다.

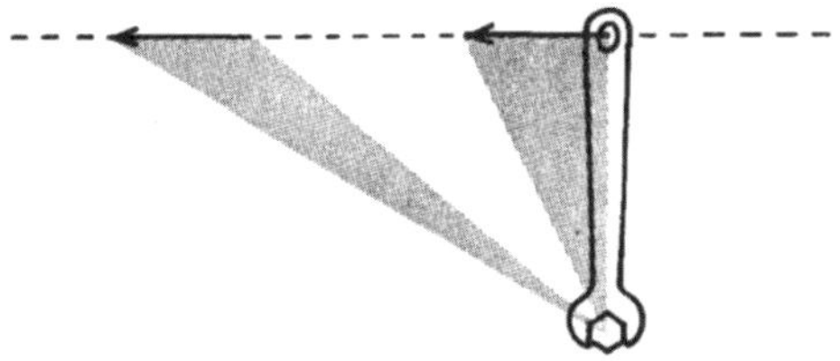

줄에 매단 공

공을 긴 줄에 매달아서 수평으로 큰 원을 그리며 돌리고 있습니다. 이때 줄을 잡아당겨 원의 크기를 작게 만들었습니다. 이때 공의 속력은 어떻게 변할까요?

ⓐ 커진다.

ⓑ 줄어든다.

ⓒ 변하지 않는다.

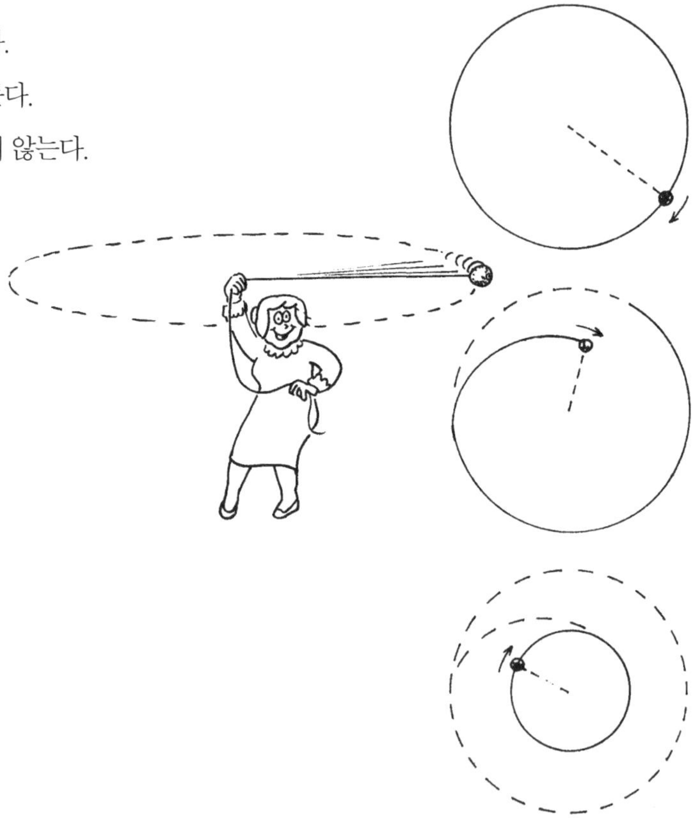

답: 줄에 매단 공

정답은 ⓐ로 속력이 커집니다. 줄에 매단 공이 반지름이 일정한 원을 그리며 움직일 때, 줄이 당기는 힘은 속력을 증가시키지 않습니다. 그래서 공은 일정한 속력으로 운동하게 됩니다. 그러나 줄을 당겨 공이 작은 원을 그리게 되면 이때 줄이 공을 당기는 힘은 공의 속력을 증가시킵니다. 어째서일까요? 반지름이 일정한 경우, 줄이 당기는 힘은 공이 움직이는 방향과 직각을 이룹니다.

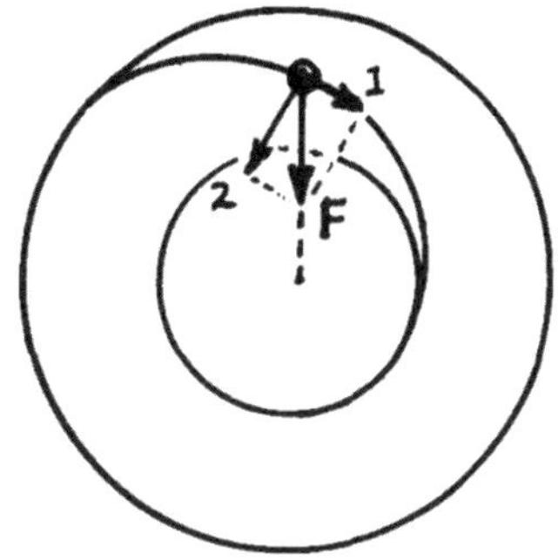

다시 말하자면, 당기는 힘은 항상 측면으로 작용하여 공의 운동 방향만을 계속 변화시킵니다. 즉, 직선운동 대신 원을 그리며 움직이게 되는 것입니다(만약 줄이 끊어진다면 그때는 공이 직선운동을 하게 됩니다).

그러나 줄의 길이를 변화시켜 공이 움직이던 원의 크기를 작게 했을 때는 줄의 당기는 힘이 공의 운동 방향에 정확히 측면으로는 작용하지 않습니다. 그림처럼 줄의 힘은 공이 운동하는 방향의 성분을 갖고 있습니다. 힘의 성분을 분해해 보면 성분 1은 속력을 증가시키는 힘이고, 성분 2는 단순히 공의 운동 방향을 변화시킵니다.

이러한 속력의 변화를 알아내는 또 다른 방법으로는 각운동량의 개념을 이용하는 것이 있습니다. 반지름 r, 속력 v로 움직이는 질량 m의 물체는 mvr의 각운동량을 갖게 됩니다. 물체의 선운동량을 변화시키는 데 힘이 필요한 것처럼 각운동량을 변화시키는 데는 토크가 필요합니다. 회전하는 물체에 토크가 작용하지 않는다면 각운동량은 변화하지 않습니다. 그러면 줄은 공에 토크를 작용할까요? 만약 힘이 지렛대 팔을 통해 작용한다면 토크가 작용하는 것입니다. 지렛대 팔이 있을까요? 힘의 작용선이 회전중심을 통과하는 직선상에 놓여 있으므로 지렛대 팔은 없습니다. 따라서 토크는 작용하지 않으므로, 각운동량도 변화하지 않습니다. 공의 각운동량 mvr은 큰 원을 그릴 때나 작은 원을 그릴 때나 똑같게 됩니다. mvr의 값은 변하지 않고 반지름이 줄어들었으므로, 속력이 증가해서 상쇄됩니다. 예컨대 r이 1/2로 줄어들면, v는 두 배로 늘어납니다. r이 1/3으로 준다면, v는 세 배가 됩니다. 이런 관계는 토크가 작용하지 않는 경우에만 성립하는 것으로, 그렇지 않으면 각운동량이 변화합니다.

이것을 토크의 경우처럼 그림으로 나타내 보겠습니다. 토크는 힘×지렛대 팔이므로, 힘과 팔의 벡터로 이루어진 삼각형 면적의 두 배입니다(그림 A). 마찬가지로 각운동량=mvr=(선운동량 mv)×(지렛대 팔 r)이므로 선운동량과 팔의 벡터로 이루어진 삼각형 면적의 두 배가 됩니다(그림 B). 회전하는 계에 토크가 작용하지 않는다면, 각운동량은 변하지 않습니다. 이 문제의 경우, 공이 바깥쪽 원에 있을 때나 안쪽 원에 있을 때나 각운동량의 크기는 같습니다. 다시 말해 선운동량과 회전 중심에 의해 이루어진 삼각형의 면적은 변하지 않는다는 뜻입니다. 예컨대 작은 원의 반경이 큰 원의 1/3이라면 공의 선운동량(mv)은 큰 원에 있을 때보다 작은 원을 돌 때 세 배로 커집니다. 즉, 속력이 세 배로 빨라졌다는 뜻이 됩니다. 이런 방법으로, 각운동량을 나타내는 삼각형의 면적은 두 개의 원에서 모두 같습니다(그림 C).

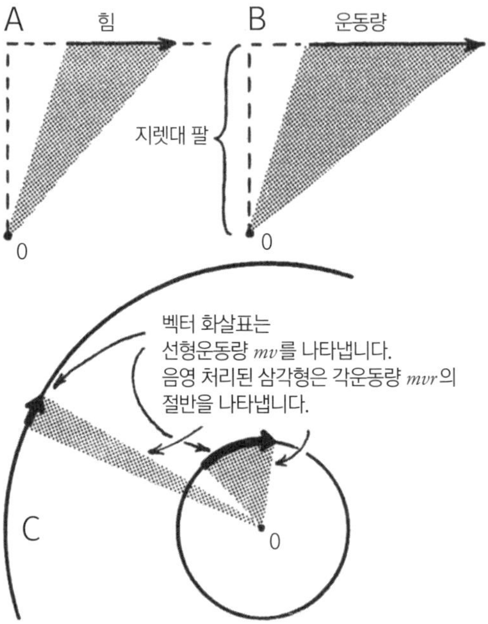

선로 전환

커다란 원궤도를 마찰 없이 자유롭게 달리는 전차가 있습니다. 이 전차가 선로를 바꾸어서 작은 원궤도를 돌게 되면, 이때의 속력은 어떻게 변할까요?

ⓐ 커진다.
ⓑ 줄어든다.
ⓒ 변하지 않는다.

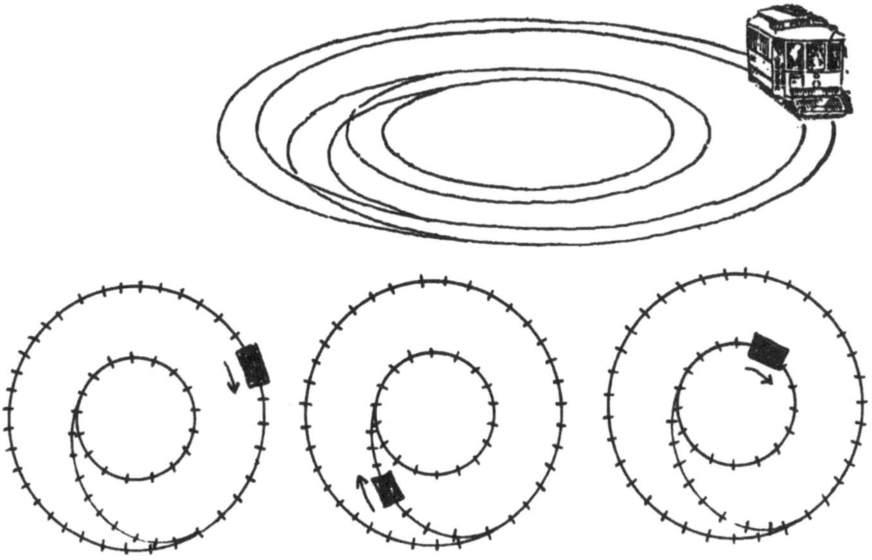

답: 선로 전환

정답은 ⓒ로, 변하지 않습니다. '줄에 매단 공' 문제에서는 줄을 당겨 작은 원에서 운동할 때 속력이 증가했는데, 이때는 운동 방향으로 작용하는 힘이 있었기 때문입니다. 하지만 트랙 위 전차의 경우는 다릅니다. 만일 선로가 완벽하게 뻗은 직선 궤도라면 열차의 속력을 증가시키는 데 아무런 힘도 작용하지 않습니다(마찰이 없을 경우 감속도 일어나지 않습니다). 그렇지만 곡선 트랙은 힘을 작용하여 차의 운동 상태를 변화시킵니다. 전차가 돌아가게 만드는 측면 힘을 가합니다. 그러나 이 힘은 차의 운동 방향 쪽의 성분이 없습니다. 따라서 이 궤도는 외력을 받지 않고 움직이는 전차 속력을 변화시키지 않습니다.

이 경우, 각운동량은 보존될까요? 그렇지 않습니다. 각운동량은 토크가 없을 때에만 보존됩니다. 전차가 궤도를 바꿀 때 토크가 분명 작용합니다. 아래 그림을 보면 측면 힘이 가해지는 작용선과 원의 중심 사이에는 지렛대 팔이 존재합니다. 이때 생기는 토크가 바로 전차의 각운동량을 감소시킵니다. 그러나 속력은 변함이 없습니다. 전차가 안쪽 궤도를 돌 때는 속력은 같지만, 각운동량은 줄어들게 됩니다. 반지름이 줄었기 때문에 각운동량이 작아진 것입니다.

만일 전차가 안쪽 궤도에서 바깥쪽 궤도로 거꾸로 움직인다면 토크는 각운동량이 증가하는 방향으로 작용합니다. 반지름이 커질 때 각운동량도 증가합니다. 그렇지만 앞의 경우처럼 외력을 받지 않고 움직이는 전차의 속력은 일정하게 유지됩니다.

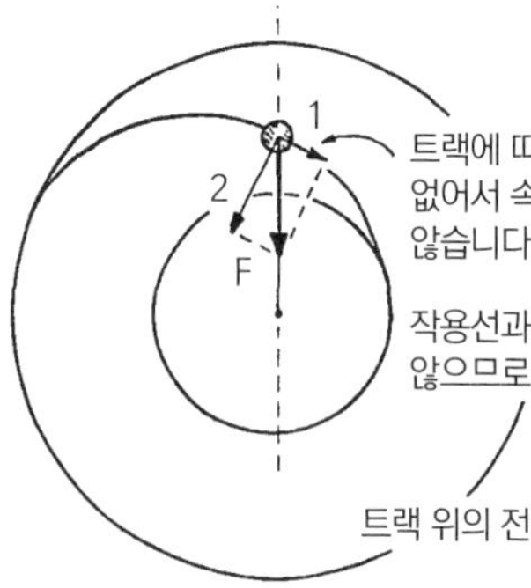

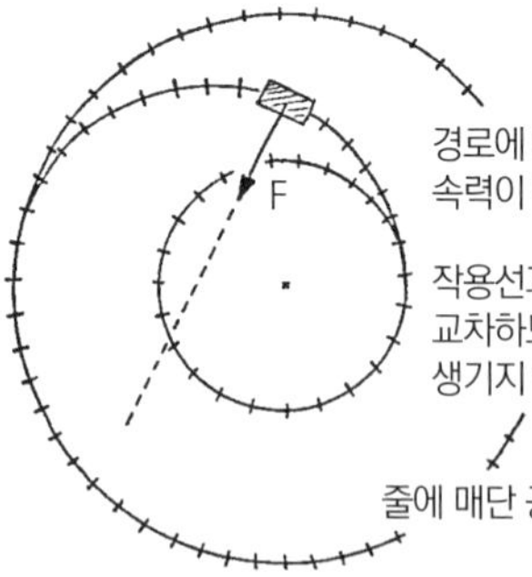

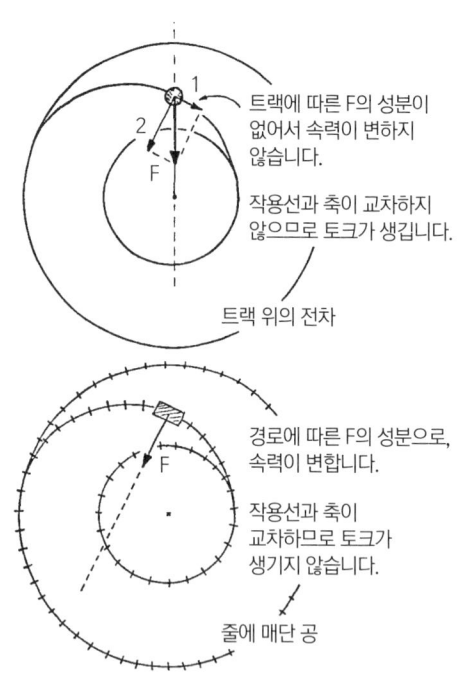

이 문제는 일과 에너지의 관계에서도 다룰 수 있습니다. '줄에 매단 공' 문제의 경우, 힘의 성분 1은 공의 운동 방향을 따라 작용하므로 공에 대해 그만큼 일(힘×이동 거리)을 하게 되고 공의 운동에너지는 증가합니다. (공이 일정한 반지름을 따라 움직일 때는 일을 하는 성분 1의 힘이 없으므로 공에 대한 일은 없습니다. 이것은 매우 중요하므로 기억해 두시기 바랍니다.) 궤도를 전환한 전차의 경우 성분 1의 힘은 어느 점에서도 존재하지 않습니다. 반지름이 일정한 궤도상이나 두 궤도를 잇는 선로에서도 힘은 항상 운동 방향과 수직이므로 선로가 가하는 힘은 전차에 대해 일을 할 수 없습니다. 따라서 운동에너지 그리고 속력에도 변화가 없습니다.

소란한 자동차

자동차가 앞으로 가속할 때 질량중심을 축으로 차체가 회전하려는 경향이 있습니다. 어떤 경우에 차체의 앞부분이 위로 들리게 될까요?

ⓐ 뒷바퀴에서 추진력이 생길 때(전륜구동은 차체가 아래쪽으로 회전하려는 경향이 있으므로)

ⓑ 추진력이 앞바퀴나 뒷바퀴 어디에서 나오든 상관없다.

답: 소란한 자동차

정답은 ⓑ입니다. 차가 앞 방향으로 가속하면 타이어는 도로를 뒤로 밀게 되고 도로는 타이어를 앞으로 밀어내게 됩니다.

도로가 타이어에 가하는 힘은 차체를 앞으로 가속시킬 뿐만 아니라 차의 질량중심을 축으로 토크를 만듭니다. 이 힘이 앞이나 뒤 또는 양쪽 차바퀴에 가해져도 힘의 작용선은 도로 표면을 따라 놓이고, 차체의 앞부분은 위로 들리고 뒷부분은 아래로 향하는 회전을 유발하게 됩니다(이것이 후륜구동 자동차의 정지마찰력을 증가시킵니다).

다음 그림에서와 같이 세 경우 모두 차를 가속시키는 마찰력(굵은 화살표)이 질량중심(×표)을 축으로 차체를 반시계 방향으로 회전시키려는 경향(점선 화살표)이 있습니다.

브레이크를 밟았을 때, 힘과 이것에 의한 토크는 반대 방향으로 작용하여 차체를 아래로 회전시키게 되는 것을 쉽게 알 수 있습니다.

이렇게 기우는 효과는 특히 모터보트에서 뚜렷하게 볼 수 있습니다. 그림에서 알 수 있듯이 보트가 가속하여 달릴 때 알짜힘은 앞쪽으로 작용하고, 토크는 선체를 반시계 방향으로 기울게 합니다. 반대로 보트가 감속하면 물의 저항력이 우세해져서, 알짜힘은 뒤쪽으로 향하고 토크는 선체를 시계 방향으로 기울게 합니다.

이제 또 다른 문제가 있습니다. 자동차는 가속도가 붙을 때 차체가 위로 들렸다가, 등속도를 유지하면 차체는 다시 수평 상태로 되돌아가게 됩니다. 그러나 모터보트는 선체가 계속 위로 들린 채 움직이게 됩니다. 이러한 차이는 어떻게 생길까요? 보트가 등속도로 움직일 때 배 밑바닥을 미는 마찰력은 프로펠러에 작용하는 힘과 크기가 같고 방향이 반대입니다. 그러나 프로펠러는 배 밑바닥보다 더 깊은 수면 아래에 위치하므로 그만큼 질량중심에서 멀게 됩니다. 따라서 밑바닥의 마찰력과 프로펠러는 함께 돌아가는 힘, 즉 토크를 만들어 냅니다.

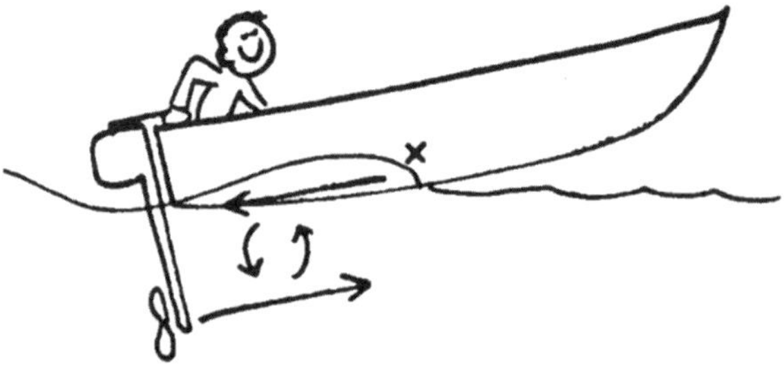

바퀴 크기가 다른 두 자동차

차체의 대부분이 바퀴인 자동차와 바퀴가 작은 자동차가 있습니다. 두 자동차의 질량은 같고 질량중심이 지면에서 같은 거리에 있다고 가정해 보겠습니다. 10초 동안 속도를 0km/h에서 64km/h까지 올릴 때 자동차의 앞부분이 위로 많이 들리는 차는 무엇일까요?

ⓐ 차체의 대부분이 바퀴인 자동차
ⓑ 바퀴가 작은 자동차
ⓒ 둘 다 같다.

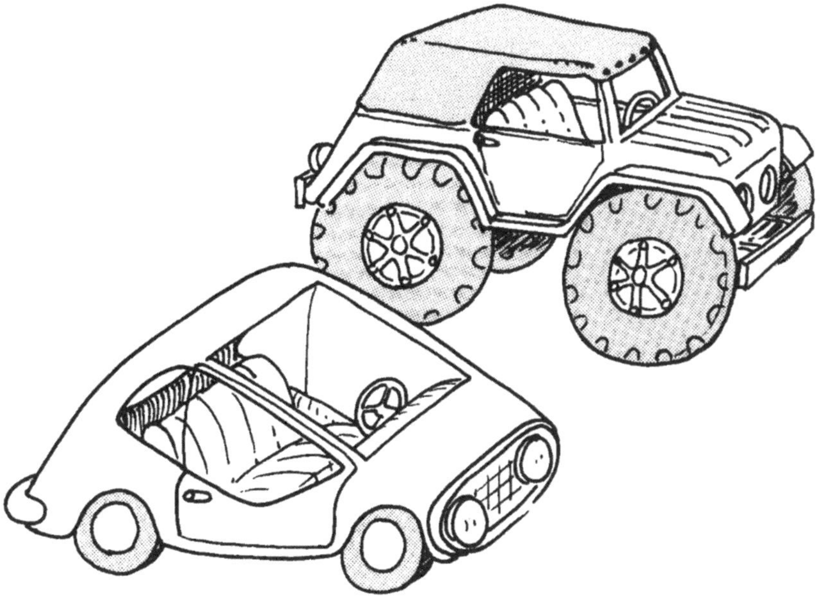

답: 바퀴 크기가 다른 두 자동차

정답은 ⓐ입니다. 앞의 문제에서는 차바퀴에 대한 언급이 없으므로(물론 그것 때문에 차가 구르지만), 바퀴의 크기는 여기서도 아무런 영향이 미치지 못할 것이라고 생각할지도 모릅니다. 자동차의 바퀴가 없이 썰매로 끌려가는 자동차이더라도 썰매가 가속하면 차체는 위로 들리게 됩니다.

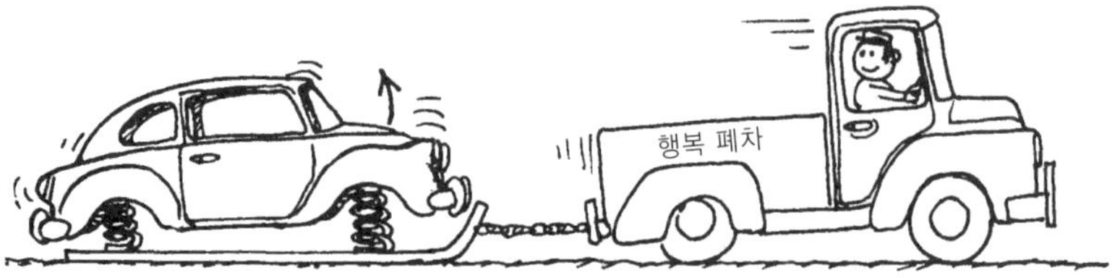

큰 바퀴를 가진 차의 앞부분이 가장 위로 많이 들어 올려질 것이라고 생각할 수 있습니다. 물론 답은 맞습니다. 하지만 그것만으로는 문제를 완벽하게 설명할 수 없습니다. 예를 들어 우주 공간에 자동차를 띄워 놓고, 성간물질(가스)을 박차고 바퀴가 굴러간다고 상상해 보세요. 자동차에 무슨 일이 일어날까요? 자동차는 아무 곳으로도 가지 못합니다. 어째서일까요? 왜냐하면 밀어낼 도로도 없고, 마찰도 없기 때문입니다. 그러나 아무 일도 일어나지 않은 것은 아닙니다. 만약 차바퀴가 시계 방향으로 돌아간다면, 나머지 차체는 반시계 방향으로 돌아갈 것입니다. 이것이 바로 회전운동에서의 작용과 반작용 및 운동량 보존에 의해 일어나는 현상입니다.

지구로 돌아와서도 똑같은 효과가 일어납니다. 가속하는 자동차가 위로 들리는 현상에는 두 가지 원인이 있습니다. 하나는 차바퀴와 상관없이 차의 가속 때문에 일어납니다. 두 번째는 차의 가속과 상관없이 회전하는 바퀴에 의한 것입니다. 바퀴의 질량이 차체의 질량보다 훨씬 적다면 첫 번째의 영향이 커집니다. 하지만 바퀴의 질량이 차의 질량과 비슷해질수록 두 번째의 영향이 중요해집니다.

그네

그네 또는 진자의 추를 한쪽으로 잡아당겼다 놓으면 좌우로 진동하게 됩니다. 이러한 진동운동을 할 때 어떤 물리량이 보존될까요?

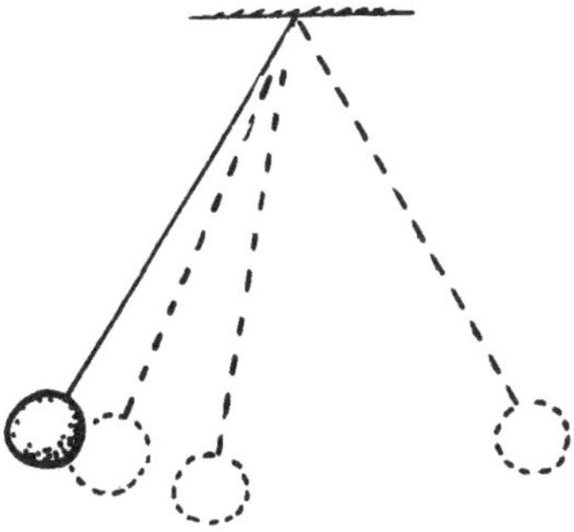

ⓐ 각운동량과 선운동량

ⓑ 각운동량만

ⓒ 선운동량만

ⓓ 둘 다 아니다.

답: 그네

정답은 ⓓ입니다. 우선 진자가 오른쪽으로 움직이면 다음에는 왼쪽으로 움직입니다. 만일 오른쪽으로 갈 때의 운동량이 +5라면, 다시 제자리로 올 때의 운동량은 -5가 되며, 정지한 후의 운동량은 0이 됩니다. 따라서 운동량은 +5에서 0, 0에서 -5, -5에서 0, 0에서 +5,…… 이런 식으로 변하게 됩니다. 이렇게 운동량이 계속 변하므로 선운동량은 보존될 수 없습니다. 각운동량은 어떠할까요? 처음에는 진자가 고정점을 중심으로 시계 방향으로 회전하다가 진동의 주기 마지막 점에서는 순간적으로 회전운동이 끝나고, 다시 반시계 방향으로 움직입니다. 이런 주기 운동이 계속해서 되풀이되기 때문에 각운동량 역시 보존되지 않습니다. 어째서일까요? 운동량은 언제나 보존되는 것이 아닌가요?

야구공이 배트에 맞을 때 운동량은 어디로 가는 것일까요? 바로 배트로 가게 됩니다. 진자 추의 선운동량은 진자의 줄로 전해지고, 이것은 다시 천장으로, 천장에서 결국 지구로 옮겨집니다. 진자의 각운동량은 중력에 의해 직접 지구로 전해집니다. 그것은 진자가 잃은 것은 무엇이든 지구로 옮겨 간다는 뜻이 됩니다. 진자가 오른쪽으로 움직이는 순간 지구는 아주, 아주, 아주, 조금 왼쪽으로 움직입니다. 진자가 시계 방향으로 진동하면 지구는 무지무지하게 조금 반시계 방향으로 진동하며, 진자가 다른 어떤 방법으로 운동하든 지구는 그에 대해 역으로 작은 운동을 수행하게 됩니다. 지구의 질량이 진자의 10억 배라고 가정해 보겠습니다. 진자가 오른쪽으로 30cm 움직였다면 지구는 얼마만큼 움직일까요? 왼쪽으로 10억분의 30cm만큼 움직이게 됩니다.

큰 진폭, 작은 진폭

어떤 진자가 1초 동안 진폭이 1°인 호를 그리며 진동하고 있습니다. 다음으로 똑같은 진자가 진폭이 2°인 호를 그리며 진동하게 합니다. 진폭이 2°인 진자가 진동하는 데 걸리는 시간은 얼마일까요?

ⓐ 1/2초

ⓑ 1초

ⓒ 2초

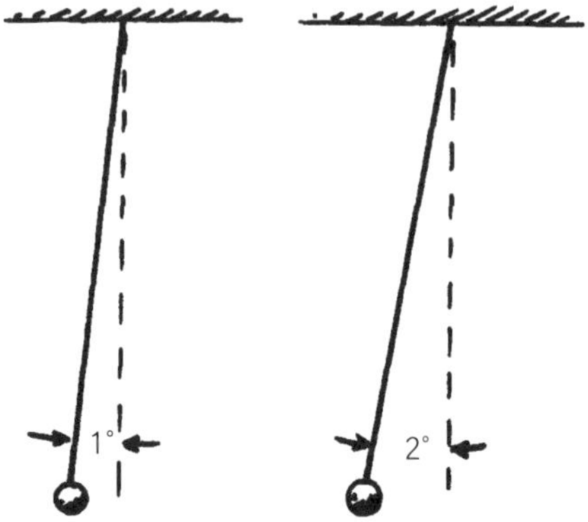

답: 큰 진폭, 작은 진폭

정답은? 갈릴레오가 했던 실험을 해 보겠습니다. 긴 줄과 무거운 추를 사용하고, 한 번 진동한 시간을 재는 대신 열 번 진동한 시간을 측정합니다. 측정하는 동안 진폭이 약간 줄어들겠지만 걱정할 필요는 없습니다. 실험을 마쳤으면 다음을 한번 생각해 보겠습니다. 진자의 추를 B로 당겼다가 C까지 진동하게 합니다. 이때 움직인 거리는 A부터 C까지가 길겠지만 속력은 더 빠릅니다. 진동의 주기를 결정하는 것은 진자의 길이이지, 움직인 거리가 아니라는 것을 알 수 있습니다.

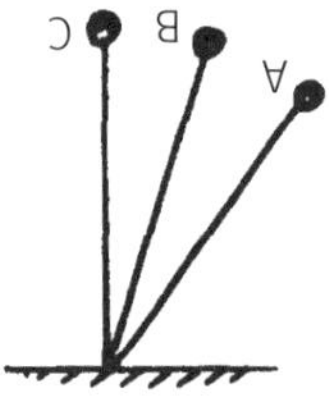

회전운동

이번에는 난이도가 좀 높은 문제입니다. 여행 가방 속에 회전하고 있는 커다란 플라이 휠[속도 조절 바퀴]을 집어넣고 다니는 물리학자가 호텔에 도착했습니다. 호텔 종업원이 여행 가방을 들고 복도의 모서리를 그림과 같이 돌아갈 때, 여행 가방은 어떤 변화가 생길까요?

ⓐ 그림 A처럼 여행 가방은 종업원이 가는 대로 모서리를 따라 돌아간다.

ⓑ 그림 B처럼 가방은 종업원이 움직이는 방향과는 정확히 반대로 돌아간다.

ⓒ 그림 C처럼 종업원이 모서리를 돌아갈 때 가방은 위에서 아래로 돌아간다.

ⓓ 그림 D처럼 종업원이 모서리를 돌아갈 때 가방은 위에서 아래로 돌아간다.

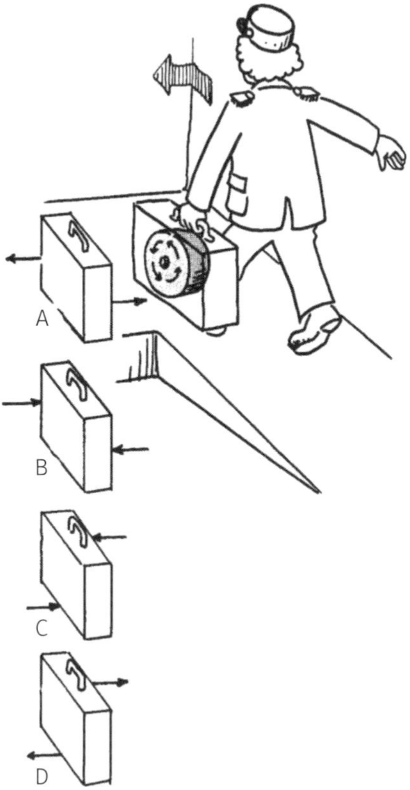

답: 회전운동

정답은 ⓓ입니다. 축을 중심으로 도는 회전(자이로스코프)운동은 굉장히 복잡한 운동이지만 간단하게 만들 수 있습니다. 돌아가는 바퀴를 둥근 파이프나 타이어 또는 도넛 같은 것으로 생각하고, 그 안으로는 무거운 액체가 순환하고 있다고 가정해 보겠습니다. 그다음에 고리를 사각형이라고 생각합니다. 순환하는 액체는 한쪽으로 올라갔다가 수평으로 꼭대기를 지나 다른 한쪽으로 흘러 내려와 다시 수평으로 제자리를 찾아 내려오게 됩니다.

이제 이 '사각형' 고리는 종업원이 모서리를 도는 순간 I 위치에서 II 위치로 돌아가게 됩니다. 사각형 고리가 I에서 II로 움직여도 파이프의 수직 부분을 오르내리는 액체의 운동(흐르는) 방향은 바뀌지 않습니다. 수직면은 그대로 수직인 채로 변하지 않는 것입니다. 그렇지만 수평 부분을 흐르는 액체는 운동 방향이 바뀝니다. 예를 들어서 윗부분의 액체는 1 방향으로 흐르기 시작해서 2 방향으로 멈출 수 있습니다.

마지막 그림은 파이프의 윗부분과 아랫부분을 흐르는 일부 액체가 종업원이 모서리를 도는 순간 실제로 받는 힘에 의해 어떻게 커브를 그려 나가는가를 보여 주고 있습니다. 회전하는 파이프 속을 지나가는 물질은 파이프 벽에 힘을 가하게 되는데('회전목마' 문제를 기억해 보세요) 어째서일까요?

이 물질은 똑바로 나아가려고 하나 돌아가는 힘을 받기 때문입니다. 마지막 그림의 화살표는 파이프 벽에 가해진 힘의 방향을 표시합니다. 윗부분과 아랫부분의 커브는 서로 반대 방향으로 휘어졌으므로 각각의 힘의 방향도 반대가 됩니다. 파이프에 작용한 힘은 바퀴에 작용한 힘과 같고, 그 힘은 가방에 전달됩니다. 그래서 그림 'D' 처럼 가방 윗부분은 오른쪽으로 기울고 아랫부분은 왼쪽으로 움직입니다.

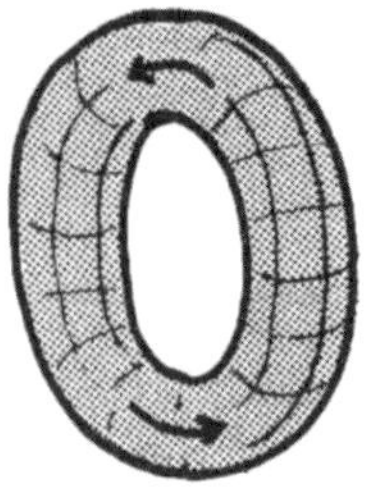

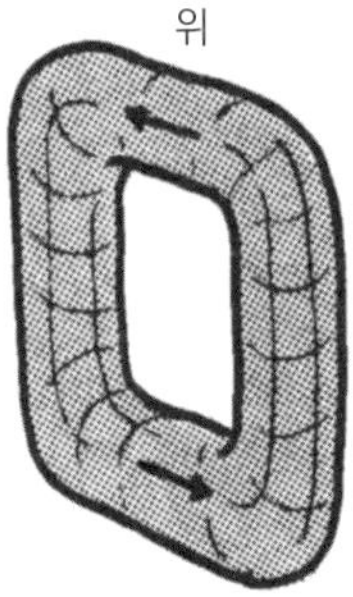

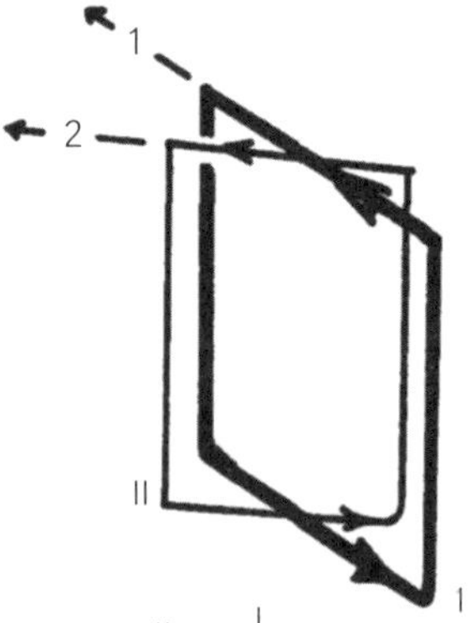

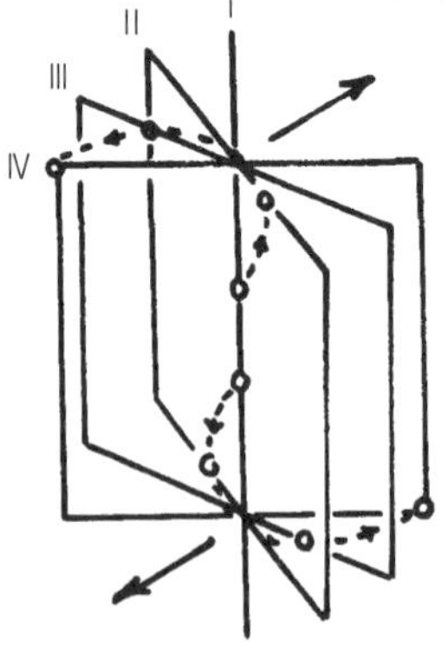

총알의 낙하

장총에서 총알이 수평으로 빠른 속력으로 발사되고, 동시에 다른 하나는 같은 높이에서 떨어집니다. 어느 총알이 땅에 먼저 닿을까요?

ⓐ 떨어뜨린 총알

ⓑ 발사된 총알

ⓒ 둘 다 동시에 닿는다.

답: 총알의 낙하

정답은 ©입니다. 두 총알 모두 같은 수직 거리를 같은 가속도로 낙하하기 때문입니다. 따라서 동시에 땅에 떨어지게 됩니다(중력은 움직이는 물체에도 여전히 작용합니다).

이 문제는 발사된 총알의 운동을 두 방향으로 나누어 생각해 보면 이해하기 쉽습니다. 우선 수평 방향으로는 (공기의 저항 외에는) 어떠한 힘도 작용하지 않으므로, 수평 방향의 속력은 거의 변하지 않습니다(공기의 저항에 의해 변하긴 합니다). 속도의 수직 성분은 수평 성분과 독립적이며 중력가속도 g로 가속됩니다.

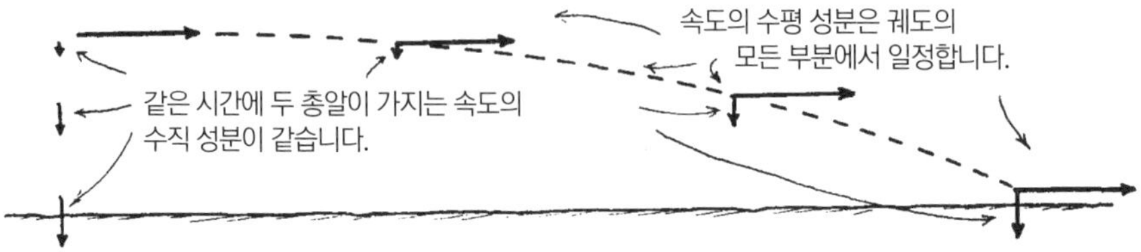

다른 식으로 생각해 볼 수도 있습니다. 장총을 수평보다 위로 기울여 총알을 발사할 때는 떨어뜨린 총알이 땅에 먼저 도달합니다. 반대로 장총을 수평보다 아래로 겨누고 쏠 때는 발사된 총알이 먼저 떨어집니다. 전자와 후자 사이에는 중간 지점이 있는데, 바로 장총을 수평으로 발사하는 경우입니다.

색다른 방법으로 접근할 수도 있습니다. 총알이 땅으로 떨어지는 게 아니라 반대로 지표면이 위로 가속된다고 한번 생각해 보는 것입니다. 결과가 똑같다는 것을 알 수 있지요?

수평 탄도

속도가 엄청나게 빠른 총알은 발사 후 전혀 아래로 떨어지지 않고 30m 이상을 날아갈 수 있을까요?

ⓐ 가능하다.

ⓑ 가능하지 않다.

답: 수평 탄도

정답은 ⓑ입니다. 총알이 충분한 에너지를 가진다면 아래로 전혀 떨어지지 않은 채 얼마간의 수평 거리를 진행한다는 생각은 일부 경찰학교에서도 가르치고 있을 정도로 꽤나 일반적입니다. 하지만 이는 완전히 잘못된 생각입니다. 물체의 속력이 한순간이라도 중력을 '꺼버릴' 수는 없습니다(즉, 물체에 언제나 중력이 작용한다는 의미: 옮긴이). 심지어 레이저빔도 발사된 후에는 아래로 휘어집니다. 또 아래로 가속하는 정도는 물체의 속력과 관계없이 일정합니다. 소위 '수평 탄도'라고 불리는 궤적으로 총알이 수평으로 발사되었다면 처음 1초 동안 4.9m의 수직 거리만큼 떨어집니다. 그렇지만 그 1초간 상대적으로 속력이 큰 총알은 속력이 작은 총알보다 더 긴 수평 거리를 진행하므로, 속력이 큰 총알의 탄도는 더 완만한 곡선을 그리게 됩니다. 어쨌든 두 탄도 모두 곡선입니다. 탄도는 결코 완전한 직선이 될 수 없습니다(지표면에 수직으로 위나 아래로 발사하지 않았다면).

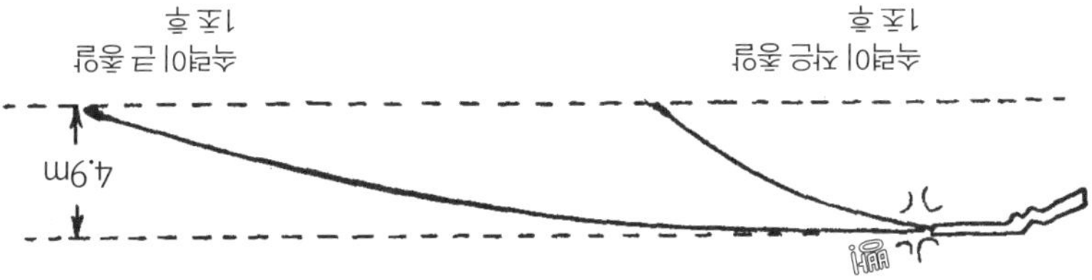

던진 속력

그림과 같이 한 소년이 4.9m 높이의 절벽 위에서 수평으로 돌멩이를 던졌습니다. 돌멩이의 수평 이동 거리가 12m였다면, 소년은 돌멩이를 얼마나 빠르게 던진 셈인가요? (이번에도 시간을 고려하시기 바랍니다.)

ⓐ 4.9m/s

ⓑ 12m/s

ⓒ 13m/s

ⓓ 17m/s

ⓔ 주어진 조건으로는 문제를 풀 수 없다.

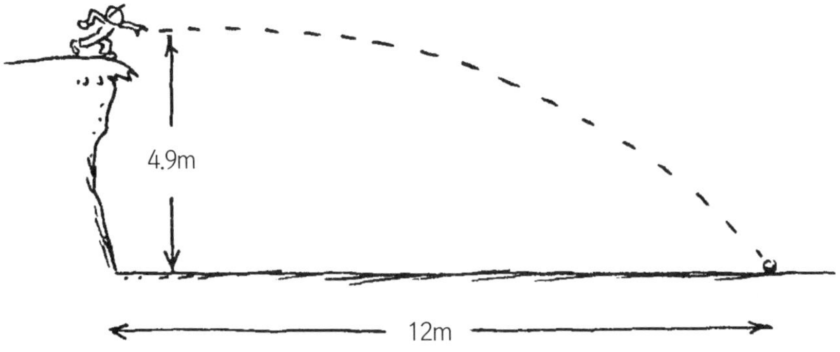

답: 던진 속력

정답은 ⓑ입니다. 모두 잘 알고 있듯이 속력$=\frac{\text{이동 거리}}{\text{걸린 시간}}$이고, 돌멩이가 수평으로 이동한 거리는 12m로 주어져 있습니다. 돌멩이는 정확히 수평으로 던져졌고, 이는 처음 속도의 수직 성분이 0임을 의미합니다. 따라서 돌멩이의 운동 시간은 돌멩이가 4.9m의 높이를 자유낙하하는 데 걸리는 시간과 같습니다. 이 시간은 1초(s)이며, 이로부터 돌멩이의 수평 속력은 12m/s임을 알 수 있습니다.

제2차 세계대전

탱크 공장을 폭파하기 위해 '하늘의 요새[미군의 대형 폭격기 B-17의 별칭]'는 언제 폭탄을 투하해야 할까요?

ⓐ 목표물을 지나기 전에

ⓑ 목표물 바로 위에서

ⓒ 목표물을 지나친 후에

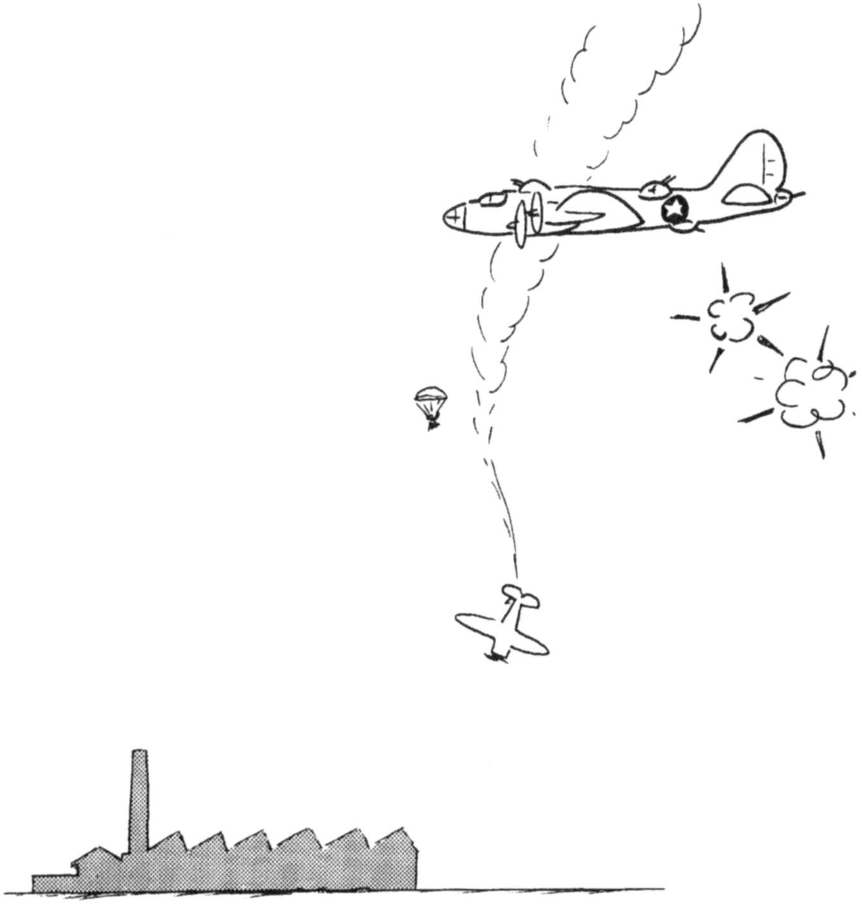

답: 제2차 세계대전

정답은 ⓐ입니다. 폭탄은 폭격기에서 떨어질 때 수직으로 똑바로 떨어지지 않습니다. 만일 수직으로 떨어지려면 수평 속력이 0이어야 합니다. 폭탄이 떨어질 때 폭탄은 폭격기와 같은 수평 속력을 가지고 있습니다. 공기저항을 무시할 수 있다면 폭탄은 비행기와 보조를 맞추며 계속 앞으로 진행합니다(비행기의 속력이 일정하다면: 옮긴이). 아래의 필름은 폭탄이 어떤 식으로 폭격기를 따라가면서 떨어지는지 보여 줍니다. 사실 폭탄은 비행기에 조금씩 뒤쳐지게 되는데 이는 공기저항을 무시할 수 없기 때문입니다.

그렇지만 비행기 안에서 동전을 떨어뜨려 본다면, 공기저항을 무시할 수 있으므로 바로 발 앞에 떨어집니다. 이는 동전의 수평 속력이 손과 발의 수평 속력과 같기 때문입니다. 다시 말해 동전은 비행기와 같이 날고 있는 것입니다. 그런데 만약 비행기가 가속한다면 동전은 떨어뜨린 곳 바로 아래에 떨어지지 않습니다. 왜 그럴까요?

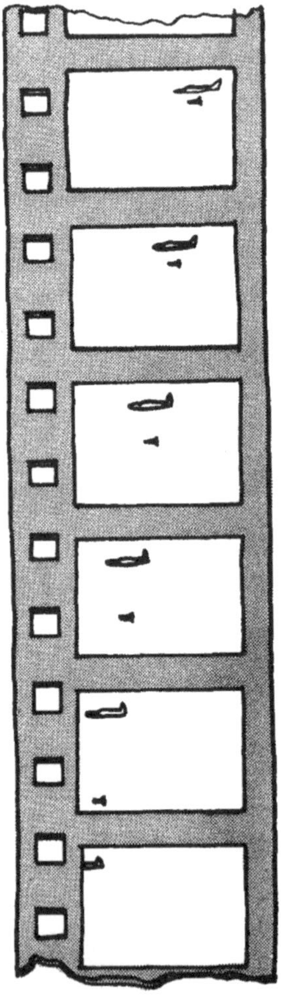

중력을 넘어서

지구에서 아주 충분히 멀어지면 지구의 중력장을 벗어나는 것이 가능할까요?

ⓐ 가능하다. 지구의 중력을 벗어날 수 있다.

ⓑ 가능하지 않다. 지구의 중력을 벗어날 수 없다.

답: 중력을 넘어서

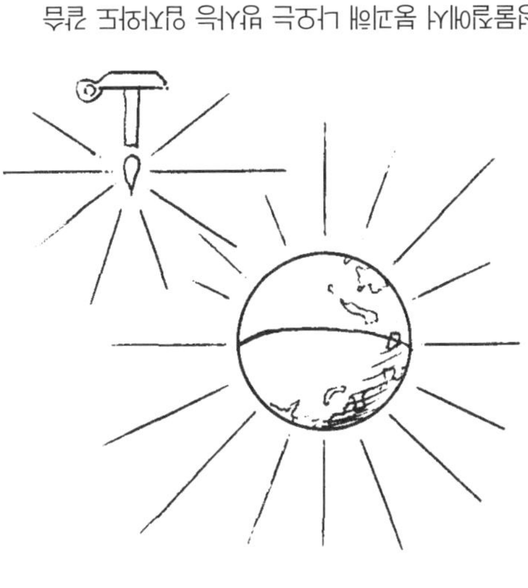

정답은 ⓑ입니다. 중력에 대한 뉴턴의 개념은 지구(혹은 어느 질량체에서)로부터 우주 공간으로 방출되는 '선속(線束)' 혹은 '촉수(觸手)'였습니다. 이 선속은 영원히 **끝없이** 갑니다. 그러나 그것이 우주 공간으로 멀리 뻗어 갈수록 점점 흩어지게 되므로, 선속이 만들어 내는 중력은 점점 약해집니다. 하지만 절대 사라지지 않습니다. 이것은 마치 촛불에서 나오는 빛줄기나 방사성물질에서 붕괴해 나오는 방사능 입자와도 같습니다. 그것들도 역시 우주 공간에 퍼져 나가면서 복사(에너지)는 점점 약해지지만 복사선은 영원히 뻗어 나갑니다.

그러면 얼마나 약해지는 것일까요? 그것은 거리에 달려 있습니다. 스프레이형 페인트를 한번 예로 들어 보겠습니다. 스프레이로 페인트를 뿌리면 벽에 작은 사각형 면적만큼 칠해집니다. 이제 벽과 페인트 통의 거리를 두 배로 멀리 띄워 보겠습니다. 그러면 페인트가 얼마나 더 엷거나 얇게 뿌려질까요? 이것은 똑같은 스프레이 양이 얼마만큼의 면적을 칠하는가에 달려 있습니다. 두 번째 사각형은 얼마나 더 클까요? 두 배라고요? 그렇지 않습니다.

두 번째 사각형은 가로와 세로의 길이가 각각 두 배이므로 면적은 **네 배**입니다. 따라서 두 번째 사각형의 스프레이 밀도는 1/4배가 됩니다. 이와 비슷하게 중력, 열, 소리, 점광원에서 나오는 빛은 거리가 두 배로 멀어지면 세기는 1/4배로 줄어듭니다. 거리가 세 배가 될 경우 사각형은 가로와 세로의 길이가 각각 세 배이므로 밀도는 1/9배입니다. 일반적으로 점원(點源)에서 공간으로 확산되어 나가는 것들은 그 세기가 1/(거리)^{2}에 비례합니다. 그러므로 점원에 다가갈 때 세기가 갑작스럽게 증가합니다. 어린이들도 이런 사실을 알고 있습니다. 불꽃 '주변'은 뜨겁지만 주위의 공기는 차가운 현상이 바로 이것이지요.

이제 중력에 대한 이야기로 돌아가 보겠습니다. 우주에 존재하는 모든 물질은 중력장을 형성합니다. 여러분도 물질이므로 자신이 형성한 중력장으로 둘러싸여 있습니다. 이것은 얼마나 멀리 뻗어 있을까요? 우주 끝까지 뻗어 있습니다. 여러분의 영향력은 어느 곳에나 존재합니다, 정말로!

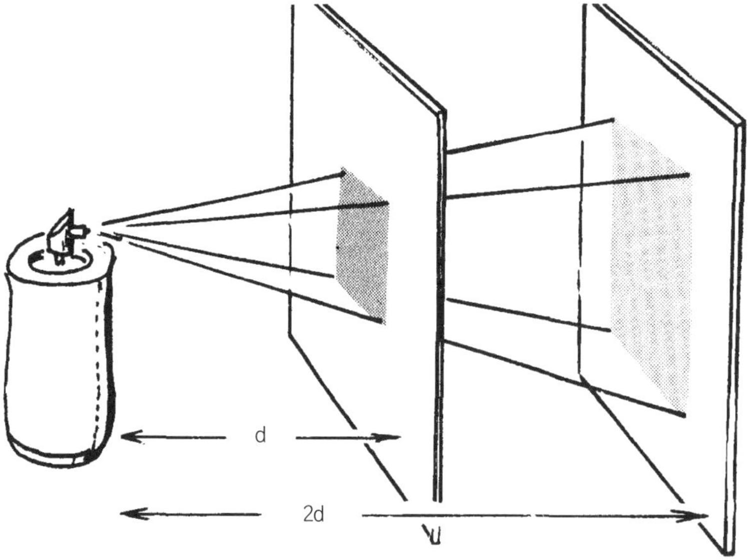

뉴턴의 수수께끼

이 문제는 뉴턴을 몇 년 동안 괴롭혔습니다. 작은 질량 'm'이 구[球] 형태로 배열된 질량들의 중심으로부터 일정한 거리에 놓여 있습니다. 이 덩어리에 의한 중력은 질량 'm'을 덩어리의 중심으로 끌어당깁니다. 이제 질량 'm'도, 덩어리의 중심도 움직이지 않은 채 덩어리가 일정하게 팽창하는 상황을 상상해 보겠습니다(질량 'm'은 여전히 덩어리 밖에 있습니다: 옮긴이). 덩어리가 팽창할 때 덩어리의 일부는 'm'에 가까워지고 일부는 멀어지는 것을 알 수 있습니다. 팽창 후 질량 m에 작용하는 중력의 크기는 어떻게 될까요?

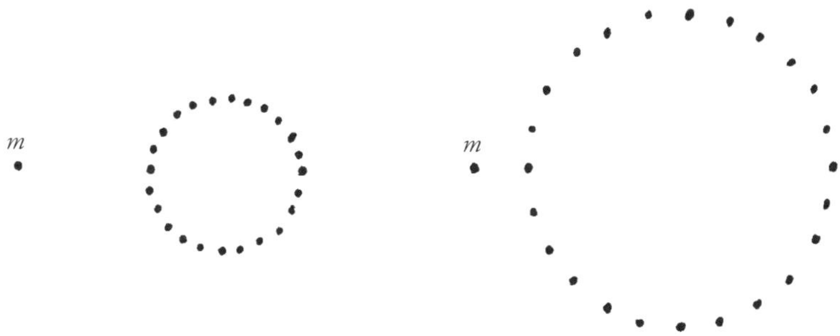

ⓐ 증가한다.

ⓑ 감소한다.

ⓒ 변하지 않는다.

답: 뉴턴의 수수께끼

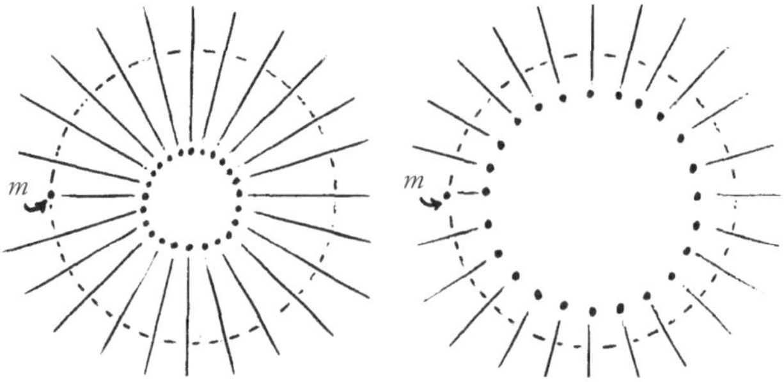

정답은 ⓒ입니다. 왜 그런지 알기 위해 덩어리에서 나오는 중력장을 한 개의 질량에서 한 개의 살이 나오도록 우산살 모양으로 나타내 보겠습니다. 중력장의 크기는 우산살이 얼마나 밀집해 있는가에 따라 좌우됩니다. 물리학자들은 이 우산살을 '선속(線束, lines of flux 또는 flux lines)'이라 부릅니다. 덩어리에 가까이 갈수록 선이 밀집해 힘이 강해집니다. 반대로, 멀어질수록 선이 흩어져나가 힘이 약해집니다.

이제 덩어리를 둘러싼 구면의 비눗방울을 생각해 보겠습니다. 덩어리가 구 안에 있는 한 구면을 지나가는 선의 수는 변하지 않습니다(그러므로 선의 밀도가 변하지 않습니다: 옮긴이). 따라서 구면에서 중력의 세기도 변하지 않습니다.

비눗방울 위 한 지점에 놓인 질량 '*m*'에 작용하는 힘도 변하지 않는 것입니다. 물론 이 비눗방울은 가상입니다.

만일 구형으로 모인 덩어리의 내부가 비어 있다면 그림은 덩어리 내부에는 중력이 없는 것처럼 보입니다. 실제로 속이 빈 구형 내부에는 중력을 느낄 수 없습니다. 적어도 덩어리에 의한 중력은 없습니다(있지만 상쇄되어 느낄 수 없습니다: 옮긴이).

뉴턴은 왜 이 문제에 대해 고민했을까요? 그는 지구 자체를 작은 질량 또는 원자들의 (그러나 속이 비어 있지 않은) 덩어리로 생각했기 때문입니다. 그는 지구에 의한 중력장이 지구의 모든 질량을 지구의 중심으로 압축한 경우의 중력장과 같음을 보이려고 했습니다. 질량이 덩어리에 퍼져 있는 것보다 모든 질량이 한 점에 있는 경우가 계산이 훨씬 간편합니다.

어쨌든 뉴턴은 결국 정답이 ⓒ라는 것을 밝혀냈지만, 가상의 구면을 생각하지는 못했습니다. 이 개념은 수학자 칼 프리드리히 가우스로부터 나온 것으로, 그는 역사상 유례없는 천재로 인정받는 인물입니다. 말할 필요도 없이 가우스는 이것 말고도 매우 많은 사실들을 밝혀냈습니다. 가우스는 뉴턴의 다음 세대로, 나폴레옹, 베토벤과 같은 시대에 살았습니다.

두 개의 방울

이 문제는 조금 어렵습니다. 그러니 그냥 지나치든지 아니면 깊이 파고들기 바랍니다.

근접한 두 개의 질량, 가령 물방울 두 개를 제외하고는 모든 공간이 비어 있다고 가정해 보겠습니다. 뉴턴의 중력의 법칙에 따라 둘은 서로를 끌어당기게 됩니다. 이제 모든 공간이 두 개의 기포를 제외하고 전부 물로 가득 차 있다면 기포는 어떻게 움직일까요?

ⓐ 서로 멀어져 간다.

ⓑ 전혀 움직이지 않는다.

ⓒ 서로 가까워진다.

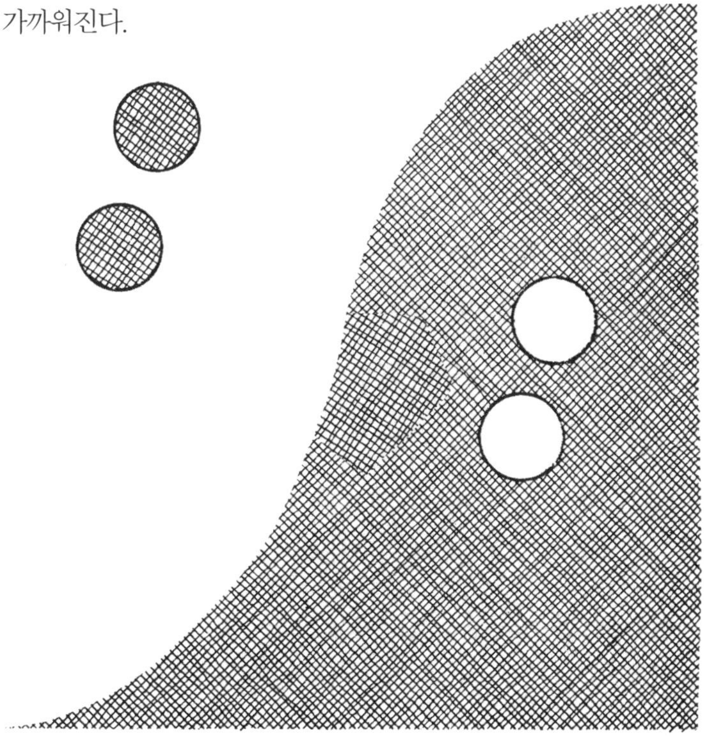

답: 두 개의 방울

정답은 ⓒ입니다. 이 문제의 요점은 무엇일까요? 적어도 두 개의 요점이 있습니다. 첫째는, 우리가 흔히 완전히 이해하고 있다고 믿었던 간단한 상황이 얼마나 쉽게 복잡한 상황으로 변할 수 있는지를 보여 준다는 것입니다(안팎을 뒤집음으로써).

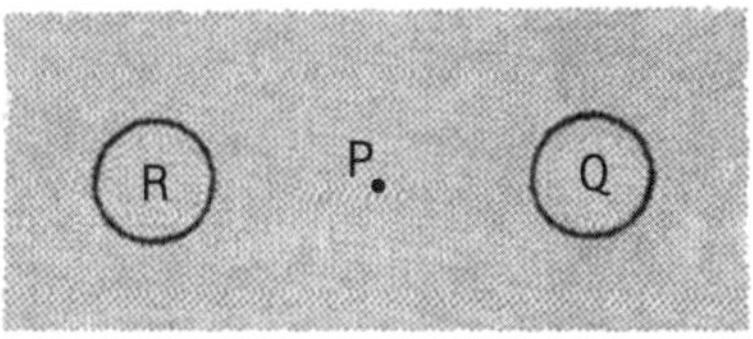

어째서 두 방울이 함께 움직일까요? 만일 모든 공간이 물로 가득 차 있다면 P 점에서의 알짜 중력은 없습니다. Q 점의 물에 의한 인력(引力)과 R 점의 물에 의한 인력이 서로 상쇄되기 때문입니다. 하지만 R 점의 물을 없애 기포로 만들면 P 점에서의 평형이 깨지고 Q에 의한 알짜 중력이 존재합니다. 그 인력은 Q로 향합니다(혹은 R에서 멀어집니다). 마치 R이 척력을 작용하는 것처럼 보입니다.

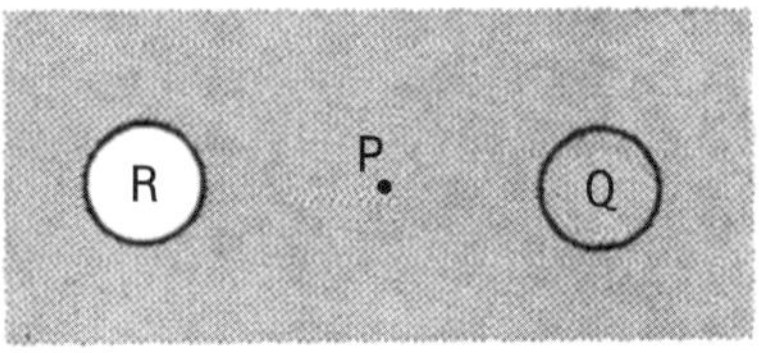

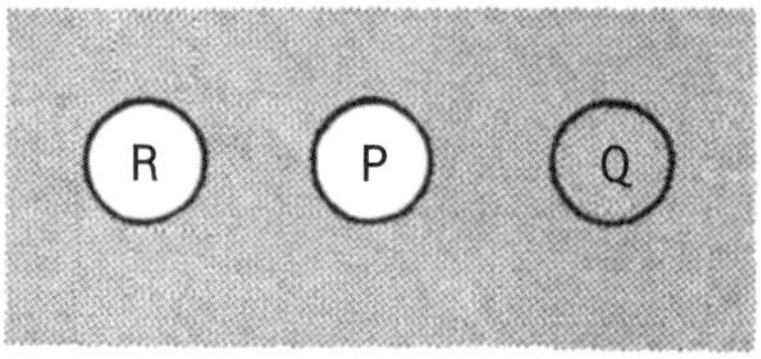

그런데 '물체'란 무엇일까요? 우리가 물체라고 할 때, 이것은 입자나 조약돌, 바위 같은 것을 의미합니다. P 점에 있는 바위는 R로부터 멀어질 것입니다. 하지만 기포는 어떠한가요? 기포에 중력은 어떻게 작용할까요? 중력은 바위와 기포를 반대 방향으로 움직이게 합니다. 즉, 바위는 아래로, 기포는 위로. 따라서 바위가 P 점에 있다면 R에서 멀어질 것이고, 반대로 기포는 R 쪽으로 다가갈 것입니다. 기포는 서로를 끌어당깁니다.

이제 두 번째 요점을 생각해 보겠습니다. 우리는 이른바 질량은 질량을 끌어당긴다는 개념에서 출발하여 기포는 기포끼리, 즉 빈 공간은 빈 공간끼리 서로 끌어당긴다고 추론했습니다. 하지만 빈 공간은 빈 공간을 끌어당긴다는 개념에서 출발했어도 질량은 질량끼리 끌어당긴다는 추론이 역시 가능했을 것입니다. 우리의 우주가 아주 적은 질량을 포함한, 대부분이 텅 빈 공간이므로 우리는 사물을 바라보는 한 가지 관점을 얻게 됩니다. 그러나 우리의 우주가 약간의 공간을 포함한, 대부분이 질량으로 이루어진 것이라면 우리는 사물을 바라보는 다른 관점을 얻게 되는 것입니다. 또 다른 한편으로는 질량이라는 것과 빈 공간이라는 것의 개념을 서로 바꾸어 생각할 수도 있는 것입니다.

물리를 공부할 때 우리는 언제나 깊은 물가에 있습니다. 익숙한 길에서 조금만 벗어나면 그곳에 빠질지도 모릅니다. 정말입니다.

지구의 내부 공간

지구에서 지표면 아래의 동굴 속의 중력은

ⓐ 지표면보다 크다.

ⓑ 지표면보다 작다.

ⓒ 지표면과 같다.

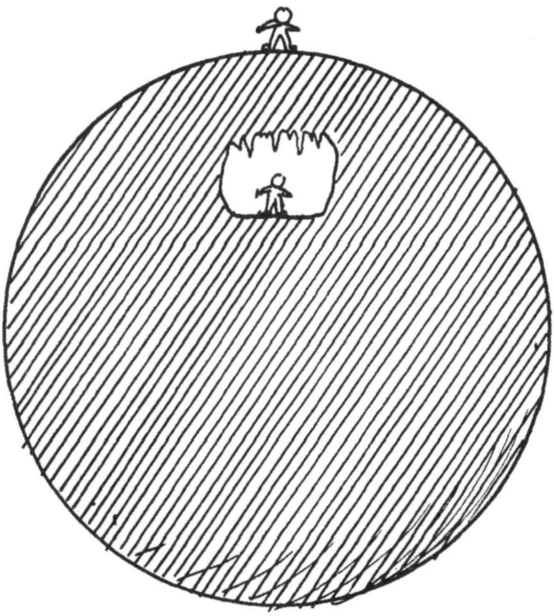

지구의 밀도는 어디서든 균일하다고 가정하겠습니다. 물론 실제로 그렇지는 않지만, 복잡하고 세부적인 상황을 이해하기 위해서는 먼저 단순하게 이상화된 상황을 철저히 이해해야 합니다.

답: 지구의 내부 공간

정답은 ⓑ입니다. 동굴 안의 중력은 더 작습니다. 왜냐하면 동굴 안에서는 여러분의 머리 위에 있는 질량이 위쪽으로 인력을 작용하므로 발밑에서 아래로 당기는 질량의 영향을 어느 정도 상쇄시키기 때문입니다. 동굴이 바로 지구의 중심에 있는 경우는 어떨까요? 이 경우 동굴 안에는 중력이 전혀 존재하지 않습니다(중력은 있지만 지구에 의한 모든 중력은 상쇄됩니다: 옮긴이). 마치 우주선 안에서 '무중력' 상태로 떠 있는 것이나 마찬가지입니다! 왜 그럴까요? 바로 여러분의 위아래로 똑같은 양의 지구가 있기 때문입니다(예를 들면, 북반구와 남반구처럼: 옮긴이).

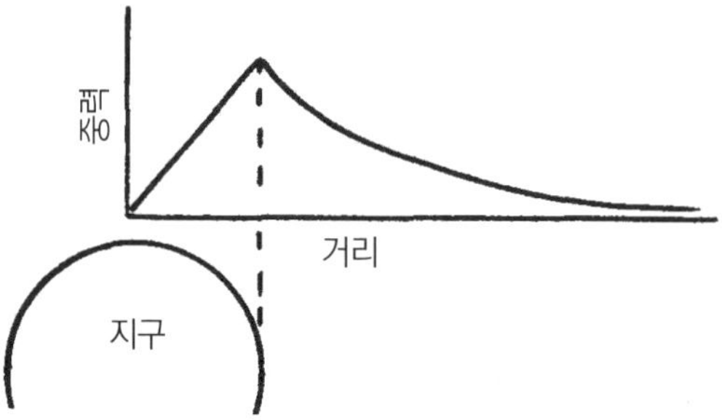

우리가 살고 있는 지표면 위에서 물체는 중력의 영향을 가장 크게 받습니다(머리 위에 지구가 없기 때문입니다: 옮긴이). 지구에서 우주로 올라가 지표면에서 멀어지면 중력이 약해지지만 지구 내부로 내려갈 때도 중력이 약해집니다.

지구에서 달까지

아래 나열된 네 곳의 장소 중에서 우주선을 발사하기 가장 적합한 장소는 어디일까요? (각 지점의 위치를 지도에서 찾아보시길!: 옮긴이)

ⓐ 뉴멕시코[멕시코 위 남쪽]

ⓑ 캘리포니아[태평양 위 북쪽]

ⓒ 플로리다[대서양 위 동쪽]

ⓓ 모스크바[시베리아 위 동쪽]

위 보기에서 달에 처음 착륙한 우주선을 발사한 곳은?

ⓐ　　ⓑ　　ⓒ　　ⓓ

150년 전 쥘 베른이 생각했던(과학소설의 선구자인 쥘 베른의 1865년 작품 《지구에서 달까지》를 의미: 옮긴이) 달 여행의 출발점은 위 보기에서 어디일까요?

ⓐ　　ⓑ　　ⓒ　　ⓓ

답: 지구에서 달까지

정답은 ⓒ입니다. 지구는 서쪽에서 동쪽으로 자전합니다. 그래서 태양이 동쪽에서 떠서 서쪽으로 지는 것입니다(여기서 잠깐 멈추고 머릿속으로 그림을 그려 보세요). 따라서 만약에 우주선을 동쪽으로 발사하면 지구의 자전을 추진력으로 '공짜로' 이용할 수 있습니다. 지구는 극을 중심으로 자전하므로 양극은 그대로 고정되어 있고 근처 부분들은 천천히 움직입니다. 양극에서 가장 먼 부분이 가장 빠르게 움직이게 됩니다. 적도는 극에서 가장 멀리 떨어져 있어 가장 빨리 움직입니다. 그러므로 발사하기에 가장 좋은 방법은 적도에서 동쪽을 향해, 혹은 최대한 그 방법에 가깝게 쏘아 올리는 것입니다.

두 번째와 세 번째 질문의 답도 마찬가지로 ⓒ입니다. 이것은 역사적 사실로 자리 잡고 있습니다.

저무는 지구

달에 살고 있다고 가정해 보세요. 또한, 여러분 머리 바로 위에 지구가 있다고 가정해 보겠습니다. 지구가 지려면(즉 지평선으로 넘어가려면: 옮긴이) 얼마나 걸릴까요?

ⓐ 1일 지구의 하루, 24시간　　ⓑ 1/4일 여섯 시간

ⓒ 한 달 달이 지구를 공전하는 데 걸리는 시간

ⓓ 1/4달　　ⓔ 절대 보지 못할 것이다.

답: 저무는 지구

정답은 ⓔ입니다. 지구에서 우리는 달의 한 면만을 볼 수 있습니다. 그렇기에 고대 천문학자들은 달을 다른 세상이라고 생각하지 않고 돔 모양인 우주 표면에 붙어 있는 물체라고 생각했습니다. 달의 반대쪽 면은 러시아 우주선이 사진을 찍기 전까지 신비로운 대상이었습니다. 따라서 지구를 바라보고 있는 면의 달에 살고 있다면 그 면은 계속해서 지구를 바라보고 있을 것이므로 지구가 지는 것을 보지 못할 것입니다.

영원한 밤

지구가 태양 주위를 1년에 한 번씩 공전하는 것은 그대로 둔 채, 지구의 한쪽 면은 항상 태양을 바라보게 했다고 생각해 보세요. 지구의 한쪽 면은 항상 태양을 보지만 반대쪽 면은 태양을 볼 수 없게 됩니다. 지구에서 태양은 정지해 있는 것처럼 보일 것입니다. 이런 경우 별들은 어떻게 움직이는 것처럼 보일까요?

ⓐ 별들도 우주에 정지해 있는 것처럼 보인다.
ⓑ 지구의 하루 동안 한 바퀴 도는 것처럼 보인다.
ⓒ 지구의 1년 동안 한 바퀴 도는 것처럼 보인다.

답: 영원한 밤

정답은 ⓒ입니다. 그림처럼 지구가 A에 있을 때 지구의 어두운 면의 한가운데 서 있는 사람의 머리 위에 있는 별을 중심으로 생각해 보세요. 반 년 후 지구가 C에 있을 때 별은 그 사람의 발밑에 있습니다. 1년이 지나 지구가 A로 돌아왔을 때 별이 머리 위에 있습니다. 하늘에 태양이 고정되어 지구의 한쪽은 언제나 낮이고 반대쪽은 언제나 밤이어도 지구에 있는 사람에게 별들은 여전히 하늘을 1년에 한 번 도는 것처럼 보입니다.

다행히도 이 현상은 지금 실제로 일어나고 있지는 않습니다. 하지만, 먼 미래에 지구의 자전이 조석 마찰에 의해 느려질 때 이런 일이 생길지도 모릅니다.

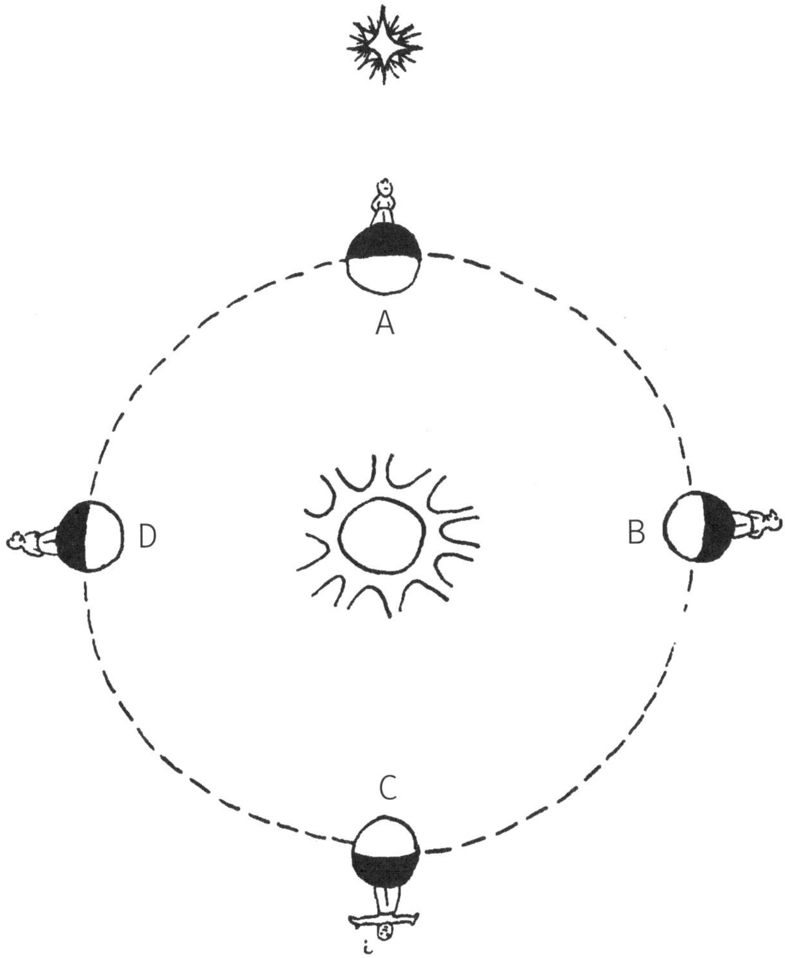

별이 진다네

밝은 별 하나를 골라 이 별이 멀리 있는 빌딩이나 타워 뒤로 사라지게 되는 시간을 디지털시계로 기록해 보세요. 다음 날에도 별이 사라지는 시간을 반복해서 측정합니다. 창틀에 못을 하나 박아 놓고 이를 통해 바라보는 각도를 고정시키면 매번 같은 위치에서 관찰하기 쉽습니다. 별이 지는 시간은 어떻게 될까요?

ⓐ 매일 밤 같은 시간에 사라진다.

ⓑ 매일 밤 더 이른 시간에 사라진다.

ⓒ 매일 밤 더 늦은 시간에 사라진다.

답: 별이 진다네

정답은 ⓑ입니다. 밤하늘에 있는 별들의 움직임은 지구의 자전 때문입니다. 따라서 별들도 태양처럼 24시간마다 지구를 한 바퀴 도는 것처럼 보여야 할 것 같습니다. 하지만 그렇지 않습니다. 왜 그럴까요? 두 가지 원운동을 모두 고려해야 하기 때문입니다. 지구가 매일 한 바퀴 자전하는 것과 태양 주위를 매년 한 바퀴 공전하는 것 말입니다.

지구의 한쪽 면이 항상 태양을 향하게 한다면, 별들은 정확히 지구 주위를 1년에 한 번 돌 것입니다. 하지만 지구는 그렇게 돌지 않습니다. 지구는 자전하기 때문에 지구의 한쪽 면이 항상 태양을 향하지는 않습니다. 지구의 자전은 너무 빨라서 매년 365번씩 태양이 뜨고 지는 것을 볼 수 있습니다. 마찬가지로 별들도 매년 365번 뜨고 지는 것을 볼 수 있을까요? '그렇지 않습니다.' 366번 보게 됩니다. 왜 우리의 예상보다 한 번 더 보게 되는 것일까요? **지구의 한쪽 면이 항상 태양을 보게 되는 경우에도 지구는 매년 한 번 자전하기 때문입니다.** 두 가지 원운동이 있음을 기억하세요. 최종적인 원운동은 두 원운동의 합입니다.

두 원운동을 더해야 하는 것은 어떻게 알 수 있을까요? 빼야 하는 것일 수도 있지 않을까요? 두 운동을 더해야 하는 것은 지구의 자전과 공전이 같은 방향이기 때문입니다. 태양 또한 같은 방향으로 자전합니다. 지구의 자전과 공전은 아마도 지구가 생겨났을 때 태양으로부터 기원한 것 같습니다. 그게 모두 같은 방향으로 도는 이유를 설명합니다.

따라서 지구에서 볼 때 별들은 태양보다 조금 더 빨리 돌아야 합니다. 태양이 도는 데 24시간 걸리므로 별은 24시간보다 적게 걸려야 합니다. 얼마나 적게 걸릴까요? 태양의 경우 1,440분(1,440분=24시간×60분/1시간) 걸립니다. 별들은 조금 더 빨리 돌아서 1년 후 한 바퀴를 더 돌아야 합니다. 즉, 별은 1년에 한 번 더 돕니다. 태양의 회전이 1,440분 걸리므로 하루에 4분씩을 줄인다면(4×365는 대략 1,440이 됩니다) 365회전한 뒤에는 한 바퀴 더 앞서 있을 것입니다.

따라서 별들은 매일 같은 시간에 뜨거나 지지 않습니다. 매일 밤 전날보다 4분 일찍 뜨고 집니다. 1주일에는 대략 30분이 됩니다. 매일 낮의 같은 시간에(정오라고 해 두지요) 같은 별(태양)을 볼 수 있을지라도, 매일 밤의 같은 시간에 같은 별들을 보진 못합니다. 이게 겨울철 별자리와 여름철 별자리가 다른 이유입니다.

1931년 미국의 벨 전화 연구소에서 일하던 전파 공학자 칼 잰스키는 매일 같은 시간에 짧은 파장에 민감한 수신기에 전파 잡음을 받았습니다. 어느 누구도 이 잡음이 어디서 오는지 알아내거나 예측할 수 없었습니다. 잰스키는 매일 밤 이 잡음이 4분씩 빨라지는 것을 발견하고, 잡음이 별에서 오는 것을 의미한다고 했습니다. 몇 년간 사람들은 그의 말을 믿으려 하지 않았지만, 그는 지구 밖에서 오는 첫 번째 전파원을 발견했고, 이것은 곧 은하수의 중심에서 나오는 것으로 밝혀졌습니다.

위도와 경도

밤하늘을 바라보면 바로 알 수 있는 것은 무엇인가요?

ⓐ 위도

ⓑ 경도

ⓒ 둘 다

ⓓ 아무것도 알 수 없다.

답: 위도와 경도

북극성

정답은 ⓐ입니다. 북극성이 머리 위에 있다면 그곳은 북극입니다(북극성이 발밑에 있다면 그곳은 남극입니다). 북극성이 머리 위와 발밑 중간에 있다면(즉, 지평선에 있다면) 그곳은 적도입니다. 북극성이 지평선과 머리 위 중간에 있다면 그곳은 북위 45°입니다. 왜 남위 45°는 안 되나요? 그곳에서는 북극성을 볼 수 없습니다.

북극성은 밤하늘에서 가장 밝은 별인가요? 그렇지 않습니다. 하지만 북극성은 쉽게 찾을 수 있습니다. 다음 페이지에 나온 그림을 보세요. 북두칠성이 북극성을 가리키고 있습니다. 두 개의 북두칠성을 그렸습니다. 북두칠성은 매일 북극성 중심을 돕니다. 가끔은 별 위에, 가끔은 별 아래, 왼쪽, 오른쪽에 있습니다. 북극성은 북두칠성의 별만큼 밝습니다.

경도는 어떤가요? 경도란 무엇인가요? 경도는 영국의 그리니치로부터 얼마나 동쪽 혹은 서쪽에 있는지를 나타낸 것입니다. 피지 섬과 그리니치는 서로 지구의 반대편에 있으므로, 피지는 동경 혹은 서경(반 바퀴이므로 동이든 서든) 180°에 있습니다.

루이지애나 주의 뉴올리언스 시는 영국에서 서쪽으로 1/4바퀴 지점에 있으므로 서경 90°, 인도의 캘커타는 영국에서 동쪽으로 1/4바퀴 지점에 있으므로 동경 90°임을 알 수 있습니다.

그렇다면 경도는 어떻게 알 수 있을까요? 별을 보고서? 경도는 별을 보고도 알 수 없습니다. 왜냐하면 자정(뉴올리언스 시간으로)의 뉴올리언스의 하늘은 자정(카이로 시간으로)의 이집트의 카이로 하늘과 같기 때문입니다. 하늘을 보는 것 말고도 무언가가 더 필요합니다. 시간을 알아야 합니다.

해시계로 알 수 있는 지방시뿐 아니라, 영국의 그리니치의 시간도 알고 있어야 합니다. 어떻게 경도를 알 수 있을까요? 여러분이 있는 곳이 정오라고 생각해 보세요. 그리니치에 전화해서 시간을 물어보면 됩니다. 그리니치가 만약 “자정이에요”라고 한다면 여러분은 어디에 있는 것일까요? 지구의 반대편, 즉 서경 혹은 동경 180°에 있을 것입니다. 전화나 라디오가 발명되기 전에 뱃사람들은 그리니치 시간을 가리키는 시계를 가지고 다녔습니다. 만약 선원의 시계가 1분 느리거나 빠르다면 배의 운항은 약 28km의 오차를 가지게 됩니다(28km=지구의 둘레인 약 4만 km를 하루에 해당하는 1,440분으로 나눈 것).

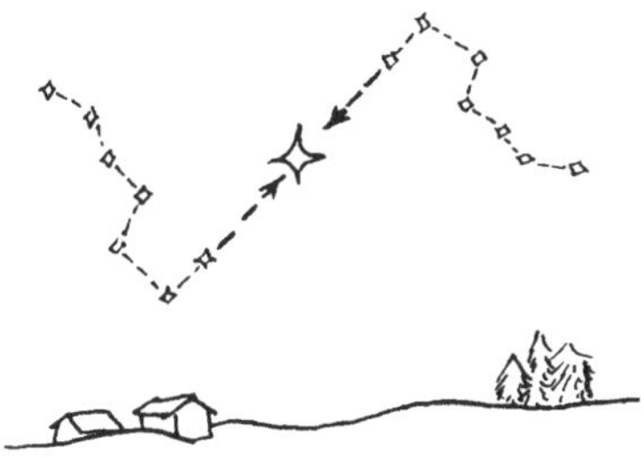

위도를 아는 것보다 경도를 아는 것이 훨씬 어려운 이유는 무엇일까요? 위도는 자연에 존재하지만 경도는 사람이 만든 것이기 때문입니다. 다시 말해, 지구의 자전 방식에 의해 자연스럽게 북극이 생겨나지만 그리니치는 사람들이 정한 것입니다. 그 기준점을 그리니치로 정하는 것에 모두가 동의하는 것은 아닙니다. 미터법에 따르면 지구는 360°가 아니라, 프랑스 파리에서 시작하며 1,000°로 나누어져 있습니다. 미국에는 경도가 워싱턴 D.C.로부터 계산된 문서도 있습니다.

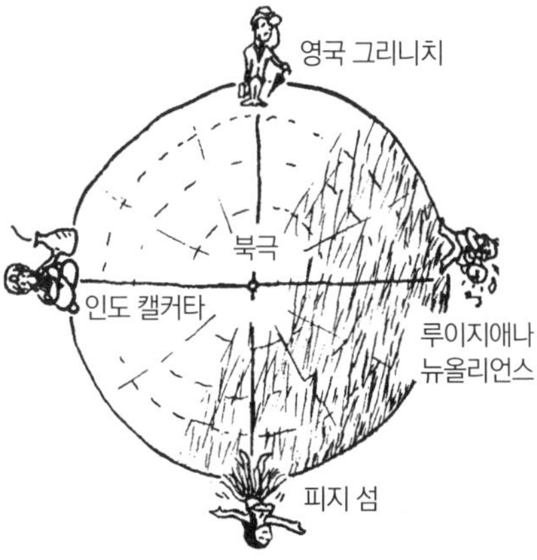

특이점

뉴올리언스는 런던으로부터 지구 둘레의 1/4만큼 떨어져 있습니다(즉 서경 90°). 런던이 정오일 때 뉴올리언스는 몇 시일까요?

ⓐ 정오 ⓑ 자정 ⓒ 오전 6시
ⓓ 오후 6시 ⓔ 알 수 없다.

런던이 정오일 때 북극은 몇 시일까요?

ⓐ 정오 ⓑ 자정
ⓒ 오전 6시 ⓓ 오후 6시
ⓔ 알 수 없다.

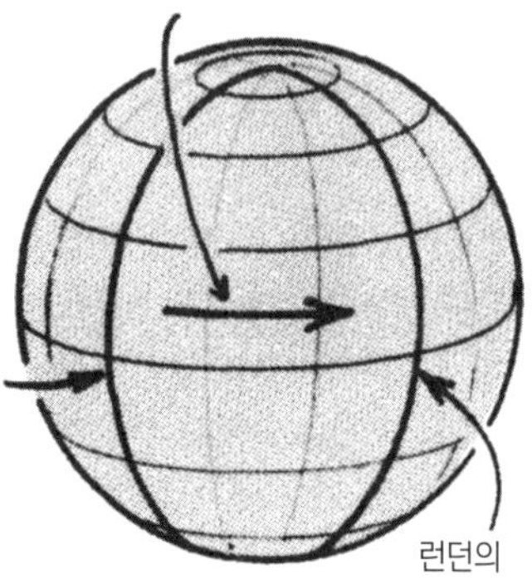
지구는 이렇게 돕니다.
(반대로 돈다면 서쪽에서
해가 뜨지 않을까요?)
뉴올리언스의
자오선
런던의
자오선

답: 특이점

첫 번째 문제의 정답은 ⓒ입니다. 24시간의 1/4은 여섯 시간입니다. 지금 태양이 런던에서 남중했다면(즉 정오라면: 옮긴이), 여섯 시간 후에는 지구가 자전하여 뉴올리언스가 태양 아래에 있게 됩니다(즉 정오가 됩니다: 옮긴이). 따라서 뉴올리언스의 현재 시간은 오전 6시입니다.

두 번째 문제의 정답은 ⓔ입니다. 지구상 어디에서든 정오에 태양이 그 지점을 통과하는 자오선 위에 남중해 있습니다. 하지만 북극은 모든 자오선이 지납니다. 따라서 시간을 결정하는 규칙이 북극에서는 적용되지 않습니다.

규칙이 적용되지 않는 곳을 특이점(singularity)이라고 합니다. 보통 적용 범위가 제한되어 있는 규칙은 무언가를 계산할 때 사용하는 규칙입니다. (예를 들어, x=2일 때 $\frac{1}{x-2}$의 값은 얼마일까요? 무한대라고요? 그럼 양의 무한대인가요, 음의 무한대인가요?) 우주에도 물리학의 법칙이 무너지는 특이점이 있을 가능성은 충분하며 블랙홀의 중심이 하나의 예입니다.

아이젠하워 대통령의 질문

1957년 미국인들은 우주 경쟁의 상대인 소련이 최초의 인공위성 스푸트니크호를 먼저 쏘아 올리자 매우 놀라워하며 걱정했습니다. 당시 사람들이 가장 궁금해하던 것은 궤도에 오른 소련제 인공위성의 질량이었습니다. 이는 미국 대통령이 과학 담당 고문관에게 물은 질문이기도 했습니다. "우리가 스푸트니크에 대해서 아는 것이라곤 위성의 고도와 공전하는 속력뿐이오. 이걸 가지고 스푸트니크의 질량을 계산할 수 있겠소?" 고문관은 어떻게 답변했을까요?

ⓐ "예, 할 수 있습니다."

ⓑ "아니요, 계산할 수 없습니다."

답: 아이젠하워 대통령의 질문

정답은 ⓑ입니다. 서로 다른 질량의 바위가 공기의 저항을 무시할 때 동일하게 떨어지는 것처럼('떨어지는 돌멩이'를 기억하세요), 또는 여러 가지 질량의 물체들을 똑같은 초속도로 던졌을 때 동일한 포물선 궤적을 그리는 것처럼, 같은 속도와 같은 고도를 가진 인공위성은 질량이 달라도 지구 주위의 같은 궤도를 돕니다. 인공위성을 궤도상에 붙잡아 두는 힘은 그 고도에서 물체가 갖는 무게이며 이는 물체의 질량에 비례합니다. 따라서 인공위성의 질량이 두 배가 된다면 인공위성이 궤도에 머물기 위해 필요한 힘도 두 배가 되는데, 무게가 두 배가 되었으므로 문제가 없습니다. 스푸트니크는 질량에 관계없이 같은 속력으로 동일한 궤도를 그립니다.

스푸트니크호의 질량을 알아내려면 실제로 탐사하는 수밖에 없습니다. 예컨대, 질량과 속도를 알고 있는 인공위성을 스푸트니크호와 충돌시킨 후 튀어나오는 속도를 측정하면 운동량 보존에 의해 스푸트니크호의 질량을 결정할 수 있습니다. 이런 상호작용이 없이 스푸트니크호의 궤도에 관한 정보만을 가지고 질량을 결정할 수는 없습니다.

매우 낮은 궤도

지구에 공기[대기]가 없고 지면에 튀어나온 산맥들도 없다고 가정해 보겠습니다. 초속도만 적절히 주어지면 인공위성은 (지면에 닿지 않는다고 가정했을 때) 지표면에서 가까운 궤도도 돌 수 있을까요?

ⓐ 그렇다.

ⓑ 아니다. 인공위성의 궤도가 지표면에서 충분히 떨어져 중력이 약해야만 가능하다.

답: 매우 낮은 궤도

정답은 ⓐ입니다. 인공위성은 단순히 자유낙하하는 물체라는 것을 깨닫는 게 중요합니다. 단지 충분한 접선 방향의 속력을 가지고 있어서, 지면에 떨어지는 대신 지구 주위를 돌며 떨어지는 것뿐입니다. 만약 나무 꼭대기에서 물체를 수평으로 힘껏 던져 포물선운동을 하게 한다면 물체의 경로가 그리는 곡선은 지구에 막혀 부딪히고 말 것입니다. 하지만 초속 8km/s(28,800km/h)로 물체를 발사한다면 물체가 그리는 경로의 궤적은 지구의 곡률과 맞아떨어집니다. 공기의 저항이나 장애물이 없다면 지구에 막히지 않고 계속해서 떨어지게 되어 원형 궤도를 이룹니다. 만약 더 빠른 속력으로 발사된다면 물체는 타원형 궤도를 그리게 됩니다. 초속 11.2km(40,320km/h)가 넘도록 발사되면 물체는 지구를 완전히 벗어나게 됩니다. 따라서 인공위성을 발사할 때 가장 중요한 것은 우선 대기권을 벗어나 공기의 마찰을 피하고 접선 방향의 속력을 충분히 높여 적어도 궤적의 곡률이 지구의 곡률과 맞아떨어지도록 하는 것입니다.

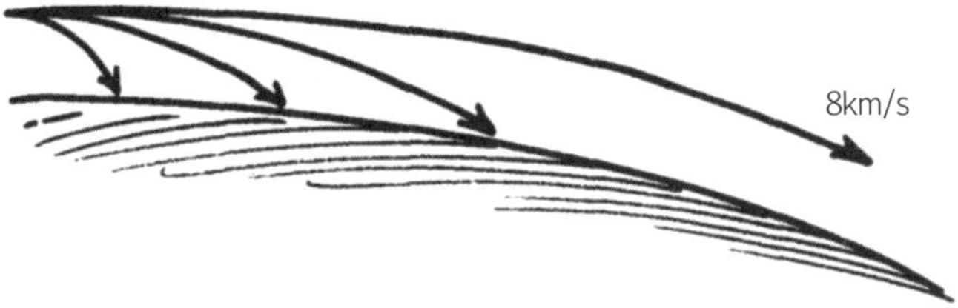

인공위성은 나무 높이 고도의 궤도를 (대기권과 산맥 같은 방해물이 없을 때) 돌 수 있을 뿐 아니라 지표면 아래의 터널로도 지구를 돌 수도 있습니다. 단, 터널 속의 공기가 모두 제거되어서 인공위성에 저항이 작용하지 않는다면 말이지요. 그렇다면 그러한 터널 속에서의 속력은 초속 8km보다 커야 할까요, 작아야 할까요?

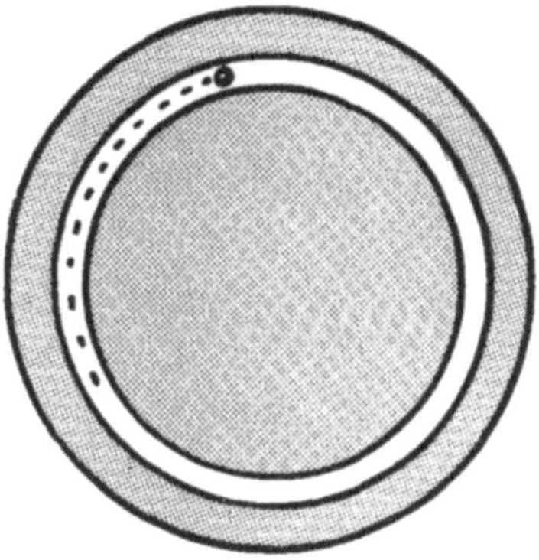

중력이 사라진다면

케플러의 제2법칙이란 행성이 태양 주위를 돌 때 태양과 행성 사이의 가상의 선이 같은 시간에 같은 면적을 쓸고 간다는 것입니다. 만약 태양과 행성들 간의 중력이 어떤 방식으로든 사라져 버려 행성들이 더 이상 타원형 궤도를 움직이지 않는다 해도 케플러의 제2법칙은 여전히 유효할까요?

ⓐ 그렇다. 중력이 없다 해도 제2법칙은 유효하다.

ⓑ 아니다. 케플러의 법칙은 중력에 의해 형성된 타원형 궤도에만 적용된다. 중력이 없다면 케플러 제2법칙은 무의미하다.

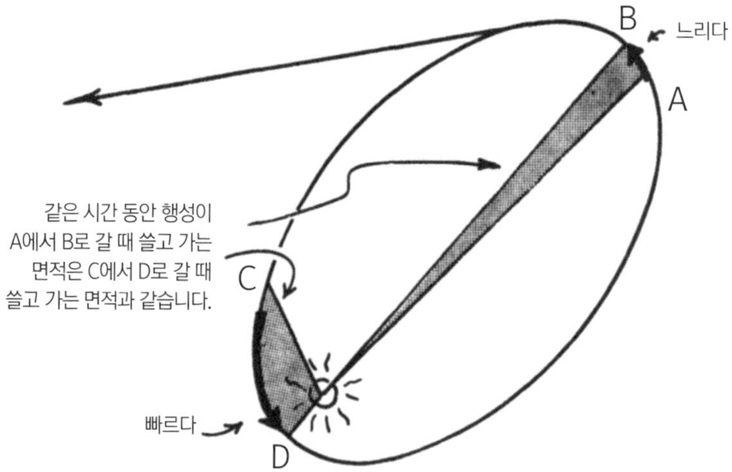

답: 중력이 사라진다면

정답은 ⓐ입니다. 케플러의 제2법칙은 태양과 행성을 잇는 가상의 선이 같은 시간에 같은 면적을 쓸고 간다는 것입니다. 이것은 태양 주위를 도는 행성의 각운동량이 변하지 않는다는 뜻입니다('줄에 매단 공' 문제를 기억하세요). 중력이 사라진다면, 예컨대 행성이 e 위치에 있을 때 행성은 e f g h i j를 잇는 선을 따라 일정한 속도로 움직여 나갑니다. e와 f, g와 h, i와 j 사이의 거리가 모두 같다면, 행성은 그 사이들을 같은 시간에 지나가야 합니다.

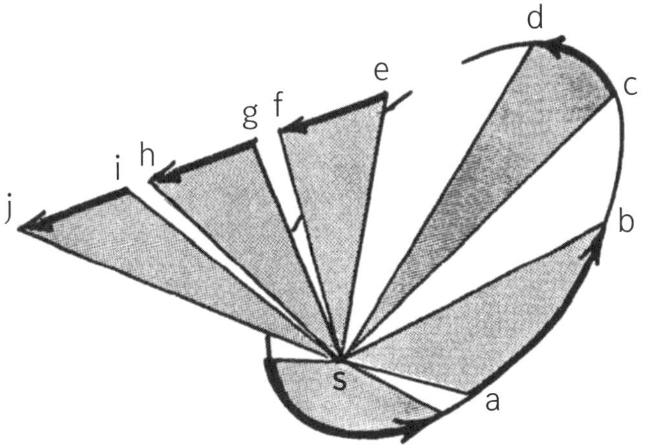

하지만 삼각형 Δefs, Δghs, Δijs의 면적은 모두 같습니다. 왜 그럴까요? 세 삼각형 모두 밑변이 같고 높이도 밑변에서 S로 같기 때문입니다.

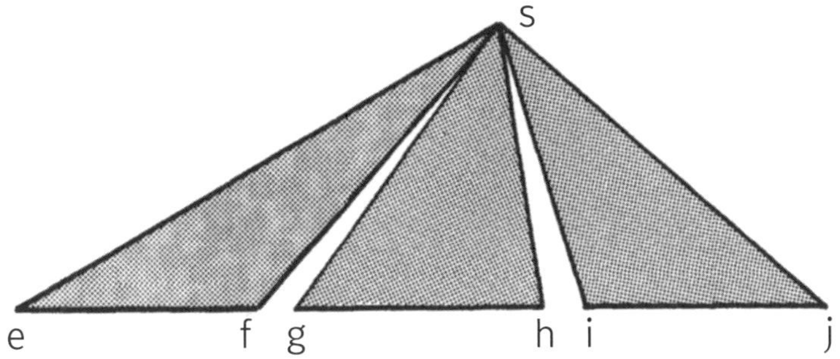

만약 ef=gh=ij=이면, Δefs 면적=Δghs 면적=Δijs 면적입니다.

과학소설

지구에서 멀어질수록 중력은 약해집니다. 하지만 그렇지 않고, 오히려 더 세진다고 가정한다면 어떻게 될까요? 만약 그런 가상의 법칙이 존재한다면, 달과 같은 물체가 지구 주위를 도는 것이 가능할까요?

ⓐ 그렇다. 달이 실제 지구를 돌고 있는 것처럼.

ⓑ 그렇다. 하지만, 실제 달의 운동과는 다르게.

ⓒ 불가능하다. 궤도 운동을 할 수 없다.

답: 과학소설

정답은 ⓑ입니다. 지구와 달은 보이지 않는 중력으로 서로 묶여 있습니다. 그런데 만약 중력 대신 용수철로 연결되어 있다면 어떻게 될까요? (스프링이 지구 둘레에 감기지 않는 방식으로 돌아가는 모습을 상상해야 합니다.) 용수철로 연결되어 있어도 달은 지구 주위를 돌 수 있습니다. 그러나 이 경우 힘(용수철에 의한 힘)의 크기는 달이 지구에서 멀어질수록 약해지지 않고 증가합니다.

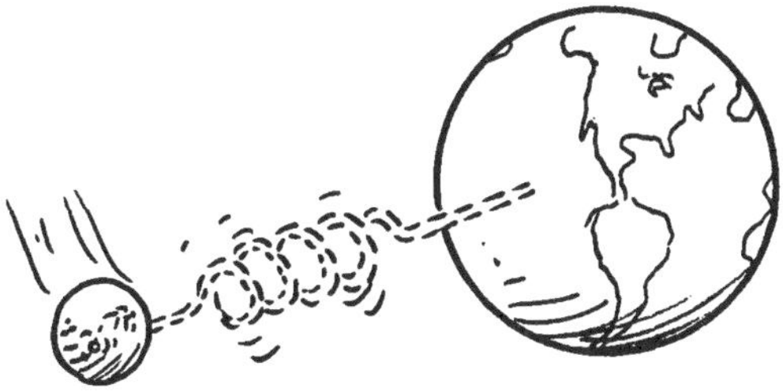

좀 더 살펴보면, 용수철로 연결된 행성들은 태양의 주위를 그대로 타원형 궤도를 따라 운동하지만, 태양의 위치는 타원의 초점이 아니라 중심에 놓이게 되며, 모든 행성이 궤도의 크기에 관계없이 공전주기가 같아집니다.

뉴턴 시대 이전에 살았던 (현미경 개발에도 큰 공헌을 한) 로버트 후크는 중력이 용수철처럼 작용한다고 생각했습니다. 뉴턴이 중력 이론에 관한 모든 영광을 차지한 이유를 후크야 알 리 없겠지만, 용수철 개념으로는 자연계에 실재하는 타원형 궤도를 설명할 수 없다는 것을 여러분은 이제 알게 되었습니다(짝짝짝)!

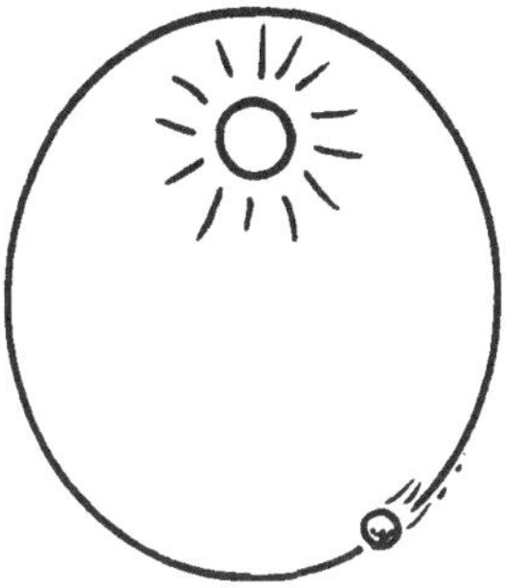

뉴턴의 중력

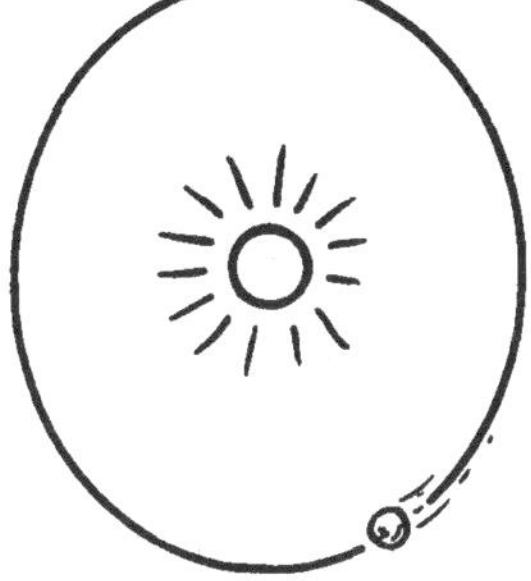

후크의 중력

대기권 진입

최초의 인공위성 스푸트니크 1호는 지구 대기권 바깥 부분과의 마찰로 인해 속력이 줄어들어 결국 지구로 떨어졌습니다. (물론 이것은 낮은 궤도에 떠 있는 인공위성에 모두 일어납니다.) 스푸트니크호가 나선형으로 돌면서 지구로 떨어질 때, 스푸트니크호의 속력은 어떻게 되었을까요?

ⓐ 감소한다.

ⓑ 일정하다.

ⓒ 증가한다.

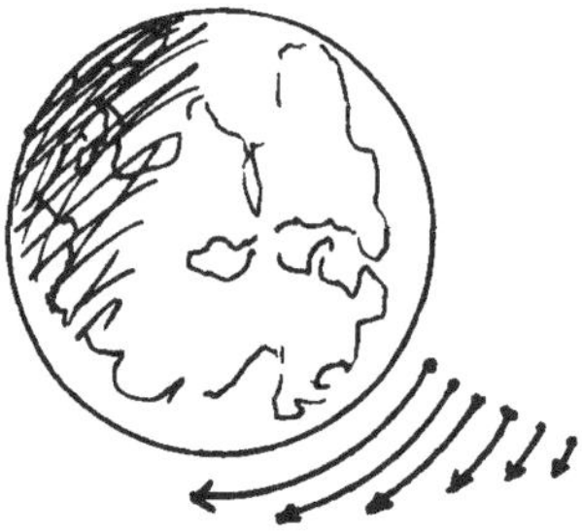

답: 대기권 진입

정답은 ⓒ입니다. 이것이 밝혀진 1958년 당시만 해도 많은 사람들이 놀랐습니다. 대기에 의한 마찰이 속력을 감소시킨다고 알려져 있었기 때문입니다. 설명은 다음과 같습니다.

지표면 위의 어떤 고도에서도 임계 속력이라는 것이 있습니다. 임계 속력은 지표면 근처에서 최댓값을 갖고 고도가 높아질수록 점차 작아집니다. 만약 어떤 주어진 고도에서 인공위성의 속력이 그 고도의 임계 속력보다 느려졌다면, 인공위성은 지구로 떨어지면서 속력이 증가하지만 대기권의 마찰 또한 증가하여, 지구에 가까운 궤도를 도는 데 필요한 속력 이상이 될 만큼 충분히 속력이 증가하지는 않습니다. 지구의 표면에 가까워지면서 인공위성이 실제로 얻는 속력의 증가는 항상 너무 적고 너무 늦습니다.

무게중심

다음 중 옳은 것은 무엇인가요?

ⓐ 달은 지구의 중심 주위를 돈다.

ⓑ 지구는 달의 중심 주위를 돈다.

ⓒ 둘 다 두 중심 사이의 어떤 지점 주위를 돈다.

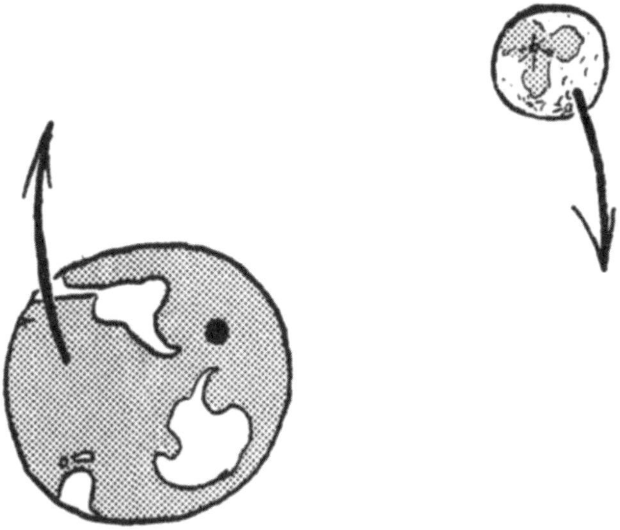

답: 무게중심

정답은 ⓒ입니다. 달과 지구는 공통된 질량중심 주위를 돌아야 합니다. 이 중심점은 달보다 지구에 더 가까운데, 지구의 질량이 달의 80배이기 때문입니다. 사실 무게중심이라 불리는 이 공통된 중심점은 지구에 너무 가까워 지구 안에 있습니다. 하지만 지구의 중심은 아닙니다. 무게중심은 지표면 1,600km 안쪽에 있습니다. 지구의 지름은 12,000km이고 지구에서 달까지의 거리는 지구의 지름의 30배입니다.

지구가 무게중심을 한 바퀴 도는 데 얼마나 시간이 걸릴까요? 정확히 달이 무게중심을 한 바퀴 도는 데 걸리는 시간, 즉 한 달입니다.

해양 조석

달에 의한 조수 간만의 차는 지구의 어디에서 가장 클까요?

ⓐ 달에서 가까운 쪽

ⓑ 달에서 먼 쪽

ⓒ 둘 다 비슷하다.

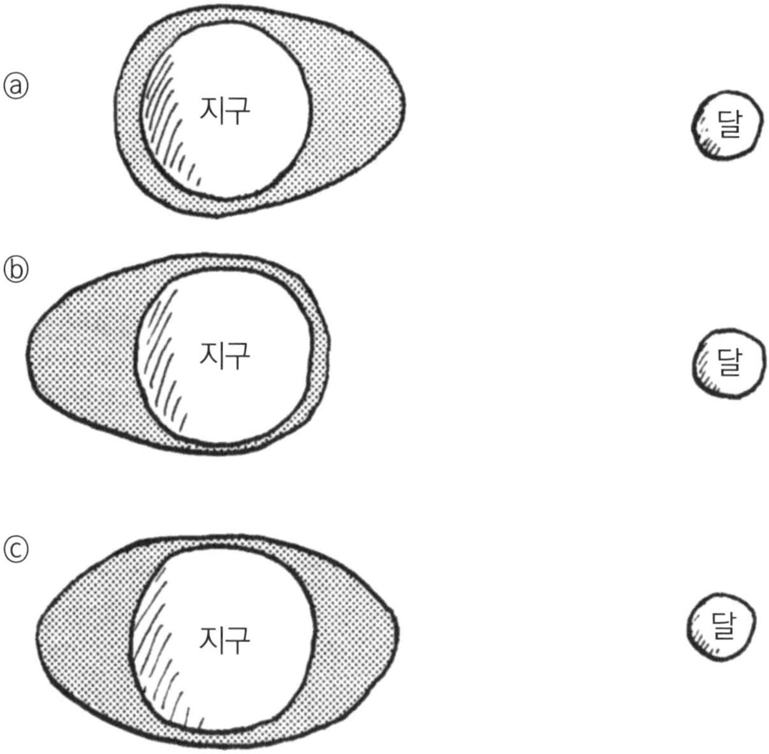

답: 해양 조석

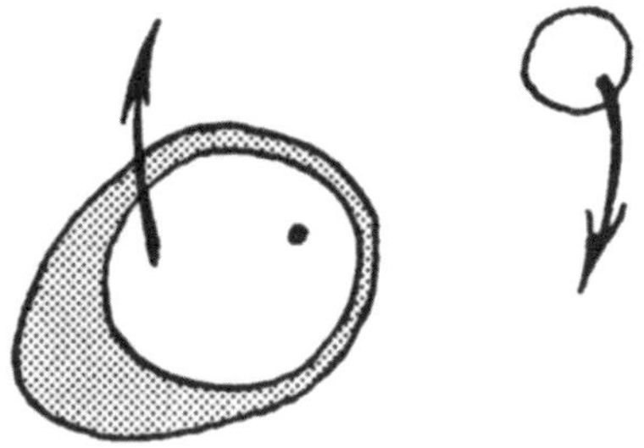

정답은 ©입니다. 달의 중력이 달과 가까운 쪽에 있는 지구의 물을 잡아당길 것이라 생각하기 쉽습니다. 하지만 다시 생각해 보면 지구가 한 달에 걸쳐 무게중심을 회전축으로 회전하므로 달에서 먼 쪽에 있는 지구의 물이 바깥으로 밀려날 것도 같습니다.

사실 둘 다 맞는 이야기입니다. 달과 가까운 쪽에서는 중력이 최대이므로 달 쪽으로 물을 당깁니다. 무게중심에서 먼 쪽의 지구는 원심력의 효과가 가장 커서 물이 밀려납니다. 지구를 둘러싸고 있는 바닷물 표면의 모양은 한쪽 끝은 달 쪽에 반대쪽은 달에서 먼 쪽에 있는 럭비공 모양이 됩니다. 하지만 중력이나 원심력에 의해 물의 수위가 올라간다고 생각하면 안 됩니다. 달이 지평선에 놓여 있는 지역에서 물이 밀려나서 달과 직선상에 있는 지역에 물이 쌓이는 것입니다.

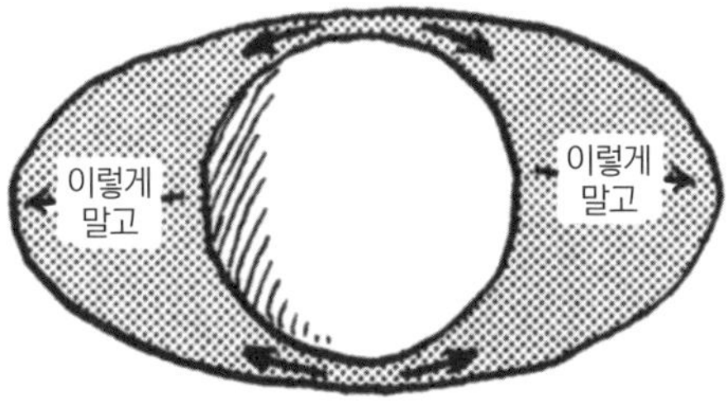

지구 자체의 중력과 자전에 의한 원심력은 어떤 영향을 미칠까요? 이 힘들은 달의 중력과 지구의 무게 중심에 대한 회전보다 셉니다. 정말입니다. 이 힘들은 더 강합니다. 하지만 지구의 모든 부분에 똑같이 작용하여, 이 힘들이 세든 약하든 지구의 모든 부분에서 주는 영향은 같습니다. 반대로, 달의 중력과 무게중심 주위의 회전에 의한 효과는 지구의 모든 부분에서 다릅니다. 이것이 지구에서 물의 깊이가 위치에 따라 다른 이유입니다.

토성의 고리

1세기도 전에 J. C. 맥스웰은 토성의 고리가 얇은 금속판 조각으로 이루어져 있다면 토성이 고리에 작용하는 중력 차이에 의한 장력(토성에서 가까운 쪽은 중력이 세고, 먼 쪽은 중력이 작습니다: 옮긴이)이나 기조력에 의한 장력(토성에는 많은 위성이 있습니다. 따라서 지구에서 조석 현상이 생기듯 고리도 이러한 힘이 작용하여 원이 아닌 타원 형태로 변형되려 할 것입니다: 옮긴이)을 이겨내지 못하고 결국 찢어질 것이라고 계산했습니다. 하지만 만약 고리가 얇은 판 대신 두꺼운 철판으로 이루어졌다면 그것은 장력을 견뎌낼 수 있을까요?

ⓐ 얇은 판처럼 쉽게 쪼개진다.

ⓑ 얇은 판보다 더 쉽게 쪼개진다.

ⓒ 얇은 판처럼 쉽게 쪼개지지는 않는다.

답: 토성의 고리

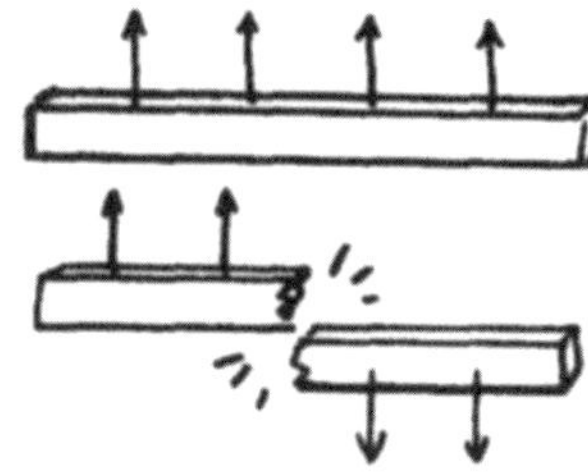

정답은 ⓐ입니다. 우선 왜 금속이 부러지거나 쪼개지는지 생각해 보겠습니다. 금속은 단순히 힘이 작용했다고 해서 부러지지는 않습니다. 예를 들어, 쇠막대에 일정한 힘이 작용하면 힘의 방향으로 가속하게 됩니다. 서로 다른 힘을 각각 다른 부위에 작용했을 때 금속이 부러지게 되는 것입니다. 이 힘의 차이는 장력과 압축, 변형을 만들어 내고 물체가 파손되는 것은 이때 생긴 응력(stress) 때문입니다.

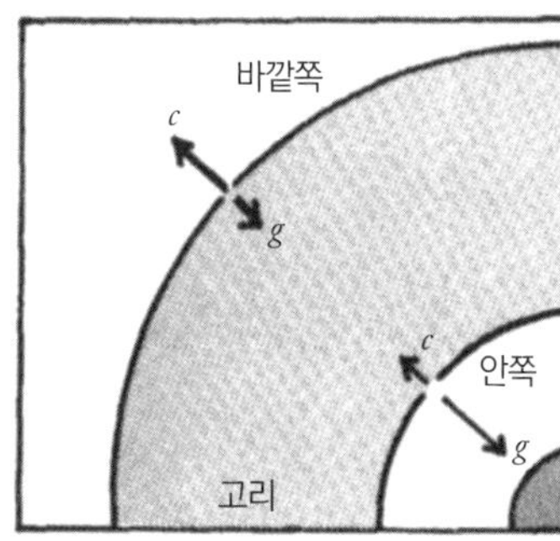

토성의 고리가 고체로 된 원판이라고 가정하면, 토성은 원판의 바깥쪽보다 안쪽에 더 큰 중력을 작용하여 인장 변형(tensile strain)이 생기고 결국 원판이 쪼개집니다. 중력에 의한 응력은 고리의 질량에 비례합니다. 고체로 된 원판 고리가 회전을 하면 원판의 안쪽보다 바깥쪽에 더 큰 원심력이 작용하므로 더 큰 응력이 생기게 됩니다(종종 플라이휠이 폭발하는 이유입니다). 구심력에 의한 응력 또한 고리의 질량에 비례합니다. 따라서 얇은 금속판에서 두꺼운 철판으로 고리의 질량이 증가하면 고리가 강해진 만큼 응력 또한 커집니다. 그러므로 고체로 가정한 토성의 고리는 그것이 두껍든 얇든 간에 결국 찢어져 버립니다.

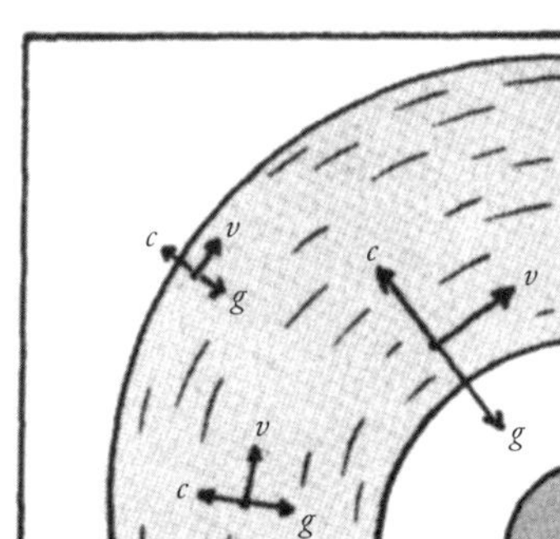

맥스웰은 토성의 고리가 고체로 된 원판이 될 수 없다고 결론 내렸습니다. 대신 고리는 많은 입자들로 이루어져 있어야 합니다. 그래야만 각각의 입자들이 토성으로부터의 거리에 따라 다른 특정한 크기의 중력에 대응하는 속력을 가지고 토성 주위를 돌 수 있게 됩니다. 따라서 토성의 고리 안쪽 부분은 바깥쪽보다 빨리 회전하므로 응력을 피할 수 있게 됩니다.

블랙홀의 질량

'블랙홀'의 질량은 반드시 무한대이거나 적어도 무한대에 가까워야 할까요?

ⓐ 그렇다.

ⓑ 아니다.

답: 블랙홀의 질량

정답은 ⓑ입니다. 물체가 행성 혹은 항성으로부터 벗어나려면 충분히 빠른 속력을 가져야 하고 만약 그렇지 못한 경우에는 추락하게 됩니다. 이때 벗어나는 데 필요한 최소한의 속력을 탈출속도라고 합니다. 행성의 크기가 변하지 않는 경우라면, 행성이나 항성의 질량이 크면 클수록 탈출속도도 커지게 됩니다.

블랙홀이란 탈출속도가 광속보다도 큰 물체입니다. 하지만 광속은 무한하지 않습니다. 큰 숫자이긴 하지만 여전히 유한합니다. 블랙홀의 질량 또한 무한한 값이 아니라 유한한 값을 가집니다. 실제로 질량이 충분히 압축만 된다면 아주 작은 질량으로도 블랙홀을 만들 수 있습니다. 만일 질량을 어떻게 압축시켜야 블랙홀을 만들 수 있는지를 알아낸다면 멋진 과학 축제 프로젝트가 될 것입니다!

보충 문제

본문에서 다룬 문제들과 유사한 다음 문제들을 스스로 풀어 보세요. 물리적으로 생각하는 것을 잊지 마시기 바랍니다. (정답과 해설은 없습니다.)

1. 어떤 사람이 여행을 떠나는데 평균속력이 40km/h가 되게 하려고 합니다. 목적지까지 절반을 지나왔을 때 평균속력이 30km/h였다면, 남은 절반의 거리를 얼마의 속력으로 여행해야 전체 평균속력이 40km/h가 될까요?
   ⓐ 50km/h ⓑ 60km/h ⓒ 70km/h ⓓ 80km/h
   ⓔ 어느 것도 아니다.

2. 경주용자동차가 *T*시간 동안 거리 *D*를 0km/h에서 60km/h로 일정하게 가속하며 달렸습니다. 또 다른 자동차는 2*T* 시간 동안 0km/h에서 60km/h로 일정하게 가속하며 얼마간의 거리를 달렸습니다. 즉, 두 번째 차가 정지 상태에서 같은 속력에 도달하는 데 두 배의 시간이 걸렸습니다. 두 번째 차가 60km/h가 될 때까지 달린 거리는 얼마인가요?
   ⓐ 1/4 *D* ⓑ 1/2 *D* ⓒ *D* ⓓ 2*D* ⓔ 4*D*

3. 공이 그림과 같은 언덕을 내려올 때

   ⓐ 속력은 증가하고 가속도는 감소한다.
   ⓑ 속력은 감소하고 가속도는 증가한다.
   ⓒ 둘 다 증가한다. ⓓ 둘 다 일정한 값을 갖는다. ⓔ 둘 다 감소한다.

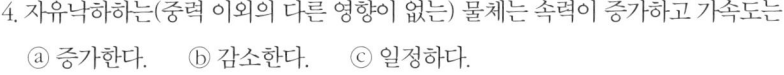

4. 자유낙하하는(중력 이외의 다른 영향이 없는) 물체는 속력이 증가하고 가속도는
   ⓐ 증가한다. ⓑ 감소한다. ⓒ 일정하다.

5. 공기의 저항을 받으며 낙하하는 물체의 속력은 증가하고 가속도는
   ⓐ 증가한다. ⓑ 감소한다. ⓒ 일정하다.

6. 다음 그림에서 돛단배는 바람이 어느 방향에서 불어올 때 가장 빨리 항해할까요?

ⓐ 북쪽　ⓑ 동쪽　ⓒ 남쪽

ⓓ 서쪽　ⓔ 이 중 어느 쪽도 아니다.

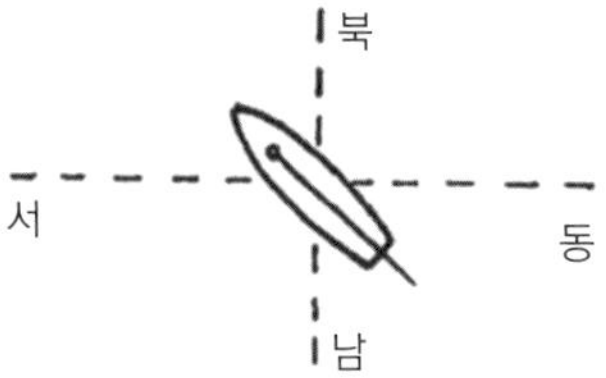

7. 무게가 1,000N인 남자를 지탱하고 있는 밧줄에 걸린 장력은 얼마일까요?

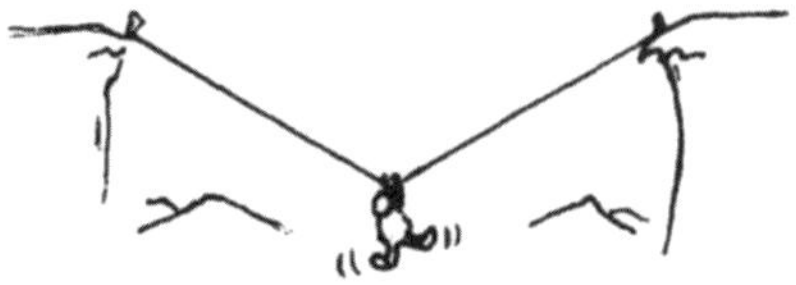

ⓐ 500N　ⓑ 1,000N　ⓒ 2,000N

ⓓ 4,000N　ⓔ 4,000N 이상

8. 아래쪽으로 가속하는 200N의 물체와 위로 가속하는 100N의 물체를 연결하는 줄에 걸리는 장력은 얼마인가요?

ⓐ 100N보다 작다.　ⓑ 100N

ⓒ 100N에서 200N 사이　ⓓ 200N　ⓔ 200N 이상

9. 그림의 수레는 어떻게 운동할까요?

ⓐ 왼쪽으로 가속한다.

ⓑ 오른쪽으로 가속한다.

ⓒ 가속하지 않는다.

10. 정원에 물을 주는 스프링클러에 입을 대고 바람을 불었더니 시계 방향으로 회전했습니다. 반대로 공기를 빨아들이면 스프링클러는 어느 방향으로 회전할까요?

ⓐ 역시 시계 방향　ⓑ 반시계 방향　ⓒ 돌지 않는다.

11. 고속도로에서 차를 몰고 달리고 있는데, 벌레 한 마리가 차의 앞쪽 유리에 부딪혔습니다. 어느 쪽이 더 큰 충격력을 받았을까요?

ⓐ 벌레　ⓑ 유리　ⓒ 둘 다 같다.

12. 높은 곳에서 뛰어내릴 때, 무릎을 구부리며 착지할 때가 다리를 쭉 편 상태로 착지할 때보다 착지 시간이 열 배 늘어났다고 가정해 보겠습니다. 착지할 때 지면이 우리 몸에(중력도 작용하고 있으므로) 작용하는 힘의 평균은 얼마나 줄어들까요?

ⓐ 열 배보다 작다. ⓑ 열 배 ⓒ 열 배 이상

13. 같은 속력으로 언덕을 달려 내려오는 대형 자동차와 소형 자동차에 힘을 작용하여 정지시켰습니다. 소형 자동차를 정지시킨 힘에 비해 대형 자동차를 정지시킴 힘은 어떨까요?

ⓐ 훨씬 크다. ⓑ 똑같다. ⓒ 작을 것이다.

14. 정지 상태에서 낙하하는 100N의 물체가 10m 아래로 떨어져 지면과 충돌할 때 작용하는 충격력의 크기는 어떻게 될까요?

ⓐ 100N ⓑ 500N ⓒ 1,000N ⓓ 알 수 없다.

15. 그림처럼 한 얼음 벽돌은 얼음의 경사면을 따라 미끄러져 내려오고, 다른 얼음 벽돌은 수직면을 따라 떨어진다면 지면에 도달할 때 속력이 더 큰 것은 어느 것일까요?

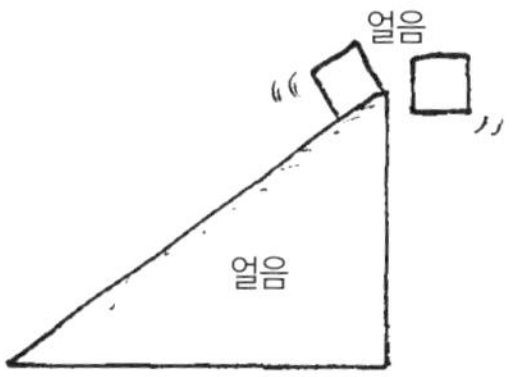

ⓐ 미끄러지는 벽돌 ⓑ 떨어지는 벽돌 ⓒ 둘 다 같다.

16. 빌딩 꼭대기에서 세 개의 돌멩이를 같은 속력으로 던졌습니다. 하나는 똑바로 위를 향하게, 다른 하나는 수평 방향으로, 마지막 하나는 수직으로 아래로 향해 던졌습니다. 지면에 닿을 때 속력이 가장 큰 돌멩이는 어떤 것일까요?

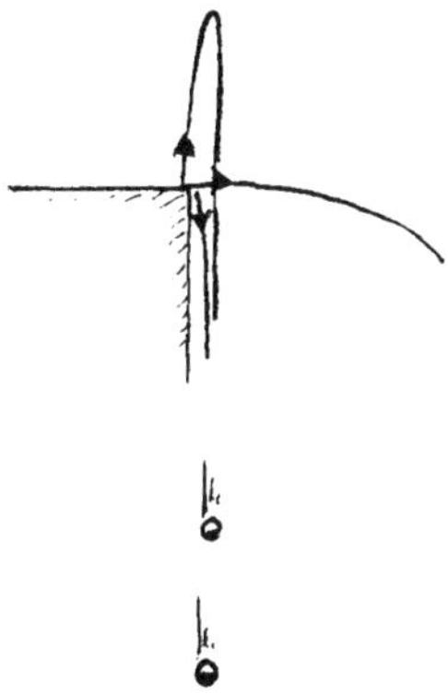

ⓐ 위로 던진 것 ⓑ 수평으로 던진 것

ⓒ 아래로 던진 것 ⓓ 모두 같다.

17. 높은 탑 위에서 돌멩이를 떨어뜨렸습니다. 0.5초 후에 두 번째 돌멩이를 떨어뜨렸습니다. 두 돌멩이가 떨어질 때 그 사이의 거리는 어떻게 될까요?

ⓐ 늘어난다.　ⓑ 줄어든다.　ⓒ 일정하다.

18. 17번 문제에서 두 번째 돌멩이는 첫 번째가 지면에 도달한 후 얼마 후에 지면에 도달할까요?

ⓐ 0.5초가 지나기 전　ⓑ 0.5초　ⓒ 0.5초가 지나고 난 후

19. 높이차가 1m인 두 곳에서 돌멩이를 동시에 떨어뜨렸습니다. 두 돌멩이 사이의 거리는 낙하하면서 어떻게 될까요?

ⓐ 증가한다.　ⓑ 감소한다.　ⓒ 일정하다.

20. 19번 문제에서 돌멩이가 지면에 도달하는 시간에는 차이가 있습니다. 동일한 방식으로 돌멩이를 떨어뜨리되 위의 돌멩이를 19번 문제보다 1m 더 높은 곳에서 떨어뜨린다면 지면과 충돌하는 시간의 차이는 어떻게 될까요?

ⓐ 증가한다.　ⓑ 감소한다.　ⓒ 일정하다.

21. 낙하하는 물체의 운동량이 두 배로 늘어났다면 운동에너지는 어떻게 되나요?

ⓐ 두 배　ⓑ 네 배　ⓒ 알 수 없다.

22. 20km/h를 달리던 자동차의 브레이크를 밟았더니 5m를 미끄러져 나가서 멈추었습니다. 20km/h가 아니라 80km/h였다면 이 차는 얼마나 미끄러진 후 멈출까요?

ⓐ 20m　ⓑ 40m　ⓒ 80m　ⓓ 80m 이상

23. 두 개의 당구공이 3m/s의 속력으로 마주보고 굴러와 충돌한 후 같은 방향으로 각각 3m/s의 속력으로 굴러갔습니다. 이 불가능한 현상은 물리학의 어떤 보존법칙을 무시한 것일까요?

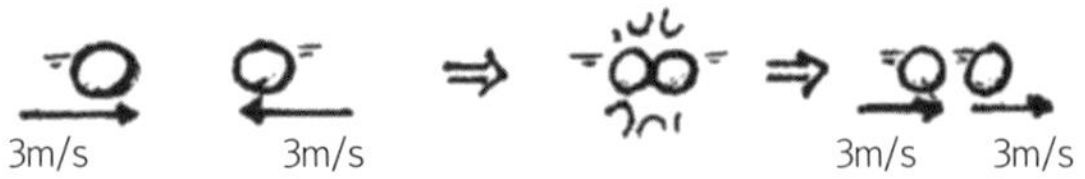

ⓐ 운동에너지　ⓑ 운동량　ⓒ 둘 다　ⓓ 어느 것도 아니다.

24. 23번과 같은 상황에서 충돌한 후 서로 반대 방향으로 4.5m/s의 속력으로 굴러갔습니다. 이 불가능한 현상은 물리학의 어떤 보존법칙을 무시한 것일까요?

ⓐ 운동에너지 ⓑ 운동량 ⓒ 둘 다 ⓓ 어느 것도 아니다.

25. 질량이 M인 찰흙 덩어리가 10m 높이의 언덕을 미끄러져 내려옵니다. 반대쪽 언덕에서 질량이 0.5M인 찰흙 덩어리가 미끄러져 내려온다고 가정해 보겠습니다. 바닥에서 두 찰흙 덩어리가 충돌 후 정지했다면 작은 찰흙 덩어리가 미끄러져 내려온 언덕의 높이는 몇 m인가요?

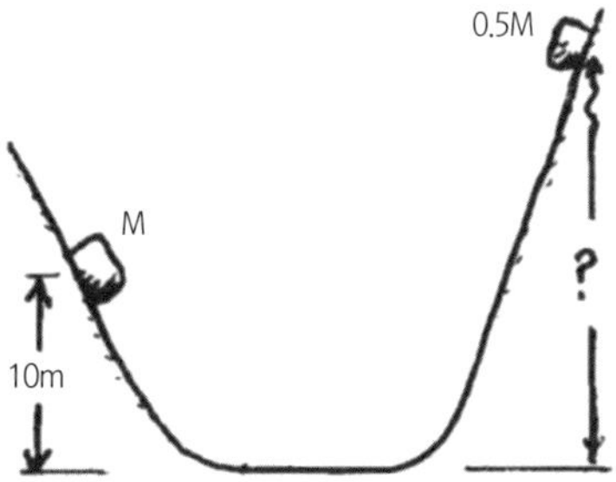

ⓐ 10m ⓑ 20m ⓒ 40m ⓓ 80m ⓔ 알 수 없다.

26. 1톤 트럭이 20km/h의 속력으로 거대한 건초 더미를 들이받았습니다. 같은 1톤 트럭이 1톤의 건초를 실은 채 10km/h로 달려가다가 똑같은 건초 더미를 들이받았습니다. 두 트럭 중 정지하기 전까지 건초 더미를 더 멀리 뚫고 들어가는 트럭은 어떤 것일까요?

ⓐ 짐을 신지 않은 빠른 트럭 ⓑ 짐을 실은 느린 트럭 ⓒ 둘 다 같다.

27. 수직으로 떨어지는 빗속에서 마찰이 없는 철길을 달리는 차가 있습니다. 차 밑바닥의 배수구를 열어서 속에 담긴 빗물이 빠지게 할 때, 빗물이 차오르는 속도와 배수 속도가 같다면 차의 속력은 어떻게 될까요?

ⓐ 빨라진다. ⓑ 느려진다. ⓒ 그대로이다.

28. 총알이 발사될 때 총은 뒤로 반동합니다. 따라서 총과 총알은 운동에너지와 운동량을 갖게 되는데, 그 크기는 어떤가요?

ⓐ 크기는 같고 방향은 반대인 운동량　　ⓑ 같은 크기의 운동에너지

ⓒ 같은 크기의 운동에너지와 운동량　　ⓓ 두 가지 다 같지 않다.

29. 그림처럼 모루 위에 또 다른 모루를 떨어뜨리면 모루는 충격을 더 잘 견딜까요?

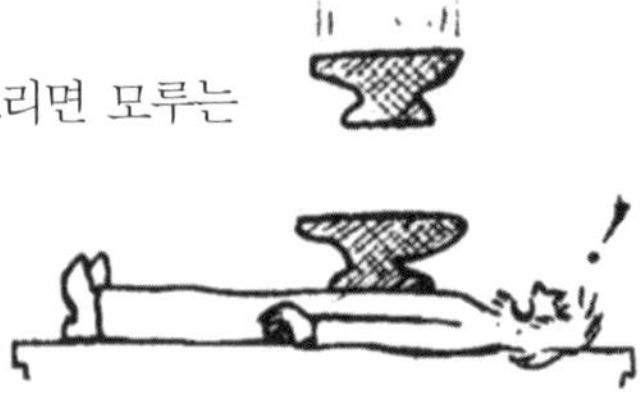

ⓐ 그렇다.　　ⓑ 아니다.

30. 도박꾼이 당구대 위의 8번 공을 구멍 S에 집어넣으려고 합니다(회전 없이). 플루크(요행수)가 일어날 확률이 있을까요?

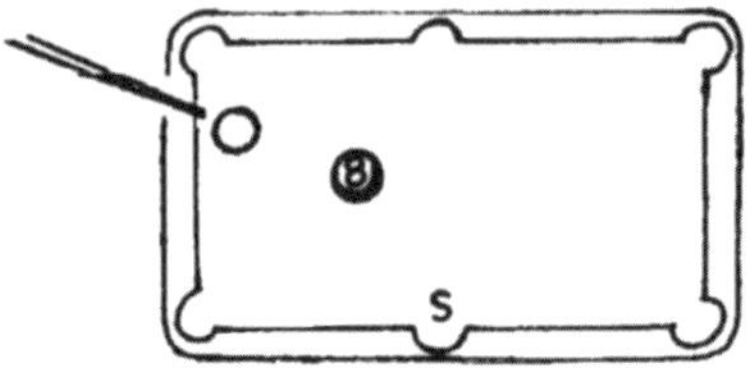

ⓐ 있다.　　ⓑ 없다.

31. 물체의 속력이 변하면 속도도 변합니다. 물체의 속도가 변할 때 속력은 변할까요?

ⓐ 역시 변한다.　　ⓑ 변할 수도 아닐 수도 있다.　　ⓒ 변하지 않는다.

32. 평평한 지면에서 일정한 속력으로 원운동을 하는 자동차에 작용하는 알짜힘은 어떻게 작용할까요?

ⓐ 차가 움직이는 방향으로 작용한다.　　ⓑ 원의 중심 쪽으로 작용한다.

ⓒ 0

33. 일정한 속력으로 반지름이 일정한 원운동을 하는 자동차에는 구심력이 작용합니다. 어떤 경우에 구심력이 가장 커질까요?

ⓐ 차의 속력이 두 배가 될 때　　ⓑ 반지름이 두 배가 될 때

ⓒ 반지름이 1/2로 줄었을 때　　ⓓ ⓐ와 ⓑ의 효과는 똑같다.

ⓔ ⓐ와 ⓒ의 효과는 똑같다.

34. 적도상에서 광산의 깊은 수직갱도로 떨어지는 물체는 어느 쪽으로 약간 휠까요?

ⓐ 북쪽　　ⓑ 동쪽　　ⓒ 남쪽　　ⓓ 서쪽　　ⓔ 어느 쪽도 아니다.

35. 북극점에서 광산의 깊은 수직갱도로 떨어지는 물체는 어느 쪽으로 약간 휠까요?

ⓐ 북쪽 ⓑ 동쪽 ⓒ 남쪽 ⓓ 서쪽 ⓔ 편향되지 않는다.

36. 힘 Ⅰ과 Ⅱ가 함께 작용하면 그것은 힘 Ⅲ과 동일하다. 그러면 힘 Ⅰ과 Ⅱ에 의해서 나사에 작용하는 토크는 **항상** 힘 Ⅲ에 의한 토크와 동일할까요?

ⓐ 같다. ⓑ 다르다.

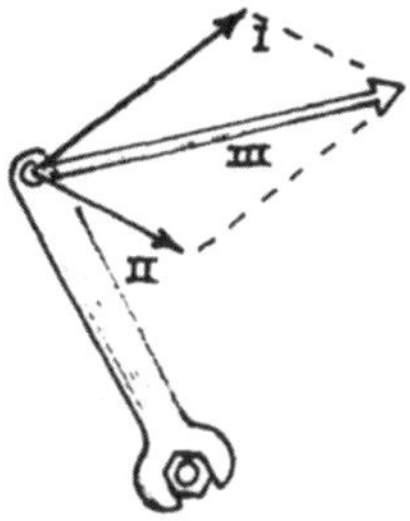

37. 가장자리의 원둘레가 16m, 안쪽 바퀴통의 원둘레가 8m인 바퀴가 있습니다.

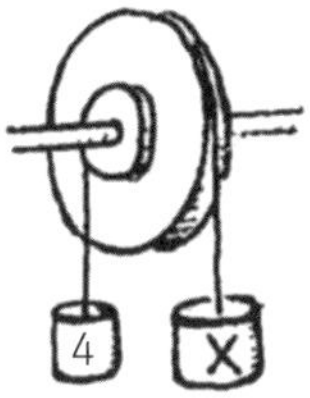

4kg인 물체를 바퀴통의 왼쪽에서 감아서 매달았습니다. 바퀴가 돌아가지 않게 하려면 바퀴 가장자리인 오른쪽에 몇 kg인 물체를 감아서 매달아야 할까요?

ⓐ 2kg ⓑ 3.14kg ⓒ 6kg ⓓ 8kg

38. 그림과 같이 두 개의 도르래와 한 개의 끈으로 두 물체를 천정에 매달았습니다. 1톤짜리 물체와 균형을 이루려면 X의 무게는 얼마여야 할까요?

ⓐ 1톤 ⓑ 2톤 ⓒ 1/2톤 ⓓ 1/3톤

ⓔ 3톤

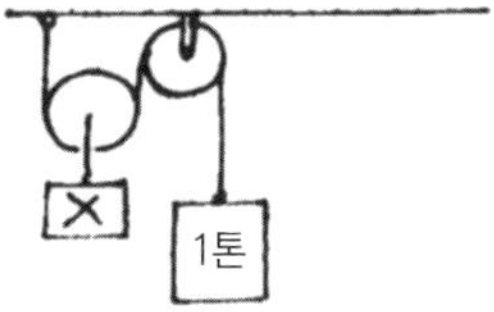

39. '줄에 매단 공' 문제에서 토크는 작용하지 않는다고 했습니다. 왜냐하면 힘이 원의 중심 C로 향하고 따라서 지렛대 팔이 없었기 때문입니다. 하지만 힘을 분해한 성분 1과 2에는 팔이 있지 않은가요? 그러면 어째서 토크가 없다고 했을까요?

ⓐ 성분 1과 2의 힘도 C에 대한 팔은 없다.

ⓑ 성분 1과 2는 서로 수직이므로 C에 대해 상쇄된다.

ⓒ 성분 1과 2에 의한 토크는 서로 상쇄된다.

ⓓ 인쇄 오류: 알짜 토크가 분명히 있다!

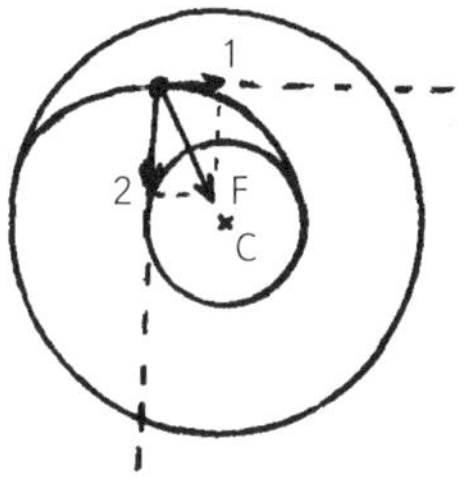

40. 외부의 어떤 요인과도 작용하지 않은 채 공간 중에 격리된 물체는 내부의 상호작용에 의해 그 물체가 갖고 있는 물리량 가운데 어떤 양을 변화시킬 수 있을까요?

ⓐ 선운동량 ⓑ 선 운동에너지 ⓒ 둘 다 ⓓ 둘 다 아니다.

41. 40번 문제의 고립된 그 물체는 다음 중 어떤 양의 변화가 가능할까요?

ⓐ 각운동량 ⓑ 회전 운동에너지 ⓒ 둘 다 ⓓ 둘 다 아니다.

42. 두 개의 아령이 그림과 같이 충돌했을 때 보존법칙이 성립되지 않는 것은 어떤 것인가요?

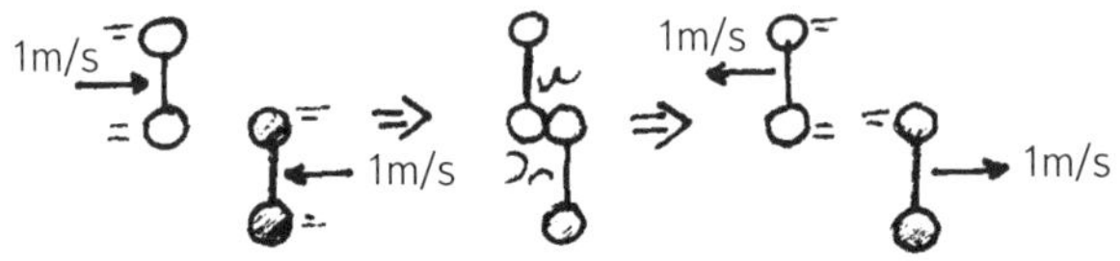

ⓐ 운동에너지 ⓑ 운동량 ⓒ 각운동량 ⓓ 셋 다 ⓔ 셋 다 아니다.

43. 사륜구동 지프차가 정지 상태에서 가속할 때 차체가 어떻게 될까요?

ⓐ 위로 들린다. ⓑ 아래로 기운다. ⓒ 둘 다 아니다.

44. 진자의 추는 진동의 최저점에서 최대 속력을 갖습니다. 그렇다면 가속도가 가장 큰 지점은 어디인가요?

ⓐ 이것 역시 최저점 ⓑ 추가 잠시 멈추는 최고점 ⓒ 둘 다 아니다.

45. 사격의 명수가 멀리 떨어진 표적을 향해 총을 쐈습니다. 총알이 표적에 도달하는 데 1초가 걸렸다면 그는 표적보다 얼마나 높은 지점을 조준해야 할까요?

ⓐ 5m ⓑ 10m ⓒ 표적이 눈높이인지 모른다면 알 수 없다.

46. 지면보다 높은 곳에서 공을 10m/s의 속력으로 수평으로 던졌습니다. 1초 후 땅에 부딪칠 때 공의 수직 방향의 속력은 몇m/s인가요?

ⓐ 9.8m/s ⓑ 10m/s ⓒ 20m/s

47. 블랙홀로 붕괴하기 시작한 거성巨星의 주위를 도는 행성이 있다면 붕괴 후 행성의 공전궤도 반지름은 어떻게 될까요?

ⓐ 작아진다. ⓑ 커진다. ⓒ 그대로이다. ⓓ 존재하지 않는다.

48. 엄밀하게 따져서 고층 빌딩의 1층 로비에 서 있을 때 몸무게는

ⓐ 약간 덜 나간다. ⓑ 약간 더 나간다. ⓒ 마천루 밖에 있을 때와 똑같다.

49. 달이 지구로 떨어지지 않는 이유는 무엇일까요?

ⓐ 달은 지구의 중력장 안에 있기 때문이다.

ⓑ 달에 작용하는 알짜힘이 0이기 때문이다.

ⓒ 지구의 중력이 크게 작용하는 범위에서는 벗어나 있기 때문이다.

ⓓ 달은 지구뿐만 아니라 태양과 다른 행성에 의해서도 당겨지기 때문이다.

ⓔ 위 네 가지 모두 해당된다.

ⓕ 어느 것도 아니다.

50. 영국 은행이 발행한 1파운드짜리 영국 지폐를 자세히 들여다보면 태양(C)과 여러 행성(G, D, B, P, K)을 나타낸 타원형 궤도를 볼 수 있습니다. 이 그림은 무엇을 나타낼까요?

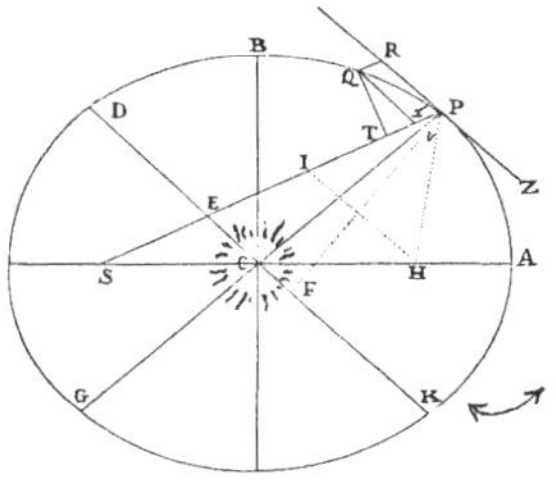

ⓐ 뉴턴의 중력이론 ⓑ 후크의 중력이론

51. 지구의 공전궤도는 약간 타원형입니다. 지구는 12월에 태양에 가장 근접하고 6월에 가장 멀어집니다. 따라서 지구의 궤도 속력은 어떻게 될까요?

ⓐ 12월에 더 빠르다. ⓑ 6월에 더 빠르다. ⓒ 1년 내내 똑같다.

52. 어떤 행성이 태양 주위를 도는데 그 평균속력이 뉴턴의 법칙에 의한 값보다 약간 큰 것으로 나타났습니다. 그 원인은 발견되지 않은 다른 행성 때문이라고 생각되는데 그렇다면 그 미확인 행성의 궤도는 어디쯤 위치할까요?

ⓐ 속력이 빠른 행성의 궤도 안쪽 ⓑ 속력이 빠른 행성의 궤도 바깥쪽

53. 미국과 소련의 우주선이 각각 원형 궤도를 따라 같은 방향으로 외부의 간섭 없이 운행하고 있습니다. 소련 우주선의 고도는 100km이고 미국 우주선의 고도는 110km라면?

ⓐ 미국 우주선이 소련 우주선을 점점 끌어당긴다.

ⓑ 소련 우주선이 미국 우주선을 점점 끌어당긴다.

ⓒ 두 우주선은 각각 나란히 움직인다.

Chapter 02

유체

Fluids

유체는 고유한 형태가 없고, 모양이 고정되어 있지 않아 마치 꿈과 같은 물질입니다. 고체에 주로 나타나는 마찰이 없는 유체에서는 운동의 법칙이 뚜렷하게 드러납니다. 유체는 타고난 선생님입니다. 유체는 어떤 고체들을 그 위에 떠 있을 수 있도록 특권을 제공하는 반면, 다른 고체들은 가라앉게 합니다. 그러나 쇠붙이와 같이 유체에 가라앉는 고체의 경우에도 속이 비어 있으면 떠 있을 수 있습니다. 유체에 떠 있기에는 너무나 무거운 고체를 뜨게 하려면 고체의 속이 어느 정도 비어 있어야 할까요? 이것은 물리학에서 가장 오래된 의문일지 모릅니다.

물리는 사랑과 같다. 실용적인 면이 있기도 하지만 그것이 물리를 하는 주요 이유는 아니다.

_리처드 파인만

물주머니

부피 $1m^3$에 해당하는 바닷물의 무게는 약 10,000N입니다. 플라스틱 봉지에 $1m^3$의 바닷물을 부은 다음 주머니 안에 공기가 남지 않도록 묶어 밀폐하고 줄에 매달아 바닷물 속에 넣었다고 가정해 보겠습니다. 물주머니가 물에 완전히 잠겨 있을 때, 주머니가 물속에 떠 있게 하려면 줄에 어느 정도의 힘을 가해야 할까요?

ⓐ 0N

ⓑ 5,000N

ⓒ 10,000N

ⓓ 20,000N

ⓔ 주머니는 물속에서 떠오르려고 하기 때문에, 주머니를 아래로 누르고 있어야 한다.

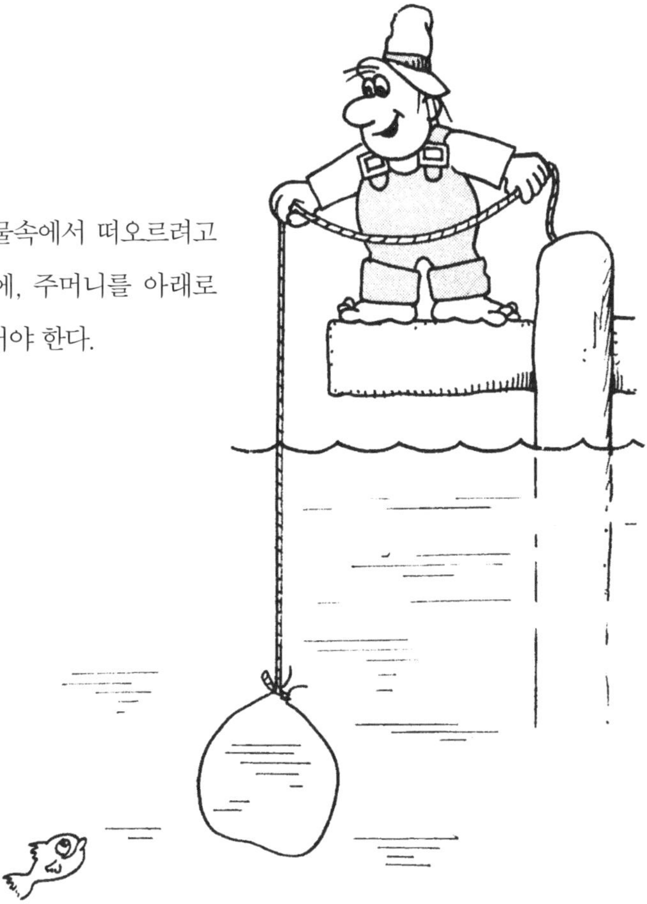

답: 물주머니

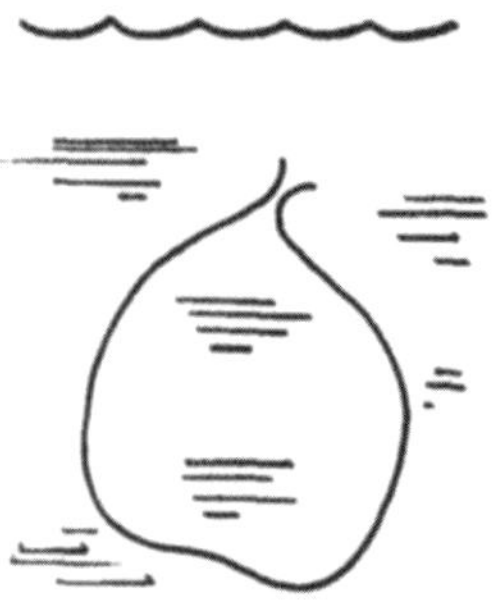

정답은 ⓐ입니다. 만약 물주머니가 물속에 완전히 잠겨 있으면 위로 가거나 아래로 움직이지 않는 정지된 상태를 유지합니다. 이와 같은 현상은 물주머니의 크기와 모양과 상관없이 나타납니다. 봉지 속의 물의 무게는 정확히 주위의 물에 의해 가해지는 부력과 크기가 같으며 그 부력에 의해 지탱됩니다. 이는 부피 1m^{3}에 해당하는 바닷물에 작용하는 부력은 10,000N이어야 하고, 그 모양이 반드시 정육면체일 필요가 없다는 것을 의미합니다. 어떠한 형태이든 1m^{3}의 부피에 해당하는 바닷물은 그 무게인 10,000N의 떠오르는 힘을 받습니다.

이 내용을 좀 더 깊게 생각해 보겠습니다. 부피는 1m^{3}이나 무게는 20,000N인, 즉 바닷물에 비해 밀도가 두 배인 물체가 있다고 가정해 보겠습니다. 그리고 이 물체 주위를 둘러싸고 있는 물은 그 내부에 있는 것과 관련이 없습니다. 만약 부피가 1m^{3}에 대한 부력이 10,000N이라면, 물체 주위의 물이 10,000N의 크기로 물체를 들어 올려서 이를 들어 올리기 위해 추가로 10,000N의 힘이 남게 됩니다. 그렇다면 무게가 20,000N인 모든 물체는 물속에 잠겨 있을 때 겉보기 무게가 10,000N이라고 말할 수 있을까요? 만약 부피가 2m^{3}인 물체의 무게가 20,000N이라면 물속에서의 겉보기 무게가 '0'일 것입니다. 물속에 잠겨 있는 물체의 겉보기 무게를 계산하려면, 물속에서 물체가 차지하고 있는 부피만큼의 물의 무게를 빼 주면 됩니다. 예를 들어 부피가 3m^{3}이고, 무게가 20,000N인 물체가 있다고 할 때 이 물체의 겉보기 무게는 20,000N에서 10,000N의 세 배에 해당하는 값을 뺀 것으로 20,000N에서

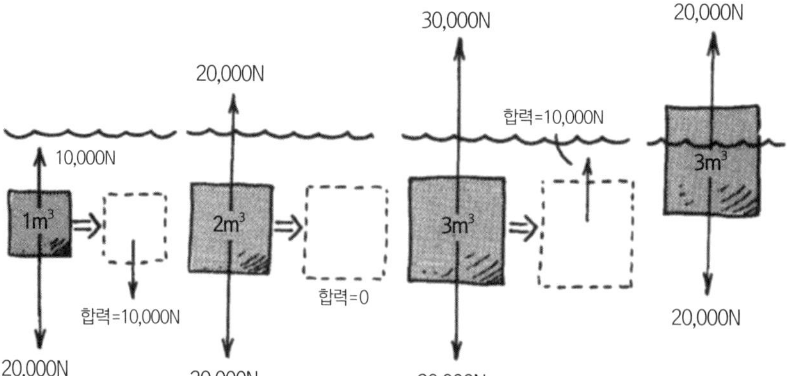

30,000N을 빼면 '-10,000N'인 음수 값이 됩니다. '-10,000N'이란 수치는 물체를 위로 올리는 부력이 그 물체의 무게보다 10,000N이 더 커서 물체가 떠오르는 것을 의미합니다. 이때 물체는 수면으로 떠오르게 됩니다. 그러나 수면에 다다르게 되어도 떠오르는 것을 멈추지 않고, 수면 위로 물체의 일부가 드러날 때까지 떠오릅니다. 물체는 어느 길이만큼 수면 위로 드러날까요? 물체는 수면 밖으로 부피가 1m^3가 나타날 때까지 떠오르고, 2m^3의 부피에 해당하는 만큼은 물속에 남겨집니다. 부피 2m^3의 물의 무게는 20,000N이므로 물속에 잠겨 있는 부분에 작용하는 부력의 크기는 20,000N이고, 이것은 정확히 물체의 무게와 평형을 이루게 됩니다. 그러므로 물에 잠겨 있는 물체에 작용하는 부력은 물체가 차지한 부피에 해당하는 물의 무게와 같으며, 물체가 물속에 떠 있는 특수한 경우는 부력의 크기와 물체의 무게가 같다는 것을 알 수 있습니다.

다소 장황한 이 해답 내용은 아르키메데스의 원리를 간략히 살펴본 것입니다. 이어지는 다음 문제에서 이 개념에 대해 더 생각해 보겠습니다.

아래로 내리기

여러분이 무게가 200N인 돌을 줄에 매달아 들고 있다가 수면 아래로 점점 내린다고 가정해 보겠습니다. 돌이 완전히 물에 잠기면, 200N보다 더 작은 힘으로 돌을 지지할 수 있다는 것을 알게 됩니다. 돌을 점점 더 깊은 지점으로 내린다면 돌을 매달아 지지하는 데 필요한 힘의 크기는 어떻게 될까요?

ⓐ 더 작다.
ⓑ 같다.
ⓒ 수면 바로 아래 지점에 비해 더 큰 힘이 필요하다.

답: 아래로 내리기

정답은 ⓑ입니다. 물에 잠긴 돌은 물속에서 그 돌이 차지한 부피에 해당하는 물의 무게와 동일한 힘에 의해 위로 부양됩니다. 이와 같이 돌이 수면 아래에 잠겨 있을 때, 돌을 지지하는 힘의 크기가 200N보다 작게 됩니다. 돌이 점점 더 깊은 곳으로 내려가더라도 물속에서 돌이 차지한 부피에 해당하는 물의 무게는 변하지 않습니다. 왜냐하면 물은 사실상 압축이 불가능하고, 수면 가까이에서나 매우 깊은 곳에서 밀도가 같기 때문입니다. 그러므로 부력은 깊이에 따라 변하지 않으며, 돌을 물속에 유지시키는 데 필요한 힘은 수면 바로 아래에 있거나 깊이 있거나 똑같습니다.

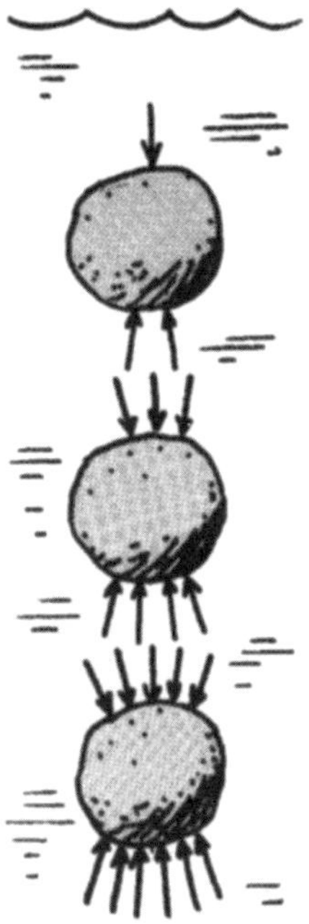

반면에 수압은 깊이에 따라 증가하므로 물에 잠긴 물체가 처음에는 위로 떠오르게 됩니다. 물에 잠긴 물체의 아랫부분은 항상 윗부분에 비해 깊기 때문에, 물이 물체의 윗부분을 아래로 누르는 힘에 비해 아랫부분에서 위로 들어 올리는 압력이 항상 큽니다. 그러나 이것은 물에 잠긴 물체에 작용하는 부력이 깊이에 따라 증가함을 의미하지 않는데, 그림에 나타난 것과 같이 위로 작용하는 압력과 아래로 작용하는 압력의 차이가 모든 깊이에서 같기 때문입니다.

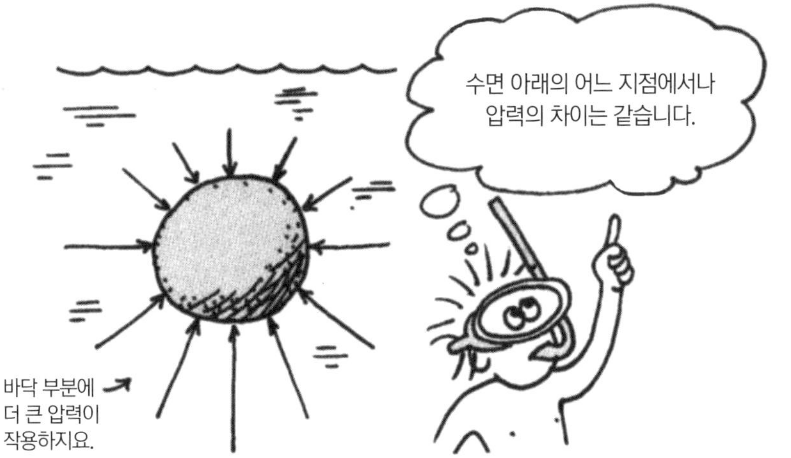

수면 아래의 어느 지점에서나 압력의 차이는 같습니다.
바닥 부분에 더 큰 압력이 작용하지요.

(물을 담은 용기의 바닥에 물체가 가라앉아서 그 둘 사이에 물이 없이 붙어 있다면 물체를 위로 들어 올리는 부력이 없을 것입니다.)

피스톤의 머리 부분(헤드)

피스톤의 머리 부분[헤드]을 자동차 엔진의 실린더에 있는 피스톤처럼 적절하게 만들면, 피스톤의 아랫방향으로 작용하는 힘을 증가시킬 수 있을까요?

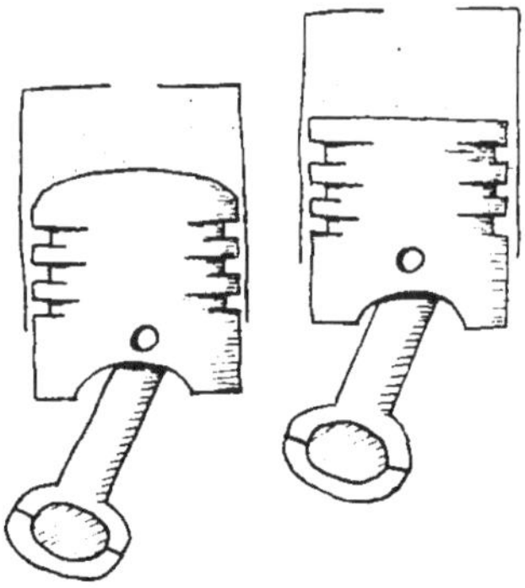

ⓐ 반구 모양[돔형]의 머리 부분이 편평한 모양의 머리 부분에 비해 힘이 작용할 수 있는 표면적이 더 크기 때문에, 머리 부분에 아랫방향으로 작용하는 힘은 반구 모양에 더 크게 작용한다.

ⓑ 편평한 머리 부분에는 모든 압력이 수직 아랫방향으로 작용하기 때문에, 머리 부분에 아랫방향으로 작용하는 힘은 반구형 모양에 비해 편평한 모양의 머리 부분에 더 크게 작용한다.

ⓒ 실린더의 지름과 작용하는 압력이 같은 경우, 반구 모양과 편평한 모양의 피스톤의 머리 부분에 아래 방향으로 작용하는 힘의 크기는 같다.

답: 피스톤의 머리 부분(헤드)

정답은 ⓒ입니다. 편평한 모양에 비해 반구 모양의 머리 부분의 표면적이 더 크기 때문에 더 많은 힘이 작용합니다. 그러나 반구 모양에 작용하는 모든 힘이 수직 아래 방향으로 작용하는 것은 아닙니다. 힘의 일부는 머리 부분을 옆 방향으로 밀어내는 데 사용되고, 반구 모양의 머리 부분에 아랫방향으로 작용하는 남아 있는 힘은 편평한 모양의 머리 부분의 아래 방향으로 작용하는 힘과 정확히 같게 됩니다. 어떻게 그 힘들이 정확히 같은지 알 수 있을까요? 이는 작은 기하학적 구조를 통해 이해할 수 있는데, 특히 도넛 모양의 큰 실린더 안에 피스톤의 한쪽 끝은 평평하며 반대쪽 끝은 반구 모양인 피스톤을 넣어 둔다면 더욱 좋습니다. 만약 한쪽 끝에 작용하는 힘이 다른 쪽 끝에 작용하는 것보다 크다면 피스톤은 밀어내는 힘이 끊임없이 작용하여 도넛 모양의 실린더를 돌게 될 것입니다. 그렇게 된다면 너무나 완벽해서 실현되기 어려운 훌륭한 엔진을 만들게 되는 것입니다.

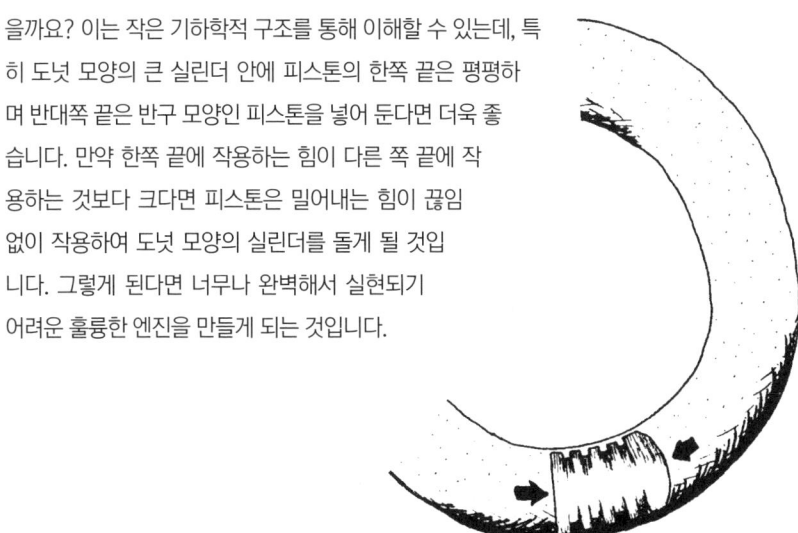

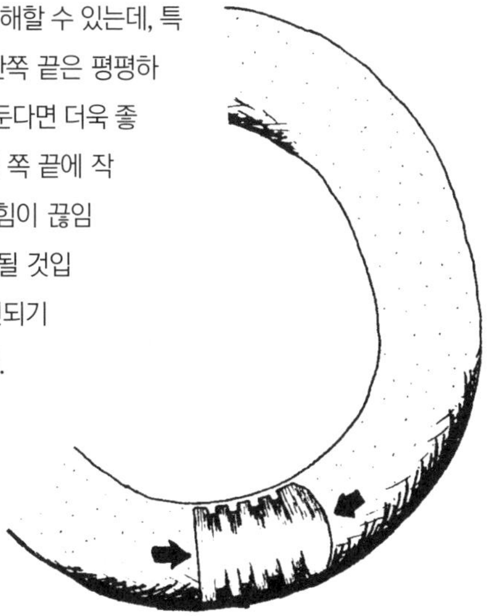

점점 커지는 기구

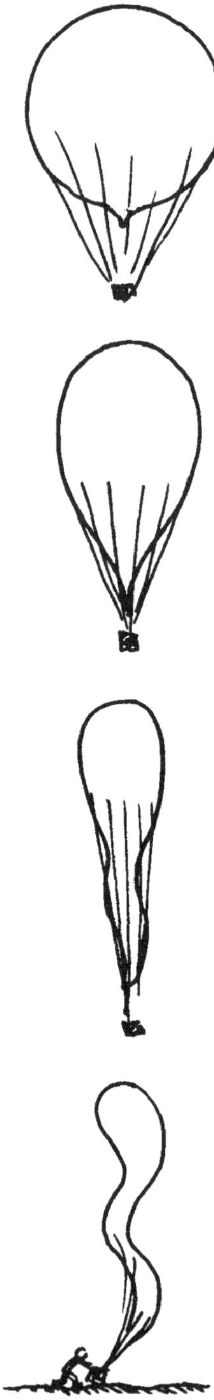

거대한 공기 주머니는 높은 고도에서 기상 관측 기구로 사용됩니다. 지표면에서 공기 주머니는 겨우 떠오르기에 충분한 만큼만 헬륨 기체로 부분적으로 채워져 있습니다. 기구가 떠오를수록 주변 공기의 밀도가 점점 작아지게 되므로 헬륨 기체가 점점 팽창하여 기구가 더 커집니다. 기구가 더 커질수록 기구에 작용하는 부력의 크기는 어떻게 될까요?

ⓐ 증가한다.
ⓑ 감소한다.
ⓒ 변화가 없다.

답: 점점 커지는 기구

정답은 ⓒ로 부력의 크기는 변화가 없습니다. 기구가 상승할수록 팽창하는 이유는 고도에 따라 기압이 감소하기 때문입니다. 기압이 지표 부근에 비해 1/2로 감소한 지점에서는 기구는 원래의 크기보다 두 배로 팽창하게 됩니다. 기압이 1/2이라는 것은 주변 공기의 밀도가 지표 부근에 비해 1/2배라는 것을 의미합니다. 부력의 크기는 물체가 차지하는 부피에 해당하는 공기의 **무게**에 따라 달라지며, 공기의 밀도가 1/2일 때 부피가 두 배가 된 물체의 무게는 지표 부근에서 가지는 값과 달라지지 않습니다. 기구의 부피와 공기의 밀도는 모두 정반대의 관계로 기압에 의존하며, 기구가 커지는 동안에 부력은 변하지 않습니다.

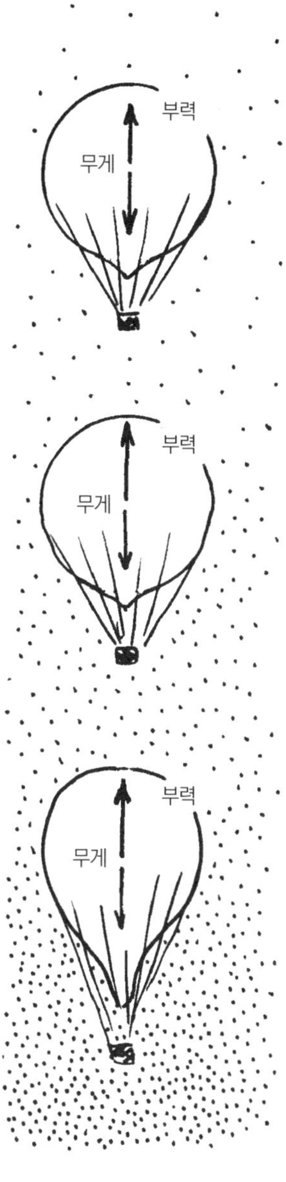

온도가 여기에 영향을 미칠까요? 우선 고도가 증가할수록 공기는 일반적으로 차가워지므로 기구의 크기와 기구가 차지하고 있는 공기의 부피가 감소하는 경향을 나타냅니다. 하지만 흥미로운 점은 대체된 공기의 **무게**는 감소하지 않는 것입니다. 왜 그럴까요? 온도가 낮아질수록 공기의 밀도 역시 그만큼 증가하기 때문입니다. 가령 공기의 부피가 10% 감소하면 밀도 역시 10% 증가하게 되어, 대체된 공기의 무게와 부력의 크기는 변화가 없습니다. 그러므로 기압이나 온도의 변화 모두 기구의 부력에 영향을 미치지 않습니다. 그러나 섬유로 만들어진 기구의 경우는 다소 다릅니다. 기구가 완전히 부풀고 섬유 재질이 팽팽해지는 높은 고도에서 부력은 궁극적으로 감소합니다. 섬유 재질이 팽팽해져서 더 이상 늘어나지 않으면 기구가 더 팽창하는 것을 방지하고, 단순히 압력과 온도 변인에 의해 좌우되던 공기의 부피를 감소시킵니다. 더 팽창하지 않는 기구는 보다 밀도가 낮은 공기층으로 상승하고, 부력은 기구의 무게와 같아질 때까지 감소합니다. 기구가 닿을 수 있는 최고 높이는 부력과 무게가 서로 같아질 때입니다.

물은 저절로 수평을 이룹니다

물이 저절로 수평을 이룬다는 것은 상식적인 이야기입니다. 이것은 U자관에 물을 붓고 양쪽 관의 수면이 같아지는 것을 보면 알 수 있습니다. 그런데 왜 물은 저절로 수평이 될까요? 그것과 가장 관련 깊은 이유는 무엇일까요?

ⓐ 양쪽 표면의 기압
ⓑ 깊이에 따른 수압
ⓒ 물의 밀도

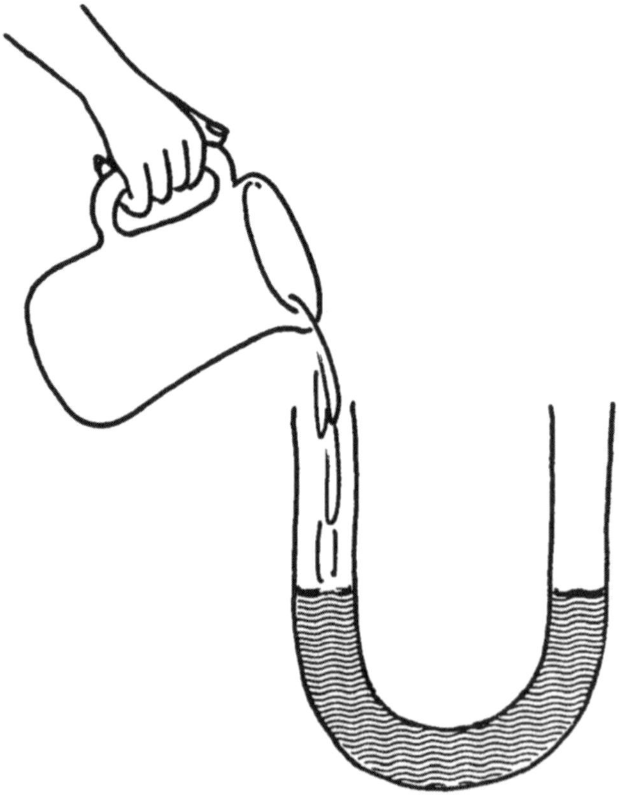

답: 물은 저절로 수평을 이룹니다

정답은 ⓑ입니다. 물은 대기와 접한 상태나 진공 상태 모두 수평을 찾습니다. 그러므로 여기서 기압은 거의 관계가 없습니다. 액체의 압력은 액체의 밀도와 깊이에 따라 달라집니다. 또한 속도에 의해서도 변하지만 여기에서는 모든 운동이 순간적이므로 적용되지 않습니다. U자관 양쪽에 있는 액체의 밀도가 같으므로 양쪽에 있는 물의 양에 관계없이 깊이가 가장 중요한 요소입니다.

그림에 X표로 나타낸 두 지점을 주목해 보세요. 만약 물이 정지 상태라면, 이 두 지점에서의 압력은 분명히 같을 것입니다. 그렇지 않다면 압력이 큰 쪽에서 낮은 쪽으로 압력이 같아질 때까지 움직이게 될 것입니다. 그러나 압력이 수심에 따라 변하므로 압력이 같으면 물의 높이도 같아야 합니다. 그러므로 각 X표 위에 있는(또는 각 기둥 안에 있는) 물의 무게는 같아야 합니다(그림은 이와 다르게 나타내고 있습니다). 따라서 물이 저절로 수평을 이루는 이유를 알 수 있습니다. 다음 문제에서 이 개념을 한번 더 생각해 보기로 하겠습니다.

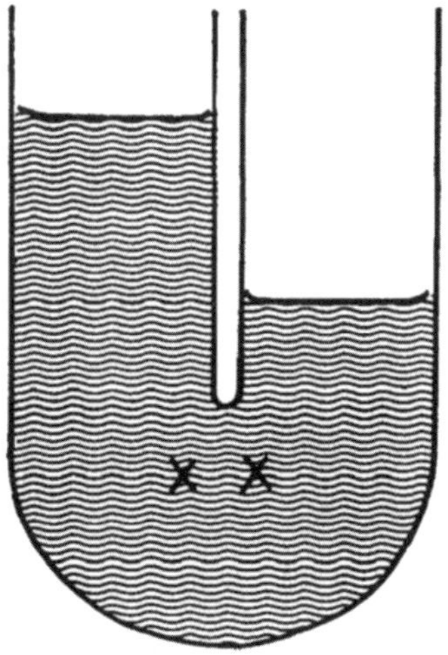

큰 댐과 작은 댐

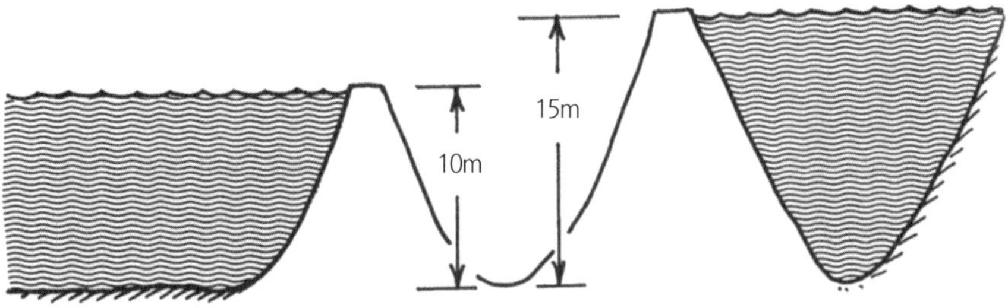

댐의 위쪽보다 아래쪽이 두껍게 건설되는 까닭은 댐에 대한 수압이 물의 깊이에 따라 증가하기 때문입니다. 그러면 댐에 의해 저장되는 물의 양은 어느 정도일까요?

캘리포니아에 있는 시에라 전력회사는 뒤편에 작은 호수가 있는 높이 15m의 댐을 세웠습니다. 그리 멀지 않은 곳에 간척사업부가 또 하나의 댐을 만들었는데 높이는 겨우 10m이지만 그 뒤편에 더 큰 호수가 있습니다. 어느 댐이 더 튼튼할까요?

ⓐ 시에라 전력회사가 세운 댐이 더 튼튼하다.
ⓑ 간척사업부의 댐이 가장 튼튼하다.
ⓒ 둘 다 똑같다.

답: 큰 댐과 작은 댐

정답은 ⓐ입니다. 댐의 강도는 댐 뒤편에 있는 물의 압력을 견딜 수 있어야 합니다. 그리고 물의 압력은 호수의 깊이에 달렸지 호수의 크기와는 관계가 없습니다. 그러므로 저수지의 물이 깊을수록 댐에 대한 압력이 커지는 것이지 저장된 물의 양이 많다고 압력이 반드시 큰 것은 아닙니다.

'물은 저절로 수평을 이룹니다'에 대해 좀 더 알아보기 위해서, 그림처럼 두 저수지의 물이 파이프로 연결되었다고 가정해 보겠습니다.

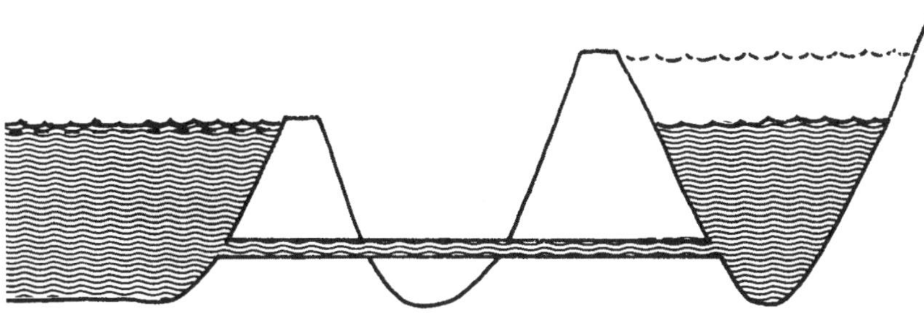

물이 관을 통하여 압력이 높은 곳에서 낮은 곳으로 흘러서 압력이 같아질 때까지 움직인다는 것을 이해할 수 있지요? 파이프의 양 끝과 댐에 대한 압력은 양편에 있는 물의 높이가 같을 때에 동일해집니다. 수압은 부피가 아니라, 깊이에 의해 결정되는 것입니다.

욕조에 떠 있는 전함

욕조에 전함이 뜰 수 있을까요?● 물론 욕조가 엄청나게 큰 것이든지 전함이 매우 작은 것이라고 상상해야 합니다. 두 경우 모두 배의 아래쪽에는 물이 둘러싸고 있습니다. 예컨대 전함의 무게는 100톤[매우 작은 배]이고 욕조에 담긴 물의 무게는 50kg이라고 가정하겠습니다. 배는 뜰까요, 아니면 바닥에 가라앉을까요?

ⓐ 배 주변에 충분한 물이 있다면 배는 뜬다.

ⓑ 배의 무게가 물의 무게보다 무거우므로 바닥에 닿는다.

● 이것은 우리 아버지께서 좋아하는 물리학 문제였습니다. – 루이스 엡스타인

답: 욕조에 떠 있는 전함

정답은 ⓐ입니다. 그 이유는 여러 가지 방법으로 설명할 수 있습니다. 어떤 학생이 제시한 방법은 다음과 같습니다. 배가 바다 위에 떠 있다고 생각해 보겠습니다(그림 I). 다음에 커다란 플라스틱 주머니로 배를 둘러쌉니다. 실제로 이러한 방법은 유조선에 시행됩니다(그림 II). 그 다음 배를 둘러싸고 있는 주머니 안에 있는 물을 제외한 바닷물을 얼립니다(그림 III). 마침내 얼음 조각가가 얼음으로부터 잘라낸 욕조를 완성시킵니다(그림 IV).

이 문제는 그림과 상상으로 생각하기보다 오히려 말로 생각하는 것이 위험하다는 것을 지적해 줍니다. 만약 단지 언어로만 생각한다면 이렇게 추측할지도 모릅니다. “떠 있기 위해서 전함은 자기 무게만큼의 물로 대체되어야 합니다. 전함의 무게는 100톤이지만 이용할 수 있는 물은 단지 50kg밖에 없습니다. 그러므로 전함은 뜰 수 없습니다.” 그러나 그 생각을 그림으로 나타내 보면, 대체된 물의 양이란 선체의 내부가 수면까지 물로 채워져 있을 경우 그 선체에 담긴 물의 양을 가리킨다는 것을 이해할 수 있습니다. 이 대체된 양이 100톤입니다.

언어나 방정식이 의미하는 내용을 이해하기 전까진 그것에 너무 의존하지 마십시오.

그림 I

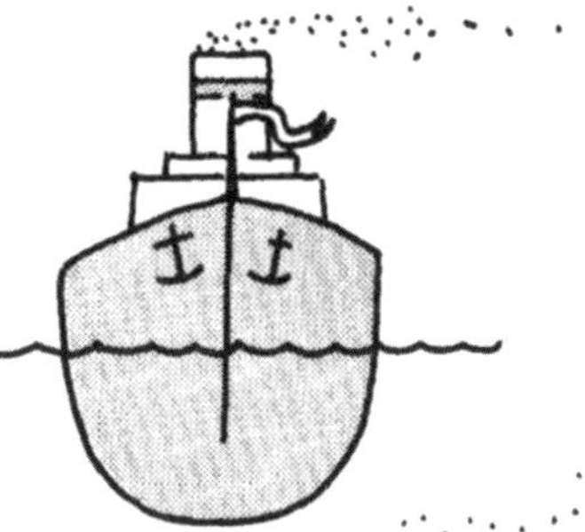

그림 II

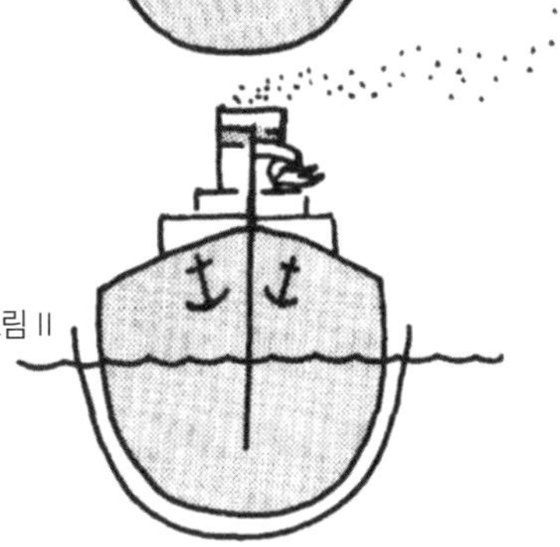

그림 III

그림 IV

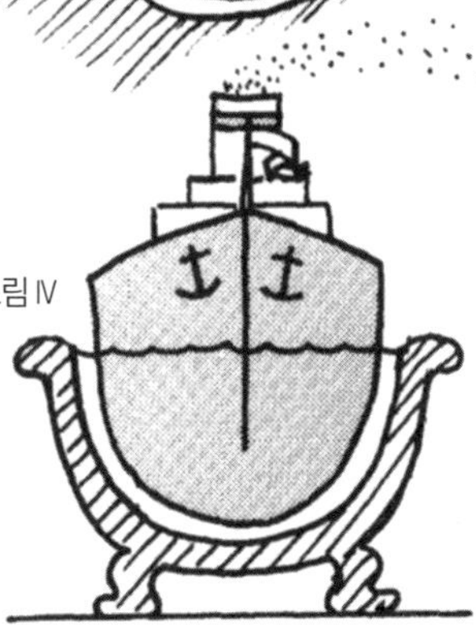

욕조에 떠 있는 보트

어느 것이 더 무거울까요?

ⓐ 물이 가장자리까지 가득 찬 욕조

ⓑ 전함이 떠 있는 물이 가득 찬 욕조

ⓒ 위 두 경우의 무게는 같다.

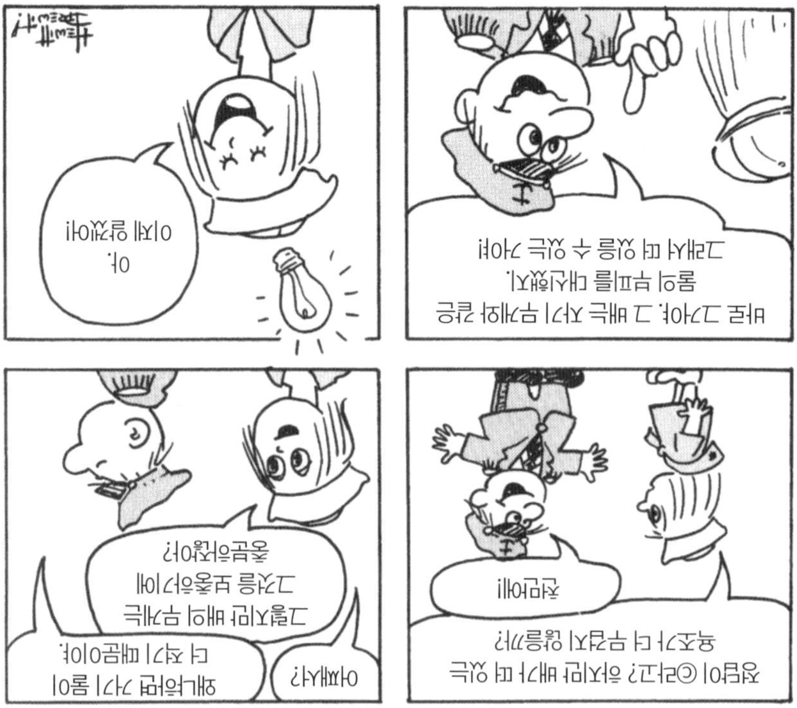

답: 욕조에 떠 있는 보트

차가운 욕조

얼음처럼 차가운 물이 가득 찬 욕조에 빙산이 떠 있습니다. 빙산이 녹으면, 욕조 안에 있는 물은 어떻게 될까요?

ⓐ 약간 줄어든다.

ⓑ 흘러넘친다.

ⓒ 흘러넘치지 않고 가장자리까지 정확히 가득 찬 그대로이다.

답: 차가운 욕조

정답은 ⓒ입니다. 빙산에 의해 대체된 물의 무게는 빙산의 무게와 정확하게 똑같습니다. 빙산이 녹아서 작아지면 물로 되돌아가서 그것이 대신하고 있던 물의 부피와 정확하게 같아집니다. 게다가 수면 위에 있던 얼음의 부피는 냉각할 때 팽창되었던 물의 부피 증가와 똑같습니다.

세 개의 빙산

이 문제는 제아무리 똑똑하고 명석한 사람도 실패할 것입니다. 얼음처럼 차가운 물이 가득 담긴 욕조에 세 개의 빙산이 떠 있습니다. 빙산 A는 그 안에 커다란 기포가 있습니다. 빙산 W는 그 안에 얼지 않은 물이 약간 있습니다. 빙산 S는 그 안에 철로용 못이 얼어붙어 있습니다. 그 얼음들이 녹으면 어떤 현상이 일어날까요?

ⓐ S가 든 욕조의 물만 넘쳐흐른다.

ⓑ S가 든 물은 낮아지고 A와 W가 있는 물은 정확히 가장자리까지 가득 찰 것이다.

ⓒ A가 있던 물은 가장자리까지 가득 찬 상태이고, W가 담겼던 물은 흘러넘치며 S 경우도 역시 흘러넘칠 것이다.

ⓓ 모두 흘러넘친다.

ⓔ 모두 정확히 가장자리까지 가득 찬다.

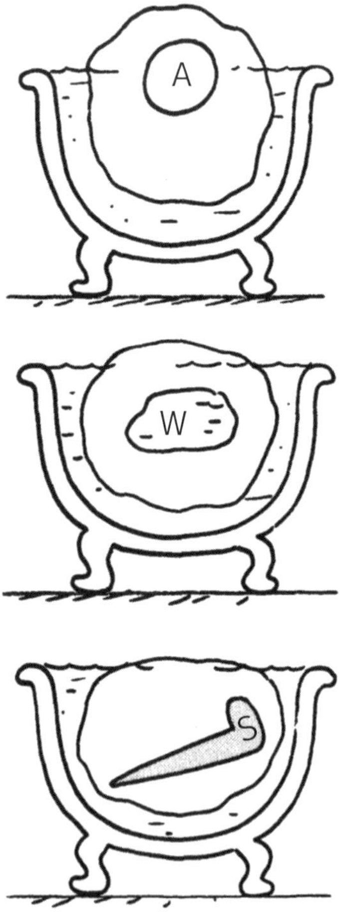

답: 세 개의 빙산

정답은 ⓑ입니다. 우선 '차가운 욕조'로부터 배운 것을 떠올려 보겠습니다. 물이 가득 찬 욕조에 떠 있는 얼음이 녹으면 욕조는 넘칠락 말락 하는 상태가 됩니다. 이제 머릿속으로 기포를 A 빙산의 위쪽 표면으로 이동시킵시다. 이것은 빙산의 무게에 영향을 미치지 않으므로 빙산이 차지한 부피의 물의 무게에도 변화가 없습니다. 이제 기포를 뚫으면 작은 구멍만 남게 됩니다. 무게에는 전혀 변화가 없었으나 빙산은 이제 기포가 없는 정상 빙산이 되었습니다.

다음에는 W 빙산의 경우 구멍 속의 물을 빙산의 바닥 쪽으로 이동시킨다고 상상해 보겠습니다. 이것은 빙산의 무게에 영향을 끼치지 않으므로 역시 빙산이 차지한 부피의 물의 무게에는 변화가 없습니다. 이제 물주머니를 뚫으면 단지 작은 구멍만 남습니다. 무게에는 전혀 변화가 없었으나 빙산은 이제 물구멍이 없는 정상적인 빙산이 됩니다. 그러므로 A와 W 빙산은 정상적인 빙산처럼 녹으므로 욕조의 수면은 변하지 않습니다.

이번에는 쇠못을 빙산의 아래쪽으로 옮긴다고 가정해 보겠습니다. 무게나 대체된 물의 양에는 변화가 없습니다. 그런 다음, 쇠못과 얼음을 분리하면 못은 바닥에 가라앉게 됩니다. 그러나 얼음이 차지한 물의 부피가 변하지는 않습니다. 하지만 빙산은 무거운 짐을 덜었으므로 빈 배처럼 수면 위로 솟아오릅니다. 빙산이 솟아오르면 욕조에 있는 물은 낮아집니다. 이제 '정상적'이 된 빙산이 녹을 때는 수심이 변하지 않습니다. 수위는 녹기 전보다 훨씬 아래로 내려갑니다.

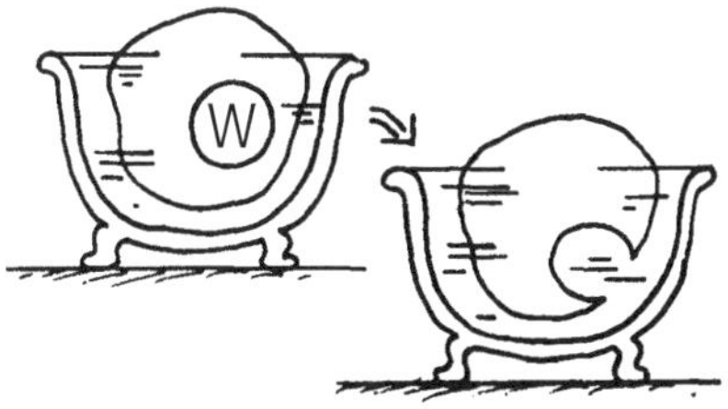

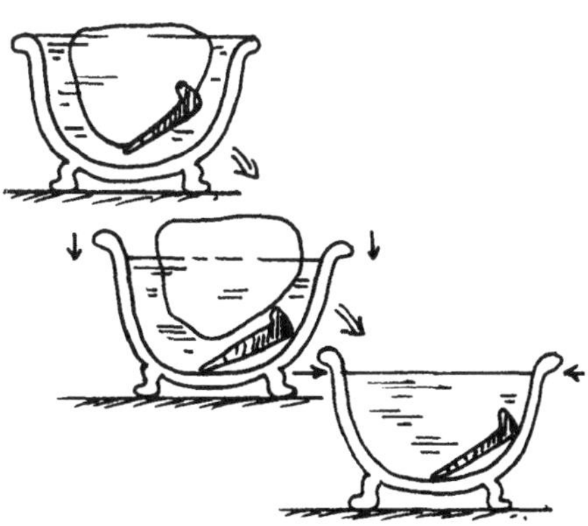

팬케이크 또는 미트볼

표면장력이 큰 액체 한 방울과 표면장력이 작은 액체 한 방울을 깨끗한 유리 위에 떨어뜨렸습니다. 한 방울은 작은 팬케이크 같고 다른 방울은 작은 미트볼처럼 보입니다. 어느 액체의 표면장력이 더 클까요?

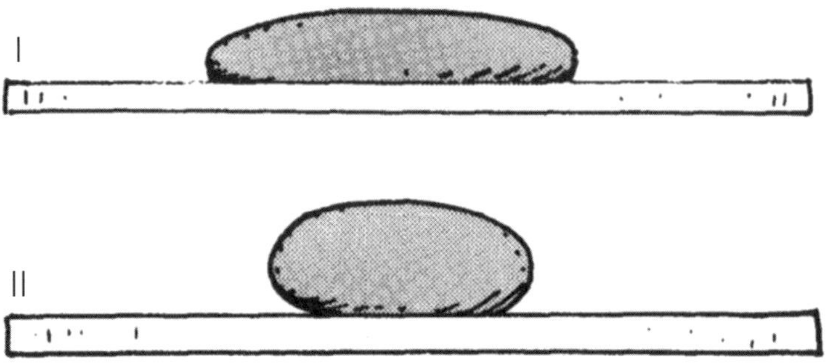

ⓐ 팬케이크방울 I

ⓑ 미트볼방울 II

ⓒ 만약 두 액체 방울의 부피가 같다면 표면장력은 같다.

답: 팬케이크 또는 미트볼

정답은 ⓑ입니다. 표면장력이란 액체 표면의 수축력으로 분자 간의 인력에 의해 생깁니다. 액체 표면 아래에 있는 분자는 인접한 분자에 의해 모든 방향으로 당겨지므로 결국 특정한 방향으로 밀리지 않습니다. 그러나 표면에 있는 분자는 단지 측면과 아래로만 인력을 받고 위쪽으로는 끌리지 않습니다. 그러므로 이런 분자 간 인력은 분자를 표면에서 액체 속으로 당기는 경향이 있고 그 때문에 표면을 가능한 한 작아지게 합니다. 깨끗한 유리 위에 떨어진 액체는 둥글게 뭉치는데, 이것은 마치 추운 밤에 고양이들이 표면 노출을 최소화하기 위해서 둥글게 뭉치는 것과 비슷합니다. 분자 간 인력이 가장 큰 액체가 표면장력이 가장 크므로 가장 둥글게 뭉칩니다.

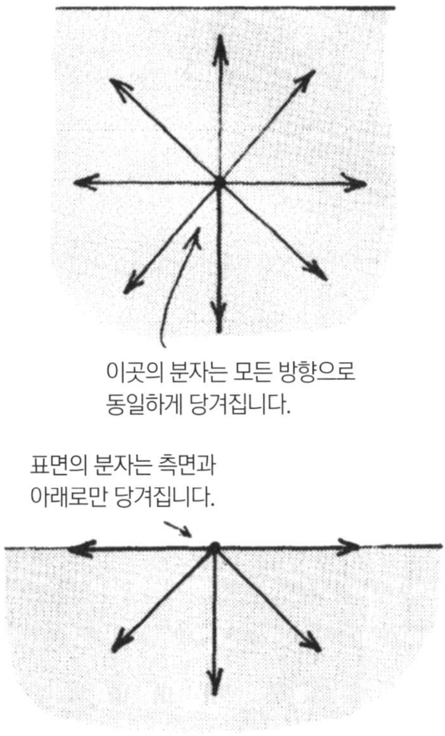

이곳의 분자는 모든 방향으로 동일하게 당겨집니다.
표면의 분자는 측면과 아래로만 당겨집니다.

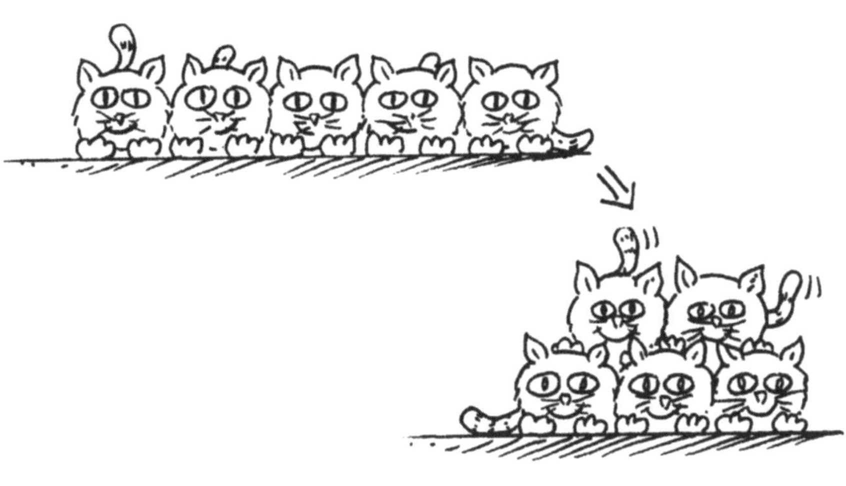

병목

초당 40L의 물이 그림과 같은 파이프를 통해 흐르고 있습니다. 물은 어떻게 흐를까요?

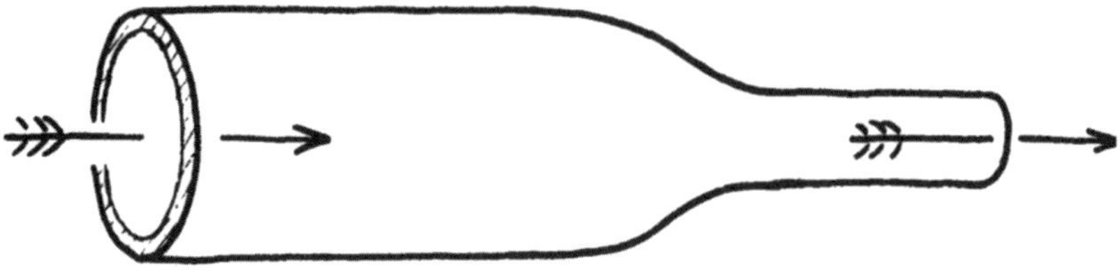

ⓐ 파이프의 넓은 부분에서 더 빨리 흐른다.

ⓑ 좁은 부분에서 더 빨리 흐른다.

ⓒ 넓거나 좁거나 흐르는 속력은 같다.

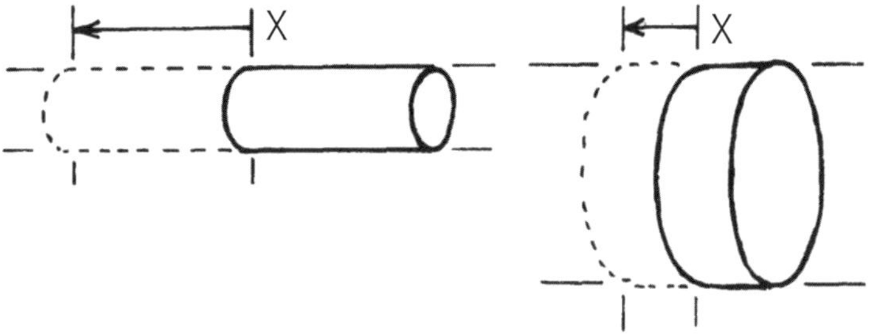

답: 병목

정답은 ⓑ입니다. 물은 시냇물처럼 좁은 지역에서는 빨리 흐르고, 넓은 곳에서는 천천히 흐릅니다. 그림은 전체 물이 X 점을 지나려면 물의 앞부분이, 목이 넓은 곳과 좁은 곳에서 얼마나 이동해야 하는가를 보여 줍니다. 1초에 X 점까지 물이 도달하기 위해서 목이 좁은 곳에 있는 물은 더 멀리 가야 합니다. 따라서 더 빠릅니다.

수도꼭지

그림에서 볼 수 있는 것처럼 수도꼭지에서 나오는 물줄기는 아래로 떨어질수록 가늘어집니다. 그 이유는 무엇일까요?

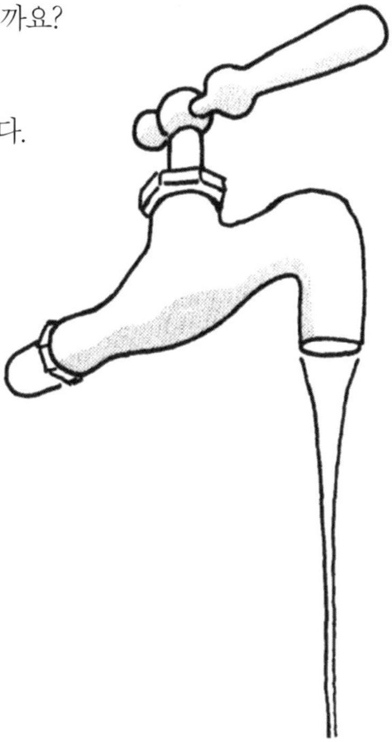

ⓐ 떨어질수록 속력이 증가하기 때문이다.
ⓑ 표면장력 때문이다.
ⓒ ⓐ, ⓑ 모두 맞다.
ⓓ 공기저항 때문이다.
ⓔ 대기압 때문이다.

답: 수도꼭지

정답은 ⓒ입니다. 물줄기의 윗부분인 T 지점과 아랫부분인 B 지점에서는 같은 시간 동안 같은 양의 물이 통과합니다. 하지만 중력가속도 때문에 B 지점의 물이 더 빠릅니다. 물줄기는 가늘어지겠지요('병목' 문제를 떠올려 보세요). 하지만 이것은 완전한 설명은 아닙니다. 왜 떨어지는 물줄기는 여러 가닥으로 갈라지지 않는 것일까요? 왜냐하면 표면장력이 물줄기를 뭉치게 하기 때문입니다. 마치 젖은 머리카락처럼 말입니다. 물줄기를 여러 갈래로 분리하고 싶으면, 그림과 같은 장치를 이용해서 분리해야 할 것입니다.

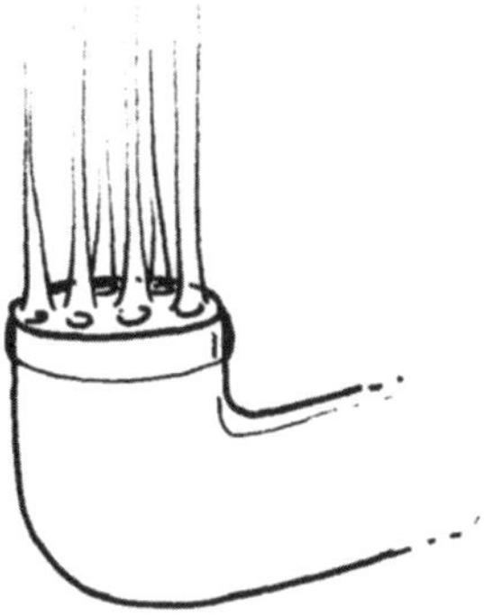

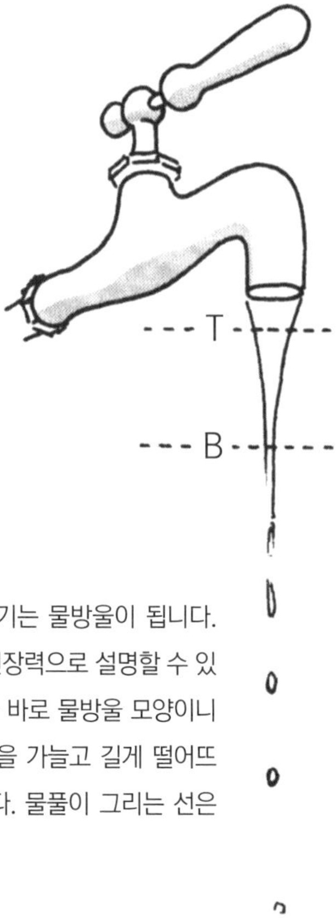

더 아래로 내려가면 가느다란 물줄기는 물방울이 됩니다. 이 물방울들은 물의 운동보다는 표면장력으로 설명할 수 있습니다. 총 표면이 가장 작은 형태가 바로 물방울 모양이니까요. 여러분이 평평한 바닥에 물풀을 가늘고 길게 떨어뜨릴 때 비슷한 현상을 볼 수 있습니다. 물풀이 그리는 선은 물방울처럼 움직이지는 않지만요.

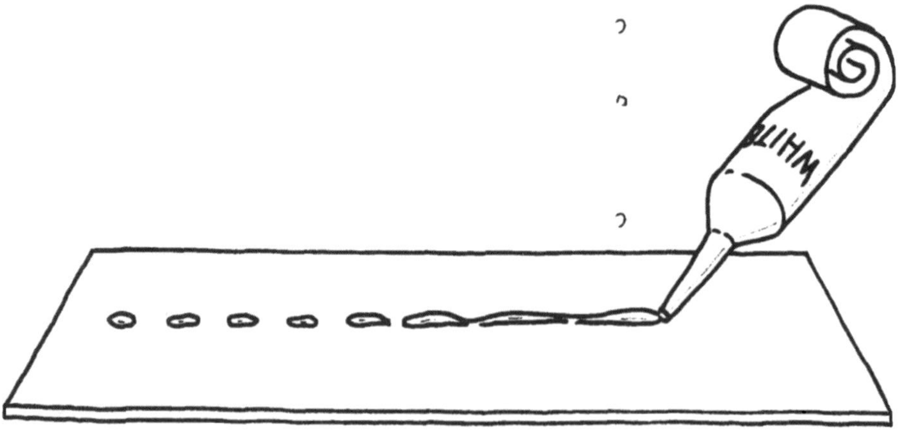

베르누이 잠수함

장난감 잠수함이 아래 그림처럼 폭이 다양한 파이프 속에서 움직이고 있습니다. 장난감 잠수함 안에는 상하좌우가 용수철에 매달린 무거운 물체가 있습니다. 잠수함의 속도가 바뀌면 이 물체가 움직입니다. 잠수함이 A 지점에서 B 지점을 거쳐 C 지점으로 갈 때 이 물체의 위치는 어떻게 바뀔까요?

ⓐ A 지점에서 B 지점 사이에서는 뒤로 움직이고, B 지점부터 C 지점까지는 앞으로 움직인다.

ⓑ A 지점에서 B 지점 사이에서는 앞으로 움직이고, B 지점부터 C 지점까지는 뒤로 움직인다.

ⓒ 움직이지 않는다.

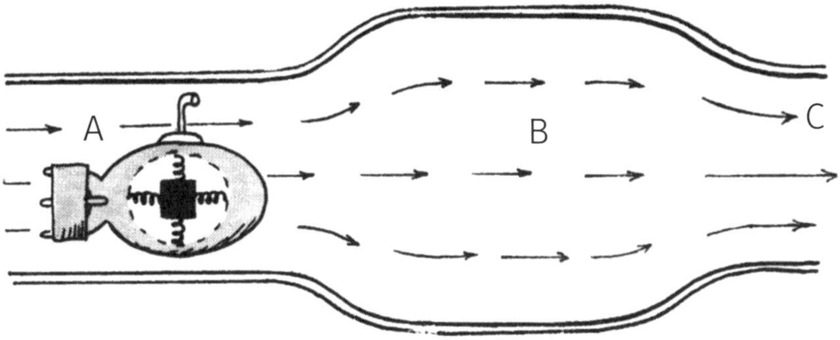

답: 베르누이 잠수함

정답은 ⓑ입니다. 용수철에 매달려 있는 물체 대신 여러분이 그 안에 서 있다고 상상해 보시기 바랍니다. 잠수함이 폭이 좁은 A 지점에서 폭이 넓은 B 지점으로 움직일 때 물의 속도는 느려질 것이고 여러분은 앞으로 기울어질 것입니다. 몸이 쏠리면서 앞쪽에 있는 용수철을 압축시키게 됩니다. 여러분의 앞쪽에 있는 B 지점의 물에 압력이 가해집니다. 이제 B 지점에서 폭이 좁은 C 지점으로 이동하면 속도가 점점 증가하고, 여러분은 뒤쪽으로 넘어질 것입니다. 몸이 뒤로 쏠리면서 뒤쪽에 있는 용수철을 압축시키게 되겠지요. 비슷하게 주변의 물은 뒤쪽에 있는 물 즉, B 지점 쪽으로 압력을 가하게 됩니다. 그래서 천천히 흐르는 B 지점의 물은 양 끝 쪽으로부터 압력을 받게 됩니다.

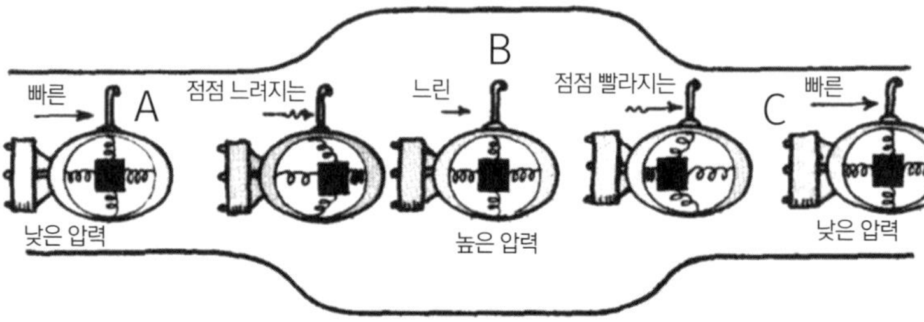

이번에는 파이프의 모양을 반대로 생각해 보겠습니다. 두 번째 그림은 왜 파이프의 좁은 부분에서 물의 압력이 작아지는지를 보여 주고 있습니다. 즉, 물의 속도가 감소하면 압력이 증가하고, 물의 속도가 증가하면 압력이 감소한다는 것을 알 수 있습니다.● 이런 현상은 액체뿐만 아니라 기체에서도 일어나는 현상으로 베르누이의 원리라고 불립니다. 베르누이는 250년보다 훨씬 전에 이 현상을 발견했습니다.

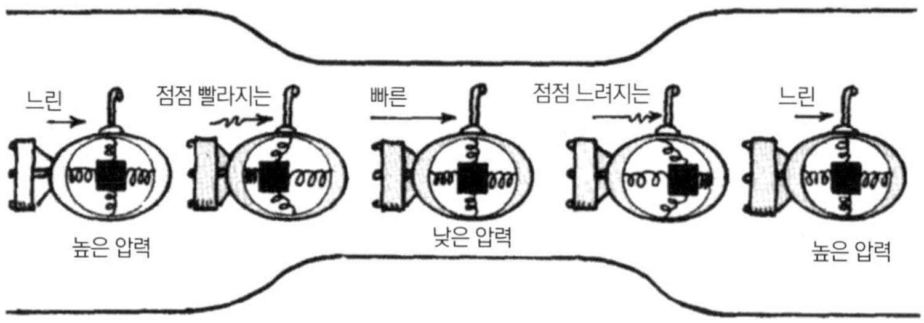

● 물에 의한 마찰은 실제로 0입니다. 만약 여러분이 파이프에 물 대신 꿀을 채워 넣는다면 이야기는 달라집니다. 꿀의 압력은 파이프의 좁은 부분으로 들어갈 때 증가하고 넓은 부분에서 나올 때는 감소합니다.

세 번째 그림을 보면 잠수함 대신 베르누이 비행기의 날개가 있습니다. 비행기 날개의 위아래 부분에는 공기가 흐르고 있습니다. 용수철에 매달려 있는 물체의 모양을 보고, 날개의 아래쪽은 압력이 증가하고 날개의 위쪽은 압력이 감소하는 것을 알 수 있나요?

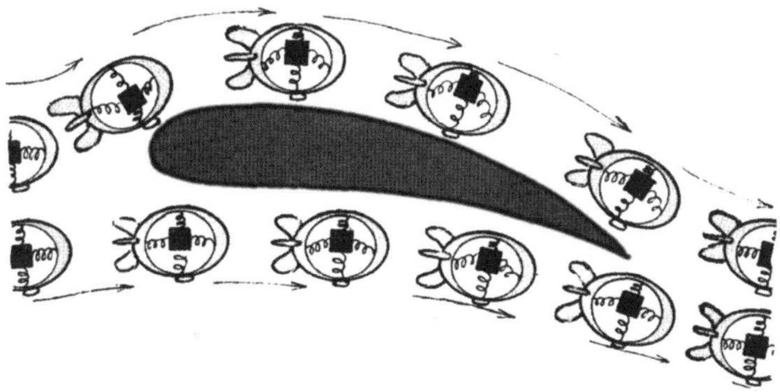

그래서 새나 보잉 747기가 날 수 있습니다. 왜냐하면 비행기 날개 아래쪽에 공기가 천천히 흐르면서 생긴 큰 압력이 날개를 위쪽으로 밀어 올리기 때문입니다. 18세기의 과학자인 다니엘 베르누이는 보잉 747의 존재를 예상했습니다.

커피의 흐름

식당에 있는 커피 기계에 투명한 유리관이 있습니다. 관 안에 커피가 높이 E만큼 차 있다면 커피머신 안에 있는 커피도 같은 높이만큼 차 있습니다. 꼭지를 열어서 커피가 나올 때 투명한 관 안에서 커피의 높이는 어떻게 될까요?

ⓐ E를 유지한다.
ⓑ U까지 올라간다.
ⓒ D로 떨어진다.

커피 기계 속의 커피가 E 높이에 있을 때 꼭지를 잠가서 커피가 나오지 않게 했습니다. 그 순간 관 속의 커피의 높이는 어떻게 될까요?

ⓐ D로 내려갔다가 천천히 E 근처로 돌아온다.
ⓑ 곧바로 E에 맞추어진다.
ⓒ U로 올라갔다가 E로 떨어진다.
ⓓ U로 올라가서 높이를 유지한다.

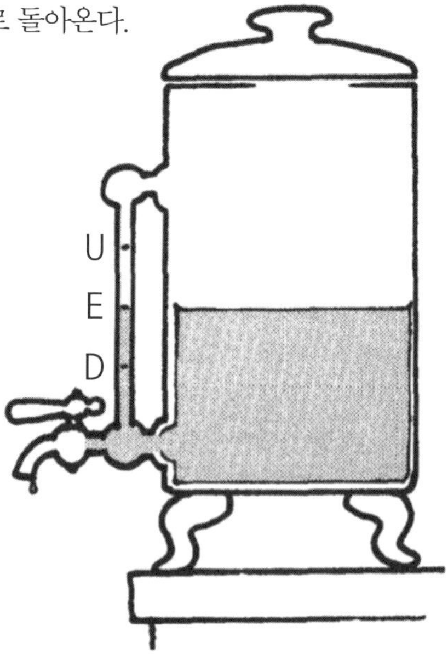

답: 커피의 흐름

문제의 정답은 둘 다 ©입니다. 베르누이의 효과에 의해서 커피가 흘러나올 때 높이는 D로 떨어진다고 예상할 수 있습니다. 커피가 나오는 부분의 압력이 감소해서 관에 있는 커피의 높이가 줄어듭니다.

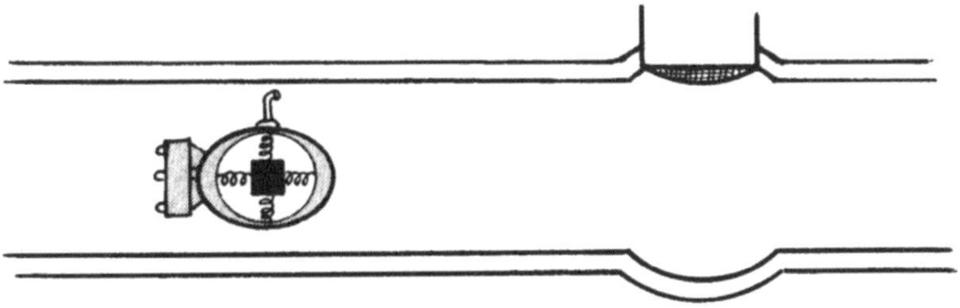

그러나 꼭지를 잠그게 된 때는 왜 관 속에서 커피의 높이가 올라갈까요? 앞의 장난감 잠수함을 다시 생각해 보겠습니다. 잠수함이 갑자기 멈추면 용수철에 매달린 물체가 앞쪽에 부딪치게 됩니다. 커피도 마찬가지입니다. 순간적으로 압력이 증가하게 됩니다. 그래서 U 높이만큼 순간적으로 올라가게 됩니다.

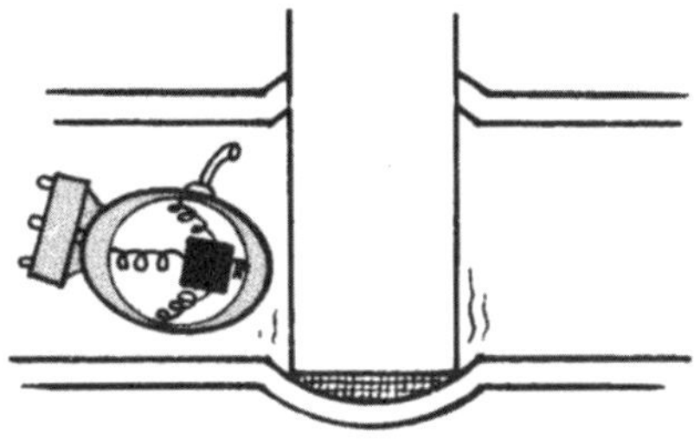

기술자들은 이런 효과를 '물 망치'라고 부릅니다. 아마 여러분은 수도꼭지를 갑자기 잠그게 될 때 소리를 들은 적이 있을 것입니다. 이 '물 망치' 때문에 배관 공사를 할 때 흔히 수도꼭지 뒤에 짧고 끝이 막힌 파이프를 수직으로 설치합니다. 수도꼭지를 갑자기 잠그면 물은 이 수직 파이프 위로 올라가고 파이프의 끝부분에 있는 공기가 물 망치 쿠션 역할을 해 주기 때문입니다.

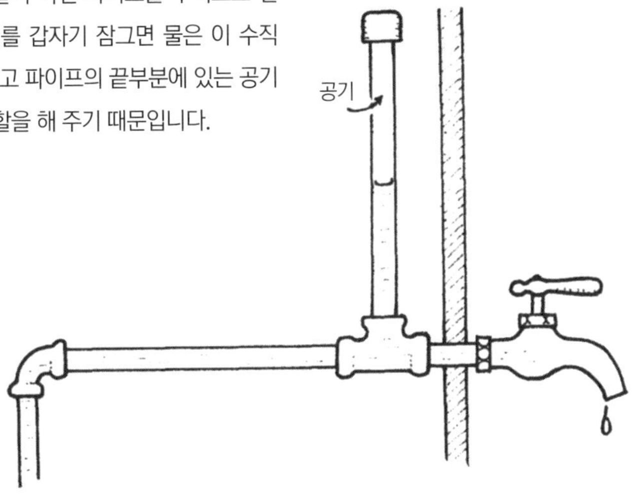

2차 순환

관의 넓은 부분에서 물이 오른쪽으로 흐르고 있습니다. 좁은 파이프에서는 물이 어느 쪽으로 흐를까요?

ⓐ 왼쪽에서 오른쪽으로 흐른다.

ⓑ 오른쪽에서 왼쪽을 흐른다.

ⓒ 흐르지 않는다.

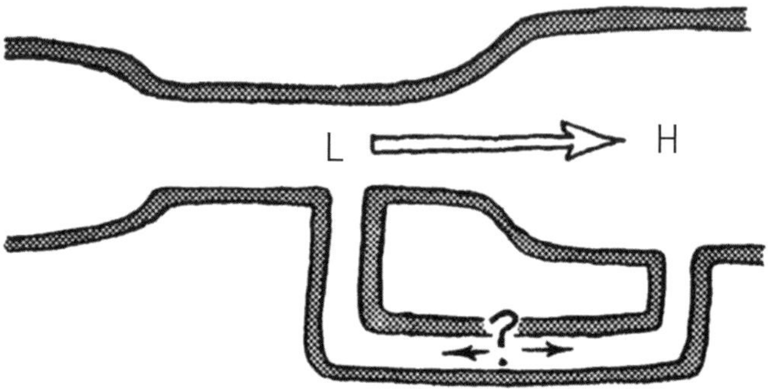

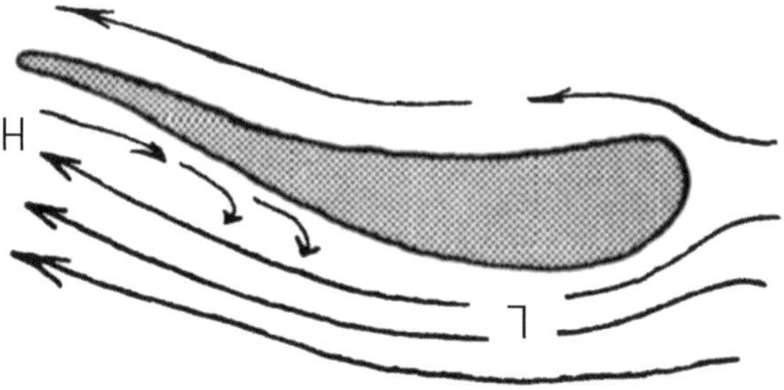

답: 2차 순환

정답은 ⓑ입니다. 앞쪽의 설명처럼 L 지점의 압력은 H 지점의 압력보다 낮습니다. 그리고 좁은 파이프에서 흐름은 압력이 높은 곳에서 낮은 곳으로 생기게 됩니다. 좁은 관에서의 흐름을 2차 순환이라고 합니다. 2차 순환은 종종 파이프가 없어서 생기기도 합니다. 이런 식의 공기 흐름이 비행기의 날개 경계에서 생길 수도 있습니다. 이건 정말 심각한 상황입니다! 공기의 흐름이 섞이면서 비행기가 추락할 수 있습니다.

역류

계곡의 물이 오른쪽으로 흐르고 있습니다. 바위 뒤쪽에 좁은 부분의 물길에서 물은 어느 쪽으로 흐를까요?

ⓐ 왼쪽에서 오른쪽으로 흐른다.

ⓑ 오른쪽에서 왼쪽을 흐른다.

ⓒ 흐르지 않는다.

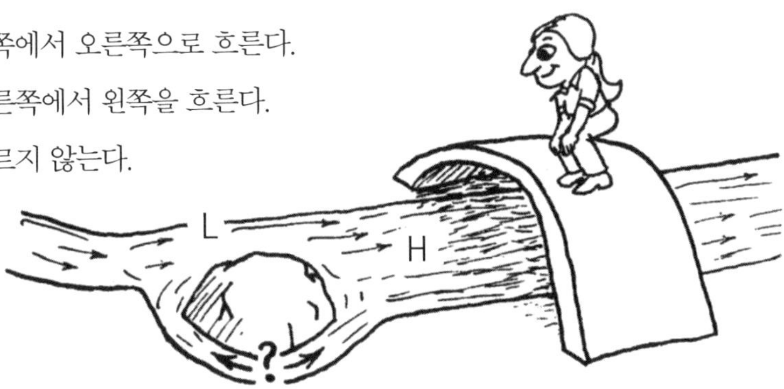

답: 역류

정답은 ⓑ입니다. 계곡에서는 좁은 부분인 L 지점과 넓은 부분인 H 지점에서 빠르게 물이 흘러 내려갑니다. 계곡은 어떻게 물의 속도 차이를 없앨까요? 파이프 안의 물은 압력이 높은 곳에서 낮은 곳으로 흐릅니다. 하지만 계곡에서의 물은 압력이 거의 바뀌지 않지요. H 지점에서 물은 L 지점의 물보다 압력이 조금 높습니다. 계곡에 가면 계곡 물을 가까이 들여다보십시오. 바위 뒤쪽의 물은 H 지점의 높은 물에서 L 지점의 낮은 물로 거꾸로 흐릅니다. 물이 아래쪽으로 흐르고 물의 속도가 그렇게 크지 않다면, 그리고 바위 뒤쪽의 물이 아주 빠르지만 않다면 말입니다.

종종 역류는 통로가 없이도 생기기도 합니다. 이런 역류는 바위의 경계면을 따라서 거슬러 올라가면서 둥그런 돌 근처에 격렬한 소용돌이를 만들기도 합니다. 사람들이 빠른 물살을 따라 떠내려갈 때 돌 뒤의 소용돌이에 갇혀 버리기도 합니다.

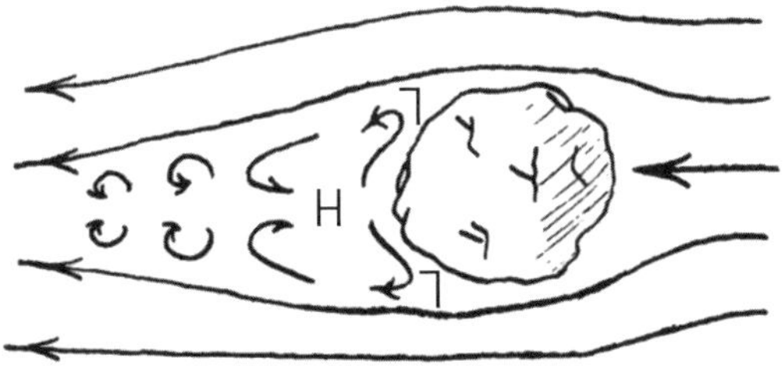

저류

빠르게 흐르는 강에서 특히 굽어서 흐르는 부분이 있다면, 어느 쪽에서 저류가 생길까요?

ⓐ I 지점의 안쪽

ⓑ O 지점의 바깥쪽

답: 저류

정답은 ⓑ입니다. 이유를 알아내기 위해서 물이 들어 있는 유리컵을 휙 저은 모습을 떠올려 보세요. 이때 생기는 소용돌이를 강가의 굽은 부분으로 생각해 보겠습니다. 물은 원심력 때문에 커브의 바깥쪽으로 밀리게 됩니다. O 지점의 물의 높이가 I 지점의 물의 높이보다 약간 높은데, 만약 원심력이 없다면 이런 높이 차이가 생기지 않을 것입니다. 또 물이 원을 그리며 돌지도 않겠지요, 강이나 유리컵 속에서 높은 부분에 있는 물은 상대적으로 빠르게 흐르고, 낮은 부분에 있는 물은 천천히 흐르거나 거의 움직이지 않습니다(지구 표면에서는 거의 바람이 불지 않습니다. 표면에서 멀리 떨어진 높은 곳에서는 바람이 아주 강하게 불지만, 지구 표면에서는 바람이 거의 불지 않는 것과 같습니다). 물이 거의 움직이지 않는 바닥 부분에서는 원심력이 작용하지 않습니다. 이제 O 지점의 물이 깊고, I 지점의 물이 얕습니다.

O 지점의 아랫부분에 있는 물이 받는 압력이 I 지점의 아랫부분에 있는 물이 받는 압력보다 큽니다. 이 압력 차이는 물이 O 지점의 아랫부분에서 I 지점의 아랫부분으로 흐르도록 힘을 작용합니다. 즉 표면의 아랫부분에서는 원심력과 반대 방향으로 힘이 작용한다는 의미입니다. 아랫부분의 물이 움직인다면 말입니다. 하지만 바닥 부분의 물은 거의 움직이지 않습니다. 그래서 강이 커브를 도는 동안이나 유리컵 안의 물을 휙 저었을 때 2차 순환이 일어납니다.

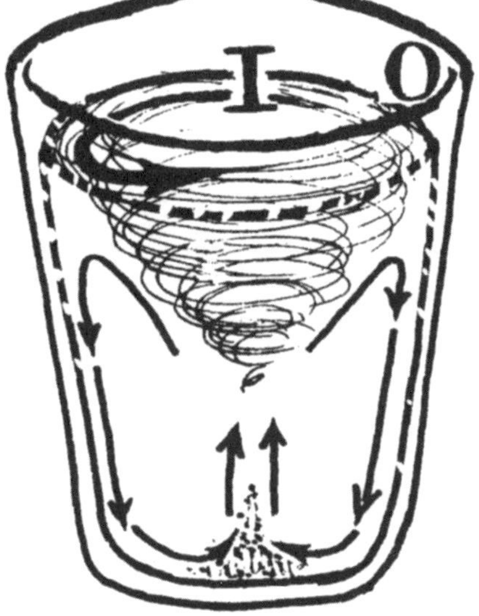

2차 순환은 그림에서 보는 것처럼 컵의 바닥에서는 가장자리에서 중심으로 물이 흐르고, 이 물이 바닥으로부터 표면으로 올라갑니다. 표면에서는 중심으로부터 가장자리로 물이 흐르고, 가장자리 표면의 물은 가장자리, 다시 말해 O 지점의 아래쪽으로 흐르게 됩니다. 이렇게 O 지점에서 바닥 쪽으로 흐르는 물살을 저류(undertow)라고 합니다. 여러분이 강가에 가면 O 지점 근처에서 작은 소용돌이를 볼 수 있습니다. 이 소용돌이는 물이 아래쪽으로 빨려 들어가는 지점에 만들어집니다. 여러분은 또 I 지점 근처에서 솟아오르는 물을 볼 수 있을지도 모릅니다. 이것은 보통 소용돌이에서 조금 떨어진 하류에 생깁니다.

여러분은 이 2차 순환을 유리컵에 찻잎을 띄워 놓고 볼 수도 있습니다. 찻잎이 물이 잠기고 아래쪽으로 가라앉으면 2차 순환에 떠밀려 I 지점의 아래쪽에 있게 됩니다. 정확히 어떻게 되는 것인지 궁금하다면 헷갈릴 수 있으니까 찻잎을 하나만 띄워 놓고 해 보세요.

포도주 옮기기

멜로 교수님이 튜브[통과 양동이 사이에 있는 구부러진 관]를 이용해서 자기가 만든 포도주를 통에서 양동이로 옮기고 있습니다. 튜브를 이용해서 포도주를 옮기기 위해서는 어떤 조건이 필요할까요? (그림에서 보는 구부러진 튜브를 사이펀이라고 합니다. 액체를 높은 곳으로 올렸다가 낮은 곳으로 옮길 때 사용합니다: 옮긴이)

ⓐ 튜브의 양 끝 쪽 기압이 달라야 한다.

ⓑ 양동이에 있는 포도주의 양이 통에 있는 포도주의 양보다 많아야 한다.

ⓒ 양동이 쪽에 있는 튜브의 끝부분이 통 쪽의 튜브 끝부분보다 낮은 곳에 있어야 한다.

ⓓ ⓐ, ⓑ, ⓒ 모두

답: 포도주 옮기기

정답은 ⓒ입니다. 사이펀이 양 끝의 기압 차이 때문에 작용한다고 생각하는 사람들도 있을 것입니다. 하지만 아닙니다. 사이펀의 양 끝의 기압 차이가 원인이라면 오히려 반대로 아래쪽에서 위쪽으로 액체가 올라가야 할 것입니다. 기압은 양동이 쪽(포도주가 나오는 쪽) 끝이 통 쪽(포도주가 들어가는 쪽)의 끝보다 아주 약간 더 클 뿐입니다!

사이펀이 작용하는 것은 기압차 때문이 아니라 압력차 때문입니다. 사이펀의 양 끝에서 두 가지 압력을 생각할 수 있습니다. 한 가지는 밀폐된 액체(포도주)에 의해 아래쪽으로 작용하는 압력이고 다른 한 가지는 공기에 의해 위쪽으로 작용하는 압력입니다.

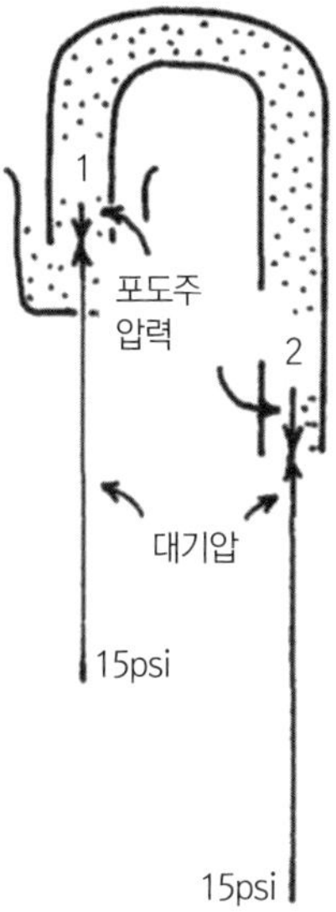

포도주가 나오는 쪽의 튜브가 들어가는 쪽의 튜브보다 두 배 더 길다고 생각해 보세요. 위로 향하는 대기압은 두 부분이 같습니다(엄밀하게는 포도주가 나오는 끝부분이 약간 큽니다). 이 기압을 약 15psi(psi는 압력의 단위)라고 하겠습니다. 액체의 압력은 (무게보다는) 액체의 높이에 비례하므로 포도주가 나오는 부분은 들어가는 부분에 비해서 높이가 두 배이므로 압력도 두 배입니다. 따라서 그림에 나타난 것처럼 포도주가 나오는 끝부분에 표시한 아래 방향의 화살표는 포도주가 들어가는 부분의 화살표보다 두 배가 길게 표시됩니다. 화살표의 길이를 보면 아래로 향한 액체의 압력이 위로 미는 기압보다 작다는 것을 알 수 있습니다. 그림과 같이 포도주가 들어가는 쪽의 압력을 1psi라고 하고, 포도주가 나오는 쪽의 압력을 2psi라고 가정해 보겠습니다. 유체는 압력이 높은 곳에서 낮은 곳으로 흐르므로 포도주가 들어가는 쪽의 총 압력은 14psi이고, 포도주가 나오는 쪽의 총 압력은 13psi입니다. 사이펀 양끝의 압력은 위로 작용하고, 그림과 같이 유체가 통 쪽에서 양동이 쪽으로 흐른다는 것을 알 수 있습니다.

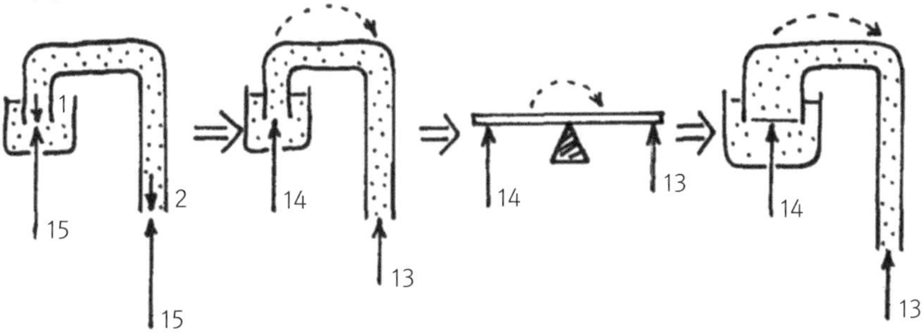

사이펀이 작용하는 데는 튜브의 두께가 일정하지 않아도 됩니다. 만약 포도주가 들어가는 쪽의 튜브가 훨씬 넓어서 들어가는 튜브 쪽에 있는 액체의 무게가 포도주가 나오는 쪽에 차 있는 액체의 무게보다 크다 해도, 액체는 압력이 높은 쪽에서 낮은 쪽으로 흐릅니다. 그러므로 사이펀의 양 끝에서 작용하는 총 압력은 포도주가 들어가는 쪽이 더 큽니다.

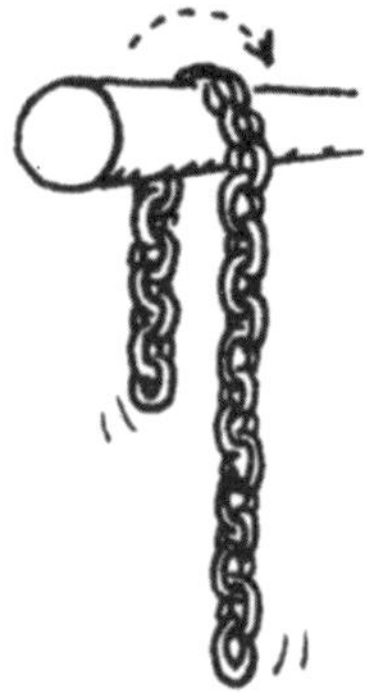

사이펀이 작용하는 것은 매끈한 나무막대기에 걸쳐 있는 사슬이 미끄러지는 것과 비슷합니다. 만약에 사슬의 중앙이 막대기 위에 있고 양 끝의 길이가 같게 걸려 있다면 사슬은 미끄러지지 않습니다. 그러나 만약 한쪽 끝이 다른 한쪽 끝보다 길면, 긴 쪽이 떨어지면서 짧은 쪽 사슬을 위로 잡아당기게 되겠지요. 어느 쪽으로 운동할지는 걸려 있는 쪽의 상대적인 길이와 연관이 있습니다. 사이펀도 같습니다.

하지만 액체는 사슬이 아니지요. 왜 액체는 튜브의 가장 높은 지점에서부터 나누어져서 흐르지 않을까요? 만약에 액체가 나누어져서 흐른다면 튜브의 가장 높은 지점이 빈 공간이 되어서 진공 상태가 됩니다. 그렇게 되면 외부의 기압이 곧바로 액체를 빈 공간으로 밀어 올려서 진공 상태를 채우게 됩니다. 하지만 기압이 액체를 밀어 올리는 데는 한계가 정해져 있습니다. 기압은 수은을 약 76cm까지, 그리고 물은 약 1,037cm까지 밀어 올립니다. 이 경우에서 액체가 물이고 사이펀이 1,037cm보다 길면 액체는 꼭대기에서 나누어질 것입니다. 긴 사이펀을 만들려면 외부의 기압을 증가시켜 주어야 합니다. 사이펀이 작용하는 데 기압은 단지 튜브에 액체가 채워진 상태로 지속시켜 주는 역할만 할 뿐입니다.

수세식 변기

다음 중 수세식 변기의 물이 내려가는 원리는 무엇과 관련 있을까요?

ⓐ 흡입기빨아들이는 장치

ⓑ 부력

ⓒ 사이펀

ⓓ 구심력

ⓔ 수압 펌프

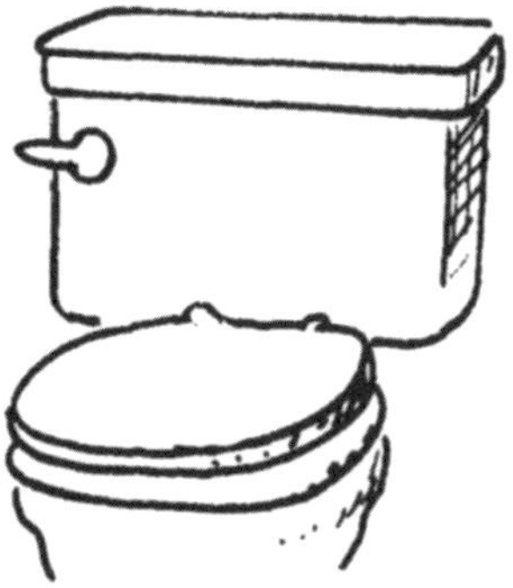

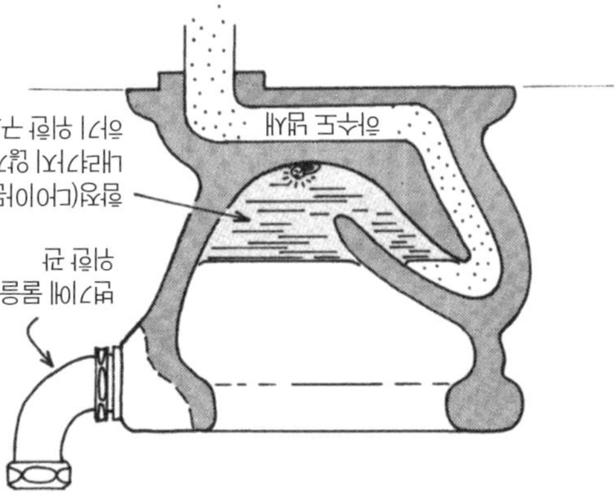

답: 수세식 변기

정답은 ⓒ입니다. 변기의 하수도관은 싱크대나 욕조, 혹은 세면대처럼 거위 목처럼 구부러져 있습니다. 그 이유는 하수관을 통하여 냄새가 올라오는 것을 막기 위해서입니다. 이런 거위목 구조에서는 다이아몬드 반지를 떨어뜨려도 찾을 수 있습니다. 이유를 살펴볼까요? 물이 변기 안으로 흘러 들어가서 거위목을 채우면 거위목은 사이펀이 됩니다. 변기에서 물을 내리면 변기의 내용물이 씻겨 내려가고 구부러진 부분에 물이 빠져나갈 정도로 물의 높이가 낮아지면 사이펀이 멈춥니다.

한 가지 더! 덧붙여 말하면 물을 한 양동이 정도만 변기 안에 부으면 물을 내릴 수 있습니다. 이 사실을 아는 사람은 많지 않지요. 저장 탱크의 역할은 단지 물을 공급하는 데 있습니다.

피싱 교수의 양동이

물을 연구하는 학자인 조지 J. 피싱이 좋아하는 문제입니다. 피싱 교수는 이 문제를 종종 시험에 내기도 하지요. 두 개의 구멍으로 물이 빠져나가는 한 양동이를 생각해 보겠습니다. 물은 양동이 바닥에 있는 B 구멍으로 빠져나오거나, 높이가 d인 지점에 있는 T 구멍에서 빠져나오기 시작해 양동이 바닥 높이에 있는 배수관에서 빠져나옵니다. B 구멍으로부터 배출되는 물은 T 구멍에서 시작해서 배수관으로 빠져나오는 순간의 물과 비교했을 때 속도가 어떨까요? (단, 모든 마찰은 무시합니다.)

ⓐ B구멍에서 나오는 물이 더 빠르다.
ⓑ B구멍에서 나오는 물이 더 느리다
ⓒ 속도가 같다.

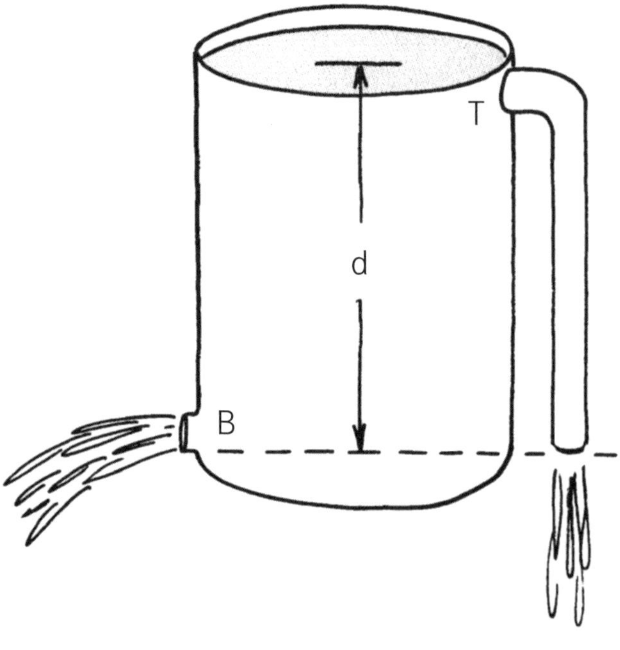

답: 피싱 교수의 양동이

정답은 ©입니다. 물의 속력은 압력수두(pressure head, 유체의 압력을 유체 기둥의 높이로 나타낸 것: 옮긴이) 또는 수면으로부터의 깊이에 따라 달라집니다. 두 배출구에서 압력수두의 크기는 같기 때문에 물의 속력은 같습니다. 혹은 이렇게 생각해 볼 수 있습니다. 그림처럼 T 구멍의 위치를 조절하여 배수관인 B 구멍과 연결한다고 생각해 보는 것입니다. 만약 T 구멍에서 나오는 물이 B 구멍에서 나오는 물보다 빠르다면, T 구멍에서 나온 물이 B 구멍에서 나오는 물을 밀어 넣어 물이 계속해서 T에서 나와 B로 들어가는 영구운동을 하게 될 것입니다.

반대로 B에서 나오는 물이 T에서 나오는 물보다 빠르면 그 반대 방향으로 계속해서 물이 흐르게 될 것입니다. 하지만 영구기관은 에너지 보존의 관점에서 존재할 수 없기 때문에 두 구멍에서 나오는 물의 속력은 같아야 합니다.

분수

그림과 같이 양동이 바닥에 있는 구멍으로부터 물이 뿜어져 나오고 있습니다. 이 분수는 얼마나 높이 뿜어 올라올까요? (단, 모든 마찰은 무시합니다.)

ⓐ 양동이에 있는 물의 높이보다 높게

ⓑ 양동이에 있는 물과 같은 높이까지

ⓒ 양동이에 있는 물의 높이보다 낮게

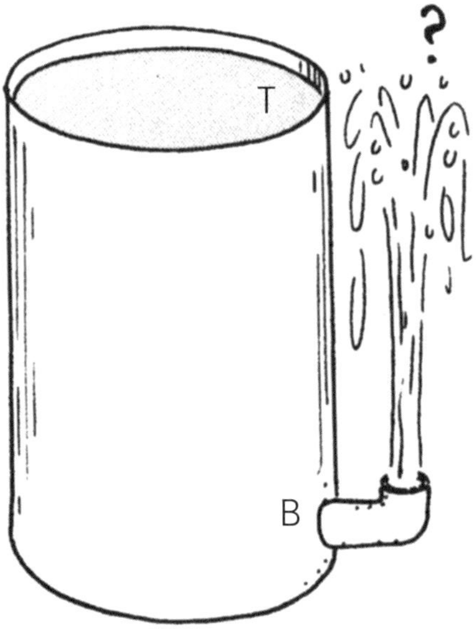

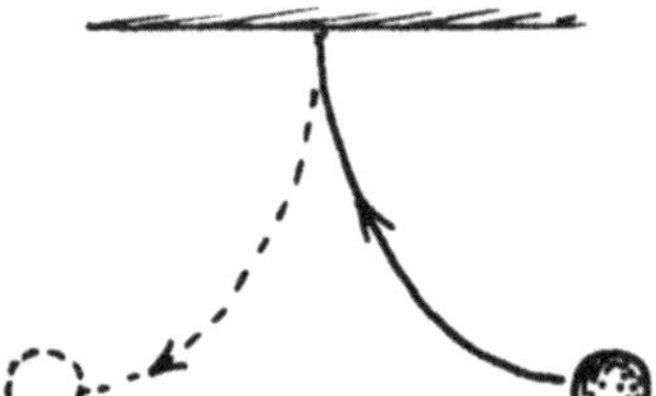

답: 분수

정답은 ⓑ입니다. B 구멍에서 나오는 물의 속력은 피싱 교수의 양동이 문제에 있던 배수관 끝에서의 물의 속력과 같습니다. 이건 실질적으로 T 지점에서 B 지점으로 떨어지면서 얻게 되는 속력입니다. 그러므로 T 지점에서 떨어졌을 때 B 지점에서 갖게 되는 속력과 같은 빠르기로 분수에서 솟아오릅니다. 떨어질 때 갖는 것과 같은 속도로 솟아오르면 당연히 꼭대기까지, 즉 양동이에 있는 물의 높이까지 올라갑니다. 마치 완전 탄성체인 공이 바닥에 닿았다가 같은 높이까지 튀어 올라가는 것과 같습니다.

큰 분수, 작은 분수

두 개의 굵은 파이프가 물탱크의 바닥에 설치되어 있습니다. 하나는 물이 나오는 부분을 좁게 만들고, 다른 하나는 넓게 만들었습니다. 어느 쪽에서 물이 더 높게 솟구칠까요?

ⓐ 넓은 파이프에서 나온 물이 더 높게 솟구친다.

ⓑ 좁은 파이프에서 나온 물이 더 높게 솟는다.

ⓒ 양 파이프에서 나온 물은 같은 높이로 솟아오른다.

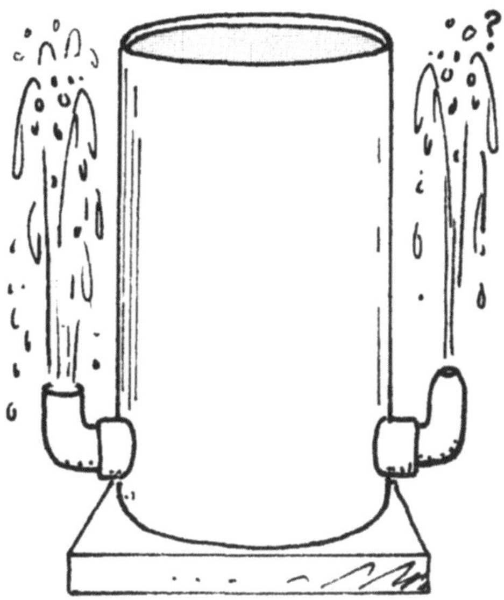

답: 큰 분수, 작은 분수

정답은 ⓒ입니다. '분수' 문제를 떠올려 보세요. 위로 솟구치는 물은 양동이에 있는 물의 높이까지 솟아오르고 물이 나오는 파이프의 넓이는 별 상관이 없습니다. 그러나 정원용 호스의 끝을 손가락으로 누르면 물이 훨씬 멀리 솟구친다는 것을 모르는 사람은 없습니다. 호스의 끝을 누르는 것이 물이 더 멀리 나가도록 하는 데 도움이 안 된다면 누가 그런 행동을 할까요? 하지만 그 호스를 '직접' 물탱크에 연결시켜 본 적이 있나요? 만약 그렇게 하면 여러분은 깜짝 놀랄 것입니다. 물은 손으로 호스를 누른 것처럼 멀리 뻗어 나가기 때문입니다.

왜 집에서 손가락으로 호스의 끝을 누르면 물은 더 멀리 나갈까요? 집에 있는 호스 끝부분의 압력은 그것이 연결되어 있는 물탱크의 수심과 관계가 있기 때문입니다. 또한 이미 수km의 파이프를 흘러온 물의 속력도 관련이 있습니다. 파이프를 통과하는 물이 빨리 흐를수록 분출할 때 압력을 줄이는 마찰이 커집니다(녹슨 파이프의 마찰은 더 큽니다). 물의 속력이 줄어들면 마찰도 감소하고 분출할 때 압력은 커집니다. 물론 마개를 잠그고 물이 흐르지 않는다면 마찰은 없고, 압력은 최대가 됩니다. 하지만 분출되는 물은 없겠지요. 물이 흐를 때 호스 끝에 손가락을 대면 단위 시간 동안 파이프를 통과하는 물의 양을 감소시키기 때문에, 파이프 속의 물은 느려지게 됩니다.

결과적으로 파이프 속의 마찰이 감소하게 되고 따라서 물이 호스 끝에 도달했을 때 물의 압력은 더 클 것입니다. 어린 동생보다 물을 더 멀리 쏠 수 있을 것입니다! 정말 멋지죠?

물의 마찰은 건조한 상태에서의 마찰과는 조금 다릅니다. 물의 마찰은 속력과 아주 밀접한 관련이 있습니다. 손을 탁자 위에 대고 앞뒤로 밀어 보면 마찰이 손의 속도에 따라서 크게 변하지는 않습니다. 이번에는 물이 가득 찬 욕조에 손을 넣고 앞뒤로 흔들어 봅니다. 손을 천천히 움직일 때 물의 마찰은 거의 없습니다. 하지만 손을 빨리 움직일수록 물의 마찰은 손을 움직이기 힘들 정도로 크다고 느낄 것입니다. 물의 마찰에 관한 이런 특성은 수명이 다한 건전지에서 거의 비슷하게 일어납니다. 건전지를 거의 다 쓰면 건전지의 내부 저항이 커지게 됩니다. 전극이나 극판이 부식되어서 녹슨 파이프에 물이 흐를 때처럼 전류의 흐름을 방해합니다. 건전지가 방전된 상태에서 전류가 거의 흐르지 않는다면, 최대 전압이 표시됩니다. 왜냐하면 전류가 흐를 때 오직 저항만이 전압을 감소시키기 때문입니다. (다 쓴 건전지가 최대 전압을 나타낸다는 사실을 알면 사람들은 깜짝 놀랄 것입니다.) 그러나 만약 다 쓴 건전지로부터 대량의 전류를 끌어내려고 하면(건전지에 과부하가 걸리면), 전압이 떨어집니다. 왜냐하면 이 경우에는 전압이 저항으로 가득 차 있는 건전지 내부를 전류가 억지로 통과하도록 하는 데 모두 쓰였기 때문입니다. 우린 곧 이 책에서 전기에 대해 더 배울 것입니다.

보충 문제

본문에서 다룬 문제들과 유사한 다음 문제들을 스스로 풀어 보세요. 물리적으로 생각하는 것을 잊지 마시기 바랍니다. (정답과 해설은 없습니다.)

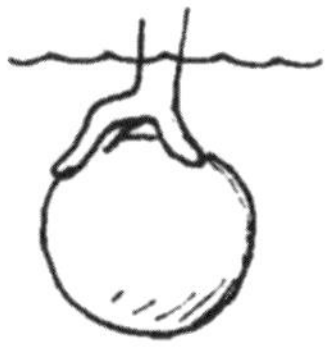

1. 반지름이 15cm 공이 물에 완전히 잠겨 있기 위해서는 얼마만큼의 힘을 가해야 할까요?

   ⓐ 약 35N　ⓑ 약 70N　ⓒ 약 140N

2. 부피가 같은 쇳덩어리와 나무토막이 있습니다. 나무토막은 물에 뜨고, 쇳덩어리는 가라앉지요. 이때 어느 쪽의 부력이 더 클까요?

   ⓐ 나무토막　ⓑ 쇳덩어리　ⓒ 둘 다 같다.

3. 작은 쇳덩어리를 실은 보트가 수영장에 떠 있습니다. 쇳덩어리를 배에서 수영장으로 던진다면, 수영장의 가장자리 수면의 높이는 어떻게 될까요?

   ⓐ 올라간다.　ⓑ 내려간다.　ⓒ 그대로다.

4. 폐쇄된 운하에 있는 배에서 누수가 생겨서 배가 가라앉고 있습니다. 배가 다 가라앉은 후 운하의 가장자리 수면의 높이는 어떻게 될까요?

   ⓐ 올라간다.　ⓑ 내려간다.　ⓒ 그대로다.

5. 물속에 빈 그릇을 뒤집어서 넣었습니다. 깊이 집어넣을수록 물속에 두는 데 드는 힘은 어떻게 될까요?

   ⓐ 증가한다.　ⓑ 감소한다.　ⓒ 변화 없다.

6. 헬륨을 가득 채운 풍선을 하늘에 띄웠습니다. 풍선은 언제까지 올라갈까요?

   ⓐ 풍선의 윗부분과 아랫부분에 작용하는 대기압이 같아질 때까지 올라간다.

   ⓑ 풍선 안에 있는 헬륨의 압력이 외부의 대기압과 같아질 때까지 올라간다.

ⓒ 풍선이 더 이상 커질 수 없을 정도까지 올라간다.

ⓓ ⓐ, ⓑ, ⓒ 모두 맞다. ⓔ ⓐ, ⓑ, ⓒ, ⓓ 모두 틀렸다.

7. 같은 크기의 두 그릇에 물이 가득 들어 있습니다. 한쪽 그릇에 나무토막을 띄운 후 두 그릇을 저울 위에 올리면 저울의 눈금은 어떻게 될까요?

ⓐ 나무토막을 띄운 쪽이 더 무겁다.

ⓑ 나무토막을 띄운 쪽이 더 가볍다.

ⓒ 두 저울의 눈금은 같다.

8. 파티가 끝나갈 무렵 주인이 칵테일을 한 잔 주었는데 얼음이 바닥에 가라앉아 있는 것을 보았습니다. 이것으로부터 칵테일에 대해 알 수 있는 사실은 무엇일까요?

ⓐ 얼음에 작용하는 부력이 없다.

ⓑ 가라앉은 얼음을 칵테일 얼음으로 바꿔서 생각할 수 없다.

ⓒ 칵테일이 얼음보다 밀도가 작다.

ⓓ 칵테일 잔이 뒤집어져 있는 것이다.

9. 빙하가 물에 잠겨 있는데 수면 위로 솟아 나와 있는 윗부분이 갑자기 사라진다면, 그 다음에는 어떤 일이 일어날까요?

ⓐ 빙하의 밀도가 감소한다.

ⓑ 빙하에 작용하는 부력이 감소한다.

ⓒ 빙하의 바닥에서 압력이 증가해서 빙하가 새로운 평형 상태가 되도록 한다.

ⓓ ⓐ, ⓑ, ⓒ 모두 일어난다.

ⓔ ⓐ, ⓑ, ⓒ 중 아무 일도 일어나지 않는다.

10. 적은 양의 수은과 물방울이 마른 탁자 위에 떨어졌습니다. 둘 중 어느 것이 더 동그랗게 뭉쳐질까요?

ⓐ 수은 ⓑ 물 ⓒ 둘 다 같다.

11. 굵기가 일정하지 않은 파이프를 통해서 물이 흐르고 있습니다. 물속에 작은 기포가 함께 이동하고 있을 때, 기포가 파이프의 넓은 부분을 통과하다가 좁은 지역으로 들어올 때, 기포의 크기는 어떻게 될까요?

ⓐ 증가한다. ⓑ 감소한다. ⓒ 변화 없다.

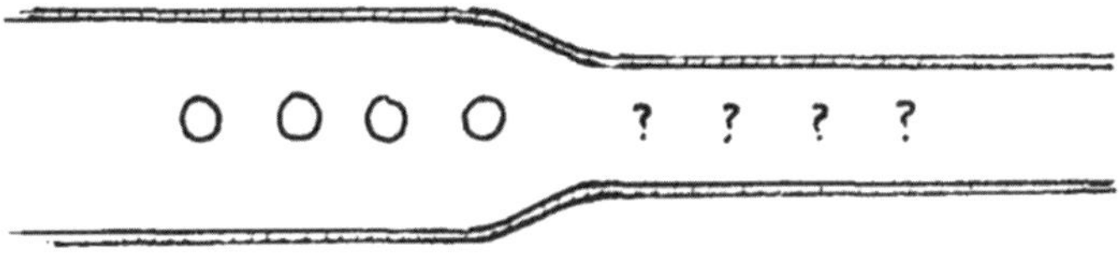

12. 비행기나 로켓에서 방출하는 불꽃의 압력의 크기는 주변의 대기압과 비교하면 어떨까요?

ⓐ 높다. ⓑ 같다. ⓒ 낮다.

13. 다음 중 어떤 사이펀에서 물이 흐르는 속도가 가장 클까요?

ⓐ A ⓑ B ⓒ C ⓓ 모두 같다.

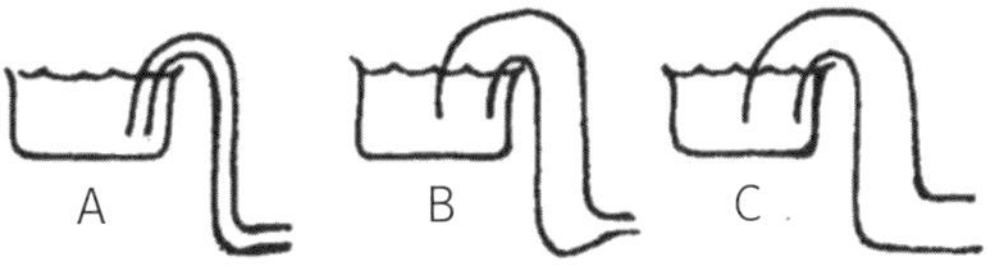

14. 달에서 사이펀을 사용할 때 지구에 비해 어떤 특징이 있을까요?

ⓐ 기압이 없기 때문에 지구에서보다 효율이 떨어진다.

ⓑ 중력이 작기 때문에 더 효율적이다.

15. 수세식 변기에서 물을 내리는 것은 대기압과 관계가 있을까요? 즉, 기압이 없으면 변기의 물이 흐르지 않을까요?

ⓐ 맞다. ⓑ 틀리다.

16. 그림과 같이 굵기가 다른 파이프에 물이 흐르고 있습니다. A 점과 B 점에서 작은 구멍이 있어서 물이 위

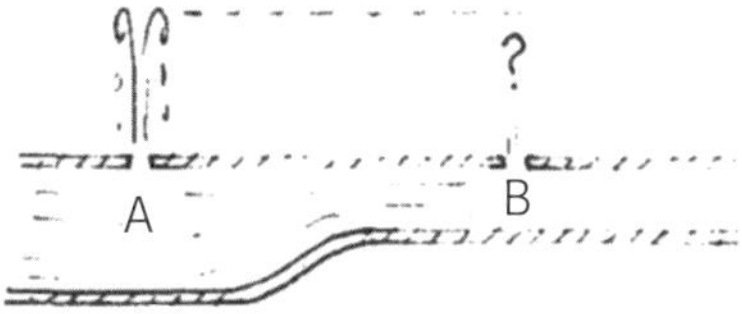

로 솟아오릅니다. 어느 쪽에서 물이 더 높이 솟구칠까요?

ⓐ A ⓑ B ⓒ 둘 다 같다.

17. 수도꼭지에 압력계를 부착하고 낮은 압력을 조사하면, 집에 있는 수도관이 녹슬었는지 점검할 수 있을까요?

ⓐ 그렇다. ⓑ 아니다.

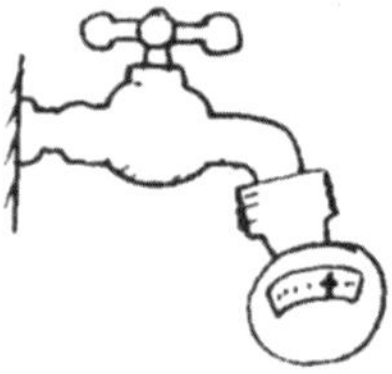

18. 커다란 구멍이 나 있는 두 개의 그릇 중 한 그릇에는 물이 들어 있고 다른 한 그릇에는 수은이 들어 있습니다. 어느 쪽이 먼저 비워질까요?

ⓐ 물 ⓑ 수은 ⓒ 둘 다 같다.

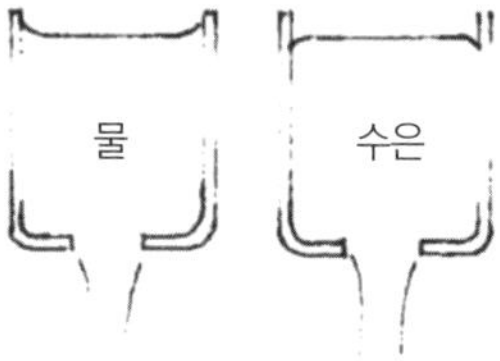

19. 다음 중 가장 실용적인 부엌 싱크대는 어느 쪽일까요? (답을 누구나 분명히 안다고 생각한다면 현대적인 싱크대를 잠깐 살펴보세요.)

ⓐ A ⓑ B ⓒ C

20. 만일 기압계 튜브가 매우 얇은 유리로 만들어졌다면 기압계는 아주 깨지기 쉬울 것입니다. 대략 어디서 깨질 확률이 가장 클까요?

ⓐ A ⓑ B ⓒ C ⓓ 정해져 있지 않다.

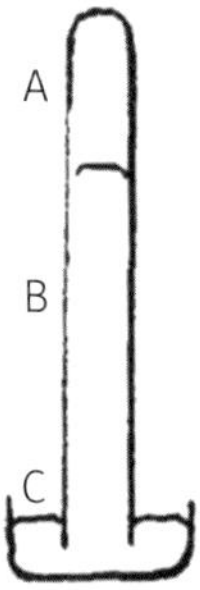

Chapter 03

열

Heat

역학적인 현상이나 기체와 액체 같은 유체는 육안으로 관찰이 가능하지만, 열은 눈에 보이지 않습니다. 열은 무형의 실체이기 때문입니다. 물론 눈으로 볼 수 없다고 해서 알아챌 수 없다는 뜻은 아닙니다. 열은 손끝으로도 느낄 수 있습니다. 물리학자들은 육안으로 관찰할 수 없는 것을 이해하기 위해서 노력해 왔습니다. 열은 만질 수 없는 것 중 '실제적'인 것으로 다루어진 최초의 것이었습니다. 생각의 눈을 통해 구현된 최초의 보이지 않는 것이었습니다. 그 상상이 무엇이었을까요? 바로 에너지의 묘지였습니다.

문제는 답을 알지 못하는 것이 아니라, 질문을 이해하지 못하는 것이다!

물 끓이기

감자 요리를 하려고 물을 끓이기 위해 큰 가마솥에 찬물을 담아 가져왔습니다. 최소의 에너지로 물을 끓이는 방법은 어느 것일까요?

ⓐ 최대 화력으로 열을 가한다.
ⓑ 매우 낮은 열을 가한다.
ⓒ 중간 정도 수준으로 열을 가한다.

답: 물 끓이기

정답은 ⓐ입니다. 만약 매우 낮은 온도로 열을 가한다면 물은 끓지 않고 영원히 가열 장치를 작동해야 할 것입니다. 열은 가열 장치에서 가마솥으로 전달됩니다. 일부는 가마솥 안에 머무르겠지만 또 일부는 복사열, 뜨거운 수증기, 뜨거운 공기의 형태로 빼앗깁니다. 빼앗긴 열은 낭비된 것이지요. 물을 끓이려고 하면 할수록 열을 빼앗깁니다. 그리고 열을 빼앗기면 빼앗길수록 에너지를 잃어버리고 낭비하게 되지요.

유사한 상황이 로켓을 쏘아 올릴 때 발생합니다. 로켓 엔진은 가능한 짧은 시간 내에 최대의 추진력을 얻을 수 있도록 최대 출력으로 점화시켜야 합니다. 왜 그럴까요? 가마솥이 지속적으로 열을 잃는 것처럼 로켓도 중력 때문에 추진력을 지속적으로 잃기 때문입니다. 만약 로켓의 엔진이 점차 속력을 잃는다면, 로켓은 모든 에너지를 그냥 흘려보내 버리고 절대 위로 올라갈 수 없을 것입니다.

끓기

지금 물이 끓고 있습니다. 에너지를 최소로 사용해서 감자 요리를 하는 방법은 어느 것일까요?

ⓐ 최대 화력의 열을 유지한다.

ⓑ 열을 낮추어 물이 끓는 것을 간신히 유지하도록 한다.

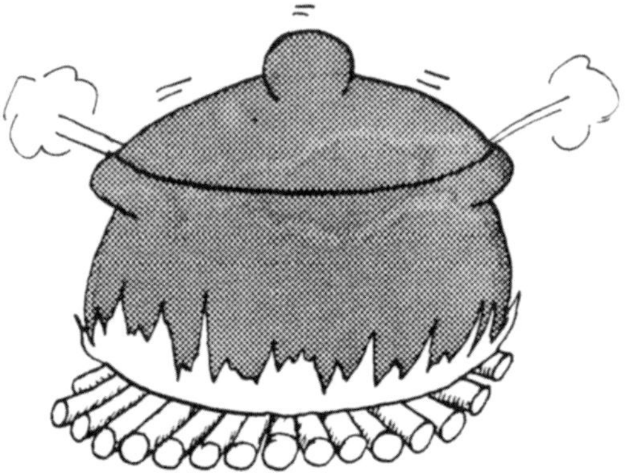

답: 끓기

정답은 ⓑ입니다. 격렬하게 끓어오르는 물이나 간신히 끓는 물이나 온도는 모두 100℃입니다. 감자를 요리할 때 중요한 것은 솥의 온도입니다. 최대 화력으로 열을 유지하기 위해서는 많은 에너지가 소모되므로 화력을 낮추게 됩니다. 최대 화력으로 끓고 있는 상황에서 추가되는 열이 물을 조금 더 뜨겁게 만들지 않을까요? 전혀 아닙니다. 격렬하게 끓고 있는 물이나 간신히 끓고 있는 물에 온도계를 넣어 어느 온도가 더 높은지 관찰해 보세요. 온도계가 없다면 격렬하게 끓는 솥과 간신히 끓는 솥에서 감자를 요리해 보세요. 만약 격렬하게 끓는 솥에 추가된 에너지가 감자를 요리하는 데 쓰이지 않았다면 이 에너지는 어디로 가 버린 것일까요? 수증기의 형태로 솥을 빠져나가 버린 것입니다. 자, 만약 솥에 뚜껑을 덮어 둔다면 감자를 요리하는 데 필요한 에너지와 시간을 줄일 수 있을까요? 둘 다 줄일 수 있습니다. 찬 물이 끓게 하는 데 필요한 시간과 에너지, 물이 끓는 동안 필요한 에너지를 절약할 수 있습니다. 다만 물이 끓는 동안의 시간은 줄일 수 없습니다.

차갑게 유지하기

냉장고는 (전기보일러나 에어컨을 제외하고) 집에 있는 어떤 전기기구보다 더 많은 에너지를 소비합니다. 냉장고에서 우유 한 팩을 꺼내 쓰고 다시 넣는다고 가정해 보세요. 에너지 절약을 위해 가장 효율적인 방법은 무엇일까요?

ⓐ 사용 후 바로 냉장고 안에 우유를 넣는다.

ⓑ 가능한 한 오랫동안 밖에 둔다.

답: 차갑게 유지하기

정답은 ⓐ입니다. 우유를 밖에 오래 두면 둘수록 점점 따뜻해집니다. 따뜻해진 우유를 다시 차갑게 하려면 냉장고를 더 오랫동안 가동해야 합니다. 냉장고를 오래 가동하면 할수록 더 많은 에너지가 소비되지요.

켜 놓느냐, 꺼 놓느냐!

어느 추운 날 쇼핑을 하려고 약 15분 동안 집을 비워야 합니다. 에너지를 절약하려면 어떻게 해야 할까요?

ⓐ 돌아왔을 때 집을 다시 가열시키는 데 추가적인 에너지를 사용할 필요가 없도록 난방을 가동시켜 둔다.
ⓑ 온도 조절기를 10℃ 아래로 낮추어 놓되 끄지는 않는다.
ⓒ 나갈 때 난방을 끈다.
ⓓ 난방을 끄든지 켜든지 에너지 소모에는 차이가 없다.

답: 켜 놓느냐, 꺼 놓느냐!

정답은 ⓒ입니다. 난방을 끄십시오. 외부가 추울 때 집은 항상 열을 잃는 중입니다. 만약 열을 잃지 않는다면 한 번 열을 가해 주면 계속 따뜻한 상태가 유지되겠지요. 난방장치는 집이 잃어버리는 열을 다시 공급해 주어야 합니다. 얼마나 많은 열을 잃어버릴까요? 이에 대한 답은 집이 얼마나 단열이 잘 되는지와 외부가 얼마나 추운지에 달려 있습니다. 집의 외부와 내부의 온도 차이가 크면 클수록 냉각 속도는 더 빨라집니다. (이것이 냉각 속도는 온도 변화에 비례한다는 뉴턴의 냉각법칙입니다.) 밖에 나가 있는 동안 집을 따뜻하게 유지하는 것은 차갑게 할 때보다 열 손실의 비율을 높이는 결과를 가져옵니다. 외부 온도에 비해 더 따뜻한 집은 열이 손실되는 속도가 더 빠릅니다. 물론 온도 차이가 없으면 손실도 없고, 가열을 할 필요도 없습니다.

이 집에 대한 생각을 새는 물통에 비유해서 설명할 수 있습니다. (집의 온도는 물통 안의 물의 높이로 비유해서 생각합니다.) 물통 안의 수위가 높아질수록, 새는 구멍에 가해지는 압력이 커지며 물이 손실되는 속도가 더 빨라집니다. 그래서 낮은 수위보다 높은 수위를 유지하기 위해 매 분당 더 많은 양의 물이 공급되어야 합니다. 따라서 수위를 낮추면 물을 더 절약할 수 있습니다. 짧은 시간 동안만이라도 수도꼭지를 전부 잠그면 물을 절약할 수 있을까요? 손실되는 비율과 동일하게 같은 수위로 유지할 때 필요한 물보다 물통 안의 물이 완전히 소진되고 난 뒤 물을 채울 때 필요한 물의 양이 적다는 것은 조금만 생각해 보면 알 수 있을 것입니다. 통 안의 물이 비었거나 거의 비었을 때는 손실되는 양보다 유입되는 양이 더 커서 빠르게 채워집니다. 유입되는 양과 손실되는 양이 같은 깊이의 수위가 되면 물이 채워지는 것이 멈추지요.

그래서 새는 물통을 일정한 수위로 유지할 때보다 물을 채울 때 필요한 물의 양이 더 적고, 외부에 비해 더 높은 온도로 집을 유지할 때보다 차가운 집을 재가열할 때 필요한 열의 양이 더 적습니다.

에너지를 절약하기 위해 필요 없을 때 불을 끄고, 외출할 때 난방 가동을 중지하십시오.

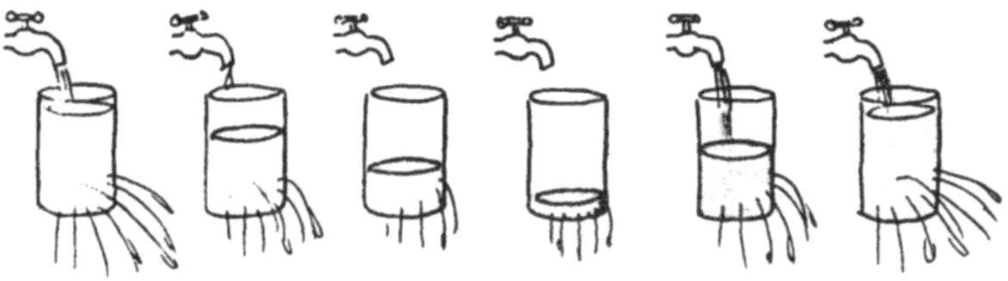

삐삐 주전자

찻주전자 하나는 난로 불꽃 위에 직접 가열되고 있고, 다른 하나는 불꽃 바로 위 무거운 금속 판 위에 있습니다. 두 주전자가 끓으면서 "삐-" 소리를 낸 후 난로를 껐을 때, 두 주전자의 상태는 어떨까요?

ⓐ 불꽃 바로 위에서 직접 가열된 주전자는 얼마 동안 지속적으로 소리를 낸다. 하지만 금속판 위에 있는 주전자는 즉시 소리를 멈춘다.
ⓑ 금속판 위에 있는 주전자는 한동안 소리를 내지만, 불꽃 위에서 직접 가열된 주전자는 즉시 소리를 멈춘다.
ⓒ 둘 다 동시에 휘파람 소리를 멈춘다.

답: 삐삐 주전자

정답은 ⓑ입니다. 이 문제는 금속이 물보다 더 작은 열용량을 가지므로 더 작은 에너지를 전달한다는 사실을 알고 있는 물리학 우등생도 틀릴 수 있습니다. 여기에서 중요한 것은 금속이 주전자에 든 물보다 뜨겁다는 사실입니다. 금속판은 난로가 꺼진 후에도 한동안 뜨거운 상태를 유지하기 때문에 열이 금속판에서 주전자로 이동하여 주전자는 점점 뜨거워집니다. 그래서 열이 주전자 내부에 여전히 남아 있는 동안 주전자는 지속적으로 소리를 내지요. 금속판이 없다면 난로 가동이 중지되는 즉시 열 공급이 중단되고, 소리 또한 멈춥니다.

팽창

중앙에 구멍이 있는 고리 모양 금속 원판을 1% 팽창할 때까지 가열합니다. 구멍의 크기는 어떻게 될까요?

ⓐ 증가한다.
ⓑ 감소한다.
ⓒ 변함없다.

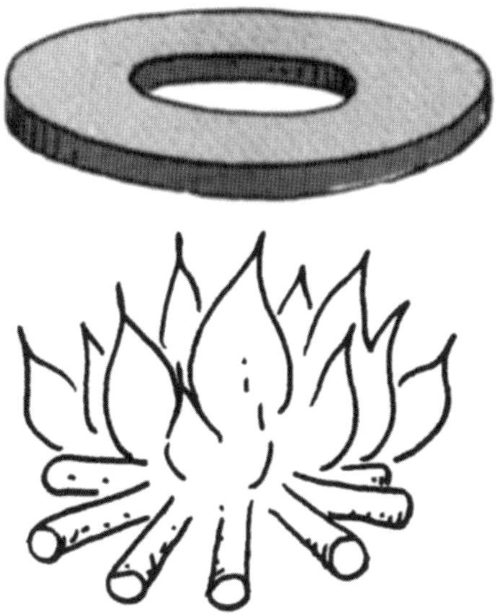

답: 팽창

정답은 ⓐ입니다. 고리는 모든 부분에서 비례적으로 팽창합니다. 반지 모양의 고리를 머릿속에 떠올리고 이 고리가 1% 커진다고 생각해 보세요. 구멍까지 포함한 모든 것들이 커질 것입니다.

다른 방법으로도 생각해 볼 수 있습니다. 우선 둥근 고리를 펴서 막대 모양으로 만든다고 가정해 보겠습니다. 막대를 가열했을 때 막대는 더 두꺼워지고 길어질 것입니다. 그러고 나서 막대를 둥근 고리 모양으로 휘었을 때 두께뿐만 아니라 내부 구멍의 원주도 더 길어졌다는 것을 알 수 있을 것입니다.

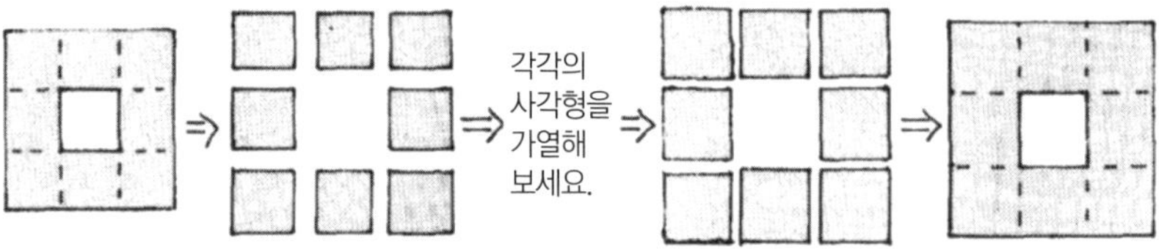

정사각형 금속판 안에 있는 정사각형의 구멍을 생각해 보면 구멍이 더 커진다는 사실을 쉽게 이해할 수 있습니다. 그림처럼 여러 개의 작은 정사각형으로 나누고, 가열하여 팽창시킨 후에 다시 원래대로 맞추면 금속이 팽창한 만큼 빈 구멍도 팽창합니다.

대장장이는 목재의 마차 바퀴에 쇠로 된 테를 끼울 때, 원래 바퀴보다 조금 작은 테를 가열하는 방법을 사용합니다. 열에 의해 팽창한 바퀴의 테는 목재 바퀴에 쉽게 씌워집니다. 그리고 냉각되면 별도의 조임 장치 없이 깔끔하게 마차 바퀴에 테가 접합됩니다.

금속 재질의 병뚜껑이 잘 열리지 않을 때는 뜨거운 물에 뚜껑을 가열하면 됩니다. 뚜껑과 내부 구멍의 원주 및 모든 부분이 팽창하므로 쉽게 열리기 때문입니다.

단단히 잠긴 너트

너트가 나사선에 매우 단단히 고정되어 있습니다. 너트를 느슨하게 하기 위해 어떻게 해야 할까요?

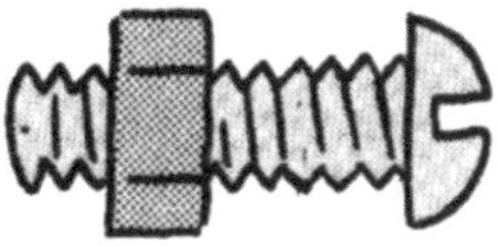

ⓐ 냉각한다. ⓑ 가열한다.
ⓒ 둘 다 가능하다. ⓓ 둘 다 불가능하다.

답: 단단히 잠긴 너트

정답은 ⓑ입니다. 구멍의 팽창 문제를 생각해 보십시오. 나사와 너트는 완전히 붙어 있는 것이 아니라 그 사이에 작은 공간이 있습니다. 매우 단단히 잠긴 너트의 경우는 이 공간이 너무 좁다는 것이 문제입니다. 어떻게 이것을 늘릴 수 있을까요? 바로 열에 의해서입니다. 열은 모든 것을 크게 만듭니다. 너트뿐만 아니라 나사까지도 팽창합니다. 그리고 무엇보다 중요한 것은 너트와 나사 사이의 공간이 팽창된다는 사실입니다. 그러므로 너트를 느슨하게 하기 위해서는 너트를 가열해야 합니다. 물론 나사도 가열되지요.

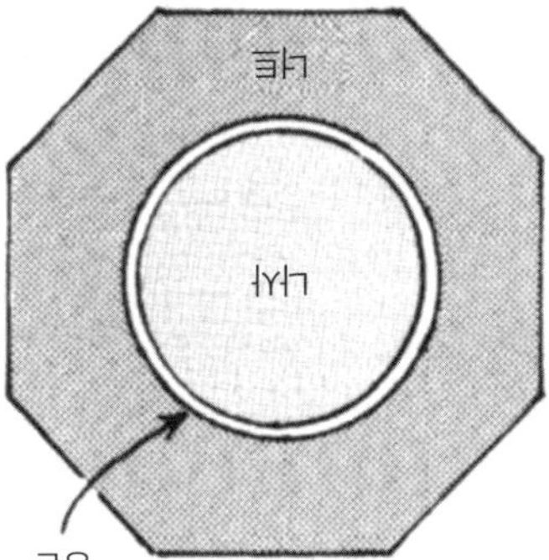

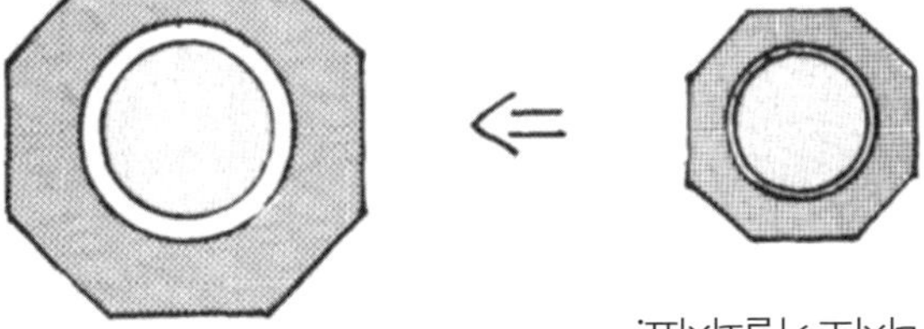

차가울 때

뜨거울 때(다소 과장됨)

수축

만약 공기가 들어 있는 공간의 부피가 감소한다면 공기의 온도는 어떻게 변할까요?

ⓐ 증가한다.

ⓑ 감소한다.

ⓒ 말할 수 없다.

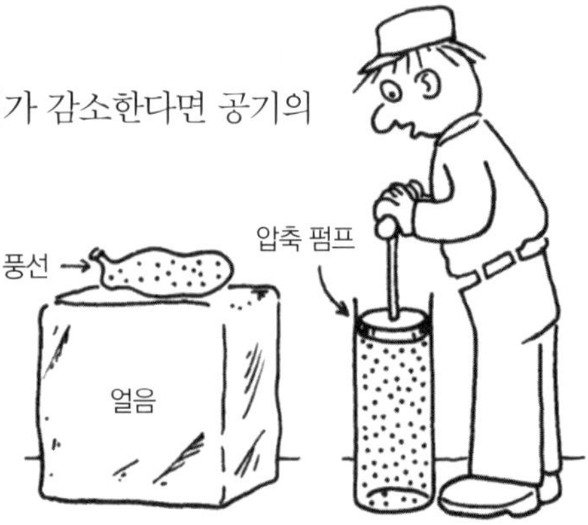

답: 수축

정답은 ⓒ입니다. 냉장고 속에 놓아 둔 풍선을 머릿속으로 상상해 보면 이 문제를 이해할 수 있습니다. 이 경우에 풍선의 부피가 줄어들게 되면 온도는 낮아질 것입니다. 그러나 어떤 사람들은 부피의 감소를 놓고 온도의 상승을 일으키는 펌프나 피스톤 엔진 안의 압축된 공기를 상상할 수도 있습니다. 공기의 온도 변화는 공기의 부피 변화에만 의존하는 것이 아닙니다. 공기의 **압력**이 어떻게 변화하는가도 알아야 합니다. 공기의 온도는 부피 **그리고** 압력이 결합된 함수입니다. 이 가운데 하나와의 관계만 아는 것으로는 불충분합니다. 부피와 압력 모두 줄어든다면 온도는 하강할 것입니다. 또 일정한 압력 아래에서 부피가 감소한다면 온도는 하강할 것입니다. 그러나 부피는 적게 감소하고 압력이 매우 크게 증가한다면 온도는 상승할 것입니다. 적다는 것과 크다는 말은 무엇을 의미할까요? 만약 기체의 부피가 절반으로 줄고 압력이 두 배가 된다면 온도는 변하지 않을 것입니다. 그리고 기체의 부피가 절반으로 줄고 압력이 두 배 이상으로 증가한다면 온도는 상승할 것이고, 압력이 두 배 이하로 증가한다면 온도는 내려갈 것입니다. 요컨대 온도는 압력과 부피의 곱에 비례합니다. 즉 T~PV.

기체의 부피를 줄이는 두 가지 방법

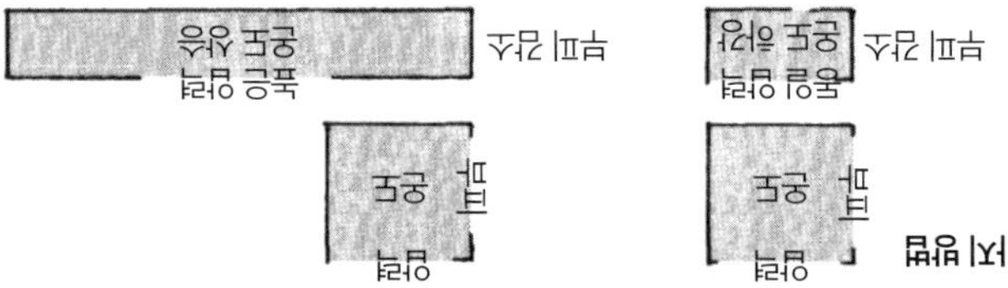

무분별한 낭비

전기에너지를 극심하게 낭비하는 사례들 중 하나는 대부분의 슈퍼마켓에서 볼 수 있습니다. 냉장 식품은 다음과 같은 여러 형태의 냉장고에 진열되어 있습니다. 어떤 형태의 냉장고가 가장 에너지 낭비가 심할까요? 어떤 형태의 냉장고가 에너지를 가장 잘 보존할까요?

ⓐ 슬라이딩 덮개가 있는 수평 형태

ⓑ 덮개가 없는 수평 형태

ⓒ 문이 있고 바로 선 형태

ⓓ 문이 없고 바로 선 형태

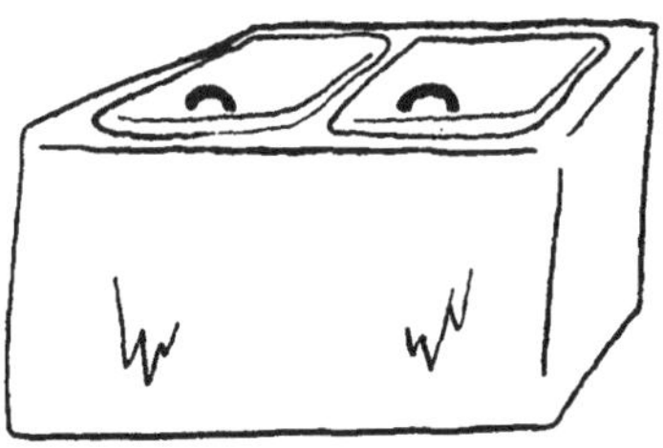

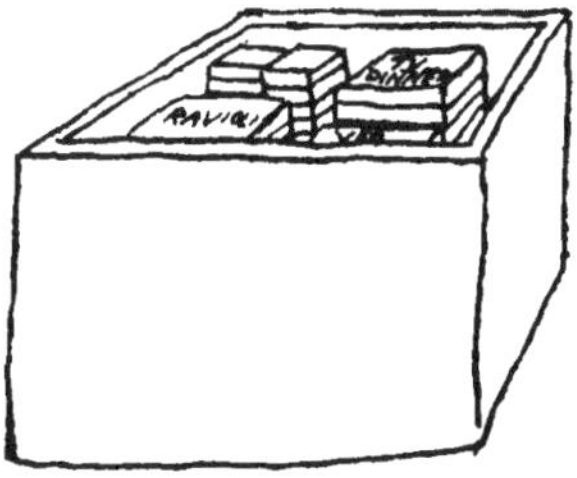

답: 무분별한 낭비

최악의 경우는 ⓓ, 최선의 경우는 ⓐ입니다. 찬 공기는 따뜻한 공기보다 밀도가 높아서 바닥으로 가라앉습니다. 바로 선 형태의 냉장고 문을 열면, 찬 공기가 쏟아져 나오고 따뜻한 공기가 그 공간을 채우게 됩니다. 만약 바로 선 형태의 냉장고에 문이 없다면 찬 공기가 지속적으로 아래로 가라앉을 것입니다. 슈퍼마켓에서 문이 없고 똑바로 세워져 있는 이런 형태의 냉장고 주변을 지날 때 얼마나 발이 시린지 느껴 본 적이 있나요? 바로 이것이 낭비되는 냉장 장치의 에너지이고, 여러분이 지불하고 있는 비용입니다. 최적의 냉장 장치는 위쪽을 여는 것입니다. 이 방법은 찬 공기가 밖으로 빠져나올 수가 없습니다. 그리고 문이 있어서 찬 공기가 외부의 따뜻한 공기와 접촉할 수도 없지요.

대기압 아래에서 압력이 동일할 때 찬 공기는 따뜻한 공기보다 밀도가 높습니다. 그러나 따뜻한 공기가 찬 공기보다 높은 압력에 있는 경우에는 찬 공기보다 밀도가 더 높을 수도 있습니다. 따라서 "찬 공기가 따뜻한 공기보다 밀도가 높아"처럼 말하거나 생각하는 것은 주의를 기울일 필요가 있습니다.

역전층

산속 호숫가 근처에서 캠핑을 하고 있습니다. 아침밥을 하는 모닥불 연기가 위로 올라가다가 호수를 따라 평평한 층을 이루면서 옆으로 퍼졌습니다. 아침식사를 마치고 조금 더 높은 곳으로 등산을 했습니다. 이 산행에서 기온은 어떻게 변할까요?

ⓐ 차가워진다.

ⓑ 따뜻해진다.

답: 역전층

정답은 ⓑ입니다. 연기가 층을 이루는 원인은 역전층 때문입니다. 호수 주변의 공기는 냉각되어 있습니다. 아마도 호수의 찬물이 공기를 냉각시키고, 밤에 찬 공기가 계곡의 바닥 부분으로 굴러 떨어지기 때문일 것입니다. 찬 공기가 따뜻한 공기보다 밀도가 높고 아래로 가라앉는 사실을 기억하십시오. 연기는 찬 공기의 위쪽에 따뜻한 공기가 존재한다는 사실을 증명합니다. 뜨거운 공기는 위로 상승하기 때문에 따뜻한 연기는 찬 공기를 넘어 위쪽으로 상승하게 됩니다. 따뜻하고 연기 자욱한 공기는 위쪽의 따뜻한 공기에 도달할 때까지 올라갑니다. 만약 따뜻한 공기가 연기 자욱한 공기보다 더 따뜻하다면, 연기는 더 이상 상승할 이유가 없어지지요. 따라서 따뜻한 공기 아래에 퍼져나가게 됩니다. 여러분이 호수보다 좀 더 높은 곳으로 등산하게 되면 이 따뜻한 공기 속으로 들어가게 될 것입니다.

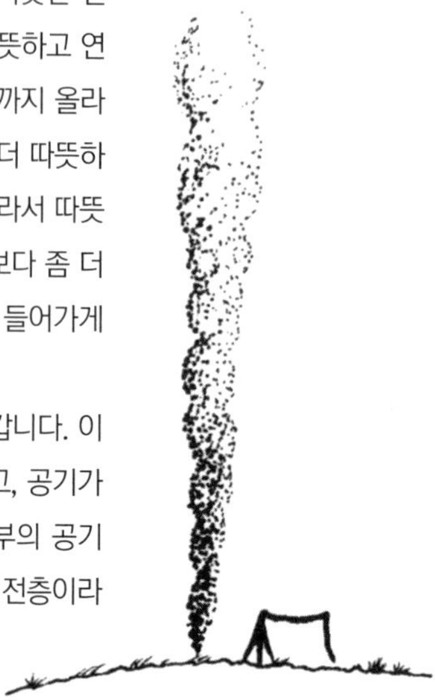

보통 모닥불을 피우면 연기는 점점 더 위로 올라갑니다. 이 현상은 공기가 점차 높아짐에 따라 점점 차가워지고, 공기가 연기보다 항상 차갑다는 사실을 의미합니다. 상층부의 공기가 따뜻한(아래층의 찬 공기보다 약간 더) 상태를 역전층이라고 부릅니다.

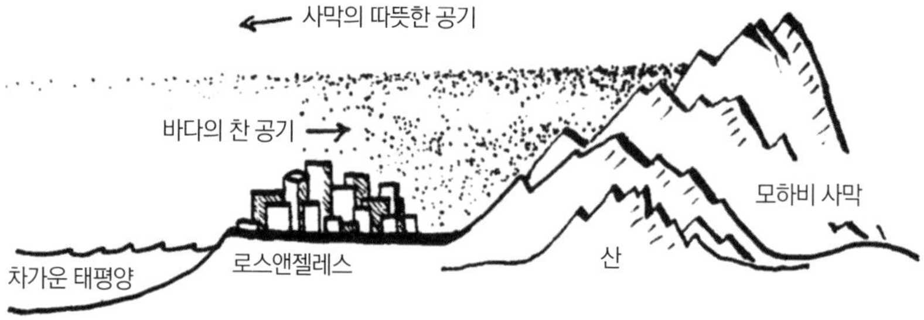

역전층은 때때로 차가운 연안을 따라 있는 해안 계곡에서 나타나곤 합니다. 예를 들면, 로스앤젤레스에서는 차가운 태평양으로부터 불어온 찬 공기가 모하비 사막으로부터 불어오는 따뜻한 공기 아래에 놓이게 됩니다. 로스앤젤레스에서 스모그 현상과 연기는 이 역전층 아래에 사로잡히게 됩니다. 때에 따라 연기가 호수를 덮는 것처럼 종종 도시 전체를 뒤덮는 노란 층을 볼 수 있을 것입니다. 같은 이유로 샌프란시스코 만 남쪽 끝을 뒤덮는 노란 층을 볼 수도 있을 것입니다.

미소(微小) 압력

연기는 수많은 작은 재로 구성되어 있습니다. 만약 연기의 알갱이만큼 작은 공간에 들어가서 공기의 압력을 측정할 수 있다면, 다음 중 어떤 사실을 알 수 있을까요?

ⓐ 공기의 압력은 매 순간 장소에 따라 변한다. 공간 내의 특정 부분마다 다른 압력을 가진다.

ⓑ 공기의 압력은 어디서든 매 순간마다 변한다. 압력은 시간에 따라 달라진다.

ⓒ ⓐ와 ⓑ의 사실이 모두 일어난다.

ⓓ 날씨 조건과 통풍 조건이 변하는 경우를 제외하고는 공기의 압력은 시간과 장소에 관계없이 일정하다. 매우 작은 공간의 부피일 경우도 그렇다.

답: 미소(微小) 압력

정답은 ⓒ입니다. 공기 분자는 공간에 불규칙적으로 분포되어 있어서 모든 작은 공간마다 정확히 똑같은 수의 공기 분자가 들어 있다고 할 수 없습니다. 분자들이 몰려가면서 시간과 장소에 따라 작은 '집단적 압력'이 생길 것입니다. 큰 부피의 공간에서 작은 집단적 압력 효과는 거의 무시할 만한 수준입니다. 그러나 작은 부피에서는 실제적 압력 변화로 영향을 미칠 수 있습니다. 분자가 집단으로 모여 있을 때 작은 부피에서의 압력은 증가합니다. 미소한 연기 재의 왼쪽에서 공기 압력이 갑자기 증가한다면 연기 재는 오른쪽으로 밀릴 것입니다. 한참 지나면 연기 재는 여러 편에서 멋대로 뭉쳐진 공기 분자들에 의해 다른 방향으로 밀려 나갈 것입니다.

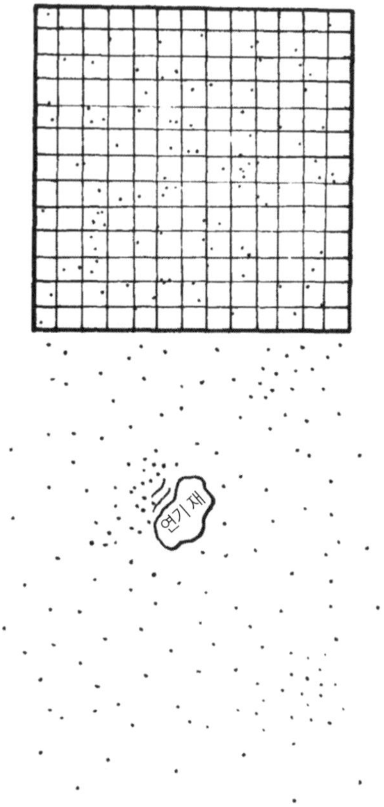

유리창이 있는 조그만 상자에 담배 연기를 뿜어 넣고 현미경으로 상자 속을 들여다보면 연기 입자가 공기 속을 표류함에 따라 마치 술에 취한 것처럼 지그재그 형태로 움직이는 것을 볼 수 있을 것입니다. 가장 성능 좋은 현미경을 사용하더라도 너무 작아서 볼 수 없는 공기 분자들은 표류하면서 '큰' 연기 재와 충돌하여 큰 연기 재를 '춤추게' 할 것입니다. 이 춤을 (최초로 발견해서 보고한 과학자의 이름을 따서) 브라운운동이라고 부릅니다. 실제로 개개의 입자가 충돌하는 것은 연기 입자에 큰 영향을 미치지 않지만, 한쪽 면을 다른 쪽보다 훨씬 더 많이 때리게 되면 눈에 보이는 효과를 불러오기도 합니다.

앗, 뜨거워!

물리 선생님이 압력 밥솥에서 빠져나오는 뜨거운 증기에 손을 대고는 "앗, 뜨거워!"라고 소리쳤습니다. 그러나 같은 위치에서 손을 몇 센티미터 정도 들어 올려 본다면 증기가 차갑다는 사실을 알 수 있습니다. 이것은 증기가 팽창함에 따라 냉각되기 때문입니다. 사실일까요?

ⓐ 사실
ⓑ 거짓

답: 앗, 뜨거워!

정답은 ⓑ입니다. 공기의 수축 문제에서도 설명한 것처럼 기체의 팽창만으로 기체가 냉각되는 이유를 설명할 수 없습니다. 증기가 압력 밥솥과 선생님의 손 사이의 틈에서 팽창할까요? 아닙니다. 솥을 빠져나가기 전부터 팽창해서 대기압 아래에서는 빠져나오자마자 모두 팽창해 버립니다. 그렇다면 증기가 어떻게 밥솥 바로 위에서 식어 버리게 될까요? 바로 차가운 공기와 섞이기 때문입니다. 그리고 여기서부터는 증기라고 하지 않고 김이라고 해야 합니다. 증기는 대기압 아래서는 적어도 100℃ 이상 되어야 하기 때문입니다.

공기를 제거한다면 압력 밥솥을 빠져나온 증기가 식지 않게 될까요? 그렇습니다. 만약 밀폐된 방에서 모든 공기를 제거한다면 솥으로부터 빠져나온 공기는 방 전체로 팽창을 할 것이고, 식지 않게 될 것입니다. 이것을 자유팽창이라고 합니다. 증기가 식을 것이라 생각한다면, 운동에너지를 잃어버리는 증기 분자가 들어 있는 공간을 마음속으로 생각해 보세요. 그런데 방이 밀폐되어 있다면 에너지는 빠져나올 수 없습니다.

장난감 증기기관을 갖고 있다고 가정하고, 솥으로부터 증기가 빠져나올 때 증기가 증기기관을 작동시킬 수 있도록 만들었다고 생각해 보십시오. 증기가 차가워질까요? 그렇습니다. 증기기관에 의해서 전기에너지가 발생한다면 밀폐된 공간으로부터 빠져나오고 있을 것입니다. 전기에너지가 밀폐된 공간에서 히터를 작동시키는 데 사용되었다면 어떨까요? 히터는 증기를 원래 온도로 재가열하는 데 사용될 것입니다. 정확하게 원래 온도일까요? 그렇습니다. 정확하게!

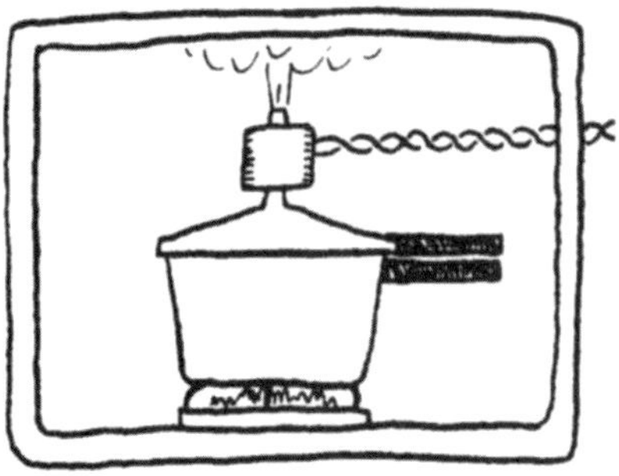

희박한 공기

공기가 들어 있는 두 개의 통이 아주 작은 구멍을 통해 연결되어 있습니다. 통의 내부는 일부 희박한 공기로 채워져 있습니다(희박하다는 말은 통 안의 공기가 너무 적은 수의 공기 분자로 채워져 있고, 따라서 분자들이 서로 충돌하는 것보다 통 안의 벽에 충돌할 가능성이 더 높다는 얘기입니다). 통 하나는 얼음 조각으로 온도를 유지시키고, 다른 하나는 뜨거운 김으로 온도를 유지시킵니다. 통 안의 공기 압력은 어떻게 변할까요?

ⓐ 통 안의 공기 압력은 온도차와는 관계없이 결국에는 같아질 것이다.
ⓑ 차가운 통의 공기 압력이 따뜻한 통의 압력보다 더 높을 것이다.
ⓒ 차가운 통의 공기 압력이 따뜻한 통의 압력보다 더 낮을 것이다.

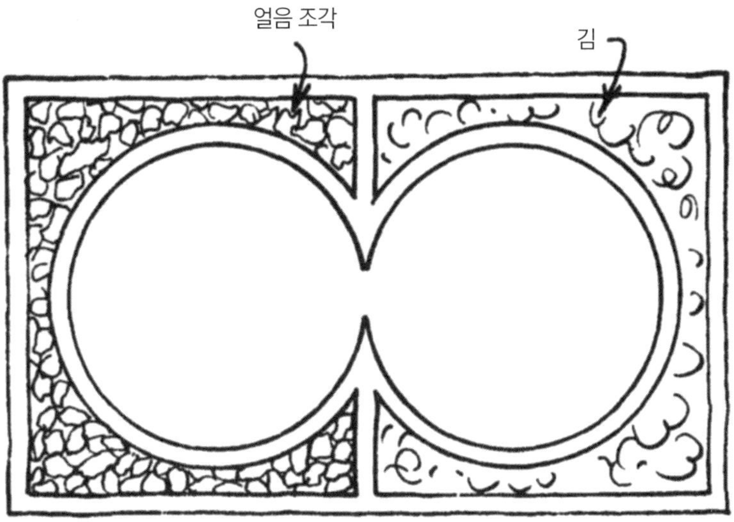

답: 희박한 공기

정답은 ⓒ입니다. 일반적인 상식으로는 통이 서로 연결되어 있으면 압력의 차이가 존재할 수 없다는 것을 이해할 수 있습니다. 그렇지만 일반적인 상식은 우리의 경험에 기초하고 있으며, 우리의 경험은 밀도가 높은 공기, 즉 분자들이 가득 들어 있어 벽에 충돌하는 것보다 분자 상호 간의 충돌이 많은 공기의 경우를 기초로 하고 있습니다. 이제 분자의 세계로 내려가 보겠습니다.

뜨거운 통 안의 분자는 차가운 통 안의 분자보다 더 빠르게 움직일 것입니다. 뜨거운 통 안의 일부는 구멍을 통해 차가운 통으로 이동할 것이고 차가운 통 안의 일부 역시 뜨거운 통 안으로 이동할 것입니다. 주어진 시간 동안에 뜨거운 통 안에서 차가운 통으로 이동하는 수는 동시에 차가운 통 안에서 뜨거운 통으로 이동하는 수와 같을 것입니다. 그렇지 않으면 모든 분자는 차갑거나 뜨거운 통 안에서 끝을 맺게 될 것이기 때문입니다. 그래서 통 안에서 분자들이 벽과 충돌하는 속도가 반드시 같아야 합니다. 그러나 뜨거운 통 안에서는 분자가 더 빠르게 움직입니다. 공기의 압력은 단위 공간에서 분자들이 충돌하는 속도와 분자 운동량의 곱에 의존하므로 구멍을 고려하지 않은 상태에서 뜨거운 통 안의 공기의 압력은 차가운 통 안의 공기의 압력보다 반드시 높아야 합니다.

그러면 어떻게 '온도의 차이와는 관계없이 통이 연결되어 있을 때 기체의 압력이 같다'라고 일반적인 경험으로 설명할까요? 공기 분자들이 서로 많은 영향을 줄 수 있을 정도로 공기의 밀도가 충분히 높을 때 압력은 균등해지며, 더 이상 분자들이 서로 거의 충돌하지 않는다고 가정할 수 없게 됩니다.

이제 벽에 충돌하는 것만큼 분자들이 서로 충돌하는 영향을 포함시켜야 한다면 분자들 사이의 열전도도 고려해야 할 것입니다. 구멍 주변의 모든 분자들은 근사적으로 거의 같은 온도와 속력을 가지고 있을 것입니다. 그래서 뜨거운 통 안 구멍 부근의 분자는 뜨거운 통 안의 분자들보다 다소 차가울 것이고, 차가운 통 안 구멍 부근의 분자는 차가운 통 안의 분자들보다 다소 뜨거울 것입니다. 차갑고 천천히 움직이는 분자가 뜨거운 통의 구멍 근처에서 더 빠른 분자와 충돌할 때, 느린 분자는 다시 밀려납니다. 일부는 뜨거운 통에서 차가운 통으로 완전히 밀려나옵니다. 이것은 뜨거운 통의 압력을 감소시키고 차가운 통의 압력을 증가시킵니다. 기체가 충분히 압축되어 있다면, 두 통의 압력이 같아질 때까지 밀려나오게 될 것입니다.

뜨거운 공기

뜨거운 공기가 상승하는 이유는 무엇일까요??

ⓐ 뜨거운 개별 공기 분자는 차가운 공기 분자보다 더 빨리 움직이며, 더 위쪽으로 쏘아 올려지기 때문이다.

ⓑ 뜨거운 개별 분자들은 위쪽의 밀도가 낮은 공기보다 아래쪽의 밀도가 높은 공기를 뚫고 지나가기 어렵기 때문이다.

ⓒ 뜨거운 개별 분자들은 상승하지 않는 경향이 있다. 오직 뜨거운 분자 그룹이 형성되어야 상승하는 경향을 나타내기 때문이다.

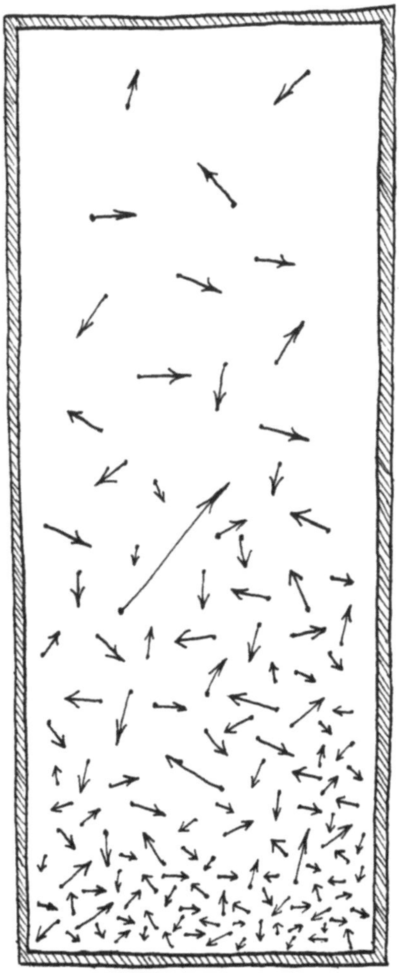

답: 뜨거운 공기

정답은 ⓒ입니다. 다른 분자들과 충돌하기 전, 개별 공기 분자의 평균 자유 경로는 400,000분의 1인치 정도이므로 멀리까지 갈 수 없습니다. 분자들이 쏘아 올려진다 하더라도 그 즉시 속력을 잃어버릴 것입니다. 이 말은 곧 식어 버린다는 뜻입니다.

뜨거운(빠른) 개별 분자는 위쪽의 밀도가 낮은 공기보다 아래의 밀도가 높은 공기를 뚫고 지나가기 어렵습니다. 그러나 또한 차가운(느린) 분자도 밀도가 낮은 공기보다 밀도가 높은 공기를 뚫고 지나가기 어렵습니다.

뜨거운 공기는 주어진 압력과 부피에서 적은 수의 분자를 포함하고, 그러므로 동일한 압력과 부피에서 차가운 공기보다 무게가 덜 나가므로 위로 상승하게 됩니다. 즉 뜨거운 공기가 거품처럼 위로 떠오르게 할 수 있는 것은 뜨겁고 차가운 공기 사이에서 일어나는 밀도의 차이인 것이지요. 개별 분자들이 아닌 큰 분자의 그룹에 대해 이야기할 때는 밀도에 대해서만 말하는 것이 합리적입니다.

공기의 온도가 위쪽부터 아래쪽까지 동일한 방이 있다고 가정해 보겠습니다. 이 말은 개별 분자들이 항상 좀 더 빠르거나 느리게 움직일 것임에도 불구하고 방의 위쪽부터 아래쪽까지 분자의 평균속력은 동일해야 함을 의미합니다. 그리고 뜨거운 개별 분자는 상승하는 경향이 없다고 가정해 보겠습니다(뜨거운 것들은 당연히 빠른 것들입니다). 잠시 후, 위쪽의 공기는 뜨거워질 것이고 아래쪽은 차가워질 것입니다. 이 말은 따뜻한 공기가 차갑고 뜨거운 공기로 분리된다는 뜻입니다.

그러나 이는 실제 삶의 경험과는 대비됩니다. 실제 세계에서는 뜨거운 것은 식어 버리고 차가운 것은 따뜻해집니다. 만약 어떤 따뜻한 것이 스스로 뜨겁고 차가운 것으로 자연스레 분리되어 버린다면 영구기관과 같은 기적을 보는 셈이 되겠지요.

이 모든 것에 중요한 실수가 포함되어 있습니다. 개별 분자의 행동 관점에서 관찰되는 현상을 설명하려고 시도하는 것은 매우 어려운 일입니다. 기체분자운동론에서 얕은 지식은 매우 위험스럽습니다. 고대 그리스 이래로 물질의 분자 이론과 원자 이론은 있어 왔으며, 개념적으로 호소력이 있었습니다. 그러나 이 어려움은 너무도 혼란스러워서 21세기 초 마침내 타당성을 입증한 루트비히 볼츠만조차 좌절시키고 자살로 생을 마감하게 했습니다.

당신은 보았나요?

유성 또는 별똥에 의해 하늘에 남겨진 빛의 경로는 때때로 몇 초 동안 밝게 남아 있지만 번개의 흔적은 1초 이내에 사라집니다. 이런 까닭은 다음 어떤 사실과 관계가 있을까요?

ⓐ 유성은 번개보다 더 강력하다.

ⓑ 유성은 번개보다 온도가 더 높다.

ⓒ 번개는 전기를 띠었지만 유성은 그렇지 않다.

ⓓ 유성은 공기의 압력이 낮은 높은 대기층에서 생기는 반면 번개는 공기의 압력이 높은 낮은 대기층에서 발생한다.

ⓔ 위의 문제는 잘못되었다. 번개가 지나간 빛의 흔적은 수 초간 지속되는 반면 유성의 빛나는 경로는 1초 이내에 사라진다.

답: 당신은 보았나요?

정답은 ⓓ입니다. 유성은 보통 우주 공간으로부터 대기 중으로 들어오는 우주의 작은 운석입니다. 유성은 대기 중을 매우 빠르게 통과하므로 공기 원자들의 전자를 분리시킵니다. 이것은 플라스마 상태를 형성합니다. 플라스마는 기체 또는 공기의 원자로부터 전자가 유리된 상태를 일컫는 말입니다. 플라스마는 양이온과 자유전자의 혼합 상태입니다. 옛날에는 플라스마를 이온화된 기체라고 일컬었습니다. 1초 이내에 자유전자가 원자들과 재결합하고 이때 처음 원자로부터 유리될 때 필요했던 에너지양만큼을 방출하게 됩니다. 재결합 과정 동안 방출되는 에너지는 유성의 빛나는 자취의 원천이 됩니다.

번개는 위와 유사하게 플라스마 상태를 만들고, 전자는 번개 속에 있는 전류의 흐름을 초래하는 전자에 의해 원자로부터 분리됩니다.

그리고 유성은 약 30km 높이의 높은 대기에서 발생합니다. 그곳에는 공기의 압력이 낮아 공기 분자가 서로 멀리 떨어져 있습니다. 그래서 자유전자가 원자를 다시 만나서 에너지를 방출하게 될 때까지 수 초가 걸리게 됩니다. 그러나 번개는 대략적으로 1.5~3km 높이의 낮은 대기층에서 발생합니다. 지표에 가까울수록 기압은 높고 이것은 공기 분자들이 매우 가까이 있음을 의미하므로 자유전자가 재결합하는 원자를 만나는 데는 1초보다 짧은 시간이 걸립니다. 공기가 플라스마로 변하는 것은 번개로부터 에너지를 빼앗는 것입니다. 플라스마가 공기로 다시 변화는 과정에서 빛, 열 또는 음파의 형태로 에너지를 방출합니다.

대부분의 유성보다는 번개가 더 많은 에너지를 가지고 있고 번개의 에너지는 훨씬 더 빨리 방출됩니다. 그래서 유성보다는 번개가 방전하는 일률이 더 큽니다. 또한 번개는 푸른색인 반면 유성은 노란색의 자취를 남깁니다. 이것은 번개 플라스마의 온도가 더 높음을 의미합니다. 번개의 플라스마는 전기에너지에 의해 생기며 유성의 플라스마 자취는 유성의 운동에너지에 의해 발생합니다. 그러나 플라스마가 어떻게 만들어지는가에 관계없이 정상 공기로 되돌아가는 데 걸리는 시간은 자유전자가 재결합할 원자를 만나는 데 걸리는 시간에 달려 있습니다.

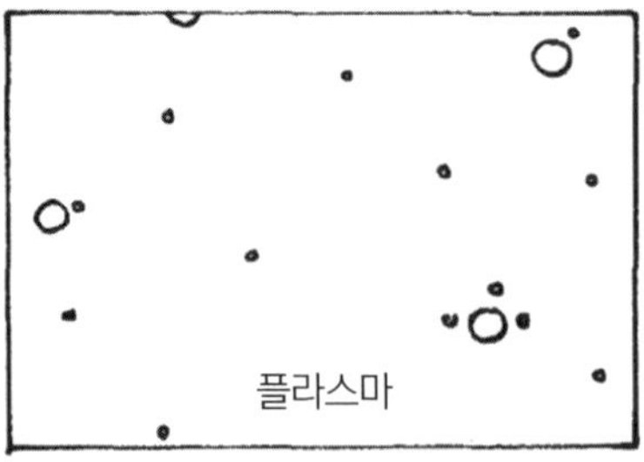

뜨겁고 후덥지근한 기후

뉴올리언스와 걸프 해안 전역에 걸친 여름 날씨는 무척 덥고 습기가 많습니다. 그러한 기후에서 하루 중 가장 상쾌한 시간은 언제일까요?

ⓐ 기온이 조금 하강하는 때인 일몰 직후

ⓑ 기온이 상승하는 해 뜬 직후

ⓒ 평균적으로 특별한 시간대는 없다.

답: 뜨겁고 후덥지근한 기후

정답은 ⓑ입니다. 열대 기후에서 불쾌감을 일으키는 주된 요인은 습도입니다. 땀이 피부로부터 기화할 때 열을 빼앗아 가므로 시원하게 느껴집니다. 그러나 공기가 매우 습윤하다면 공기에 이미 꽤 많은 양의 수증기가 포함된 것이므로 더 이상 증발이 일어나지 않을 것입니다. 그래서 땀이 피부에 그대로 남아 있게 됩니다. 공기 1m³ 속에 들어갈 수 있는 수증기 양은 공기의 온도에 따라 달라집니다. 더운 공기는 더 많은 수증기를 포함할 수 있습니다. 해 질 때 공기는 냉각되고 수증기를 포함할 수 있는 능력은 떨어집니다. 그래서 이때에는 공기가 몸에 있는 땀을 받아들일 수 있는 때가 아닙니다. 공기가 더 냉각될수록 수증기는 주위의 물체에 밤이슬의 형태로 응결됩니다.

해 뜰 때 공기는 가열되어 다시 더 많은 수증기를 포함할 수 있게 되고 물이 다시 공기 중으로 증발됩니다. 공기가 아침 이슬을 모두 빨아들이고 땀도 빨아들이면 건조하고 시원하게 느껴집니다. 그러나 오랫동안은 아닙니다. 곧 그 공기는 더워지고 다시 후덥지근하게 됩니다.

증발 현상은 왜 시원하게 느껴질까요? 액체에서 분자들은 다양한 속도로 움직입니다. 예를 들어 20℃ 물 안에 있는 모든 분자들은 20℃가 아닙니다. 일부는 30℃이고 일부는 20℃, 또 다른 일부는 10℃입니다. 20℃는 단지 평균온도를 의미합니다. 어떤 분자가 가장 먼저 증발할까요? 빨리 움직이는, 즉 뜨거운 분자들이 먼저 증발하고 이것들은 '평균'을 낮추게 됩니다. 20℃, 10℃의 분자는 여전히 남아 있으므로 평균은 예컨대 15℃ 정도가 됩니다(다른 온도를 가진 분자의 상대적 수에 의존합니다). 그래서 더 뜨거운 분자가 증발할수록 물 분자의 평균온도는 내려갑니다.

머리카락은 땀을 머리에 달라붙게 해 줍니다. 만약 땀이 머리로부터 흘러내리기만 한다면 머리를 식혀 주지 못합니다. 머리로부터 땀이 증발해야 냉각이 일어납니다. 머리는 사람에게 컴퓨터나 마찬가지이므로 가열을 방지해야 합니다. 사고 능력과 집중력이 열에 의하여 얼마나 저하되는지 경험해 본 적 있나요? 신체의 다른 부위들도 특별한 냉각이 필요하기 때문에 털로 덮여 있습니다. 털은 땀이 증발할 때까지 땀을 붙잡아 두는 역할을 합니다.

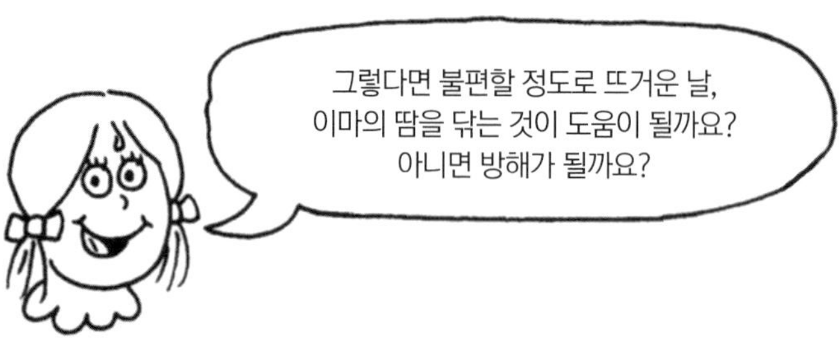

섭씨(셀시우스)●

해수면의 대기압에서 물은 100℃에서 끓고 0℃에서 업니다. 더 높은 압력에서 물은 어떤 식으로 끓을까요?

ⓐ 더 낮은 온도에서 그리고 얼음도 더 낮은 온도에서 녹는다.
ⓑ 더 낮은 온도에서 그리고 얼음도 더 높은 온도에서 녹는다.
ⓒ 더 높은 온도에서 그리고 얼음도 더 높은 온도에서 녹는다.
ⓓ 더 높은 온도에서 그리고 얼음도 더 낮은 온도에서 녹는다.

● 어떤 사람들은 이름 바꾸기를 좋아합니다. 섭씨온도는 100분의 1을 의미하는 센티그레이드(Centigrade)에서 셀시우스(Celsius)로 이름을 바꾸었습니다. 셀시우스는 1742년 섭씨온도계를 고안한 사람이지요.

답: 섭씨(셀시우스)

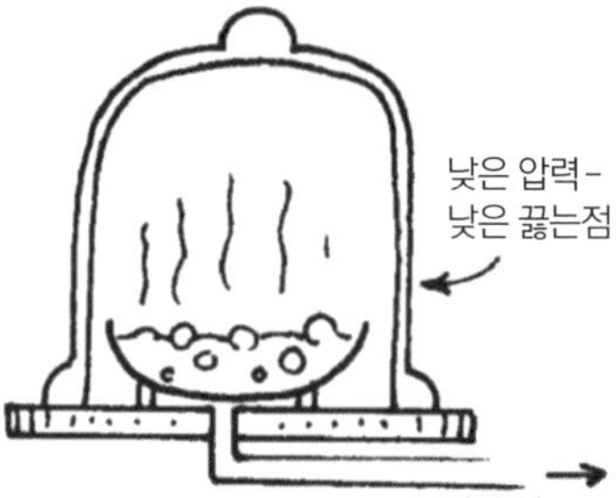

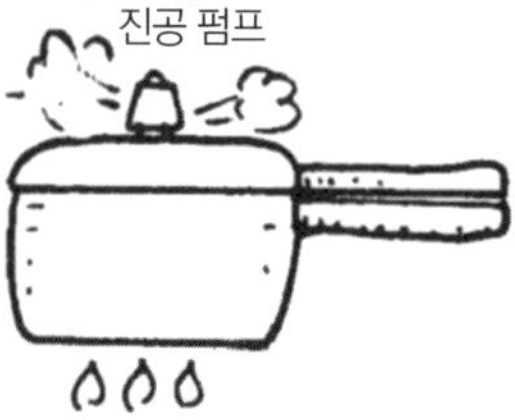

정답은 ⓓ입니다. 고도가 높아질수록 물은 낮은 온도에서 끓습니다(예를 들어 30m 높이에서는 90℃에서 끓습니다). 그리고 100℃에 도달하기 전에 모두 기화됩니다. 산에서 계란을 삶기 어려운 이유도 바로 이런 점 때문입니다. 물이 충분히 뜨겁지 않은 것이지요. 만약 압력이 충분히 낮다면 물은 실온에서도 끓게 됩니다. 접시에 물을 담아 진공 탱크에 집어넣은 다음 공기를 뽑아내면 이 현상을 쉽게 관찰할 수 있습니다. 반면, 압력이 충분히 높다면 물은 100℃ 이상의 온도에서조차 끓지 않을 것입니다. 증기보일러에서는 과도하게 가열된 물도 보일러의 높은 압력 때문에 끓지 않는 것이 바로 이런 현상이지요. 이런 현상은 압력 밥솥 안의 물이나 간헐천의 바닥에서 물이 100℃ 이상임에도 끓지 않는 것과도 관련이 있습니다.

얼음에 압력을 가하면 0℃ 이하의 온도에서도 녹일 수 있습니다. 어떻게 녹일 수 있을까요? 바위와 같은 무거운 물체를 얼음 위에 올려놓으면 이 현상을 관찰할 수 있습니다.

물이 낮은 압력에서 더 쉽게 가열되는 것과는 달리 왜 얼음은 높은 압력에서 더 쉽게 녹을까요? 다음과 같이 간단히 설명할 수 있습니다. 얼음이 물로 녹을 때 부피는 감소하고 압력은 압축을 수월하게 해 줍니다. 반면에 물이 끓어 수증기로 될 때 물의 부피가 증가하고 압력은 팽창을 방해합니다.

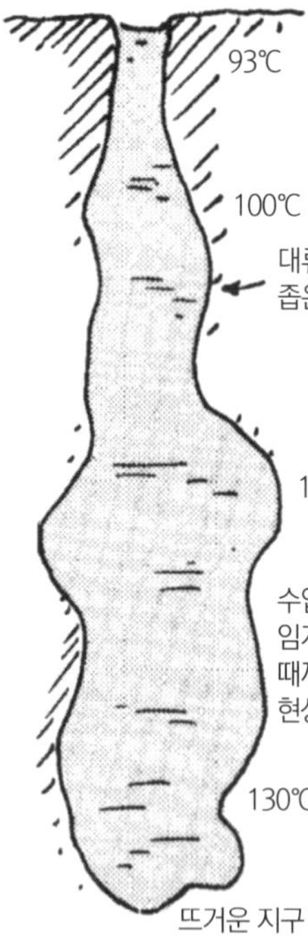

새로운 세계, 새로운 제로

깨어나 보니 '새로운 세계'에 있게 되었다고 가정해 보겠습니다. 이 새로운 세계에서 온도에 따른 가스탱크의 압력을 측정하려고 합니다. 측정 자료에 의한 그래프는 다음과 같습니다.

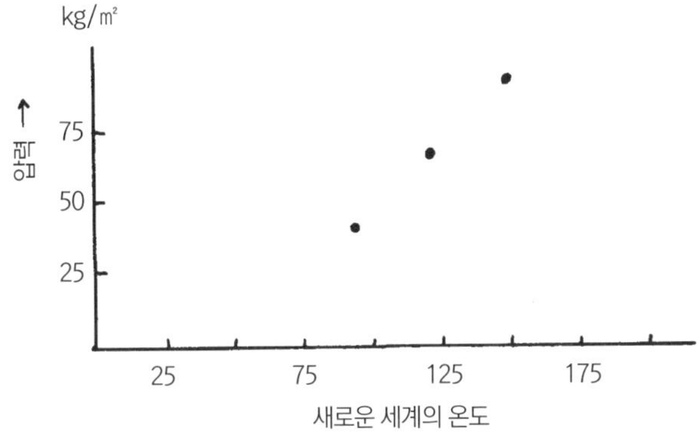

새로운 세계의 절대 0도는 대략 몇 도인가요?

ⓐ 새로운 세계의 온도 등급NWD, New World Degrees으로 0이다.

ⓑ 25NWD

ⓒ 50NWD

ⓓ 75NWD

ⓔ 100NWD

답: 새로운 세계, 새로운 제로

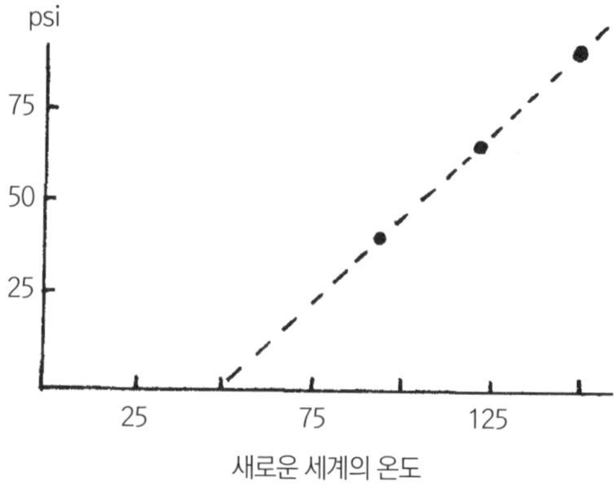

정답은 ⓑ입니다. 체중이 150kg 나가는 뚱뚱한 사람이 매주 1kg씩 체중이 줄어든다면 150주가 지난 다음 이 사람의 체중은 얼마일까요? 온도가 변할 때는 기체의 압력이 변하면서 위와 같은 상황이 나타납니다. 이것은 절대 0도의 개념을 이끌어냈습니다. 온도가 1도씩 감소함에 따라 탱크 속에 갇힌 기체는 일정량만큼의 압력을 잃어버립니다. 만약 이런 과정이 매우 오랫동안 지속되면 기체는 모든 압력을 잃게 됩니다. 기체가 모든 압력을 상실한 온도를 절대 0도라고 합니다. 제로 압력을 갖는 온도를 찾기 위해서 측정치를 나타내는 각 점을 통과하는 온도 선을 그리고 그 온도 선이 제로 압력선과 만나는 점을 찾습니다. 그곳은 25NWD와 75NWD 사이의 중간쯤에서 만나고 절대 0도는 50NWD쯤이 됩니다. 실제 세계의 절대 0도는 -273℃입니다. 1주에 1kg씩 줄어드는 사람은 150주가 다 지나가기 전에 어떤 일이 일어나는 것처럼, 절대 0도에 도달하기 전에 기체에도 어떤 일이 일어날 것입니다. 기체는 액화 또는 승화될지도 모르지요. 그러나 중요한 사실은 모든 기체, 산소, 수소, 질소 등은 실내 온도에서 압력이 -273℃에서 사라지는 것처럼 행동한다는 것입니다.

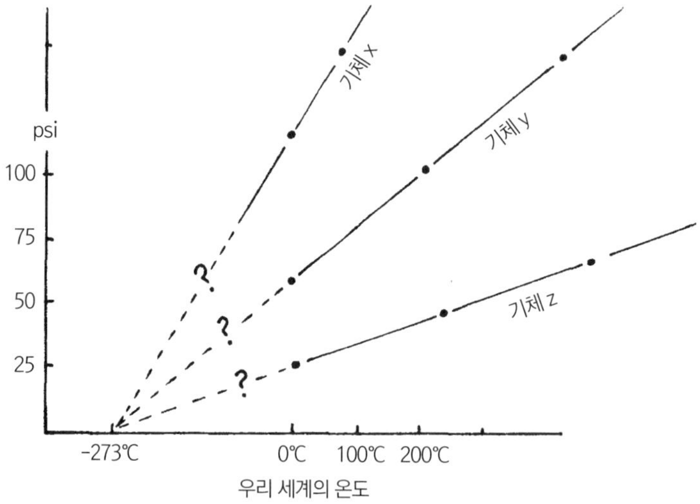

똑같은 구멍

표면이 흰 금속 토막과 표면이 검고 크기가 똑같은 금속 토막을 각각 500℃로 가열했습니다. 어느 것이 최대의 에너지를 복사할까요?

ⓐ 흰 것　　　　ⓑ 검은 것

ⓒ 둘 다 똑같은 에너지를 복사한다.

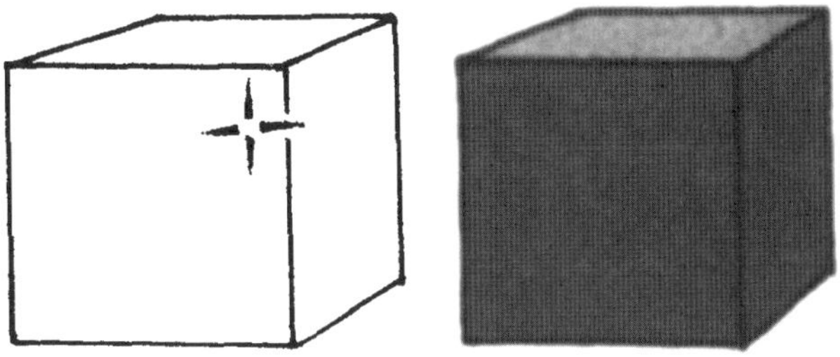

그리고 그림과 같이 각 금속 덩어리 속에 구멍을 만든 다음 다시 500℃로 각각 가열했습니다.

최대 에너지를 복사하는 구멍은 어디일까요?

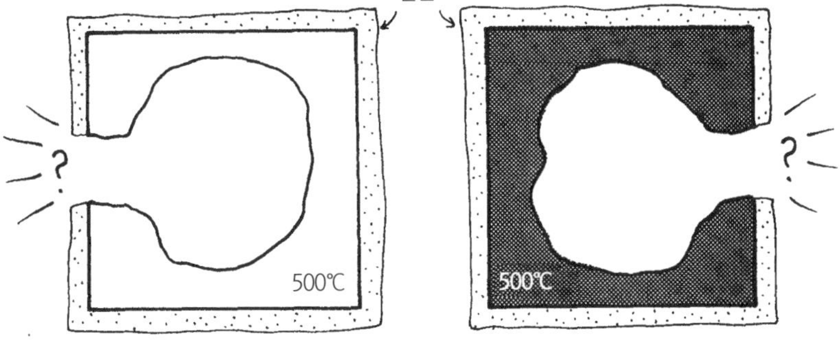

ⓐ 흰 금속 덩어리　　　　ⓑ 검은 금속 덩어리

ⓒ 둘 다 똑같은 에너지를 복사한다.

답: 똑같은 구멍

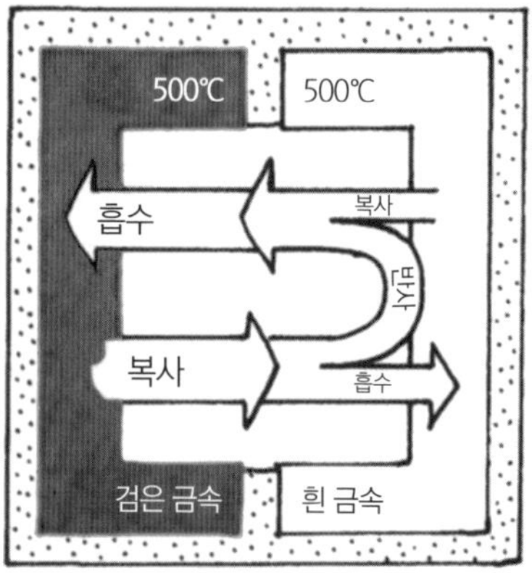

첫 번째 문제의 정답은 ⓑ입니다. 절연되어 밀봉된 상자를 500℃로 가열했다고 가정해 보겠습니다. 상자의 절반은 표면이 검은 금속으로, 다른 절반은 표면이 흰 금속으로 둘러싸여 있습니다. 두 금속은 접촉하지 않고, 단지 복사에 의해서만 에너지를 교환할 수 있습니다. 얼마간의 열복사 에너지가 검은 금속으로부터 흰 쪽으로 흐르고 흰 쪽으로부터 검은 쪽으로 흐르는 열복사 에너지도 있습니다. 두 가지 이동은 양이 같아야 합니다. 그렇지 않으면 더 많은 열을 내보내는 쪽이 다른 쪽보다 금방 차가워지기 때문입니다. 결과적으로 자발적인 순 에너지의 흐름은 찬 곳에서 뜨거운 곳으로 움직이게 되는데 이것은 불가능한 일입니다. 표면이 완전한 검은색이면 전달되는 모든 열복사 에너지를 흡수하며 따라서 물체의 온도가 일정하게 유지될 때 흡수한 만큼 똑같은 양의 열이 복사될 것입니다. 그래서 열을 방출하는 표면은 똑같은 비율로 열을 흡수합니다. 그러므로 좋은 흡수체는 동시에 좋은 복사체임을 알 수 있습니다. 반면 흰 표면은 입사하는 복사에너지를 대부분 반사하고 아주 일부만을 흡수합니다. 물론 매우 적지만 복사에너지를 방출합니다. 좋은 반사체는 복사체로서는 좋지 않습니다. 흰 표면은 적게 복사하는 만큼 반사가 보충하므로 흰 금속과 검은 금속 사이를 흐르는 에너지의 양은 같습니다.

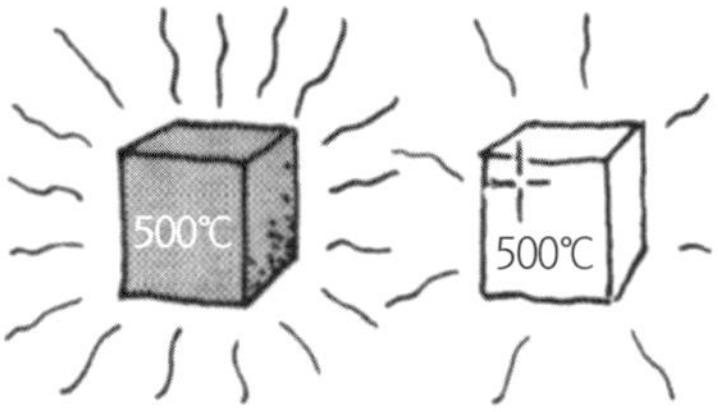

따라서 (똑같은 500℃의 온도에서) 흰 금속보다는 검은 금속이 더 많은 열에너지를 복사한다고 결론 내릴 수 있습니다. 이것이 바로 좋은 복사체를 검은색으로 칠하는 이유입니다.

만일 흰색 표면에 균열이 가게 하면 위와 같은 좋은 반사체가 되지 못합니다. 그렇게 되면 복사에너지를 더 많이 흡수할 수 있을 것입니다. 만약 흰 표면을 충분히 더럽히면 검은 표면과 같은 열등한 반사체가 될 것이고 이는 검은 표면만큼 복사에너지를 흡수한다는 뜻입니다. 따라서 그것은 검은 표면처럼 행동하게 됩니다.

다시 말해서 검은 표면만큼 복사한다는 뜻입니다. 흰 표면을 변화시키는 데 어떤 방법을 사용할 수 있을까요? 표면 위에 긁힌 자국과 구멍을 매우 많이 만들어야 합니다. 할퀸 자국이나 구멍이 더 깊을수록 그 속으로 들어오는 복사에너지를 더 잘 가두는 공동으로 작용합니다. 공동으로 들어가는 복사의 대부분은 반사될 수 없고 따라서 흡수됩니다. 공동은 복사를 붙잡는 덫의 역할을 합니다. 은이나 금, 구리, 철 또는 탄소에 있는 공동들은 사실상 검은색과 다름없습니다. 열린 창으로 햇볕이 내리쬐는 집을 생각해 보세요. 열린 창문은 공동입니다. 방 내부에 칠해진 색깔은 아무런 상관이 없습니다(은색이든 금색이든). 집은 바깥에서 검게 보입니다.

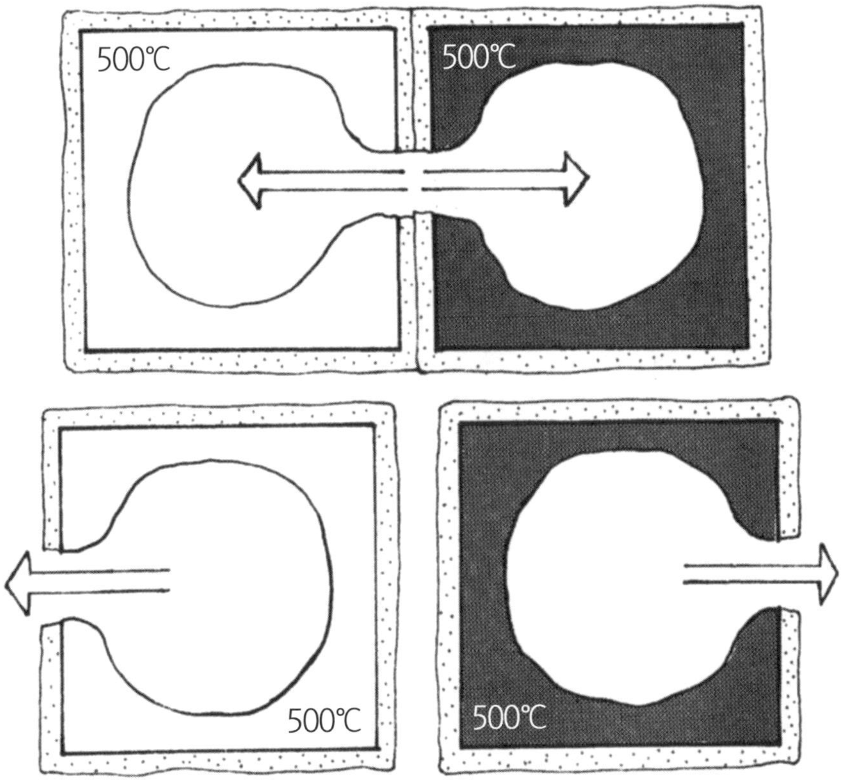

그러므로 두 번째 문제의 정답은 ⓒ입니다. 만약 은이나 금 등에 있는 공동이 좋은 흡수체라면 그것은 좋은 복사체라는 말과 같은 뜻입니다. 구멍과 구멍이 맞붙도록 하면 똑같은 온도의 공동은 똑같은 온도를 유지하게 됩니다. 이것은 들어갈 때 흡수된 모든 복사에너지는 재복사된다는 것을 의미합니다. (반사와 복사를 혼동하지 마시기 바랍니다!) 만약 흰 금속에 있는 공동으로부터 복사에너지 흐름이 검은 금속의 공동으로부터의 에너지 흐름과 같다면 각 공동은 똑같은 양의 열복사에너지를 내보낼 것입니다.

집 칠하기

집을 칠하기 위한 최적의 색깔은 무엇일까요?

ⓐ 갈색처럼 어두운 색

ⓑ 흰색처럼 밝은 색

ⓒ 집을 칠하는 색은 미적 감각으로 결정하면 된다.

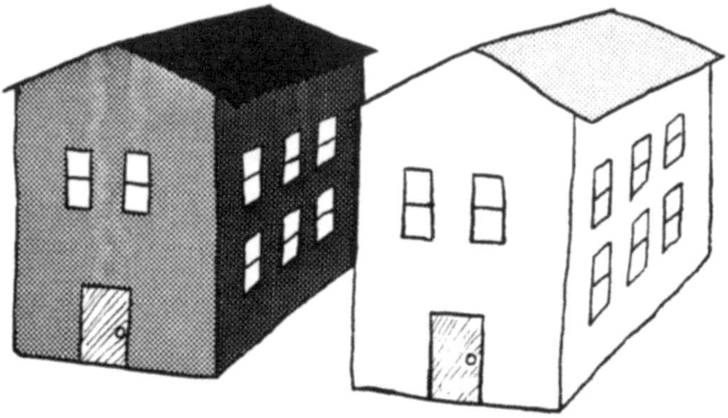

답: 집 칠하기

정답은 ⓑ입니다. 여기에는 많은 이유가 있습니다.

1) 흰색은 빛을 최대한 반사시켜 낮 동안 집을 시원하게 유지시켜 줍니다.

2) 흰색은 복사를 최소화하므로 밤사이 집을 따뜻하게 유지시켜 줍니다.

3) 흰색은 빛을 흡수하는 것이 아니라 반사시키기 때문에 흡수한 빛이 페인트와 그 아래 목재를 파괴하지 않아 집을 오랫동안 유지하게 해 줍니다.

4) 집과 이웃집 사이에 작은 공간이 있다면, 매우 적은 빛이 옆면 창으로 들어올 것입니다. 집과 이웃집 벽면이 흰색이면 더 많은 빛을 집과 창문 사이로 반사시켜 전기에너지를 절감할 수 있게 해 줄 것입니다.

집 내부의 페인트 색이 흰색이어도 전기에너지를 절감할 수 있습니다. 지붕 색을 흰색으로 칠하거나 알루미늄으로 하는 것을 잊지 마세요! 이제 우주비행사가 달 표면을 걸을 때, 왜 흰색 옷을 입는지 알 수 있을 것입니다.

열 망원경

알루미늄포일로 감싼 종이컵에 온도계를 꽂아 열 망원경을 만들어 보겠습니다. 서늘하고 건조한 맑은 밤하늘을 향해 망원경을 설치해 놓고 몇 분 후에 온도를 읽습니다. 이번에는 땅을 향하게 한 후 몇 분 후에 다시 온도를 읽습니다. 결과는 어떻게 될까요?

ⓐ 하늘이 땅보다 더 온도가 높다.
ⓑ 땅이 하늘보다 더 온도가 높다.
ⓒ 하늘과 땅의 온도는 같다.

답: 열 망원경

정답은 ⓑ입니다. 밤이 되면 지면은 낮에 얻은 열을 공기 중으로 복사합니다. (그렇게 하지 않으면 날마다 그 전날보다 더 뜨거워질 것입니다!) 열 망원경이 아래쪽을 향했을 때 그 복사에너지(적외선)를 얼마간 받게 됩니다. 그러나 위로 향해 열 망원경을 놓았을 때는 이 복사에너지를 받을 수 없습니다.

또 외부 우주 공간의 온도는 절대온도 4K로 측정됩니다. 이렇게 낮은 온도의 복사를 측정하기 위해서는 온도계와 종이컵으로 만든 열 망원경보다 더욱 뛰어난 장치가 필요합니다. 이 실험을 최초로 수행한 사람들은 이 노력을 인정받아 노벨상을 수상했습니다.

번지는 태양

상상력을 발휘해서, 우리가 태양이라고 부르는 빛을 내는 원판이 점점 커져서 빛을 잃어 간다고 가정해 보겠습니다. 이것의 크기가 커지더라도 전체 원판으로부터 나오는 총에너지는 일정하게 유지되도록 각 부분의 에너지 강도가 적어진다고 가정해 보세요. 그리고 원판이 전체 하늘에 퍼져서 밤과 낮의 구별이 없어졌다고 생각해 보세요. 하지만 우리는 아직도 원판이 퍼지기 전에 받았던 총에너지와 똑같은 양을, 낮 시간만 아니라 어떤 위치에서든 24시간 내내 균일하게 받고 있습니다. 이러한 상황이 일어난다면 지구의 평균온도는 어떻게 변할까요?

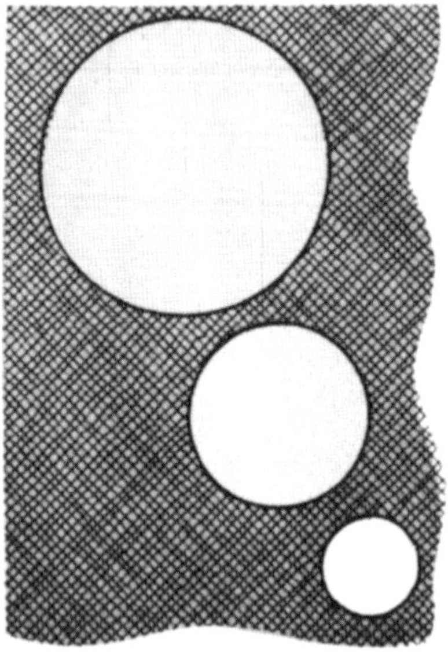

ⓐ 상승한다.
ⓑ 하강한다.
ⓒ 똑같다.

답: 번지는 태양

정답은 ⓒ입니다. 지구의 태양이 퍼진 후에도 똑같은 양의 에너지를 받습니다. 그리고 태양으로부터 받는 똑같은 양만큼의 에너지를 다시 우주 공간으로 되돌려 보내므로 지구의 온도는 지금과 똑같습니다. 그러므로 지구의 온도는 태양이 커지더라도 변하지 않습니다. 또 지구의 온도는 변하지 않지만 태양의 온도는 그렇지 않습니다. 면적이 커지면서 동일한 양의 에너지가 분산되거나 약하게 될 때 온도는 내려갑니다. 온도가 내려감에 따라 태양은 노란색으로부터 오렌지색, 붉은색으로 변할 것입니다.

태양이 번져서 사라진다면

만약 태양이 번져서 하늘 전체에 퍼진다면, 지구의 대기는 어떻게 될까요?

ⓐ 지금보다 더 빨리 순환하여 더 많은 바람, 비, 번개를 동반할 것이다.

ⓑ 지금보다 더 느리게 순환한다.　　　　ⓒ 전혀 순환하지 않는다.

답: 태양이 번져서 사라진다면

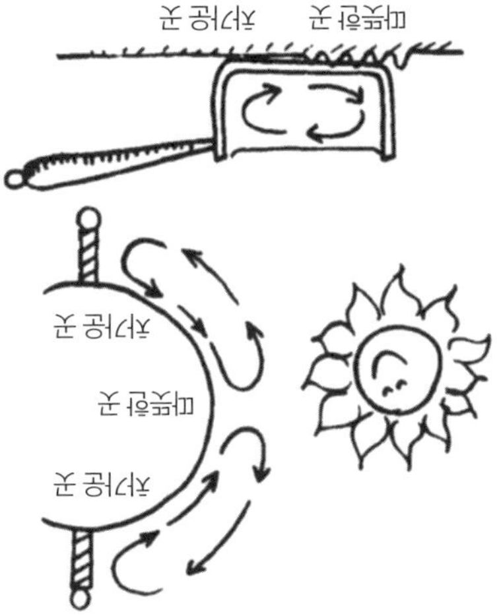

정답은 ⓒ입니다. 지구 대기는 지구가 불균등하게 가열되기 때문에 순환합니다. 예를 들어 적도 지방은 덥고 극지방은 춥습니다. 만약 냄비의 한쪽은 뜨겁고 다른 한쪽은 차갑다면 냄비 속에 든 국은 똑같은 이유로 순환할 것입니다. 그러나 태양이 전 하늘을 뒤덮을 정도로 퍼진다면 적도가 극지방보다 뜨겁지 않게 됩니다. 온도차가 없으면 대류도 없을 것입니다. 바람도 비도 번개도 사라집니다. 사실 지구상에는 열에 의해 일어나는 어떠한 운동도 없을 것입니다. 생명도 존재하지 않게 됩니다. 비록 지구가 현재 받는 양만큼 똑같은 에너지를 받을지라도 생명은 존재할 수 없을 것입니다. 그러므로 태양 빛 에너지 그 자체만으로는 충분하지 않습니다. 지구 위에서 생명이 살아가기 위해서는 태양 빛 이외에도 다른 것이 필요합니다. 서늘한 밤하늘은 생명이 살아가는 데 태양만큼이나 중요합니다. 밤하늘은 지구가 과도하게 가열되는 것을 막아 주기 때문에 필요한 것이 아니라 열을 잘 조직된 운동으로 바꾸는 필수적인 요건을 충족시켜 주기 때문에 필요합니다. 바로 **온도차** 때문이지요. 열에너지가 일을 하기 위해서는 온도차가 있어야만 합니다. 열은 따뜻한 곳에서 차가운 곳으로 흘러가는 과정에 있을 때만 실체적 의미를 띠게 됩니다. 어떤 이들은 에너지는 일을 할 수 있는 능력이라고 말하기도 합니다. 그러나 늘 그렇지는 않습니다. 만약 지구 전역과 그 주변 하늘이 똑같은 온도에 있다면 온도차가 없으므로 지구의 열에너지는 아무리 양이 많아도 일로 전환되지 않습니다.

연료 없이 움직이는 배

석탄이나 기름을 사용하지 않고 보일러를 가열하여 추진하는 배가 있다고 상상해 보겠습니다. 즉 따뜻한 바닷물을 퍼 올려 여기서 열을 뽑아낸 다음 보일러로 보내는 것입니다. 그리고 찬물은 다시 바닷물 속으로 버립니다. 충분히 열을 뽑아낸 다음 버리는 바닷물은 얼음이 될 수도 있습니다.

첫 번째 질문: 이 생각은 에너지보존법칙에 위배될까요?

ⓐ 그렇다. ⓑ 아니다.

두 번째 질문: 이 아이디어는 실현 가능할까요?

ⓐ 그렇다. ⓑ 아니다.

답: 연료 없이 움직이는 배

첫 번째 질문의 정답은 ⓑ입니다. 보일러 속의 열은 따뜻한 바닷물로부터 얻었으므로 에너지 보존에는 어긋나지 않습니다. 에너지는 창조되지 않고, 단지 한 곳(물)에서 다른 곳(보일러) 속으로 이동할 뿐입니다. 두 번째 질문의 정답도 ⓑ입니다. 만약 이런 일이 가능하다면 벌써 실현되었을 것입니다. 이런 과정이 일어날 수 없다는 것을 '열역학 제2법칙'이라 부릅니다. 열은 항상 따뜻한 곳에서 차가운 곳으로 흐릅니다. 열이 저절로 따뜻한 바닷물로부터 훨씬 더 뜨거운 보일러로 흐를 수는 없습니다. 그것은 공이 언덕 위로 저절로 굴러갈 수 없는 것과 비슷합니다. 열을 차가운 곳에서 따뜻한 곳으로 흐르게 만들려면(이것이 바로 냉장고에서 일어나는 현상입니다) 에너지가 필요합니다. 그리고 그렇게 하는 데 드는 에너지는 보일러로부터 얻는 에너지보다 더 많습니다. 배의 경우는 바다 표면이 실제 세계입니다. 전 세계가 같은 온도라면 온도차가 없으므로 이 세상에 있는 열은 많든 적든 모두 일로 변할 수 없습니다('태양이 번져서 사라진다면' 문제를 생각해 보십시오).

멕시코 만

영구기관으로 움직이는 배에 대한 또 다른 아이디어는 다음과 같이 추진력을 얻는 경우입니다. 멕시코 만 상층부에 있는 물은 매우 따뜻합니다. 그러나 수심이 깊은 곳은 차갑습니다. 계획은 바로 상층부의 따뜻한 물로 약간의 기체를 가열하여 팽창시키고 아래쪽 물로 기체를 냉각시켜 압축시키는 것입니다. 이 기체는 교대로 팽창, 압축하는 과정에서 피스톤을 전후로 움직일 것입니다. 움직이는 피스톤은 재래식 방법에 의해 전기를 얻을 수 있는 전동기에 부착시킵니다.

ⓐ 이 생각은 실현 가능하다.　　　ⓑ 이 생각은 불가능하다.

답: 멕시코 만

정답은 ⓐ입니다. 언뜻 보기에 이 문제는 '연료 없이 움직이는 배'의 생각과 유사한 것 같습니다. 그러나 중요한 차이는 윗부분에 있는 따뜻한 물로부터 직접 열을 뽑아내지 않는다는 것과 열을 내버릴 수 있는 차가운 곳이 또 있다는 것입니다. 이 발상은 억지로 열을 따뜻한 곳으로부터 뜨거운 곳으로 보내지 않습니다. 오히려 열이 따뜻한 곳에서 차가운 곳으로 가도록 합니다. 열에너지가 일로 전환할 수 있도록 해 주는 것은 위아래 바닷물의 온도차입니다. 이 아이디어는 현재 상당한 관심을 받고 있습니다. 해양 열에너지 전환(OTEC, Ocean Thermal Energy Conversion)의 상업적 실험은 1984년에 계획되었습니다. 위의 그림은 이 방법에 따른 발전 시설을 상상해 그린 그림입니다.

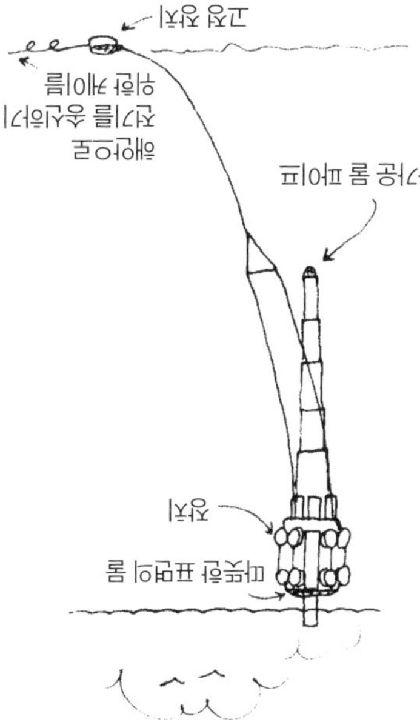

석영 난로

석영 난로는 오래된 디자인의 전기난로보다 더 효율적입니다.

ⓐ 옳다.

ⓑ 옳지 않다.

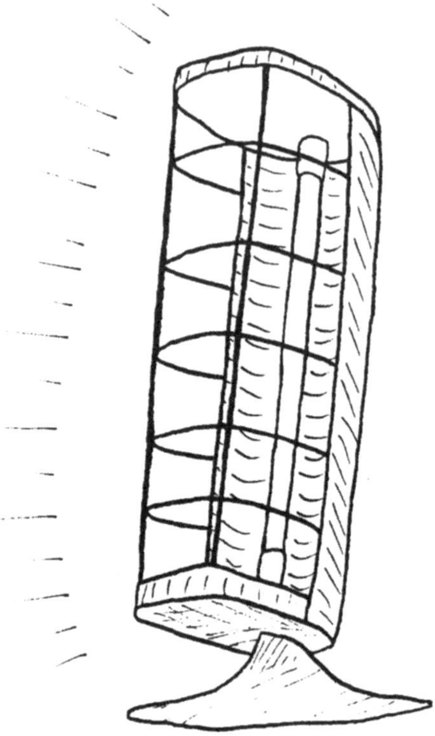

답: 석영 난로

정답은 ⓑ입니다. 많은 사람들이 광고를 보고 석영 난로가 더 효율적이라고 생각합니다. 그러나 사실은 그렇지 않습니다. 만일 여러분이 전기회사로부터 시간당 몇 킬로와트(KW)의 에너지를 샀다면 여러분은 구매한 에너지를 난로를 이용해서 모두 열로 변환시킬 것입니다. 만약 일부 에너지가 낭비되었다면 어디에 사용했는지 자신에게 직접 물어보십시오. 모터는 에너지를 열로서 낭비해 버리지만, 난로는 열 이외에 어떤 것도 만들어 내지 못합니다.

수십 년 동안 팬은 방 전체를 고르게 가열하고 반사경은 열을 집중시킬 수 있도록 사용되어 왔습니다. 그렇다면 석영 난로는 왜 그렇게 유행일까요? 광고의 힘입니다.

전기 난방

일정량의 땔감(석유, 가스 또는 석탄)이 난로에서 연소될 때 X만큼의 열이 발생한다고 가정해 보겠습니다. 만약 똑같은 양의 연료가 전기 발전소에서 연소되고, 발전된 그 전기가 모두 전기난로에 의해 집을 덥히는 데 사용된다면 전기난로는 얼마의 열의 발생시킬까요?

ⓐ X보다 많은 열을 발생시킬 것이다. 가스보다 전기가 더 효율적이기 때문이다.

ⓑ 정확히 X만큼의 열을 발생시킬 것이다. 에너지는 보존되기 때문이다.

ⓒ X만큼의 열보다 훨씬 적게 발생시킬 것이다. 모든 열에너지가 전기 에너지로 변환될 수 없기 때문이다.

답: 전기 난방

정답은 ⓒ입니다. 대부분의 전기 발전소 근처에는 냉각탑이 있고 강이나 호수 또는 해안으로 따뜻한 물이 버려집니다. 그 이유는 전기에너지가 전부 열에너지로 전환되지는 않기 때문입니다. 열에너지의 일부는 소모됩니다. (하지만 수력발전소에는 마찰에 의한 약간의 손실을 제외하고는 낙하하는 물의 역학적 에너지가 거의 모두 전기에너지로 전환되기 때문에 소모량은 무시될 수 있습니다.) 탑이나 강물에 버려지는 열이 재활용되어 발전소의 보일러를 돌리는 힘으로 사용될 수 없는 이유는 무엇일까요? 열은 저절로 차가운 곳에서 뜨거운 곳으로 이동할 수 없기 때문입니다. 그리고 보일러의 온도는 버려진 물의 온도보다 항상 훨씬 높습니다. 그러면 왜 버려진 열을 다시 보일러 속으로 넣기 위해서 열펌프를 사용하지 않을까요? 펌프를 움직이려면 에너지가 필요하기 때문입니다. 에너지가 얼마나 필요할까요? 적어도 발전소가, 버려진 열만큼의 에너지를 만들기 위해 발전하는 데 드는 에너지만큼 필요합니다. 그러므로 팔 수 있는 여분의 전기는 전혀 없습니다.

무엇보다도 열이 버려져야 하는 이유는 무엇일까요? 증기 엔진이나 터빈에서 엔진의 피스톤을 밀고 터빈의 프로펠러를 돌리기 위해서는 기체가 팽창되어야 하기 때문입니다. 기체는 팽창함에 따라 냉각됩니다. 만약 기체가 절대온도 0K로 떨어질 때까지 팽창할 수 있다면 모든 열에너지는 일로 전환될 수 있습니다. 그러나 실제로 기체는 절대온도 약 300K인 주위의 다른 부분보다 더 차갑게 냉각될 수 없습니다. 그래서 열에서 에너지를 모두 뽑아낼 수 없습니다.

그러면 이렇게 생각해 보면 어떨까요? 수증기가 물로 변할 때까지 팽창시켜 이 뜨거운 물을 보일러 속으로 다시 집어넣습니다. 이 과정에서 버려지는 열이 있을까요? 이것은 폐쇄된 순환이기 때문에 버려지는 열이 없다고 생각할 수도 있으나 사실은 그렇지 않습니다. 우선 수증기가 팽창하면서 피스톤을 밀어내는 일을 할 때 얼마간의 에너지가 나올 것입니다. 그러나 그것은 희망 사항일 뿐입니다. 버려지는 열은 있습니다. 수증기는 온도가 100℃로 떨어질 때까지 팽창할 수 있습니다. 그때 엔진 내부의 압력은 엔진 외부의 대기압과 같게 됩니다. 수증기는 더 이상 팽창될 수 없지만 아직 물로 변하지도 않았습니다. 아직 100℃의 수증기이기 때문에 낮은 압력의 수증기의 거대한 부피를 가지므로 높은 압력의 보일러 속으로 간단히 다시 집어넣을 수가 없습니다. 우선 수증기를 물로 변화시켜 수증기의 부피를 줄여야 합니다. 그러나 100℃의 수증기를 100℃의 물로 응결시키기 위해 수증기의 응축 잠열(潛熱)을 제거해야 합니다. 수증기가 물로 변할 때 온도는 변하지 않습니다. 그러나 많은 열이 방출되어야 합니다. 그 열은 단지 100℃이고 보일러의 온도는 그것보다 훨씬 높기 때문에 열은 보일러 속으로 돌아갈 수 없습니다. 응결 잠열은 버려지는 열로 나와야만 합니다. 이것이 안타까운 일입니다. 보일러의 온도는 왜 100℃ 이상이어야 할까요? 100℃의 수증기압은 대기압을 능가할 수 없기 때문입니다.

모든 전기 난방장치에 대해 값을 치를 때는 집뿐만 아니라 강, 바다 그리고 하늘을 가열하는 비용도 부담하는 것입니다.

무에서 창조하기

만약 전기 히터에 10J의 전기에너지를 가한다면 10J의 열이 나올 것입니다. 10J의 전기를 입력했을 때 10J보다 더 많은 열을 얻을 수 있는 방법이 있을까요? (1J은 에너지의 단위로 1N[뉴턴]의 힘으로 물체를 1미터 이동했을 때 한 일 또는 이에 필요한 에너지입니다. 전기에너지에서의 1J은 1V의 전압으로 1A 전류가 1초 동안 흘렀을 때의 에너지입니다: 옮긴이)

ⓐ 그렇다. 현명하게만 생각한다면 단지 10J의 전기에너지로부터 10J보다 더 많은 열을 얻을 수 있다.

ⓑ 그러한 방법은 없다. 10J의 전기에너지로부터 10J보다 더 많은 에너지를 얻을 수는 없다.

답: 무에서 창조하기

정답은 ⓐ입니다. 창문에 부착된 에어컨을 생각해 보겠습니다. 밖은 덥고 안은 서늘합니다. 전기가 에어컨 속으로 들어가고 에어컨은 집에서 열을 뽑아내어 외부로 버립니다. 얼마나 많은 열이 집 밖으로 버려졌을까요? 만약 에어컨이 9J의 열을 뽑아내는 일을 하는 데 10J의 전기를 사용한다면 (이것은 매우 성능 나쁜 에어컨이지만) 에어컨은 19J의 열을 밖으로 몰아낸 셈이 됩니다. 겨울이 되면 밖이 추우므로 집 내부를 난방해야 합니다. 그래서 에어컨을 거꾸로 달았습니다. 즉 에어컨의 바깥쪽이 안쪽을 향하도록 했습니다. 에어컨을 돌리는 데 10J의 전기가 소모되었습니다. 에어컨은 겨울철 바깥의 추운 곳으로부터 9J의 열을 끄집어내어 따뜻한 안쪽으로 19J의 열을 내보냈습니다. 반대 방향으로 설치된 에어컨을 열펌프라고 부릅니다.

열펌프는 무에서 유를 얻어 냈을까요? 한편으로는 그렇고 다른 한편으로는 그렇지 않다고 말할 수 있습니다. 토스터기 안에서 열이 만들어지고 에어컨에서 열이 움직여 나가는 것처럼 열펌프는 열을 이동시킵니다. 열은 따뜻한 곳에서 차가운 곳으로 저절로 흐르기 때문입니다. 그러나 펌프를 이용한다면(펌프를 작동시키기 위해 에너지를 사용한다면), 열은 차가운 곳에서 따뜻한 곳으로도 이동 가능합니다.

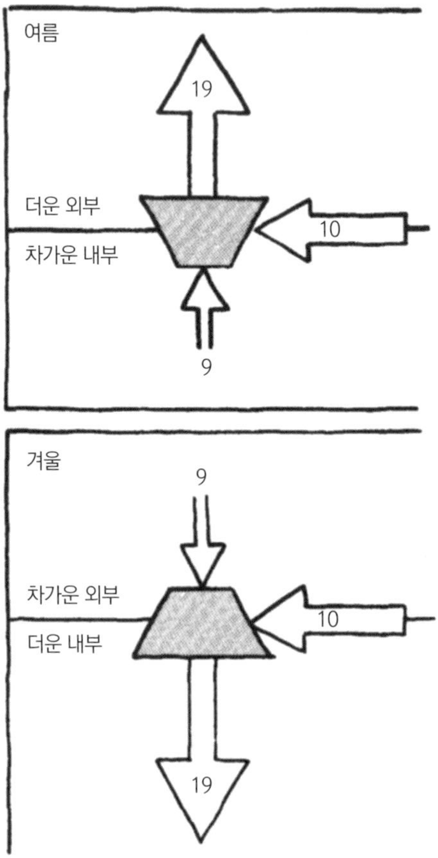

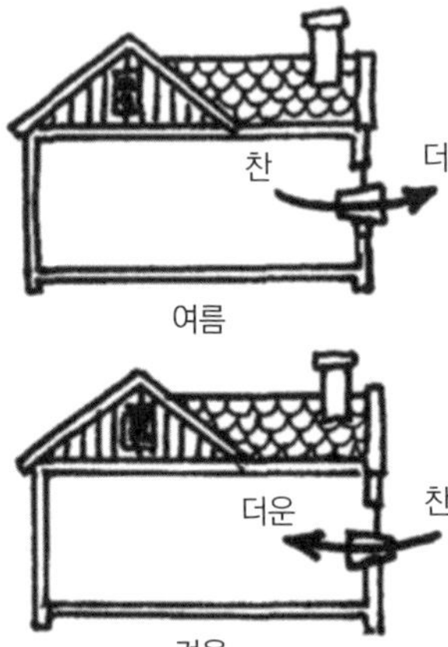

우주에 4K보다 추운 곳이 있을까요?

어떤 사람들은 우주 창조 때에 우주의 불덩어리[빅뱅, Big Bang]로부터 열이 방출되었기 때문에 전체 우주의 온도는 4K[●]라고 생각하고 있습니다. 만약 그것이 사실이라면 어떤 상황 아래에서 우주에 4K보다 더 추운 곳이 있을 가능성이 있을까요?

ⓐ 그렇다. 어떤 부분은 더 냉각될 수 있다.

ⓑ 우주의 일부분이 더 차가워질 수 있는 방법은 없다.

● K(켈빈온도): 4K=-269℃

답: 우주에 4K보다 추운 곳이 있을까요?

정답은 ⓐ입니다. 루이지애나 주의 7월 기온은 35℃입니다. 그러나 좋은 에어컨이 있다면 방 안 온도를 약 18℃로 낮출 수 있습니다. 따라서 어떤 실험실은 온도를 4K 이하로 낮출 수 있습니다. 이렇게 만들려면 에너지가 필요합니다. 이것은 궁극적으로 태양과 같은 별에서 나오는 에너지입니다. 우리가 우주의 일부분을 4K 이하로 냉각시킬 수 있는 것은 아이러니하게도 별과 같이 4K보다 뜨거운 부분이 있기 때문입니다.

열의 소멸

우주에 열이 소멸한다는 것은 먼 미래에 전체 우주가 어떤 상태로 된다는 것을 의미하나요?

ⓐ 에너지가 완전히 고갈되었다.

ⓑ 과도하게 가열되었다.

ⓒ 냉각되었다.

ⓓ 이 중 어느 것도 아니다.

답: 열의 소멸

정답은 ⓓ입니다. 열의 소멸은 전 우주가 같은 온도가 되는 순간을 의미합니다. 그 온도는 높을 수도 있고 낮을 수도 있으며 현재와 똑같을 수도 있습니다. 모든 곳에서 온도가 동일하다면 몇 도이건 이것은 문제가 되지 않습니다. 우주는 차가운 곳과 뜨거운 곳으로 분리되어 있습니다. 별은 뜨겁고 별과 별 사이의 공간은 차갑습니다. 그러나 별들은 매일 복사에너지를 방출함에 따라 아주 조금씩 차가워지고 있습니다. 이 에너지가 흘러 들어가는 곳은 매일 조금씩 따뜻해집니다. 언젠가 온도차는 없어질 것이 틀림없습니다. '태양이 번져서 사라진다면'에서 설명한 상황이 다가오는 것이지요.

에너지는 흔히 '일을 할 수 있는 능력'으로 정의되지만 훌륭한 정의는 아닙니다. 열이 소멸한 후에도 우주는 여전히 지금과 같은 에너지를 가질 것입니다. 똑같은 온도를 가진 에너지는 일을 할 수 없습니다. 더 차가운 곳이 존재할 때에만 열은 일을 할 수 있는 잠재력을 가지고 있습니다.

어쨌든 어떠한 방법으로든 열이 소멸한 후의 우주를 목격할 수 있다면 아무것도 볼 수 없게 될 것입니다. 균일한 온도의 용광로에서 석탄과 내부 벽을 구별할 수 없는 것과 마찬가지로 물질 사이에 아무런 대조도 생기지 않아 눈으로 구분할 수가 없습니다.

보충 문제

본문에서 다룬 문제들과 유사한 다음 문제들을 스스로 풀어 보세요. 물리적으로 생각하는 것을 잊지 마시기 바랍니다. (정답과 해설은 없습니다.)

1. 얼음물 10g이 15분 후에도 여전히 차갑기를 원합니다. 끓는 물 2g을 바로 또는 약 14분이 경과한 후 섞어야 한다면 언제 섞어야 제일 좋을까요?

   ⓐ 즉시　ⓑ 나중에　ⓒ 두 방법은 차이가 없다.

2. 가열 시 유리가 수은보다 더 많이 팽창한다면 보통 수은 온도계에서 온도가 어떻게 변해야 수은이 올라갈까요?

   ⓐ 올라갈 때　ⓑ 내려갈 때　ⓒ 올라갈 때나 내려갈 때 모두

3. 온도가 낮아지면 공기의 부피는?

   ⓐ 증가한다.　ⓑ 감소한다.　ⓒ 알 수 없다.

4. 구멍이 있는 금속판이 냉각되었을 때 구멍의 직경은?

   ⓐ 증가한다.　ⓑ 감소한다.　ⓒ 그대로이다.

5. 똑같은 열을 가할 때 어느 곳에서 물이 더 빨리 끓을까요?

   ⓐ 산에서　ⓑ 해수면에서

   끓는 물로 음식을 조리할 때는 어느 곳에서 더 빨리 조리가 될까요?

   ⓐ 산에서　ⓑ 해수면에서

6. 깡통 속의 공기가 상온 20℃, 대기압에서 밀봉되어 있습니다. 깡통 속의 압력을 두 배로 만들기 위해 깡통을 어느 온도까지 가열해야 하나요?

   ⓐ 40℃　ⓑ 273℃　ⓒ 313℃　ⓓ 546℃　ⓔ 586℃

7. 깡통 속 20℃의 공기가 두 배로 뜨거워졌다면 그때 공기의 온도는?

ⓐ 40℃ ⓑ 273℃ ⓒ 313℃ ⓓ 546℃ ⓔ 586℃

8. 깨끗한 눈[雪]과 더러운 눈이 햇볕에 놓여 있습니다. 먼저 녹는 눈은?

ⓐ 깨끗한 눈 ⓑ 더러운 눈 ⓒ 둘 다 같다.

깨끗한 눈과 더러운 눈이 각각 난로 위에 놓여 있습니다. 먼저 녹는 눈은?

ⓐ 깨끗한 눈 ⓑ 더러운 눈 ⓒ 둘 다 같다.

9. 물질에 열이 가해지면 물질의 온도는 어떻게 될까요?

ⓐ 상승한다. ⓑ 하강한다. ⓒ 똑같은 온도로 유지된다.

10. 가정용 냉장고의 냉동실 내에 있는 냉각 코일 내의 액체의 온도는 거의

ⓐ 끓는점이다. ⓑ 어는점이다.

11. 따뜻하고 습한 동굴 내부가 외부 세계로부터 완전히 밀폐되어 있다면?

ⓐ 생물체는 무기한으로 번식한다. ⓑ 어떤 생물체도 번식할 수 없다.

12. 태양의 복사에너지가 효율 100%로 변환되는 것은?

ⓐ 공장의 화학에너지 ⓑ 인공으로 만든 장치의 열에너지

ⓒ 둘 다 ⓓ 둘 다 아니다.

13. 일정 양의 연료가 난로에서 연소되어 X만큼의 열을 냅니다. 만약 똑같은 양의 연료가 전기 발전소에서 연소된다면 이때 발전되는 모든 전력이 집 난방에 쓰이는 전열기로 갈 때, 이 전열기가 생산하는 열은?

ⓐ X보다 적다. ⓑ X와 같다. ⓒ X보다 많다.

14. 어떤 기체든 한두 종류의 분자들이 순간적으로 모이는 경우가 있습니다. 결과적으로 뜨겁거나 차가운 부분 또는 압력이 높고 낮은 부분이 나타납니다. 그래서 열의 소멸은 결코 일어날 수 없습니다.

ⓐ 참이다. ⓑ 거짓이다.

Chapter 04

진동

Vibrations

공간에서 출렁거리는 것이 파동입니다. 또 시간의 흐름에 따라 출렁거리는 것은 진동입니다. 이런 출렁거림은 손끝으로 감지하거나 파악하기 어렵습니다. 출렁거림은 시간과 공간을 따라 펼쳐지기 때문에 무엇이라 딱 꼬집어 말하기 어려운 존재입니다. 파동은 한 지점에 고정되어 있지 않고 한 지점에서 다른 지점으로 뻗어 나갑니다. 또 진동은 어느 한 순간에만 일어나는 것이 아니라 시간의 흐름에 따라 움직입니다. 시간과 공간에 따라 전개된다는 특징 외에도 파동과 진동은 특이한 점이 있습니다. 바위가 있는 곳에 또 다른 바위를 겹쳐 놓을 수 없지만 하나 이상의 파동과 진동은 동시에 같은 장소에 존재할 수 있습니다. 이는 마치 여러 사람이 동시에 같은 방에서 노래하는 것과 같습니다. 이렇게 부르는 노래와 교향곡을 연주하는 오케스트라가 만드는 진동이 겹쳐져 생긴 전체 진동은 레코드판에 단 하나의 물결 홈으로 기록할 수 있습니다. 그런데 놀랍게도 우리의 귀는 여러 음원이 만들어 내는 복잡한 협주곡을 음미하면서 각각의 진동을 구할 수 있습니다. 우리는 진동을 즐기는 것입니다.

인간의 법칙과 자연의 법칙 사이의 차이는 무엇인가? 예외이다.
_ 데브라 린 브리지스(Debra Lynn Bridges), 샌프란시스코 변호사

밀어 올리기

미키 마우스가 공을 오목한 그릇 밖으로 밀어내고 싶어 합니다. 하지만 공은 너무 무겁고 그릇의 가장자리 경사가 너무 급해서 미키 마우스의 힘으로 공을 밀어낼 수가 없습니다. 다른 도구 없이 자신의 힘만으로 밀어 올려 공을 밖으로 꺼낼 수 있을까요?

ⓐ 꺼낼 수 없다.

ⓑ 꺼낼 수 있다. (하지만 어떻게?)

답: 밀어 올리기

정답은 ⓑ입니다. 어떻게 해야 할까요? 공을 앞뒤로 굴리면 밖으로 꺼낼 수 있습니다. 공이 왕복할 때마다 미키 마우스가 공을 밀면 에너지를 조금씩 공에 더해 줄 수 있습니다. 결과적으로 공이 그릇의 가장자리 꼭대기까지 올라가 밖으로 나가는 데 충분한 에너지를 얻게 됩니다.

적절한 순간에 적절한 방향으로 미는 것이 요령입니다. 즉 미키 마우스는 공이 앞뒤로 왕복하는 자연스러운 박자에 맞추어 공을 밀어 주어야 합니다. 이때 공이 앞뒤로 왕복하는 자연스러운 박자를 물리에서는 진동의 공명진동수라고 부릅니다.●

그릇 속에서 구르는 공 외에도 많은 경우에서 공명진동수를 찾을 수 있습니다. 그네, 전기 초인종, 관악기와 종, 심지어 욕조 안의 물과 바닷물도 진동할 때 공명진동수가 있습니다.

보통 물체는 여러 가지 형태로 진동하거나 공명합니다. 예를 들면 그릇 속의 공은 문제의 정답처럼 앞뒤로 공명할 수도 있지만 원을 그리며 공명할 수도 있습니다. 이와 같은 여러 가지 방식을 '공명 모드'라고 부릅니다.

공명 모드가 다르면 공명진동수가 달라지기도 합니다. 예를 들어 차에 부착된 안테나가 진동하는 방식은 여러 가지입니다. 마찬가지로 악기의 현이 진동하는 방식도 여러 가지이며 그 방식에 따라 공명진동수는 달라집니다.

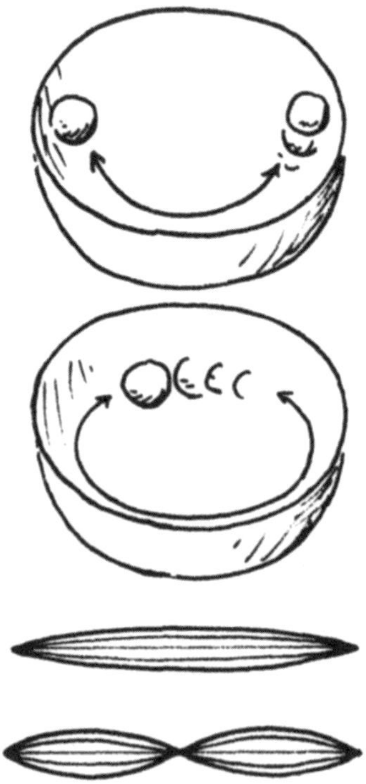

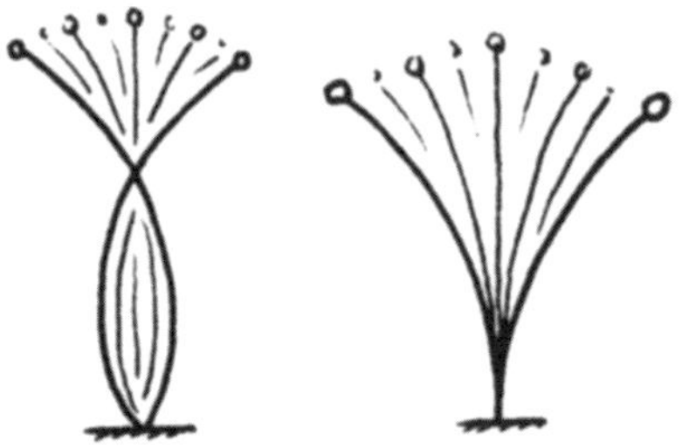

● 정확한 의미는 모르지만 '알맞은 용어'를 알고 있을 때 다른 사람들이 내가 그 용어에 대해 잘 알고 있다고 오해하는 걸 느껴 본 적이 있나요?

뒤죽박죽

라디오와 전화기가 발명되기 전 장거리 통신은 전신을 통해 이루어졌습니다. 전신의 가장 큰 한계는 전신선 한 가닥으로는 한 번에 하나의 메시지만 보낼 수 있다는 것입니다. 이 말은 맞는 말일까요?

ⓐ 그렇다.

ⓑ 아니다.

답: 뒤죽박죽

정답은 ⓑ입니다. 전신은 100여 년 전 여러 개의 메시지를 한꺼번에 보내던 방법입니다! 전신은 전자식 종이나 초인종 속에 들어 있는 스프링을 조절해 높거나 낮은 진동수로 울리게 합니다. 스프링을 더 팽팽하게 당길수록 높은 진동수로 진동합니다. 메시지를 보내는 쪽에서 종 A_1과 B_1을 서로 다른 진동수로 울리도록 준비합니다. 메시지를 받는 쪽에서도 두 개의 종을 준비하는데 A_2는 A_1과 같은 진동수로 B_2는 B_1과 같은 진동수로 울릴 수 있게 조절합니다. 이제 메시지를 보내는 쪽에서 종 A_1을 울리는 버튼을 누르면 메시지를 받는 쪽에서는 종 A_2만 울리게 됩니다. 왜냐면 종 B_2는 종 A_1의 진동수에는 공명하지 않기 때문입니다.

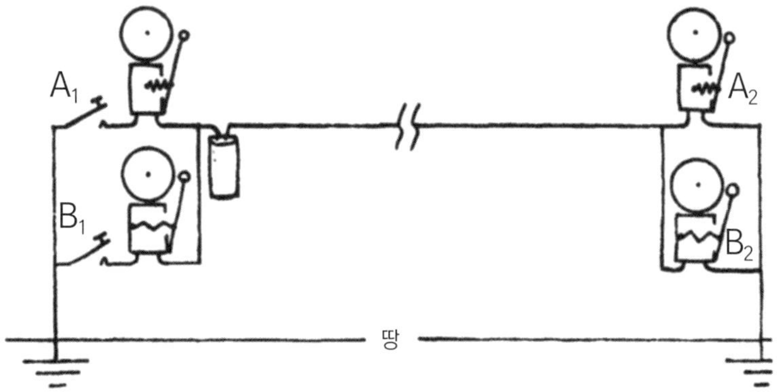

이 아이디어의 핵심은 전신 신호를 단순히 점, 점, 대시(• • -)로 보내지 않는다는 것입니다. 메시지를 보낼 때 점과 대시 신호를 특정한 진동수의 신호로 변환합니다. 메시지를 받는 사람은 서로 다른 메시지의 신호를 변환된 진동수의 차이를 통해 구별할 수 있습니다. 이 방법은 라디오 방송국에서 오는 신호를 구별할 때도 적용됩니다. 라디오 방송국은 방송국마다 서로 다른 진동수로 방송을 내보냅니다. 라디오 방송 수신기는 당신이 어떤 진동수를 선택하느냐에 따라 공명진동수를 바꿀 수 있기 때문에 수많은 라디오 방송 신호 중에 당신이 원하는 신호를 구별해낼 수 있습니다.

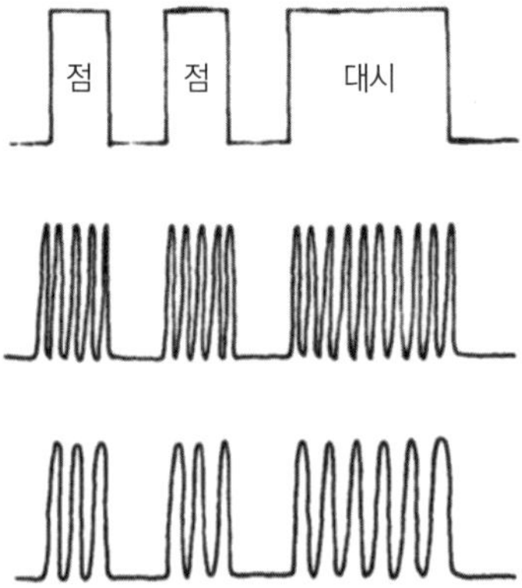

보강 간섭과 상쇄 간섭

주사기 A가 주사기 B와 C에 유리관과 고무관으로 연결되어 있습니다. B와 C의 피스톤이 움직이면 주사기 A의 피스톤도 움직일까요?

ⓐ 반드시 같이 움직인다.

ⓑ 꼭 움직일 필요는 없다.

답: 보강 간섭과 상쇄 간섭

정답은 ⓑ입니다.

만약 B와 C가 함께 안쪽으로 또는 바깥쪽으로 움직인다면 A는 반드시 움직여야 합니다. 하지만 B가 바깥쪽으로 움직일 때 C가 안쪽으로 움직인다면 A는 전혀 움직이지 않을 수도 있습니다. A가 움직이는 거리는 B와 C가 움직이는 거리의 합과 같은데 B와 C가 만약 서로 반대로 움직인다면 합이 0이 될 수 있기 때문입니다. 이제 피스톤 B와 C가 엔진 속의 피스톤처럼 안팎으로 진동한다고 가정해 보겠습니다. 만약 함께 같은 방향으로 진동한다면 그 결과 A는 매우 크게 진동하게 됩니다. 만약 서로 반대 방향으로 진동한다면 각각의 진동에 의한 효과가 상쇄되어 A는 진동하지 않습니다.

이 생각을 파동에 적용해 보겠습니다. 물결파, 소리, 빛과 같은 파동은 진동에 의해 발생합니다. 진동하는 여러 물체의 효과가 합쳐질 때는 진동 방향이 서로 같은지 아니면 다른지를 알아야 그것이 합쳐진 결과를 예상할 수 있습니다.

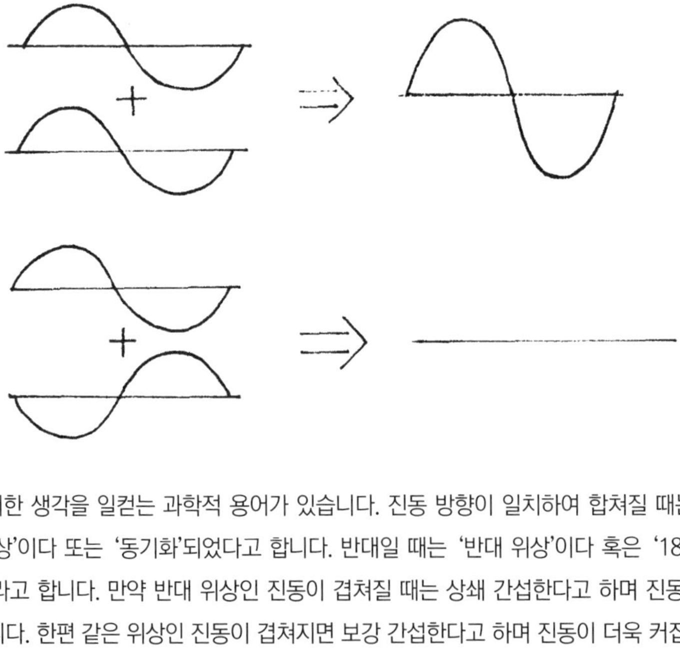

이러한 생각을 일컫는 과학적 용어가 있습니다. 진동 방향이 일치하여 합쳐질 때는 '같은 위상'이다 또는 '동기화'되었다고 합니다. 반대일 때는 '반대 위상'이다 혹은 '180° 위상차'라고 합니다. 만약 반대 위상인 진동이 겹쳐질 때는 상쇄 간섭한다고 하며 진동이 줄어듭니다. 한편 같은 위상인 진동이 겹쳐지면 보강 간섭한다고 하며 진동이 더욱 커집니다. 이러한 간섭 현상에 의해 수면파가 서로 합쳐질 때 잔잔한 수면을 이루는 것을 관찰하거나 음파가 합쳐질 때 맥놀이와 같은 웅웅거리는 소리를 들을 수 있습니다. 또 비눗방울이나 젖은 아스팔트 도로 위의 기름얼룩에서 빛이 이중 반사될 때 합쳐진 두 빛이 만들어 낸 아름다운 빛깔을 관찰할 수도 있습니다.

콸콸 콸콸 콸콸

1L 용량의 병을 비우는 데 액체가 흘러나오면서 "콸콸 콸콸 콸콸" 하는 소리를 냅니다. 용기 속에 든 액체의 양이 점점 줄어드는 가운데 이 소리의 진동수는 어떻게 변할까요?

ⓐ 점점 낮아진다. "퀄퀄 퀄퀄 퀄퀄"

ⓑ 변하지 않는다. "콸콸 콸콸 콸콸"

ⓒ 점점 높아진다, "꿜꿜 꿜꿜 꿜꿜"

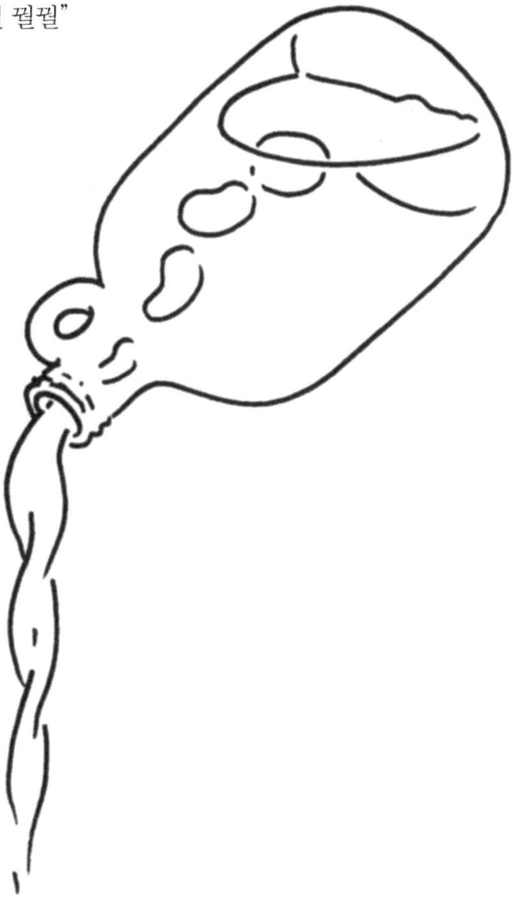

답: 콸콸 콸콸 콸콸

정답은 ⓐ입니다. 액체가 용기 밖으로 빠져나갈 때 용기 안으로 공기가 들어가며 공기가 차지하는 부피가 커지게 됩니다. 공기가 차지하는 공간이 커질수록 용기 속 공기의 공명진동수는 낮아집니다. 큰 오르간 파이프일수록 더 낮은 음을 내는 것을 떠올려 보면 알 수 있습니다. 액체의 흐름 때문에 용기 속의 공기는 자신이 차지하는 부피에 해당하는 공명진동수로 진동하고 액체가 흘러나올수록 이 진동수는 점점 낮아집니다.

용기에 액체를 집어넣을 때는 반대의 현상이 일어납니다. 공기가 차지하는 공간이 점점 줄어들면서 용기에서 나는 소리는 점점 높은 진동수가 됩니다. 소리를 들어 보면 대체로 용기가 채워지고 있는지 비워지고 있는지 구별할 수 있습니다.

하지만 용기가 콸콸거리는 소리의 진동수는 비울 때가 채울 때보다 항상 더 낮습니다. 왜 그럴까요? 용기를 비울 때에는 흘러나가는 물이 공기와 더불어 진동하지만 용기를 채울 때에는 공기만이 진동하기 때문입니다.

용수철에 매달린 가벼운 추가 위아래로 움직이는 경우와 무거운 추가 위아래로 움직이는 경우를 각각 상상해 보세요. 무거운 추는 천천히 진동합니다. 왜냐하면 질량이 클수록 그 물체를 가속하기가 더 힘들기 때문입니다. 이와 비슷한 이치로 용기를 비울 때 물의 질량이 진동을 느리게 합니다.

딩동 박사

딩동 박사는 종을 울린 후 이 소리를 청진기를 통해 듣습니다. 그녀는 청진기를 들고 종 주위를 한 바퀴 돌면서 다음과 같은 사실을 알아냈습니다.

ⓐ 종 주변의 모든 곳에서 같은 크기의 소리가 들린다.

ⓑ 어떤 곳을 지날 때는 소리가 크게 들리고 또 다른 어떤 곳에서는 소리가 작게 들린다.

답: 딩동 박사

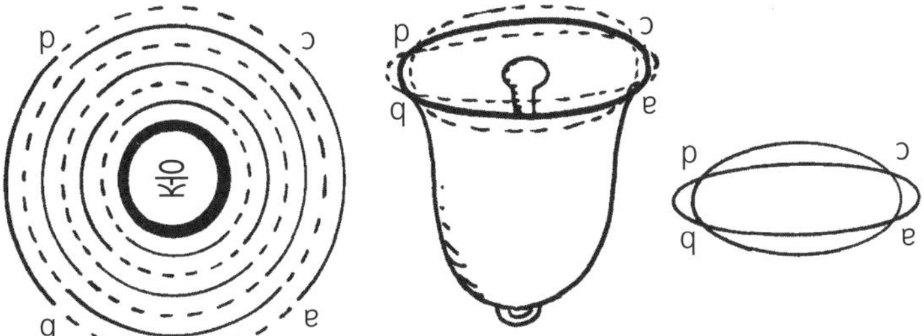

정답은 ⓑ입니다. 종의 갓이 종 속의 추와 부딪힐 때 동그랗던 종의 가장자리는 타원형으로 찌그러졌다가 종의 탄성에 의해 또 다른 타원 모양을 그리게 됩니다. 종이 울리는 동안 가장자리는 끊임없이 타원형에서 또 다른 타원형으로 변하며 진동합니다. 하지만 a, b, c, d와 같이 가장자리에는 종이 울리는 동안 진동하지 않는 지점이 존재합니다. 이 지점에서는 종소리가 발생하지 않습니다! (소리가 발생하지 않는 지점이 여덟 개가 되도록 가장자리가 진동하는 방법도 있을까요? 한번 생각해 보세요.) 하지만 이 조용한 지점에서도 파동은 역시 퍼져나갑니다. 왜냐하면 종의 다른 지점에서 발생해 이 지점들 근처에 도달하는 음파들은 서로 반대 위상이어서 상쇄 간섭할 뿐 계속 진행하기 때문입니다. 만약 이와 같이 진동하지 않는 지점이 종의 가장자리를 따라 이동하면 종의 울림은 물결치듯 들립니다.

현악기가 내는 소리 "팅"

기타 줄이 A 지점에서 G 지점 사이에 팽팽하게 매여 있습니다. 줄 위에 A, B, C, D, E, F, G를 똑같은 간격으로 표시했습니다. 종이 '덮개'를 줄 위의 D, E, F 점에 걸쳐 놓았습니다. C 점을 누른 채로 B 지점에서 줄을 튕긴다면 어떤 일이 일어날까요?

ⓐ 모든 덮개가 튀어 오른다.

ⓑ 어떤 덮개도 튀어 오르지 않는다.

ⓒ E에 걸쳐진 덮개가 튀어 오른다.

ⓓ D와 F에 걸쳐진 덮개가 튀어 오른다.

ⓔ E와 F에 걸쳐진 덮개가 튀어 오른다.

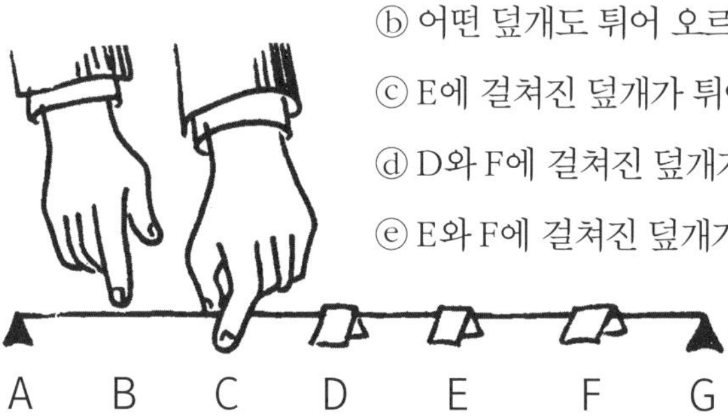

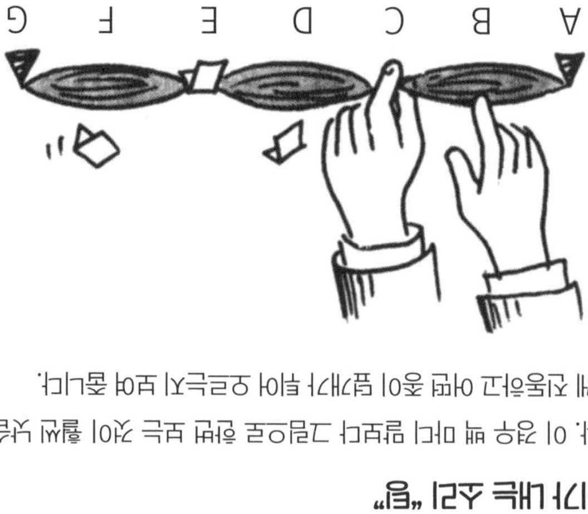

답: 현악기가 내는 소리 "팅"

정답은 ⓓ입니다. 이 경우 백 마디 말보다 그림으로 한번 보는 것이 훨씬 낫습니다. 그림은 기타 줄이 어떻게 진동하고 어떤 종이 덮개가 튀어 오르는지 보여 줍니다.

그림의 소리를 들을 수 있을까요?

두 음 A와 B를 오실로스코프 스크린에 동시에 나타냈습니다. 진동수가 높은 음은 무엇입니까?

ⓐ A

ⓑ B

ⓒ 둘 다 같다.

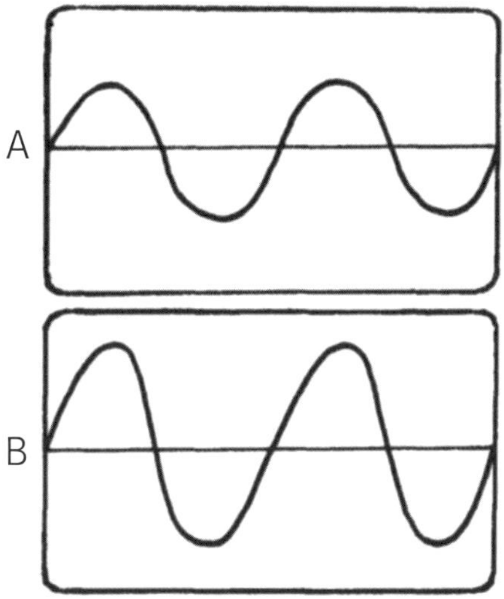

소리의 크기가 더 큰 음은 무엇입니까?

ⓐ A

ⓑ B

ⓒ 둘 다 같다.

답: 그림의 소리를 들을 수 있을까요?

정답은 순서대로 ⓒ, ⓑ입니다. 오실로스코프의 각 그림에는 두 번의 완전한 진동 주기(사이클)가 나타났으므로 진동수는 같습니다. 그러나 B 파동의 높이(진폭)가 더 높은 것은 B의 진동에너지가 더 크다는 것을 알려 줍니다. 그래서 B가 더 큰 소리입니다.

사각파의 합성

그림과 같은 형태의 파동을 사각파 펄스라고 부릅니다. 파동 I이 파동 II와 중첩되면 모양이 어떻게 될까요?

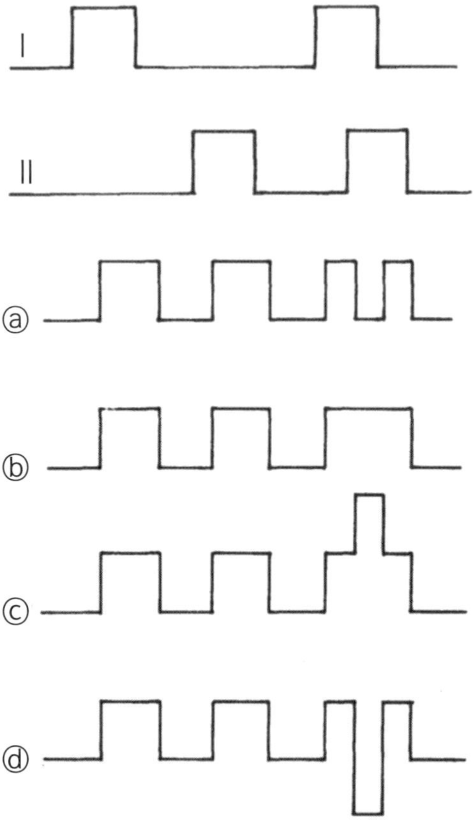

ⓐ a
ⓑ b
ⓒ c
ⓓ d

답: 사각파의 합성

정답은 ⓒ입니다. 파동 I과 II의 수직 방향 변위가 합쳐지면 그림과 같은 형태를 만듭니다. 파동 I과 II가 0 또는 양의 값인 변위만으로 이루어져 있기 때문에 이 문제는 쉽게 풀 수 있습니다.

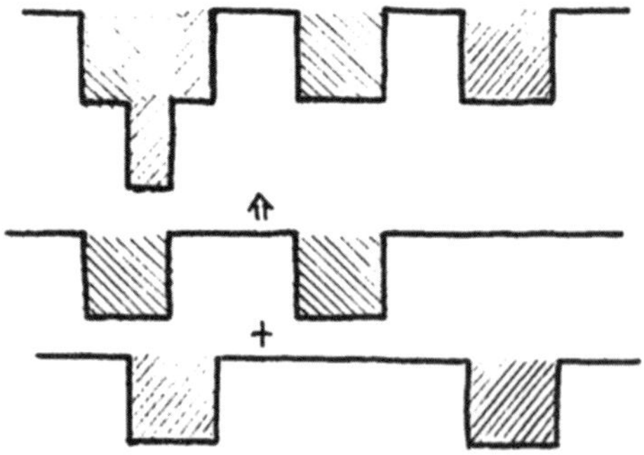

사인파의 합성

파동 I과 II와 같은 형태의 파동을 사인파 혹은 코사인파라고 부릅니다(단순파 또는 조화파라고 부르기도 합니다). 파동 I에 II가 더해지면 어떤 모양이 될까요?

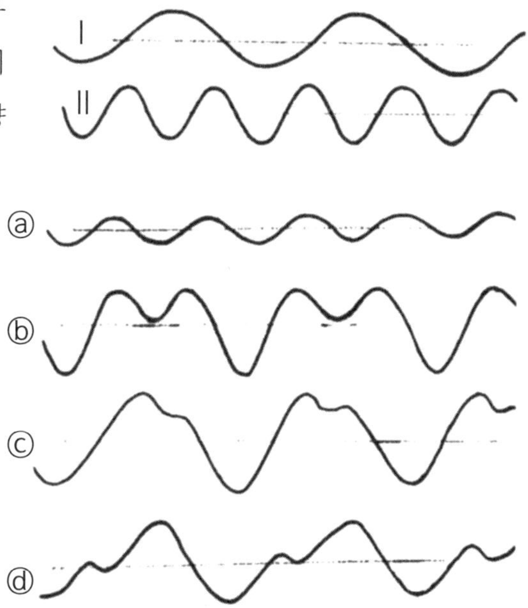

ⓐ a

ⓑ b

ⓒ c

ⓓ d

답: 사인파의 합성

정답은 ⓑ입니다. 두 파가 합성된 결과는 수직 방향 변위를 부호를 고려해서 단순히 더하기만 하면 됩니다.

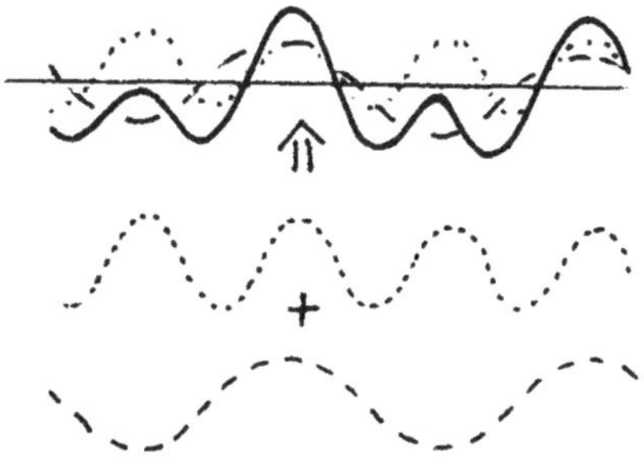

옆모습

파동 I은 사람의 옆모습이 연이어 보이는 모양의 파동입니다. 이처럼 어떤 모양의 파동이든 파동 II, III 또는 그 이외의 다른 조화파[사인파]를 합성하여 만들어 낼 수 있을까요?

ⓐ 그렇다.

ⓑ 아니다.

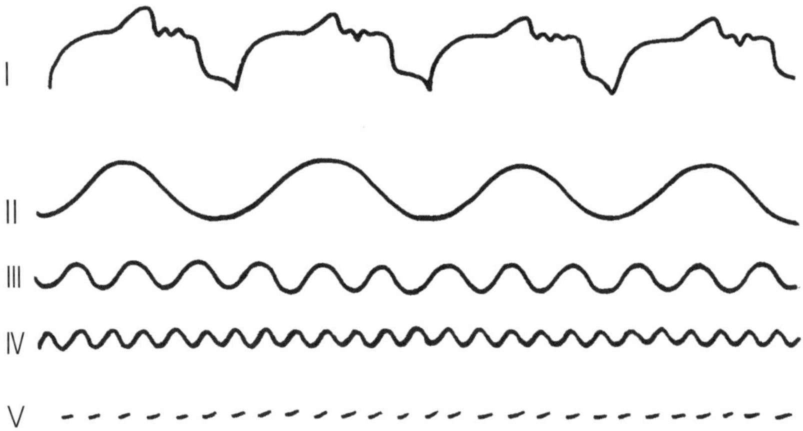

답: 옆모습

정답은 ⓐ입니다.

여러 조화파를 중첩하면 어떤 이상한 모양의 파동도 만들어 낼 수 있습니다. 상형문자를 연구하기 위해 나폴레옹과 함께 이집트로 갔던 장 푸리에는 어떤 모양의 파동이든 많은 조화파의 합으로 나타낼 수 있다는 것을 증명했습니다. 만약 만들고자 하는 파동에 작은 돌출부나 뾰족한 부분이 있다면 이 형태를 만들기 위해서는 작은 파동(짧은 파장이나 높은 진동수의 파동)이 많이 필요합니다. 어떤 복잡한 모양이든 조화파로 만들 수 있지만 한 가지 제한이 있는데, 그것은 파동의 모양이 한 시점에서 하나의 값만을 가져야 한다는 것입니다. 다시 말하면 파동을 통과하는 수직선을 하나 그었을 때 그림 I과 같이 한 점에서만 만나야 함을 의미합니다. 그림 II 같은 모양은 만들 수 없습니다. 왜냐하면 수직선을 그으면 파동과 세 점에서 만나기 때문입니다.

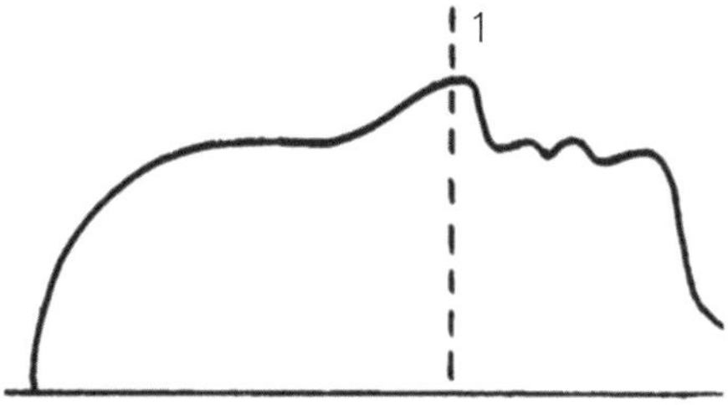

그림 I

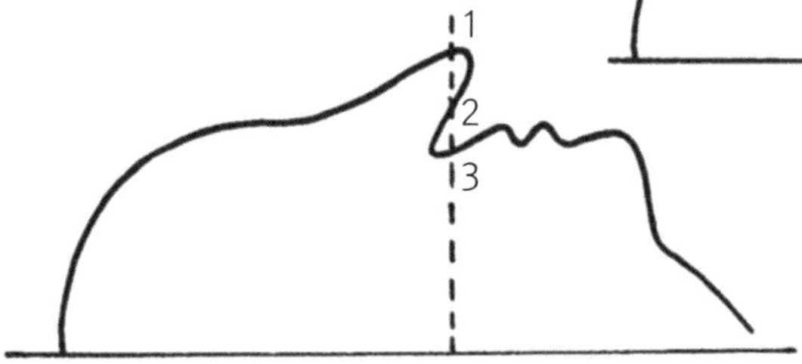

그림 II

파동 속의 파동

그림 속의 사각파와 사인파는 같은 진동수와 같은 파장입니다. 두 파 중 어느 쪽이 더 높은 진동수 또는 짧은 파장의 성분파를 포함하고 있을까요?

ⓐ 사각파
ⓑ 사인파
ⓒ 둘 다 같다.

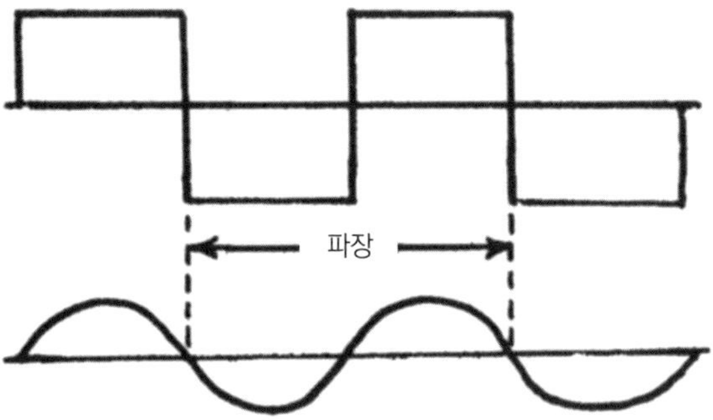

답: 파동 속의 파동

정답은 @입니다.

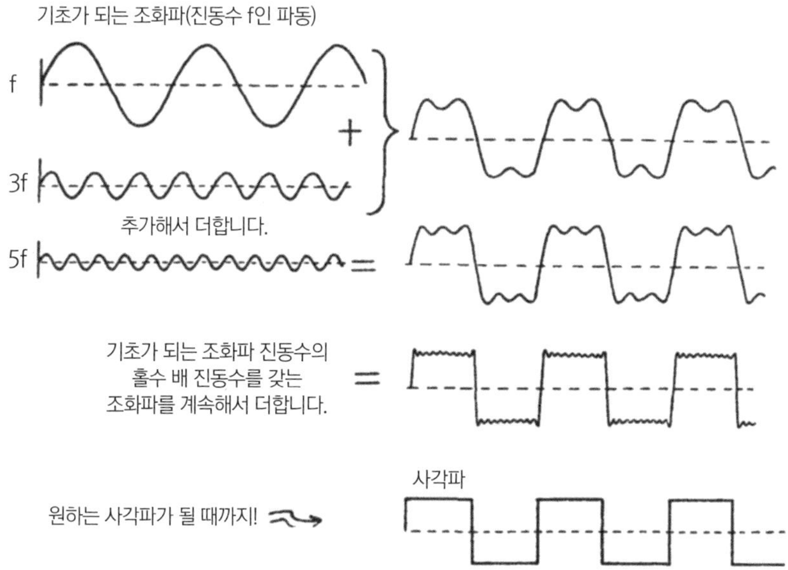

날카로운 모서리를 가진 파는 매우 높은 진동수의 파로 이루어져 있습니다. 그림은 높은 진동수를 가진 많은 사인파가 합쳐져 점차 사각파가 만들어지는 과정을 보여 줍니다. 만약 사각파를 높은 진동수의 파동을 다루지 못하는 증폭기, 스피커, 전송선에 통과시킨다면 사각파의 높은 진동수 성분이 사라져서 모서리가 둥글어진 형태로 출력됩니다.

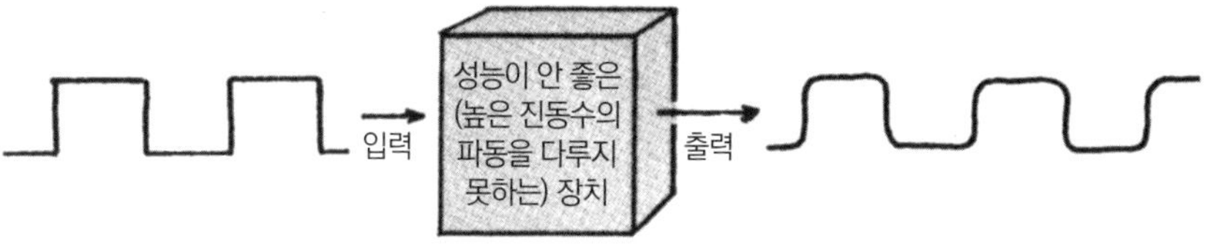

파동은 반드시 이동해야 할까요?

파동은 반드시 이동해야 할까요?

ⓐ 그렇다.　　　ⓑ 아니다.

파동은 반드시 파장 길이가 정해져 있을까요?

ⓐ 그렇다.　　　ⓑ 아니다.

파동은 반드시 진동수가 정해져 있을까요?

ⓐ 그렇다.　　　ⓑ 아니다.

답: 파동은 반드시 이동해야 할까요?

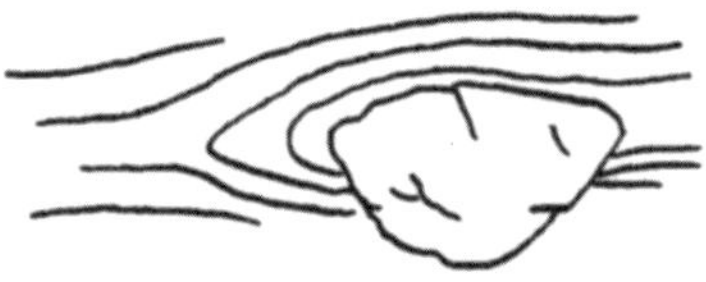

정답은 모두 ⓑ입니다. 파동이 항상 움직이는 것은 아닙니다. 작은 시냇가의 바위 앞에 만들어진 물결파를 보면 알 수 있습니다.

파동이 항상 정해진 파장을 갖는 것도 아닙니다. 두 파동을 더해 새로운 세 번째 파동을 만드는 경우를 생각해 보겠습니다. 만약 합성되는 두 파동이 서로 다른 파장이라면 합성된 파동의 파장은 어떻게 될까요?

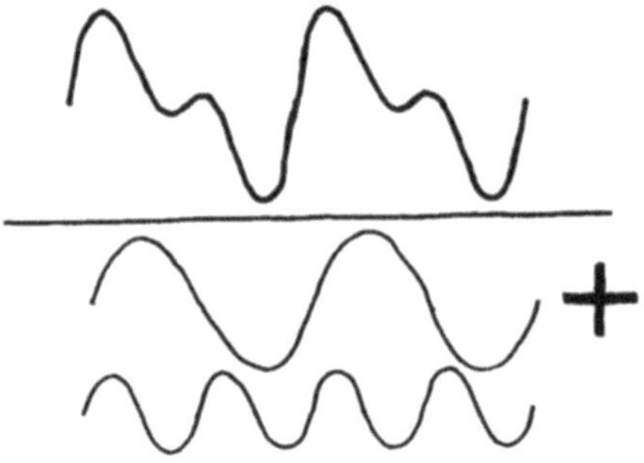

파동이 항상 정해진 진동수를 갖지 않는다는 사실도 위와 비슷하게 설명할 수 있습니다. 파장과 진동수에 관한 불확정성은 양자역학에서 파장과 진동수가 운동량과 에너지가 되기 때문에 매우 중요한 부분입니다. 불확실한 운동량과 불확실한 에너지!

맥놀이

음정이 다른 두 소리가 동시에 울려 합해진 결과가 오실로스코프에 화면 A와 같이 나타났습니다. 그리고 잠시 후 또 다른 두 음이 합해진 결과가 화면 B와 같이 나타났습니다. 두 화면을 보고 화면 A에 나타난 두 음에 대해 우리가 알 수 있는 사실은 무엇일까요?

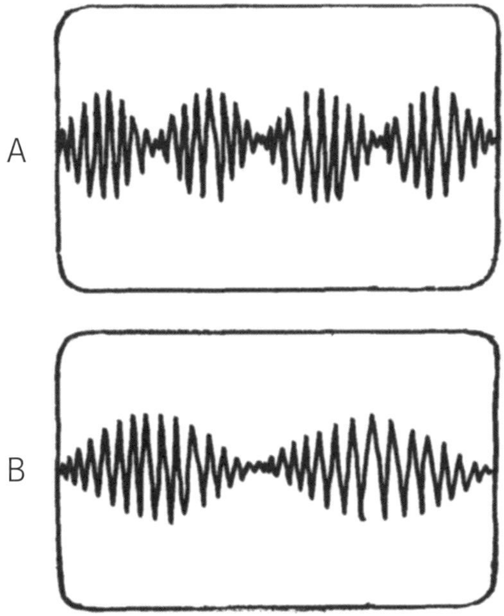

ⓐ 진동수가 서로 비슷하다.

ⓑ 진동수가 많이 차이난다.

ⓒ 화면 B에 나타난 또 다른 두 음의 진동수와 거의 비슷하다.

ⓓ 화면 B에 나타난 또 다른 두 음의 진동수와 동일하다.

ⓔ 주어진 화면을 보고 두 쌍의 음 중 어느 쪽이 더 비슷한 진동수인지 알 수 없다.

답: 맥놀이

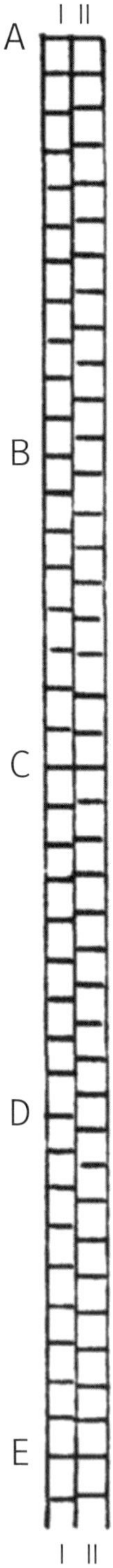

정답은 ⓑ입니다. 이 문제를 풀기 위해 그림과 같은 두 개의 눈금자를 생각해 보겠습니다. 자 I의 눈금 간격이 자 II보다 조금 더 넓습니다. 시작점인 A에서는 눈금이 일치하지만 그보다 아래인 B에서는 일치하지 않습니다. 그러나 C에서는 다시 일치하는데, 이것은 자 I과 자 II의 눈금 차이가 완전히 한 눈금이 되었기 때문이지요. 눈금이 일치하는 곳인 A, C, E는 '동일한 위상에 있다' 또는 '동기화되었다'고 말합니다. B, D에서는 '위상이 다르다' 또는 '동기화되지 않았다'고 합니다.

조금 더 살펴보면 두 자의 눈금 간격 차이가 클수록 눈금이 일치하는 점들 사이의 거리가 짧아진다는 것을 알 수 있습니다. 만약 눈금 간격의 차이가 작아진다면 눈금이 일치하는 점의 개수는 적을 것이고 그런 점들 사이의 거리는 더 멀리 떨어져 나타납니다. 물론 두 자의 눈금의 간격이 동일하게 일정하다면 동기화되지 않는 일은 없고 자 위의 모든 점이 항상 위상이 같거나 아니면 같지 않거나 할 것입니다.

이제 자 위의 눈금을 음파와 연결 지어 생각해 보겠습니다. 눈금은 파동이 밀(密)한(압축되는) 부분이고, 눈금과 눈금의 사이는 파동이 소(疏)한(희박한) 부분입니다. 우리는 II의 눈금 또는 파동이 더 자주 나타나기 때문에 파동 II의 주파수가 파동 I의 주파수보다 더 크다는 것을 알 수 있습니다.

I과 II는 한 쌍의 음을 나타냅니다. 만약 두 음이 동시에 발생한다면 A, C, E에서는 **보강 간섭**이 일어나고 B, D에서는 높은 압력과 낮은 압력이 동시에 발생해 서로 상쇄되는 **상쇄 간섭**이 일어나게 됩니다. 그래서 A, C, E에서는 소리가 크게 들리고 B, D에서는 조용해집니다. 전체적으로 소리는 고동치듯 진동하게 됩니다. 이러한 진동을 맥놀이라 부르고 쌍 엔진 비행기나 쌍 엔진 보트에서 흔히 들을 수 있습니다. 만약 두 엔진이 정확히 동시에 함께 진동한다면 맥놀이가 일어나지 않습니다. 그러나 만약 한쪽이 다른 쪽보다 약간 더 빠르고 약간 더 높은 진동수로 진동한다면 맥놀이가 발생합니다. 진동수의 차이가 커지면 맥놀이의 진동수도 증가합니다.

화면 A에서 맥놀이는 B보다 두 배 더 자주 일어납니다. 따라서 맥놀이를 만들어 낸 두 음 사이의 진동수 차이는 A가 B의 두 배입니다. 그리고 B의 맥놀이를 만들어 낸 두 음의 진동수가 서로 더 비슷합니다. 즉, 진동수 차이가 작습니다.

뒤로 박사의 문제●

근사한 연주회용 그랜드 피아노를 방금 막 샀다고 상상해 보겠습니다. 여러분은 아마 이 피아노를 **완벽하게** 조율하고 싶을 것입니다. 그래서 소리굽쇠가 내는 음과 피아노의 음을 일치시키는 일을 하는 일류 조율사를 불렀습니다. 그는 피아노와 소리굽쇠가 동시에 소리를 내게 해서 두 음이 만드는 맥놀이를 듣습니다. 그가 완벽하게 피아노 조율을 마칠 때까지 얼마의 시간이 필요할까요?

ⓐ 약 한 시간　ⓑ 약 하루
ⓒ 약 일주일　ⓓ 약 한 달
ⓔ 아마 영원히

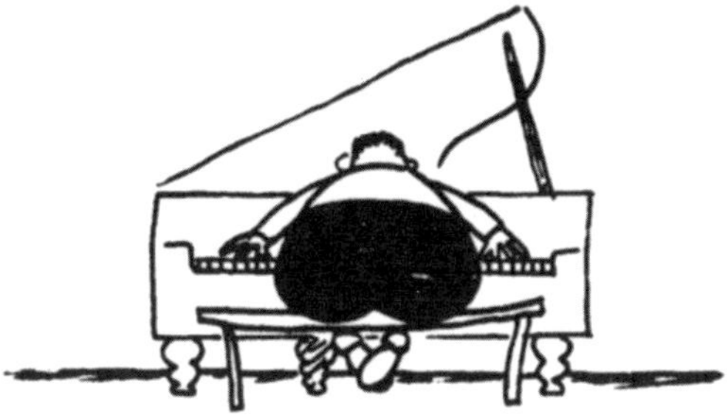

● 리오넬 뒤로(Lionel Dureau) 박사는 뉴올리언스에 있는 루이지애나 주립대학 물리학과의 학과장이고 이 문제는 그가 매우 좋아하는 문제 중 하나입니다. 뒤로 박사 덕분에 교육을 시작하게 되었고 이어서 이 책을 쓰게 되었습니다.

답: 뒤로 박사의 문제

정답은 ⓔ입니다. 피아노 조율사는 피아노와 소리굽쇠가 동시에 소리를 내게 해서 그 맥놀이를 듣습니다. 피아노 현의 음이 소리굽쇠의 음에 점점 가까워질수록 맥놀이의 간격은 커집니다. 맥놀이가 1분 이상 간격으로 일어나는 정도라면 조율은 충분히 이루어진 것입니다. 하지만 여전히 맥놀이는 존재하므로 얼마나 느리게 일어나든 간에 피아노가 **완벽하게** 조율된 것은 아닙니다. 피아노 조율사가 완벽한 조율을 해내려면 무한한 인내를 가지고 영원히 음을 들어야 합니다. 물론 그 전에 음은 사라져 조용해질 것이고 따라서 우리는 덜 완벽한 조율에 만족할 수밖에 없습니다.

조각

교향곡 전 악장이 녹음된 테이프에서 작은 조각을 잘라 냈습니다. 이 부분이 녹음될 때 연주된 음이 무엇인지 정확히 알 수 있을까요?

ⓐ 알 수 있다. 짧게 잘린 조각을 분석하면 원래 음을 정확하게 알아낼 수 있다.

ⓑ 알 수 없다. 원래의 음을 알기 위해서는 긴 테이프 조각이 필요하다. 짧은 조각으로는 충분하지 않다.

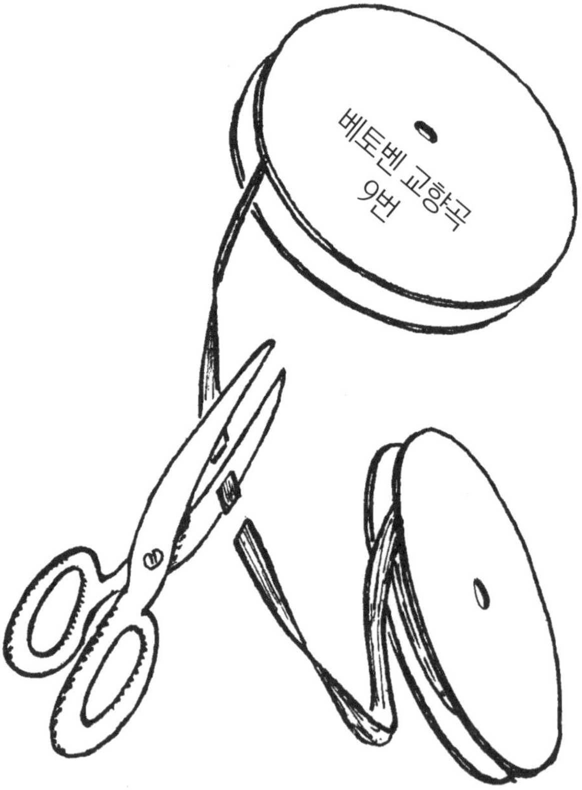

답: 조각

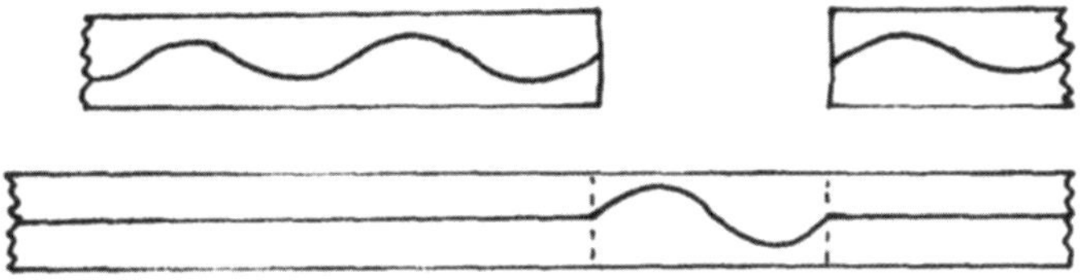

정답은 ⓑ입니다. 만약 조각이 지나치게 짧지 않다면 아마 원래 연주되었던 음을 거의 정확히 알아낼 수 있습니다. 하지만 조각이 아주 짧은 경우 원음을 알아내는 것은 거의 불가능합니다. 만약 그림에서처럼 녹음된 테이프에서 나온 조각을 녹음되지 않은 빈 테이프에 이어 맞춘 후 이 테이프를 재생하면 조각이 연결된 부분을 지날 때 삑 하는 소리가 납니다. 그러나 그 소리로부터 원음을 찾아내는 것은 불가능합니다. 여러분 중에는 삑 소리를 분석해서 그 소리의 한 파장 혹은 파장의 절반이나 1/4에 해당하는 길이를 알아내면 소리의 진동수를 구할 수 있다고 생각하는 사람이 있을 것입니다.

그러나 이 방법은 원음이 **조화파**인 경우에만 가능합니다. 대부분의 경우 소리 속에는 그 음 외에도 많은 음이 포함될 뿐만 아니라 그 음보다 높고 낮은 음도 포함되어 있습니다. 예를 들어 다음 그림에서 우리는 1/4 파장 또는 반 파장에 해당하는 조각을 보고 있다고 생각하여 위아래의 음이 완전히 똑같다고 생각할 수도 있습니다. 그러나 위의 경우 조화파로 이루어진 음이고 아래의 경우 톱니 모양을 그리는 전혀 다른 소리의 음입니다.

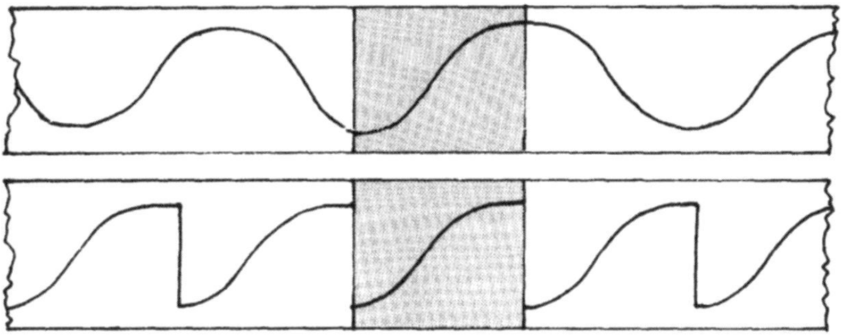

작은 조각으로부터 소리를 구별하는 것은 이론적 문제 외에도 공학적인 문제가 있습니다. 종이 한 장의 두께를 측정하기가 어려운 것처럼 어떤 음의 파장 길이나 주기를 정확히 측정하는 것은 매우 어렵습니다. 어떻게 측정할 수 있을까요? 종이 열 장을 포개어 전체 두께를 잰 후 이것을 10으로 나누면 한 장의 두께를 구할 수 있습니다. 마찬가지로 파동이 열 번 진동하는 데 걸린 시간을 측정한 후 이를 10으로 나누어 한 파장의 주기를 알아냅니다.

열 번 진동하는 것은 좀 더 긴 시간이므로 우리는 한 번 진동하는 것보다 더 정확하게 시간을 측정할 수 있습니다.

이 방법은 새로운 개념을 다루는 열쇠가 됩니다. 우리가 살고 있는 실제 세계에는 어떤 음의 정확한 **혼합 진동수**와 정확히 그 음이 발생한 **시간**처럼 동시에 정확하게 측정할 수 없는 두 물리량의 조합이 많이 존재합니다. 이는 시간의 어느 한 순간을 정확하게 측정할 수 없거나 또는 혼합된 진동수를 정확하게 측정할 수 없다는 뜻이 아닙니다. 두 가지를 하나씩 따로 측정할 수는 있지만 동시에 함께 정확히 측정하는 것은 불가능하다는 의미입니다. 이 새로운 물리적 개념을 우리는 **불확정성 원리**라고 부릅니다. 그리고 동시에 측정할 수 없는 물리량의 쌍을 **켤레 쌍**(Conjugate Pairs)이라고 합니다. 켤레 쌍 중 하나의 양은 원하는 만큼 정확하게 측정할 수 있지만 그와 동시에 다른 나머지 양도 정확하게 측정하는 것은 불가능합니다. 또는 두 물리량을 적당한 정확도로 동시에 측정할 수는 있지만 이 가운데 어느 하나를 더 정확하게 측정하려고 하면 나머지 물리량의 정확도는 떨어지게 됩니다.

혼합된 진동수와 시간은 서로 켤레 쌍입니다.

변조

물리에서 '정보'는 이야기를 전달하는 것을 뜻합니다. 그림은 음파와 라디오파를 나타내는 네 개의 신호입니다. 파동 I은 하나의 진동수로 된 연속적인 파동이고, 파동 II는 진동수가 변화합니다. 파동 III은 진폭이 변화하며 파동 IV는 불연속적인 펄스입니다. 네 가지 신호 중 '정보'를 담을 수 없는 것은 무엇일까요?

ⓐ 파동 I ⓑ 파동 II ⓒ 파동 III
ⓓ 파동 IV ⓔ 넷 다 정보를 담을 수 있다.

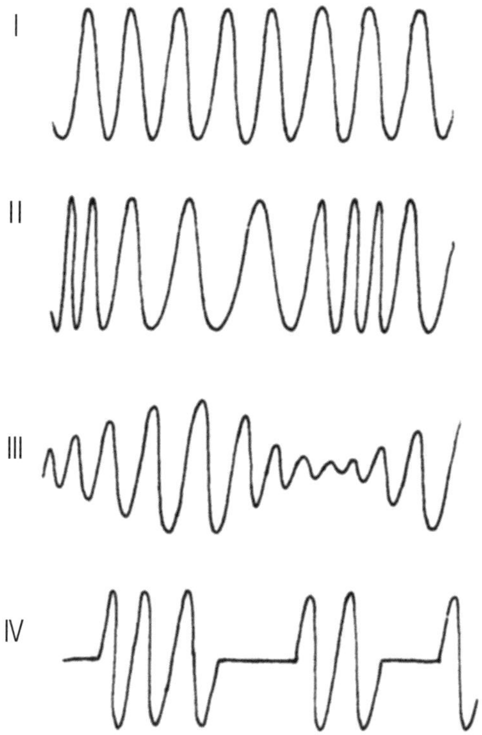

답: 변조

정답은 ⓐ입니다. 정보를 전달하기 위해서는 신호를 이용해 다양한 표현을 할 수 있어야 합니다. 하나의 파동을 다른 형태와 구별할 수 있게 독특한 형태로 **바꾸어** 다양한 표현을 만들어 낼 수 있습니다. 이러한 형태 변화가 없으면 정보 전달도 불가능합니다. 물리에서 '변조'라는 말은 파동의 형태를 변화시키는 것을 의미합니다. 예를 들어 파동 II는 라디오파의 진동수나 음파의 높낮이를 변화시켜 파동의 형태를 변화시킨 것입니다. 많은 종류의 새가 이 방식으로 정보를 전달합니다. FM(Frequency Modulated: 주파수변조) 라디오 방송도 마찬가지입니다. 파동의 형태를 달리하는 또 다른 방법은 파동 III처럼 소리의 강도나 라디오파의 출력을 변화시켜 파동의 진폭을 변화시키는 것입니다. 이는 위상 일치와 위상 반대 사이를 오가며 진동하는 두 디젤 엔진의 고동 소리와 비슷합니다. AM(Amplitude Modulated: 진폭변조) 라디오 방송이 이처럼 방송파의 출력을 변화시켜 음악이나 목소리를 전달합니다. 파동 IV는 마치 개 짖는 소리와 유사하게 파동을 끄고 켜는 방식으로 형태를 변화시킵니다. PM(Pulse Modulated: 펄스변조) 라디오 방송이 이 방법을 사용합니다.

하지만 파동 I에는 아무런 정보가 담겨 있지 않습니다. 파동 I은 단지 끊임없이 웅웅거리는 소리일 뿐입니다. 이 웅웅거리는 소리에는 어떤 변화도 포함되어 있지 않으며 단순한 반복입니다. 이는 앞으로도 무엇이 계속될지 정확히 예측할 수 있다는 뜻이고 전혀 새로운 정보가 없습니다. 만약 파동이 일정 시간 동안 꺼졌다 켜졌다 한다면 이야기는 달라집니다. 우리는 여기서 구별되는 변화를 찾아낼 수 있습니다. 하지만 변화가 없다면 어떤 이야기도 담겨 있지 않고 이는 정보가 없음을 의미합니다.

정확한 진동수

어떤 라디오 음악 방송국의 방송이 라디오의 다이얼을 100KHz[●]에 맞출 때 나옵니다. 100KHz에 매우 가까운 100.01KHz나 99.99KHz 같은 약간 다른 주파수[진동수]를 **모두** 배제하고 **정확히** 100KHz에 라디오를 맞출 수 있다고 가정해 보겠습니다. 어떤 방식으로 방송을 송출해야 이런 라디오에서 깨끗한 음질의 음악을 들을 수 있을까요?

ⓐ AM만으로

ⓑ FM만으로

ⓒ AM 또는 FM으로

ⓓ AM이나 FM으로는 이 음악 방송을 들을 수 없다.

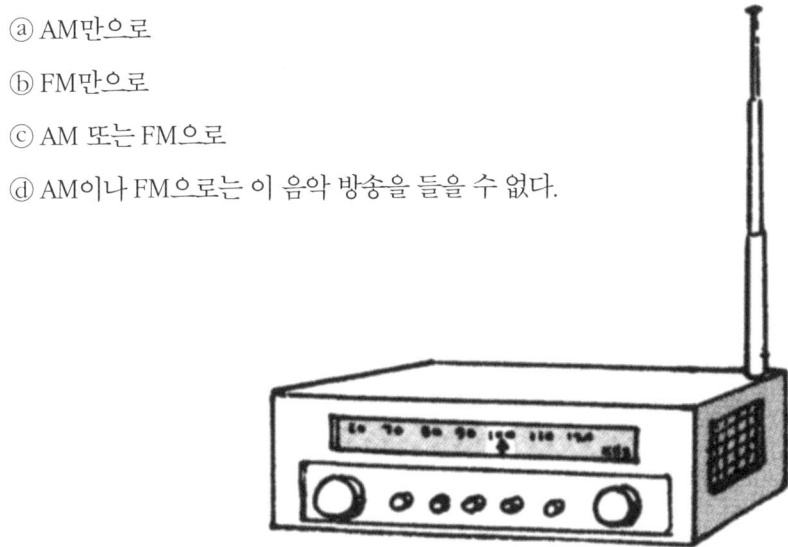

● 어떤 사람들은 새로운 단위를 만드는 일을 좋아합니다. 그래서 그들은 초당 진동수를 의미하는 중요한 단위 Hz(헤르츠)를 만들어 냈습니다. 이 단위는 1886년에 전자기파를 발견한 하인리히 헤르츠를 기념하여 이름 붙여졌습니다. 1초에 한 번 진동할 때 우리는 1Hz라고 합니다. 만약 헤르츠가 오늘날에도 살아 있다면 그는 이 사실을 과학의 발전이라고 생각할까요?

답: 정확한 진동수

정답은 놀랍게도 ⓓ입니다. 만약 라디오가 정확하게 하나의 진동수에만 맞춰진다면 우리는 파동을 변조할 수 없습니다. 변조할 수 없다는 것은 정보를 담을 수 없다는 뜻이므로 음악도 들을 수 없습니다. 이 경우 라디오는 변화 없이 웅웅거리는 한 가지 소리만 내게 됩니다. 이는 주파수변조 신호뿐만 아니라 진폭변조 신호에도 해당됩니다.

진폭변조 신호는 하나의 진동수로 가능하다고 생각할 수도 있지만 사실은 그렇지 않습니다. 파동 I 같은 진폭 변조파를 만들려면 파동 II처럼 맥동하는 파동을 파동 III과 같은 조화파와 중첩해야 합니다.

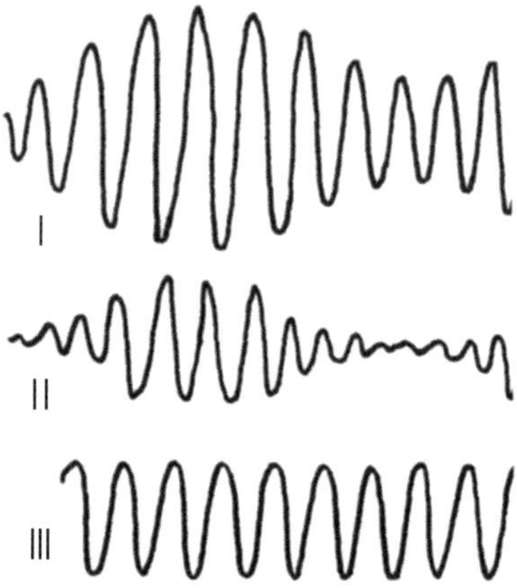

'맥놀이'가 만들어지는 경우를 다시 떠올려 보겠습니다. 맥놀이 형태의 파동은 진동수가 약간 다른 두 파의 중첩에 의해 만들어집니다. 그래서 그들은 한 쌍의 디젤 엔진에서 나는 소리처럼 동기화가 되었다가 안 되었다가를 반복합니다. 100KHz 근방에서 이런 미세한 진동수 변화가 없다면 진폭변조를 만들 수 없고 음악도 방송할 수 없습니다.

라디오 기술자는 라디오 신호에 담긴 **모든** 정보가 측파 진동수 대역에서 전달된다고 말하기도 합니다. 측파 진동수 대역이란 이 문제의 경우 100KHz보다 약간 높거나 낮은 진동수 대역을 말합니다. 멀리 떨어진 우주선과의 통신처럼 출력을 아껴야 할 때 주 진동수와 추가로 하나의 측파 진동수를 사용하면 출력을 아낄 수 있습니다. 측파 진동수는 하나만 지구로 전송되고 그 후 지구에서 100KHz 진동수와 증폭된 측파 대역이 더해져 원래의 신호를 복구합니다. 이는 짐을 간단히 꾸리기 위해 건조 음식을 가지고 가는 것과 비슷합니다. 건조 음식은 물만 부으면 바로 먹을 수 있지요.

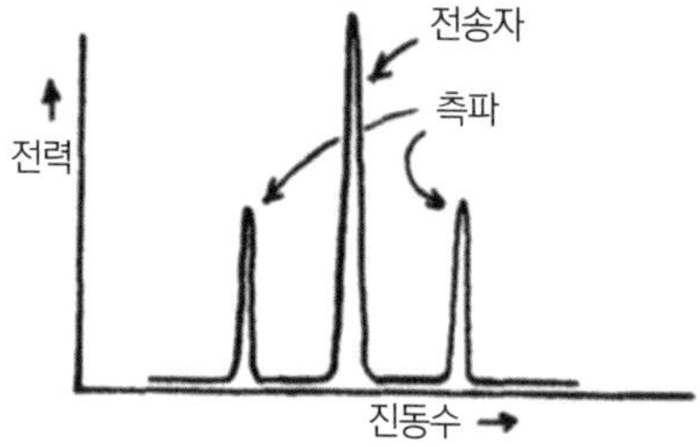

• **주의:** 라디오 신호는 100KHz 근처의 측파 진동수 대역을 포함해야 하지만 또 너무 많은 진동수를 포함하지 않도록 세심하게 만들어야 합니다. 만약 측파 진동수 대역이 너무 넓다면 라디오는 동시에 여러 방송국에서 전파를 받아들여 여러 방송이 뒤죽박죽 섞이게 될 것입니다.

수은 바다

바닷물이 바닷물보다 밀도가 열세 배 높은 수은으로 바뀐다고 가정해 보겠습니다. 그러면 바닷물일 때 물결파의 속력과 비교해서 수은파의 속력은 어떻게 다를까요?

ⓐ 더 빠르다.
ⓑ 더 느리다.
ⓒ 같은 속력이다.

만약 지구의 중력이 커진다면 수은으로 된 물결파의 속력은 어떻게 다를까요?

ⓐ 더 빨라진다.
ⓑ 더 느려진다.
ⓒ 더 빠르지도 느리지도 않다.

답: 수은 바다

첫 번째 질문의 정답은 ⓒ입니다.

단위 부피 1m³당 들어 있는 바닷물을 한번 생각해 보겠습니다. 단위 부피당 작용하는 힘은 어떤 것이 있을까요? 주변의 물에 의한 압력과 중력이 단위 부피당 바닷물에 작용합니다. 바닷물이 수은으로 바뀐다면 바닷물의 단위 부피당 질량이 열세 배가 됩니다. 주변의 수은에 의한 압력도 열세 배가 될 것이고 중력(무게) 또한 열세 배 더 커질 것입니다. 즉 수은으로 바뀌면 단위 부피에 작용하는 모든 힘은 열세 배 더 커질 것입니다. 이 사실은 단위 부피의 수은이 바닷물보다 열세 배 더 빠르게 가속된다는 것을 뜻할까요? 그렇지 않습니다. 어째서일까요? 단위 부피당 질량이 열세 배 커졌기 때문에 열세 배로 가속될 수 없기 때문입니다. 물이 수은으로 바뀌더라도 물결치는 파동 각 지점의 가속도나 운동은 정확하게 지금과 똑같이 유지됩니다. 따라서 각 부분의 운동이 똑같다면 전체 파의 운동도 모두 변하지 않습니다.

두 번째 문제의 정답은 ⓐ입니다. 만약 중력이 커진다면 각 단위 부피당 무게가 증가할 것이고, 압력도 증가합니다. 그렇다면 단위 부피당 질량도 증가할까요? 중력이 증가한다고 질량이 커지지는 않습니다. 원래와 똑같은 질량에 더 큰 힘이 작용하게 되므로 단위 부피당 질량이 더 빠르게 가속됨을 의미합니다. 만약 각 부분이 더 빠르게 운동한다면 물결파의 전체 운동은 더 빨라집니다.

물벌레

그림은 수면의 벌레가 만든 물결파의 모습입니다. 이 물결파의 형태로부터 우리가 벌레의 운동에 대해 알 수 있는 사실로 옳은 것은 무엇일까요?

ⓐ 계속해서 왼쪽으로 움직였다.

ⓑ 계속해서 오른쪽으로 움직였다.

ⓒ 좌우로 움직였다.

ⓓ 원형으로 움직였다.

답: 물벌레

정답은 ⓒ입니다. 눈 위를 걷는 동물은 발자국을 남겨 움직인 경로를 알 수 있습니다. 그러나 물 위에서는 발자국의 흔적 대신 조그만 원형 물결파가 남는데 발자국처럼 가만히 멈춰 있지 않습니다. 원형의 파동이 퍼져나갈 때 유일하게 일정한 것은 원형의 중심입니다. 중심은 파동이 처음 만들어진 위치를 표시해 줍니다. 만약 물벌레가 한곳에 계속 머물러 있다면 이 벌레가 만드는 모든 파문은 동심원을 이룹니다. 벌레가 오른쪽으로 움직이면 원의 중심도 오른쪽으로 움직이게 됩니다. 이때 오른쪽으로는 간격이 좁은 파문을, 왼쪽으로는 더 간격이 넓은 파문을 만들어 낼 것입니다. 그림에서 파문이 어떤 부분에는 왼쪽이, 또 어떤 부분에는 오른쪽이 간격이 좁은데 이는 물벌레가 왼쪽과 오른쪽을 번갈아가며 움직였다는 의미입니다.

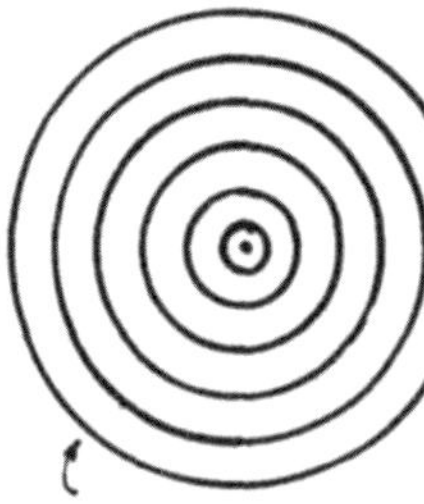

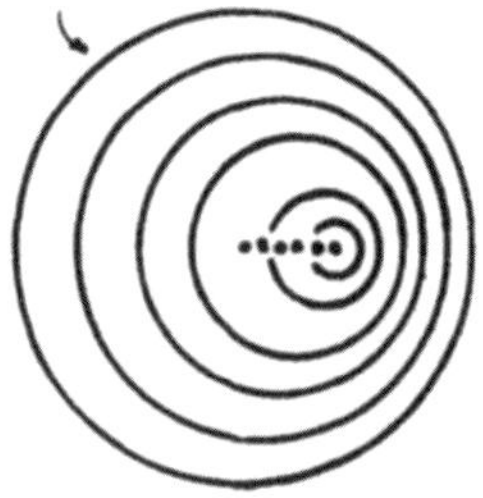

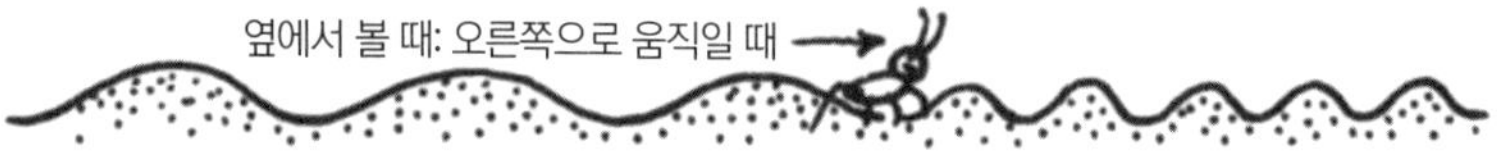

물결이란 물 위의 작은 파동들입니다. 소리나 빛 또한 파동입니다. 운동하는 물체로부터 나는 소리나 빛의 파동 또한 그 물체가 움직이는 방향으로 더 조밀해집니다. 음파의 간격은 소리의 주파수를 결정합니다. 간격이 좁은 파는 높은 주파수를 가집니다. 눈은 빛의 진동수로 색깔을 감지합니다. 높은 진동수는 푸른색이고 낮은 진동수는 붉은색입니다. 따라서 빛을 내는 물체가 관측자로부터 멀어져 갈 때는 가까이 다가올 때보다 더 붉게 보입니다. 이러한 이유로 우리가 사는 태양계로부터 멀어져 가는 별, 은하로부터 오는 빛은 적색편이를 일으킵니다.

소리 장벽

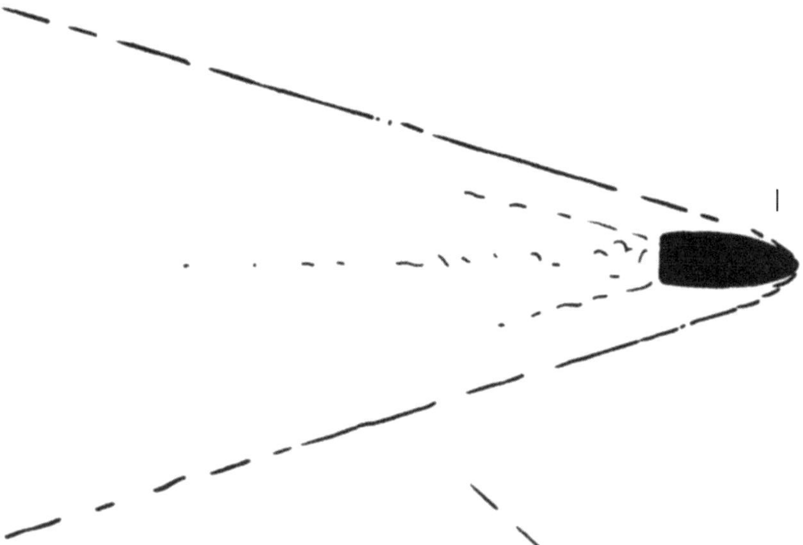

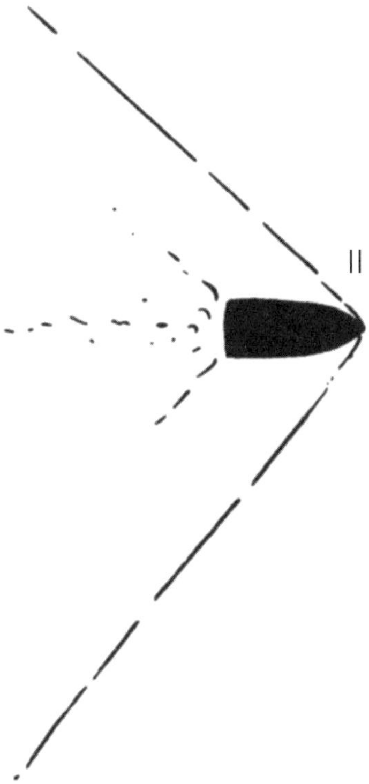

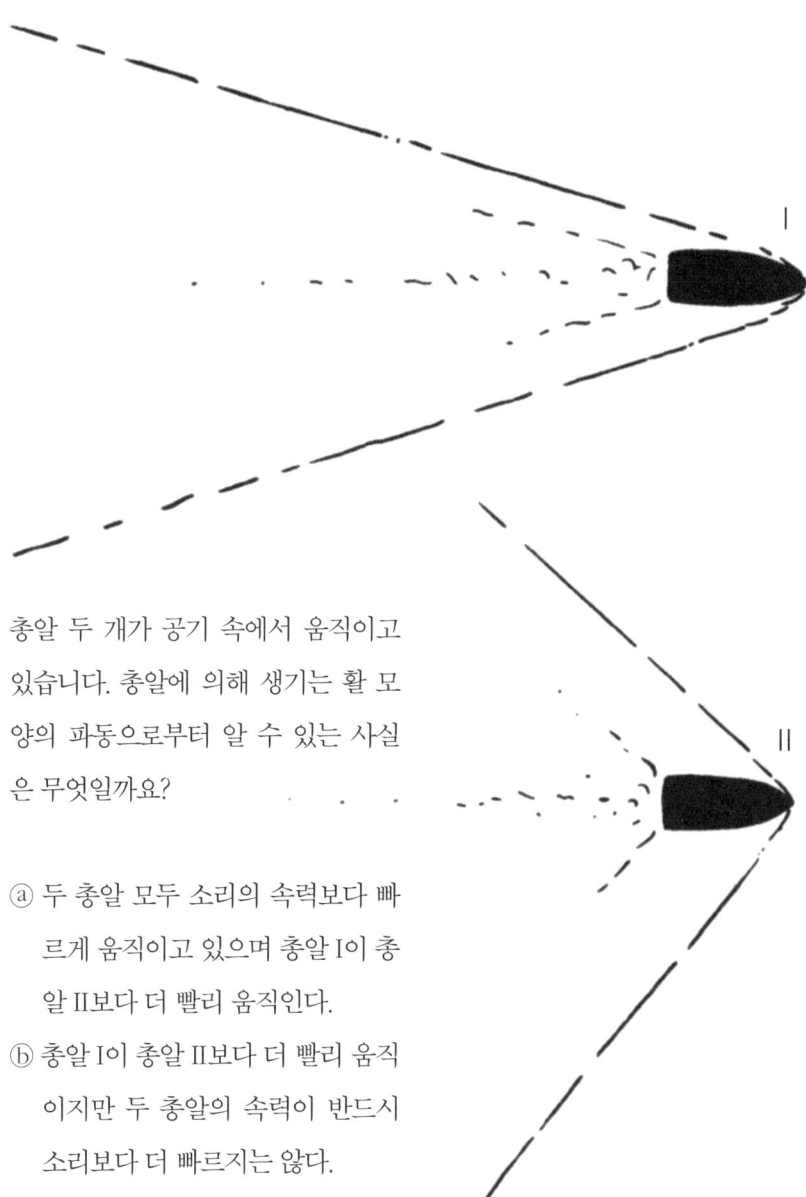

총알 두 개가 공기 속에서 움직이고 있습니다. 총알에 의해 생기는 활 모양의 파동으로부터 알 수 있는 사실은 무엇일까요?

ⓐ 두 총알 모두 소리의 속력보다 빠르게 움직이고 있으며 총알 I이 총알 II보다 더 빨리 움직인다.
ⓑ 총알 I이 총알 II보다 더 빨리 움직이지만 두 총알의 속력이 반드시 소리보다 더 빠르지는 않다.
ⓒ 둘 다 사실이 아니다.

답: 소리 장벽

정답은 ⓐ입니다. 바로 앞 문제에서 물벌레가 자신이 만드는 파동보다 더 빨리 움직였다면, 그 결과 파동의 모양은 간격이 좁은 파동 대신 파동이 겹쳐서 형성된 V 자 형의 활모양 파로 나타났을 것입니다. 공기 중의 총알일 때도 마찬가지입니다. 만약 총알이 소리보다 느리게 움직인다면 중첩이 일어나지 않습니다. 그림 Ⅰ. 만약 총알이 소리와 같은 속력으로 움직인다면 오직 총알의 앞부분에서만 파동의 중첩이 일어납니다. 그림 Ⅱ. 총알이 소리보다 빠르게 움직이면 익숙한 V 자 모양으로 파동 중첩이 일어납니다. 그림 Ⅲ, Ⅳ. X 표시가 있는 지점이 파의 중첩이 일어나는 곳입니다. 그림에는 X 표시가 세 쌍만 표시되었지만 실제로는 훨씬 더 많은 지점에서 일어납니다. 총알에 의해 생성되는 활모양의 파동은 실제로는 수많은 원형 파동의 중첩입니다. 총알이 빠를수록 V 자 모양이 더욱 좁아집니다.

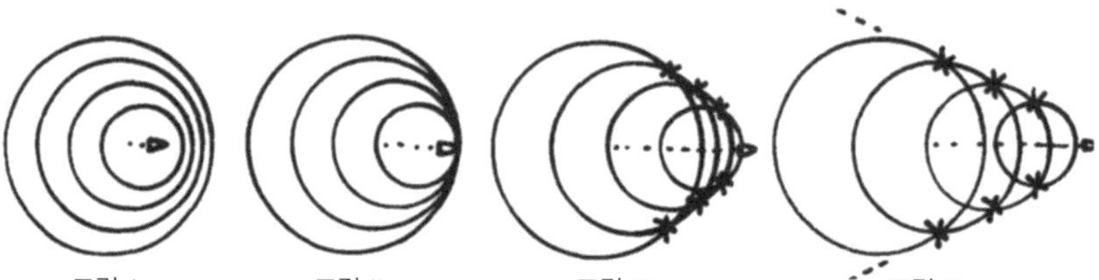

그림 Ⅰ　　그림 Ⅱ　　그림 Ⅲ　　그림 Ⅳ

미국 남북전쟁 말기에 총알이 소리보다 더 빠르게 날아가게 되었고 제2차 세계대전 말기에는 비행기가 소리보다 더 빠르게 날 수 있게 되었습니다.

비행기 조종사는 그림처럼 소리의 속력으로 비행할 때 비행기가 내는 소음과 같은 속력으로 움직이게 되므로 큰 문제에 맞닥뜨립니다. 이 소음은 압축된 공기의 벽과 충격파를 만드는데 이 때문에 비행기가 심하게 흔들리거나 심지어 조종 불능이 되기도 합니다. 비행기가 소리보다 더 빠른 속력으로 날아가게 되면 비행기는 스스로의 소음 및 이와 관련된 문제점으로부터 벗어날 수 있습니다. 이때, 충격파는 비행기의 뒤쪽에 발생합니다. 초음속 비행기가 머리 위로 지나가면 뒤따르는 충격파가 지면에 도달하며 날카로운 소리를 내는 데 이를 소닉붐이라고 합니다.

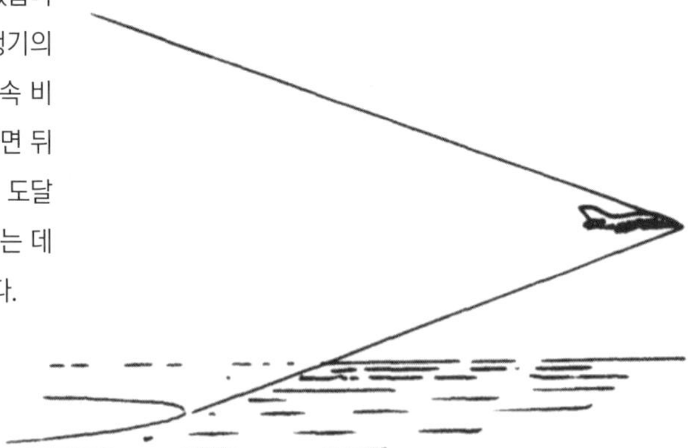

지진

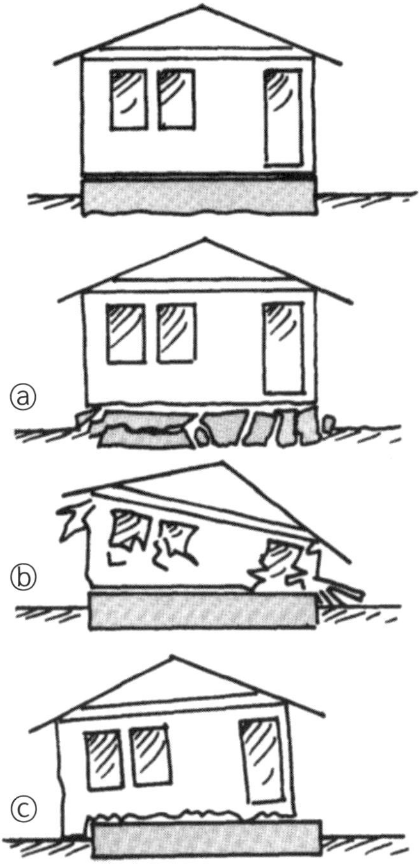

많은 집이 콘크리트나 평평한 돌로 된 기초 위에 세운 목재 구조물로 지어집니다. 꽤 강한 지진이 발생했을 때 이런 집에 일어나는 가장 흔한 피해는 무엇일까요?

ⓐ 기초는 부서지지만 목재 구조는 원형 그대로 남는다.

ⓑ 기초는 원형 그대로 남지만 목재 구조가 부서진다.

ⓒ 기초와 목재 구조 모 두 원형 그대로 남지만 목재 구조가 기초로부터 미끄러져 내린다.

답: 지진

정답은 ⓒ입니다. 이 문제는 간단한 관성 문제입니다. 콘크리트 기초는 땅에 붙어 있고 지구와 함께 앞뒤로(때로는 위아래로) 흔들립니다. 그러나 집은 기초에 단단히 고정되어 있지 않으므로 기초가 땅과 함께 움직일 때 집은 그 자리에 그대로 서 있게 됩니다! 곧 아래에서 지탱해 주는 기초가 없어지므로 집은 붕괴하게 됩니다! 1억짜리 집을 지키기 위해 집과 콘크리트 기초를 연결하는 만 원짜리 죔쇠 볼트를 사면 1억어치 붕괴를 방지할 수 있습니다. 집을 살 때는 죔쇠 볼트를 꼭 점검해야 합니다. 캘리포니아 주에서는 오래된 건물에 죔쇠 볼트를 사용하여 많은 생명과 재산을 보호하고 있습니다. 학교를 다시 짓는 데 드는 돈의 몇 분의 1로 말이지요.

또 다른 지진

보통 골짜기의 밑바닥은 부드러운 흙[충적토]으로 채워져 있습니다. 강한 지진이 발생했을 때 어느 집이 가장 큰 피해를 입을까요?

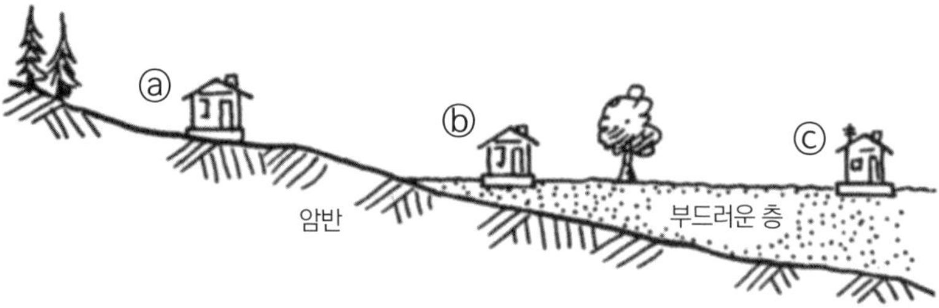

ⓐ 언덕의 암반 위에 있는 집

ⓑ 암반 근처 부드러운 땅 위에 있는 집

ⓒ 암반으로부터 멀리 떨어진, 부드러운 땅 위에 있는 집

답: 또 다른 지진

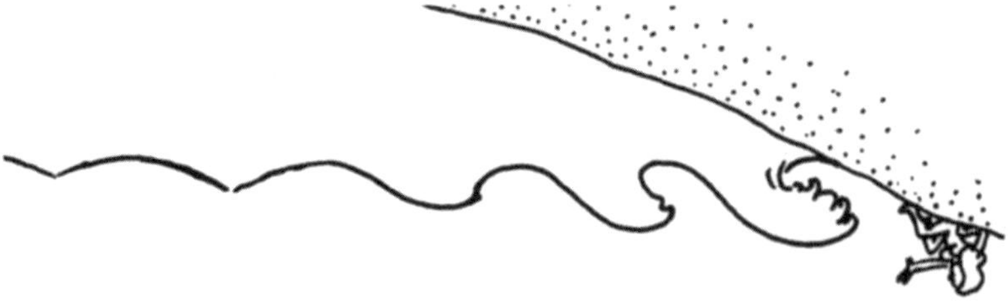

정답은 ⓑ입니다. 지진파는 수면파와 매우 비슷하게 부드러운 땅속을 지나갑니다. 지진파의 에너지는 암반과 부드러운 땅이 접하는 좁은 쐐기 부분에 집중됩니다. 이 같은 상황은 수면파가 호수 위를 지나갈 때, 바다의 파도가 해변을 칠 때도 일어납니다. 파의 에너지는 얕은 물가에 집중되어 파도가 모래를 때릴 때 높아집니다. 이 에너지는 파도가 해변으로 '튀어 올라' 해변을 거니는 사람의 신발을 젖게 합니다. 지진파의 경우 조종 계곡의 가장자리에 에너지가 집중되어 부드러운 땅을 갈라지게 하거나 금이 가게 합니다. 지진이 지나가고 나면 부드러운 땅은 갈아엎어져 마치 쟁기질을 한 것처럼 보이기도 합니다.

단층 주변

큰 지진을 일으키는 에너지는 단층을 따라 생기는 갑작스러운 운동에서 유래합니다. 단층은 지각에 있는 균열로 그 길이가 100km를 넘는 경우도 있습니다. 집 I은 단층에서 10km 떨어져 있고 집 II는 20km 떨어져 있다면 지진이 일어났을 때 어느 집이 더 큰 피해를 입을까요?

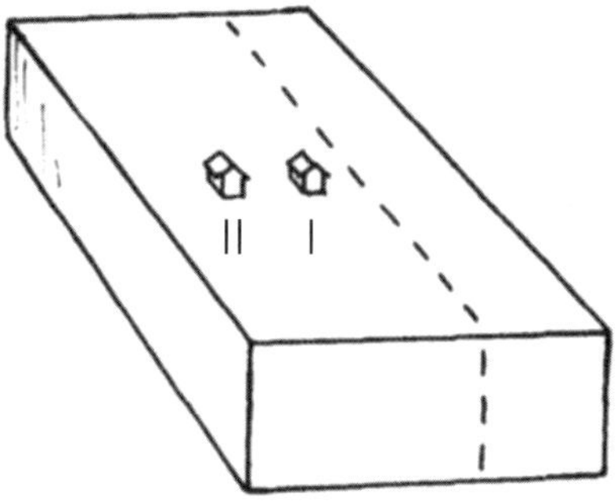

ⓐ 집 I ⓑ 집 II

ⓒ 둘 다 거의 같은 정도로 피해를 입는다.

집 I에 도달하는 지진의 에너지는 집 II에 도달하는 에너지보다 대략 얼마나 더 클까요?

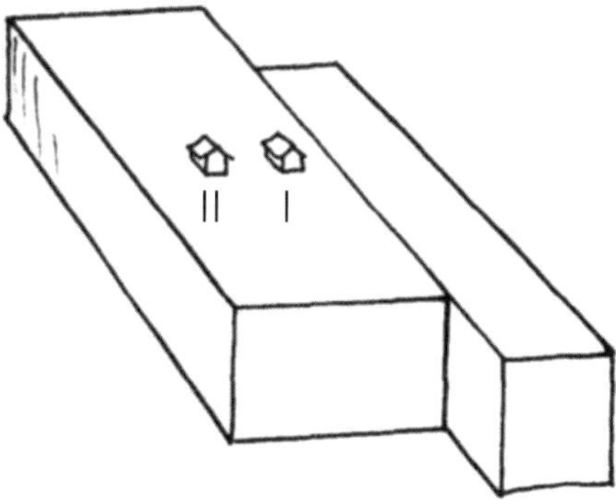

ⓐ 똑같다. ⓑ 두 배

ⓒ 세 배 ⓓ 네 배

ⓔ 네 배 이상

답: 단층 주변

두 번째 질문의 정답이 ⓐ이기 때문에 첫 번째 질문의 정답은 ⓒ입니다. 두 집에 도달하는 지진 에너지는 본질적으로 같습니다! 지진파를 직접 관찰하기란 쉽지 않기 때문에(매우 강한 지진일 때는 직접 관찰할 수도 있습니다) 대신 수면파를 상상해 보겠습니다. 호수에 돌을 하나 던지면 발생하는 물결파와 그다음 물결파의 에너지는 점점 커지는 원 모양을 그리며 돌 주위를 퍼져나갑니다. 따라서 원둘레가 커짐에 따라 에너지는 더 넓게 퍼져나가 분산됩니다. 물 위의 I 위치에 떠 있는 코르크는 II에 있는 코르크보다 훨씬 더 크게 위아래로 출렁입니다.

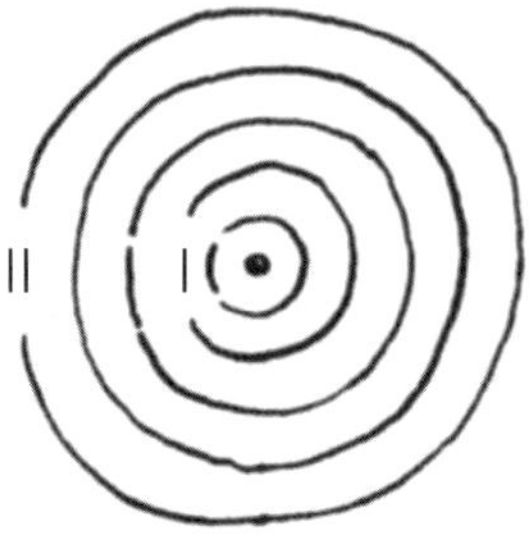

그러나 지진파는 긴 틈이나 단층으로부터 생깁니다. 지진파 같은 형태의 파를 만들려면 통나무처럼 긴 물체를 호수에 던져 보면 됩니다. 통나무의 끝에서는 파동이 원의 일부처럼 휘어져 퍼져나갑니다. 그러나 통나무의 측면에서는 파동이 거의 직선이고 통나무로부터 다소 먼 곳까지도 직선파 모양을 유지합니다. 직선파는 원형파처럼 퍼져나가지 않으므로 파가 통나무로부터 다소 멀어져도 파의 에너지는 거의 분산되지 않으며 약해지지도 않습니다. (빛에도 똑같은 논리가 적용됩니다. 밝은 전구 한 개보다 긴 형광등을 사용할 때 방 안을 더 고르게 밝힐 수 있는 이유입니다.)

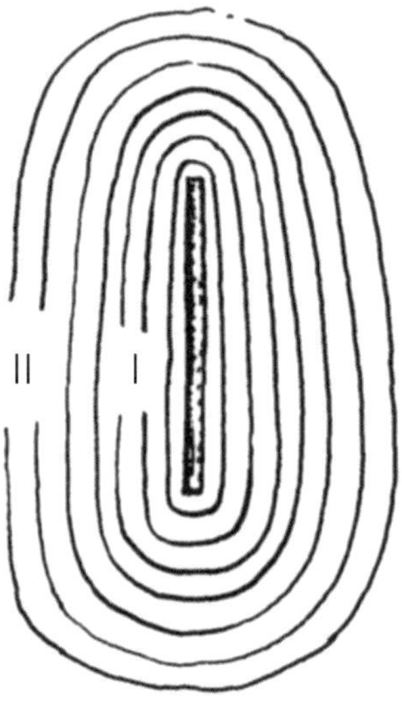

따라서 단층 근처에 있는 집이 더 멀리 떨어진 집보다 훨씬 더 위험하지는 않습니다. 물론 단층 근처라는 것이 단층 바로 위에 있다는 뜻은 아닙니다. 단층 바로 위에서는 집이 반쪽으로 절단될 수도 있습니다. 단층으로부터 아주 멀리 떨어져 있는 경우가 가장 안전합니다. 아주 멀리 떨어진 곳은 파가 휘어져 원형파로 퍼지기 시작하기 때문입니다. 그러나 단층 주변에서 입는 피해는 집이 단층으로부터 얼마나 떨어졌는가보다는 어떻게, 어떤 지반 위에 지어졌는가와 더 밀접한 관련이 있습니다.

샌 안드레아스 단층

단층으로부터 멀고 가까운 것도 중요하지만 여기서는 단층을 따라 진앙과의 거리가 가까운 곳과 먼 곳을 생각해 보겠습니다. 지진은 지표면에 긴 균열을 만듭니다(이 균열은 지표면이 양방향으로 잡아당겨져서 만들어지는 것이 아니라 단층의 양쪽이 서로 미끄러지며 만들어지는 균열입니다). 이런 균열은 진앙에서 시작하여 수 km(큰 지진일 경우에는 수백 km) 길이의 단층을 따라 발생합니다. 도시 I과 도시 II는 단층으로부터 동일한 거리에 있습니다. 지진의 강도는 어느 도시에서 더 클까요?

ⓐ 도시 I에서 더 크다.
ⓑ 도시 II에서 더 크다.
ⓒ 두 도시에서 같다.

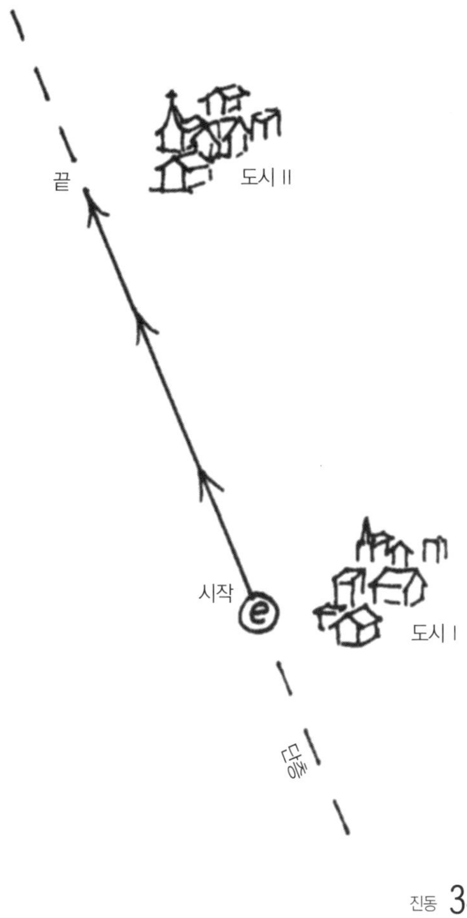

답: 샌 안드레아스 단층

정답은 ⓑ입니다. 순간적으로 균열이 발생하는 지점이 지진파가 발생하는 곳인데 이 지점(진앙)은 단층을 따라 나타납니다. 진앙은 단층을 따라 지퍼처럼 움직입니다. 움직이는 진앙은 도플러효과를 일으킵니다. 진앙이 단층을 따라 움직이면서 지진파의 에너지를 압축시키고 지진이 움직이는 방향으로 지진의 위력이 증가합니다.

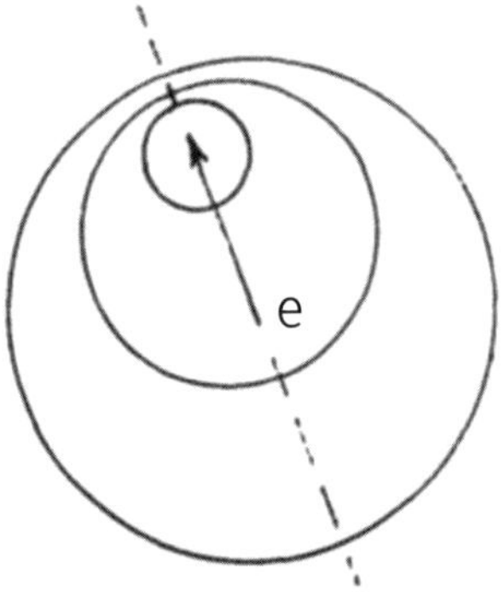

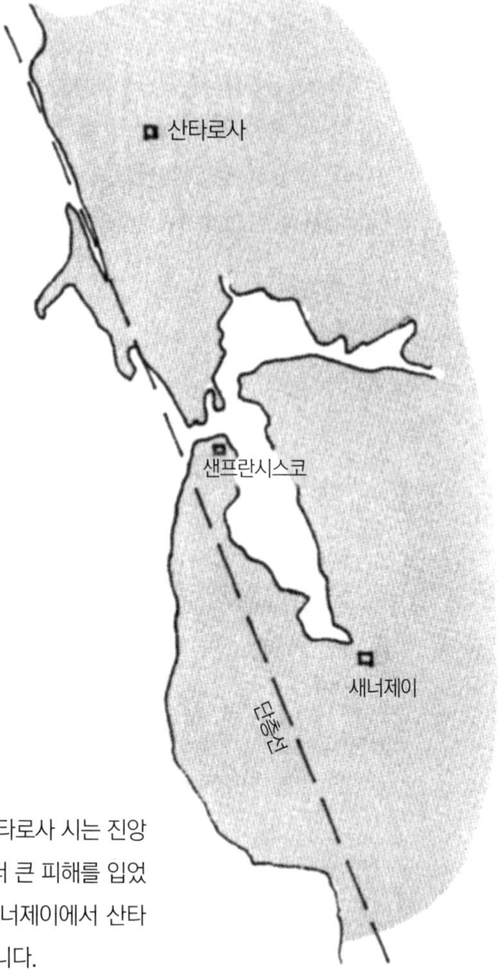

1906년의 샌프란시스코 대지진에서 산타로사 시는 진앙에 더 가까이 있었던 새너제이보다 훨씬 더 큰 피해를 입었는데 이는 단층을 따라 발생한 균열이 새너제이에서 산타로사를 향하는 방향으로 일어났기 때문입니다.

다행히도 땅이 쪼개지는 속력은 가장 느린 지진파의 속력보다 느렸습니다(쪼개지는 속력은 지진파 속력의 약 2/3). 그렇지 않았다면 지진파는 충격파로 발전할 수 있으며 이는 지진의 파괴력을 매우 크게 증가시켰을 것입니다.

'단층 주변' 문제의 해답을 다시 읽어 보세요. 물속에 던져진 통나무에 의해 발생한 파의 모양이 위쪽 끝이 약간 더 좁다는 사실에 주목해야 합니다. 이 사실은 더 강조해도 지나치지 않습니다. 만약 물과 접촉하고 있는 통나무가 지진파의 쪼개짐과 유사하려면 통나무는 아래쪽 끝이 물에 먼저 닿도록 수면과 적당한 각을 이루어 물에 던져야 합니다. 그렇게 던지면 통나무에 의해 발생한 수면 '균열'의 효과는 아래에서 위쪽 방향으로 더 간격이 밀접한 수면파를 발생시킬 것입니다.

지하 핵실험

전략무기제한협정SALT, Strategic Arms Limitation Talks을 잘 지키고 있는지 확인할 때 어려운 점은 원자탄 실험과 자연적으로 발생한 지진을 구별하는 쉬운 방법이 없다는 것입니다. 맞는 말일까요?

ⓐ 그렇다.
ⓑ 아니다.

답: 지하 핵실험

정답은 ⓑ입니다. 세상에는 두 종류의 파동이 있습니다. 기관차가 일렬로 연결된 객차에 충돌할 때 객차를 타고 전파되는 진동과 같은 압축파(종파)가 있고 깃발이 휘날릴 때와 같은 횡파가 있습니다. 그림에서 깃발이 펄럭이는 방향(변위의 방향) T는 펄럭임이 전파되는 방향 U와 교차합니다. 반면 종파는 변위와 파동이 전파되는 방향이 나란합니다.

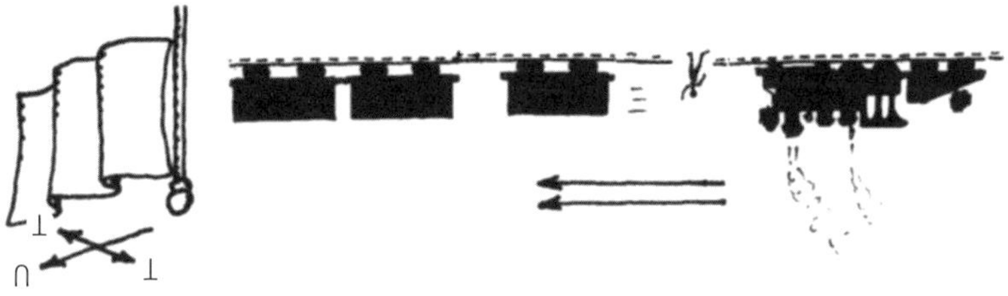

지진은 암석층이 서로 다른 방향으로 밀리는 힘에 의해 갑자기 끊어질 때 발생합니다. 이 끊어짐 때문에 암석층을 밀던 힘이 줄어들면 암석층은 순간적으로 진동하고 이 진동이 지진파를 발생시킵니다. 처음에는 그림에서처럼 A와 D 면으로부터 횡파를 발생시키고 B와 E 면으로부터 종파를, F와 C 면으로부터 저밀도파를 내보냅니다. 이처럼 지진은 모든 종류의 파를 발생시킵니다.

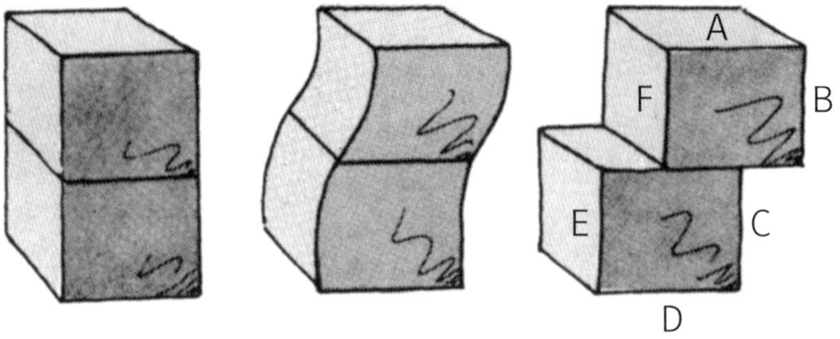

한편 (공중이나 지하에서의) 폭발은 오직 한 종류의 파, 종파만 발생시킵니다. 즉, 종파만 발생하는 지진은 인공 지진입니다. 이는 원자탄 실험의 결정적인 증거이지요!

파동을 분류하는 다른 기준도 있습니다. 예를 들어 깃발의 파동과 수면파는 표면파입니다. 음파나 지진파는 3차원의 부피를 통과하는 실체파입니다.

음파는 순수한 종파이고 지진파는 종파와 횡파로 구성되어 있습니다. 자연에 순수한 횡파체가 존재할까요? 답은 '그렇다' 입니다. 빛과 모든 전자기파는 순수한 횡파입니다. 지진파는 음파와 빛의 특성을 모두 보이기 때문에 자연계에 존재하는 가장 복잡한 형태의 실체파입니다.

바이오리듬

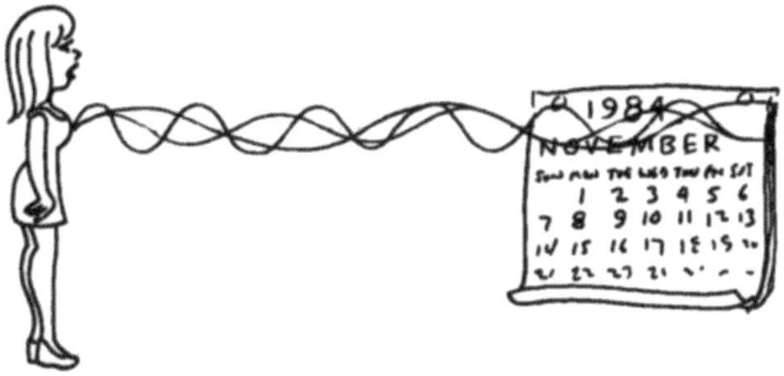

인간은 태어나는 순간부터 평생 동안 날짜에 따라 오르락내리락하는 특정한 자연적 리듬바이오리듬을 가지고 있다는 유명한 주장이 있습니다. 만약 어떤 사람의 생일과 이 자연적인 리듬혹은 파동의 주기혹은 진동수를 알면 우리는 그 사람의 신체가 활발해지는 날과 반대로 저조해지는 날이 언제인지 알 수 있습니다. 사실 할리우드 사람들은 이 계산을 하기 위해 많은 돈을 투자했습니다. 하지만 어떤 시계도 완벽하게 작동할 수는 없습니다.

인간의 생체 주기 시계는 얼마나 오류를 일으킬까요? 우리가 잘 알고 있는 생체 주기를 살펴보겠습니다. 여성의 월경 주기는 약 한 달입니다. 이때 '약'이라는 말은 보통의 상황에서 한 달 후 다음 주기의 시작 날짜를 예측하려고 할 때 하루 정도의 오차가 있는 것을 의미합니다. 만약 여성이 지금으로부터 두 달 후의 시작 날짜를 예측하려고 한다면 정확하게 예측하기가 좀 더 어려워집니다. 예측은 이틀 정도의 오차를 갖게 됩니다. 하지만 첫 달은 예측보다 하루 빨리 시작하고 두 번째 달은 예측보다 하루 늦게 시작한다면 이 오차는 서로 상쇄될 수도 있습니다.

이제 여성이 16개월 뒤와 같이 좀 더 먼 미래의 시작 일을 예측하는 경우를 생각해 볼까요? 만약 주기보다 빨라지거나 늦어지는 경우의 횟수가 동일하다면 오차는 상쇄됩니다. 일부의 경우는 일반적으로 그러하지만, 모두 그렇게 되지는 않습니다.

기간이 길어지면 조금씩 오차가 축적됩니다. 동전 열여섯 개를 책상 위에 던지는 것에 비유해 보겠습니다. 동전 앞면이 위로 오는 경우는 주기가 하루 일찍 시작되는 것을 의미하고 반대로 동전 뒷면이 위로 오는 경우는 주기가 하루 늦게 시작되는 것을 의미합니다. 동전 앞면과 뒷면의 개수가 정확히 같게 나올 것이라고 기대하기는 힘듭니다. 평균적으로 한쪽 면이 다른 쪽 면보다 네 개 정도 더 많이 나옵니다. 만약 동전 100개를 던진다면 정확히 50 대 50이 나오는 경우는 드물고 평균적으로 한쪽 면이 다른 쪽 면보다 열 번 정도 더 많이 나옵니다. 이때, 한쪽 면이 다른 쪽 면에 비해서 몇 번 더 많이 나오느냐가 바로 축적된 오차입니다. 이 오차의 수는 평균적으로 동전을 던진 횟수의 제곱근입니다.

$\sqrt{16}=4$, $\sqrt{100}=10$. 따라서 16개월 후의 시작 일을 예측할 때 4일 정도의 오차가 나타날 수 있습니다.

자, 이제 질문입니다. 만약 전형적인 바이오리듬이 한 달이고 이 주기의 오차가 하루인 사람이 20년 뒤 자신의 신체가 활발한 날, 혹은 저조한 날을 예측한다면 평균적인 오차는 어느 정도 일까요?

ⓐ 약 0일　　ⓑ 약 3일　　ⓒ 약 일주일

ⓓ 약 2주　　ⓔ 한 달 이상

답: 바이오리듬

정답은 ⓓ입니다. 20년은 총 240개월입니다. 240의 제곱근은 대략 15입니다 ($\sqrt{240}=15.49133\cdots\cdots$). 즉 늦거나 빨라지는 날짜의 평균은 15일입니다. 따라서 한 달에 한 번씩 누적된 오류는 15일이 됩니다. 장기간의 바이오리듬 예측을 진지하게 받아들여야 할까요?

보충 문제

본문에서 다룬 문제들과 유사한 다음 문제들을 스스로 풀어 보세요. 물리적으로 생각하는 것을 잊지 마시기 바랍니다. (정답과 해설은 없습니다.)

1. 물이 반쯤 찬 유리잔을 가볍게 두드릴 때 소리가 납니다. 만약 잔에 물을 더 부으면 두드릴 때 나는 음의 높이는 어떻게 될까요?
   ⓐ 더 높아진다. ⓑ 더 낮아진다.

2. 외부 진동에 의해 물체가 진동해서 공명이 일어나려면, 외부 진동은 어떤 특성을 지녀야 할까요?
   ⓐ 높은 주파수 ⓑ 낮은 주파수 ⓒ 큰 진폭
   ⓓ 물체의 고유 주파수와 일치하는 주파수

3. 종이 울릴 때 나는 진동수는 정확히 하나의 진동수라기보다는 일정한 진동수 범위를 포함합니다. 그 진동수 범위 내에서 진동수는 매우 비슷하므로 결과적으로 위상차를 가지고 상쇄 간섭을 일으켜 점차 벨소리가 작아집니다. 그러므로 단순한 음조를 가진 벨이 울리는 시간은 어떻게 될까요?
   ⓐ 오랫동안 울린다. ⓑ 잠깐 울린다.

4. 파의 진폭이 클수록 커지는 것은 무엇일까요?
   ⓐ 주파수 ⓑ 파장 ⓒ 소리의 크기
   ⓓ ⓐ, ⓑ, ⓒ 모두 ⓔ 모두 아니다.

5. 그림에서 보듯 한 쌍의 파가 긴 줄의 양끝에서 발생되어 서로를 향하여 움직입니다. 과연 줄의 진폭이 모든 곳에서 0이 되는 순간이 있을까요?

   ⓐ 있다. ⓑ 없다.

6. 파동 I, II가 중첩될 때 합성되는 파는 무엇일까요?

ⓐ  ⓑ  ⓒ  ⓓ 없다.

7. 사인파를 많이 중첩하더라도 만들어질 수 없는 파동은 무엇일까요?

ⓐ 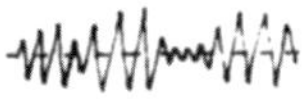 ⓑ  ⓒ 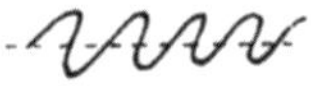

ⓓ 모두 가능하다.

8. 254Hz와 256Hz의 주파수를 가진 두 개의 소리굽쇠를 울렸습니다. 발생되는 맥놀이의 주파수는 어떻게 될까요?

ⓐ 2Hz ⓑ 4Hz ⓒ 255Hz

9. 물벌레에 의해 그림과 같이 파동이 발생한다면 물벌레는 어떻게 움직인 것일까요?

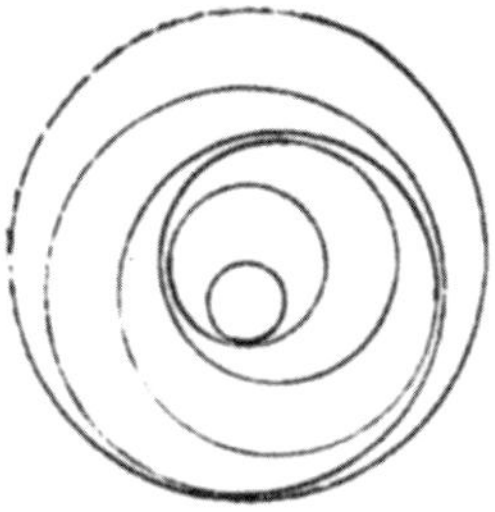

ⓐ 앞뒤로 ⓑ 위아래로 ⓒ 원형으로

ⓓ 답은 없다.

10. 음원이 접근할 때 소리의 무엇이 증가할까요?

ⓐ 속력 ⓑ 주파수 ⓒ 파동 ⓓ ⓐ, ⓑ, ⓒ 모두

ⓔ ⓐ, ⓑ, ⓒ 모두 아니다.

Chapter 05

빛

Light

빛보다 더 잘 알려진 것이 있을까요? 빛보다 덜 알려진 것이 있을까요? 빛이란 무엇일까요? 빛은 무엇으로 만들어진 것일까요? 빛은 무게가 있을까요? 빛은 볼 수조차 없다는 것이 믿어지나요? 태양도 볼 수 있고 새도 볼 수 있고 주위 환경도 볼 수 있지만, 그것은 빛 그 자체를 보는 것은 아닙니다! 빛은 존재하기 위해 움직이는 어떤 실체입니다. 만약 아주 짧은 순간일지라도 움직이는 것을 멈춘다면 빛은 사라지고 맙니다. 이런 환상적인 실체에 대해 이처럼 많이 밝혀졌다는 것은 정말로 놀랄 만한 일입니다.

당신이 얼마나 무지한지를 깨달을 때까지 당신은 영리해질 수 없습니다.
그리고 당신이 스스로에게 말 거는 법을 배울 때까지 당신은
자신이 얼마나 무지한지를 깨달을 수 없지요.

원근법

아래 그림처럼 구름은 땅 위에 그림자를 만듭니다. 만약 구름의 크기와 그림자의 크기를 실제로 측정할 수 있다면 이것을 통해 알 수 있는 사실은 무엇인가요?

ⓐ 구름은 그 그림자보다 꽤 많이 크다.
ⓑ 구름은 그 그림자보다 상당히 작다.
ⓒ 구름은 그 그림자와 거의 같은 크기다.

답: 원근법

정답은 ©입니다. 태양은 너무 멀리 떨어져 있어 태양으로부터 오는 광선은 지구에 도달할 때까지 실제로 평행합니다. 그러면 왜 태양 광선의 줄기가 구름을 지날 때 퍼지는 것처럼 보일까요? 멀리 뻗어 있는 철길에서 멀리 있는 곳의 너비가 가까운 곳보다 더 좁아 보이지만 실제로는 철길이 완전히 평행인 것과 같은 이유입니다.

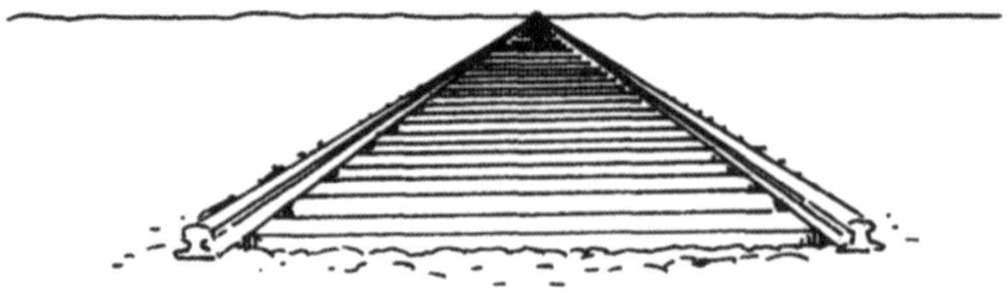

문제에 있는 그림에서는 관측자와 태양 사이에 구름과 그 그림자가 그려져 있습니다. 만약 태양이 관측자의 등 뒤에 있고 구름이 앞에 있다면, 구름의 그림자는 더 멀리 떨어져 있게 되기 때문에 그림자는 구름보다 더 작게 보일 것입니다.

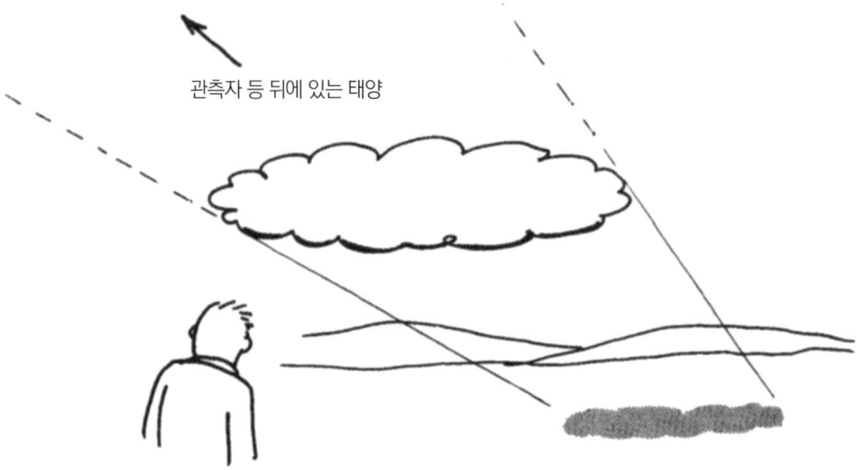

그림자는 무슨 색일까요?

매우 맑은 날 눈 위에서 에스키모가 자기 그림자를 보고 있습니다. 그림자는 무슨 색일까요?

ⓐ 붉은색

ⓑ 노란색

ⓒ 초록색

ⓓ 푸른색

ⓔ 전부 아니다.

답: 그림자는 무슨 색일까요?

정답은 ⓓ입니다. 태양이 있는 방향 쪽의 눈은 태양빛의 색깔인 황백색을 띱니다. 그림자가 있는 방향 쪽의 눈은 직접적으로 햇빛이 닿지 않지만 푸른 하늘에서 오는 빛이 비쳐집니다. 사람이 푸른색을 볼 때 차가움을 떠올리는 것은 아마도 그림자의 푸른색 때문일지도 모릅니다.

풍경

두 개의 어두운 언덕을 보고 있는데, 하나가 다른 것보다 더 멀리 떨어져 있습니다. 더 어둡게 보이는 언덕은 어느 것일까요?

ⓐ 가까이 있는 언덕

ⓑ 멀리 있는 언덕

ⓒ 똑같이 어둡게 보임

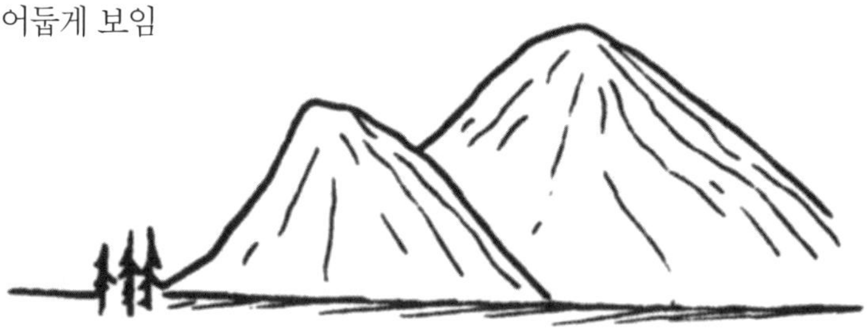

답: 풍경

정답은 ⓐ입니다. 가까이 있는 언덕이 더 어둡습니다. 언덕을 바라볼 때, 눈에서 인식하는 대부분의 빛은 관측자와 언덕 사이에 있는 공기로부터 온 것입니다. 공기는 높은 하늘에서 빛을 산란시키고 그 산란된 빛의 일부가 관측자의 눈에 들어옵니다. 가까운 언덕과 관측자 사이보다는 먼 언덕과 관측자 사이에 더 많은 공기가 있는데 이것은 결국 관측자에게 오는 산란된 빛이 더 많다는 의미입니다. 따라서 관측자와 산 사이의 대기가 푸른빛을 산란하기 때문에 먼 산이 더 푸르스름하게 보이는 것입니다. 이와 유사하게 수평선 방향의 하늘을 바라볼 때가 수직으로 바로 위의 하늘을 바라볼 때(태양이 수직 방향 바로 위에 있지 않다면)보다 더 밝게 보입니다.

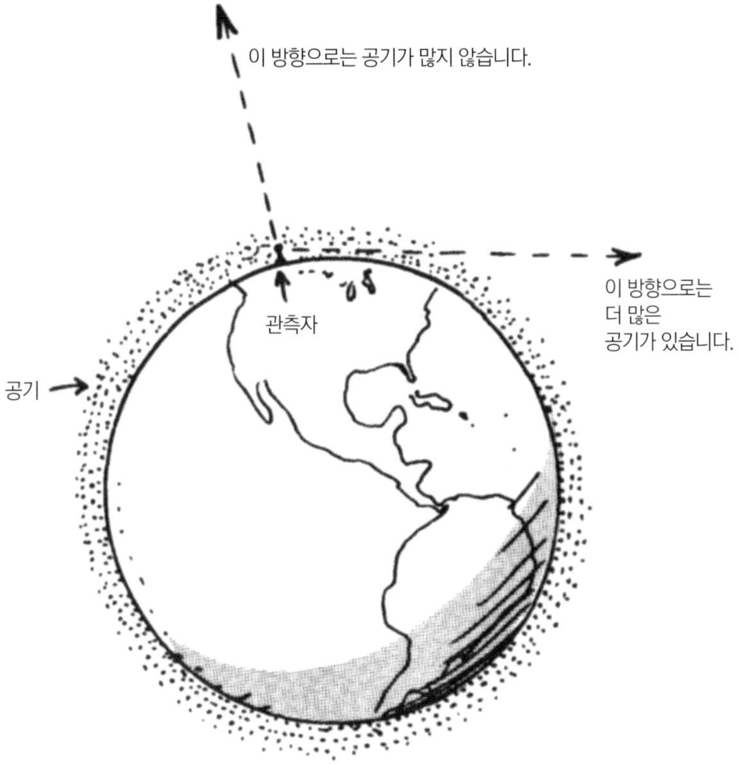

미술가

태양이 방금 언덕 뒤로 넘어갔습니다. 모닥불에서 피어오르는 연기가 하늘 위로 올라갑니다. 언덕 앞부분, 지점 I에 있는 연기는 언덕보다 조금 밝기 때문에 눈에 보입니다. 언덕 위쪽, 지점 II에 있는 연기는 하늘보다 조금 어둡기 때문에 눈에 보입니다. 지점 I과 지점 II의 연기에 해당하는 색조는 무엇인가요?

ⓐ 지점 II는 푸른색, 지점 I은 빨간색

ⓑ 두 지점 모두 붉은색

ⓒ 두 지점 모두 푸른색

ⓓ 지점 II는 붉은색, 지점 I은 푸른색

ⓔ 두 지점의 연기 모두 어떤 색조를 띠든지 상관없고 그건 미술가에게 달려 있다.

답: 미술가

정답은 ⓓ입니다. 빛이 연기에 닿을 때 일부는 연기를 통과하고 일부는 주변으로 산란됩니다. 산란된 빛은 좀 더 푸른색을 띠고 연기를 통과한 빛은 좀 더 붉은색을 띱니다(하늘이 푸른색이고 일몰이 붉은색인 것처럼). 지점 II에서는 뒤쪽의 밝은 하늘로부터 연기를 통과한 빛을 볼 수 있기 때문에 붉은색을 띱니다. 지점 I에서는 어두운 언덕이 뒤쪽에 있기 때문에 연기 뒤쪽에서 오는 빛이 없습니다. 지점 I에서 나오는 빛은 연기의 위쪽 하늘과 앞쪽 공기로부터 온 빛을 연기가 산란시킨 것이나 반사시킨 것이기 때문에 푸른색을 띱니다.

붉은 구름

가끔 해질녘 하늘을 볼 때 구름의 색깔이 붉은색을 강하게 띠는 것을 볼 수 있습니다. 그리고 어떤 때는 붉은색을 약하게 띠기도 합니다. 이 중에서 붉은색을 강하게 띠는 구름은 보통 어떤 구름일까요?

ⓐ 낮게 떠 있는 구름

ⓑ 높이 떠 있는 구름

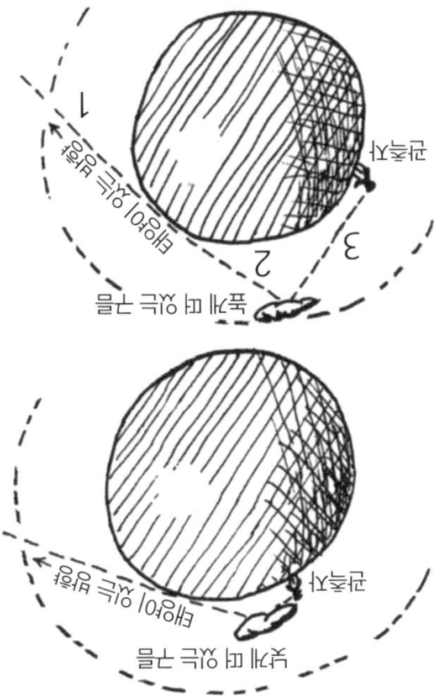

답: 붉은 구름

정답은 ⓑ입니다. 그림을 볼 때, 낮게 떠 있는 구름에서 산란되어 공기를 통과하는 빛의 경로보다 높게 떠 있는 구름에서 산란되어 공기를 통과하는 빛의 경로가 세 배나 긴 것을 알 수 있습니다. 빛이 공기를 통과하는 경로가 길수록 그 빛은 좀 더 붉은색을 띱니다. 그런데 가끔은 다양한 높이에 떠 있는 구름도 있습니다. 이때 어떤 구름이 높이 떠 있고 어떤 구름이 낮게 떠 있는지 알 수 있을까요? 낮은 구름이 가장 어둡습니다. 왜 그런지 알겠지요? 가장 덜 어두운 구름이 가장 높이 떠 있는 것이고 따라서 가장 붉게 보입니다. 스스로 직접 확인해 보세요.

밤의 경계

황혼은 태양이 지고 난 뒤부터 하늘이 어두워질 때까지의 시간입니다. 다음 중 황혼의 시간이 가장 긴 곳은 어디일까요?

ⓐ 루이지애나 주 뉴올리언스

ⓑ 영국, 런던

ⓒ 둘 다 아니다. 두 곳 모두 황혼의 시간이 같다.

답: 밤의 경계

정답은 ⓑ입니다. 주어진 그림은 지점 P로 표시된 곳을 북극점으로 했을 때 북극점 위에서 수직으로 내려다본 지구의 모습입니다. 지구의 절반은 낮이고 나머지 절반은 밤입니다. 황혼에 해당하는 구역은 지구에서 밤에 해당하는 경계 부분을 둘러싸고 있습니다. 자, 런던은 뉴올리언스보다 북극점에 더 가깝습니다. 세 시간 동안 지구는 45° 회전하는데 이때 런던은 L에서 L′로 회전하고 뉴올리언스는 N에서 N′로 회전합니다. L에서 일몰이 일어났고 이때부터 L′까지가 황혼입니다. 따라서 런던은 세 시간 동안 황혼 구역에 있게 됩니다. 그러나 뉴올리언스에서는 일몰이 일어난 후 세 시간 동안 황혼 구역을 지나서 밤의 구역까지 도달합니다. 어느 여름날 저녁에 뉴올리언스에서 산책을 하고, 그 다음 날 저녁에(비행기로 이동해서) 런던에서 산책을 한다면 황혼 시간 동안 벌어지는 두 지역에서의 서로 다른 모습에 매우 놀랄 것입니다.

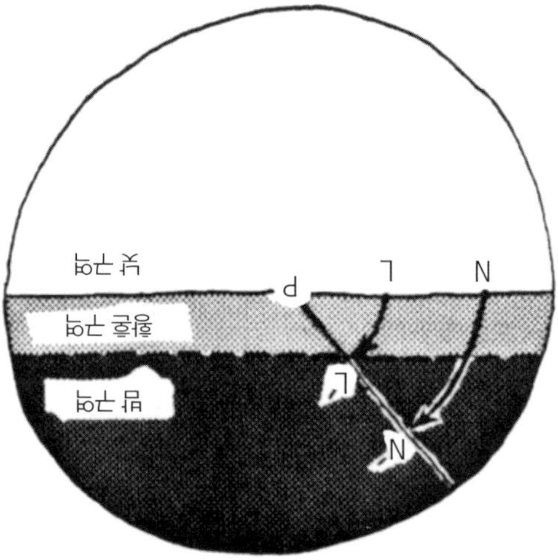

황혼

지구의 특정 지점에서 황혼이 지속되는 시간이 가장 짧은 시기는 언제인가요?

ⓐ 겨울　　ⓑ 여름　　ⓒ 겨울과 여름 사이[춘분, 추분]

답: 황혼

정답은 ⓒ입니다. 아래의 그림은 지점 P라고 표시된 북극점 위에서 지구를 바라본 세 개의 시점을 나타낸 것입니다. 첫 번째 시점은 겨울의 상황입니다. 태양이 적도면 아래쪽에 있기 때문에 북극점을 포함하는 북반구는 밤에 해당합니다. 세 번째 시점은 첫 번째와 반대 상황이고 여름에 해당합니다. 두 번째 시점은 봄과 가을에 북반구의 상황을 나타낸 것인데, 낮과 밤이 똑같이 나뉘어 있어서 춘분 또는 추분이라고 부릅니다.

지구가 자전축을 중심으로 회전하기 때문에 지표면 위에 서 있는 사람은 지점 N에서 지점 N′까지의 원호를 따라 이동하게 됩니다. 그림에 나타난 것처럼 황혼 구역을 통과하는 데 필요한 원호와 시간의 길이는 춘분, 추분에서 가장 짧습니다.

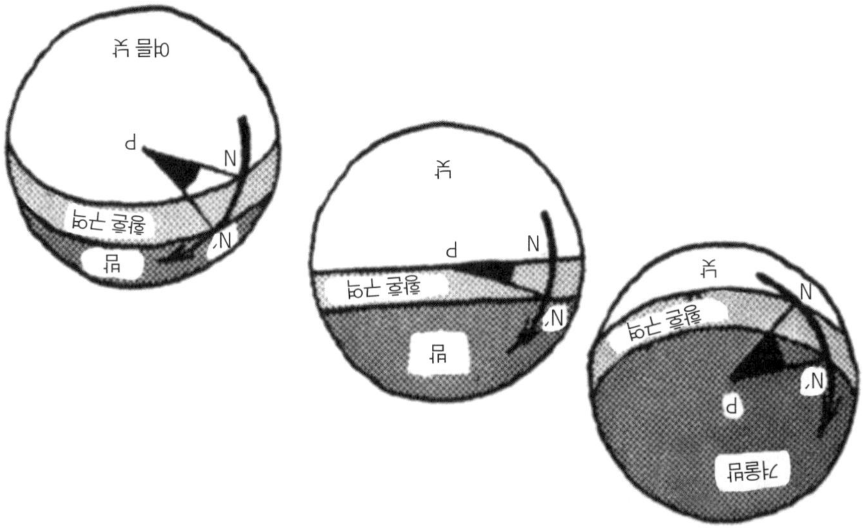

자! 이제 다른 사례를 한번 살펴보겠습니다. 황혼의 지속 시간은 산에서 가장 길까요? 아니면 해수면에서 가장 길까요? 정답은 해수면입니다. 이유는 아래 그림에서 사람이 지구에서 밤에 해당하는 지점 Y에 있을 때, 그 사람이 서 있는 곳의 위쪽 지점 A에 해당하는 대기 영역은 그림자에 속해 있지 않기 때문입니다. 지점 A에서 대기는 지점 Y에 있는 사람에게 햇빛의 일부분을 산란시킵니다. 사람이 산에 있을 때 그 사람의 위쪽 영역에서 햇빛을 산란시킬 수 있는 대기의 양이 적기 때문에 산에서 황혼의 지속 시간이 해수면에 비해 짧습니다. 춘분, 추분 때에 에콰도르의 안데스에서는 낮이 마치 "누군가가 빛의 스위치를 끄는 것처럼" 끝난다고 합니다. 그렇다면 대기가 존재하지 않는 달에서는 황혼이라는 것은 없을 수밖에 없겠네요.

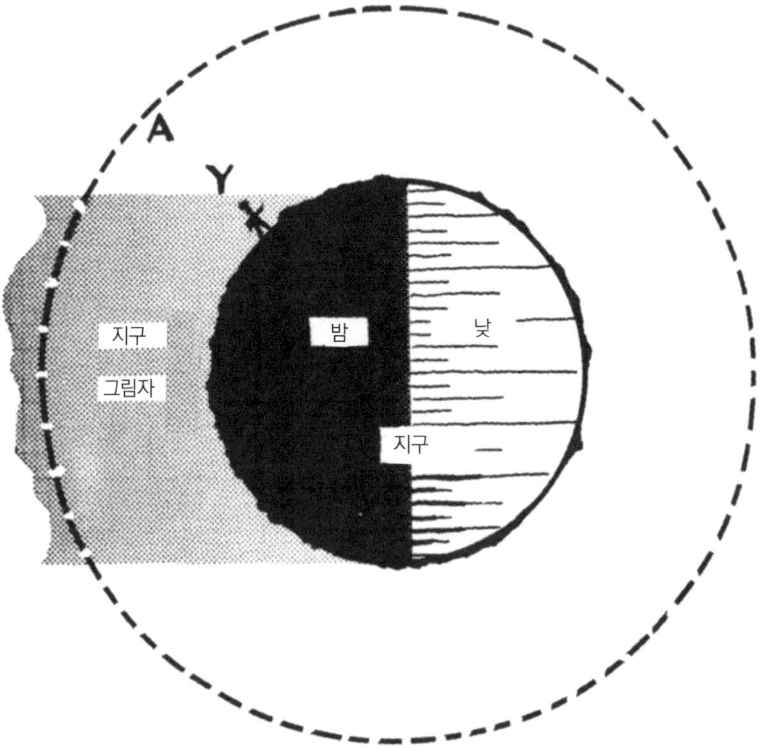

도플러효과

목성의 공전주기는 약 12년입니다. 그래서 지구와 비교해 보면 사실상 거의 움직이지 않는 것처럼 보입니다. 목성 주위를 약 1 3/4일에 한 번 공전하는 위성 '이오'가 있습니다. 지구가 A지점에서 B지점으로 움직이면서 목성으로부터 멀어지는 6개월 동안 지구에서 관찰한 위성 '이오'의 공전주기는, 지구가 B지점에서 A지점으로 움직이는 그다음 6개월 동안과 비교할 때 어떻게 될까요?

ⓐ 더 짧다.

ⓑ 더 길다.

ⓒ 똑같다.

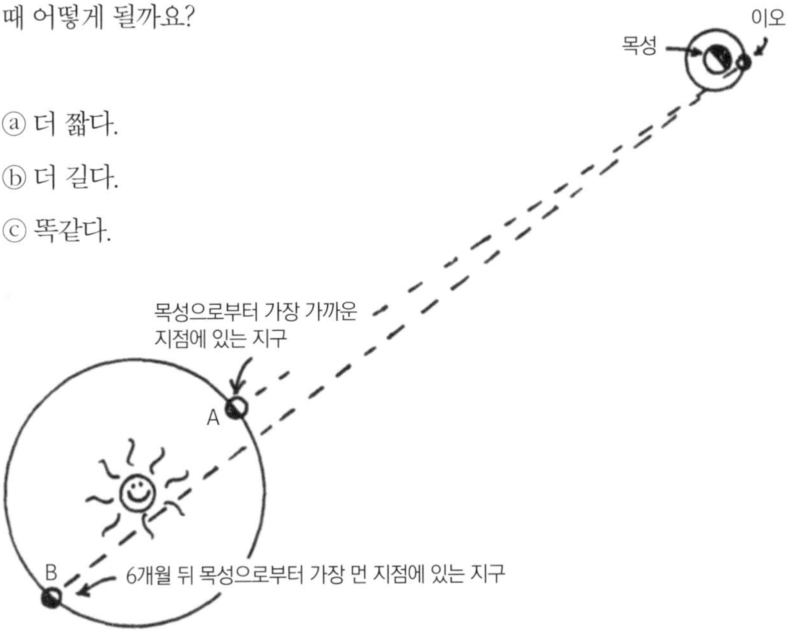

답: 도플러효과

정답은 ⓑ입니다. 주기적으로 반복되는 어떤 신호로부터 멀어져 갈 때는 이것을 향해 움직일 때보다 신호의 주기가 더 길어집니다. 그래서 지구가 목성으로부터 멀어질 때 위성 '이오'의 각 공전주기는 더 길게 나타날 것입니다. 지구가 B지점에 도착할 때 위성 '이오'의 공전주기 차이가 누적된 시간은 1,000초로 밝혀졌으며, 이 같은 시간의 차이는 다음 문제에서 역사적으로 중요한 의미를 지닙니다.

황소자리

겨울철 밤하늘 높은 곳을 바라보면 황소자리가 보입니다. 황소자리의 뿔에 해당하는 부분에 히아데스성단이 있습니다. 수십 년이 지나는 동안 히아데스성단에 있는 별들은 하늘에 있는 어떤 지점을 향하여 천천히 모이는 것처럼 보입니다. 이 별들은 나중에 충돌할까요?

ⓐ 그렇다. ⓑ 아니다.

이 별들로부터 나오는 빛은 어떤 효과를 나타낼까요?

ⓐ 청색편이 ⓑ 아무런 효과도 안 나타난다. ⓒ 적색편이

답: 황소자리

첫 번째 정답은 ⓑ입니다. 만약 모든 별들이 천체들의 자살 협정에 합의했다면 그것은 상당한 우연의 일치일 것입니다. 두 번째 정답은 ⓒ입니다. 성단에 있는 별들은 마치 바다 위를 항해하는 함대의 모습처럼 각자 나란한 방향으로 이동하고 있습니다. 그러나 함대처럼 움직이고 있는 별들이 지구로부터 멀어지고 있기 때문에 실제로는 별들이 평행한 경로로 이동하고 있지만 마치 한 점에서 충돌하는 것처럼 보이는 것입니다. 이것은 평행한 철길을 바라봤을 때 철길이 멀어질수록 점점 좁아지게 되는 것과 같습니다. 따라서 지구로부터 멀어지는 별들에 의해 우리는 적색편이 효과를 관찰하게 됩니다.

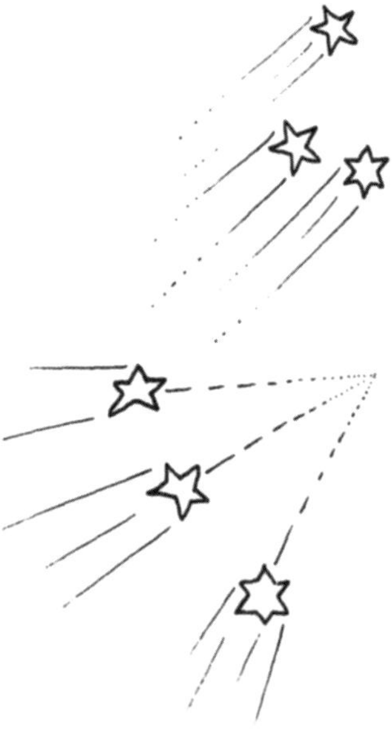

무엇의 속력을 측정할 수 있을까요?

천문학자들은 수년 동안 목성의 위성인 '이오'의 규칙적인 월식에 주목해 왔습니다. 대략 1675년에 덴마크의 천문학자 올라우스 뢰메르는 지구가 목성으로부터 가장 멀리 있는 공전 궤도상의 지점에 있을 때 관측한 '이오'의 월식 주기가, 그보다 6개월 전인 지구가 목성으로부터 가장 가까이 있는 지점에서 관찰한 월식 주기에 비해 1,000초가 늦는다는 사실을 발견했습니다[그림 참조]. 이 사실을 통해 뢰메르는 어떤 속력을 계산할 수 있었을까요?

ⓐ 빛의 속력 ⓑ 태양 주위를 공전하는 지구의 속력

ⓒ 목성 주위를 공전하는 이오의 속력

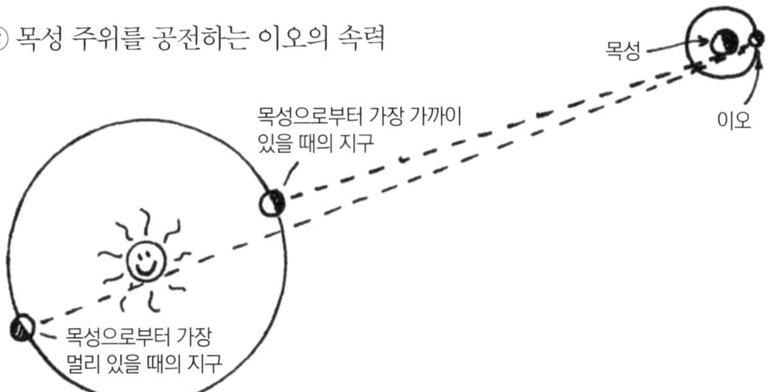

답: 무엇의 속력을 측정할 수 있을까요?

정답은 ⓐ입니다. 빛의 속력을 측정할 수 있습니다. 어떤 것이든지, 속력은 이동 거리를 걸린 시간으로 나누는 것으로 간단히 계산할 수 있습니다. 빛이 1,000초 동안에 이동하는 거리는 태양에 대한 지구 공전 궤도의 지름입니다. 이것은 약 3억 km입니다(또는 1억 8,600만 마일). 그래서 빛의 속력을 간단히 계산하면 다음과 같습니다.

$$c = \frac{300{,}000{,}000\text{km}}{1{,}000\text{sec}} = 300{,}000\text{km/second}$$ 또는,

$$c = \frac{186{,}000{,}000\text{miles}}{1{,}000\text{sec}} = 186{,}000\text{miles/second.}$$

레이더 천문학

레이더는 전파 신호를 방출한 후 물체에서 반사되어 돌아오는 신호를 수신함으로써 물체를 감지합니다. 지구에서 어떤 행성으로 보낸 레이더 신호를 그림으로 나타냈습니다. 행성의 어느 부분에서 반사된 신호가 지구에 먼저 도달할까요?

ⓐ A　　　　ⓑ B　　　　ⓒ C

ⓓ 표시된 지점이 없다.

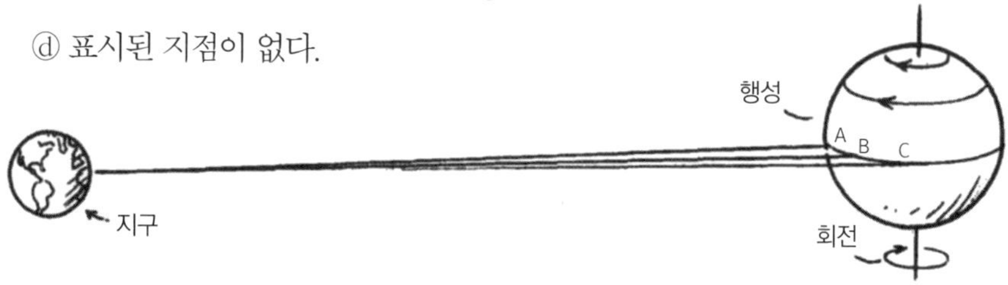

어느 부분에서 반사된 신호가 가장 높은 진동수일까요?

ⓐ A　　　　ⓑ B　　　　ⓒ C

ⓓ 표시된 지점이 없다.

답: 레이더 천문학

첫 번째 문제의 정답은 ⓐ입니다. A 지점은 행성 위의 지점들 중 지구에서 가장 가까운 곳이므로 A로부터 반사되는 신호가 먼저 되돌아옵니다. 두 번째 문제의 정답은 ⓒ입니다. 행성이 회전하므로 C 지점은 행성의 다른 어떤 부분보다 더 빨리 지구를 향해 움직이고 있습니다. 그래서 C에서 반사된 신호에 의한 도플러효과가 가장 큽니다.

지연시간과 도플러효과를 고려하면 레이더 천문학자는 신호가 행성 위의 어떤 지점으로부터 반사된 것인지 알 수 있습니다. 이런 식으로 천문학자들은 행성 표면의 '레이더 사진'을 만들 수 있습니다.

반짝반짝

밤하늘에서 별들이 반짝일 때, 행성도 역시 반짝일까요?

ⓐ 그렇다. 반짝인다.

ⓑ 아니다. 단지 별만 반짝인다.

지구의 밖 공간에 있는 우주비행사의 관점에서는 어떨까요?

ⓐ 별만 반짝인다.

ⓑ 행성만 반짝인다.

ⓒ 별과 행성 모두 반짝인다.

ⓓ 별과 행성 모두 반짝이지 않는다.

답: 반짝반짝

첫 번째 질문에 대한 정답은 ⓐ입니다. 반짝임은 지구 대기의 공기 밀도가 변할 때 나타나는 결과입니다. 낮에 뜨거운 지표 위에서 가열된 공기층을 통과하는 빛에 의해 물체가 반짝거리는 현상이 바로 그 증거입니다. 만약 충분히 많은 양의 공기가 끊임없이 소용돌이치면서 관측자를 광원과 분리시켜 놓더라도 멀리 있는 광원은 반짝일 것입니다. 소용돌이치는 공기층에서 반짝거림은 관찰자의 시선을 벗어나게 합니다. 그림에서 만약 시선이 A 또는 B로 빗나가면 별은 보이지 않습니다. 이 시차로 인해 별에서 오는 빛을 못 보는 일은 없을 것입니다. 왜냐하면 행성은 꽤 큰 목표물이기 때문입니다. 즉, 우주 공간상에서 행성으로 향하는 빛은 행성에 대해 큰 각반경으로 접하게 됩니다. 6배율 망원경으로 목성의 둥근 모양을 관측할 수 **있지만**, 600배율 망원경으로도 별의 둥근 모양은 관측할 수 **없습니다.**

진공 상태의 공간을 통해 물체를 바라볼 때에는 반짝임이 일어나지 않습니다. 그러므로 두 번째 질문의 정답은 ⓓ입니다.

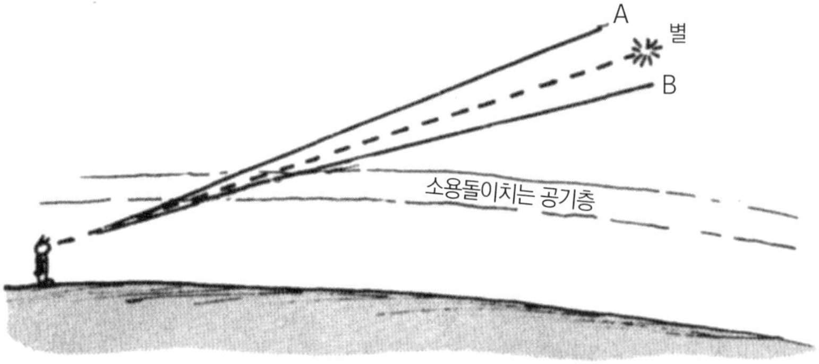

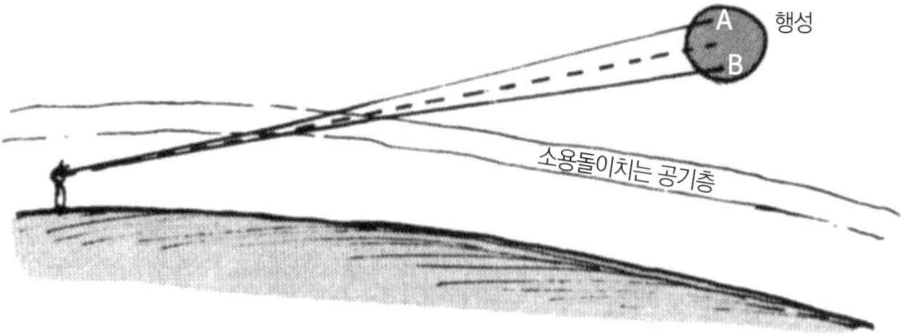

뜨거운 별

하늘에 있는 별 중 어느 것이 가장 뜨거운 별인지 눈으로 보고 알 수 있을까요?

ⓐ 알 수 있다. ⓑ 알 수 없다.

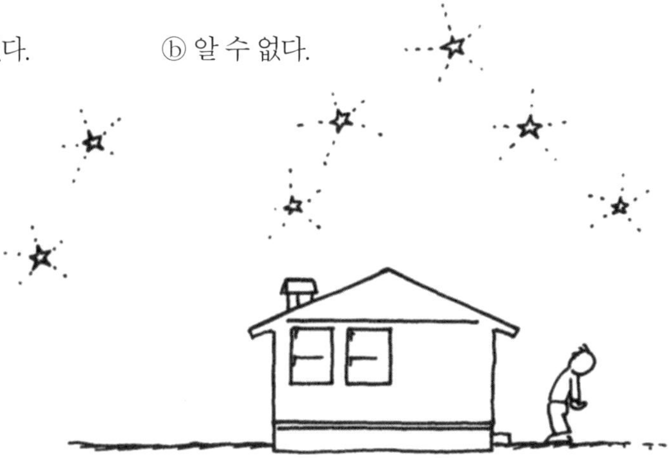

하늘에서 가장 뜨거운 별은 가장 밝은 별일까요?

ⓐ 그렇다. ⓑ 아니다.

답: 뜨거운 별

첫 번째 문제의 정답은 ⓐ입니다. 뜨거운 별은 푸른색을 띠고 상대적으로 차가운 별은 붉은색을 띱니다. 쇳조각을 가열할 때 처음에는 붉은색을 띠지만 차차 오렌지색, 노란색, 흰색으로 빛난다는 것을 떠올리면 이해가 될 것입니다. 만약 더 가열할 수 있다면 결국은 푸른색 빛을 낼 것입니다.

두 번째 문제에 대한 정답은 ⓑ입니다. 별의 겉보기 밝기는 (1) 별의 온도 (2) 별까지의 거리 (3) 별의 크기, 이 세 가지와 관련이 있습니다. 그래서 온도는 낮지만 가까이 있는 큰 별이 멀리 있는 또는 높은 온도의 작은 별보다 우리 눈에는 더 밝게 보입니다.

압축된 빛

지난 세기 동안 몇몇 물리학자들은 빛을 기체로 생각했습니다. 그들은 이미 기체의 특성에 대해서는 잘 알고 있었는데, 만약 빛이 기체라면 기체의 특성을 이해하는 것이 빛을 이해하는 데 도움이 될 수 있을 것이라 생각했기 때문입니다. 이런 생각은 실제로 빛을 이해하는 데 도움이 되었으며, 특히 빛의 '온도'에 대한 개념을 갖게 해 주었습니다.

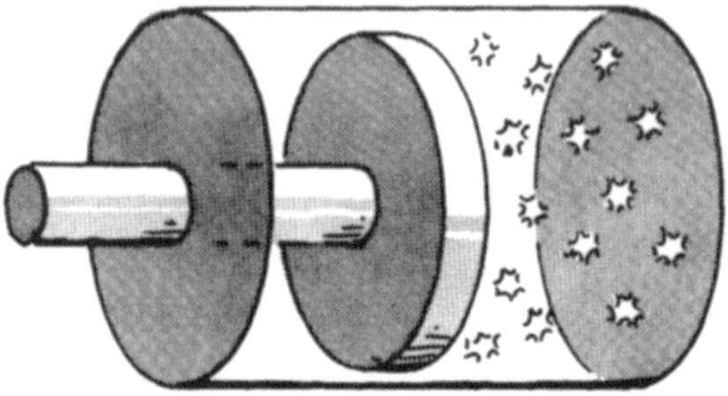

동굴 안의 기체를 통해 동굴의 온도를 알 수 있는 것처럼 빛나는 동굴 내부의 빛 또한 동굴의 온도를 알려 줍니다. 옛날 사람들은 빛을 기체처럼 실린더 내부에 가두어 피스톤에 의해 압축시킬 수 있다고 상상했습니다. 이 가상의 실린더와 피스톤의 내부는 완전 반사체여야만 했습니다. 기체를 압축시키면 밀도와 온도가 증가하는 것과 똑같이 빛 또한 압축시키면 밀도와 온도가 증가할 것입니다. 그렇다면 빛의 온도가 증가할 때 빛의 색깔은 어떻게 변할까요?

ⓐ 푸른색에서 붉은색으로 변한다.

ⓑ 붉은색에서 푸른색으로 변한다.

답: 압축된 빛

정답은 ⓑ입니다. 빛이 압축되면서 온도와 밀도가 높아지면 색깔은 붉은색에서 푸른색으로 변합니다. 두 가지 방법으로 그 이유를 알아보겠습니다. 첫 번째는 도플러효과에 의해서입니다. 만약 빛을 내는 광원이 관찰자에게 다가온다면 청색편이가 일어날 것입니다(만약 멀어지는 광원이면 적색편이). 관찰자 쪽으로 다가오는 거울에 의해 빛이 반사된다면 역시 청색편이가 일어날 것입니다. 빛이 압축될 때 실린더 내에 있는 빛은 다가오는 피스톤에 의해 반사될 것이고 결과적으로 청색편이가 나타나게 됩니다. 두 번째, 실린더 내에 있는 빛의 파장이 문자 그대로 압축됩니다. 그래서 긴 파장의 빛인 붉은색 빛이 짧은 파장의 빛인 푸른색 빛으로 변합니다.

물론 아무도 실린더 내부에 있는 빛을 압축시키지는 못합니다. 그러나 재미있는 것은 빛에 대한 이러한 기체 모델이 왜 붉은빛보다 푸른빛이 더 뜨거운지를 (또는 뜨거운 곳으로부터 오는 빛인지를) 설명해 주는 수단을 제공한다는 것입니다. 예를 들어 푸른 별은 붉은 별보다 온도가 더 높습니다.

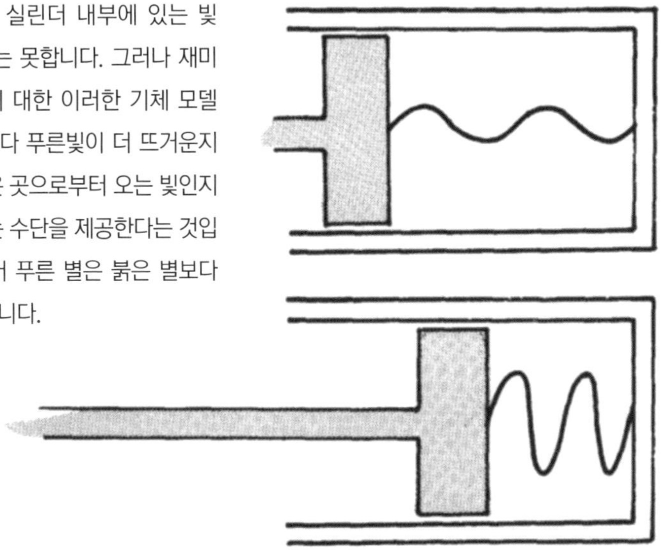

기체가 운동량과 에너지를 모두 보존하는 방식으로 피스톤에서 반사되어 나오는 입자나 분자로 구성된 것과 마찬가지로 빛은 광자라고 불리는 입자로 구성되어 있기 때문에 이 경우에 빛에 대한 기체 모델은 유용합니다. 놀랍게도 빛의 기체 모델은 광자론보다 먼저 발전했습니다. 빛이 기체처럼 행동하지 않는 주된 이유는 기체 분자들은 서로 강하게 상호작용하는 반면, 빛의 광자들은 서로 상호작용하지 않기 때문입니다.

1+1=0?

두 광선이 서로 상쇄해서 어두워질 수 있을까요?

ⓐ 아니다. 빛은 어둠을 만들 수 없다. 이것은 에너지보존법칙에 위배된다.
ⓑ 그렇다. 빛은 서로 중첩될 수 있으며 또한 사라질 수 있다.

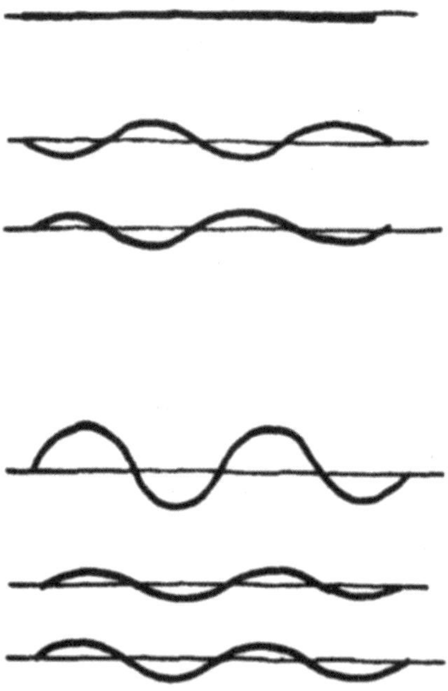

답: 1+1=0?

정답은 ⓑ입니다. 빛은 파동이고, 파동은 서로 간섭해 보강할 수도 상쇄할 수도 있습니다. 어떤 수면파의 마루 부분이 다른 수면파의 골 부분과 겹치는 곳에서도 똑같은 현상이 일어납니다(음파나 다른 종류의 파동에서도). 이런 현상을 상쇄 간섭이라고 부릅니다. 이 말은 다소 에너지보존법칙에 위배되는 것처럼 들립니다. 빛이 서로 소멸했다면 에너지는 어디로 갔을까요? 어느 한 지점에서 빛이 서로 상쇄되면 바로 인접한 다른 지점에서 빛이 서로 보강되는 곳이 나타나고, 빛이 소멸된 지점에서 사라진 모든 에너지가 빛이 보강되는 지점에서 나타난다는 것이 밝혀졌습니다. 이것은 음파, 수면파, 그리고 다른 종류의 파동에 대해서도 마찬가지입니다.

최소 시간 경로

해변에서 L 지점에 있는 인명 구조 요원이 P 지점에서 바다에 빠진 사람을 구조해야 합니다. 이때 가장 중요한 것은 시간입니다. L 지점으로부터 P 지점으로 가는 방법 중 최소의 시간이 걸리는 경로는 어떤 것인가요? (힌트: 해변과 바다에서 인명구조 요원이 낼 수 있는 속도의 상대적인 크기를 고려하세요.)

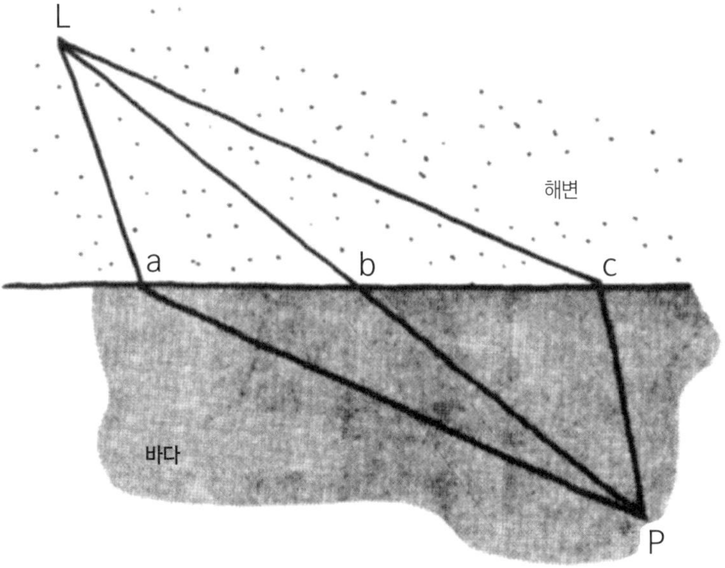

ⓐ L에서 a로 간 후, P로 간다.

ⓑ L에서 b로 간 후, P로 간다.

ⓒ L에서 c로 간 후, P로 간다.

ⓓ 위의 모든 경로는 똑같은 시간이 걸린다.

답: 최소 시간 경로

정답은 ⓒ입니다. 왜 인명 구조 요원은 직선 경로인 L 지점으로부터 b를 거쳐 P 지점으로 가지 않을까요? 왜냐하면 구조 요원이 바다에서 수영하는 것보다 해변에서 뛰는 것이 더 빠르기 때문입니다. 속력이 빠른 달리기로 L 지점에서 c 지점까지는 달리고, 속력이 느린 수영으로 이동해야 하는 c 지점에서 P 지점까지의 거리를 줄이는 것은 직선 구간에 비해 늘어난 이동 거리를 달리는 시간을 보상해 줍니다. c 지점까지 달린 후에 P 지점까지 수영하는 경로가 구조 요원이 이동해야 하는 최소 경로는 아니지만, 구조하기까지 걸리는 **시간**을 최소화시킵니다.

만약 돌고래가 구조 요원의 임무를 맡는다면 L 지점에서 P 지점으로 가는 경로들 중 어떤 경로가 돌고래에게는 최소의 시간이 걸릴까요? 돌고래는 바다에서 매우 빨리 움직이지만 해변에서는 거의 움직일 수가 없습니다. 따라서 돌고래는 L 지점에서 a 지점으로 간 후에 P 지점으로 가야 합니다.

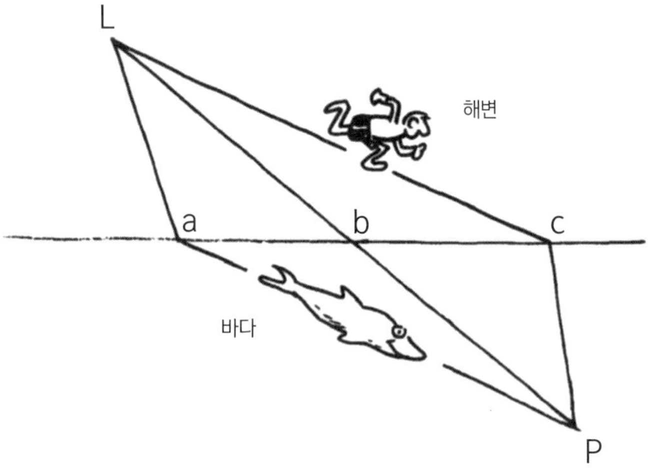

이 최소 시간의 원리는 광학에서 매우 중요합니다. 빛이 한 지점에서 다른 지점으로 진행할 때는 언제나 최소 시간이 걸리는 경로를 따릅니다.

물속에서의 속력

빛이 두 지점 사이의 최소 시간 경로를 따른다면, 빛이 공기또는 진공로부터 투명한 물질 속으로 들어갈 때 진행 경로가 휘거나 굴절되는 것은 빛의 속력이 물질 속에서 어떻다는 것을 의미하나요?

ⓐ 공기에서의 속력보다 더 빠르다.

ⓑ 공기에서의 속력과 똑같다.

ⓒ 공기에서의 속력보다 느리다.

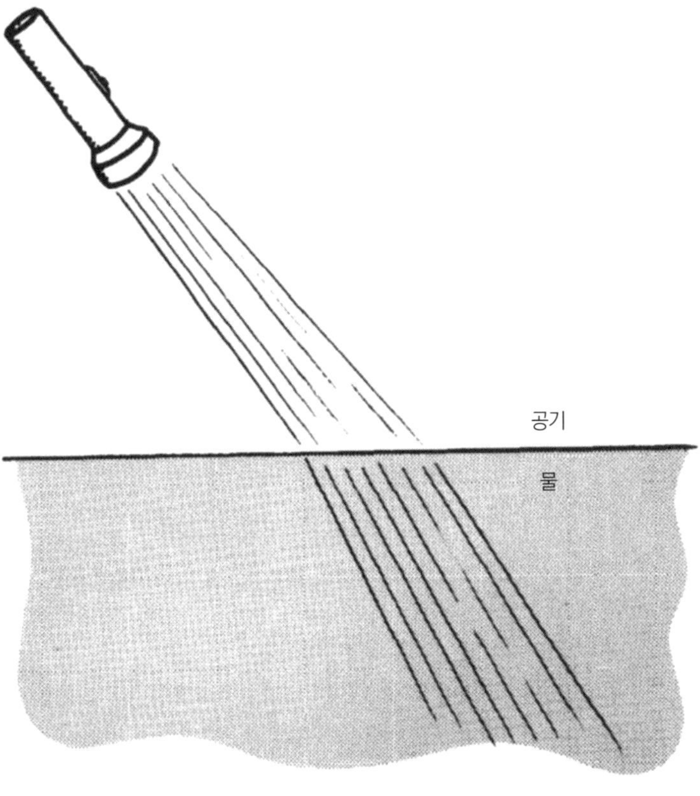

답: 물속에서의 속력

정답은 ©입니다. 사람과 돌고래 구조 요원을 생각해 보세요. 빛이 유리 속을 지나가는 경로는 사람이 구조 요원일 때 경로와 비슷하고 돌고래가 구조 요원일 때 경로와는 다릅니다. 따라서 마치 구조 요원처럼 빛이 최소 시간 경로를 따른다면 빛의 속력은 공기 중에서는 빠르고 물속에서는 느리다는 것을 알 수 있습니다. 이것은 투명한 모든 물체에 대해서 똑같이 적용됩니다.

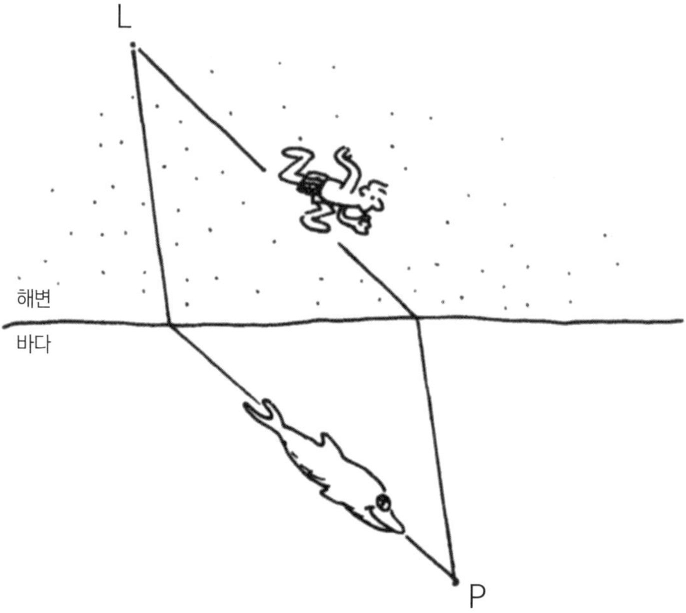

또 진공 속에서 빛의 속력에 대한 특정 매질 속에서의 속력의 비율 n을 물질의 **굴절률**이라 부릅니다.

$$n = \frac{\text{진공 속에서의 광속}}{\text{매질 속에서의 광속}} = \frac{c}{v}$$

예를 들어 물속에서의 빛의 속력은 $\left(\frac{1}{1.33}\right)C$입니다.

그래서 n=1.33. 보통 유리의 n=1.5이고 진공에 대하여 n=1입니다.

굴절

축으로 연결된 한 쌍의 장난감 수레바퀴가 부드러운 보도 위를 굴러가다가 잔디밭으로 들어갑니다. 잔디와 바퀴의 상호작용으로 수레는 부드러운 보도 위에서 구를 때보다 더 느리게 움직입니다. 만약 바퀴가 잔디 쪽으로 비스듬하게 굴러들어 간다면 바퀴는 원래의 직선 경로로부터 휘어진 방향으로 움직일 것입니다. 아래 그림 중 어느 것이 바퀴가 굴러가는 경로를 바르게 나타낸 것인가요?

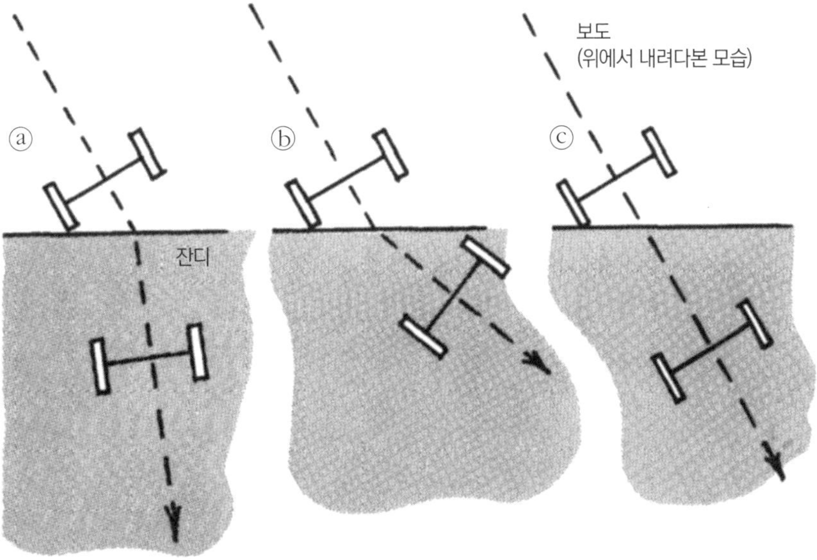

답: 굴절

정답은 ⓐ입니다. 왼쪽 바퀴가 먼저 잔디로 들어가면, 잔디와 더 큰 상호작용을 하기 때문에 느려지게 됩니다. 이것은 일종의 회전축처럼 작용합니다. 왜냐하면 오른쪽 바퀴는 잔디 안으로 들어가기 전까지 보도 위에서 빠른 속력으로 움직이기 때문입니다. 두 바퀴가 모두 잔디 안으로 들어오게 되면 수레는 다시 직선으로 굴러갑니다. 마찬가지로 투명 매질을 향해 비스듬히 입사각을 갖고 진행하는 빛의 파면은 굴절하게 됩니다.

광선 경주

세 개의 광선이 촛불로부터 동시에 출발했습니다. A 광선은 렌즈의 가장자리를 통과하여 진행하고 B 광선은 렌즈 중심을 통과하여 진행하고 C 광선은 렌즈의 중심과 가장자리 사이의 부분을 통과하여 진행합니다. 어느 광선이 먼저 스크린의 상에 도달할까요?

ⓐ A

ⓑ B

ⓒ C

ⓓ 모두 똑같은 시간에 도달한다.

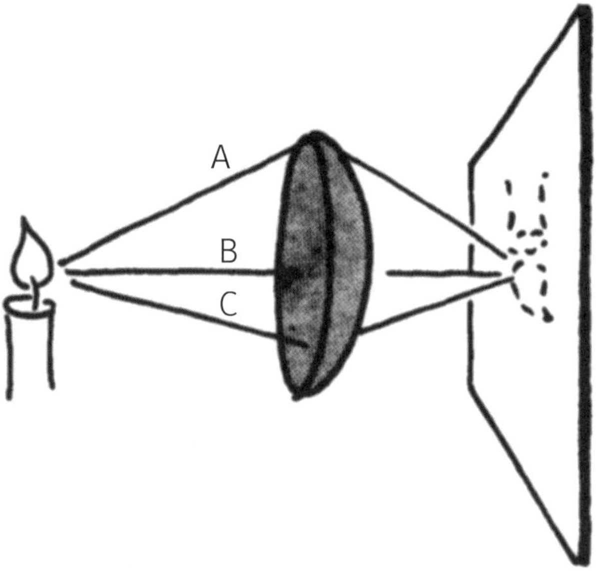

답: 광선 경주

정답은 ⓓ입니다. 경주의 결과 동시에 도달합니다. 그렇게 되는 이유는 여러 가지인데 여기서는 두 가지로 살펴보겠습니다.

이유 I: 두 지점 사이를 지나는 광선은 최소 시간이 걸리는 경로로 진행한다는 기본 원리가 있습니다. 이 문제에서 광선은 촛불에서 출발하여 그것의 상까지 진행합니다. 만약 어떤 경로가 다른 경로보다 시간이 덜 걸린다면 모든 광선은 그 길을 택해서 진행할 것입니다. 그러나 여기서는 광선들이 서로 다른 경로를 통하여 상에 도달했습니다. 따라서 다른 경로들보다 시간이 조금이라도 덜 걸리는 경로는 없다는 뜻입니다. 그러나 렌즈 가장자리를 통과하는 광선의 경로처럼 어떤 경로는 더 길고, 중심을 통과하는 경로처럼 어떤 경로는 더 짧습니다. 그러면 어떻게 똑같은 시간이 걸릴 수 있었을까요? 답은 이렇습니다. 전체 경로의 길이가 가장 긴 경로는 렌즈 안에서는 가장 짧은 거리를 통과하고, 렌즈의 중심을 통과하는 경로와 같이 전체 경로의 길이가 가장 짧은 경로는 렌즈 안에서 가장 긴 거리를 통과합니다. 비록 각 경로들마다 전체 경로 길이는 서로 다르지만 각 경로를 통해 진행하는 데 걸리는 시간은 같습니다.

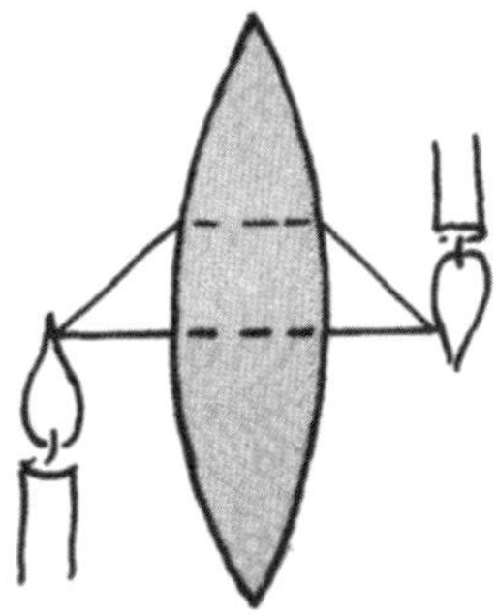

이유 II: 빛을 광선이 아니라 파동으로 생각한 후 머릿속에 그림을 그려 봅시다. 이것은 다음과 같이 보일 것입니다. 촛불에서 함께 출발한 모든 파동들은 상에서 다시 함께 수렴하게 됩니다. 만약 어떤 특정한 순간에 촛불에서 출발한 파동이 상에서 동시에 모두 수렴되지 않는다면 파동은 서로 상쇄될 수 있습니다. 어떤 경로가 다른 경로보다 조금 더 짧은 시간이 걸린다면 빠른 경로를 통해 진행한 파동은 항상 상에 먼저 도달하게 됩니다. 파동들이 상에서 다시 만나게 될 때 이것들은 부분적으로 또는 완전히 상쇄됩니다. 상을 만들기 위해서 상쇄 간섭이 아니라 보강 간섭이 필요합니다. 따라서 상에서 보강 간섭이 일어나기 위해서는 각각의 경로에서 빛이 진행하여 상에 도달하는 데 걸리는 시간은 똑같아야 합니다.

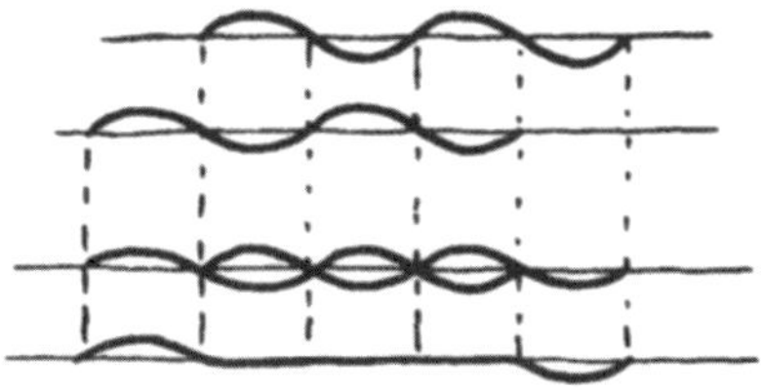

거의 잡을 수 있을 것 같은데

동전 한 개가 물속에 있습니다. 동전이 어떻게 보일까요?

ⓐ 실제 위치보다 수면 쪽으로 더 가까이 있는 것처럼 보인다.

ⓑ 실제 위치보다 수면으로부터 더 멀리 있는 것처럼 보인다.

ⓒ 실제 위치에 있는 것처럼 보인다.

답: 거의 잡을 수 있을 것 같은데

정답은 ⓐ입니다. 우리는 양쪽 눈을 통해 물체까지의 거리를 짐작할 수 있습니다. 사람의 뇌는 사람이 물체를 바라보려면 양쪽 눈의 시야각이 얼마나 되어야 하는지를 판단합니다. 물체가 가까이 있을수록 양쪽 눈의 시야각은 더 많이 커져야 합니다. 물이 존재하는 상황일 때, 광선이 아래 그림처럼 휘어지므로 실제로 동전은 위치 I에 있지만 마치 동전이 위치 II에 있는 것처럼 인식되어 양쪽 눈의 시야각은 좁아집니다. 따라서 물은 실제 위치보다 동전이 수면 쪽으로 더 가깝게 떠 있는 것처럼 보이게 합니다.

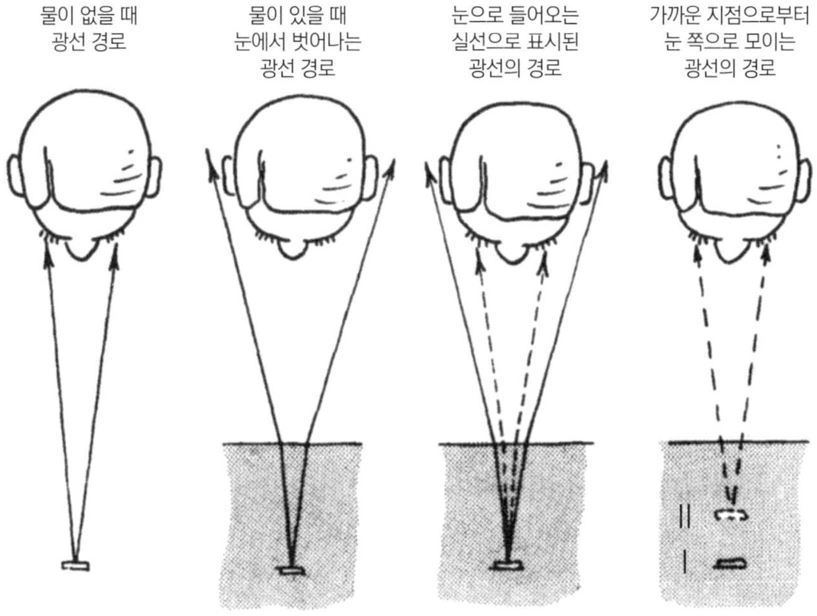

허상의 크기

어항을 위에서 내려다볼 때, 금붕어의 크기는 어떻게 보일까요?

ⓐ 실제보다 더 크게 보인다.

ⓑ 실제보다 더 작게 보인다.

ⓒ 물이 없을 때의 크기와 똑같다.

답: 허상의 크기

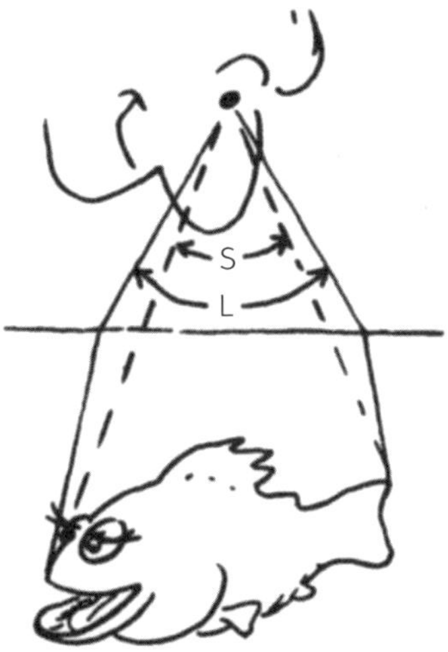

정답은 ⓐ입니다. 우리 눈은 사물의 각(角) 크기를 통해 사물의 크기를 판단합니다. 물이 없다면 우리 눈은 물고기를 볼 때 작은 각 크기 S만큼 인식하지만, 물이 있다면 빛이 굴절되어 물고기를 보기 때문에 더 큰 각 크기 L만큼 인식합니다.

어떤 반사식 카메라 렌즈는 반사경과 필름 사이의 공간에 고체 유리 조각을 끼워 넣음으로써 사물의 각 크기가 변하는 효과를 얻습니다. 이 같은 방식은 필름 위에 나타난 상의 크기를 축소시킵니다. 상의 크기가 축소되면 좀 더 강렬한 상을 얻게 되며, 노출 시간을 줄일 수 있게 해 줍니다. 이것은 또한 카메라의 화각을 증가시킵니다(그림을 보면 촛불의 상이 축소됨으로 인해 촛불의 상 위와 아래를 통과하는 광선이 존재할 수 있는 공간이 추가로 생긴 것을 알 수 있습니다).

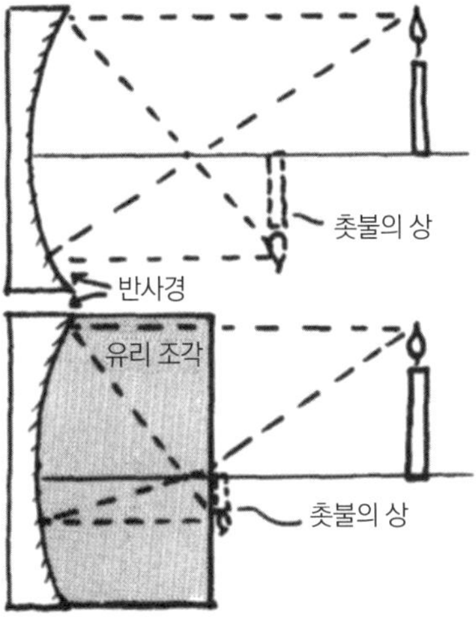

어떤 사람들은 공간 그 자체가 휘어져 있어서 매우 먼 은하로부터 오는 빛이 공간을 통과할 때 휜다고 생각합니다(그림에 나타난 것처럼). 만약 그것이 사실이라면 어항 속의 물고기가 실제보다 더 크게 보이는 것처럼 먼 은하는 실제보다 더 크게 보이는 것일지도 모릅니다.

싱크대 안의 돋보기

만약 돋보기가 물속에 있다면 그것의 배율은 어떻게 될까요?

ⓐ 증가한다.

ⓑ 물 밖에 있을 때와 똑같다.

ⓒ 감소한다.

답: 싱크대 안의 돋보기

정답은 ©입니다. 실제로 돋보기를 물속에 넣고 어떤 변화가 일어나는지 관찰해 보면 이 문제의 답을 찾을 수 있습니다. 한번 해 보세요! 돋보기는 물체를 확대시키기 위해 광선을 휘게 합니다. 돋보기 렌즈가 곡률이 있는 것과 유리 속에서의 광속이 공기 중에서의 광속보다 느린 것 때문에 광선이 휘어집니다. 속력의 변화 때문에 굴절이 일어납니다. 하지만 물속에서는 광속이 이미 감소했습니다. 그렇기에 빛이 유리로 입사하면 속력이 더 느려지긴 하지만 속력이 변한 정도는 그다지 크지 않습니다. 그래서 물속에서는 굴절되는 정도가 줄어들고, 렌즈에 의해 상이 커지는 효과는 줄어듭니다. 만약 물속에서의 광속이 유리 속에서의 광속과 같다면 렌즈는 전혀 광선을 굴절시키지 않게 되어서, 빛은 평면 유리를 직선으로 통과하는 것과 같게 됩니다. 평면 유리는 빛을 한 곳에 집중시키지 않기 때문에서 창문은 전혀 상을 확대시키지 않습니다.

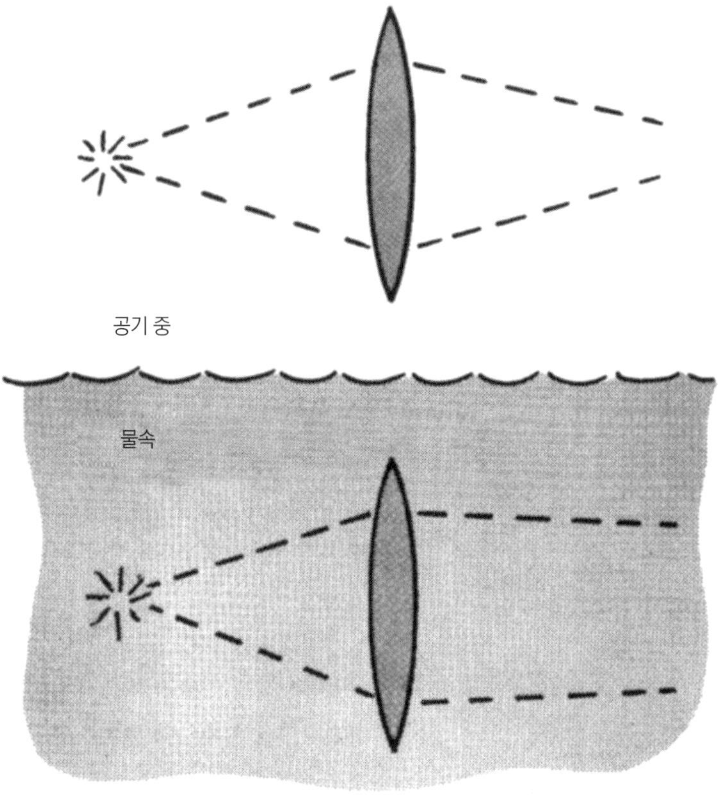

두 개의 정렌즈

정렌즈는 볼록하게 생겼고 평행광선을 초점이라고 부르는 한 점으로 수렴시키기 때문에 종종 볼록렌즈 또는 수렴성 렌즈라고 불립니다.

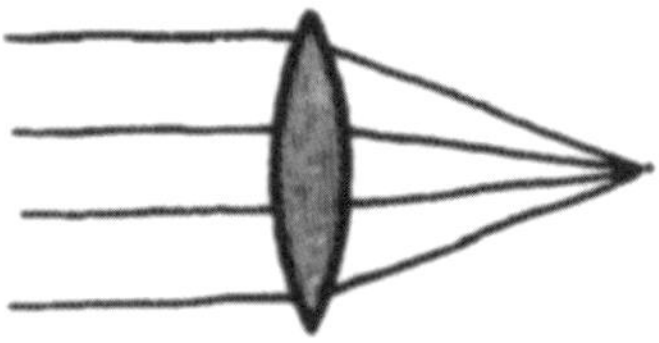

만약 두 정렌즈가 차례로 놓여 있다면 광선은 어떤 식으로 수렴할까요?

ⓐ 렌즈가 한 개일 때보다 더 많이 수렴한다.
ⓑ 렌즈가 한 개일 때보다 덜 수렴한다.
ⓒ 렌즈가 한 개일 때와 동일하게 수렴한다.

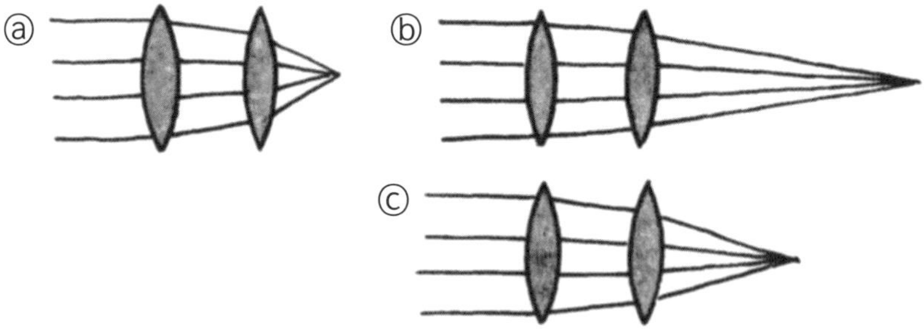

답: 두 개의 정렌즈

정답은 ⓐ입니다. 광선은 빛을 투과시키는 렌즈에 의해서 휘거나 굴절됩니다. 렌즈를 두 개 사용하면 전체적으로 빛을 더 많이 휘게 하여 결과적으로 렌즈를 한 개 사용했을 때보다 더 많이 굴절시킵니다.

대부분의 휴대용 돋보기는 두 개의 렌즈로 되어 있어서 어떤 때에는 한 개의 렌즈만 사용하고 더 크게 확대시킬 때에는 두 개를 함께 사용하도록 되어 있습니다.

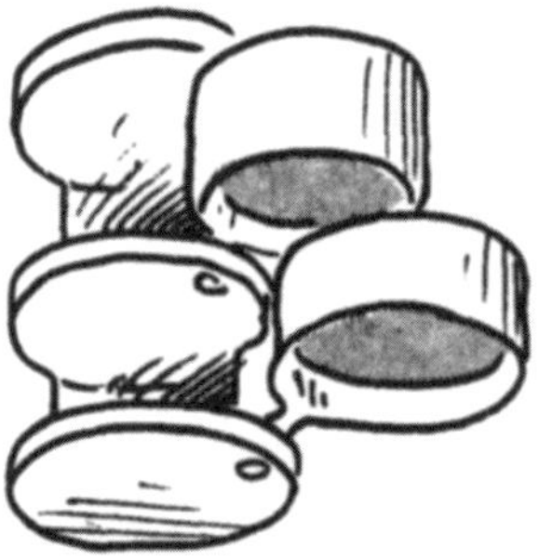

고속렌즈

태양 광선은 종잇조각 위의 한 지점에 모일 수 있습니다. 아래에 있는 렌즈 중 어느 것이 가장 효과적으로 종이를 태울 수 있을까요?

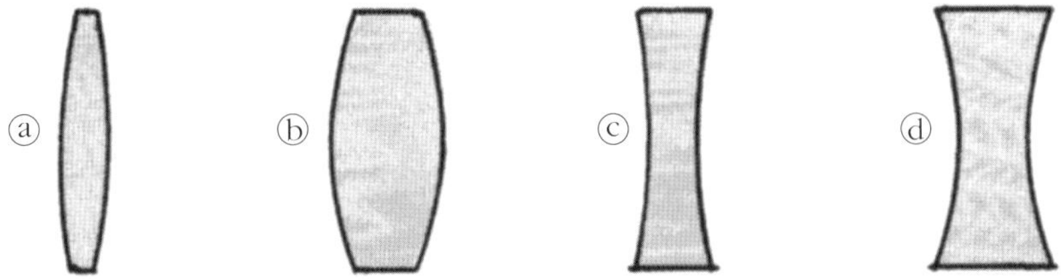

답: 고속렌즈

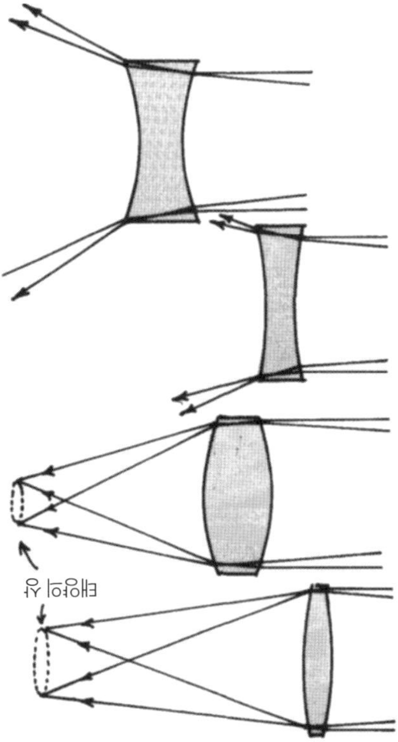

정답은 ⓑ입니다. 오목렌즈(ⓒ와 ⓓ는 태양 광선을 전혀 모으지 못합니다. 그래서 종이에 불을 붙일 수 없습니다. 렌즈 ⓐ와 ⓑ는 빛을 한 지점에 모을 수 있습니다. 그러나 ⓑ 렌즈가 더 두껍고 두 개의 얇은 렌즈를 겹쳐 놓은 것과 같기 때문에 빛을 가장 많이 휘게 합니다. 그래서 수렴 작용이 더 크게 나타나고 태양의 상은 ⓐ 렌즈보다 더 작게 나타납니다. (구멍의 크기가 더 작은 핀홀 카메라가 더 작은 크기의 상을 만드는 것을 생각해 보십시오.)

상의 크기가 작을수록 상 안에 에너지가 집중되어 있으므로 더 뜨겁고 종이에 더 빨리 불을 붙게 합니다. 이것은 또한 필름에 빛을 노출시키는 시간을 더 짧게 할 수 있는데, 이 때문에 초점거리가 짧은 렌즈를 고속 촬영 렌즈라고 부르기도 합니다.

두꺼운 렌즈

얇은 렌즈 두 개를 사용할 때와 같은 효과를 갖는 하나의 두꺼운 렌즈를 만들기 위해 두 개의 얇은 수렴형볼록 렌즈를 '융합'시킬 수 있습니다. 두 개의 발산형 오목렌즈를 융합시켜 만든 두꺼운 렌즈는 융합되기 전의 얇은 렌즈에 비해 빛을 발산시키는 정도는 어떨까요?

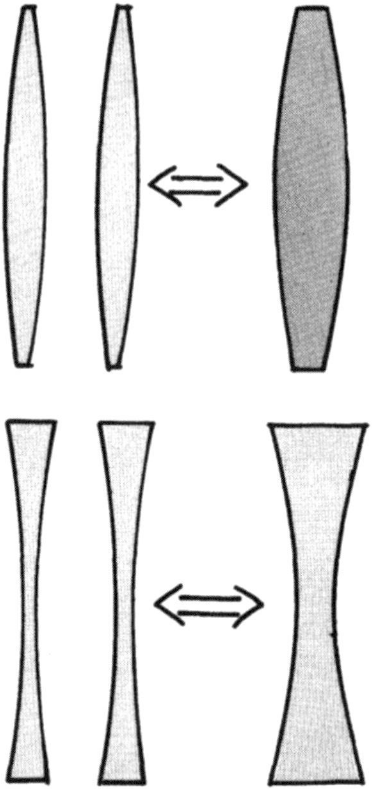

ⓐ 더 많이 발산시킨다.

ⓑ 덜 발산시킨다.

ⓒ 똑같이 발산시킨다.

답: 두꺼운 렌즈

정답은 ⓐ입니다. 렌즈는 중간 부분이 가장자리보다 더 두꺼우면 수렴형이고 중간 부분이 더 얇으면 발산형입니다. 만약 중간 부분의 두께가 가장자리와 똑같다면 렌즈가 아니라 평면 유리입니다. 두 렌즈를 융합시킴으로써 중심과 가장자리 사이의 두께의 차이는 이전에 비해 두 배가 됩니다. 따라서 두 개의 수렴형 렌즈를 융합한다면 렌즈의 수렴 효과는 두 배로 증가하고 두 개의 발산형 렌즈를 융합한다면 발산 효과는 두 배로 증가하게 됩니다.

- **문제:** 수렴형 렌즈 한 개와 발산형 렌즈 한 개를 융합시키면 어떻게 될까요?

물방울 렌즈

물속에 물방울이 한 개 있는데 광선이 물방울을 통과하도록 진행합니다. 물방울을 통과한 후 광선의 경로는 어떻게 될까요?

ⓐ 수렴한다.

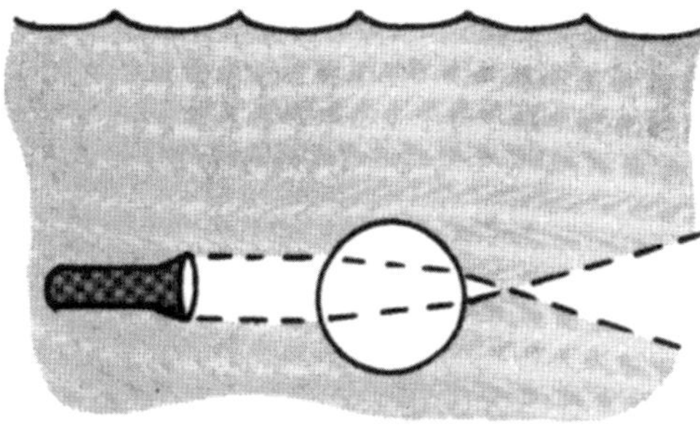

ⓑ 발산한다.

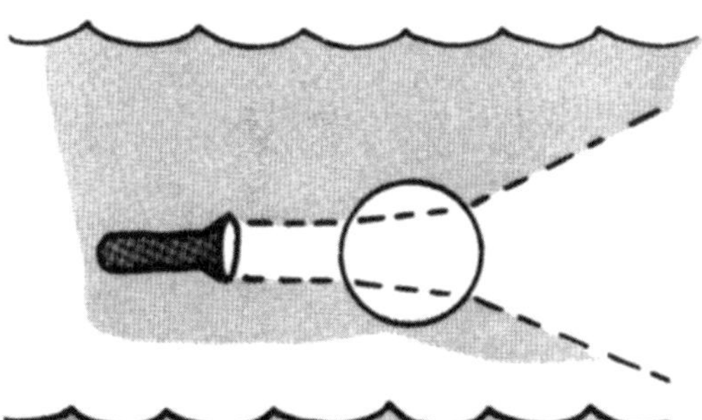

ⓒ 영향을 받지 않는다.

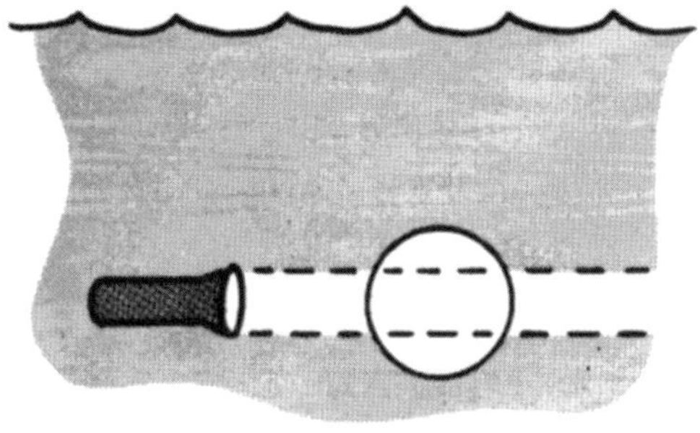

답: 물방울 렌즈

정답은 ⓑ입니다. 여러 가지 방법으로 이 문제를 설명할 수 있지만 이런 유형의 문제를 생각하는 일반적인 방법이 있습니다. 만약 공간에 물로 만들어진 공이 있다면 그 공은 볼록렌즈와 같은 작용을 해서 광선을 한 곳으로 수렴시키게 됩니다. 이번에는 물방울이 전혀 없는 맑은 물을 통과하는 빛을 생각해 보겠습니다. 내부가 완전히 물로만 채워진 공 모양의 물체가 물속에 있다고 생각해 보세요. 광선은 수렴도 발산도 하지 않고 직진할 것입니다. 그러므로 물방울과 물로 채워진 공이 만드는 혼합 효과는 **없다**고 말할 수 있습니다. 그러나 물로 채워진 공 모양의 물체는 광선을 수렴시킵니다.

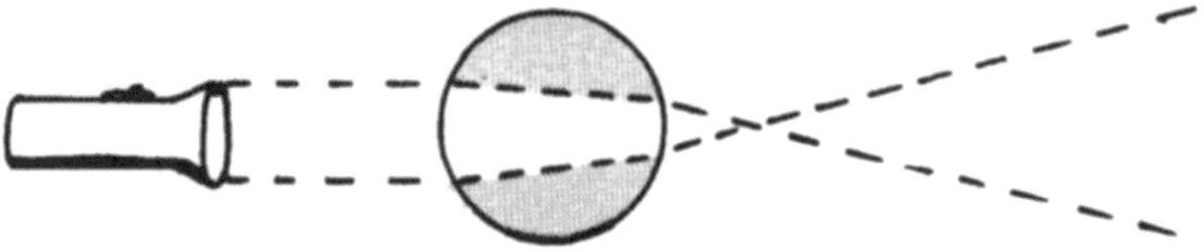

어떤 효과가 수렴 작용과 합쳐져야 아무런 효과도 나타나지 않게 할까요? 바로 발산 작용입니다. 그래서 물방울에 의한 효과는 광선을 발산시키는 것입니다. 물방울은 광선을 발산시킵니다.

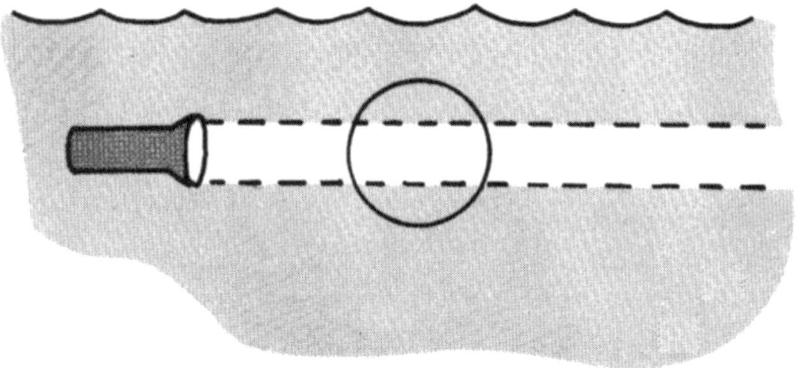

(태양열) 집열 렌즈

태양 광선을 한 곳에 모으는 데 사용되는 돋보기는 태양광을 모으는 집열 렌즈나 태양광 수집 장치가 됩니다. 만약 렌즈를 더 크게 만들거나 초점을 한 곳에 더 집중시키면 그 지점은 더 뜨거워지게 됩니다. 렌즈를 더 욱더 크게 만들거나 초점을 더욱더 집중시킨다면 그 지점은 태양보다 더 뜨거워질 수 있을까요?

ⓐ 그 지점은 뜨거워지는 데는 한계가 없다.

ⓑ 그 지점이 태양 표면보다 더 뜨겁게 될 수는 없다.

ⓒ 그 지점이 태양 표면의 온도와 거의 같게 만들 수는 없다.

ⓓ 여러 개의 렌즈를 사용한다면 어떤 지점은 태양 표면보다 더 뜨거워질 수 있다.

답: (태양열) 집열 렌즈

정답은 ⓑ입니다. 답을 찾는 데는 두 가지 방법이 있습니다. 첫 번째로 관측자의 눈이 렌즈의 초점에 정확히 놓여 있다고 가정해 보겠습니다. 렌즈를 들여다보는 모든 방향에서 관측자의 시선은 렌즈 뒤에 있는 태양의 표면을 향하게 됩니다. 이제 렌즈가 매우 크다고(또는 여러 개의 렌즈를 사용할 수도 있습니다) 가정할 때, 관측자가 바라보는 방향과 관계없이 태양 표면을 볼 수 있다면 관측자는 태양 표면에 완전히 둘러싸인 것처럼 보일 것입니다. 그렇게 되면 관측자의 온도는 태양 표면의 온도와 같게 될 것입니다.

두 번째로 태양 표면보다 더 뜨겁게 만들 수 있는 곳을 상상해 보겠습니다. 이것은 태양 표면으로부터 나온 열이 렌즈를 통과하여 태양 표면보다 더 뜨거운 곳으로 흐른다는 뜻입니다. 그러나 열에너지는 이런 식으로 이동하지 않습니다. 열에너지는 항상 뜨거운 곳으로부터 차가운 곳으로 저절로 이동하며, 결코 뜨거운 곳에서 더 뜨거운 곳으로 흐를 수 없습니다.

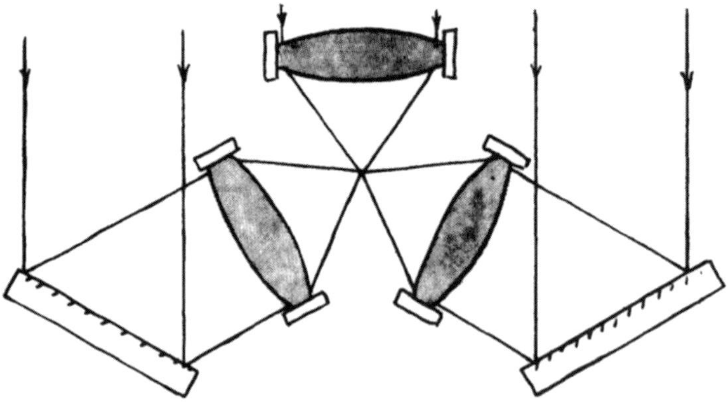

압축 렌즈

1. 만약 어떤 사람이 커다란 전구의 필라멘트에서 나오는 **모든** 빛을 그 필라멘트보다 더 작게 만들어진 상으로 집중시키는 광학적 장치를 만들 수 있다고 한다면, 이 주장은 물리학의 어떤 기본 법칙과 근본적으로 모순되는 것일까요?

ⓐ 그렇다. 이 주장은 물리학의 기본 법칙에 모순된다.
ⓑ 아니다. 이 주장은 물리학의 어떤 기본 법칙과도 모순되지 않는다.

2. 만약 어떤 사람이 커다란 전구의 필라멘트에서 나오는 빛의 **일부**를 필라멘트보다 더 작게 만들어진 상으로 집중시키는 광학적 장치를 만들 수 있다고 한다면, 이 주장은 물리학의 어떤 기본 법칙과 근본적으로 모순되는 것일까요?

ⓐ 그렇다. 근본적으로 불가능하다.
ⓑ 아니다. 근본적으로는 가능하다.

3. 만약 어떤 사람이 **작은** 전구의 필라멘트에서 나오는 **모든** 빛을 그 필라멘트보다 **더 크게** 만들어진 상으로 집중시키는 광학적 장치를 만들 수 있다고 한다면, 이 주장은 물리학의 어떤 기본 법칙과 근본적으로 모순되는 것일까요?

ⓐ 그렇다. 근본적으로 불가능하다.
ⓑ 아니다. 근본적으로는 가능하다.

답: 압축 렌즈

첫 번째 문제의 정답은 ⓐ입니다. 빛이나 렌즈를 연구하는 사람이라면 거의 누구나 전구의 필라멘트에서 나오는 모든 빛을 그 필라멘트보다 작게 만들어진 상으로 압축시킴으로써 광원의 세기를 증가시키려 시도합니다. 그러나 이는 불가능합니다. 왜일까요?

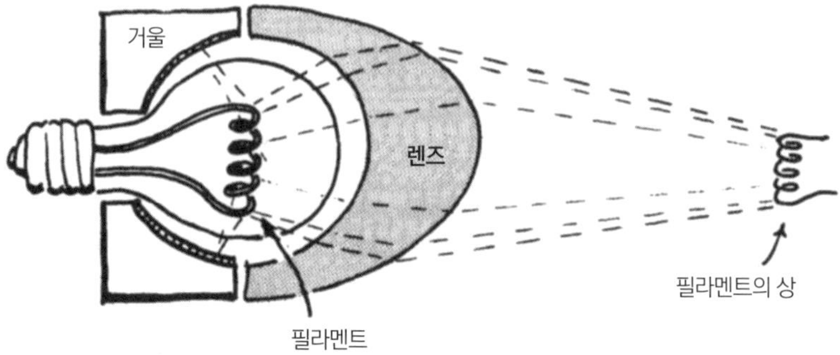

만약 그런 장치를 만들게 되면 상이 필라멘트 그 자체보다 더 뜨거워지게 되는데, 이는 추가적인 에너지가 필요한 열펌프를 사용하지 않고는 뜨거운 곳에서 더 뜨거운 곳으로 열을 이동시킬 수 없다는 열역학 제2법칙에 위배되기 때문입니다. 렌즈는 에너지를 이용하지 않으므로 열펌프가 아닙니다. 따라서 광원에 의해 만들어진 상은 광원 그 자체보다 더 밝을 수 없습니다.

두 번째와 세 번째 질문에 대한 정답은 모두 ⓑ입니다. 각각의 경우에서 광원보다 상이 더 밝게 될 필요가 없기 때문에 열역학 제2법칙과 모순되지 않습니다.

클로즈업

첫 그림은 멀리 있는 산에 초점을 맞춘 카메라를 나타낸 것입니다. 이 카메라를 매우 가까운 대상에 초점을 맞추려 한다면 카메라는 아래 그림들 중 어떤 모습일까요?

ⓐ 

ⓑ 

ⓒ 

답: 클로즈업

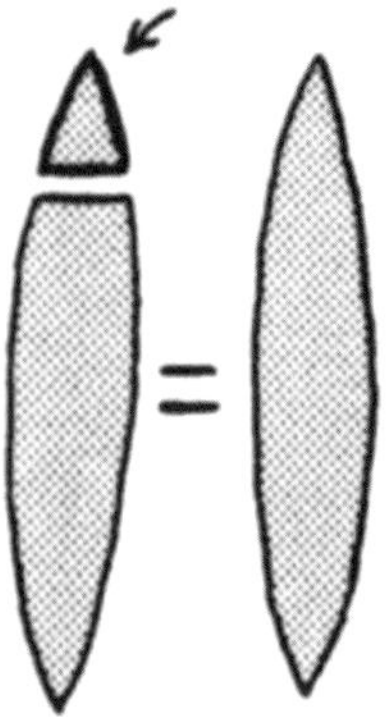

정답은 ©입니다. 관측 대상이 렌즈에 가까운 곳으로 다가올 때, 렌즈는 카메라의 뒤쪽에 위치한 필름으로부터 멀어져야 합니다. 이유를 알기 위해서는 렌즈의 위쪽 끝 부분을 살펴봐야 합니다. 이것은 작은 프리즘에서 일어나는 것과 같은 효과입니다. 프리즘은 빛을 원래의 진행 경로에 대해 어떤 각도 θ만큼 굴절시킵니다. 그래서 빛이 A 지점에서 B 지점으로 향할 때 프리즘을 통과하면서 C 지점 쪽으로 향하게 됩니다.

다음은 물체 또는 광원이 A 지점에 있고 C 지점에 필름이 있으며 그 사이에 렌즈가 있는 그림입니다. 만약 A 지점이 렌즈에 가까워지는 방향으로 움직인다면 렌즈의 가장자리에서 빛이 굴절되는 굴절각 θ는 변하지 않은 상태에서 초점은 C 지점에 그대로 있어야 합니다. 이렇게 될 수 있는 유일한 방법은 맨 아래의 그림처럼 렌즈가 필름에서 멀어지는 방향으로 움직이는 것입니다. 만약 A 지점이 렌즈에 가까워지는 방향으로 움직이는데 렌즈와 C 지점과의 거리를 그대로 두게 되면 굴절각 θ는 더 커져야 할 것입니다. 이 말은 결국 굴절률이 더 큰 렌즈를 사용해야만 한다는 뜻입니다.

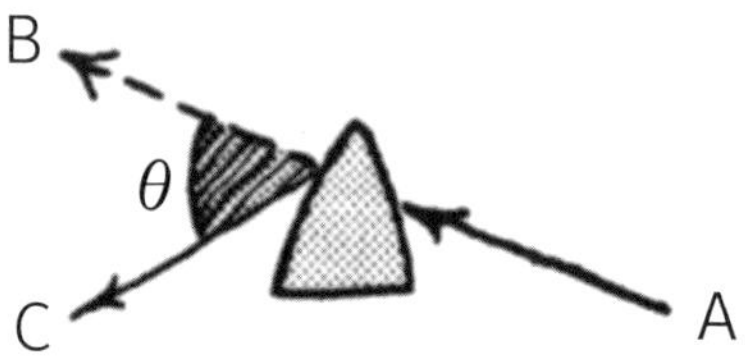

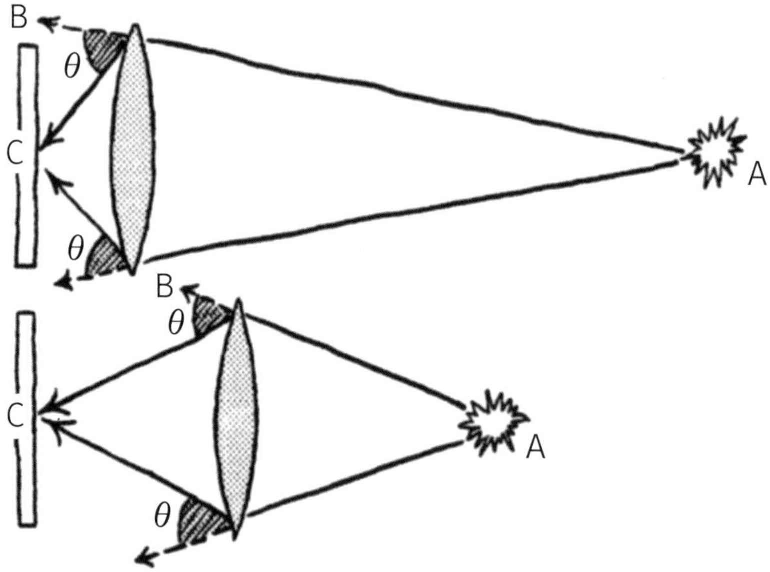

근시와 원시

독서할 때 책을 가깝게 두고 보는 사람의 눈은 정상적인 눈에 비해 망막과 수정체 사이의 거리가 더 멀어집니다. 이런 눈을 근시라고 합니다. 원시는 정반대의 경우입니다. 즉 망막이 수정체에 너무 가까이 있는 경우입니다. 만약 책을 너무 가까이 두고 읽게 되면 상이 수정체와 망막 사이의 적정 거리에 생길 수 없습니다.

이제 근시인 사람이 책을 눈으로부터 멀리 움직이면, 상은 수정체 쪽으로 움직일 것입니다. 따라서 망막 위에 초점이 생기지 않습니다.

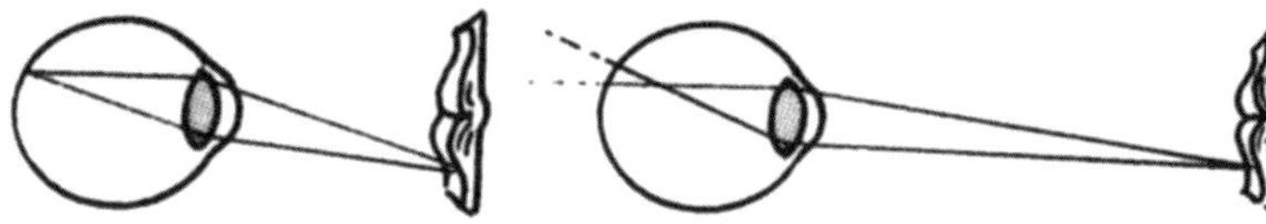

근시

이런 근시를 교정하기 위한 안경은 어떤 렌즈를 사용해야 할까요?

ⓐ 볼록렌즈를 사용해야 한다.
ⓑ 오목렌즈를 사용해야 한다.

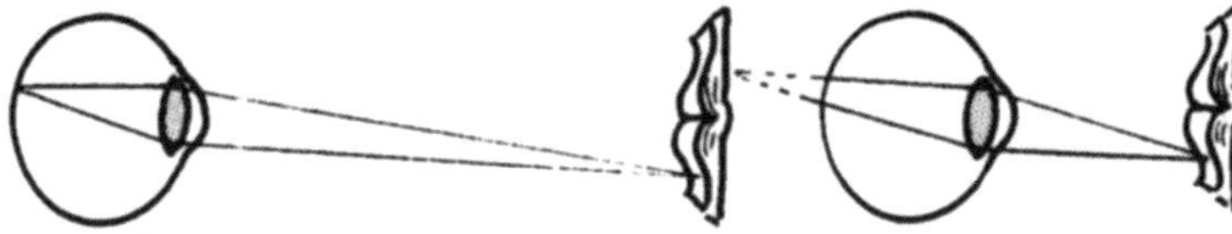

원시

그러면 원시를 교정하기 위한 안경은 어떤 렌즈를 사용해야 할까요?

ⓐ 볼록렌즈를 사용해야 한다.
ⓑ 오목렌즈를 사용해야 한다.

답: 근시와 원시

첫 번째 문제의 정답은 ⓑ입니다. 수정체는 볼록(수렴형)렌즈이고 근시의 수정체는 광선을 너무 가까운 지점에 모이게 합니다. 만약 이런 근시인 눈에 오목(발산형)렌즈를 사용하면 볼록렌즈에 의해 가까운 거리에 초점이 생기는 효과를 감소시키게 되어 광선은 더 뒤쪽 지점에서 모이게 될 것입니다. 그래서 오목렌즈를 근시인 사람의 눈앞에 놓게 되면 결과적으로 눈의 초점을 뒤쪽으로 이동시켜 망막에 가까워지게 합니다.

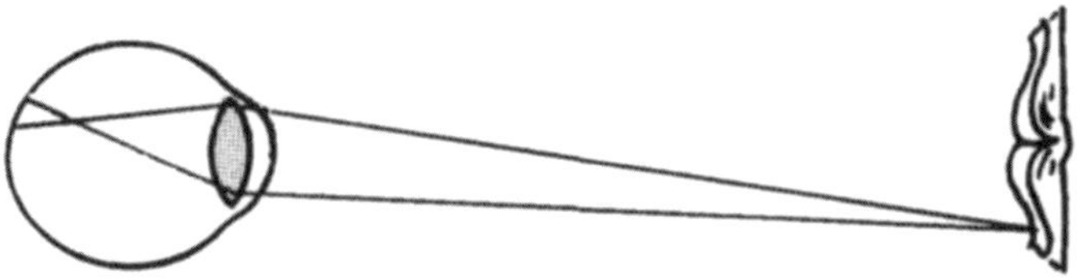

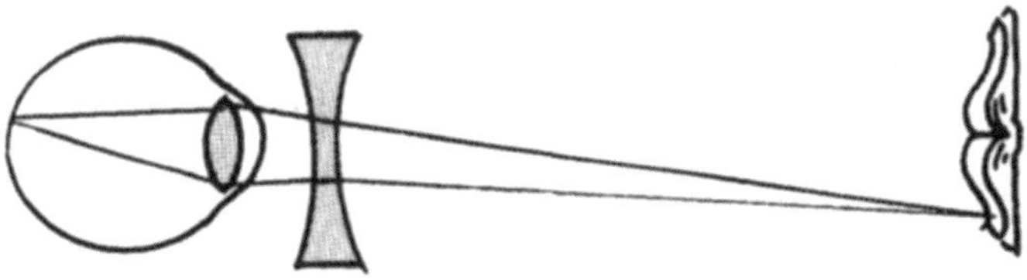

두 번째 문제의 정답은 ⓐ입니다. 원시의 수정체는 광선을 너무 뒤쪽 지점에 모이게 하여 초점이 망막 뒤에 생기게 합니다. 그래서 볼록(수렴형)렌즈를 사용하면 광선이 좀 더 가까운 지점에 모이게 되어 수정체와 초점 사이의 거리가 짧아집니다. 그러므로 원시인 사람이 쓰는 안경에는 볼록렌즈를 사용합니다.

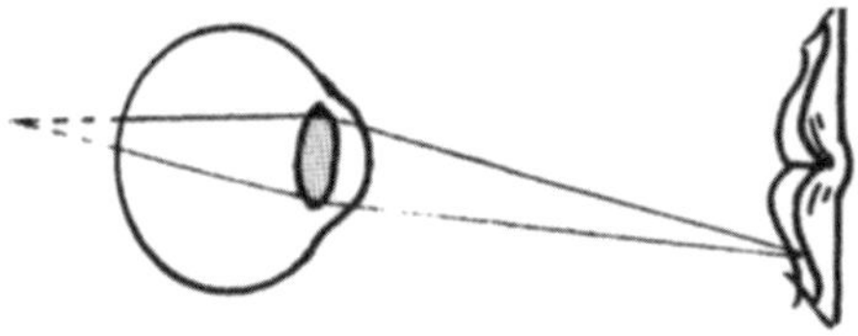

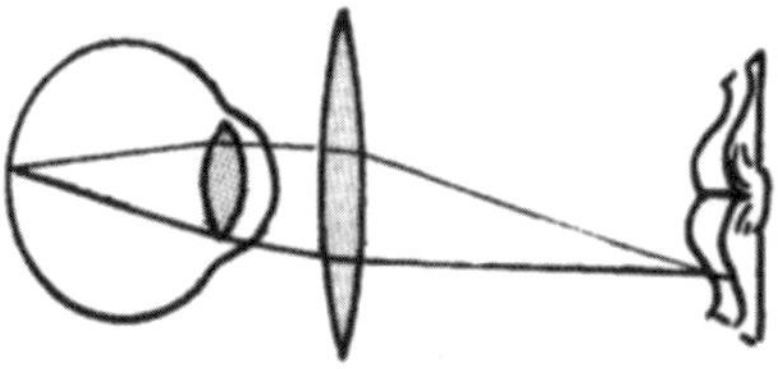

근시인 사람의 안경은 눈을 더 작아 보이게 하는 반면 원시인 사람의 안경은 눈을 더 커 보이게 합니다.

큰 카메라

그림의 두 카메라는 렌즈의 직경만 빼놓고는 모든 것이 똑같습니다. 만약 두 카메라를 사용하여 멀리 있는 물체를 찍는다면 어떤 카메라가 물체의 상을 더 크게 만들까요?

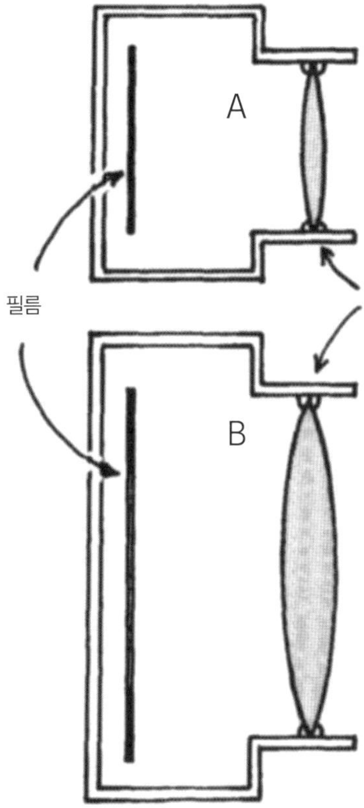

ⓐ A 카메라

ⓑ B 카메라

ⓒ 똑같다.

답: 큰 카메라

정답은 ⓒ입니다. 상의 크기는 렌즈와 필름 사이의 거리와 관련이 있습니다. 카메라 렌즈의 직경은 상의 크기와 아무런 관련이 없습니다. 직경이 큰 렌즈는 빛을 더 많이 모아 상을 밝게 만들 뿐 상을 크게 만들지는 않습니다. 만약 카메라의 조리개를 (f2로부터 f8까지) 점점 닫아 보면 카메라 렌즈의 크기를 효과적으로 줄일 수 있는데, 이때 필름에 생기는 상의 크기는 줄어들지 않습니다. 따라서 카메라 렌즈의 직경이 상의 크기에는 영향을 주지 않는다는 것을 알 수 있습니다.

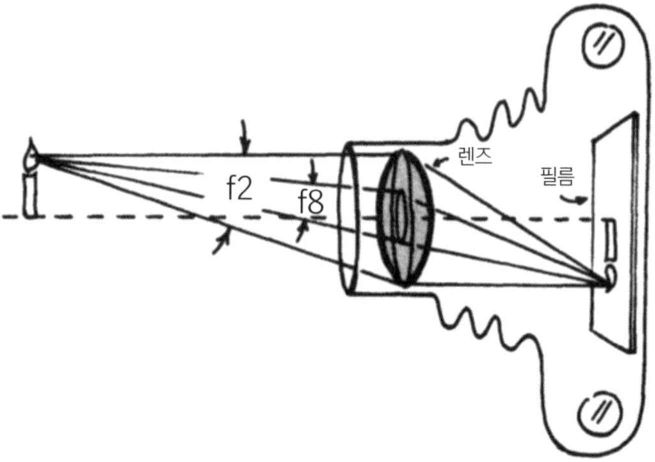

더욱이 이 사실을 확인하는 데는 카메라도 필요 없습니다. 우리 눈에서 동공의 직경이 변하더라도 상의 크기는 변하지 않는다는 것을 통해서도 우리는 이 사실을 이해할 수 있습니다.

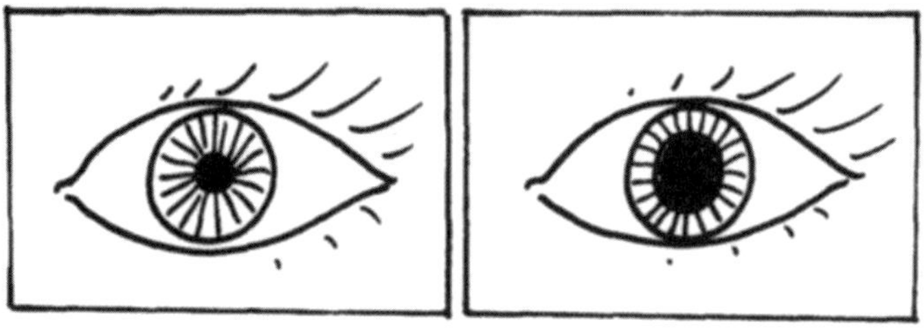

커다란 눈

1609년 갈릴레오 갈릴레이는 자신이 만든 망원경을 가지고 처음으로 하늘을 관찰했습니다. 그 이후로 과학을 대중들에게 소개하는 사람들은 망원경을 기본적으로 '커다란 눈'과 같다고 설명했습니다. 망원경은 때때로 신문기사에서 '커다란 눈'으로 소개됩니다. 이러한 설명에 대해 어떻게 생각하나요?

ⓐ 망원경을 '커다란 눈'으로 너무 간단하게 묘사한 이 말은 망원경의 본질을 잘못 표현한 것이다.

ⓑ 망원경을 '커다란 눈'으로 묘사한 것은 망원경의 본질을 상당히 정확하게 표현한 것이다.

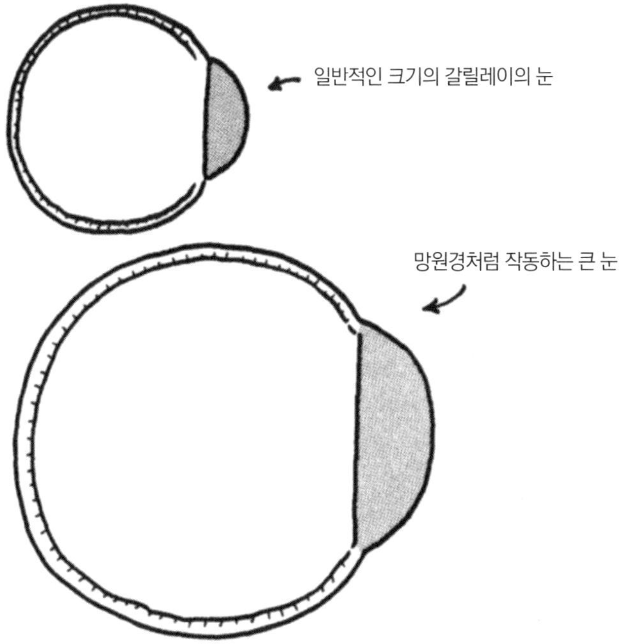

답: 커다란 눈

정답은 ⓑ입니다. 재미난 사실은 갈릴레이가 오늘날 물리학 책의 광학 부분에서 흔히 볼 수 있는 렌즈나 배율 방정식에 관해 전혀 알지 못했다는 것입니다. 그 당시에는 아무도 그것을 알지 못했습니다. 그는 단지 눈에 보이는 모든 것들을 비례적으로 늘리는 '더 커다란 눈'을 만들려고 했던 것뿐입니다.

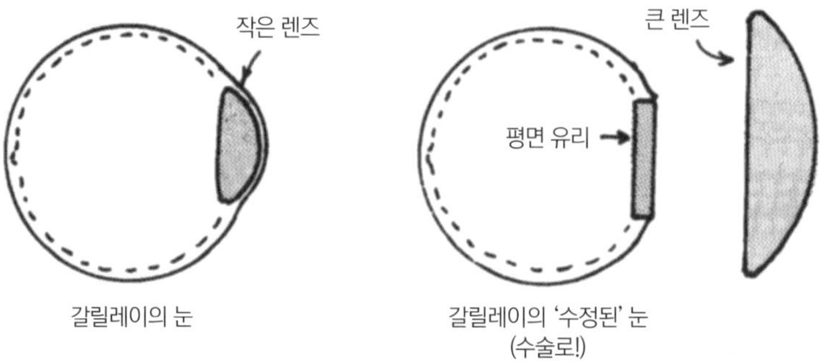

한 가지 방법은 외과적인 수술을 통해 그의 작은 눈을 더 큰 눈으로 바꾸는 것이었습니다. 그러나 눈의 크기를 더 커다랗게 하면 그 눈은 그의 몸에 맞지 않을 것입니다. 그래서 그는 자기 눈의 수정체를 평면 유리로 바꾸고 눈앞에 더 큰 렌즈를 놓는 방법을 생각했습니다. 어떻게 외과적인 수술 없이 이 일을 할 수 있을까요? 그의 눈에 있는 작은 수정체를 평면 유리로 효과적으로 대체시키기 위해서 그는, 수렴 작용을 하는 수정체와 반대 작용을 하는 작은 유리 렌즈를 그의 눈앞에 놓음으로써 수정체의 수렴 작용을 상쇄시켰습니다. 이것이 바로 접안렌즈입니다. 그다음에 그의 수정체의 곡률과 같은 곡률의 더 큰 렌즈를 눈앞에 놓았습니다. 이렇게 하면 결과적으로 망원경은 커다란 눈과 완전히 동일한 것이 됩니다!

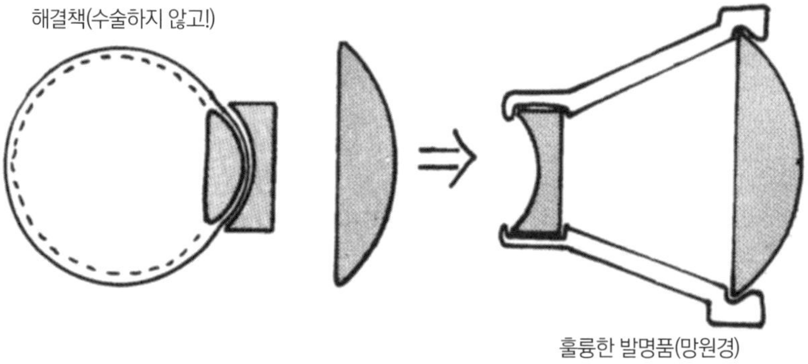

갈릴레이의 망원경

망원경에 대한 갈릴레이의 생각은 그림 I에, 케플러의 생각은 그림 II에 나타나 있습니다. 둘 다 효과가 있지만 오페라 안경을 제외하고는 갈릴레이식 망원경은 거의 사용되지 않습니다. 그 이유는 무엇일까요?

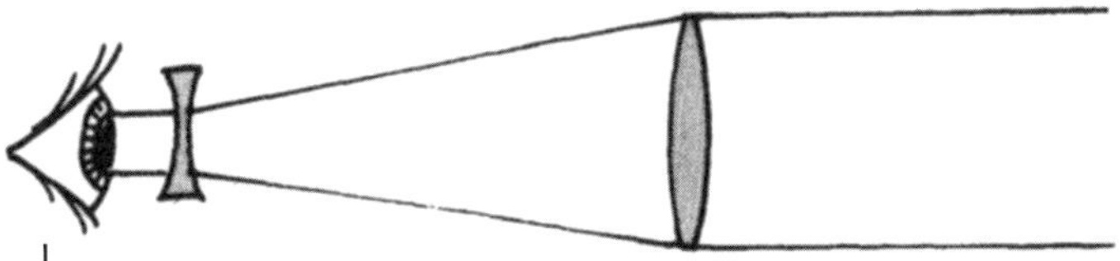

I

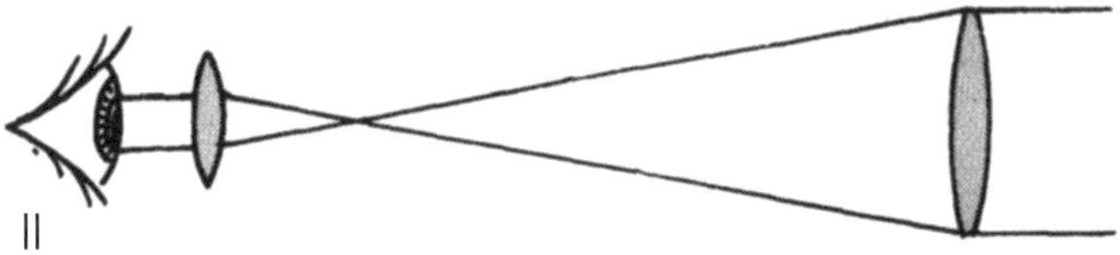

II

ⓐ 갈릴레이의 체포 기록 때문이다.

ⓑ 케플러식 망원경에 비해 갈릴레이식 망원경의 경통이 더 길기 때문이다.

ⓒ 갈릴레이식 망원경은 동공 밖에서 빛을 분산시키기 때문이다.

ⓓ 갈릴레이식 망원경에서는 상이 거꾸로 보이기 때문이다.

답: 갈릴레이의 망원경

정답은 ⓒ입니다. 갈릴레이식 망원경은 케플러식 망원경보다 많은 장점을 가지고 있습니다. 케플러식 망원경이 만드는 상은 도립상이지만 갈릴레이식 망원경의 경우는 직립상입니다. 또한 케플러식 망원경은 경통이 더 깁니다. (어떤 역사가들은 케플러가 자신이 만든 망원경을 사용해 보긴 한 것인지 의심을 하기도 합니다!) 그럼에도 갈릴레이식 망원경은 매우 심각한 문제점을 하나 가지고 있습니다. 시야의 바깥 영역에서 들어오는 빛은 동공 속의 어느 한 지점으로 모두 들어갈 수 없습니다. 망원경이 빛을 퍼지게 하는 것입니다. 시야 바깥의 다른 부분을 보려면 눈을 다른 위치로 움직여야만 합니다. 케플러식 망원경은 시야의 모든 영역으로부터 들어오는 빛을 동공 안쪽 영역으로 모을 수 있습니다. 케플러의 망원경은 빛을 모으는 일종의 깔때기가 내장되어 있는 셈입니다. 학자들은 동공에서 이 위치를 '동공의 출구'라고 부릅니다.

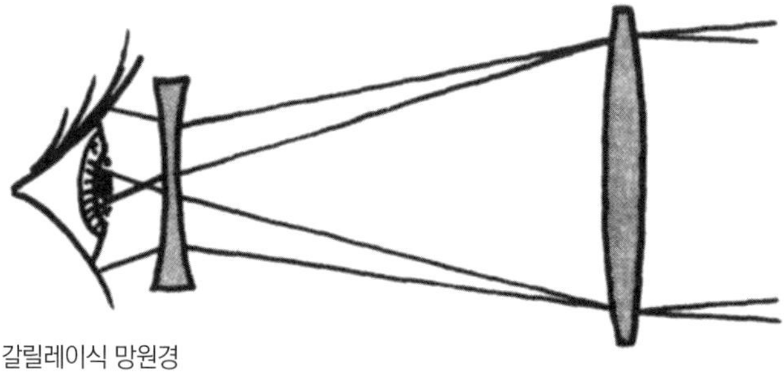

갈릴레이식 망원경

이 이야기가 가르쳐 주는 것은 무엇일까요? 그것은 광학 장치(카메라나 현미경, 영사기 등)를 생각할 때 장치에 똑바로 들어오는 빛만 고려해서는 안 된다는 것입니다. 즉, 비스듬히 들어오는 빛 또한 고려해야 한다는 것입니다.

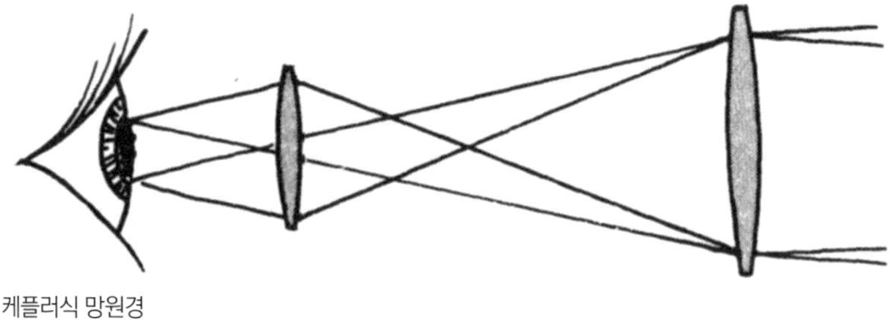

케플러식 망원경

물방울에서 일어나는 산란

만약 붉은색 빛의 광선이 둥근 물방울로 입사한다면 어떻게 될까요?

ⓐ 똑같은 양의 붉은색 빛이 물방울로부터 모든 방향으로 나올 것이다.

ⓑ 모든 붉은색 빛이 한 방향으로 나올 것이다.

ⓒ 입사한 붉은색 빛 중 일부분이 모든 방향으로 나오는데, 특정 방향으로는 더 많이 나올 것이다.

ⓓ 빛의 대부분이 물방울을 통과한 후 전혀 휘지 않고 직진할 것이다.

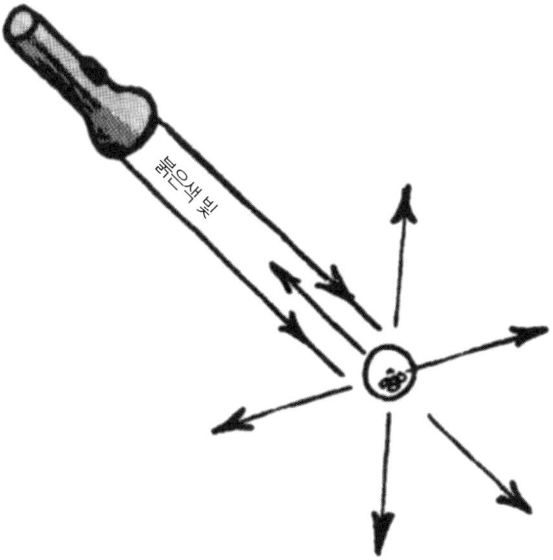

답: 물방울에서 일어나는 산란

정답은 ⓒ입니다. 그림은 광선 1의 방향에서 온 빛이 물방울로 입사하는 것을 나타낸 것입니다. 물방울로 입사한 광선은 굴절하게 되는데 광선 1의 일부는 물방울 뒷면에서 반사될 것이고 다른 일부는 광선 2와 같이 물방울 뒷면을 통과할 것입니다. 반사된 빛은 광선 3과 같이 물방울 앞쪽을 통과하여 나옵니다. 그림을 살펴보면 붉은색 빛 중 일부분이 거의 모든 방향으로 나오지만, 다른 방향보다는 대략 광선 3의 방향으로 더 많이 나온다는 것을 알 수 있습니다. 이 결과 어떤 현상이 나타날까요? 바로 무지개가 나타납니다. 물방울에서 나오는 빛이 특정 방향으로 좀 더 집중되는 것이 무지개를 만드는 것을 가능하게 합니다. 그렇다면 전혀 휘지 않고 곧바로 물방울을 통과하여 직진하는 빛은 얼마나 될까요? 거의 없습니다. 광선 0와 같은 광선만이 휘지 않고 직진합니다.

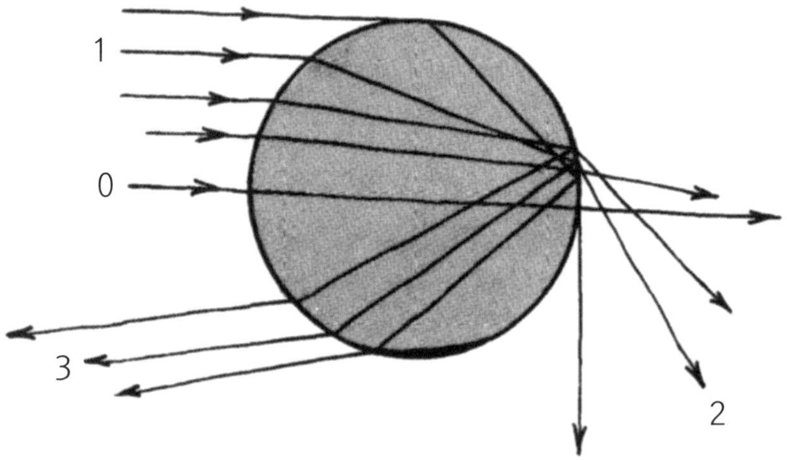

검은 무지개와 흰 무지개

완전히 색맹인 사람은 무지개를 볼 수 있는 곳에서 특별한 어떤 것도 볼 수 없을까요?

ⓐ 그렇다.　　　　　　ⓑ 아니다.

답: 검은 무지개와 흰 무지개

정답은 ⓑ입니다. 다른 많은 경우들처럼 그림 한 장으로 수천 마디의 말을 대신하여 많은 것을 설명할 수 있습니다. 무지개를 찍을 때 흑백사진으로 찍을 수 있습니다. 색깔은 없지만 무지개는 확실히 나타납니다. 일반적으로는 무지개를 설명할 때 색깔에 초점을 두게 됩니다. 그러나 무지개에서 색깔은 부수적인 사항일 뿐 주된 문제는 아닙니다. 왜 하늘에서 무지개는 밝은 아치 모양으로 나타날까요?

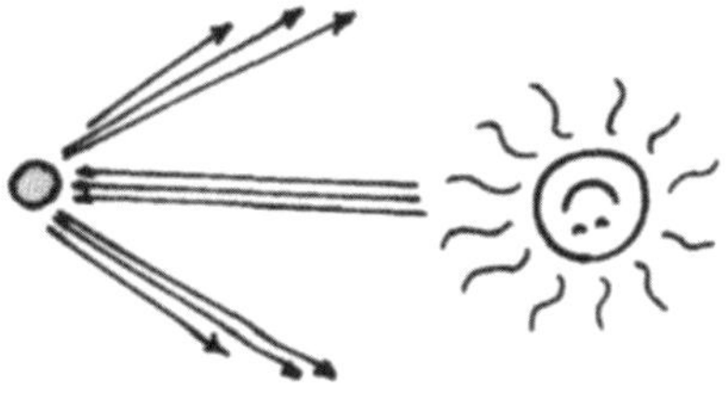

물방울에 입사한 태양광은 여러 방향으로 산란되어 나옵니다. 그러나 앞의 문제에서 살펴본 것과 같이 물방울 내에서 일어나는 반사와 굴절로 인한 초점 효과에 의해 광선이 조금 더 많이 나오는 특정 방향이 존재합니다. 물방울에 의한 빛의 작은 편향이 무지개를 이해하는 핵심 열쇠입니다.

그림을 보면 물방울에 의해 영향을 받은 모든 태양광은 원뿔 모양으로 다시 퍼져나갑니다. 이 원뿔의 중심은 정확히 태양의 반대쪽 지점에 있습니다. 이 원뿔은 태양의 정반대 쪽에 원판 모양의 밝은 빛을 만듭니다. 지표면에서는 이 원판의 일부만이 보이지만, 높은 하늘을 날고 있는 비행기에서는 가끔 원판 전체가 보이기도 합니다. 이 원판의 밝은 가장자리 부분이 바로 무지개입니다.

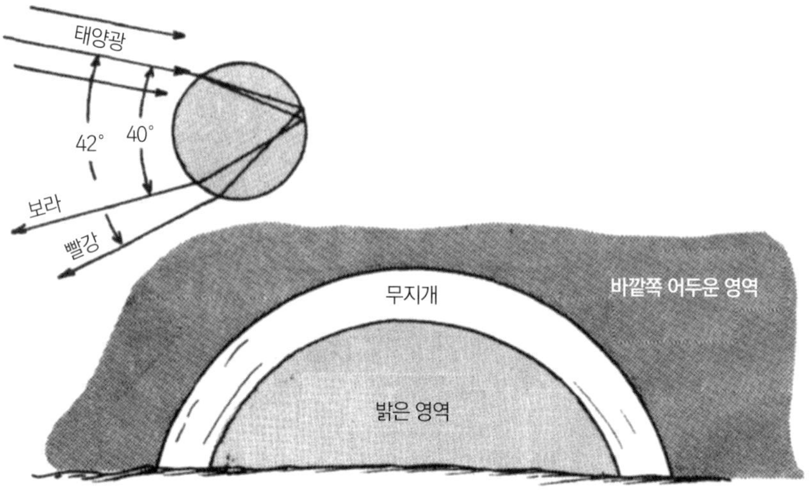

무지개가 여러 색깔로 나뉘는 것은 빛의 굴절 때문입니다. 굴절의 세부적인 면은 색깔과 약간 관련이 있습니다. 서로 다른 색깔의 광선들은 물방울 속에서 다른 속력으로 움직이기 때문에 물방울에서 나올 때 굴절되는 정도가 서로 다릅니다. 이 때문에 그림에서 보이는 것처럼 색깔이 나뉘게 됩니다. 무지개를 바라볼 때 많은 사람들이 무지개의 색깔에만 너무 관심을 갖기 때문에 무지개에서 채색된 가장자리인, 밝은 원판 부분은 간과하기 쉽습니다.

신기루

무더운 날 흔히 볼 수 있는 신기루로는 뜨거운 고속도로에서 명백히 보이는 물웅덩이를 들 수 있습니다. 이 웅덩이는 실제로 가까이 다가가 보면 존재하지 않지요. 이런 현상이 나타나는 이유는 무엇 때문일까요?

ⓐ 신기루로부터 나오는 빛은 편광되지 않지만 진짜 물에서 반사되는 빛은 편광되기 때문이다.

ⓑ 진짜 물에서 반사되는 빛은 편광되지 않지만 신기루로부터 나오는 빛은 편광되기 때문이다.

ⓒ 둘 다 편광되지만 편광되는 축의 방향이 서로 다르기 때문이다.

ⓓ 둘 다 편광되지 않는다. 따라서 구별할 수 없다.

답: 신기루

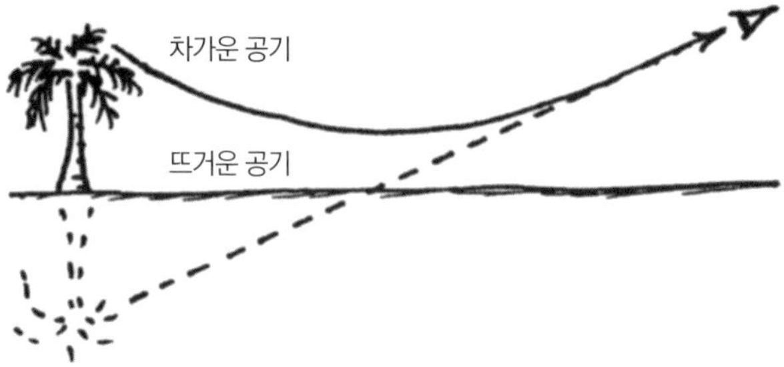

정답은 ⓐ입니다. 신기루로부터 눈에 들어오는 빛은 반사에 의한 빛이 아니라 굴절에 의해 휘어진 빛입니다. 고속도로의 도로면 바로 위로 약 30cm 정도 두께의 낮게 깔린 매우 뜨거운 공기층은 도로면으로부터 훨씬 위쪽에 있는 차가운 공기와 비교할 때 밀도가 더 낮은데, 이로 인해 고속도로 도로면 바로 위의 공기층을 통과하는 빛의 속력은 약간 더 빠릅니다. 이 같은 속력의 '변화율'은 빛을 휘게 만듭니다.

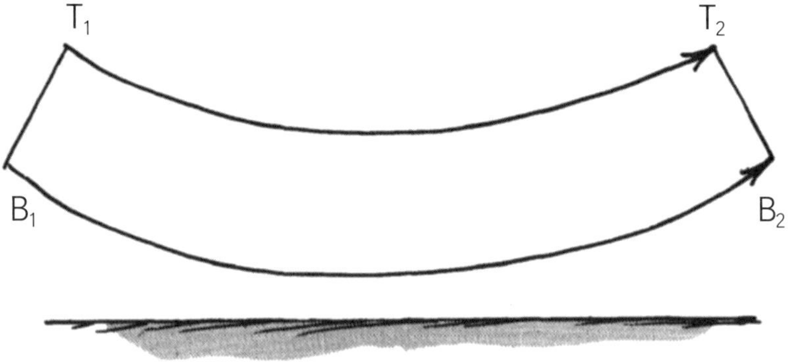

빛이 어떻게 휘는지는 두 번째 그림에서 확인할 수 있습니다. 빛을 파동으로 생각할 때 파면 $\overline{T_1B_1}$이 왼쪽에서 도로 쪽으로 진행하는 상황에 대해 살펴보도록 하겠습니다. 파면의 윗부분인 T_1이 T_2까지 진행할 때 같은 시간 동안 광파의 아랫부분인 B_1은 더 먼 거리를 움직여 B_2까지 움직입니다. 이제 빛이 어떻게 휘는지 이해가 되나요?

빛의 속력은 공기의 밀도와만 관련이 있을 뿐, 빛의 편광과는 전혀 무관합니다. 신기루가 만들어지도록 도로 쪽으로 진행하는 빛이 편광되지 않은 것같이 신기루에서 나오는 빛도 편광되지 않습니다. 신기루는 편광판이 어떤 방향으로 놓여 있든 관계없이 편광판을 통해서 볼 때 똑같이 보입니다. 그러나 진짜 물에서 반사된 빛은 그렇지 않습니다. 신기루는 빛의 반사에 의한 것이 아니라 굴절에 의해 생긴 것입니다.

거울상

아리따운 여인이 그림처럼 화장대 거울로부터 80cm 떨어진 곳에 서서 자기 머리 뒤쪽 20cm 떨어진 위치에 손거울을 들고 있습니다. 그녀의 머리 뒤에 꽂혀 있는 꽃의 상은 화장대 거울 뒤쪽으로 얼마만큼 떨어진 지점에 나타날까요?

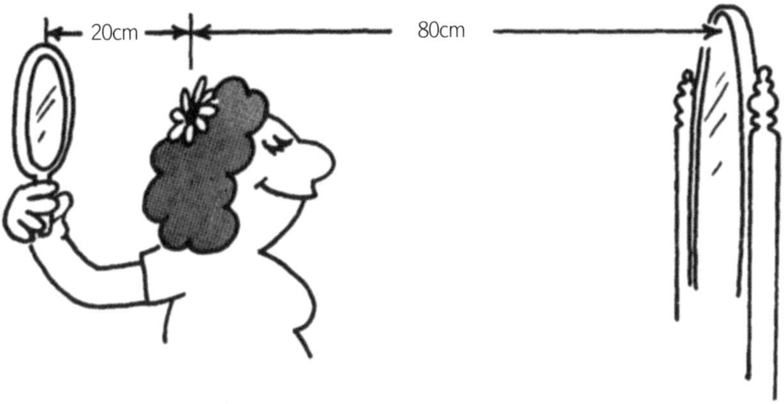

ⓐ 80cm　ⓑ 100cm　ⓒ 120cm

ⓓ 140cm　ⓔ 160cm

답: 거울상

정답은 ⓒ 120cm입니다. 왜 그럴까요? 손거울에 나타난 꽃의 상은 손거울로부터 꽃까지의 거리만큼 손거울 뒤쪽에 생깁니다. 즉, 손거울로부터 20cm 뒤에 꽃의 상이 있게 됩니다. 손거울에 의해 생긴 첫 번째 상은 화장대 거울로부터 앞쪽으로 120cm(80+20+20) 떨어진 곳에 존재하기 때문에, 화장대 거울에 의한 두 번째 상은 화장대 거울 뒤쪽으로 같은 거리(120cm)만큼 떨어진 지점에 생깁니다.

평면거울

평면거울 앞에 서서 우리 몸 전체를 보기 위해서는 평면거울의 최소 길이가 얼마여야 할까요??

ⓐ 사람 키의 1/4
ⓑ 사람 키의 1/2
ⓒ 사람 키의 3/4
ⓓ 사람 키만큼
ⓔ 답은 거울로부터의 거리에 달려 있다.

답: 평면거울

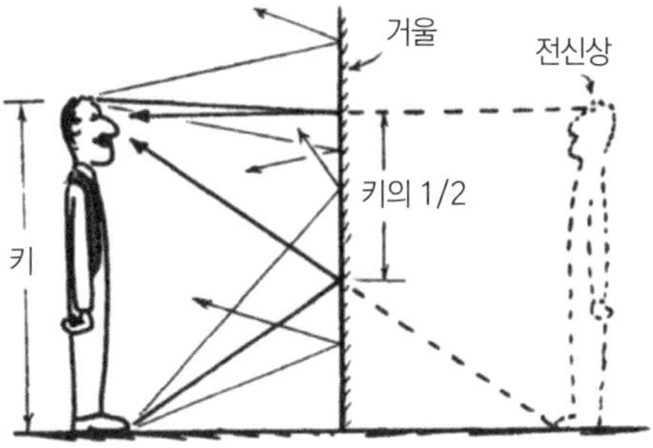

정답은 ⓑ입니다. 정확히 사람 키의 절반만큼의 길이가 필요합니다. 이 까닭은 반사가 일어날 때 입사각이 반사각과 같기 때문입니다. 그림과 같이 매우 큰 거울 앞에 서 있는 사람을 생각해 보겠습니다. 발로부터 나와서 눈으로 들어오는 광선은 바닥과 눈높이의 1/2인 거울의 지점에 입사하는 광선입니다. 이 지점보다 높은 곳으로 입사하는 신발로부터 나온 광선은 반사되어 눈 위쪽으로 진행하고, 더 낮은 곳으로 입사하는 광선은 반사된 후 눈 아래쪽으로 진행합니다. 따라서 거울의 아래쪽 절반 부분은 필요가 없습니다. 이 부분의 거울은 단지 발 앞의 바닥 면에서 입사하는 빛을 반사시켜 줍니다. 거울의 꼭대기 부분에서의 반사도 비슷한 방법으로 설명할 수 있습니다. 머리 꼭대기에서 나와서 눈으로 들어오는 광선은 머리 꼭대기와 눈 사이의 중간인 거울의 지점에 입사하는 광선입니다. 이 윗부분의 거울 또한 필요가 없습니다. 그래서 상을 보기 위해서는 눈에서 머리 꼭대기 사이의 중간 부분부터 눈에서 발 사이의 중간 부분까지의 거울이 필요합니다. 이 길이는 사람 키의 1/2입니다.

거울은 거울 너머의 세계에 대한 창문 역할을 합니다. 거울 너머의 세계에 있는 모든 것은 당신이 존재하는 세계에 대한 상입니다. 아래의 그림은 거울 너머의 세계에 있는 당신의 상을 보기 위해 필요한 창문의 크기가 당신이 창문에 가까이 있든 멀리 있든 상관없이 단지 당신 키의 절반임을 보여 줍니다.

다음번에 거울을 볼 때는 머리 꼭대기 부분과 턱이 있는 부분을 거울에 표시해 보세요. 두 표시 사이의 거리는 얼굴 크기의 1/2이고, 당신이 거울로부터 가까이 또는 멀리 움직이더라도 거울에 나타난 얼굴의 상은 여전히 그 표시 사이에 그대로 있게 됨을 알 수 있을 것입니다.

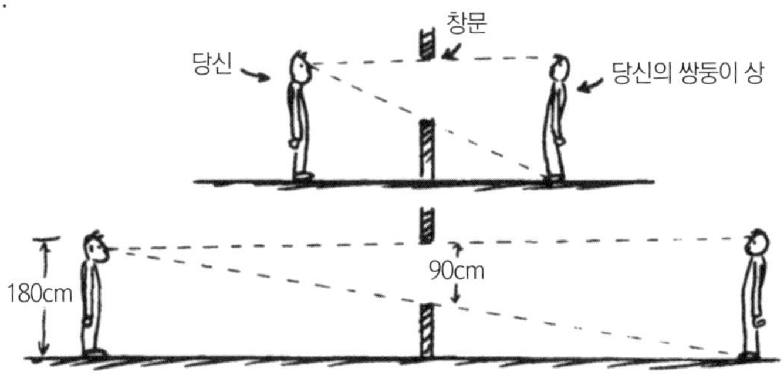

거울의 초점

만약 백색광이 곡면 거울로 입사할 때 그림에 표시된 것처럼 초점이 생긴다면 빛의 붉은색 성분은 어느 위치에 초점이 생길까요?

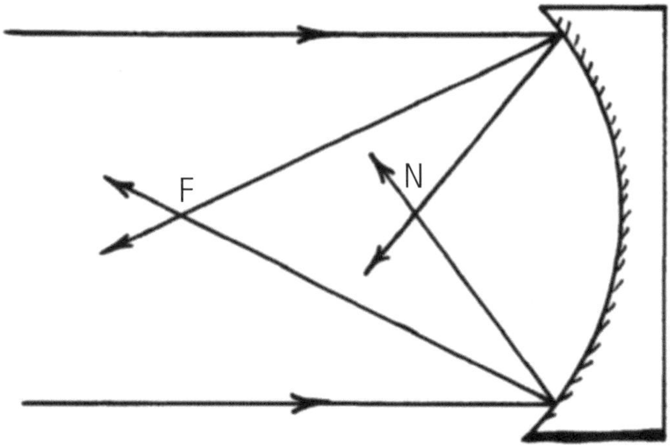

ⓐ 빛의 붉은색 성분은 가까운 지점 N에, 푸른색 성분은 먼 지점 F에 초점이 생긴다.

ⓑ 빛의 붉은색 성분은 지점 F에, 푸른색 성분은 N에 초점이 생긴다.

ⓒ 그림이 잘못된 것이다. 모든 색깔의 빛의 초점은 같다.

답: 거울의 초점

정답은 ⓒ입니다.

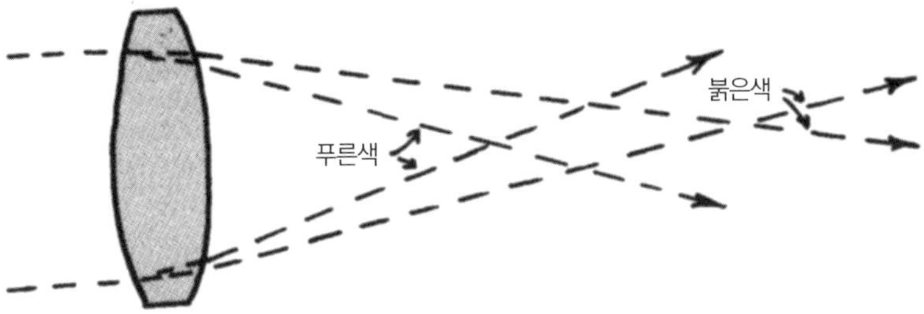

빛의 반사법칙은 반사되는 표면에 대한 빛의 입사각은 반사각과 같다는 것입니다. 이는 빛의 진동수와는 무관합니다. 그래서 거울이 빛을 모을 때 모든 색깔의 빛은 동일하게 반사되기 때문에 초점이 생기는 위치도 같습니다. 하지만 단렌즈에서는 다른 결과를 나타냅니다. 단렌즈는 붉은색보다 푸른색을 더 많이 굴절시키기 때문에 각각의 색깔에 따라 초점의 위치가 달라집니다. 아이작 뉴턴이 빛을 한 곳에 모으기 위해 렌즈 대신 거울을 이용하여 반사 망원경을 만든 것은 렌즈에서 벌어지는 색분리(색수차라 불림)를 피하기 위해서였습니다. 갈릴레이의 첫 번째 망원경(굴절망원경)은 렌즈를 사용했으나 현재 대부분의 큰 구경의 망원경은 거울을 사용하고 있습니다.

1733년에 영국의 법률가이자 아마추어 과학자인 체스터 모어 홀은 거의 모든 색깔의 빛을 한 곳에 모으는 렌즈를 만들어 전문가들을 놀라게 했습니다. 이것은 서로 다른 종류의 유리로 만들어진 **색지움 렌즈**(achromat)라 불리는 복합 렌즈이고, 오늘날 널리 사용되고 있습니다.

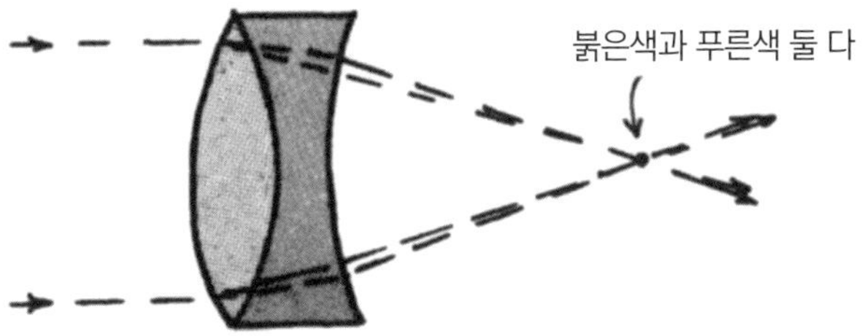

편광판

빛은 편광축이 같은 방향으로 정렬된 한 쌍의 편광판은 통과하지만 편광축이 서로 수직일 때는 통과하지 못합니다. 빛은 편광축이 수직으로 교차된 편광판을 통해서는 진행하지 않습니다. 만약 세 번째 편광판이 그림에 나타난 것처럼 서로 직각으로 교차된 두 편광판 사이에 끼워졌다면 빛은 통과할 수 있을까요?

ⓐ 통과한다.

ⓑ 통과하지 못한다.

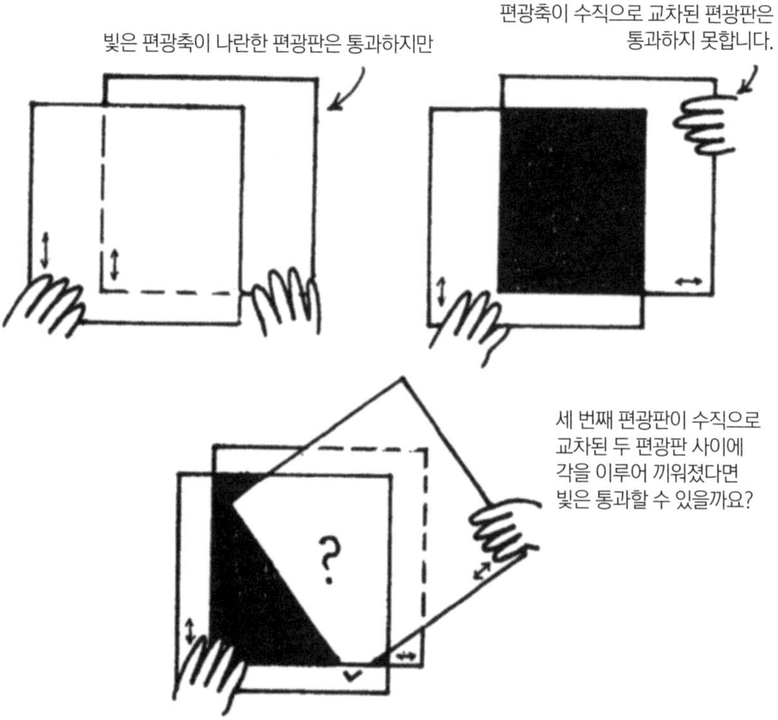

답: 편광판

정답은 ⓐ입니다. 단순히 편광축이 직각으로 교차된 두 개의 편광판이 있을 때는 빛이 통과하지 못합니다. 두 번째 편광판의 편광축이 첫 번째 편광판을 통과한 빛의 성분에 수직이기 때문입니다. 그러나 세 번째 편광판이 첫 번째 편광판의 편광축에 수직이거나 평행이 아닌 방향으로 끼워졌을 때, 비록 빛의 세기는 감소하지만 빛은 편광판을 통과한다는 것을 알 수 있습니다. 이것은 빛의 벡터적인 성질을 통해 가장 잘 이해할 수 있습니다. 빛은 그것이 지나가는 공간에서 진동하는 일종의 파동입니다. 진동이 어떤 편향성을 가질 때 빛은 편광되었다고 말합니다. 편광축에 수직인 성분은 흡수되어 통과하지 못하기 때문에 편광판을 통과한 빛은 편광됩니다.

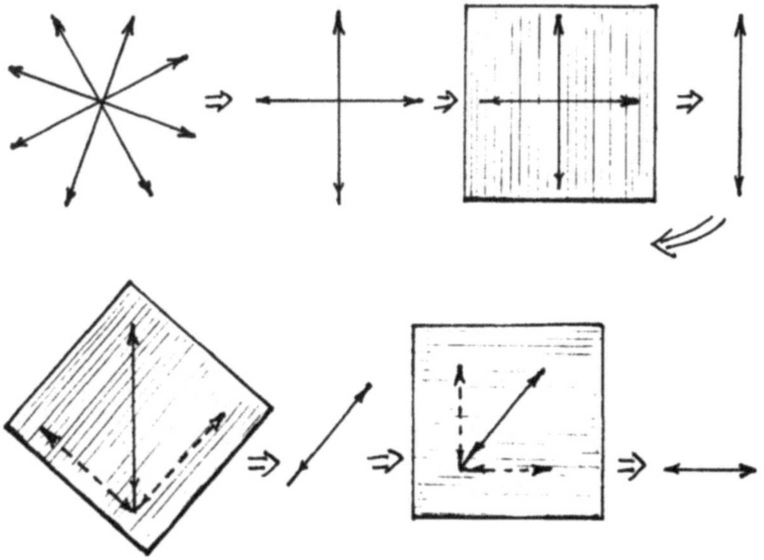

위의 그림은 첫 번째 편광판으로 입사하는 초기 편광되지 않은 빛이 어떤 방법으로 여과되어 편광축에 평행한 빛의 성분만을 통과시키는지를 보여 줍니다. 직각으로 편광판에 들어가는 빛은 전혀 통과하지 못합니다. 그러나 두 편광판 사이에 끼워 넣은 세 번째 편광판의 편광축은 두 편광판의 편광축 방향과는 직각이 아닙니다. 첫 번째 편광판의 편광축과 같은 방향인 빛의 성분이 통과하여 세 번째 편광판에 입사되고, 또 그 축에 평행한 방향인 빛의 성분이 통과하게 됩니다.

보충 문제

본문에서 다룬 문제들과 유사한 다음 문제들을 스스로 풀어 보세요. 물리적으로 생각하는 것을 잊지 마시기 바랍니다. (정답과 해설은 없습니다.)

1. 어떤 행성의 대기는 낮은 진동수의 빛은 대부분 산란시키고, 높은 진동수의 빛은 쉽게 투과시킵니다. 그 행성의 일몰은 어떻게 나타날까요?
   ⓐ 붉게 나타난다. ⓑ 하얗게 나타난다. ⓒ 푸르게 나타난다.

2. 위에서 말한 바로 그 행성에서 대낮에 멀리 있는 산을 바라보면 어떻게 보일까요?
   ⓐ 붉은 색깔을 띤다. ⓑ 하얀 색깔을 띤다. ⓒ 푸른 색깔을 띤다.

3. 지구에서 일몰 때 보게 되는 붉은색의 구름은 어느 위치에 있는 태양에 의해 비춰지는 것인가요?
   ⓐ 위에 있는 태양 ⓑ 아래에 있는 태양

4. 달 위에 있는 우주 비행사가 일식을 보는 순간에 지구에 있는 관측자는 어떤 현상을 관찰하게 되나요?
   ⓐ 일식을 관찰한다. ⓑ 월식을 관찰한다.
   ⓒ 둘 다 관찰한다. ⓓ 둘 모두 관찰할 수 없다.

5. 어떤 별의 자전축이 지구 자전축과 평행하다고 가정한다면 별의 표면 위의 어떤 지점은 지구를 향하여 회전하고 정반대편 지점은 지구로부터 멀어지는 쪽으로 회전합니다. 지구를 향하여 회전하는 지점으로부터 진행하여 지구에 도달하는 빛은 어떻게 측정될까요?
   ⓐ 속력은 더 큰 값으로 측정된다. ⓑ 진동수는 더 큰 값으로 측정된다.
   ⓒ 둘 다 더 크게 측정된다. ⓓ 둘 다 더 작게 측정된다.

6. 별의 색깔은 별의 온도를 나타냅니다. 뜨거운 별은 어떻게 보일까요?

ⓐ 붉게 보인다. ⓑ 하얗게 보인다. ⓒ 파랗게 보인다.

7. 그 유명한 윌로 패턴은 하얀 백자 위에 새겨진 진청색 무늬입니다. 만약 도자기가 빛을 내게 될 때까지 가열된다면, 도자기 위에 새겨진 무늬는 어떻게 될까요?

ⓐ 밝은 도자기 위에 어두운 무늬로 남을 것이다.

ⓑ 반대로, 어두운 도자기 위에 밝은 무늬로 남을 것이다.

8. 밤하늘에서 가장 밝게 반짝이는 별들은 어디에 있는 것일까요?

ⓐ 지평선 가장 가까이에 있는 별들이다.

ⓑ 바로 머리 위에 있는 별들이다.

ⓒ 지평선에서나 머리 위에서나 거의 같은 정도로 반짝인다.

9. 빛의 평균적인 속력은 어디에서 가장 작을까요?

ⓐ 공기 중에서 ⓑ 물속에서 ⓒ 두 경우 동일하다.

10. 빛이 한 매질에서 다른 매질로 진행할 때, 빛의 굴절은 빛의 어떤 차이 때문에 일어날까요?

ⓐ 속력 ⓑ 진동수 ⓒ 둘 다 ⓓ 둘 다 아니다.

11. 어떤 렌즈와 다른 렌즈 사이에 빛을 모으는 능력이 차이가 난다면, 이것에 가장 큰 영향을 미치는 요인은 어떤 것일까요?

ⓐ 두께 ⓑ 곡률 ⓒ 직경

12. 빛이 서로 다른 색깔을 갖게 되는 이유는 어떤 것 때문일까요?

ⓐ 세기 ⓑ 진동수 ⓒ 속력

13. 보안경이나 안면 마스크를 사용하지 않고도 물속에서 물체를 가장 선명히 볼 수 있는 사람은 어떤 눈을 가진 것일까요?

ⓐ 근시 ⓑ 원시 ⓒ 근시도 원시도 아니다.

14. 볼록렌즈에 의해 생긴 상의 크기는 어떤 것에 의해 결정될까요?

ⓐ 렌즈의 직경　ⓑ 렌즈와 상 사이의 거리

ⓒ 둘 다　ⓓ 둘 다 아니다.

15. 빛의 어떤 특성이 무지개를 만들까요?

ⓐ 굴절　ⓑ 반사　ⓒ 둘 다　ⓓ 둘 다 아니다.

16. 렌즈는 어느 지점으로부터 다가오는 빛을 모아 렌즈 뒤쪽의 다른 지점에 상을 만들 수 있습니다. 단렌즈에서 어떤 색깔의 빛이 렌즈로부터 가장 가까운 거리에 초점을 만들까요?

ⓐ 빨강　ⓑ 파랑　ⓒ 똑같다.

17. 간섭은 어떤 종류의 파동에서 나타나는 현상일까요?

ⓐ 광파　ⓑ 음파　ⓒ 수면파　ⓓ 모두 다　ⓔ 이 중 어느 것도 아니다.

18. 지점 I로부터 지점 II로 가는 가장 짧은 경로는 어느 지점을 거쳐 가는 것일까요?

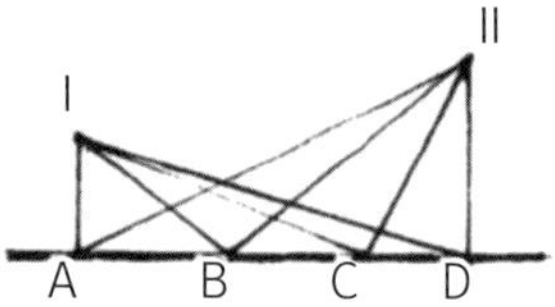

ⓐ A　ⓑ B　ⓒ C　ⓓ D

ⓔ 모든 경로의 길이는 같다.

19. 어떤 여자가 시속 1km의 속력으로 큰 평면거울을 향하여 걷고 있습니다. 그녀가 거울에 비친 상을 볼 때, 그녀에게로 다가오는 거울에 비친 상의 속력은 얼마일까요?

ⓐ 시속 0.5km　ⓑ 시속 1km

ⓒ 시속 1.5km　ⓓ 시속 2km　ⓔ 답이 없다.

20. 키가 180cm인 사람이 있다. 전신의 상을 보기 위해 필요한 거울의 최소 길이는 얼마일까요?

ⓐ 180cm　ⓑ 120cm　ⓒ 90cm

ⓓ 거울로부터 얼마나 떨어져 있느냐에 달려 있다.

21. 샌프란시스코와 같이 언덕이 많은 지역에서 태양이 뜰 때, 동쪽에서 비치는 빛은 언덕 위에 있는 집의 창문에서 서쪽으로 반사됩니다. 태양이 뜰 때 반짝이는 창문이 있는 지역은 어느 방향에 있는 집 쪽으로 움직이는 것처럼 보일까요?

ⓐ 언덕 위쪽으로

ⓑ 언덕 아래쪽으로

ⓒ 둘 다 아니다. 반짝이는 창문이 있는 지역은 근본적으로 고정되어 있다.

Chapter 06

전기와 자기

Electricity & Magnetism

유체, 역학, 열, 진동, 빛 등은 피라미드를 만들었던 고대 공학자들에게도 잘 알려져 있었습니다. 이제 우리는 '새로운' 것으로서의 전기와 자기를 다루려고 합니다. 약 200년 전만 하더라도 전기와 자기는 생소한 것으로서 만들기가 어려웠으며 또 비실용적이었습니다. 전기와 자기의 비밀이 알려진 후 세상은 많이 변했습니다.

터빈이 빙빙 돌면서 만들어 낸 전기는 도시를 밝히려고 썼던 고래기름과 가스를 대신하게 되었고, 모터를 돌려 인간과 동물의 수고를 덜어 주었습니다. 전선을 이용해 벽에서 열이 나오도록 했고 전기적 진동을 통해 메시지를 나라 전체로, 더 나아가 달까지 보내게 되었습니다. 마침내 물리학자들은 빛의 본성인 전기장 및 자기장의 복사를 이해하게 되었습니다.

어떻게 자석은 닿지 않아도 철을 끌어당길 수 있을까요?

정전기 유도

만약 한 물체가 양전하를 띠게 되면 다른 물체는 어떻게 될까요?

ⓐ 똑같은 양의 양전하를 띠게 된다.

ⓑ 똑같은 양의 음전하를 띠게 된다.

ⓒ 음전하를 띠기는 하나, 꼭 같은 양은 아니다.

ⓓ 자석으로 된다.

답: 정전기 유도

정답은 ⓑ입니다. 고양이털을 쓰다듬으면 고양이는 양전하를 띠게 되고 브러시는 음전하를 띠게 됩니다. 그렇게 될 때 전기를 새로 생성하는 것은 아닙니다. 전기는 이미 존재하고 있었습니다. 솔로 쓰다듬기 전에 고양이의 털은 **각각의** 원자에 같은 양의 양전기와 음전기를 갖고 있었습니다(양전기는 핵에, 음전기는 핵 주위의 전자에 존재합니다). 빗질을 함으로써 양전기로부터 음전기가 분리됩니다. 이것은 솔의 뻣뻣한 털이 고양이털보다 더 강한 전자 친화력을 갖고 있기 때문입니다. 음전하를 띤 전자가 마찰에 의해 고양이털에서 솔로 이동하게 되어 고양이털과 솔은 전기적으로 불균형 상태가 됩니다. 고양이털은 음전하가 부족하게 되었으므로 고양이털이 양전하를 띠었다고 말합니다. 솔은 과도한 음전하로 인해 음전하를 띠게 됩니다. 그래서 고양이털과 솔은 전하의 양은 같지만 정반대의 전하를 띠게 되는 것입니다. 빗질하는 동안 소모된 에너지는 분리된 전하들 속에 저장되게 되는데, 솔을 고양이털 가까이에 대면 불꽃이 탁탁 튀는 이유가 바로 이 때문입니다.

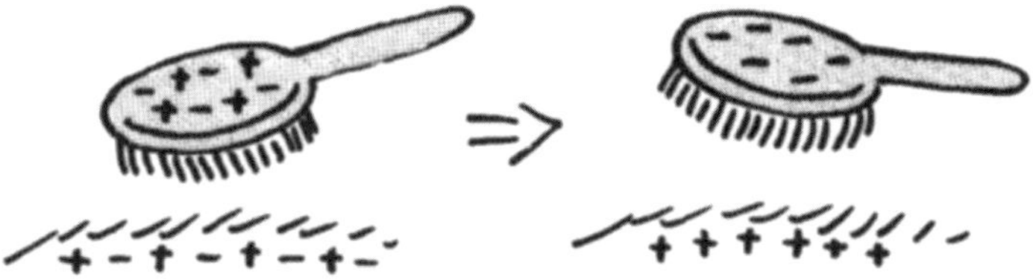

진공에서의 전하 생성

충전은 전하를 분리하는 과정으로 일이 필요합니다. 만약 충분한 에너지가 주어진다면, 아무것도 없는 상태, 소위 진공으로부터 전하를 만들 수 있을까요?

ⓐ 그렇다. 이것은 이상한 일이 아니다.

ⓑ 아니다. 이것은 현재 알려진 법칙에 위배된다.

답: 진공에서의 전하 생성

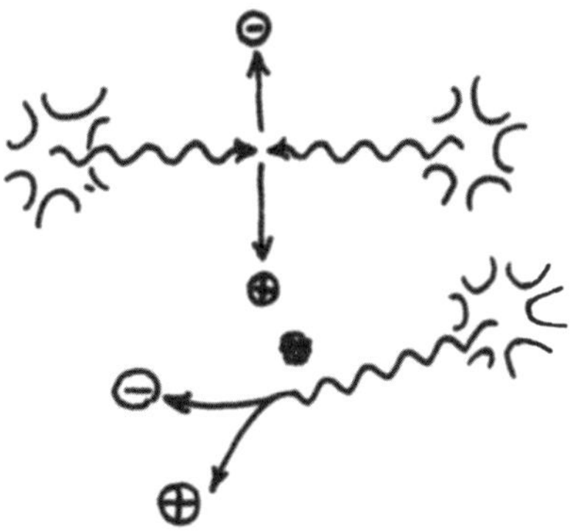

정답은 ⓐ입니다. 만약 충분한 에너지를 가진 X선이 어떤 물질 **가까이** 지나가거나 두 개의 X선이 충돌한다면, X선의 에너지는 **완전한 진공에서** 양성전자와 음성전자를 만들어 냅니다. 이 과정은 이미 사진으로 확인되었고 높은 에너지가 포함되었을 때 늘 일어납니다. 양성전자는 **양전자** 또는 반(反)전자로 알려져 있습니다.

어떻게 이런 현상이 나타날까요? 에너지는 당연히 X선으로부터 왔습니다. 그러나 전하들은 어디로부터 왔을까요? 알짜[純] 전하는 절대로 창출될 수 없습니다. 즉, 처음부터 전하가 0이었다면 항상 전하는 0이어야 합니다. 전하는 단지 같은 양의 양전하와 음전하가 동시에 만들어지고, +와 −는 상쇄되어 전체 효과는 0이 된다는 제한된 의미로만 창출될 수 있습니다. 더 엄밀하게 말하면 전하는 진공으로부터 분리되었다고 해야 합니다. 이것을 다음과 같은 그림으로 묘사할 수 있습니다.

진공을 회색의 텅 빈 공간이라 가정해 보겠습니다. 회색인 a 지역에서 약간의 회색을 제거하여 흰 지역 b를 만들고, 제거한 회색을 c 지역에 중복시켰습니다. 그러면 c는 더욱 짙

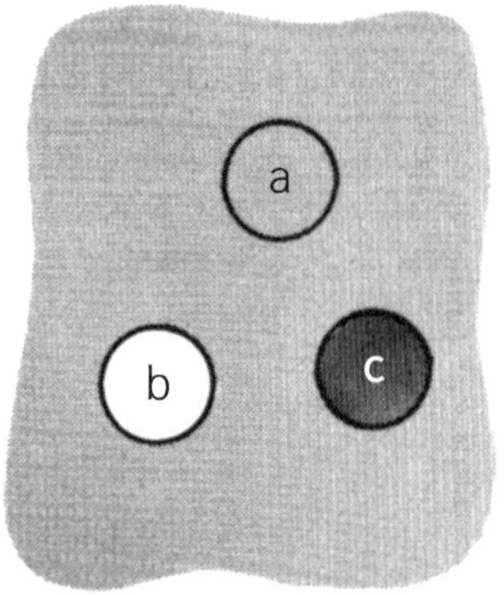

은 회색 또는 아마 검은색이 될 것입니다. 따라서 실제로 검은색 또는 흰색을 창출한 것이 아니라 단지 회색으로부터 검은색과 흰색을 분리시킨 것입니다. 따라서 양전하와 음전하가 진공으로부터 분리될 수 있는 것입니다. 더 근본적으로 말하면 '진공을 나눔으로써'라는 표현이 맞겠습니다. 물론 진공을 나누는 데는 에너지가 필요합니다.

그리고 또 한 가지: 만약 빈 회색 공간의 일부를 취해서 회색을 다른 곳에 옮겨 버리면 흰 색이 남게 되고 흰 부분과 검은 부분, 두 곳 사이의 공간에는 **당김** 또는 **변위**가 나타나게 됩니다. 그 변화가 **변위장**(displacementfield)이라고 불리는 **전기장**(electric field)입니다. 만약 양과 음이 떨어져 있도록 되어 있지 않다면 그 당김은 그 두 곳을 서로 달라붙게 할 것입니다.

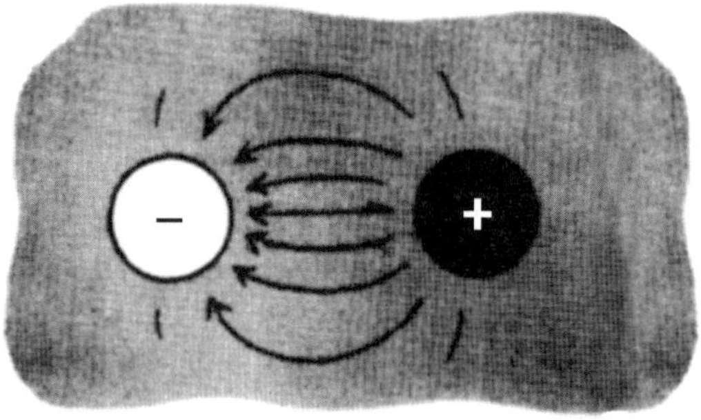

만약 양과 음이 서로 달라붙는다면 그 당김은 없어지고 모든 것은 균일한 회색의 진공인 이전 상태로 환원될 것이라고 생각할지도 모릅니다. 하지만 지층에서의 당김이 지진 단층의 맞물림에 의해 없어진다면, 모든 것이 원래대로 조용히 되돌아갈까요? 모든 것이 되돌아가기는 해도 조용히 되돌려지지는 않습니다. 당김 에너지가 빠져나감에 따라 지층 주위에 떨림이 나타나게 됩니다. 또 양과 음 사이의 당김이 갑자기 경감됨에 따라 회색 진공 주위에 떨림이 나타납니다. 이 떨림은 전자-반전자의 쌍소멸에 의해 항상 방출되는 방사선의 펄스(순간 파동)입니다.

덧붙이면, 무(無)로부터 물질(두 개의 서로 반대되는 물질)을 생성하는 이와 같은 개념은 물리학에서만 나타나는 것이 아닙니다. 비즈니스의 세계에서도, 새로운 회사는 주식 또는 사채를 팔아 창립됩니다. 회사는 회사를 운영할 돈을 얻게 되는 한편 돈을 대준 사람들에게 빚을 지게 됩니다. 주식과 사채는 회사가 갚아야 할 빚이고 이 빚은 새 회사가 설립될 때 끌어모은 돈과 일치합니다. 이렇게 끌어들인 돈을 자본(capital)이라 합니다. 즉 자본+빚=0입니다.

활동 범위

기체 속의 분자들은 서로 모이지 않으려는 경향이 있어 가능한 한 서로 멀리 떨어져 있으려 합니다. 자유전자들 또한 마찬가지로 가능한 한 서로 멀리 떨어져 있으려 합니다. 기체가 가득 찬 탱크 안의 분자들은 탱크의 부피 내에 거의 균일하게 분포함으로써 각각의 분자들은 서로 가장 인접한 분자들끼리 가능한 한 멀리 떨어져 있게 됩니다. 이제 구리로 된 공이 충전되었을 경우, 자유전자들은 같은 이유로 공 전체에 균일하게 분포할 것입니다.

ⓐ 그렇다. 맞는 말이다.

ⓑ 아니다. 틀린 말이다.

답: 활동 범위

정답은 ⓑ입니다. 기체 분자들처럼 전자들도 구리 공 전체에 퍼져 전자와 그 주위 전자들 간의 거리가 가능한 한 멀어질 것이라고 무심코 생각할지도 모릅니다. 그러나 사실은 그렇지 않습니다. 전자들은 구리 공 표면 근처 또는 위에 모이게 됩니다. 어째서 전자와 기체 분자 간에 이런 신기한 분포 차이가 나타날까요? 이것은 기체 분자들이 물리적 충돌에 의해 단지 분자들과 가장 가까운 이웃 분자들끼리만 상호작용을 하기 때문입니다. 기체 분자들 간에 작용하는 힘은 짧은 거리에서만 작용하게 됩니다. 기체 분자는 탱크의 반대편에 있는 분자와는 상호작용을 하지 않습니다. 그래서 기체들은 가장 근접한 이웃 분자와의 거리가 최대가 되도록 분포합니다.

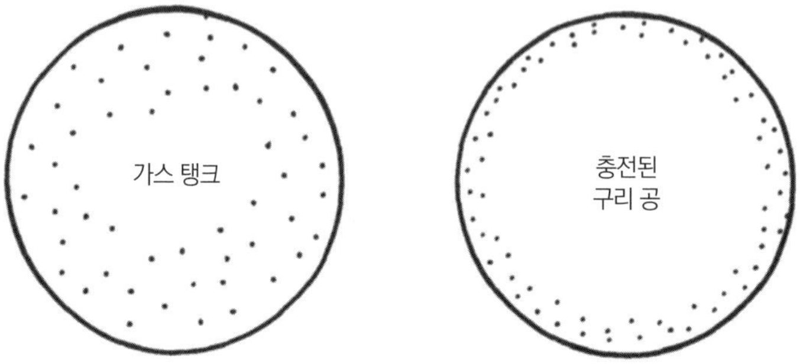

반면에 전자는 전기장에 의해 먼 거리에 있는 전자들과도 상호작용을 할 수 있습니다. 전자는 멀리 있는 전자에 힘을 가할 수 있습니다. 전자는 가까운 이웃 전자들로부터가 아니라 구리 공 안에 있는 **모든 전자들로부터의** 거리가 최대가 되도록 합니다. 전자는 모든 전자들로부터 가능한 한 멀리 존재하려 합니다. '가능한 한 멀리'가 의미하는 바는 공의 반대편을 말합니다. 전자들은 서로 장거리에 걸친 힘을 주고받습니다. 음으로 대전된 금속 물체를 만드는 전자들은 항상 물질의 바깥 표면을 따라 분포합니다.

달 먼지

인류가 최초로 달에 착륙하기 전, 미 항공우주국NASA의 여러 과학자들은 달 표면 바로 위에 떠 있는 먼지 층에 의해 달착륙선이 휘말려 버릴 가능성을 우려했습니다. 대전charged된 먼지 또는 전자들이 달로부터 떠 있을 수 있는 특별한 거리가 있을 수 있을까요?

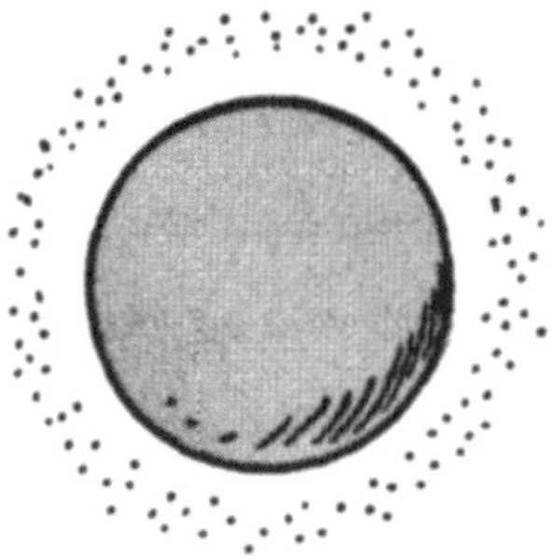

예컨대 달이 음전하를 띠고 있다고 가정해 보면, 달 가까이에 있는 전자들은 달로부터 밀치는 힘을 받게 될 것입니다. 그러나 달의 중력은 이 전자들을 끌어당깁니다. 달 표면으로부터 1km 상공에 있는 전자에 작용하는 인력과 척력이 완전히 균형을 이루어 전자가 떠 있다고 가정해 보겠습니다. 이번에는 같은 전자가 달로부터 2km 위에 있다고 가정해 보겠습니다. 이렇게 먼 거리에서는 어떤 일이 벌어질까요?

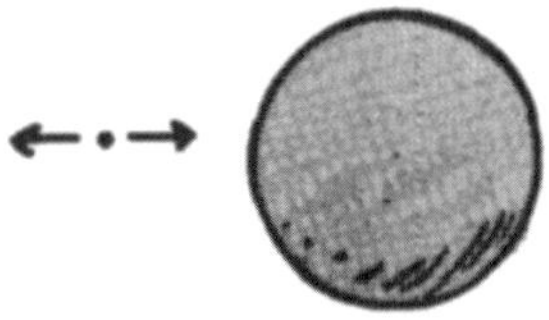

ⓐ 중력이 정전기력보다 강하기 때문에 전자는 떨어질 것이다.

ⓑ 중력이 정전기력보다 약하기 때문에 전자는 우주 공간 밖으로 밀려 날아간다.

ⓒ 중력과 정전기력이 역시 균형을 이루어 전자는 계속 떠 있을 것이다.

답: 달 먼지

정답은 ⓒ입니다.

전기력과 중력이 균형을 이루는 특정한 거리는 있을 수 없습니다. 어째서일까요? 만약 전기력과 중력이 달에서 어떤 특정한 거리만큼 떨어진 곳에서 균형을 이루었다면, 거리를 두 배로 증가시켜도 두 힘은 **같은 비율로** 감소되어 여전히 균형을 이룰 것입니다. 만약 정전하에 의해 먼지가 달 표면으로부터 1m 상공에서 떠 있었다면 먼지는 어느 높이에서나 떠 있을 수 있으며 결국엔 달에서 벗어나서 떠 있게 됩니다.

사실, 물체를 **정전기력**이나 중력 또는 자기력들의 어떤 결합에 의해 정지시키거나 공중에 뜨게 하는 것은 불가능합니다. 왜냐하면 이들 힘은 모두 역제곱 법칙을 따르기 때문입니다. (역제곱 법칙에 대한 보다 상세한 것은 역학 편의 '중력을 넘어서' 해답을 참고하기 바랍니다.)

외부의 영향

대전되지 않은 두 개의 금속 공(X와 Y)이 유리 막대 위에 있습니다. 양전하를 띤 세 번째 공(Z)을 처음 두 공의 근처에 가지고 왔습니다. 그런 후 전선을 X와 Y 사이에 연결하고 다시 제거시켰습니다. 그다음에는 세 번째 공(Z)도 치웠습니다. 이 모든 과정을 마치고 나면 마지막에 어떤 현상이 나타날까요?

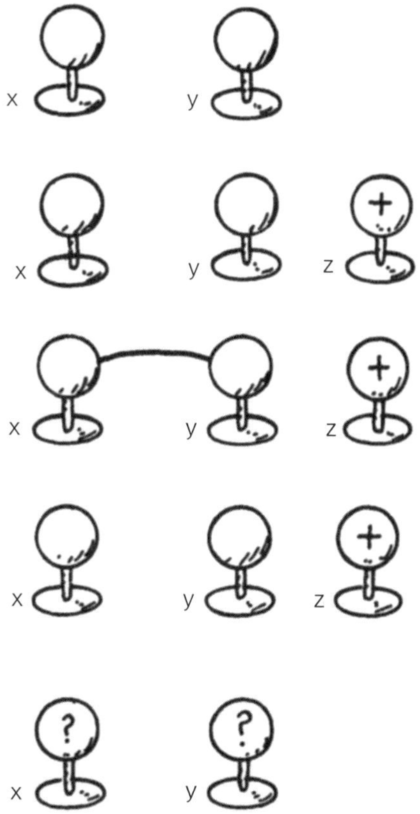

ⓐ 공 X와 Y 모두 대전되지 않은 상태 그대로이다.

ⓑ 공 X와 Y 모두 양전하를 띠게 된다.

ⓒ 공 X와 Y 모두 음전하를 띠게 된다.

ⓓ 공 X는 양(+)극, 공 Y는 음(-)극이다.

ⓔ 공 X는 음(-)극, 공 Y는 양(+)극이다.

답: 외부의 영향

정답은 ⓓ입니다. 이 문제를 푸는 요령은 살짝 다른 각도로 생각해 보는 것입니다. 사실 X와 Y가 대전되어 있지 않다고 해서, 이것들이 전하를 가지지 않는다는 의미가 아닙니다. 두 공은 각각 같은 양의 양전하와 음전하를 가지고 있고 이들이 서로 섞여 있어, 전체적으로는 전하가 전혀 없는 것처럼 보일 뿐입니다. 양전하를 띤 Z가 X와 Y 주위에 등장하면 비록 Z가 직접적으로 X나 Y와 접촉하지 않더라도 X와 Y는 Z의 영향을 받게 됩니다. X와 Y 속의 음전하는 Z 쪽으로 이동하고 양전하는 Z로부터 멀어집니다. 따라서 X의 한쪽은 양이 되고 반대쪽은 음이 됩니다. Y 역시 마찬가지입니다. 이와 같은 분리를 정전기적 분극이라고 합니다. 전선을 X의 음극 쪽과 Y의 양극 쪽에 연결하면 X의 음전하는 Z에 더 가까워질 수 있고 Y의 양전하는 Z에 더 멀어질 수 있습니다. 그래서 X의 음전하는 Y 쪽으로 이동하고 Y의 양전하는 X 쪽으로 이동하게 됩니다.

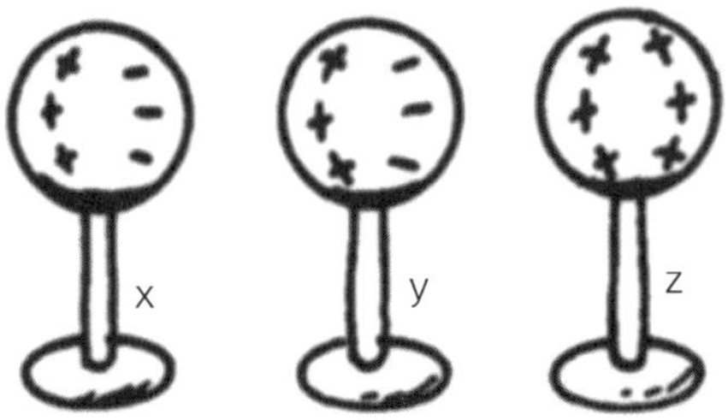

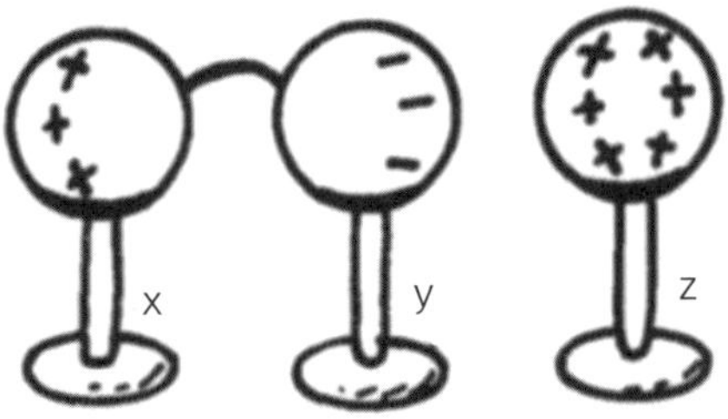

결과적으로 X는 순 양전하를 띠게 되고 Y는 순 음전하를 띠게 됩니다. 이 과정을 정전기 유도에 의한 충전이라고 합니다. 이때 어떠한 전하도 새로 생성되지 않았다는 것을 명심해야 합니다. 공 X는 양전하를 띠게 되고 공 Y는 같은 양의 음전하를 띠게 되어 순 효과는 없기 때문입니다. 단지 전하가 분리되었을 뿐입니다.

전기를 담는 병

라이든 병은 일종의 구식 축전기입니다. 요즘의 축전기흔히 콘덴서라고 불립니다는 서로 분리된 금속 조각으로 구성되어 있습니다. 금속 표면들은 한 면이 양으로 대전되고 다른 면이 음으로 대전될 때 전기에너지를 저장하게 됩니다. 260년 전에는 병의 안쪽과 바깥쪽에 각각 금속박을 둘러서 축전기를 만들었는데 이런 병을 라이든 병이라 부릅니다. 네덜란드의 라이든 대학교오늘날로 치면 메사추세츠 공과대학교(MIT)에 해당에서 처음으로 만들었기 때문에 그 이름에서 유래된 것입니다. 충전된 라이든 병에 저장된 에너지는 실제로 어느 곳에 저장된 것일까요?

ⓐ 병 내부의 금속 박편에

ⓑ 병 외부의 금속 박편에

ⓒ 안과 밖의 양쪽 금속 박편 사이의 유리에

ⓓ 병 내부에

답: 전기를 담는 병

정답은 ©입니다.

간단한 축전기는 **가까이 위치하지만 접촉하지** 않는 두 개의 도체(보통 금속)로 만들 수 있습니다. 도체 판이 접촉하지는 않고 근접해 있기 때문에 양전기와 음전기 또한 가까이 있으나 접촉은 할 수 없게 됩니다. 이것은 수직 판으로 어떤 신체적인 접촉을 금지한 채 한 침대에서 이성과 함께 누워 자도록 하는 '번들링(bundling: 옷을 입은 채 한 잠자리에서 자는 것)'이라는 관습이 있던 18세기의 뉴잉글랜드 지방의 구혼 연습에 비유할 수 있습니다.

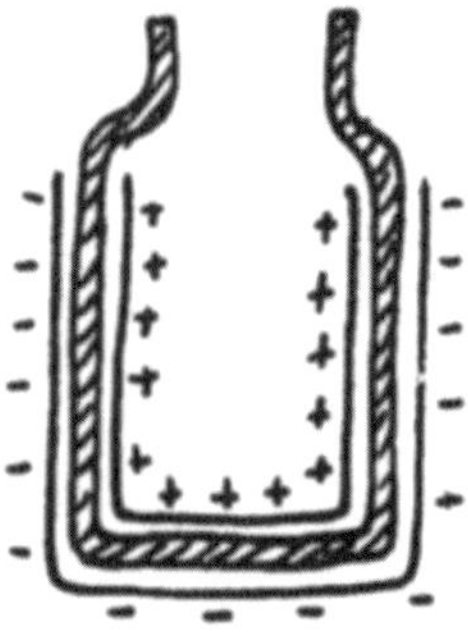

라이든 병에서, 서로 반대인 전하는 유리병에 의해 접촉이 불가능합니다. 병 내부는 양으로, 외부는 음으로 대전되어 있다고 가정해 보겠습니다. 그러면 전기장의 역선(力線)들은 내부 판의 양전하들로부터 외부 판의 음전하들을 향해 움직이게 됩니다. 전하들은 역선의 시작과 끝으로 표시합니다. 따라서 역장(力場, force field)은 유리 안에 놓이게 되었고 에너지는 역장에 있습니다. 즉 에너지는 유리 안에 있다는 뜻입니다!

따라서 라이든 병은, 에너지를 병의 내부가 아닌 오히려 유리 내부에 전기를 저장하는 병인 것입니다. 그러면 어떻게 병 속을 비울 수 있을까요? 유리 양쪽의 양과 음을 전선으로 연결만 하면 됩니다.

축전기의 에너지는 항상 부호가 반대인 전하 사이에 존재합니다. 여기서 축전기에 저장된 에너지의 양은, 얼마나 많은 전하가 축전기에 있는가뿐만 아니라, 전하 사이의 공간이 얼마나 넓은가 그리고 그 공간이 무엇(예컨대 유리, 공기, 또는 기름)으로 차 있는가에 따라 달라진다는 것을 유추할 수 있습니다. 다음 두 문제에서 이것에 관해 더 살펴보겠습니다.

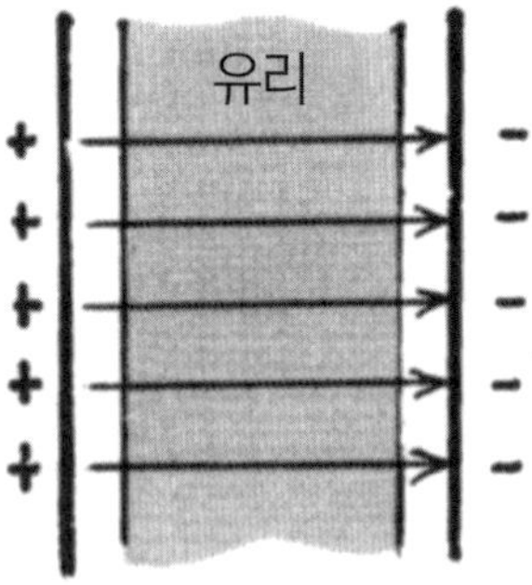

축전기의 에너지

서로 근접한 한 쌍의 도체 판으로 만들어진 간단한 축전기를 생각해 보겠습니다. 양과 음으로 적절히 대전된 판을 방전시키자 불꽃이 튀겼습니다. 다음에는 판을 먼저와 똑같이 다시 충전시켰습니다. 이번에는 충전시킨 후, 판 사이를 좀 더 멀리 두었습니다. 그러고 나서 다시 방전시킨다면 이번에 만들어진 불꽃은 어떻게 될까요?

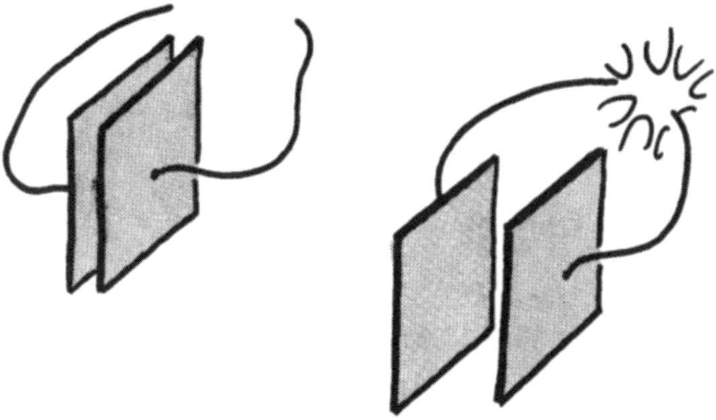

ⓐ 처음 불꽃보다 더 클 것[더 큰 에너지가 방출됨]이다.

ⓑ 처음 불꽃보다 작을 것이다.

ⓒ 처음 불꽃과 같을 것이다.

답: 축전기의 에너지

정답은 ⓐ입니다. 큰 불꽃을 만들기 위한 에너지가 어디서 왔을까요? 그 에너지는 양극판을 음극판으로부터 떼어 놓는 일로부터 온 것입니다. 판을 멀리함으로써 축전기에 전기를 공급할 수는 없습니다. 그 대신, 반대 부호로 대전된 판을 멀리 떨어지게 할 때 두 판 사이의 상호 인력을 극복하는 과정에서 한 일(그 만큼의 에너지)은 두 판 사이의 전기장으로 들어갑니다. 이런 경우를 두 도체 판 사이의 **전압**이 증가했다고 말합니다. 전압이란 낙하하는 물체에서 중력의 퍼텐셜에너지 차이와 같이 전기적 퍼텐셜에너지의 차이입니다. 이 경우에 전자들은 음극판으로부터 양극판으로 떨어집니다. 판 사이의 거리가 멀면 멀수록 더 많이 떨어지게 되고, 따라서 더 큰 퍼텐셜에너지 차이가 나타나게 되는 것입니다.

이것을 또 다르게 설명한다면 전하는 일정하나 축전기의 용량이 줄어들어 전압이 증가했다고 설명할 수 있습니다. 그러나 이것은 단지 앞서 말한 내용을 다른 말로 표현한 것일 뿐입니다.

축전기 만드는 법

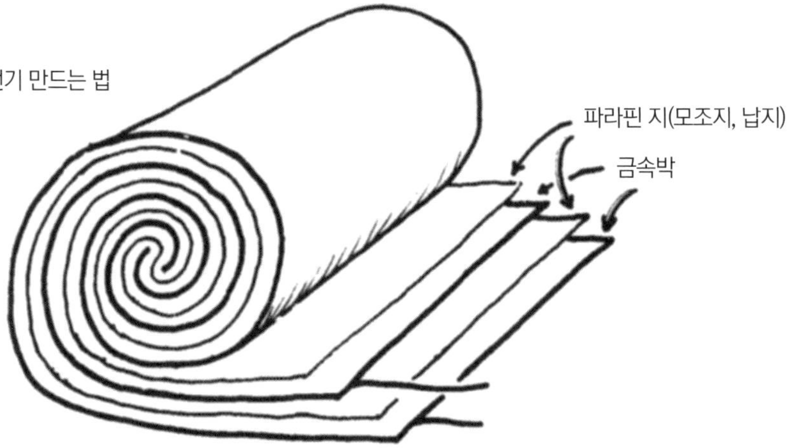

축전기는 저항이나 전원(배터리)과는 다릅니다. 축전기는 그 안의 두 도체가 서로 분리되어 있기 때문에 전류를 통과시키지 않습니다. 따라서 전류를 통과시키는 저항과도 다릅니다. 축전기는 전류를 만들지 않습니다. 그리고 반드시 충전되어야 하므로 충전 없이 전류를 만드는 발전기와도 같지 않습니다. 또 축전기는 서로 다른 많은 전압 값을 갖도록 충전될 수 있기 때문에 하나의 전압만 산출하는 전원(배터리)과도 다릅니다. 축전기는 전기에너지의 저장소인 것입니다.

유리 축전기

축전기의 판 사이에는 공기나 유리, 플라스틱, 기름종이, 또는 기름 등이 들어갈 수 있습니다. 벤저민 프랭클린 시대[18세기 중엽]의 축전기는 앞서 언급한 '라이든 병'이었습니다. 따라서 우리는 지금, 역사가 200년이나 된 물리학을 배우고 있는 것입니다. 만약 충전된 유리 축전기에서 방전되기 전에 판 사이의 유리를 제거한다면, 불꽃은 어떻게 될까요?

ⓐ 유리가 있는 상태로 방전했을 때보다 클 것이다.
ⓑ 유리가 있는 상태로 방전했을 때보다 작을 것이다.
ⓒ 유리가 있는 상태로 방전했을 때와 같을 것이다.

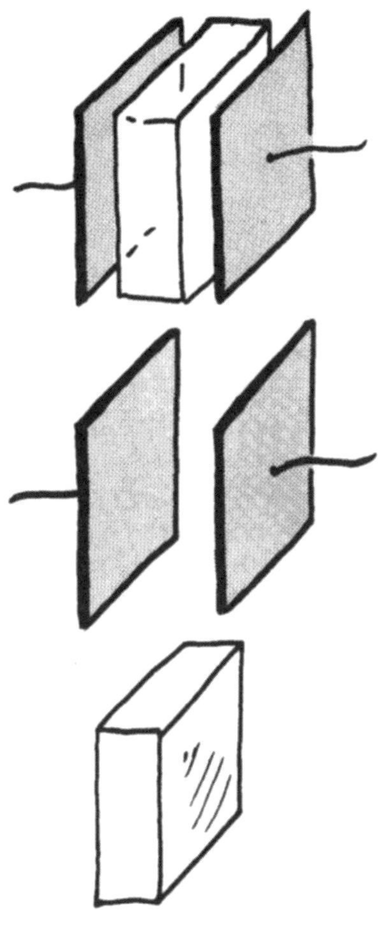

답: 유리 축전기

정답은 ⓐ입니다. 축전기의 유리는 분극되어 양극판에 가까운 유리면은 음극이 되고, 음극판에 가까운 면은 양극이 됩니다. 유리가 제거되면, 판의 양전하 근처로부터 유리의 음전하가 제거되고 똑같이 판의 음전하 근처로부터 유리의 양전하가 제거됩니다. 그리고 동시에 같은 양의 서로 다른 전하들 사이에 존재하는 인력을 극복하기 위한 일을 하게 됩니다. 따라서 충전된 유리 축전기에서 유리를 제거하기 위해서는 일이 필요한 것이고, 그 일은 방전 시에 불꽃으로 나타나게 됩니다.

다른 관점으로 이 현상을 보면 제거된 유리가 판 사이의 전기장을 약화시켰다고 생각할 수 있습니다. 유리를 제거함으로써 전기장을 재저장하게 되어, 판 사이의 퍼텐셜에너지 차이 또는 전압을 증가시켜 큰 불꽃을 만든다고 설명할 수 있습니다.

물론 유리를 제거함으로써 축전기의 용량을 감소시켜 전압을 증가시켰다고도 말할 수 있으나, 이것은 또 한 번 앞서 말한 내용을 달리 말한 것일 뿐입니다.

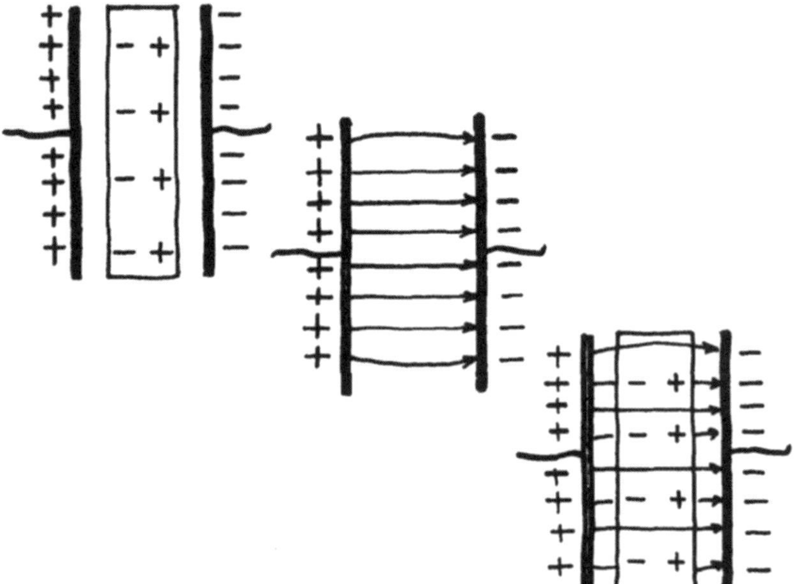

높은 전압

같은 시간에 많은 전류의 흐름이 없이 많은 전압이 있는 상황이 존재할 수 있을까요?

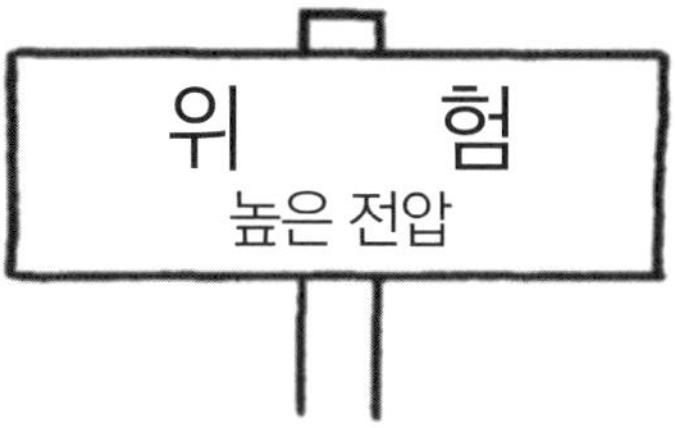

ⓐ 그렇다. 그런 상황은 흔히 존재한다.

ⓑ 아니다. 그런 상황은 흔하지 않다.

답: 높은 전압

정답은 ⓐ입니다. 양전하와 양전하 그리고 음전하와 음전하는 서로 밀치는 반면 양전하와 음전하는 서로 당깁니다. 같은 전하끼리는 서로 밀치고, 다른 전하끼리는 서로 당깁니다. 양전하와 음전하를 서로 떼어 놓으려면 에너지가 필요합니다. 말뚝 박는 기계의 망치가 들려져 있는 동안 에너지가 그곳에 저장되듯이, 전하도 역시 서로 분리되어 있는 동안에는 이 에너지가 저장될 수 있습니다. 이 저장된 에너지를 **퍼텐셜에너지**라고 부릅니다. 말뚝 박는 기계의 경우 우리는 망치가 지면에 대해 중력 퍼텐셜에너지를 가졌다고 말합니다. 서로 분리된 전하들의 경우 전하들이 서로에 대해 전기적 퍼텐셜에너지를 가졌다고 말합니다. **단위 전하당** 전기적 퍼텐셜에너지의 양을 **전압**이라고 합니다. 예를 들면 완전히 충전된 12V짜리 자동차 배터리의 단자에서 반대 부호의 전하들은 단위 전하당 12단위의 분리에너지를 갖고 있습니다. 좀 더 정확히 말하자면, 12V(볼트)=12J(줄)/C(쿨롱)입니다. 만약 밴더그래프(Van de Graaff) 발전기의 돔이 10만 V로 충전되었다면, 돔에서의 전하 1C마다 10만 J의 퍼텐셜에너지를 갖는 것입니다.

그렇다면 전류의 경우는 어떨까요? 여기에 전류는 없습니다. 그러나 만약 반대 부호의 전하가 위치한 사이에 전도 경로(전선)가 존재한다면, 전하가 흐를 것이고 따라서 전류를 얻게 됩니다.

높은 전류

전류의 단위는 암페어Ampere이며, 전류는 종종 암페리지Amperage라고도 불립니다. 같은 시간에 많은 전압이 없이도 많은 전류가 흐를 수 있는 상황이 존재할 수 있을까요?

ⓐ 있다.

ⓑ 없다.

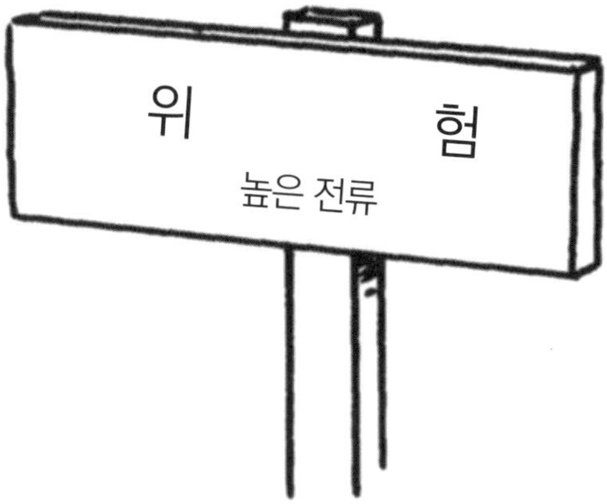

답: 높은 전류

정답은 ⓐ입니다. 간단한 회로에서 전류의 양은 전압뿐만 아니라 저항에도 영향을 받습니다. 도체의 저항이 매우 작다면 작은 전압을 걸어도 많은 전류를 흐르게 할 수 있습니다. 어떤 물질은 온도를 아주 많이 낮추면 저항이 없어지는데 이것을 **초전도체**라고 합니다.

초전도체에서는 아주 작은 전압으로도 어마어마한 전류를 생성할 수 있습니다. 실제로 초전도회로에서 전류는 전원이 제거된 후에도 영원히 흐르게 됩니다.

높은 저항

아래 회로에서 대부분의 저항은 어디에 있을까요?

ⓐ 전선 코드에 있다.

ⓑ 전구에 있다.

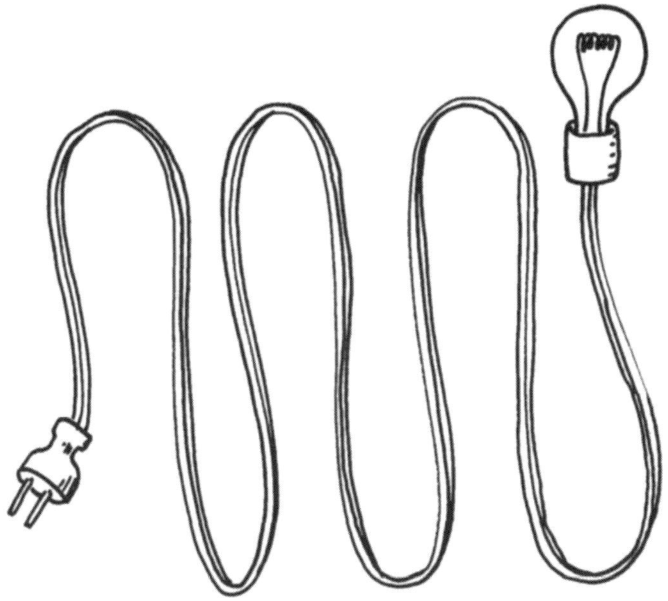

답: 높은 저항

정답은 ⓑ입니다. 코드의 전선은 전구의 필라멘트보다 훨씬 두껍습니다. 만약 코드가 전구보다 더 많은 저항을 갖는다면 코드는 뜨거워지고 빛을 발하게 될 것이고 전등은 상대적으로 온도가 낮게 될 것입니다.

완전 회로

건전지와 전구 그리고 약간의 전선으로 간단한 전기회로를 만들 수 있습니다. 아래 그림 중 어느 전구에 불이 들어오겠습니까?

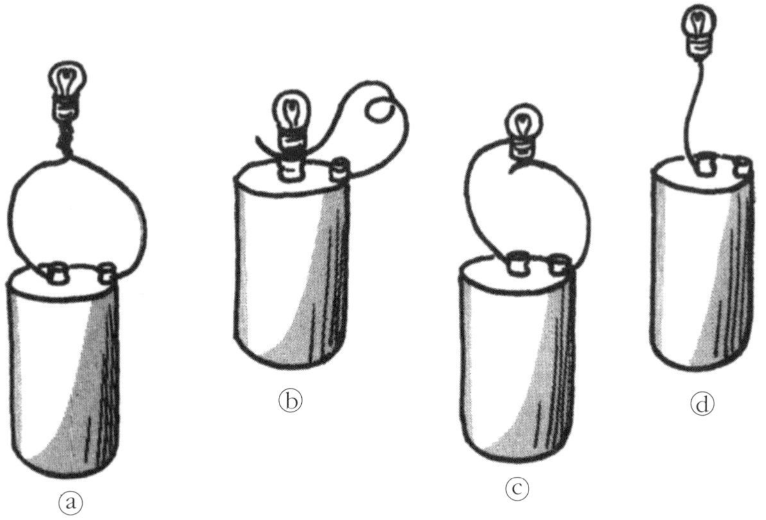

답: 완전 회로

정답은 ⓒ입니다. 배터리는 마치 싱크대에 물이 차듯 꼬마전구를 채우는 에너지원이 아닙니다. 회로에는 반드시 '통과함'이 있어야 합니다. 전류는 전구 안으로 들어갈 수 없고 또 전구로부터 나올 수도 없습니다. 전류는 배터리를 포함해서 회로의 모든 곳을 **통과하여** 흐르듯이 전구를 통해 흐를 뿐입니다. 그림의 배열을 살펴보면 ⓒ의 회로만이 전구 안과 밖으로의 연결이 제대로 된 경로로 구성되어 있습니다.

전기 파이프

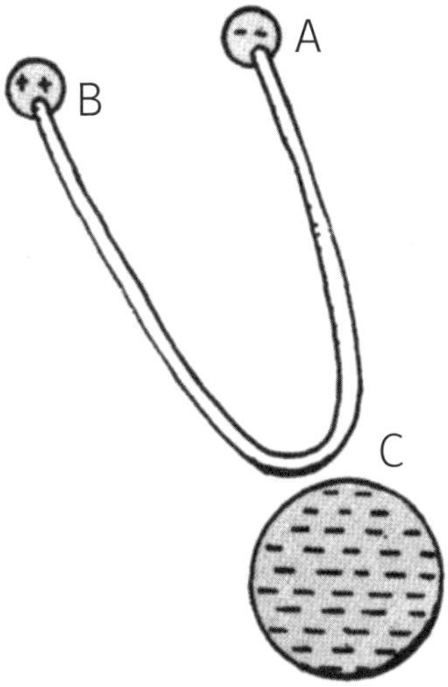

이 개념은 중요하므로 주의 깊게 생각해 보아야 합니다. 물체 A는 적은 음전하를 갖고 있고 물체 B는 적은 양전하를 갖고 있다고 가정해 보겠습니다. 물체 C는 매우 많은 음전하를 갖고 있습니다. 또한 A와 B는 구리선에 연결되어 C에 매우 가까이 놓였으나 접촉하지는 않는다고 가정해 보겠습니다. A에 있는 음전하가 어떻게 되겠습니까?

ⓐ 구리선을 통해 B로 흐를 것이다.

ⓑ C의 척력 효과로 인해 B로 흐르지 않을 것이다.

답: 전기 파이프

정답은 ⓐ입니다.

비록 C의 음전하에 의해 전자들이 제자리로 돌아갈 것처럼 보일지라도 말입니다. 문제는 전선을 전자라는 작은 공이 흐르는 빈 유리관으로 생각하는 데서 발생합니다. 그와 같은 생각은 오해를 일으킬 수 있습니다. 만약 그 생각이 옳다면 정답은 ⓑ가 될 것입니다. 그러나 사실 전선에서의 전류는 마치 C가 없는 것처럼 흐릅니다.

전선 속의 전자들은 C의 영향으로부터 전선의 내부를 차단합니다. 원리는 다음과 같습니다. A와 B 없이 단지 전선과 물체 C만 있다고 고려해 보겠습니다. C와 가까운 전선의 부분에는 양전하가 대전되는 한편 C로부터 멀리 떨어져 있는 부분의 전선에는 음전하가 대전됩니다. 이렇게 유도된 전하 분포는 전선 내부에 전기장을 형성하여 C에 의한 전기장과 완전히 균형을 이루게 됩니다. 이와 같은 현상은 전선 내부의 알짜[純] 전기장이 없어질 때까지 전선 내부의 순간적인 전자의 흐름에 의해 발생합니다.

그러면 부가적인 퍼텐셜에너지 차가 만들어질 때까지(즉 A와 B가 등장할 때까지)는 더 이상의 흐름은 없게 됩니다.

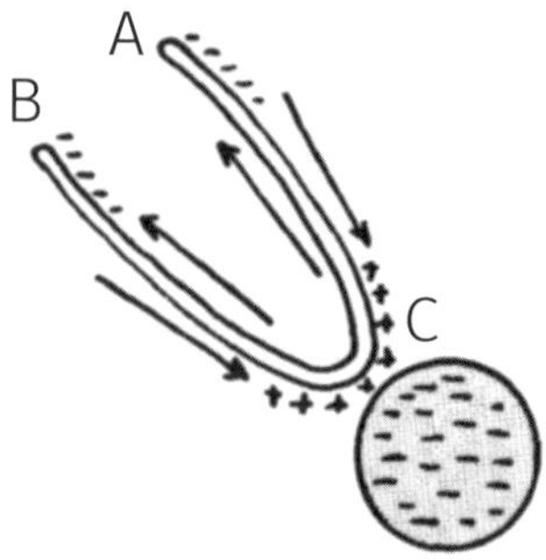

물론 C의 효과를 상쇄시키는 전하의 재분포를 위한 충분한 자유전자가 전선에 존재해야 합니다. 그러나 전선에 충분한 자유전자가 존재하지 않는다면 전선을 C의 효과로부터 완전히 차단하지는 못합니다. 실제로 금속 전선에는 항상 충분한 자유전자가 있으나, 상대적으로 적은 자유전자를 갖고 있는 게르마늄 같은 반도체 물질들도 있습니다. 이런 현상은 **필드 효과 트랜지스터**(field-effect transister)라 불리는 전기 밸브를 만드는 데 유용합니다. 이 장치는 적은 전자의 흐름을 다른 전자들에 의해 정지시킬 수 있는 것으로서, 그림에서 보는 것처럼 작동합니다. 반도체 브리지(다리)는 두 개의 금속 전선과 연결되어 있습니다. 여기에서 보통 전자들은 '소스(입력)' 전선으로부터 반도체 브리지를 통해 '드레인(출력)' 전선으로 흐릅니다. 그러나 브리지(다리)에 접촉하지는 않으나 매우 가깝게 위치한 **게이트**(문)라 불리는 다른 금속 조각이 브리지의 전자들을 밀어내도록 음으로 만들어진다면 이것에 의해 전류가 정지해 밸브가 잠길 것입니다.

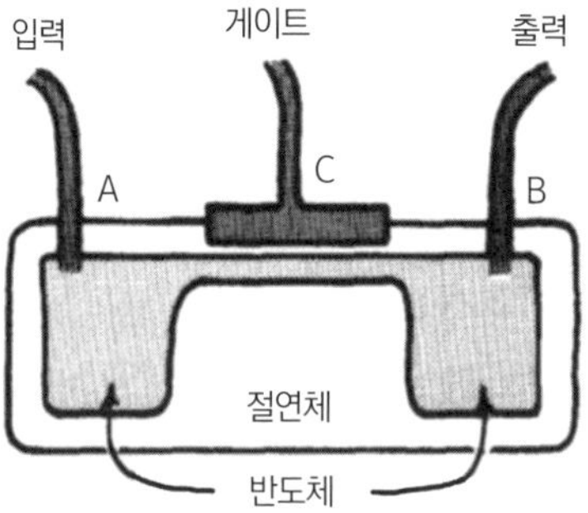

만약 브리지를 구리로 만든다면 이 전기 밸브는 작동하지 않게 됩니다. 왜냐하면 브리지의 윗부분에는 게이트의 음전하로부터 브리지 밑에 있는 물질을 보호하기 위한 충분한 양전하가 존재하기 때문입니다. 그러나 반도체에서는 브리지를 보호하기 위한 충분한 자유전자가 없습니다.

필드 효과 트랜지스터의 개념은 1920년대에 발전되었으나 1960년대에서야 실용 가능해졌습니다. **접합** 또는 **쌍극** 트랜지스터라 불리는 다른 타입의 트랜지스터가 있는데 이것은 대부분의 물리학 책에도 설명되어 있습니다.

직렬연결

불량 토스터가 내부에서 합선이 되면 집 전체의 퓨즈가 타 버릴 것입니다. 그림과 같이 전구를 토스트의 회로에 연결했다고 가정해 보겠습니다. 그림과 같은 상태의 토스터 플러그를 꽂아 사용한다면 어떻게 될까요?

ⓐ 집의 퓨즈는 가끔 탈 것이다.

ⓑ 집 퓨즈는 절대로 타지 않을 것이다.

ⓒ 집 퓨즈는 항상 탈 것이다.

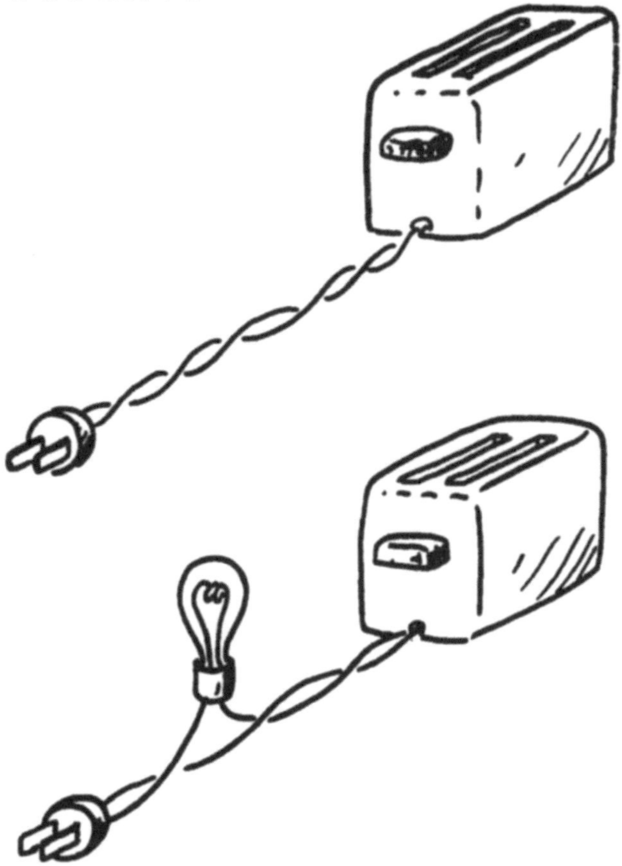

답: 직렬연결

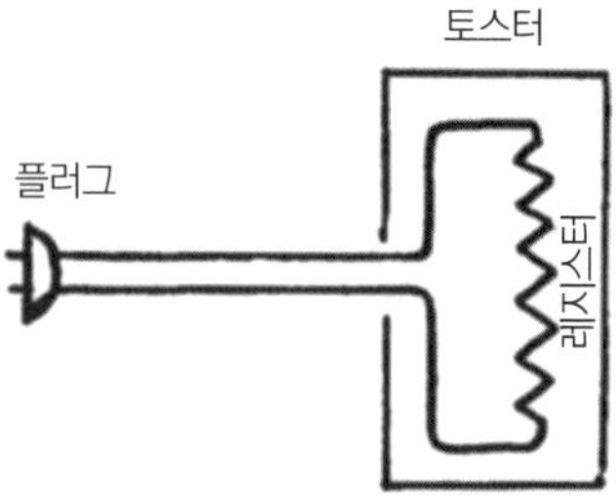

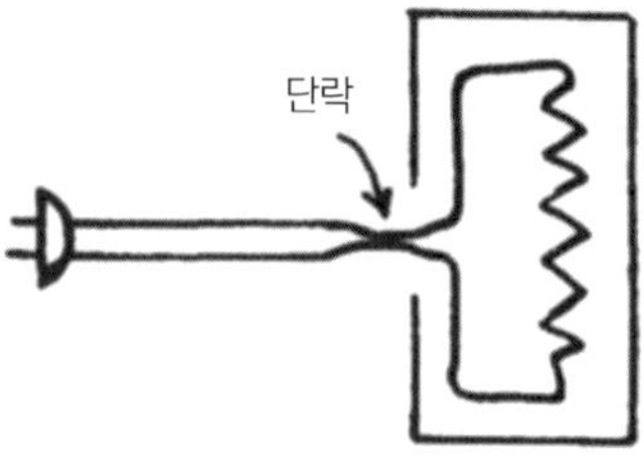

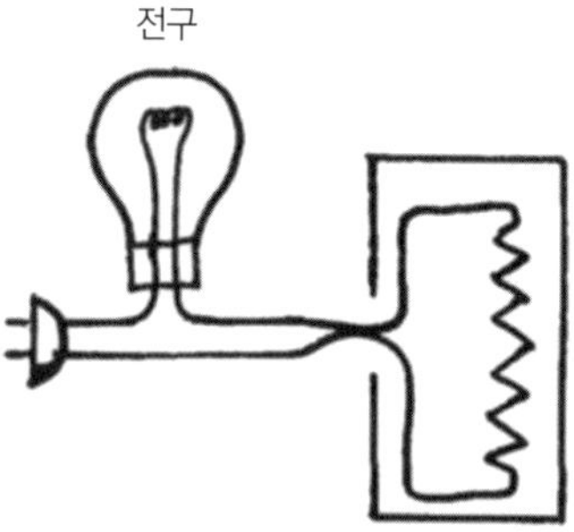

정답은 ⓑ입니다. 처음 그림은 합선되지 않은 정상적으로 작동되는 토스터를 나타냅니다. 전류는 플러그의 한 전선으로 들어와서 토스터의 가열 부분을 지나 플러그의 다른 전선으로 나갑니다. 들어온 모든 전류는 반드시 도로 나가야 합니다. 가열 부분은 전기적 마찰과 같은 저항을 갖고 있습니다. 이것은 전류의 흐름을 방해하여 적은 전류만이 통과할 수 있게 합니다. 저항은 회로에서 일종의 장애를 가져와 전류를 떨어뜨리지만, 만약 토스터가 플러그 속의 두 전선이 접촉하는 것과 같은 고장이 나면 토스터의 회로가 단락되게 됩니다. 이것을 '단락(short)'이라 부르는 이유는 흐르는 전류에게 '최단 경로'를 주었기 때문입니다. 이렇게 되면 전류는 토스터의 저항을 더 이상 통과하지 않게 되어(저항을 우회하게 되어) 미친 듯이 흐르게 되고 결국에 퓨즈는 타 버립니다. 만약 퓨즈가 타지 않는다면 불이 날 것입니다! 이제 합선된 플러그에 전구를 연결했을 때를 살펴보겠습니다. 전류는 전구를 통과하고 전구에 있는 저항 또한 반드시 통과해야 합니다. 토스터 안의 저항은 통과하지 않아도 되지만 전구의 저항은 지나쳐야 하는 것입니다. 이로 인해 전구의 저항이 전류가 마구 흐르지 않도록 해 주는 효과를 얻을 수 있습니다. 물론 전구로 인해 전류가 토스터 내부로 흘러가지 못해, 토스터를 정상 제품만큼 뜨겁게 하지는 못하겠지만 퓨즈만큼은 보존할 수 있습니다.

전기 제품을 다루는 데 구식 방법을 쓰는 기술자들은 일부러 회로에 전구를 연결함으로써, 혹시나 잘못되어 합선이 되더라도 전기가 마구 흐르지 못하게 할 뿐만 아니라 퓨즈도 타지 않도록 대비했습니다.

와트 수

전기장치[예를 들면, 전기 톱]에 공급된 와트 수라 불리는 전력은 다음 보기 중 어떤 방법으로 증가할까요?

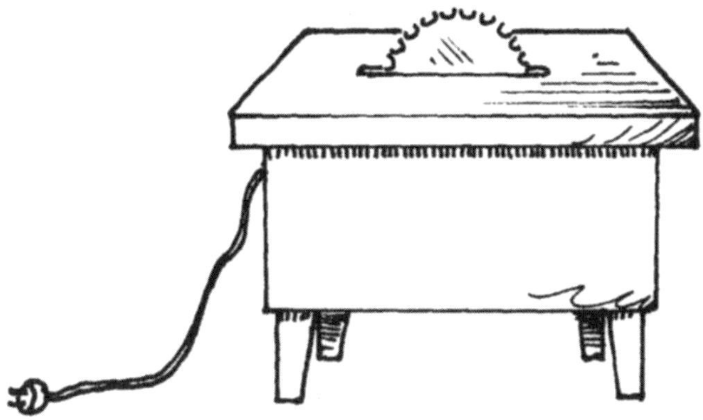

ⓐ 전압은 그대로 유지하고 전력에 의해 흐르는 전류를 증가시킴으로써

ⓑ 전류는 그대로 놔두고 적용한 전압을 증가시킴으로써

ⓒ 전압과 전류를 모두 증가시킴으로써

ⓓ 정답이 없다.

답: 와트 수

정답은 ⓒ입니다. 전기톱의 플러그를 콘센트에 끼우면 110V의 전압이 걸립니다. 이것은 톱에 가능한 최대의 전압입니다. 그러면 이 전압으로 큰 나무 토막을 자를 때 어떻게 출력을 증가시킬 수 있을까요? 전류를 증가시킴으로써 가능합니다. 만약 톱에 지나친 로드(부하)를 걸어 톱이 천천히 움직이면, 회로 다른 곳에 있는 전구의 불빛이 희미해짐으로써 알 수 있듯이 톱은 초과 전류를 흐르게 합니다. 이것은 마치 큰 수도꼭지를 틀었을 때 집의 수압이 떨어지는 것과 같은 원리입니다.

전류는 변하지 않고 전압이 증가하는 경우는 어떤 때일까요? 전구 한 개에 직렬연결된 배터리 한 개를 생각해 보겠습니다. 다음에는 두 개의 전구에 직렬로 연결된 두 개의 배터리를 생각해 보겠습니다. 전압과 출력은 각각 두 배가 되지만 부하 저항도 두 배가 되기 때문에 회로의 전류는 일정하게 유지됩니다.

산출된 전력은, 전기장치에 가한 전류나 또는 전압을 두 배로 증가시킴으로써 두 배가 됩니다. 일반적으로

(전력) = (와트 수) = (전압) x (전류)

이와 같은 개념은 전기에만 국한되는 것은 아닙니다. 예를 들면 물레바퀴에도 해당되는 이야기입니다. 물레바퀴의 출력은 두 가지 값의 곱에 의해 결정됩니다. 첫 번째 값은 떨어지는 물의 퍼텐셜에너지 차이를 결정하는 물레바퀴의 지름인데, 이것은 전압에 해당합니다. 두 번째 값은 단위 시간당 물레바퀴 위를 흐르는 물의 양인데. 이것은 또 전류에 해당하는 것입니다.

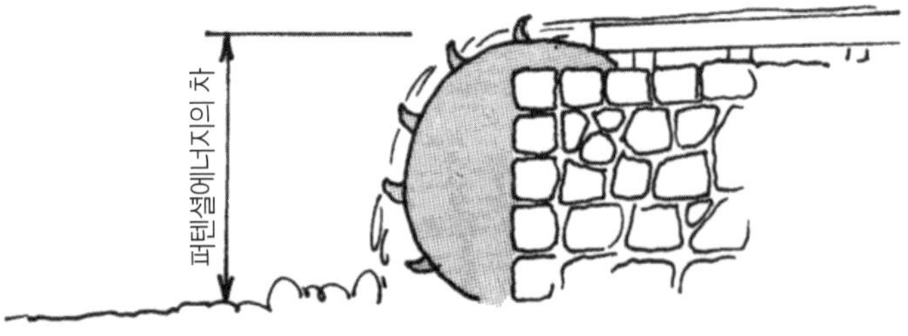

산출

처음에는 한 개의 전구가 하나의 배터리에 연결되어 있습니다. 그런 다음, 두 개의 전구가 같은 배터리에 직렬로 연결되면 배터리가 내는 전류나 전압의 양은 어떻게 되겠습니까?

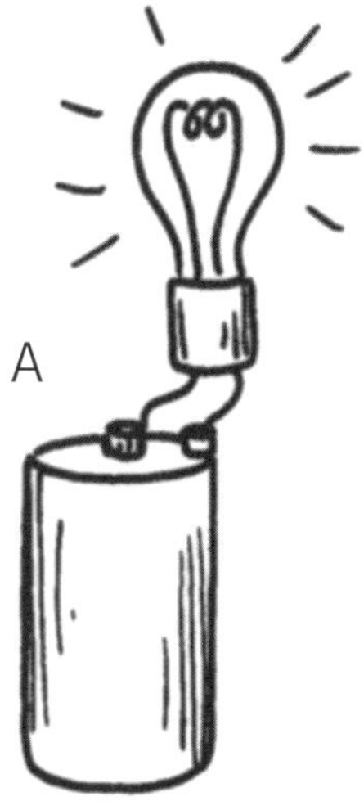

ⓐ 더 적은 전류를 낸다.
ⓑ 더 많은 전류를 낸다.
ⓒ 더 작은 전압을 낸다.
ⓓ 같은 전류를 낸다.

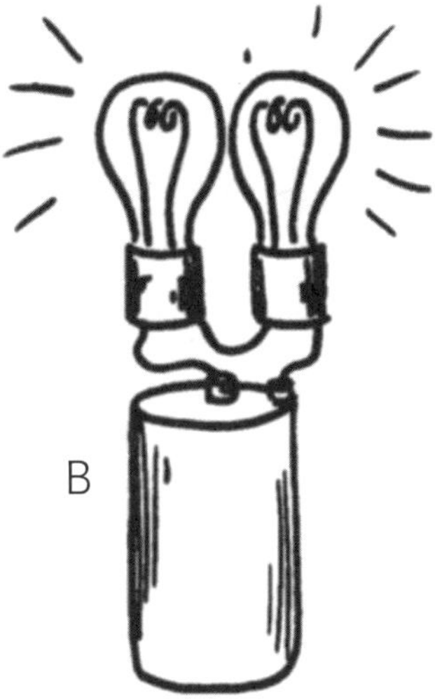

어떻게 연결한 전구의 불빛이 더 밝겠습니까?

ⓐ A
ⓑ B
ⓒ 둘 다 같다.

답: 산출

정답은 ⓐ입니다. 배터리는(예컨대 6V 또는 12V 같은) 특정한 전압을 제공하는데 그것은 마치 일정한 압력과도 같습니다. 전압은 전구를 통해 전하의 흐름인 전류가 흐르도록 하고 전구는 그 흐름을 방해합니다. 도선 또한 전류의 흐름을 방해하나, 전구의 내부 저항이 그것보다 훨씬 더 큽니다. 직렬로 연결된 두 개의 전구는 한 개의 전구에 비해 두 배의 저항을 갖습니다. 저항이 두 배가 되면 전하의 흐름은 반으로 줄어듭니다. 즉 전류는 반이 됩니다.

이러한 상황은 신체 내부와 흡사합니다. 동맥이 막히면 혈류에 대한 저항이 증가하여 피가 적게 흐르게 됩니다. 만약 저항이 두 배가 되면 혈류량은 1/2로 줄어듭니다. 그러나 사람의 몸은 절반만의 혈류로 지탱할 수 없어 더 많은 혈류를 필요하게 됩니다. 따라서 심장은 더 많은 피가 동맥의 저항을 통하도록 더 큰 압력(고혈압)으로 펌프질합니다. 심장은 배터리와 같습니다. 즉 심장은 압력 또는 전압을 공급하는 것입니다. 그러나 배터리는 최댓값이 고정된 일정한 전압만 공급할 뿐입니다. 배터리와는 달리 심장은 필요하다면 더 큰 압력을 공급할 수 있으나 그 결과 심장에 무리가 갈 수도 있습니다.

두 번째 문제의 정답 역시 ⓐ입니다. 우리는 이미 A가 더 많은 전류를 낸다는 사실을 알아보았습니다. 그리고 배터리의 출력은 전류 × 전압이고, A와 B에서 전압은 똑같으므로, A가 더 큰 전력을 산출한다는 것을 알 수 있습니다. 따라서 A의 전구가 더욱 밝습니다. 좀 과장된 표현을 사용하면 이 개념을 더 분명히 이해할 수 있습니다. 예를 들어 전구 50개가 직렬로 연결되었다고 가정해 보겠습니다. 이런 경우에 전구의 필라멘트들은 기껏해야 희미한 불빛밖에는 낼 수 없습니다. 전구 한 개가 직렬로 연결된 여러 개의 전구보다 더 밝은 불빛을 내는 이치입니다.

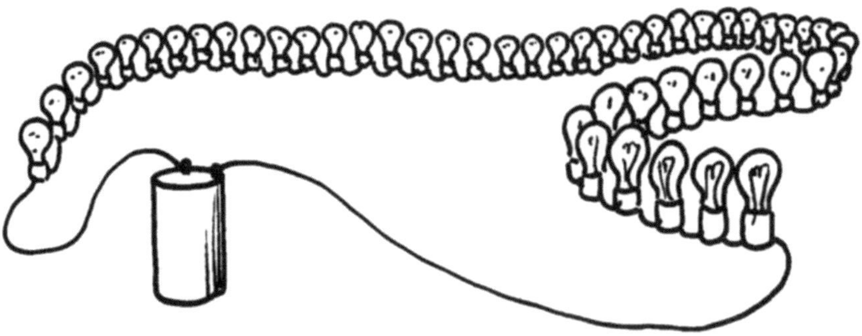

전차선

시내 전차에는 한 개의 전차선이 있습니다.

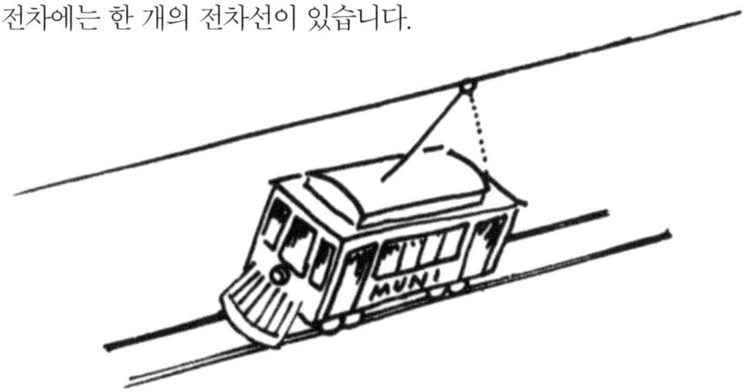

전기 버스에는 두 개의 전차선이 있습니다.

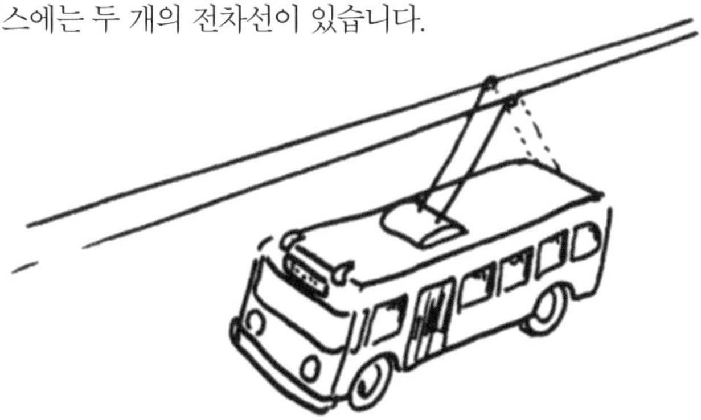

이렇게 만든 이유는 무엇일까요?

ⓐ 버스의 전차선을 한 개 더 달면 안전성이 더 높아지기 때문이다.

ⓑ 버스는 교류^AC^, 전차는 직류^DC^이기 때문이다.

ⓒ 버스는 직류^DC^, 전차는 교류^AC^이기 때문이다.

ⓓ 버스가 전차보다 더 많은 전류를 필요로 하기 때문이다.

ⓔ 전차는 바퀴가 전차선의 역할을 하기 때문이다.

답: 전차선

정답은 ⓔ입니다. 전차에 전류를 공급하는 발전기의 한쪽은 '지면에 놓여 있습니다'. 이 발전기에서 나온 전류는 전차선을 통해 전차에 전달된 후 지면을 통해 발전기로 되돌아옵니다. 버스는 고무바퀴를 사용하기 때문에 전기가 지면을 통해 되돌아올 수 없습니다. 따라서 전기 버스에는 두 개의 전선과 두 개의 전차선이 필요합니다.

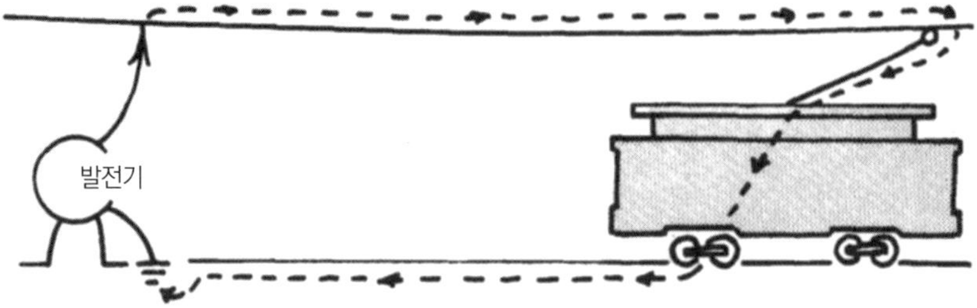

접지된 회로

그림과 같이 회로가 접지되었을 때 전구에 불이 계속 들어올까요?

ⓐ 그렇다.

ⓑ 아니다.

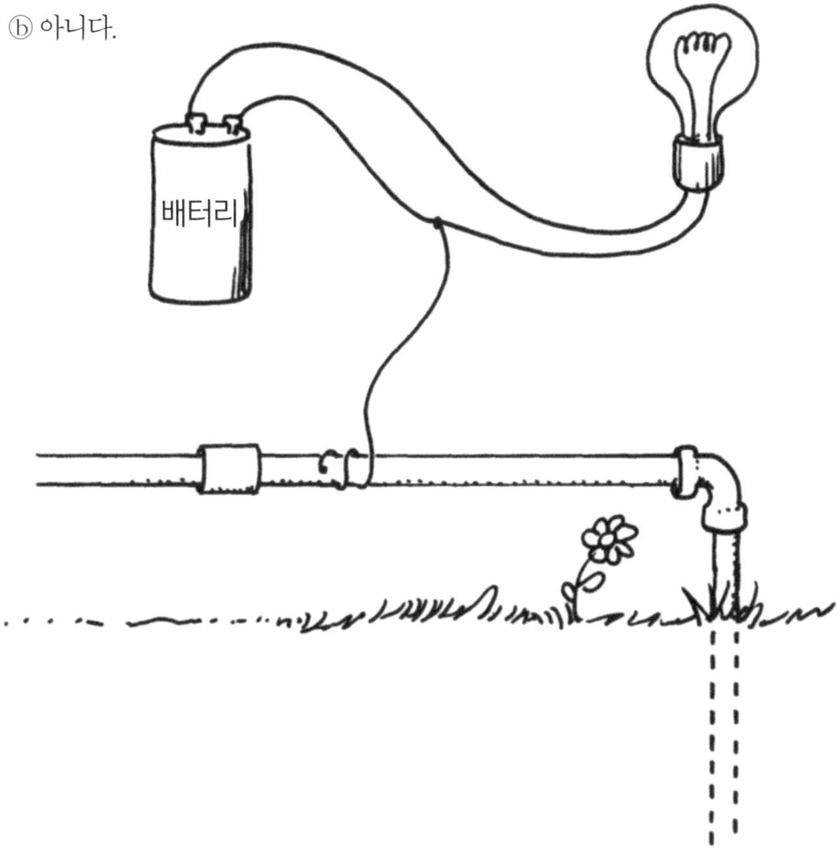

답: 접지된 회로

정답은 ⓐ입니다. 회로의 한 곳을 접지해도 원래의 회로에는 아무런 영향을 미치지 않습니다. 전자는 배터리의 음극에서 양극으로 이동합니다. 지면에 들어간다는 것은 단지 샛길을 내는 것일 뿐이므로, 전자들은 그렇게 움직이지 않습니다.

병렬회로

오른쪽 회로에서 각 저항의 전압 강하voltage drop는 어떤가요?

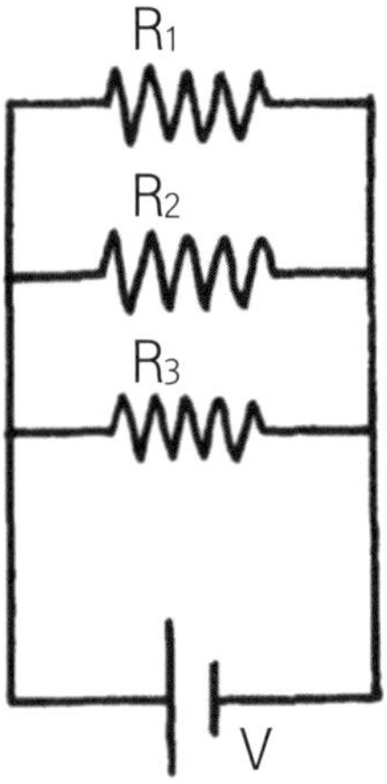

ⓐ 세 저항마다 값이 다르게 나누어진다.

ⓑ 총 저항에 따라 다르다.

ⓒ 같다.

답: 병렬회로

정답은 ⓒ입니다. 이 문제는 다음과 같이 생각할 수 있습니다. 문제에 나타난 회로는 왼쪽 그림의 상황으로도 표현될 수 있습니다. 세 전구는 같은 전원에 연결되어 있습니다. 만약 배터리가 1.5V라면 각 전구에 1.5V가 걸립니다. 하지만 전구들이 오른쪽 그림과 같이 연결되었다면 어떤 차이가 있을까요? 없습니다. 전선의 저항을 무시할 수 있다면 두 경우는 같습니다. 전기회로에서 병렬로 갈라진 곳에 걸리는 전압은 같습니다.

가는 필라멘트와 굵은 필라멘트

전구 A, B는 동일하지만, 전구 B의 필라멘트가 전구 A보다 두껍습니다. 전구를 각각 220V 콘센트에 연결한다면 밝기는 어떻게 될까요?

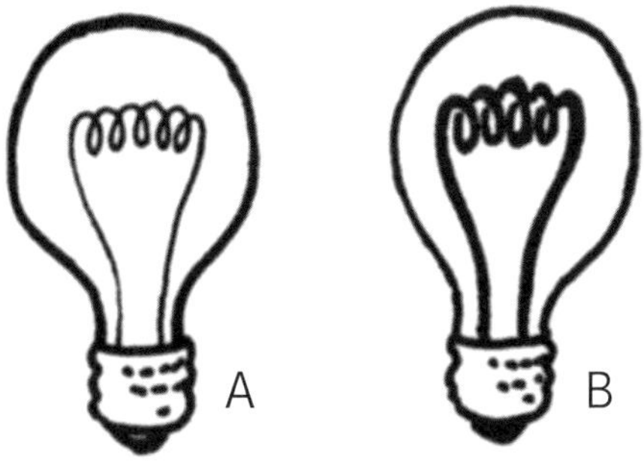

ⓐ A의 저항이 크기 때문에 A가 더 밝을 것이다.

ⓑ B의 저항이 크기 때문에 B가 더 밝을 것이다.

ⓒ A의 저항이 작기 때문에 A가 더 밝을 것이다.

ⓓ B의 저항이 작기 때문에 B가 더 밝을 것이다.

ⓔ A, B의 밝기가 같을 것이다.

답: 가는 필라멘트와 굵은 필라멘트

정답은 ⓓ입니다. 1초당 가장 많은 전기에너지를 소모하는 전구가 가장 밝습니다. 소모되는 에너지는 얼마나 많은 전하가 얼마나 큰 퍼텐셜 차이, 즉 전압차를 통과하는지에 따라 결정됩니다. 두 전구 모두 220V짜리 콘센트에 연결했으므로 전압차는 둘 다 220V입니다. 따라서 두 전구의 유일한 차이는 1초당 얼마나 많은 전하가 전구를 통과하는가, 즉 전구에 얼마나 많은 전류가 흐르는가입니다. 굵은 필라멘트의 저항 값은 가는 필라멘트의 저항 값보다 작으므로 두꺼운 쪽에 더 많은 전류가 흐르게 됩니다. 결국 두꺼운 필라멘트는 여러 개의 가느다란 필라멘트 묶음으로 생각할 수 있습니다. 따라서 두꺼운 필라멘트의 전구가 1초당 더 많은 에너지(1초당 에너지=전력)를 사용하므로 더 밝습니다.

침대에서

단열 효과가 좋은 두꺼운 새 담요와 단열 효과가 그저 그런 오래된 얇은 담요가 있습니다. 추운날 밤 두 담요를 모두 사용해 가장 따뜻하게 잘 수 있는 방법은 무엇일까요?

ⓐ 얇은 담요를 덮고, 냉기가 들어오지 못하게 그 위에 두꺼운 담요를 덮는다.
ⓑ 열이 나가지 못하게 두꺼운 담요를 덮고, 그 위에 얇은 담요를 덮는다.
ⓒ 둘 중 아무거나 덮어도 된다. 어떤 담요를 먼저 덮든 상관없다.

답: 침대에서

정답은 ©입니다.

담요는 직렬연결되어 있습니다. 즉 열이 빠져나가려면 두 담요를 모두 거쳐야 합니다(추운 날이므로 열은 온도가 높은 몸에서 공기로 이동할 것입니다). 전류가 고전압에서 저전압으로 흐르듯, 열은 고온의 물체에서 저온의 물체로 흐릅니다. 담요는 직렬로 연결된 단열재입니다. 큰 저항과 작은 저항이 직렬로 연결되어 있다고 가정해 보겠습니다(전구도 저항으로 사용될 수 있습니다). 두 저항의 순서를 바꾼다면 전류의 크기가 달라지나요? 당연히 차이가 없습니다. 전류를 이해하면 열도 이해할 수 있게 됩니다. 사실, 사람들은 열의 흐름에 대해 먼저 이해했고 그것이 전기의 흐름을 이해하는 것을 도왔습니다.

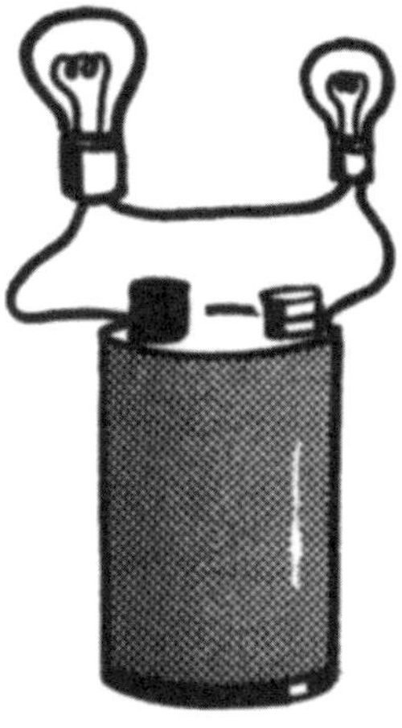

고압선에 앉은 참새

피복이 벗겨진 고압선에 앉아 있는 참새는 감전될까요?

ⓐ 물론이다!

ⓑ 아니다.

답: 고압선에 앉은 참새

정답은 ⓑ입니다. 참새 몸의 큰 저항으로도 도저히 감당할 수 없을 만큼 높은 전압(예를 들면, 2만 V 정도)이라면 참새 몸에 치명적인 전류가 흐를 것이라고 생각할지도 모릅니다. 그러나 2만 V란 접지 상태에 대한 전선 전체에 걸린 전압을 뜻합니다. 비록 전선 위의 참새에게 2만 V가 걸렸어도, 새의 몸 어디에도 2만 V가 아닌 곳은 없습니다. 즉, 참새의 몸에는 전압차가 없습니다. 전류란 도체에서 전압의 **차이**가 있을 때 흐르게 됩니다. 전압차가 없으면 전류도 흐르지 않습니다. 만약 새가 날개를 뻗어 주위의 전압이 다른 전선을 건드리게 된다면 참새구이가 됩니다! 전선들은 새가 날개를 뻗어도 닿지 않을 정도로 충분히 떨어져 있으므로, 감전되지 않습니다.

감전

전류와 전압 중 무엇이 감전을 일으킬까요?

ⓐ 전류

ⓑ 전압

ⓒ 둘 다

ⓓ 둘 다 아니다.

답: 감전

정답은 ⓒ입니다. 감전은 체내에 전기가 흐를 때 발생하므로, 만약 전류가 없으면 감전도 없습니다. 따라서 ⓐ가 정답이라고 볼 수도 있습니다. 그러나 감전을 일으키는 전류는 무엇에 의해 생기나요? 전압이 전류의 원인입니다(정확히는 전압차: 옮긴이). 따라서 주어진 전압과 이에 따라 나타난 전류가 감전의 원인이 됩니다. 전류의 원인이 무엇이든 감전은 전류에 직접적인 관련이 있기 때문에 ⓐ가 정답이라고 그럴듯하게 우기는 사람도 있을 것입니다. 또 전류가 중간 과정에서 어떤 역할을 하든 주어진 전압이 감전의 원인이기 때문에 ⓑ가 정답이라고 주장하는 사람도 있을 것입니다. 예를 들면 **위험-고전류**라는 경고문은 본 적이 없을 것입니다. 단지 **위험-고전압**이라는 경고문만 있습니다. 따라서 정답을 ⓐ, ⓑ, ⓒ 중 어떤 것을 택하든 점수를 받을 수 있습니다. 그러나 ⓓ를 정답으로 골랐다면, 스트라이크 아웃 감입니다!

다시, 고압선에 앉은 참새

참새가 그림과 같이 전구를 다리 사이에 두고 전선 위에 앉아 있다면 참새는 어떻게 될까요?

ⓐ 스위치를 열면 감전될 것이다.

ⓑ 스위치를 닫으면 감전될 것이다.

ⓒ 스위치의 개폐에 관계없이 감전될 것이다.

ⓓ 어떠한 경우에도 감전되지 않을 것이다.

답: 다시, 고압선에 앉은 참새

정답은 ⓑ입니다. 스위치를 열면 스위치의 한쪽에 있는 전선은 모두 예컨대 12V가 되고 반대쪽의 전선은 전부 0V가 됩니다. 참새는 한쪽 전선 위에 있으므로 새에게는 전압차가 없습니다. 이제 스위치를 닫아 보겠습니다. 그러면 전류가 전구의 저항을 통해서 흐르게 됩니다. 전류의 일부는 우회하여 새를 통해 흐르고 새는 감전됩니다.

회로에서 전압차는 항상 전류가 막힌 부분에 걸쳐 존재합니다. 스위치가 열렸을 때 막힌 부분은 스위치입니다. 스위치가 닫히면 막힌 부분은 저항입니다. 전압차는 저항의 양 끝에 나타납니다. 이 불쌍한 참새는 하필이면 다리를 그 전압차에 걸쳐 딛고 있네요.

이제 그림에서 스위치가 닫혔을 때 전구를 다리 사이에 끼고 있는 참새만이 감전된다는 것을 이해할 수 있겠지요?

전자의 속력

자동차의 시동키를 돌렸을 때 배터리의 음극으로부터 전기 시동기를 지나 배터리의 양극까지 회로가 완성됩니다. 회로는 직류이며 전자들은 회로를 통해 배터리의 음극에서 양극으로 이동합니다. 음극을 출발한 전자가 양극에 도달하려면 대략 얼마 동안 키를 점화[ON] 상태에 두어야 할까요?

ⓐ 스위치를 켜거나 끄는 데 걸리는 신체 반사 시간보다 짧은 시간

ⓑ 1/4초

ⓒ 4초

ⓓ 4분

ⓔ 네 시간

답: 전자의 속력

정답은 ⓔ입니다. 비록 전기신호는 폐회로를 통해 대략 빛의 속력으로 움직이지만, 전자의 실제 이동 속력(표류 속력)은 훨씬 작습니다. 상온에서 개회로[시동키가 꺼짐(off) 위치에 있을 때]의 전자들은 시간당 수백만km의 평균속력을 가지나, 전자들은 가능한 모든 방향으로 움직이기 때문에 전류를 생성하지 못합니다. 어느 특정한 방향으로의 전자의 알짜 흐름이 없는 것입니다. 그러나 시동키가 켜짐(on) 상태가 되면 회로가 완성되고 연결된 회로를 통해 배터리 두 극 사이에 전기장이 형성됩니다. 이 전기장은 회로에서 빛의 속력에 가깝게 형성됩니다. 회로의 모든 곳에서 전자들은 계속 아무렇게나 운동하지만, 형성된 전기장에 의해 가속되어 배터리의 양극을 향해 움직입니다. 가속된 전자들은 경로를 따라 이동할 때 고정된 원자들과의 충돌로 인해 충분한 속력을 얻지 못합니다. 이 충돌은 계속적으로 전자의 운동을 방해하므로 결과적으로 전자의 평균속력은 매우 느립니다. 1초당 1cm보다도 훨씬 작습니다. 따라서 전자가 배터리의 한 극으로부터 회로를 통해 다른 극으로 이동하는 데는 몇 시간이 걸립니다.

전선에서 전자의 경로

전하 잡아먹기

전기모터가 돌아갈 때나 토스터가 빵을 구울 때, 나오는 전하량보다 들어가는 전하량이 많아야 할까요?

ⓐ 그렇다.

ⓑ 아니다.

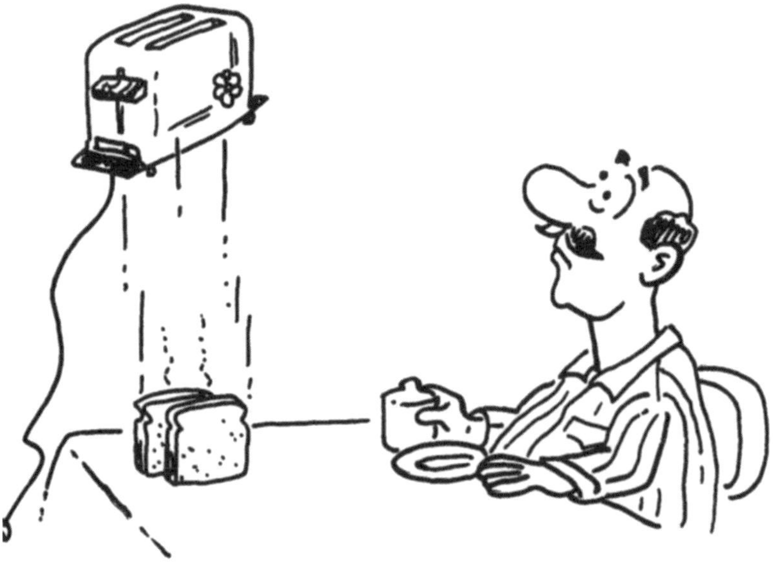

발전기는 어떤가요?

ⓐ 전하를 생성한다.

ⓑ 들어온 전하만큼 내보낸다.

답: 전하 잡아먹기

두 문제의 정답은 모두 ⓑ입니다.

전기모터나 토스터는 전하를 소모하지 않습니다. 이것들은 전기에너지를 소모합니다. 발전기는 전기를 생성하는 것이 아니라 전기에너지를 발생시키는 것입니다. 모터나 토스터는 들어간 양만큼의 전하량이 나와야 합니다. 그러나 전하는 '녹초가 된 상태로' 나옵니다. 녹초가 됐다니 무슨 의미일까요? 이는 낮은 전압을 뜻합니다. 증기기관에 들어가는 증기를 생각해 보세요. 모든 증기는 기관으로부터 다시 나오나, 들어갈 때보다 낮은 압력으로 나옵니다. 이와 비슷하게 전하는 모터 또는 토스터에서 전압을 잃고 발전기에서 전압을 얻습니다. 전하의 전기에너지는 그것의 전압에 따라 다릅니다.

전기에너지=전압 × 전하량(쿨롱)

따라서 0V는 에너지가 0인 상태입니다. 0V에서는 아무리 전하량이 많아도 에너지가 0입니다.

판매하는 전자

인구가 5만 명인 도시에서 가정과 공장으로 통과하는 전자의 수는 연간 얼마나 될까요?

ⓐ 전혀 없다.

ⓑ 콩 한 개 안에 들어 있는 전자의 수 정도

ⓒ 한강에 있는 전자의 수 정도

ⓓ 지구에 있는 전자의 수 정도

ⓔ 태양에 있는 전자의 수 정도

답: 판매하는 전자

정답은 ⓐ입니다. 전혀 없습니다. 전자가 발전소에서 전선을 통해 소비자의 콘센트로 전달된다고 생각하는 것은 흔한 오개념입니다. 보통 도시의 전력은 교류(AC)입니다. 즉, 전자가 전선을 통해 이동하는 것이 아니라 단지 전선에서 초당 60회 진동하는 것입니다. 전선은 전자를 위한 도관이 아니라 '에너지'를 위한 것입니다. 교류 콘센트에 전기기구를 꽂으면, 에너지가 콘센트에서 전기기구로 흘러 들어오고, 이로 인해 기구의 도체 부분에 원래 있던 전자들이 앞뒤로 움직이게 됩니다. 전기기구가 전자를 공급한다면, 전기회사는 그 전자를 움직이기 위한 에너지만 공급하는 셈입니다.

교류 회로에 감전될 경우 체내에 전류를 만드는 전자들은 원래 체내에 있었다는 사실을 기억하세요. 전선에서 나와서 신체를 통과하여 땅으로 들어가는 것은 전기에너지이지 전자가 아닙니다.

인력

빗으로 머리를 빗을 때 전하가 이동하여 빗이 대전되는 경우가 있습니다. 이렇게 대전된 빗을 종잇조각에 가까이 대면 종이가 끌려옵니다. 대전된 빗은 자석에도 끌릴까요?

ⓐ 그렇다. 빗은 자석에 끌린다.

ⓑ 아니다. 빗은 자석에 끌리지 않는다.

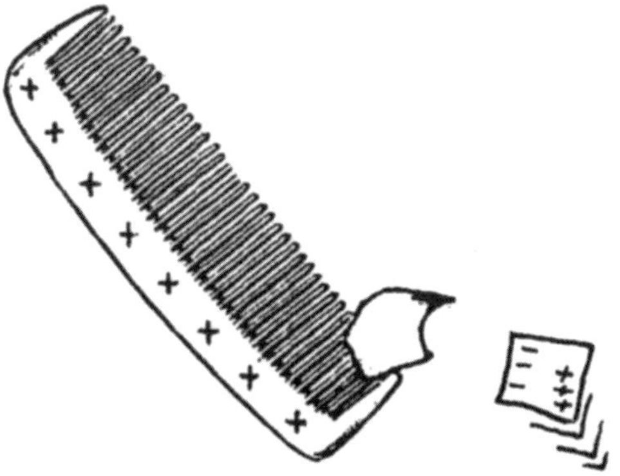

답: 인력

정답은 ⓑ입니다. 자기적 인력과 전기적 인력은 서로 다릅니다. 앞으로 보게 되겠지만 둘 사이에 관련은 있으나 그 둘은 서로 다릅니다.

전류와 나침반

전류가 흐르는 전선을 나침반 바로 위에 놓으면, 나침반의 바늘은 어떻게 될까요?

ⓐ 전류에 의해 영향을 받지 않을 것이다.

ⓑ 전선과 수직인 방향을 가리킨다.

ⓒ 전선과 평행한 방향을 가리킨다.

ⓓ 직접 전선을 가리킨다.

답: 전류와 나침반

정답은 ⓑ입니다.

그림과 같이 자기장 선은 전선에 흐르는 전류의 둘레를 돕니다. 그러므로 나침반의 바늘은 자기장 선에 평행한 방향을 가리킵니다. 따라서 바늘은 전류에 수직입니다(여기에는 단서가 필요합니다. 전선에 의한 자기장이 지자기를 무시할 수 있을 만큼 큰 경우에만 수직입니다: 옮긴이).

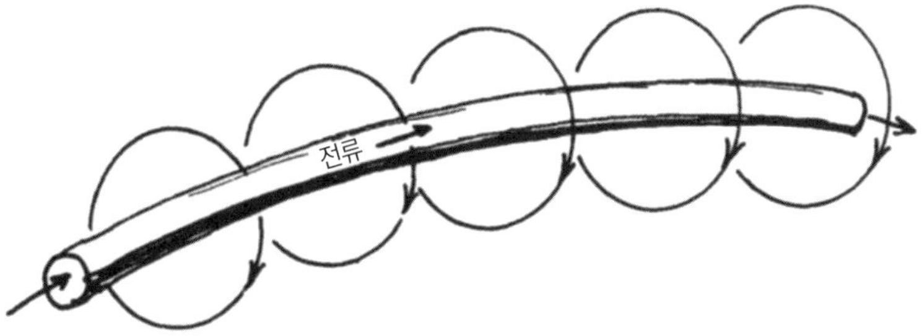

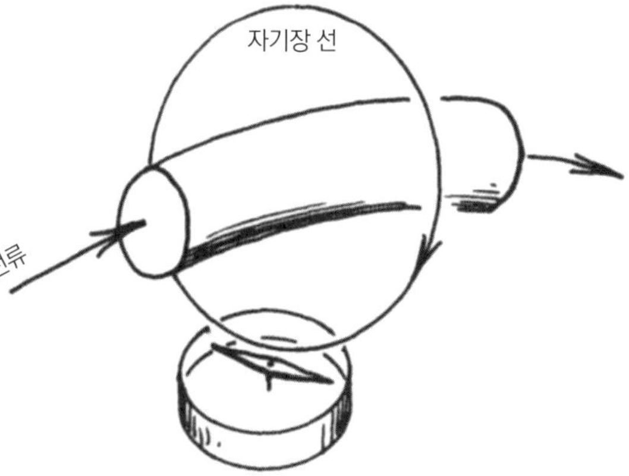

전자 덫

대전된 입자가 자기장을 통과할 때 입자에 힘이 작용합니다. 입자가 자기장 선에 수직을 이루며 운동할 때 가장 큰 힘이 작용합니다. 그 밖에 다른 각도인 경우 힘의 크기는 줄어들고 입자가 자기장과 같은 방향으로 움직일 때의 크기는 0이 됩니다. 어떠한 경우든 힘의 방향은 항상 자기장 선과 입자의 속도에 수직입니다.● 그림에서 전자가 작은 자석의 자기장을 통과할 때 그 경로가 휘어지는 것을 알 수 있습니다.

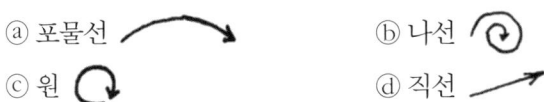

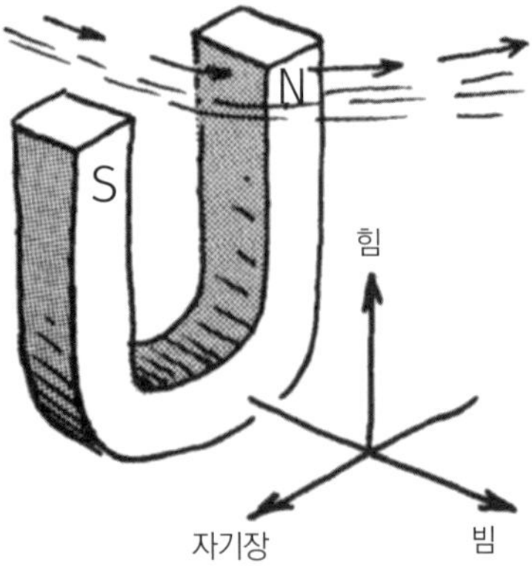

전자가 자기장 속에 있는 시간이 짧기 때문에 전자들은 자기장을 재빨리 통과합니다 전자 경로의 구부러진 부분은 짧습니다. 만약 전자가 균일하게 형성된 전기장 내에서 자기장 선에 수직을 이루며 운동한다면 어떠한 경로를 그리게 될까요?

ⓐ 포물선 　　ⓑ 나선 

ⓒ 원 　　ⓓ 직선 

● 눈치챘는지 모르겠지만 우리는 이제 막 3차원 공간으로 발을 들여놓았습니다. 사실 우리는 항상 3차원 공간에 존재하지만, 이제까지 논의해 온 물리학 문제는 단지 2차원으로 충분히 설명될 수 있었습니다. 여기까지는 어떤 것도 3차원으로 시각화할 필요가 없었지요. 예를 들어, 당구는 역학의 모든 법칙을 설명해 주지만 당구를 이해하는 데 3차원 시각화는 필요하지 않습니다. 그러나 전자기학은 다릅니다. 당구와는 달리 전자기학의 개념은 2차원 평면에는 잘 들어맞지 않으므로 3차원 공간이 필요하지요. 아마도 미래에 밝혀질 사실들은 3차원 공간으로도 설명이 어려울 것입니다! (더 많은 차원이 필요할 것입니다: 옮긴이)

답: 전자 덫

정답은 ⓒ입니다. 자기장에 놓인 전자(모든 대전된 입자)에 작용하는 힘은 마치 원의 반지름이 원주에 대해 수직이듯이, 입자의 운동 방향에 항상 수직입니다. 따라서 대전된 입자에 작용하는 힘은 반지름 방향이고 입자는 원운동을 하게 됩니다. 그러므로 입자는 자기장에 갇히게 됩니다. 만약 입자가 자기장 선과 이루는 각도가 90°보다 크거나 작다면 '원' 형의 경로는 나선형으로 뻗어 나갑니다. 왜냐하면 자기장 선과 나란한 방향의 입자의 속도 성분은 자기장과 상호작용 없이 지속되기 때문입니다.

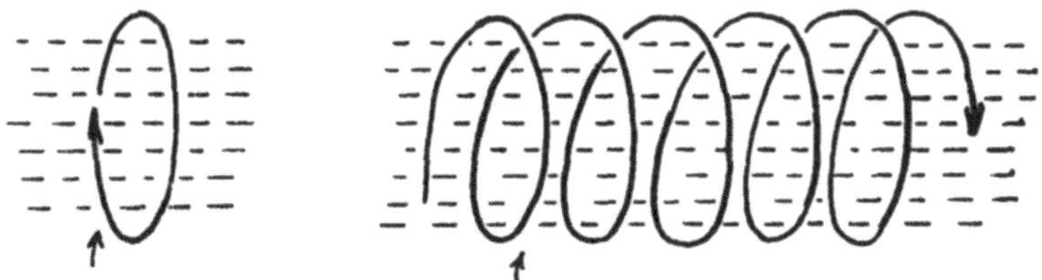

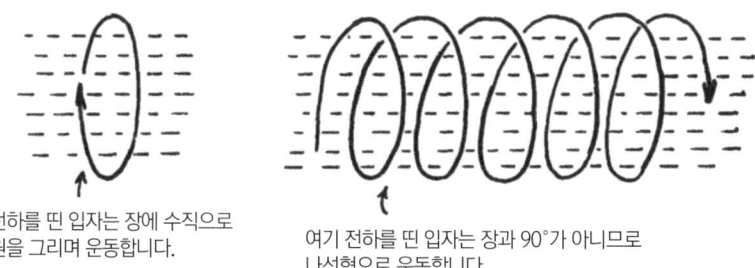

전하를 띤 입자는 장에 수직으로 원을 그리며 운동합니다.

여기 전하를 띤 입자는 장과 90°가 아니므로 나선형으로 운동합니다.

우주 공간의 전자(그리고 양성자)들은 지구의 자기장에 붙잡혀 자기장 선에 나란한 나선 궤도를 따라 움직입니다. 자기장에 갇혀 있는 입자들의 구름은 지구를 감싸고 있는데 이것을 밴앨런복사대(Van Allen Radiation Belts)라고 부릅니다. 지구의 양극에 밀집된 자기장 선은 자기 거울처럼 작용하여 대전된 입자들은 극에서 극으로 튀어 다닙니다. 어쩌다 이것들이 대기권으로 내려오면 북극광을 볼 수 있습니다.

인공 오로라

대기권 밖에서 수소폭탄이 폭발했습니다. 폭발에 의해 방출된 입자들이 대기권에 들어와 인공의 북극광이 만들어졌습니다. 만약 이와 같은 폭발이 북극 위에서 일어났다면, 지구상의 어느 곳에서 인공 오로라를 볼 수 있을까요?

ⓐ 북극
ⓑ 적도
ⓒ 남극 호주 남부
ⓓ 북극과 남극
ⓔ 양극과 적도

답: 인공 오로라

정답은 ⓓ입니다.

폭발에 의해 방출된 전자와 양성자는 지구의 자기장 선을 따라 나선운동을 하게 됩니다. 북극 위의 자기장 선들은 거의 직선으로 위아래로 뻗어 있습니다. 선의 아래쪽 끝은 북극으로, 위쪽 끝은 휘어져서 지구를 돌아 남극으로 들어갑니다. 따라서 어떤 전자들은 북극에 가까운 대기권에서 나선운동을 하고 다른 전자들은 남극 주위에서 나선운동을 할 것입니다.

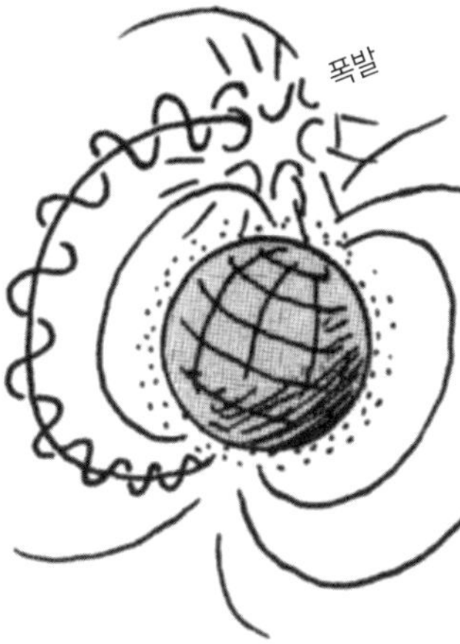

아직까지 극 위에서 폭발한 폭탄은 없지만, 60년대 초에 태평양에 있는 존스턴 섬 위에서 폭발이 있었습니다(이른바 불가사리 프로젝트). 존스턴 섬 위의 자기장 선은 하와이 근처로 이어져 있어, 하와이 사람들은 폭탄으로부터 나온 입자들이 대기권에 다시 들어가면서 형성된 오로라를 볼 수 있었습니다. 대부분의 하와이인들은 그때까지 오로라를 본 적이 없었습니다.

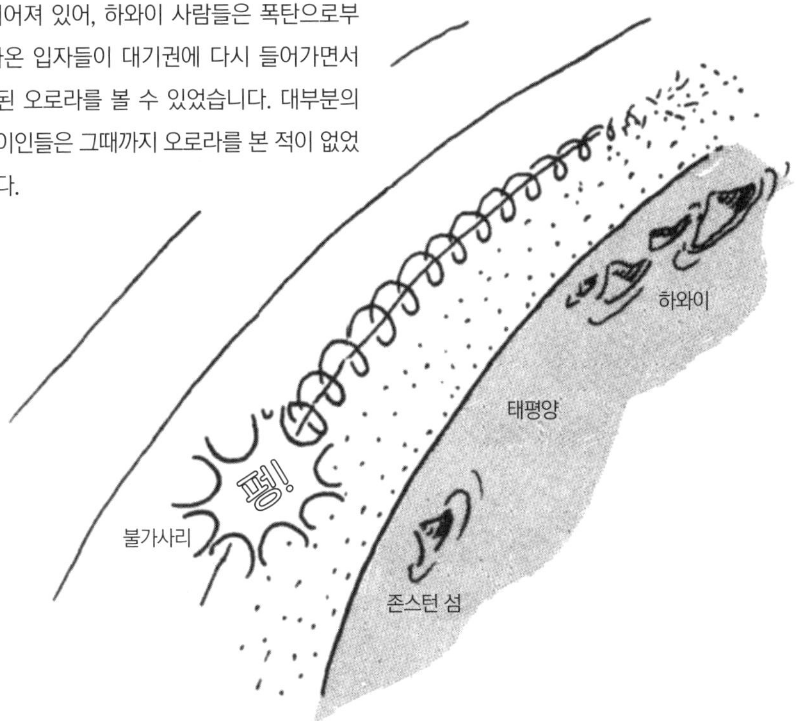

철이 없이도

철을 사용하지 않고 자기장을 만들 수 있을까요?

ⓐ 있다.

ⓑ 없다.

답: 철이 없이도

정답은 ⓐ입니다. 자기장은 움직이는 전하와 관계가 있습니다. 전류가 흐르는 도선 주위에는 자기장이 형성됩니다. 강한 전류(그렇지 않을 경우 나침반은 수직이 되지 않습니다)가 흐르는 도선을 나침반 위에 놓아 보면 분명히 알 수 있습니다. 나침반 바늘이 항상 도선에 수직이고 자기장 선에 평행하게 놓이는 것으로 알 수 있듯이, 자기장 선은 도선의 전류 주위에 원형으로 형성됩니다. 만약 도선을 말아 코일을 만든다면 자기장이 모여 코일 내부에 집중됩니다. 전자석을 만드는 것과 같이 철심을 코일 안에 넣으면 자기장은 강력해집니다. 철이 꼭 필요한 것은 아니지만 큰 역할을 합니다. 자기장은 전류가 있다면 철이 없이도 빈 공간에 존재할 수 있습니다. 전류는 필수적입니다.

어떻게 철이 자기장을 강하게 하는 걸까요? 철 원자는 철 원자 주위를 흐르는 전자에 의한 전류로 인해 그 자체로 작은 전자석입니다. 철 원자의 일부는 시계 방향으로 전류가 흐르고 일부는 반시계 방향으로 흘러 이로 인한 효과는 보통 나타나지 않습니다. 만약 코일의 전류가 시계 방향으로 흐른다면 많은 철 원자의 전류도 시계 방향으로 흐르게 됩니다. 따라서 도선의 전류에 철 원자의 전류까지 더해집니다. 두 전류가 합해져 코일에 의한 자기장보다 더 강한 자기장을 형성하는 것입니다.

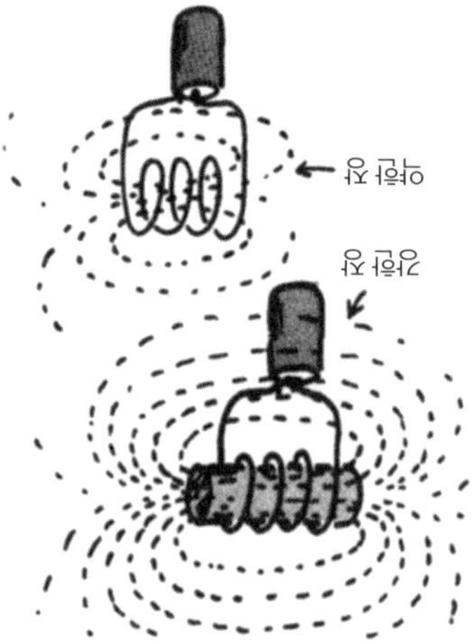

지상계와 천상계

우주선宇宙線, cosmic rays이 지구의 자기장으로 들어올 때 우주선에 작용하는 편향력은 전류가 전기모터의 코일에 흐를 때 모터를 돌리는 힘과 근본적으로 같을까요?

ⓐ 그렇다. ⓑ 아니다.

답: 지상계와 천상계

정답은 ⓐ입니다. 우주에 떠다니는 자유전자에는 전자의 비행경로와 자기장에 모두 수직인 방향으로 힘이 작용하여 경로가 휘어집니다(경로가 계속해서 휘어짐으로써 전자는 오랫동안 자기장 안에 있게 됩니다).

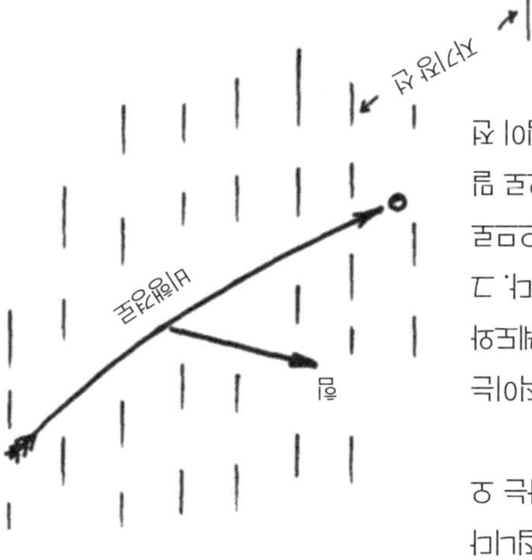

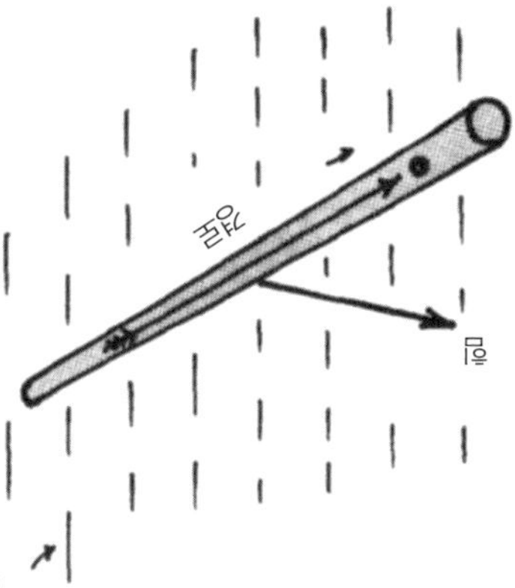

전선 속(모터 코일 속)을 통해 움직이는 전자에도 역시 전선에 의해 결정된 궤도와 자기장에 각각 수직인 힘이 작용합니다. 그러나 전자는 전선 밖으로 나갈 수 없으므로 그 안에 갇힌 전자가 전선을 전체적으로 밀게 됩니다. 이렇게 전선을 밀어내는 힘이 전기모터를 작동시킵니다.

핀치(pinch)

평행한 두 전선에 같은 방향으로 전류가 흐를 때, 전선에는 어떤 일이 발생할까요?

ⓐ 서로 밀어낸다.

ⓑ 서로 당긴다.

ⓒ 서로 아무런 힘도 작용하지 않는다.

ⓓ 서로에게 직각인 방향으로 비틀어진다.

ⓔ 회전한다.

답: 핀치(pinch)

정답은 ⓑ입니다.

전선은 서로 당깁니다. 만약 전류가 서로 반대 방향으로 흐르면 어떻게 될까요? 전선은 서로 밀어냅니다. 자기학의 기본 원리는 다른 극(N극과 S극) 사이에는 인력이 작용하고 같은 극(S극과 S극 또는 N극과 N극) 사이에는 척력이 작용한다는 것입니다. 그렇지만 자기의 근원이 전류이므로, 자석을 만드는 전류로 자기력의 원리를 설명하는 것이 더 간단하지 않을까요? 그렇습니다. 즉 '새로운' 자기 원리는 다음과 같습니다. 같은 방향으로 흐르는 전류는 서로 당기고 반대 방향으로 흐르는 전류는 서로 밀어냅니다. 이 원리는 즉시 처음 원리로 귀착됩니다. 예를 들어, 첫 번째 그림처럼 전자가 철로 만든 실린더의 주위를 움직일 때, 한쪽 면은 N극이 반대쪽 면은 S극이 되기 때문입니다(화살표는 전류가 아닌 전자의 이동을 나타내는 것에 주의하세요. 전류의 방향은 전자의 이동과 반대입니다: 옮긴이).

이제 가운데 그림처럼, 전자가 같은 방향으로 움직이고 있는 두 실린더를 가까이 놓으면, 왼쪽 실린더의 N극-면과 오른쪽 실린더의 S극-면이 서로 마주보게 되어 두 원통은 서로 끌어당깁니다. 이 현상은 'N극과 S극은 서로 당긴다' 또는 '같은 방향으로 흐르는 두 전류는 서로 당긴다'고 표현할 수 있습니다.

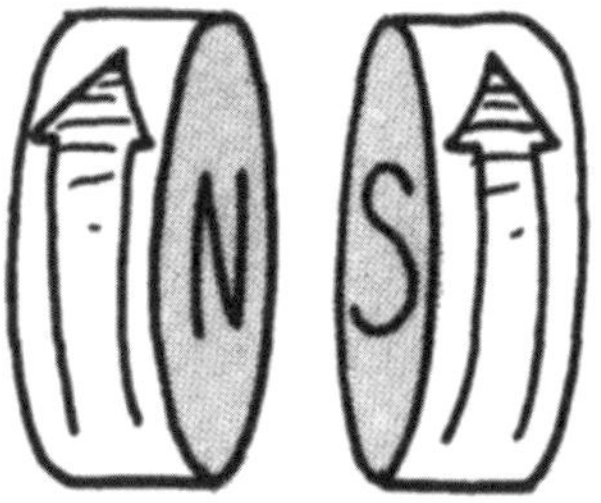

마지막 그림과 같이, 전류가 서로 반대로 흐르는 두 실린더를 가까이 놓으면 왼쪽 실린더의 N극-면과 오른쪽 실린더의 N극-면이 마주보게 되어 서로 밀어냅니다. 이러한 척력은 같은 극끼리는 또는 반대로 흐르는 전류끼리는 서로 밀어낸다고 말하는 것으로 설명할 수 있습니다.

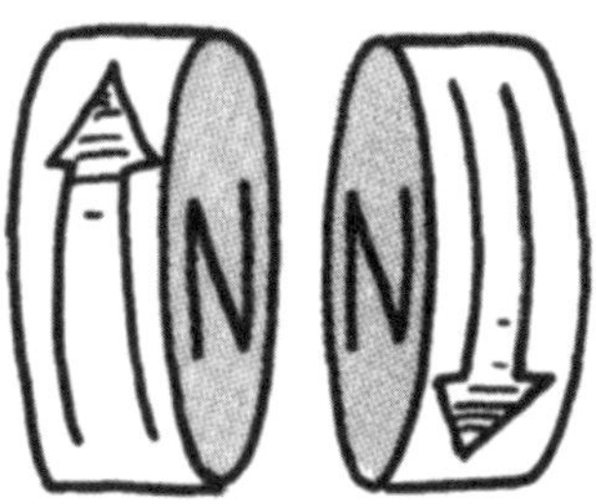

생쥐 집처럼 엉켜 있는 전선

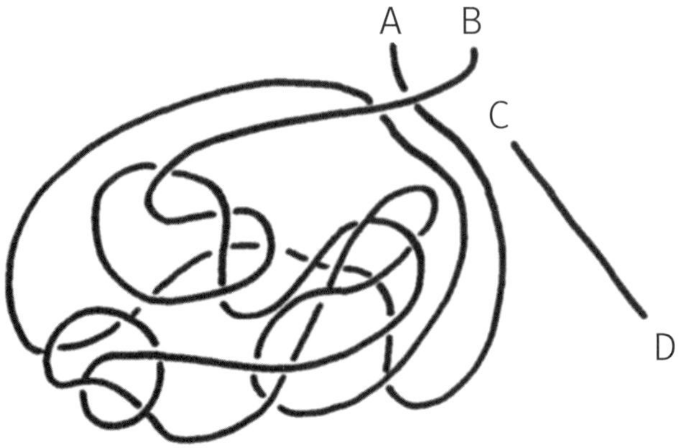

위 그림처럼 A에서 B로 연결된 긴 전선이 마구 엉클어져서 생쥐 집을 만들고 있습니다. 또 짧고 곧은 전선 토막 CD도 있습니다. A에서 B로 전류가 흐르고 있고, C에서 D로도 전류가 흐른다고 가정해 보겠습니다(배터리나 무언가가 연결되어 있다고 각자 상상하는 것입니다). 전류로 인해 전선 CD에 어떤 힘이 작용합니다. 이제 모든 전류가 거꾸로 흐른다면, 즉 전류가 B에서 A로, D에서 C로 각각 흐른다면 작은 전선에 미치는 힘은 어떻게 될까요?

ⓐ 역시 반대로 될 것이다.
ⓑ 전류가 거꾸로 흐르기 전과 같을 것이다.
ⓒ 사라질 것이다.
ⓓ 전류가 거꾸로 흐르기 전의 힘에 대해 수직으로 작용할 것이다.
ⓔ 위에 언급하지 않은 다른 방향으로 작용할 것이다.

답: 생쥐 집처럼 엉켜 있는 전선

정답은 ⓑ입니다. 분명히 전선 AB가 매우 복잡한 자기장을 만들지만, 이 자기장이 어떻든 간에 이것은 전류가 반대로 흐르면 정확히 반대로 됩니다.* 그러면 전선 CD에 작용하는 힘도 반대로 될까요? 그렇습니다. 단 전류가 계속 C에서 D로 흐른다면 말이지요. 하지만 CD의 전류 방향을 바꾸면 힘의 방향도 다시 바뀝니다. CD에 작용하는 힘은 전류들이 반대로 흐르기 전과 같아질 것입니다.

* B에서 A로 흐르는 전류에 의해 생성된 자기장은 A에서 B로 흐르는 전류에 의해 생성된 것과 정확히 반대 방향이 된다는 사실은 다음과 같이 추론할 수 있습니다. 만약 A에서 B로, 그리고 B에서 A로 동시에 전류가 흐른다면, 이것은 전류가 전혀 흐르지 않는 것과 같습니다. 그리고 알짜 전류가 흐르지 않으므로 자기장도 전혀 없습니다. 반대 방향의 전류에 의해 생성된 자기장은 서로 완전히 상쇄됩니다. 그러기 위해서는 두 자기장이 서로 크기는 같고 방향은 반대여야 합니다.

직류 모터의 회전 방향

전선 A를 배터리의 양극에, B를 음극에 각각 연결했을 때, 시계 방향으로 돌아가는 직류 모터가 있습니다(이 모터에는 영구자석이 없습니다). 만약 A와 B를 바꾸어, A를 음극에, B를 양극에 연결한다면 어떻게 될까요?

ⓐ 모터는 반시계 방향으로 돌 것이다.

ⓑ 모터는 계속 시계 방향으로 돌 것이다.

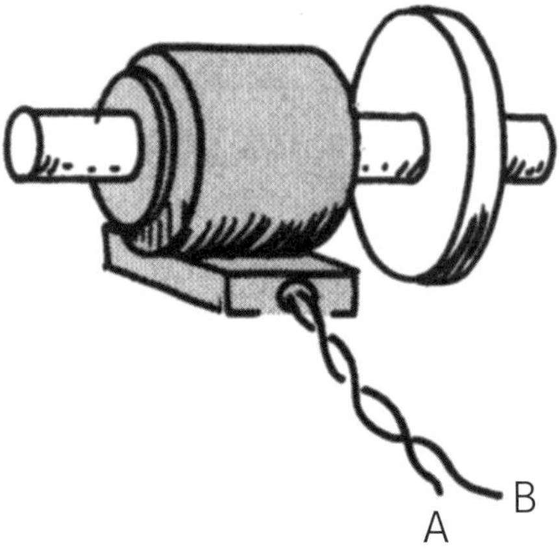

답: 직류 모터의 회전 방향

정답은 ⓑ입니다. 모터 내부에는 회전하는 전자석(회전자)과 정지 상태의 전자석(고정자)이 있습니다. 모터에 들어가는 전류를 반대로 하면 각 전자석을 통과하는 전류의 방향도 반대가 되고, '생쥐 집처럼 엉켜 있는 전선' 문제에서 설명했듯이, '두 번' 뒤집기의 알짜 효과는 곧 힘에 어떠한 변화도 없다는 것을 의미합니다.

이것은 또한 상대성원리의 한 예입니다. 두 전선 사이의 힘은 어떤 방향으로 전류가 흐르는지에 전혀 무관합니다. 힘은 단지 전류가 같은 방향으로 흐르는지 반대로 흐르는지에 따라 결정됩니다.

그러면 모터의 회전 방향을 어떻게 바꿀 수 있을까요? 회전자나 고정자에 흐르는 전류 중 하나만 방향을 바꾸면 가능합니다. 가장 쉬운 방법은 '브러시'의 위치를 거꾸로 하는 것입니다. 브러시는 스위치의 역할을 하며 외부에서 회전자로 전기를 끌어오거나 내보냅니다.

패러데이의 역설

쇳덩이를 감고 있는 전선 코일이 있습니다. 다음 중 옳은 설명은 무엇인가요?

ⓐ 전선에 전류가 흐르면 쇳덩어리는 자석이 된다.

ⓑ 쇳덩어리가 자석이라면 전선에 전류가 흐르게 된다.

ⓒ 둘 다 맞다. ⓓ 둘 다 틀리다.

답: 패러데이의 역설

정답은 ⓐ입니다. 철(예를 들면, 못) 주위를 감고 있는 전선에 전류가 흐르면 이것은 전자석이 됩니다. 대개 과학 동아리에서 이런 방법으로 전자석을 만들곤 하지요. 그러나 코일 안에 자석이 있다고 해도 자석은 코일에 전류를 흐르게 하지도, 전선을 대전시키지도 않습니다. 빅토리아 여왕 시대에 마이클 패러데이•를 비롯한 많은 동시대 사람들은 이런 현상을 매우 의아하게 생각했습니다. 그들은 전류가 자기장을 만든다면, 당연히 자기장이 전류를 만들어야 한다고 생각했습니다. 그러나 어떻게 만들 수 있을까요? 이 문제를 골똘히 생각하는 동안 패러데이는 큰 발견을 하게 되었습니다. 자석이 코일 안에 고정되지 않고 움직일 때만 코일에 전류가 흐른다는 사실입니다. 결국 전류를 만드는 데는 에너지가 필요하고, 이 에너지는 자석 또는 코일을 움직이는 힘에서 얻어집니다.

패러데이의 발견은 발전기의 핵심입니다. 발전기는 단지 코일 근처의 자석을 앞뒤로 움직여서(또는 자석 근처의 코일을 움직여서) 전선에 전류가 흐르게 하는 것이지요. 영국 수상은 곧 이런 방법으로 만든 전기를 직접 보기 위해 패러데이의 실험실로 찾아갔습니다. 패러데이가 시연해 보이자, 수상은 패러데이에게 물었습니다.

"전기가 쓸모가 있소?"

패러데이는 아직 어디에 쓸지는 모르겠으나 수상이 언젠가는 이 전기에 세금을 물리는 날이 올 것이라고 대답했습니다.

● 패러데이가 이른바 전자기유도를 발견했던 거의 같은 시기에, 미국의 물리학자 조지프 헨리도 독자적으로 같은 발견을 했습니다.

전류계와 모터

전선 속의 전자들이 그림과 같은 방향으로 자기장 속을 흘러갈 때, 전선에 위쪽으로 힘이 작용합니다. 전류가 반대로 흐르면 전선에 아래로 힘이 작용합니다. 만약 전선 고리가 자기장 속에 놓여 있고 전류가 그림처럼 흐른다면 고리는 어떻게 될까요?

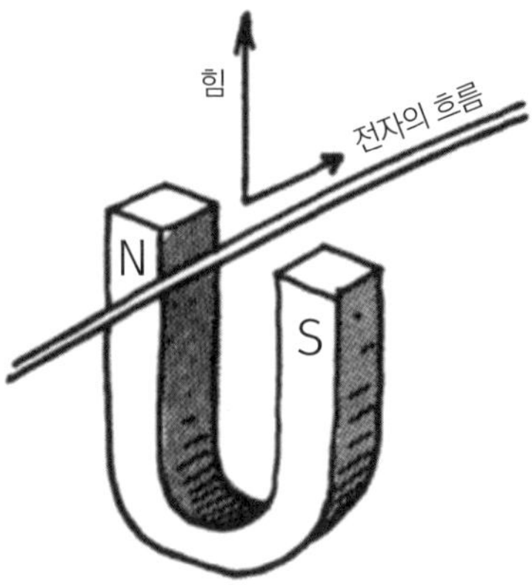

ⓐ 시계 방향으로 회전한다.

ⓑ 반시계 방향으로 회전한다.

ⓒ 움직이지 않는다.

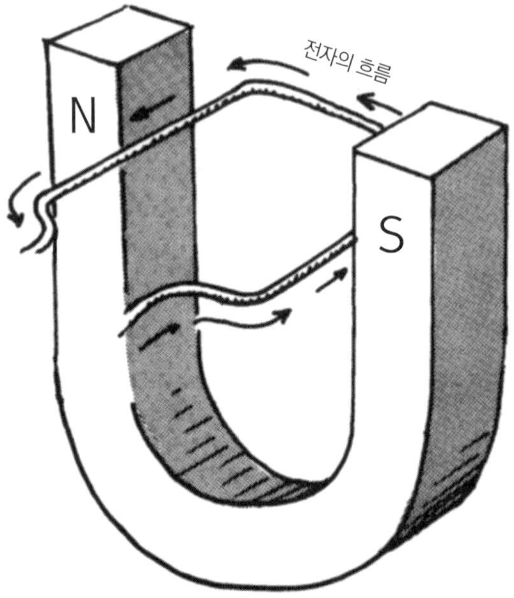

답: 전류계와 모터

정답은 ⓑ입니다. 고리의 오른쪽에는 위로 힘이 작용하고 왼쪽에는 아래로 힘이 작용하기 때문입니다. 이 문제의 답을 찾는 것은 쉽지만 중요한 것은 이것이 전류계가 작동하는 원리라는 것입니다. 실제 전류계에서는, 한 개의 고리 대신 스프링에 의해 고정된 여러 개의 고리로 된 코일이 사용됩니다. 코일에 전류가 흐르면 스프링에 대항해 코일을 비트는 힘이 생겨납니다. 더 큰 전류가 흐르면 코일은 더 많이 비틀리게 되고 비틀리는 정도를 가리키는 바늘로 알 수 있습니다. 여기서 한 발자국 더 나아간 것이 바로 전기모터입니다. 즉 코일이 반 바퀴 돌 때마다 전류의 방향을 바꾸어 코일이 연속적으로 회전하도록 한 것이 바로 모터의 원리입니다.

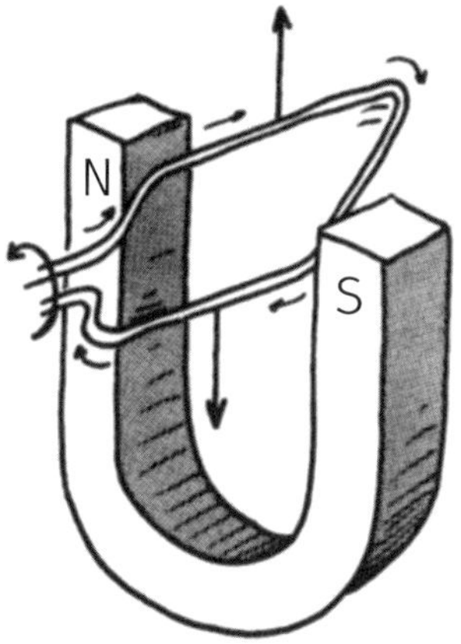

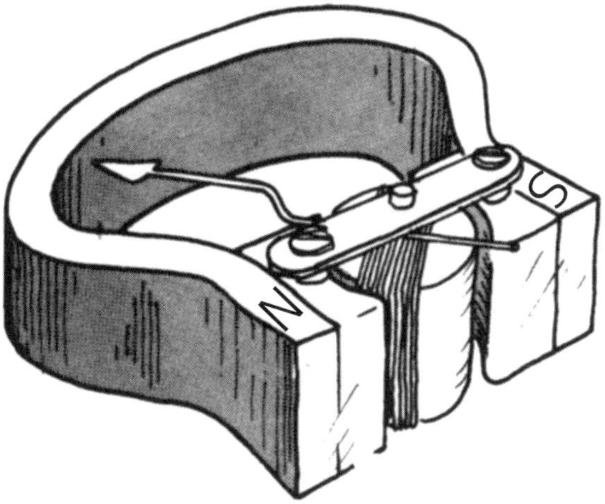

자기장 속에 있는 전류에 힘이 작용한다는 간단한 사실이 전류계와 모터의 기초가 됩니다. 이 편향력은 그림에서처럼 항상 전류와 자기장에 모두 수직입니다.

모터로 만든 발전기

전기모터와 발전기는 모두 자기장 속에서 회전할 수 있는 회전자에 감긴 전선 코일로 구성되어 있습니다. 둘 사이의 근본적인 차이는 전기에너지가 들어가고[input] 역학적 에너지가 나오는[output] 것인지[모터], 아니면 역학적 에너지가 들어가고[input] 전기에너지가 나오는[output] 것인지[발전기] 하는 점입니다. 이제 회전자가 역학적 혹은 전기적 에너지에 의해 회전하면서 전류가 생성됩니다. 무엇이 회전자를 회전시키는지는 중요하지 않습니다. 그러면 돌아가고 있는 모터 역시 발전기라고 할 수 있을까요?

ⓐ 그렇다. 생성된 전기에너지를 입력선을 통해 다시 전원으로 내보낼 것이다.

ⓑ 이런 문제를 막기 위해 모터 내부에 우회 회로[bypass circuit]가 제작되지 않았다면, 모터도 발전기가 될 것이다.

ⓒ 아니다. 모터나 발전기 둘 중 하나여야 한다. 동시에 두 역할 모두 한다면 에너지 보존에 위배된다.

답: 모터로 만든 발전기

정답은 ⓐ입니다. 모든 전기모터는 또한 발전기입니다. 실제로 입력 에너지를 공급하는 전력회사는 소비자가 발전소에 돌려보낸 에너지만큼 환불해 줍니다. 따라서 소비자가 실제로 사용한 알짜 전류, 즉 알짜 에너지에 대한 요금만 지불합니다. 모터가 외부 부하 없이 자유롭게 회전하면, 모터는 공급된 전류와 거의 같은 양의 전류를 발생시켜 모터 내의 알짜 전류는 매우 작아집니다. 따라서 전기 요금은 적게 나옵니다. 자유롭게 회전하는 모터의 속력을 제한하는 것은 마찰이 아니라 역전류입니다. 역전류가 정상 전류를 상쇄시키면 모터는 더 이상 빨리 회전할 수 없습니다. 그러나 모터가 부하에 연결되어 일을 하면 입력선을 통해 돌아가는 양보다 더 많은 전류와 더 많은 에너지를 끌어다 쓰게 됩니다. 부하가 너무 크면 모터는 가열됩니다. 극단적으로, 모터가 돌 수 없을 만큼 큰 부하가 걸리면 (예를 들어 매우 단단한 목재에 원형 톱을 들이대는 경우처럼) 역전류가 전혀 생성되지 않고, 따라서 모터 내부에 상쇄되지 않은 입력 전류는 모터 속에 감겨 있는 전선의 절연체를 녹일 수도 있고 모터를 태우고 말 것입니다!

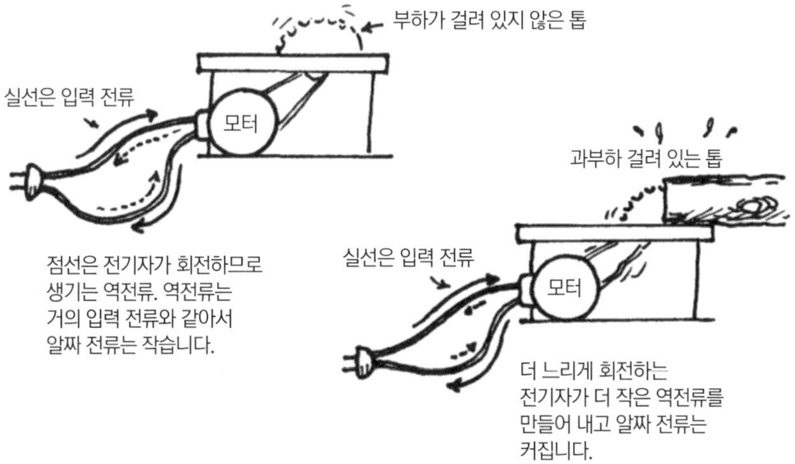

동력 브레이크

19세기에서 20세기로 들어서는 시기에 처음으로 알프스 산맥에 철도가 놓였을 때, 긴 내리막길에서 전기기관차를 제동하기 위해 다음과 같은 방법이 제안되었습니다. 전기모터를 전력선에서 분리시키고 대신 큰 저항에 연결하는 것입니다. 즉 모터를 발전기로 사용하여 바퀴의 역학적 에너지를 전기로 전환한 후 이를 다시 열에너지로 전환하는 방법이었지요. 이렇게 하면 실제로 모터가 브레이크 역할을 할 수 있을까요?

ⓐ 그렇다. ⓑ 아니다.

답: 동력 브레이크

정답은 ⓐ입니다. '모터로 만든 발전기' 문제에서 여러분은 모터가 발전기임을 알게 되었습니다. 내리막길을 굴러가는 기차의 에너지는 발전기에 의해 전류로 바뀌고, 저항에 의해 전기에너지는 열에너지로 전환됩니다. 매순간 생성된 열에너지의 양은 소멸된 운동에너지와 같으며, 이를 통해 기차를 제동합니다. 에너지 효율 측면에서 보자면, 생성된 전류는 언덕을 오르는 다른 기차에 전력을 공급하는 데 쓰는 것이 좋겠지요.

전기 지레

전자기유도는 변압기 작동의 기본 원리를 제공합니다. 변압기는 단순히 한 쌍의 전선 코일을 감아 놓은 철 덩어리에 지나지 않습니다. 입력 코일 또는 1차 코일에서의 교류는 철을 교류 자석으로 만들어, 출력 코일 또는 2차 코일에 전류가 '생성됩니다'.

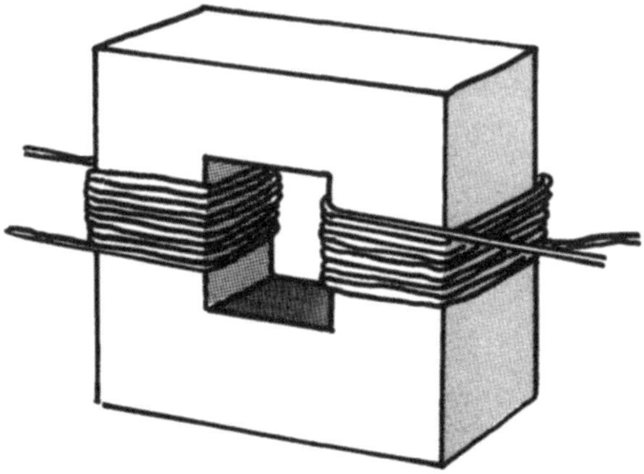

특정 값의 전압과 전류, 즉 특정 값의 전력[와트]이 완벽한 변압기에 입력되었다고 가정해 보겠습니다. 이 변압기에 입력된 값과 같은 출력 값은 무엇일까요?

ⓐ 암페어

ⓑ 볼트

ⓒ 와트

ⓓ 암페어, 볼트, 와트

ⓔ 이 중 어느 것도 아니다.

답: 전기 지레

정답은 ⓒ입니다. 변압기는 전력의 공급원이 아니라 수동적인 장치입니다. 들어간 것보다 많은 전력이 나올 수는 없습니다. 완벽한 변압기라면 들어간 모든 전력이 다시 나오게 됩니다. 완벽하지 않다면 전력의 일부가 열에너지로 전환됩니다. 전력을 측정하는 단위는 와트입니다. 따라서 완벽한 변압기에서는 들어간 것과 같은 전력량이 나오게 됩니다.

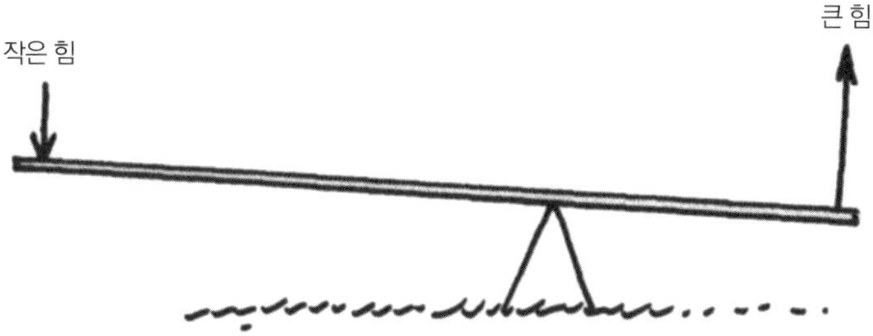

변압기는 지레와 매우 비슷합니다. 지레는 동력 공급원이 아니므로, 지렛대의 한쪽 끝에서 나오는 일률은 다른 쪽으로 들어간 일률과 같습니다. 지레는 빠르게 움직이는 작은 힘을 천천히 움직이는 큰 힘으로(또는 그 역으로도) 전환할 수 있습니다. 이와 비슷하게 변압기는 큰 전류를 만드는 작은 전압을, 작은 전류를 만드는 큰 전압으로(또는 그 역으로) 전환할 수 있습니다.

잘못 사용된 변압기

큰 배터리가 변압기를 통해 전등에 연결되어 있습니다. 그러나 배터리에 스위치가 연결되어 전류의 흐름을 조절합니다. 다음 보기 중 옳은 내용은 하나뿐입니다. 어느 것일까요?

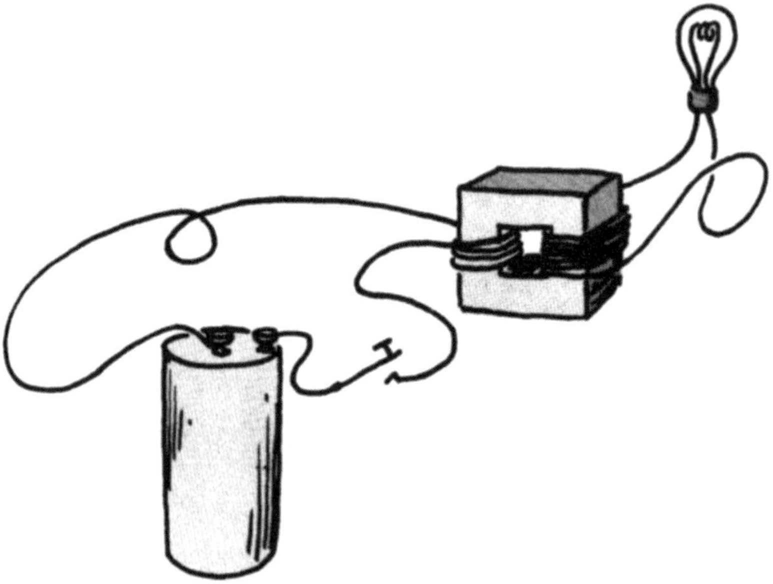

ⓐ 스위치가 닫혀 있는 동안 전등에 불이 들어온다.

ⓑ 이런 연결로는 전등에 절대 불이 들어오지 않는다.

ⓒ 스위치가 닫힐 때만 순간적으로 전등에 불이 들어온다.

ⓓ 스위치가 열릴 때만 순간적으로 전등에 불이 들어온다.

ⓔ 스위치가 닫힐 때 전구에 순간적으로 불이 들어오고, 스위치가 열릴 때 다시 순간적으로 불이 들어온다.

답: 잘못 사용된 변압기

정답은 ⓔ입니다. 이 변압기는 분명히 잘못 사용되었습니다. 변압기는 교류에서만 사용해야 하는데, 배터리에서는 직류만 나오기 때문입니다. 그렇다면 어떻게 된 것일까요? 변압기에서의 일정한 전류는 변압기의 철 내부에 일정한 자기장을 형성합니다. 이 자기장은 전등에 연결된 코일을 지나갑니다. 그러나 이 자기장이 어떻게든 출렁이거나 변화하지 않는다면 2차 코일에는 전류가 유도되지 않습니다. 스위치가 닫히면, 전류가 1차 코일로 밀어닥치게 되고 철에 자기장이 형성됩니다. 증가하는 자기장은 2차 코일과 전등에 전류를 유도합니다. 자기장이 더 이상 증가하지 않게 되면 더 이상 변화하지 않으므로 전등을 통과하는 전류가 더 이상 유도되지 않습니다. 스위치가 열리면(그래서 배터리와 분리되면), 1차 코일의 전류가 줄어들게 되고 마찬가지로 자기장도 줄어들게 됩니다. 자기장이 줄어든다는 것은 자기장이 변화하는 것이므로 전등에 전류가 다시 흐릅니다. 그러나 이번에는 반대 방향으로 흐릅니다. 그러나 전등은 전류가 흐르는 방향과는 관계없이 전류의 크기가 충분하면 불이 들어옵니다(LED는 전류의 방향이 중요합니다: 옮긴이).

도청

그림에서처럼 전화선을 분리시켜 이 선을 헤드폰이 연결된 전선 고리 옆에 두면 전화 내용을 도청할 수 있다고 생각하는 사람들이 있습니다. 물론 각 전선들은 서로 절연되어 있습니다. 실제 이런 식의 도청이 가능할까요?

ⓐ 가능하다.　　ⓑ 가능하지 않다.

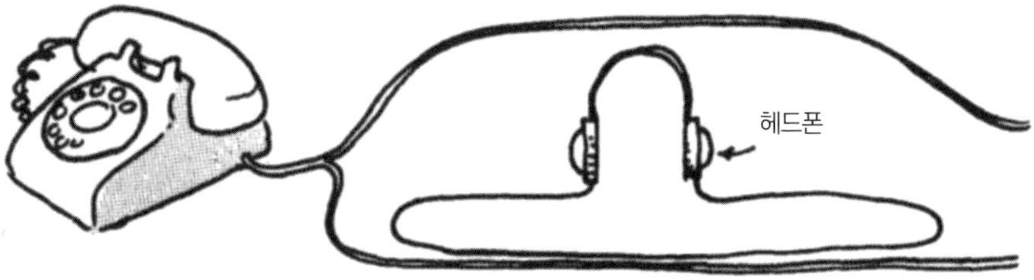

답: 도청

정답은 ⓐ입니다. 이것은 전화를 도청하는 매우 오래된 방법입니다. 전화선이든 어느 전선이든, 전류가 흐르면 전류 주위에 고리 모양의 자기장이 형성된다는 사실을 우리는 이미 알고 있습니다. 도청선을 근처에 두면 이 자기장은 도청선의 주변도 고리 모양으로 감싸게 됩니다. 통화하는 목소리의 진동수에 따라 전화선의 전류가 변화하게 되면, 자기장도 변하고 도청선의 닫힌 고리에 영향을 미쳐 도청선에 전류를 유도하게 됩니다.

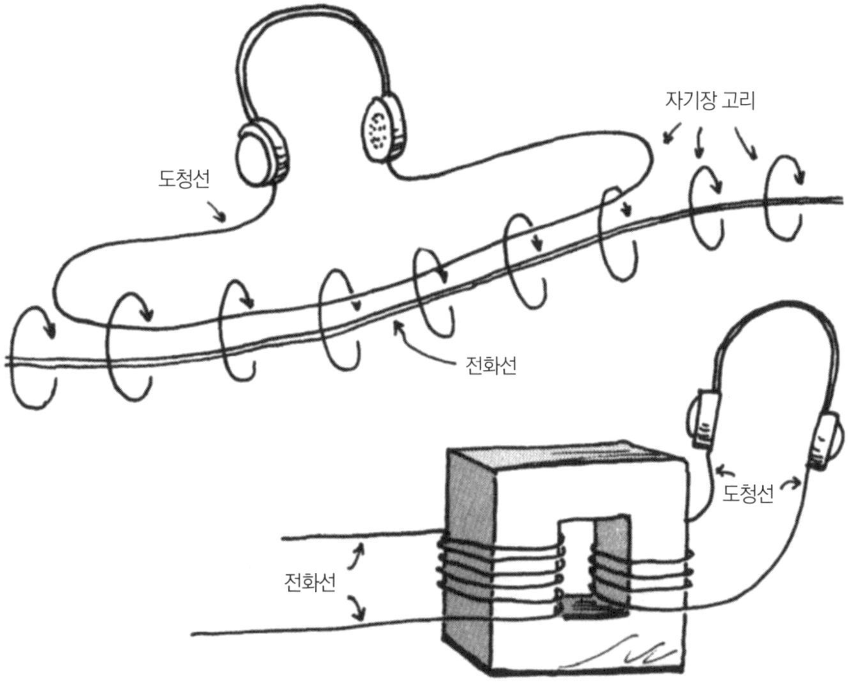

전화선을 변압기의 1차 코일로, 도청선을 2차 코일로 생각할 수도 있습니다. 이 도청 장치는 변압기처럼 전선을 철 덩어리에 감아 놓으면 더욱 잘 작동할 것입니다.

유령 신호

패러데이의 법칙은 전선 고리를 통과하는 자기장이 변하면 (점점 강해지거나 약해지거나) 전선 고리에 전류가 흐르게 된다는 것입니다. 전신 회로는 고리를 이룹니다. 전류가 전선을 통해 발신자로부터 수신자에게 흘러가면, 다시 지구를 통해 수신자로부터 발신자에게 돌아옵니다. 100여 년 전에, 세계에서 가장 큰 고리인 대서양 횡단 케이블이 완성되었습니다. 이 케이블에서는 메시지가 전달될 때나 그렇지 않을 때에나, 이따금 이상한 '유령 신호'가 들렸습니다. 정밀 조사 결과 이 신호는 다음과 같은 사실 때문에 일어난다는 것이 밝혀졌습니다. 이 사실은 무엇일까요?

ⓐ 케이블에서 일어난 열적 변화

ⓑ 지구 전기장의 변동

ⓒ 지구 자기장의 변동

ⓓ 철선

ⓔ 유령

답: 유령 신호

정답은 ©입니다. 지구의 자기장은 완전히 정적인 상태가 아니라 자주 요동칩니다. 이런 요동은 **자기 폭풍**이라 불리기도 할 정도로 충분히 클 때도 있습니다(태양에서도 자기 폭풍이 발생합니다). 전신 케이블과 지구가 연결되어 만들어진 이 닫힌 고리 선에 이렇게 자기장의 세기가 변하게 되면 유령 신호라고 여겨지는 전류가 유도됩니다. 전신 키를 누를 때만 고리가 닫히기 때문에, 키가 눌리지 않았을 때 고리에는 유령 신호 전류가 흐르지 않아야 할 것처럼 보입니다. 그러나 이상하게도 키가 열려 있을 때도 유령 신호가 들렸습니다. 대서양 횡단 케이블이 너무 길어, 키가 열려 있어도 작은 양의 전류가 열린 고리의 앞뒤로 흐를 수 있습니다.

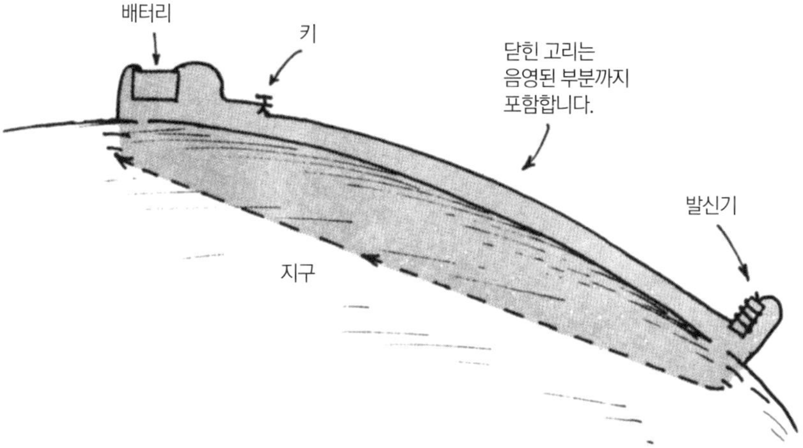

전하는 열린 고리의 주위에서 앞뒤로 휙휙 움직이며 케이블의 양쪽 끝에 모입니다. 케이블의 길이가 전기 저장 용량, 즉 전기 용량을 제공하며, 이러한 전하의 축적을 가능하게 해 줍니다. 당시에 이것은 신기한 발견이었습니다. 대서양을 횡단하는 케이블의 구상은 그 당시로서는 달 탐사 계획만큼 획기적인 것이었습니다.

밀어 넣기

그림처럼 전구가 굵은 전선으로 교류 전원에 연결되어 있습니다.

전선 코일에 철 조각을 끼워 넣으면, 불빛은 어떻게 될까요?

ⓐ 밝아진다.
ⓑ 어두워진다.
ⓒ 변하지 않는다.

답: 밀어 넣기

정답은 ⓑ입니다. 코일과 전구는 직렬로 연결되어 있습니다. 따라서 직렬회로에서의 총 전압 강하는 코일에서의 전압 강하에 전구에서의 전압 강하를 더한 값이며, 이것은 벽의 콘센트에 의해 공급된 퍼텐셜 차인 220V와 같아야 합니다. 따라서 220V의 전압 강하 중 일부는 코일에서, 나머지는 전구에서 일어납니다. 코일에서 큰 전압 강하가 있으면, 전구에서는 작은 전압 강하가 남게 됩니다. 전구에서 작은 전압 강하가 있다면 불빛은 어두워집니다. 무엇이 코일에서 전압 강하를 일으킬까요? 코일 전압 강하의 일부는 저항에서 온 것이지만, 코일이 굵은 전선으로 만들어졌으므로 저항에 의한 전압 강하는 작습니다. 코일에서 전압 강하의 주된 요인은 코일 속에서 변하는 자기장입니다. 1초당 자기장의 변화가 크면 클수록 코일에 걸리는 전압은 커집니다. 1초당 자기장의 변화를 결정하는 것은 무엇일까요? 여기에는 두 가지가 있는데, 자기장이 최대일 때 **얼마나 강한지**와 그것이 **얼마나 빨리 변하는가**입니다. 하지만 자기장의 변화 속도는 바꿀 수가 없습니다. 이것은 전력 회사에 의해 결정됩니다. 전력 회사가 공급하는 전압은 1초에 60회씩 진동하므로, 전선의 전류는 초당 60회 진동하고 그 전류가 만드는 자기장 또한 초당 60번 진동합니다.

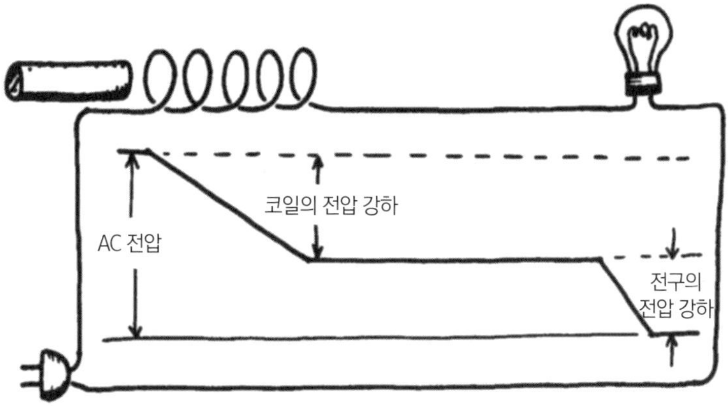

그러나 자기장의 **세기**는 변화시킬 수 있습니다. 어떻게 할 수 있을까요? 코일 속에 쇳조각을 집어넣음으로써 가능합니다. 코일의 자기장과 같은 방향으로 정렬하는 철의 자기 '구역' 때문에, 철은 자기장을 더 강하게 만듭니다. 이것은 60분의 1초마다 변하는 자기장이 더 많이 있다는 것을 의미합니다. 곧 코일에 더 많은 전압이 있다는 뜻이며, 전구에는 더 적은 전압이 남아 있게 되고, **따라서** 전구의 불빛이 어두워집니다. 예전에는 이런 방식으로 작동하는 조광기도 있었습니다.

변하는 자기장의 변화에 의해 코일에 생성된 전압은 항상 전류의 변화에 저항하는 방향으로 생겨납니다. 따라서 변하는 전류는 자신의 변화에 저항합니다('자기유도 저항'이라고 합니다). 변화에 대한 이러한 저항('전기적 관성')이 자기장과 코일로 하여금 불빛을 어둡게만 한다고 생각하는 사람도 있습니다. 그러나 사실과 다릅니다. 전류는 진동합니다. 다시 말해 증가와 감소를 반복합니다. 전류가 증가하는 동안 '전기적 관성'이 전류를 방해하여 불빛을 어둡게 한다면, 같은 '전기적 관성'은 전류가 감소하는 동안에는 전류의 변화를 방해하므로 불빛을 밝게 합니다. 따라서 이 두 가지 효과는 완전하게 서로 상쇄됩니다(사람의 눈은 60Hz의 변화를 감지하지 못하므로 결국 그 평균 밝기를 봅니다: 옮긴이).

다시, 밀어 넣기

이번 문제는 꽤나 속기 쉽습니다. 전선으로 된 코일 속에 철 조각을 밀어 넣으면 불빛은 어떻게 될까요?

ⓐ 더 밝아진다.

ⓑ 더 어두워진다.

ⓒ 전후의 밝기가 같다.

답: 다시, 밀어 넣기

정답은 ⓒ입니다. 우리는 이와 비슷한 문제를 이미 앞의 문제에서 고민했고, 정답은 빛이 어두워지는 것이었습니다. 이번 문제에서 다시 철 조각을 밀어 넣었는데, 정답은 불빛에 아무런 변화가 없다는 것입니다. 무슨 속임수가 있는 것일까요?

'밀어 넣기' 문제의 경우 공급된 전력은 60Hz의 **교류**였습니다. '다시, 밀어 넣기' 문제의 경우 공급된 전력은 배터리이며, 배터리는 **직류**를 생성합니다. 직류는 변하는 자기장을 생성하지 않으며, **변하는** 자기장은 코일에서의 전압 강하에 필수적입니다.

따라서 철 조각을 밀어 넣는 것이 전구의 불빛에 전혀 영향을 끼치지 않는 것일까요? 그렇지는 않습니다. 처음에 철 조각이 들어갈 때 철이 자화되면서 이에 필요한 에너지를 가져가므로 빛은 순간적으로 어두워집니다. 반대로, 철을 바깥으로 빼낼 때 빛이 순간적으로 밝아집니다. 그러나 이런 변화들은 철이 움직이는 **동안에만** 일어납니다. **철이 코일 속에 놓인 이후에** 불빛은 아무런 영향도 받지 않습니다. 움직이지 않는 철심은 빛의 밝기에 아무런 영향도 끼치지 않습니다.

덧붙이자면, 철 조각을 코일에 실제로 밀어 넣을 필요가 없습니다. 철 조각은 코일 속으로 '빨려' 들어갑니다. 왜 그럴까요? 대략적으로 말하자면, 코일은 전자석이고 자석은 철을 '매우 좋아'하기 때문이지요.

모든 것이 가능할까요?

대전된 물체는 있지만 전기장은 없는 그런 미지의 우주가 가능할까요?

ⓐ 가능하다. 그런 우주는 존재할 수 있다.

ⓑ 가능하지 않다. 그런 우주는 절대로 존재할 수 없다.

답: 모든 것이 가능할까요?

정답은 ⓑ입니다. 모든 것이 가능한 것은 아닙니다. 특히 전기장을 갖지 않는 대전된 물체는 있을 수 없습니다. 대전된 물체를 감지할 수 있는 유일한 방법은 그 물체의 전기장에 의해서입니다. 예를 들어, 대전되지 않은 물체는 '흰색', 대전된 물체는 '빨강' 또는 '녹색' 이런 식으로 눈을 통해 볼 수는 없습니다. 이것은 단지 느낄 수 있을 뿐이고, 대전체 주위의 전기장을 느끼는 것입니다. 만약 대전체의 장이 없다면 대전체의 존재를 감지할 수 있는 방법은 없습니다. 대전체의 전하에 의해 벌어지는 모든 일들은 장을 통해 이루어지기 때문입니다. 어떤 물리학자들은 전하를 단지 전기장의 선이 나오는 혹은 발산하는 곳으로 간주합니다(양전하의 경우 그렇습니다: 옮긴이). 이런 관점은 맥스웰의 유명한 네 개의 장방정식들 중 첫 번째 방정식에 나타나 있습니다.● 이 방정식은 단지 전기장의 발산은 전하와 같다는 것을 나타냅니다. 대수적으로, Div E=q입니다. 이때, Div는 발산(Divergence)이고 E는 전기장(Electric field)이며 q는 전하입니다. q가 음전하인 경우는 어떻게 될까요? 그렇다면 장의 발산이 음이 될까요? 그렇습니다. 그런데 음의 발산이란 무엇일까요? 음의 발산은 수렴입니다. 음전하 주위의 전기장을 이미지로 나타내려면, 그림처럼 양전하 주위의 전기장을 반대로 하면 됩니다.

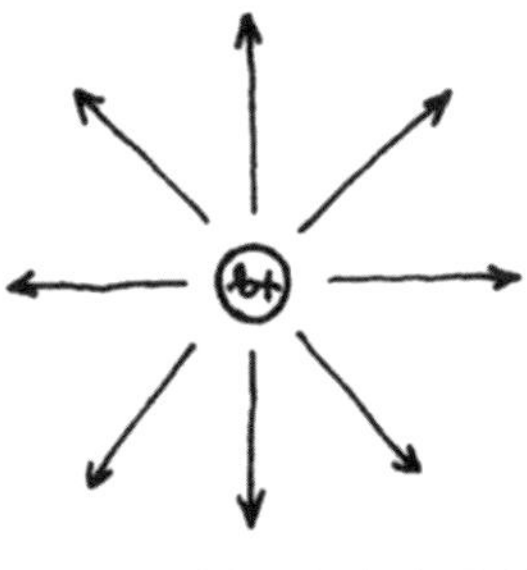

발산

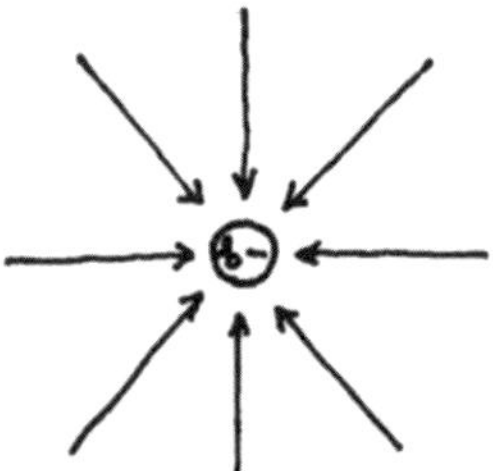

수렴

● 전자기를 공부한 학생들은 네 개의 근본적인 전자기장 방정식, 이른바 맥스웰 방정식을 잘 알고 있습니다. 이 방정식은 제임스 클러크 맥스웰의 이름을 따서 명명되었습니다. 맥스웰은 19세기에 전기장과 자기장 그리고 전하, 전류와의 상호작용에 대해 기술하는 모든 법칙과 방정식을 모아 맥스웰 방정식이라는 하나의 통합된 체계로 묶어 냈습니다.

전자기의 핵심

패러데이의 전자기유도 법칙은 도체 고리 내부의 자기장의 시간에 따른 변화가 전압과 그로 인한 전류를 유도한다는 것을 말해 줍니다. 맥스웰은 이를 변화하는 자기장이 전기장을 유도한다며 장의 개념으로 표현했습니다. 그렇다면 그 역 또한 참일까요? 즉 변화하는 전기장은 자기장을 유도할까요?

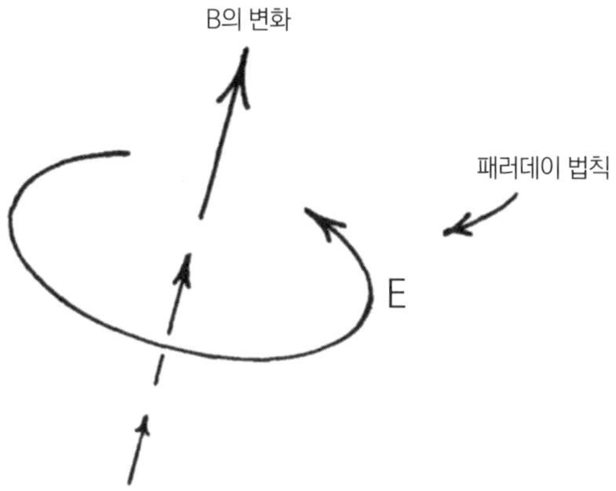

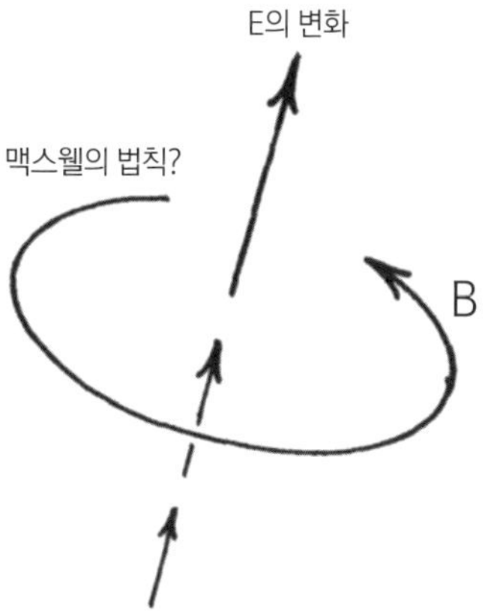

ⓐ 그렇다! 항상 성립한다.

ⓑ 그렇다. 하지만 항상 그렇지는 않다.

ⓒ 아니다. 그럴 수도 없고 그렇지도 않다.

답: 전자기의 핵심

정답은 ⓐ입니다. 이 이중성은 근본적으로 전자기 이론의 진정한 핵심입니다. 이것은 바로 전기장이나 자기장이 우주에 한번 도입되기만 하면, 사라지지 않고 어디에선가 영원히 존재하게 됨을 의미합니다. 왜냐하면 전기적으로 대전된 물체를 방전시켜 물체 주위의 전기장을 없애는 경우든 자석을 부수어서 자석 주위의 자기장을 없애는 경우든, 하나의 장이 소멸하면 다른 종류의 장이 새로 생겨나기 때문입니다. 다시 말해 전기장이 소멸하면 자기장이, 자기장이 소멸하면 전기장이 생깁니다. 소멸하는 장은 **변화하는 장**이므로 반드시 다른 종류의 장을 새로 만들어야 합니다.

위와 같은 현상은 계속해서 영원히 진행됩니다. 붕괴하는 전기장은 자기장을 만들고, 붕괴하는 자기장은 전기장을 만듭니다. 전기장이 다시 태어나는 것입니다. 이러한 영원한 운동은 전파, 빛, 그리고 X선이 진행하는 과정입니다(전자기파가 매질 없이 진행할 수 있는 것도 서로가 서로를 진동시키며 진행하기 때문입니다: 옮긴이).

파동은 나아가고 또 나아갑니다. 비록 방송국이 오랫동안 방송을 중단하고, 촛불이 오랫동안 꺼져 있고, 방사선 실험실이 오랫동안 닫혀 있더라도, 파동은 끊임없이 나아갑니다. **결코 멈추지 말라**는 마지막 명령에 충실합니다.

무엇을 둘러싼 고리일까요?

자기장 선이 둥글게 돌아 꼬리를 물고 고리가 되었습니다. 이 자기장 고리를 통과하는 것은 무엇일까요?

ⓐ 전기장 선

ⓑ 전류

ⓒ 변하는 전기장 선

ⓓ 전류나 변하는 전기장 선 혹은 둘 다

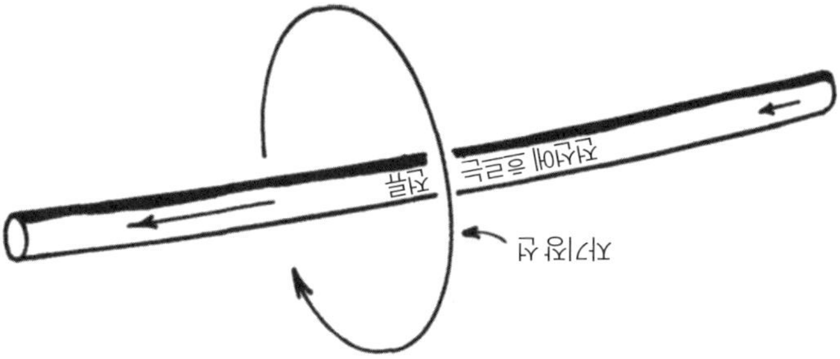

답: 무엇을 둘러싼 고리일까요?

정답은 ⓓ입니다. 나폴레옹 시대에는 전류가 흐르는 전선 주위를 자기장이 둘러싸고 있다고 알려져 있었습니다.

그러나 미국 남북전쟁 때쯤엔 자기장이 다른 방법으로도 만들어질 수 있다는 사실이 (영국에서) 밝혀졌습니다. 이것은 바로 앞에서 다룬 '전자기의 핵심' 문제의 본질로, **변하는** 전기장 또한 자기장을 만든다는 것입니다. 만약 전기장이 강해지면 자기장이 전기장 주위를 감싸며 돌고, 반대로 전기장이 약해지면 자기장이 반대 방향으로 전기장 주위를 감싸며 돕니다. 만약 전기장이 변하지 않고 일정하다면 어떠한 자기장도 형성되지 않습니다.

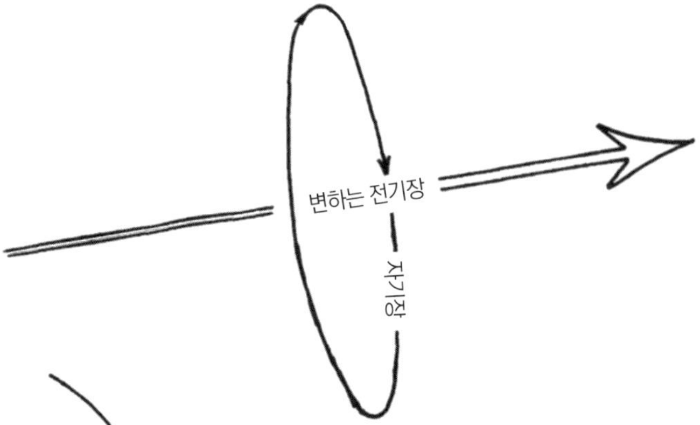

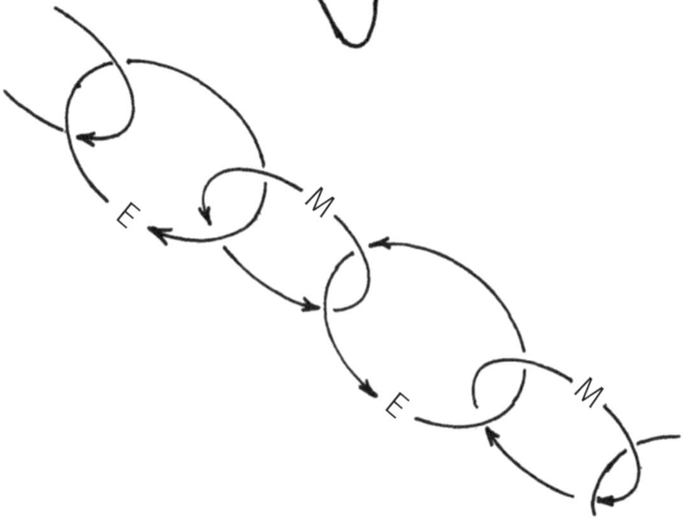

이것은 꽤나 변압기를 연상시킵니다. 변압기에서 변하는 자기장은 그 자기장 주위를 도는 전기장을 유도합니다. 이제 우리는 전기장처럼, 변하는 전기장도 그 전기장 주위를 도는 자기장을 유도하는 것을 배웠습니다. 하나의 장이 소멸하면 다른 하나의 새로운 장이 생성되므로, 서로를 에워싸는 전기장과 자기장의 사슬이 만들어집니다. 다만, 전기장과 자기장 모두 **변하는** 장이어야 합니다. 따라서 이 사슬은 정적인 사슬이 아니고, 가만히 있을 수 없는 사슬입니다.

마음의 눈

전기장은 있지만 대전체는 없는 우주가 존재한다는 걸 믿을 수 있나요?

ⓐ 그렇다. 믿을 수 있다.　　　　ⓑ 아니다. 믿을 수 없다.

답: 마음의 눈

정답은 ⓐ입니다. 물론 그런 우주에 대한 지식을 직접 얻은 사람은 아무도 없을 것입니다. 그렇지만 마음의 눈으로 추론해 볼 수는 있습니다. 이것을 보는 방법에는 여러 가지가 있습니다. '전자기의 핵심' 문제에서 보았듯이 자기장이 증가하거나 감소하면 변하는 자기장 주위에 전기장의 회전이 생성되고, 전기장이 증가하거나 감소하면 변하는 전기장 주위에 자기장의 회전이 생성됩니다. 한 종류의 붕괴 또는 소멸하는 장은 반대 종류의 장을 유도합니다. 이렇게 하나가 다른 것으로 전달되는 과정이 계속적으로 일어납니다. 이 반복된 전달을 전자기파라 부릅니다. 전자기파는 일단 만들어지면 스스로를 유지합니다. 즉, 첫 번째 전기장을 만들어 이 모든 것을 시작한 원래의 전하에 전혀 상관없이 존재하도록 합니다. 라디오 송신기가 작동하지 않거나 별이 일생을 마감하더라도, 일단 라디오 신호든 별빛이든 전자기장이 만들어졌다면, 전자기장은 라디오나 별의 운명에 상관없이 수백만 년 동안 진행할 것입니다. 또 다른 방법은 우주에 퍼져 있는 대전체의 전기장을 생각해 보는 것입니다. 대전체가 전기적 중성이 된다면 전기장은 사라져야 합니다. 그러나 물체가 중성이 되었다는 정보는 우주 모든 공간에 곧바로 퍼질 수는 없습니다. 정보는 물체로부터 광속으로 퍼져 나갑니다. 따라서 비록 전하가 사라지더라도, 이 전하에 의해 형성된 전기장은 정보가 아직 도달하지 못한 우주의 먼 곳에서는 그대로 남아 있어야 합니다. ['미영전쟁'이 끝난 후에도 '뉴올리언스 전투'가 계속되었습니다. 전쟁이 **끝났다**는 정보가 루이지애나 늪지대에는 아직 도착하지 않았기 때문입니다(즉, 정보의 전달에는 언제나 시간이 걸립니다: 옮긴이).]

'모든 것이 가능할까요?' 문제에서 모든 것이 가능하지는 않다고 결론 내린 바 있습니다. 특히 전기장을 갖지 않는 대전체는 불가능합니다. 그러나 이제 대전체가 없이도 전기장이 존재할 수 있다는 것을 알게 되었습니다. 분명한 것은 전기장이 전하보다 더 근본적이라는 것입니다. 얼마나 이상한 일인가요? 사람들은 전하는 실재하는 것이고 전기장은 단지 추상적인 것으로 생각했는데, 이제는 뒤바꿔 생각해야 한다니요!

변위 전류

그림처럼 반대 부호로 대전된 두 개의 판[이와 같은 배열은 축전기입니다]이 전선으로 연결되어 있고, 그 바로 아래 나침반이 놓여 있습니다. 스위치가 닫히면 두 판은 전선을 통해 방전을 하게 되어, 전선에 순간적으로 전류가 흐르게 됩니다. 이때 나침반이 어쨌든 어떠한 영향을 받을 것으로 예상되는데, 과연 그럴까요?

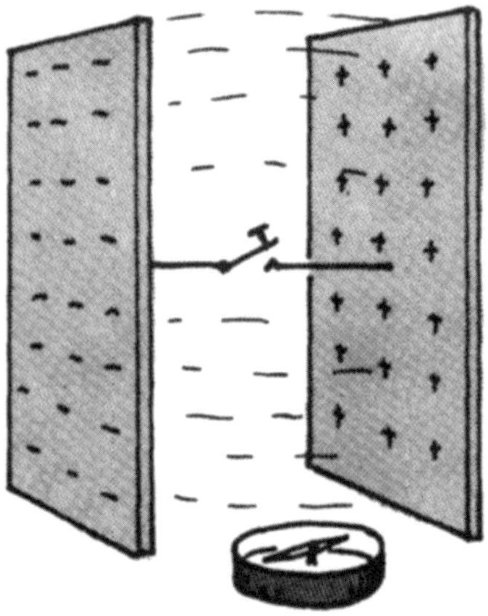

ⓐ 그렇다. 나침반은 영향을 받을 것이다.

ⓑ 아니다. 나침반은 영향을 받지 않을 것이다.

답: 변위 전류

정답은 ⓑ입니다. 판이 방전되며 전선에 전류가 흐르게 되고, 이 전류가 전선 주위에 자기장을 형성하여 그 자기장이 나침반에 영향을 끼칠 것이라 생각했는지도 모릅니다. 그러나 판 사이에는 소멸하는 전기장 또한 존재합니다. 소멸하는 전기장은 변화하는 전기장이고, 변화하는 전기장은 전류처럼 그 주위에 자기장을 생성합니다. 소멸하는 전기장의 자기 효과는 전류의 자기 효과와는 완전히 반대입니다. 따라서 이 둘은 서로 상쇄됩니다.

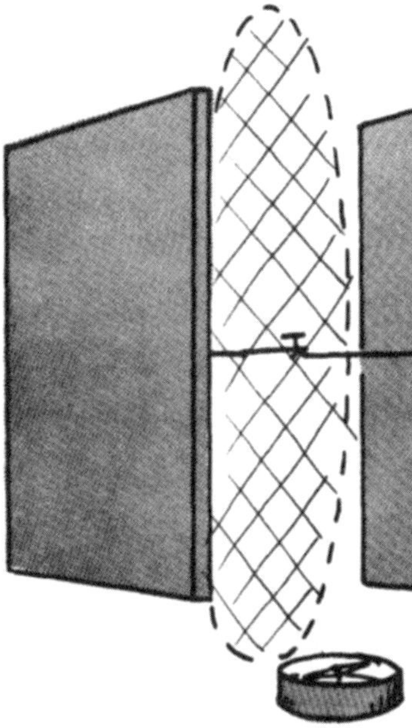

변하는 전기장은 변위 전류라고 불립니다. 이 이름은 빈 우주 공간에 진공 대신 '에테르'라는 물질이 차 있다고 생각하던 시절에, 에테르의 변형 또는 변위가 전기장이라고 생각했던 데에서 유래했습니다.

X선

TV 진공관에 있는 전자빔은 관의 앞면에 부딪쳐 정지하면서 X선을 방출합니다. 이 X선의 대부분은 어떻게 될까요?

ⓐ 전자빔과 같은 방향으로, 앞으로 움직인다.

ⓑ 전자빔과 수직으로, 옆으로 움직인다.

ⓒ 전자빔과 반대로, 뒤로 움직인다.

ⓓ 모든 방향으로 똑같이 움직인다.

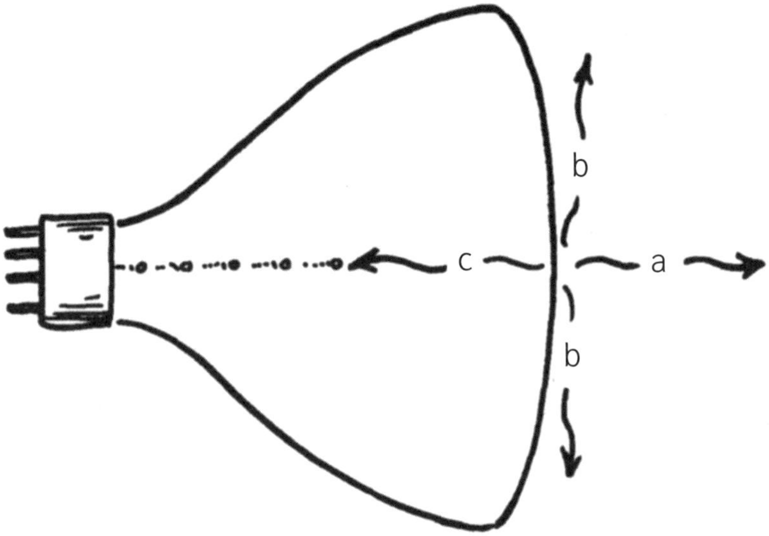

답: X선

정답은 ⓑ입니다.

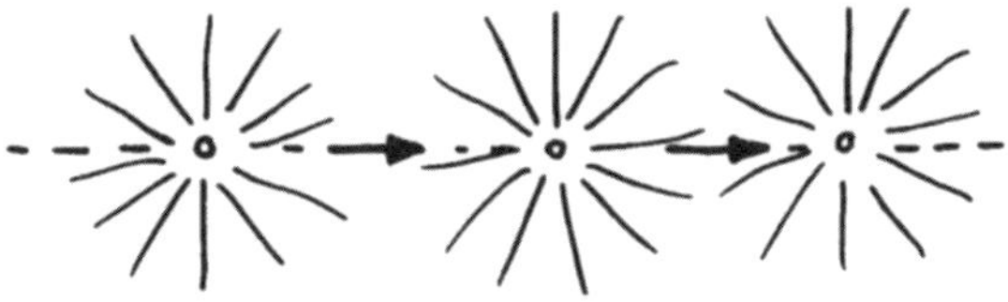

전자는 전기장에 의해 둘러싸여 있습니다. 옆 그림에서처럼 전자가 이동할 때 전자와 함께 전기장도 따라 움직입니다. 전기장은 무한히 퍼져나갑니다.

만약 전자가 갑자기 멈춘다고 해도 모든 **전기장**이 갑자기 멈출 수는 없습니다. 전자에 가까운 장의 일부가 먼저 정지하지만, 멀리 떨어진 부분은 전자가 정지했다는 것을 아직 알지 못하므로 마치 전자가 정지하지 않은 것처럼 계속 움직입니다. 이와 같은 방법으로 전기장의 '비틀림'이 생겨납니다. 그 비틀림은 전기장 선을 따라 나아갑니다. 이 전기장 비틀림이 바로 X선 펄스 혹은 파동입니다.

아래 그림은 전자가 TV 진공관의 앞면 A 지점에 부딪쳐 정지할 때 일어나는 일을 보여줍니다. 전자가 정지했다는 정보는 전자로부터 멀리 떨어진 부분의 전기장에 전달되지 않아, 멀리 떨어진 부분의 전기장은 마치 B에서 퍼져나온 것처럼 보입니다. 정지 정보가 점선으로 된 원의 안쪽까지만 전달되었다면(실제는 3차원으로 구: 옮긴이), 이 원에서 장의 비틀림을 찾을 수 있습니다. 기하학적으로, 전자빔의 진행 방향의 옆쪽에서 가장 큰 비틀림이 나타나고 앞뒤로는 비틀림이 없다는 것을 알 수 있습니다.

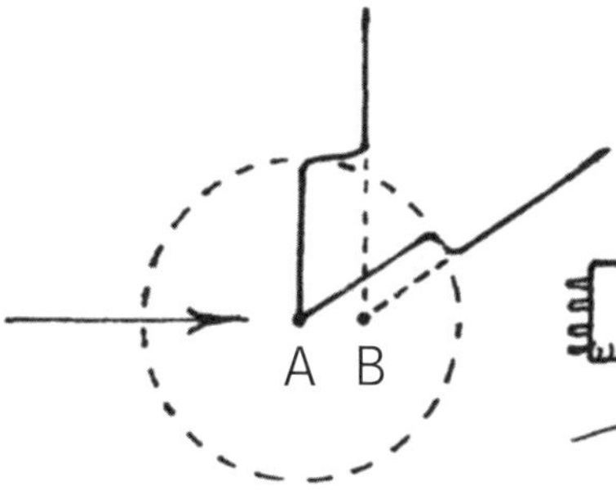

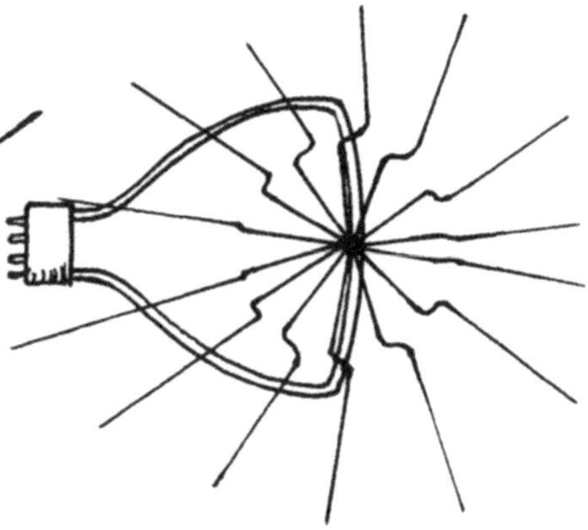

X선이 전자빔의 옆쪽으로 진행하기 때문에 진공관은 X선이 그 옆면에서 나오도록 제작됩니다. 전자를 멈추게 하는 물체를 표적이라고 부릅니다. 표적은 더 많은 X선을 한쪽으로 보내기 위해 약간 기울어져 있습니다. (처음에 전자가 표적으로 달려가는 이유는 표적은 양극이고 전자가 나오는 곳은 음극이기 때문입니다.)

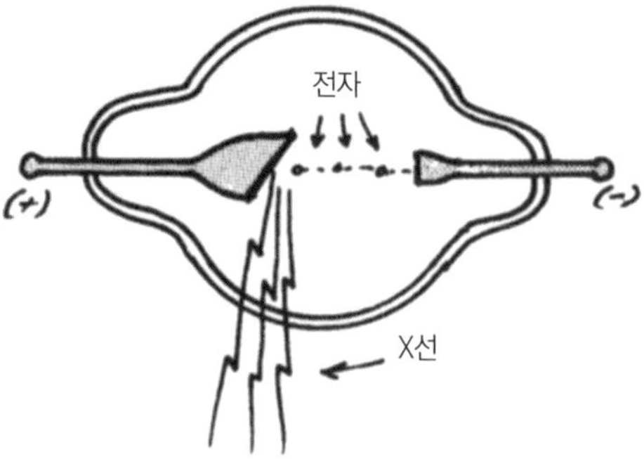

X선이 어떻게 발생하는지 시각화할 수 있다면, 전파가 어떻게 만들어지는지도 시각화할 수 있습니다. 전파는 안테나라 불리는 전선에서 전자를 위아래로 움직임으로써 만들어집니다. 전자가 왕복하는 이 운동은 부드럽고 연속적이며 X선 경우와 같은 갑작스런 정지를 하지 않습니다.

전선에서 전자가 위아래로 움직임에 따라 전자 주위의 전기장도 함께 움직이게 되고, 전자로부터 멀리 떨어진 부분의 전기장은 뒤늦게 따라 움직이게 됩니다.

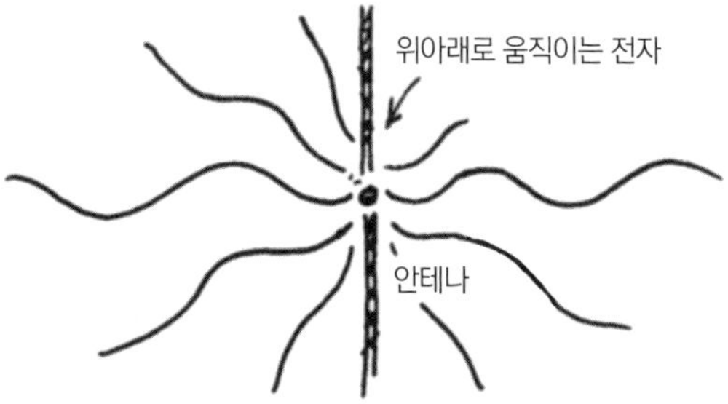

이것은 마치 손으로 밧줄을 위아래로 흔드는 것과 같습니다. 여기서 손은 전자이고 밧줄은 전기장을 비유합니다. 줄파동이 밧줄을 따라 이동하는 것처럼 전파는 전기장을 따라 이동합니다. (줄은 매질이지만 전자기파는 매질 없이 전기장, 자기장이 서로를 진동시키며 이동하는 현상입니다: 옮긴이) 파동의 속력은 밧줄의 장력의 크기에 따라 결정되고 진동수는 손을 얼마나 흔드는가 하는 빈도에 따라 결정됩니다. 전파의 경우 파의 속력은 광속입니다. 빛이든 X선이든 또는 전파든 관계없이 진행 속력은 광속입니다. 이들 파동의 차이점은 전자가 어떻게 움직이는가에 전적으로 달려 있습니다.

싱크로트론 복사

전자가 빠른 속력으로 원 주위를 계속해서 돌고 있다면 전자가 방출하는 것은 무엇인가요?

ⓐ 편광된 빛

ⓑ 흑체복사

ⓒ 전혀 복사가 없다.

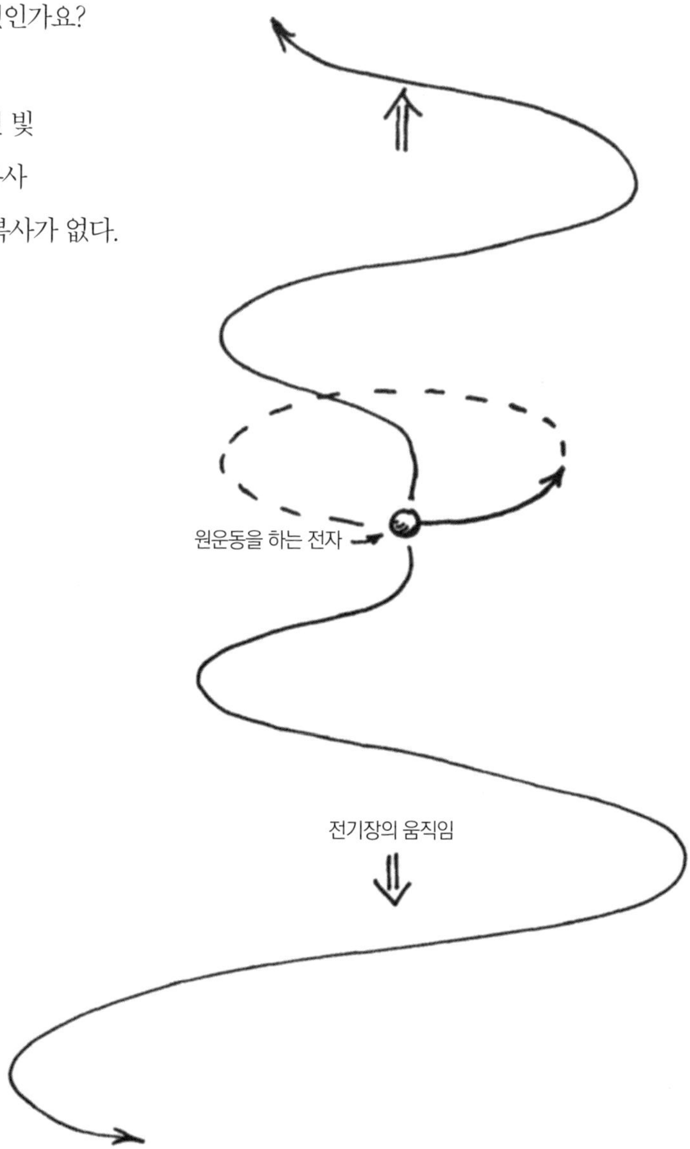

답: 싱크로트론 복사

정답은 ⓐ입니다. 가시광선은 물론이고 강한 X선 복사가 일어나도록 하는 기계 장치를 싱크로트론이라 부릅니다. 이는 전자들을 자기장 속에 가둬 원운동 시키는 장치입니다. 전자가 원운동을 함에 따라 전자의 전기장 선은 앞뒤로 재빨리 힘차게 움직입니다. 움직이는 전기장선은 사실 복사파입니다. 이 파동은 그림 I과 같이 전자가 그리는 원을 포함하는 평면 위에서 앞뒤로 진동하지만, 그림 II처럼 평면을 뚫으며 위아래로 진동할 수는 없습니다.

이와 같이 한쪽 방향으로 진동하는 파동은 그쪽 방향으로 '편광'되었다고 합니다. 이 파동은 전자의 원운동과 같은 진동수로 진동하므로(비록 상대론적 효과로 약간 복잡해지긴 하지만), 싱크로트론 복사는 여러 진동수가 뒤섞여 있는 흑체복사와는 근본적으로 다릅니다.

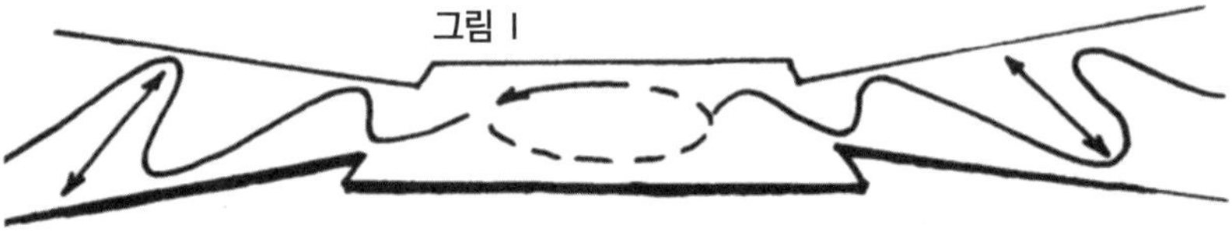

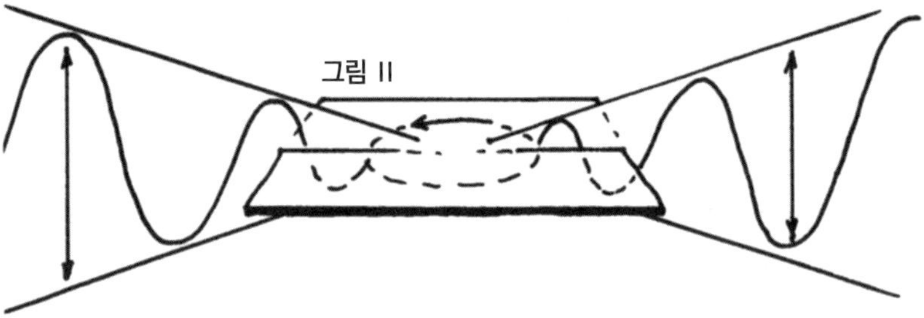

또 은하수나 펄사, 혹은 지구(밴앨런대)의 자기장에 갇혀 있는 전자들은 매우 낮은 진동수를 갖는 싱크로트론 복사를 합니다.

보충 문제

본문에서 다룬 문제들과 유사한 다음 문제들을 스스로 풀어 보세요. 물리적으로 생각하는 것을 잊지 마시기 바랍니다. (정답과 해설은 없습니다.)

1. 엄밀하게 말해 어떤 물체가 양전하를 띠게 되면 그것의 질량은 어떻게 될까요?
   ⓐ 증가한다. ⓑ 감소한다. ⓒ 변하지 않는다.

2. 두 개의 자유전자가 정지 상태로 서로 가깝게 놓여 있을 때 서로에게 작용하는 힘은 어떨까요?
   ⓐ 전자들이 움직임에 따라 증가할 것이다.
   ⓑ 전자들이 움직임에 따라 감소할 것이다.
   ⓒ 전자들의 움직임에 관계없이 일정할 것이다.

3. 대전되지 않은 구리 공 내부의 전기장은 0입니다. 공 위에 음전하가 하나 놓인다면 공 내부의 전기장은 어떨까요?
   ⓐ 0보다 작다. ⓑ 0이다. ⓒ 0보다 크다.

4. 그림처럼 두 개의 동일한 축전기를 합쳐 하나의 큰 축전기를 만들었습니다. 이때 두 배로 증가하는 것은 무엇일까요?
   ⓐ 전압 ⓑ 전하
   ⓒ 둘 다 ⓓ 둘 다 아니다.

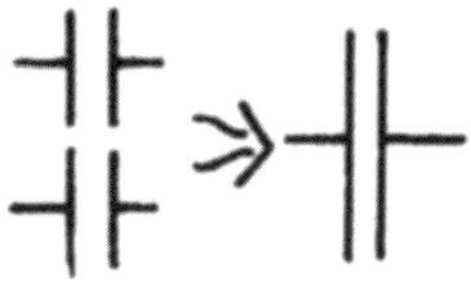

5. 전구와 배터리로 이루어진 전기회로에서 전류는 어떻게 흐를까요?
   ⓐ 배터리로부터 나와 전구로 들어간다.
   ⓑ 배터리와 전구 모두를 통과하여 흐른다.

6. 배터리에 직렬로 연결된 한 쌍의 전구에서 전류의 크기는?

ⓐ 한 개의 전구일 때 흐르는 전류보다 작은 전류가 흐른다.

ⓑ 한 개의 전구일 때 흐르는 전류와 같은 크기의 전류가 흐른다.

ⓒ 한 개의 전구일 때 흐르는 전류보다 큰 전류가 흐른다.

7. 배터리에 병렬로 연결된 한 쌍의 전구에서 전류의 크기는?

ⓐ 한 개의 전구일 때 흐르는 전류보다 작은 전류가 흐른다.

ⓑ 한 개의 전구일 때 흐르는 전류와 같은 크기의 전류가 흐른다.

ⓒ 한 개의 전구일 때 흐르는 전류보다 큰 전류가 흐른다.

8. 어떤 것이 더 굵은 필라멘트를 갖고 있을까요?

ⓐ 40W짜리 전구　ⓑ 100W짜리 전구

9. 120V에 연결된 60W짜리 전구에는 몇 A[암페어]의 전류가 흐를까요?

ⓐ 1/4　ⓑ 1/2　ⓒ 2　ⓓ 4

10. 1980년에 전력회사에서 미국 가정에 공급한 평균 전자의 수는 대략 몇 개일까요?

ⓐ 없다.　ⓑ 110개　ⓒ 셀 수 없다.

11. 초당 1,000번씩 앞뒤로 진동하는 전자가 생성하는 전자기파의 진동수는 몇 Hz일까요?

ⓐ 0Hz　ⓑ 1,000Hz　ⓒ 2,000Hz

12. 다음 중 항상 옳은 것은?

ⓐ 전기장이 존재할 때 전류도 항상 존재한다.

ⓑ 전류가 존재할 때 전기장도 항상 존재한다.

ⓒ 모두 옳다.

ⓓ 모두 틀리다.

13. 움직이는 전하와 상호작용하는 것은 무엇일까요?

ⓐ 자기장 ⓑ 전기장 ⓒ 둘 다 ⓓ 둘 다 아니다.

14. 10회 감긴 코일 속에 자석을 넣으면 코일에 전압이 유도됩니다. 이번에는 20회 감긴 코일 속에 자석을 넣어 보겠습니다. 이때 유도되는 전압은 몇 배일까요?

ⓐ 1/2배 ⓑ 같다 ⓒ 두 배 ⓓ 네 배

15. 변압기는 다음 중 어느 것을 증가시키기 위해 사용될까요?

ⓐ 전압 ⓑ 에너지 ⓒ 전력 ⓓ 모두

ⓔ 어느 것도 아니다.

16. 어떤 사람이 송전선 아래에 있는 집에 그림과 같이 전선을 설치했습니다. 이런 방법으로 집에 전력을 공급할 수 있을까요?

ⓐ 그렇다. ⓑ 아니다.

17. 라디오 송신기는 전자를 안테나에서 위아래로 움직여 전파를 보냅니다. 대부분의 방송파는 어느 방향으로 보내질까요?

ⓐ I

ⓑ II, III

ⓒ IV, V

ⓓ II, III, IV, V

ⓔ I, II, III, IV, V

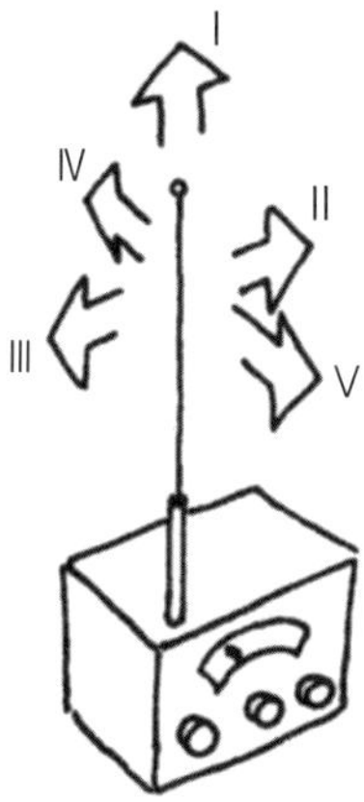

18. 그림처럼 직렬연결된 전구의 수를 늘려 나갈 때 전력 소모는 어떻게 될까요?

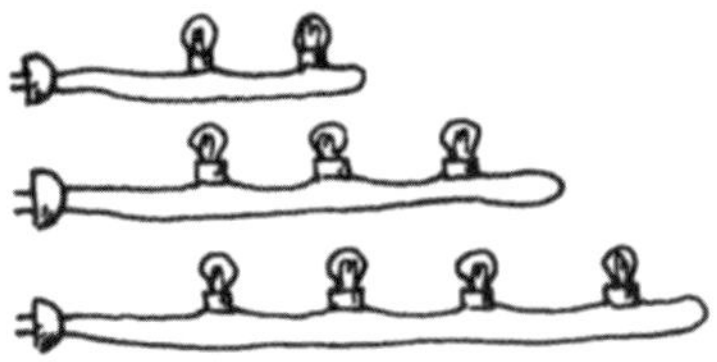

ⓐ 증가한다. ⓑ 감소한다. ⓒ 일정하다.

19. 그림처럼 병렬연결된 전구의 수를 늘려 나갈 때 전력 소모는 어떻게 될까요?

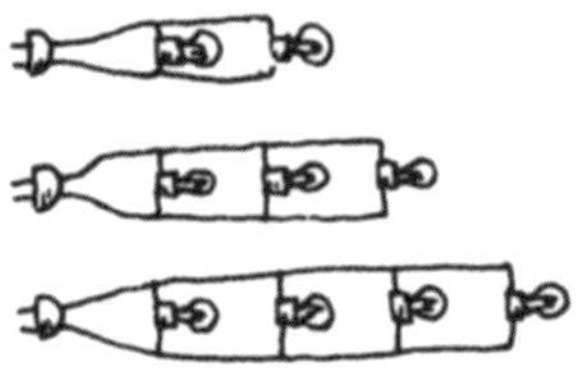

ⓐ 증가한다. ⓑ 감소한다. ⓒ 일정하다.

20. 그림처럼 전선에 더 많은 전구를 연결해 나갈 때 전력 소모는 어떻게 될까요?

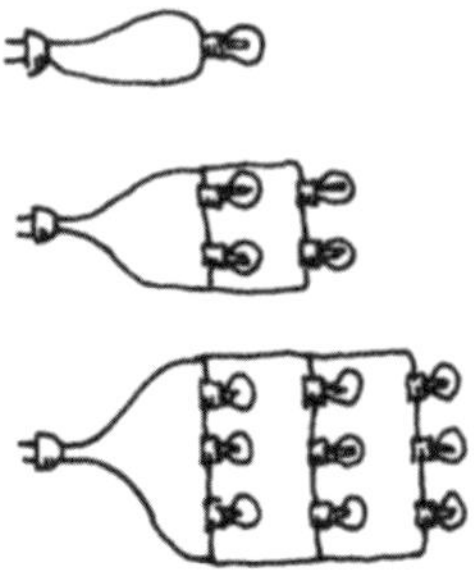

ⓐ 증가한다. ⓑ 감소한다. ⓒ 일정하다.

Chapter 07

상대성 이론

Relativity

2차원 화폭에 그림을 그리는 화가는 사물을 관찰하는 각도에 따라 겉모습과 크기가 달라지는 것을 잘 알고 있습니다. 그래서 화가는 사물을 나타내기 위해 3차원적 원근법을 사용합니다. 우리가 살고 있는 세계는 이미 밝혀진 것처럼 최소한 4차원으로 이루어져 있는데 3차원 공간에 '시간'이 네 번째 차원으로 추가됩니다. 중요한 것은 4차원에서는 동일한 대상을 관찰자의 속력을 바꾸어 다른 각도에서 볼 수 있다는 것입니다. 힘이나 시간 또는 상자의 기하학적 구조와 같은 동일한 대상이 관찰자의 속력이 달라지면(4차원적 원근법) 완전히 다르게 관측됩니다. 이것이 바로 아인슈타인의 상대성이론이 말하는 모든 것이라고 할 수 있습니다.

물리학은 최대한 자기 자신의 모순을 찾기를 즐기는 것 같습니다. 물론 자기부정까지 이르지 않는 선에서 말입니다.●

● 물리학이 실은 그렇지 않은데 단지 그렇게 보이는 것일까요?

나만의 속력계

별들에 대해 광속에 가까운 속도로 여행하는 사람은 자신의 속력을 알아낼 수 있을까요? (광속은 초속 30만 km. 광속은 빛의 속력이며 299,792,458km/s입니다. 보통 30만km/s라고 근사하여 사용하고, 기호로 '*c*'로 줄여서 쓰기도 합니다: 옮긴이)

ⓐ 그의 질량이 증가하기 때문에 알 수 있다.

ⓑ 그의 심장이 천천히 뛰기 때문에 알 수 있다.

ⓒ 그의 몸이 줄어들기 때문에 알 수 있다.

ⓓ ⓐ, ⓑ, ⓒ 모두 때문에 알 수 있다.

ⓔ 그의 내부에 일어난 변화로는 운동 속력을 절대로 알 수 없다.

답: 나만의 속력계

정답은 ⓔ입니다. 상대성이론의 바탕이 되는 중요한 아이디어는 밀폐된 방에 있는 사람은 이 방이 움직이는지 정지해 있는지 알지 못한다는 점입니다. 간단히 말해서 자신의 속력을 잴 수 있는 개인 속력계는 절대 가질 수 없다는 것이지요. 만약 방이 일정한 속력으로 움직이다가 갑자기 멈추면 내부에 있는 사람은 변화를 느낄 수 있습니다. 또 정지한 방이 다시 움직이기 시작하거나 회전하면 내부에 있는 사람은 느낄 수 있습니다. 그러나 방이 직선으로 움직이며 속력이 빨라지거나 느려지지 않으면 방 안에 있는 사람은 방이 움직이고 있는지 정지해 있는지 알 수 있는 방법이 없습니다. 심지어 방에 창문이 있어 바깥을 볼 수 있고 어떤 물체가 다가오는 것을 볼 수 있다고 하더라도, 방이 이것을 향해 움직이는지 이것이 방을 향해 움직이는지 알 수가 없지요.

만약 방의 운동이 이 사람의 질량이나 심장 박동 또는 크기에 영향을 미칠 수 있어 이를 바탕으로 속력을 잴 수 있다고 가정해 보겠습니다. 그런데 이 현상은 방 안에 있는 다른 모든 것의 질량, 시간 또는 크기에도 동일한 영향을 미치므로 방 안의 다른 모든 것도 변하게 됩니다. 즉 비교할 수 있는 고정된 기준이 없기 때문에 자신의 변화를 감지할 수 있는 방법은 없습니다. 즉 자기 자신의 속력을 잴 수 있는 개인 속력계는 불가능한 것입니다. (자동차의 속도계를 떠올릴 수도 있겠지만, 자동차도 외부에 있는 땅의 속도를 '0'이라고 생각하고 상대적인 속도를 측정하는 것입니다. 아시다시피 땅은 지구이고 지구는 계속 움직이고 있죠: 옮긴이)

공간의 거리, 시간의 간격, 시공간의 크기

동일한 두 가지 사건(예를 들면 오늘 점심과 내일 점심)을 경험하는 두 사람의 개인적 시간의 간격은 두 사람이 각각 어떤 시간과 공간의 경로를 택하든지 크기가 같습니다.

ⓐ 참이다.

ⓑ 거짓이다.

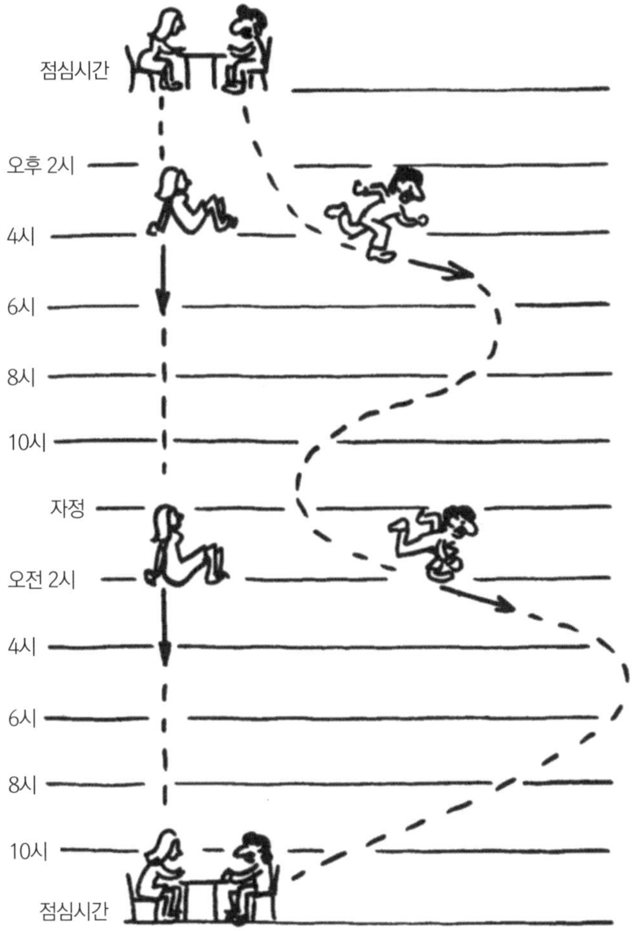

답: 공간의 거리, 시간의 간격, 시공간의 크기

정답은 ⓑ입니다. 두 사건(오늘 점심과 내일 점심) 사이의 간격은 누구에게나 당연히 24시간이라고 생각할 수도 있습니다. 두 사람이 모두 가만히 앉아 있었다면 맞는 말입니다. 그러나 둘 중 한 명이 시계를 차고 두 사건 사이에 매우 빠른 속력으로 움직인다면 시계를 보고 두 점심 사이의 시간이 24시간보다 작다는 것을 알게 될 것입니다. 중요한 개념은, 두 점심이 시간만의 일정한 양에 의해 분리되어 있는 것이 아니라 시공간의 일정한 양으로 떨어져 있다는 사실입니다. 가만히 앉아서 전혀 움직이지 않는다면 두 점심 사이에 공간의 거리는 전혀 없고 단지 시간만이 두 점심을 분리합니다. 하지만 움직인다면 두 점심 사이에 일정한 양의 공간의 거리가 생기게 됩니다. 두 점심 사이의 시공간의 크기는 일정하므로 둘 사이의 공간의 양이 증가하면 둘 사이의 시간의 양은 감소해야 합니다. 실제로 시간이 줄어듭니다. 오늘 점심 식사 후, 우주선에 올라 빛의 속도로 여행한 후 다음 날 점심을 먹기 위해 집에 돌아왔다면 시계상으로는 전혀 시간이 지나지 않았을 겁니다. 하지만 집에서는 다른 점심 밥상을 만나게 될 것입니다.

좀 더 설명하면 이렇습니다. 우리는 항상 시공간을 일정한 크기의 속력으로 여행하고 있습니다. 제자리에 가만히 있을 때도 마찬가지입니다. 가만히 있을 때는 시간을 따라 여행하고 있는 것입니다. 만약 시공간을 여행하는 일정한 크기의 속력 중에 일부가 공간을 움직이는 데 쓰인다면 시간 성분은 그만큼 줄어들게 됩니다. 만약 공간으로 움직이는 데 속력이 모두 사용되면(즉 빛의 속력으로 움직인다면), 시간을 따라 여행하는 속력은 하나도 없게 됩니다.

우주 속력계

광속의 절반이 되는 속력으로 우주를 여행하는 사람을 그에 대해 정지해 있는 당신이 본다면 당신의 눈에 그 여행자의 시계는 어떻게 움직일까요?

ⓐ 정상 속력의 반으로 움직인다.

ⓑ 정상 속력의 반보다 더 느리게 움직인다.

ⓒ 정상보다 느리지만 그 반보다 느리지는 않게 움직인다.

ⓓ 정상 속력으로 움직인다.

ⓔ 거꾸로 움직인다.

답: 우주 속력계

정답은 ⓒ입니다. 빛 시계를 상상해 보겠습니다. 시계가 고정되어 있으면 불빛은 시계의 아래쪽 e에서 꼭대기 j로 1초 만에 갑니다. 그런데 시계가 광속의 반으로 움직이면 시계는 1초 동안 e에서 g로 갑니다. (시계가 광속으로 움직이면 시계는 1초 동안 e에서 h로 갈 것입니다.) 그리고 시계가 1초 만에 g로 간다면 불빛은 f까지밖에 가지 못합니다. 왜냐하면 빛은 1초 동안만 갈 수 있고 그 거리는 e에서 j까지의 거리로서, 이것은 e에서 f까지의 거리와 같기 때문이지요. (원의 특성을 생각해 보세요.) f는 시계의 꼭대기는 아닙니다. f와 시계의 꼭대기 사이의 거리는 대략 시계의 총 길이의 1/7입니다. 이것은 공간을 광속의 절반으로 움직이는 시계는 시간상으로는 정상 속도의 약 6/7로 움직인다는(즉 정상보다 6/7 만큼만 시간이 흘렀다는) 것을 의미합니다.

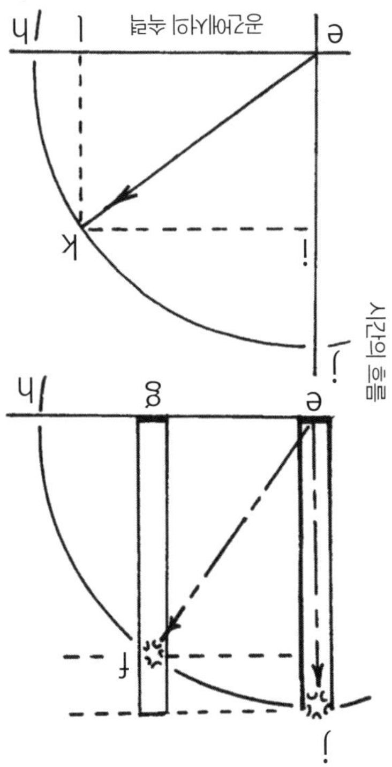

시계가 얼마나 빨리 움직여야 시간이 정상 속도의 반만큼 느리게 가는 것으로 보일까요? 우주 속도계(4분원)를 그려 보세요. 1/2 속도 시계의 경우에는 i에서 k로 선을 긋습니다(e와 i 사이의 거리가 e와 j 사이의 거리의 반이 되도록). 그런 후 k에서 l로 직선을 내립니다. 이것은 빛 시계가 지나는 통로를 나타냅니다. 1/2 속도 시계는 1초에 e에서 l까지 가야 하는 거죠. e에서 l까지의 거리는 대략 e에서 h까지의 거리의 6/7이므로 정상 속도의 반으로 시간이 가는 시계는 대략 광속의 6/7 속력으로 공간을 움직여야 합니다.

우주 속력계는 시계가 공간을 움직일 때 시간이 왜 천천히 흐르는지를 보여 줍니다. 또한 우리가 빛의 속력보다 빠르게 움직일 수 없다는 것도 보여 주고 있습니다. 이것을 종합하면 결국 우리는 항상 시공간을 일정한 크기의 속력으로 여행하고 있다는 것입니다. 다만 속력의 방향이 변할 수는 있습니다. 시계가 e에서 j의 방향으로 움직이면, 완전히 시간만을 따라(공간으로는 전혀 움직이지 않고) 움직이는 것입니다. 그러나 e에서 h 방향으로 움직이면 완전히 공간만을 따라 움직이는 것입니다. e→f는 대부분은 시간을 따라가고 작은 부분이 공간을 따라 이동합니다. e→k는 대부분 공간을 따라가고 작은 부분이 시간을 따라갑니다.

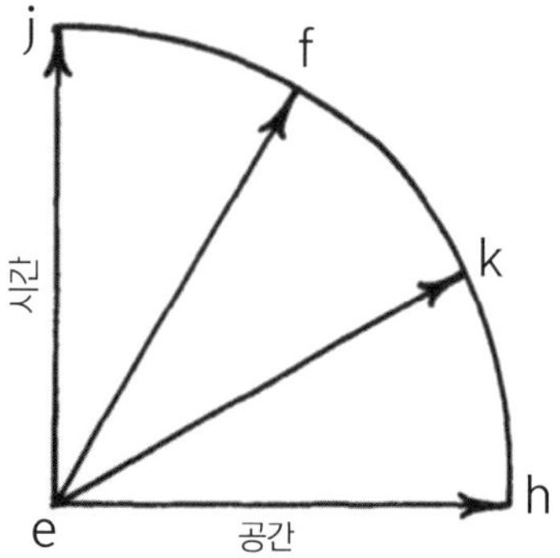

한편 우리는 공간을 따라 움직이는 스스로를 (정신이 몸 밖으로 빠지는 경험 없이는) 절대로 볼 수 없습니다. 따라서 항상 e에서 j를 따라 완전히 시간을 통해서만 움직이는 자신을 볼 수 있습니다. 따라서 약간의 시적 표현을 빌리자면 우리는 항상 시간을 따라 광속으로 움직인다고 할 수 있습니다. 이것이 우리가 움직일 수 있는 제일 빠른 속력입니다. 따라서 우리는 광속으로 움직인다는 것이 어떤 느낌인가를 정말 알고 있습니다! (정지해 있는 것과 같습니다.)

왜 시간은 더 빨리 갈 수 없는지를 생각해 본 적이 있나요? 이에 대해 해답을 얻었다면 왜 물체가 광속보다 더 빨리 움직일 수 없는지도 알게 되었을 것입니다.

여기서 저기로 갈 수 없습니다

다음 중 어느 것이, 정확히 입증만 된다면 오늘날 우리가 알고 있는 '상대성이론'이 깨지게 되는 것일까요?

ⓐ 물체가 광속보다 빨리 갈 수 있다.
ⓑ 광속보다 빨리 갈 수 있는 것은 없다.
ⓒ 만약 어떤 물체가 빛보다 빨리 가면, 이것은 재빨리 광속보다 작은 속력으로 느려진다.

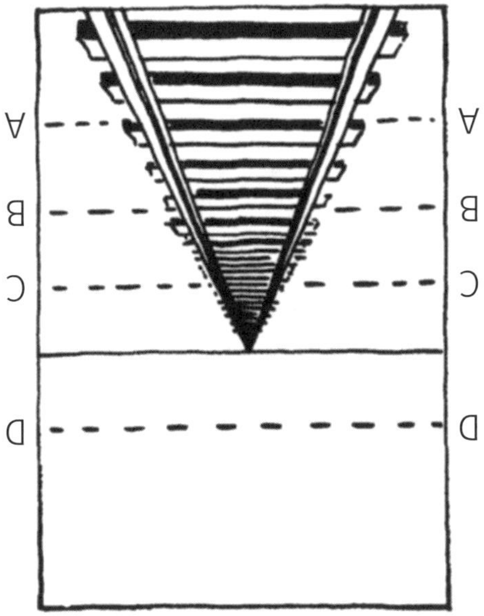

답: 여기서 저기로 갈 수 없습니다

정답은 ⓒ입니다. '상대성이론(이것은 이제 '상대성 법칙'으로 불려야 합니다)'이 의미하는 것은, 어떤 것이 광속보다 느리게 가고 있다면 이것에 아무리 많은 속도를 더해 주어도 이것은 광속보다 빨라질 수 없다는 것입니다. 속도를 더하는 데 방해되는 것은 없습니다. 다만 속도를 더해도 결과로 나타나는 속도가 단순한 속도들의 합이 **아니**라는 것입니다. 이것은 수학적으로는 마치 기찻길을 따라 걷는 것과 같습니다. 선 AA에서 출발한 사람은 BB로 걸어가서 CC까지 걸어갈 수 있습니다. 사실 아무것도 이 사람을 방해할 수는 없지요. 영원히 걸어갈 수도 있습니다.

그러나 아무리 많이 걸어가도 DD에는 도달할 수 없습니다. 이것은 DD에 아무것도 있을 수 없다는 뜻은 아닙니다. 이것은 단지 AA에서 출발해서 기찻길을 따라 걸어서 거기에 도달할 수 없다는 것을 의미합니다. 이와 마찬가지로 속력을 더해서 광속보다 빠르게 갈 수는 없습니다. 광속은 넘어설 수 없는 지평선 같은 것입니다. 이것은 아무것도 광속보다 위에 있을 수 없다는 것을 의미하지는 않습니다. 이것은 단지 어떤 것이 '그 위'에 있다면, 여기서부터 속력을 더해 거기로 간 것은 아니라는 것을 의미합니다. 어떤 것이 광속 위에 있는지 혹은 아닌지는 아무도 모릅니다. 그러나 이 책이 인쇄되었을 때까지 어떤 것도 광속 위에서 보인 적은 없었습니다.

만약 광속보다 빨리 가는 어떤 것이 발견되었다면, 이것은 하늘에서 머리 위로 난 두 번째 철도를 발견하는 것과 같습니다. 그러나 하늘의 철도를 따라 아무리 많이 걸어가도(FF에서 EE로, DD로 그리고 영원히) 절대로 지평선 밑에 있는(즉 광속 아래의) CC에 도달할 수 없습니다. 이것이 이 문제의 핵심입니다.

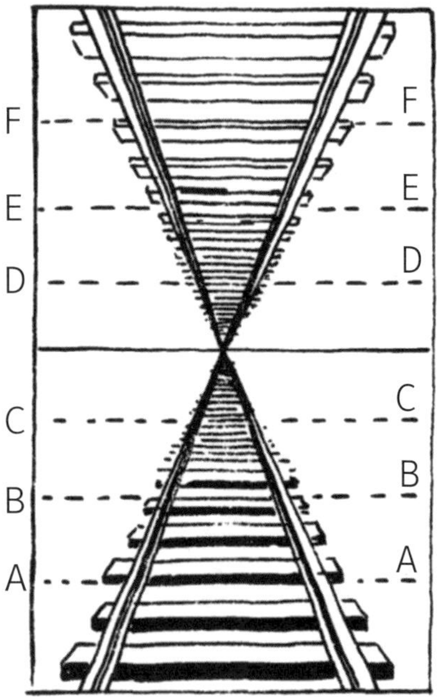

오직 지평선을 **넘어가는** 어떤 것이 존재할 때 상대성이론은 무너집니다.

끝으로 한 가지 주의할 것은 이 지평선 그림은 광속 또는 상대성이론의 실제 그림이 아니라는 사실입니다. 이 지평선 그림은, 단지 속력의 합과 비슷한 수학적 성질을 가졌을 뿐입니다. 물리학에서 이와 같은 수학적 비유를 사용하는 것은 흔합니다. 예를 들면 힘은 화살로 표시됩니다. 왜냐하면 화살은 비슷한 수학적 성질을 갖기 때문입니다. 그러나 힘은 화살이 아닙니다. 이것은 많은 물리학자들이 거의 의식하지 않을 정도로 일상화되어 있습니다.

미스 브라이트

빛보다 빨리 달릴 수 있는 미스 브라이트는 물리학의 신화에 등장하는 젊은 여성입니다. 물론 실제로 이런 일이 있을 수는 없습니다. 하지만 어째서 빛보다 빨리 달릴 수 없을까요? 다음과 같은 이유로 설명할 수 있습니다. 미스 브라이트가 더 빨리 달릴수록 그녀의 질량이 증가하여 마침내 그녀는 광속에 접근함에 따라 자신이 매우 무거워졌다는 것을 알게 됩니다. 그녀는 또 자신의 근육이 더 이상 증가된 신체의 질량을 지탱할 수 없다는 것도 알게 됩니다. 이것이 바로 이유입니다! 결국 그녀가 아무리 노력해도 더 이상 빨라질 수 없습니다.

ⓐ 미스 브라이트가 빛보다 빨리 달릴 수 없는가에 대한 위의 설명은 옳다.
ⓑ 사실 미스 브라이트가 빛보다 빨리 달릴 수는 없지만 그 이유에 대한 위의 설명은 옳지 않다.

답: 미스 브라이트

정답은 ⓑ입니다. 아무것도 미스 브라이트가 더 빨리 달리는 것을 방해하지 않습니다. 달리지 않는 사람은 그녀가 움직이고 있으므로 그녀의 질량이 증가하는 것을 봅니다. 그러나 그녀는 자신에 대해서는 움직이지 않으므로 질량은 정상입니다. "개인 속력계는 존재하지 않는다. 사람은 자신의 변화를 이용해서 자신의 속력을 알아낼 수는 없다"는 사실을 기억하세요.

만약 긴 막대기로 미스 브라이트를 밀어 그녀가 빨리 가도록 한다면 그녀의 증가된 질량은 이 밀어냄에 저항할 것입니다. 그러나 그녀가 자기 두 발로 스스로 밀어젖히며 나간다면, 그녀는 아무런 이상도 느끼지 못합니다. 그렇다면 왜 그녀는 광속 이상으로 자신의 속력을 증가시키지 못할까요? 그녀가 시속 10km를 자신의 속력에 더할 때, 이것은 정지한 사람에게 시속 10km로 보이지 않습니다. 왜일까요? 그녀는 한 시간을 자기의 시간으로 계산하는데, 그녀는 움직이고 있으므로 그녀의 한 시간은 정지한 사람에게는 한 달이 될 수도 있습니다. 그리고 그녀는 자신의 공간으로 거리를 재기 때문에, 그녀의 1km는 정지한 사람에게 1cm가 될 수도 있습니다. 따라서 그녀에게 시속 10km는 정지한 사람에게는 한 달에 10cm의 속도가 될 수도 있습니다. 그녀는 원하는 만큼 자기 속력을 증가시킬 수 있으나 그 증가는 단순히 더해지는 방식은 아닙니다. ('여기서 저기로 갈 수 없습니다' 문제를 기억하세요.)

거의 믿을 수 없는

그림과 같이, 한 남자가 긴 막대기의 중심을 들고 있다가 놓았더니 양쪽이 동시에 땅에 닿았습니다. 따라서 그는 막대기가 **수평**으로 떨어졌다고 생각할 것입니다. 그러나 (거의 광속으로 그에게 접근하고 있는) 미스 브라이트에게는 A 끝보다 B 끝이 먼저 땅에 닿은 것으로 보여 막대기가 떨어지면서 오른쪽으로 **기울어**졌다고 생각합니다.

ⓐ 참이다.
ⓑ 거짓이다.

답: 거의 믿을 수 없는

정답은 ⓐ입니다. 만약 남자가 판단한 것처럼 두 사건이 동시에 서로 다른 장소에서 발생한다면(막대기의 두 끝, A와 B가 동시에 땅에 떨어지는 것과 같이) 그에 대해 움직이고 있는 미스 브라이트에게는 이 사건들이 동시에 일어날 수 없습니다. 왜일까요?

예컨대 우주선을 타고 가다가 창을 내다보았을 때 일정한 간격으로 떨어진 세 개의 별로 이루어진 산개성단이 지나고 있다고 생각해 보겠습니다. 갑자기 가운데 있는 별이 폭발했습니다. 폭발에 의한 섬광이 같은 거리만큼 떨어진 양쪽 별에 동시에 도달할까요? 만일 우주선이 성단과 함께 움직인다면 섬광이 양쪽에 동시에 도달하는 것으로 보일 것입니다. 그러나 우주선이 성단보다 빨리 움직인다면(성단에 대해 운동하고 있다면), 창에서 볼 때 불빛은 동시에 양쪽에 있는 별에 도달하지 않고 B에 먼저 도달합니다.

미스 브라이트가 막대기를 지날 때 그녀에게는 막대기가 단지 떨어지는 것으로 보이지 않고, 떨어지면서 **그리고** 그녀를 지나치는 것으로 보입니다. 그래서 남자에게는 동시에 일어난 사건이 미스 브라이트에게는 B가 먼저 일어난 사건으로 나타납니다.

정말로 A와 B가 동시에 일어난 것일까요 아니면 B가 먼저 일어난 것일까요? 누가 정말로 움직이고 있는 것인지 아무도 알 수 없으므로 누구도 답을 말할 수 없습니다. 이것은 단지 좌표계에 달려 있습니다. 남자에 대해 막대기는 수평으로 떨어졌고 미스 브라이트에게는 막대기가 오른쪽으로 기울어져 떨어졌습니다. 믿기 어렵겠지만 사실입니다!

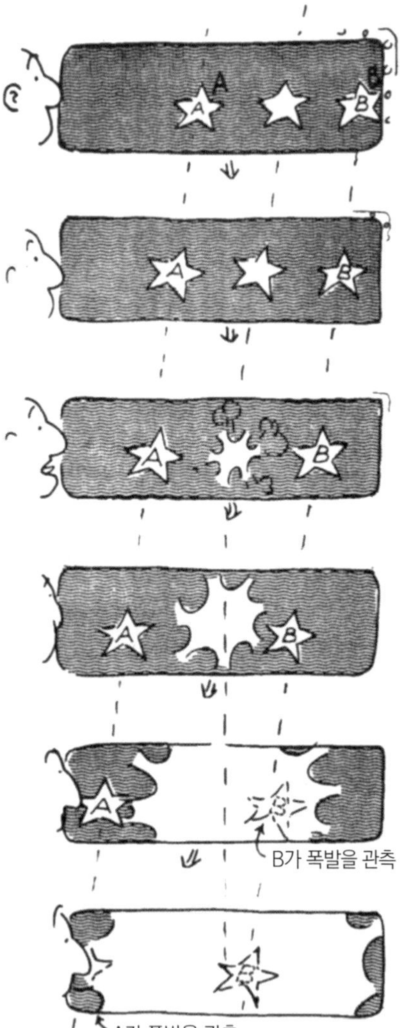

빠르게 움직이는 창

길이가 10m인 창을 10m 관 속으로 통과하도록 상대론적 속도(광속에 가까운 속도)로 던졌습니다. 이 길이는 각각이 정지해 있을 때 측정된 것입니다. 다음 중 창이 관을 통과할 때 관측되는 현상을 가장 잘 설명한 것은 무엇일까요?

ⓐ 창이 수축해 어느 순간에 관이 완전히 창을 덮는다.
ⓑ 관이 수축해 어느 순간에 창의 양 끝이 관 밖으로 나온다.
ⓒ 둘이 똑같이 줄어들어 어느 순간에 관에 화살이 꼭 맞는다.
ⓓ 관측자의 운동에 따라 ⓐ, ⓑ, ⓒ 중 어느 것이나 옳을 수 있다.

답: 빠르게 움직이는 창

정답은 ⓓ입니다. 관에 대해 정지한 상태에서 움직이는 창을 관측하면, 창은 관보다 짧게 보이고 어느 순간에 완전히 관 속에 놓이게 됩니다. 그러나 창과 같이 움직이면 관이 짧게 보여, 어느 순간에 창의 양끝이 관 밖으로 나갑니다. 또 만약 관측자가 관과 창 사이에서 움직이는 창을 따라 창의 속도의 절반 속도로 움직이고 있다면, 관측자에 대해 관과 창은 같은 속도를 갖게 될 것이고 따라서 둘 다 같은 양만큼 짧아진 것으로 보일 것입니다. 따라서 정말로 무엇이 일어났는가는 상대적입니다. 이것은 관측자의 관점, 또는 관측 좌표계에 의해 결정됩니다.

자기 현상의 원인

한 쌍의 평행한 전선에 전류가 흐를 때 전류가 같은 방향이면 자기적인 인력이 나타나고 반대 방향이면 척력이 나타납니다. 이 자기력은 어디서 온 것일까요?

ⓐ 균형이 깨진 정전기력의 상대론적 결과이다.
ⓑ 질량-에너지 등가의 결과이다.
ⓒ 자연의 근본적인 힘이다.
ⓓ 이 세 가지가 다 해당된다.
ⓔ 이 중 어떤 것도 아니다.

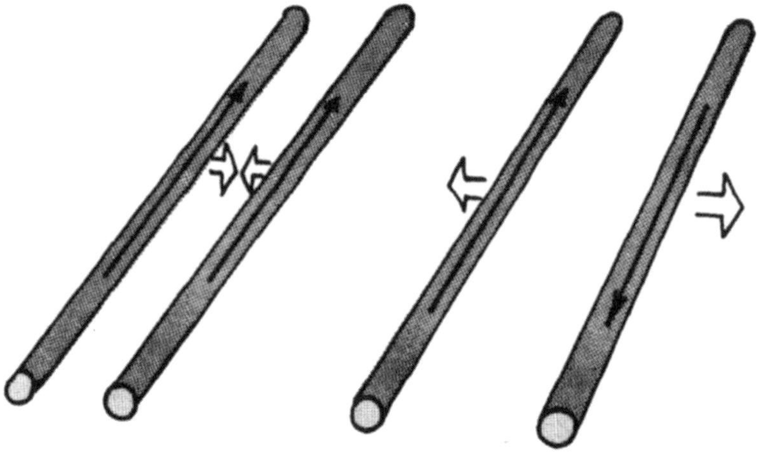

답: 자기 현상의 원인

정답은 ⓐ입니다. 자기력은 상대성이론의 길이 수축에 의한 정전기적 전하 밀도의 상대적 증가에 의해 나타납니다. 길이 1m의 전선은 안에 있는 전자의 수만큼 양성자를 가지고 있어 알짜 전하량은 0이 됩니다. 이것은 전류가 흘러도 마찬가지입니다. 왜냐하면 전선의 한쪽 끝을 통해 나가는 전자의 수만큼 다른 한쪽 끝을 통해 전자가 들어오기 때문입니다.

전하의 상대적 운동이 없는 전선

전류가 흐르거나 흐르지 않거나 이웃하는 평행한 전선의 전자가 볼 때 전선에는 동일한 밀도의 음전하를 봅니다. 따라서 알짜 효과는 느낄 수 없습니다.

그러나 이 전선은 이웃하는 전선 속에서 평행하게 움직이는 전자에게 어떻게 보일까요? 각 전선 속의 전자에게 다른 전선 속의 전자는 상대적으로 정지한 것으로 보입니다. 전자들은 같은 방향으로 같은 평균속력으로 움직이기 때문입니다. 그러나 전자의 흐름에 반대 방향으로 움직이는 것으로 보이는 양성자의 경우는 그렇지 않습니다. (전자에게) 지각된 전선의 상대성이론의 거리 수축으로 인해 양성자들 사이의 거리는 줄어듭니다. 따라서 움직이는 전자는 이웃한 전선 속의 전자 밀도에 비해 큰 양성자 밀도를 보게 됩니다. 반대 부호의 전하 사이에는 정전기적 인력이 작용하므로 전선은 결국 서로 끌어당기게 됩니다.

전하의 상대적 운동이 있는 전선

그러나 전류가 두 전선 모두에 흐르면 움직이는 전자는 다른 전선에서 알짜 양전하를 보게 되고 인력을 느낄 수 있습니다.

우리는 이것을 자기적인 인력이라 부르지만 흥미롭게도 간단한 정전기학에 기초를 두고 있습니다. 그러면 전류가 반대로 흐를 때 전선 사이의 척력을 설명할 수 있나요?

혜성이 쫓아온다면

혜성이 우주선을 쫓아가고 있습니다. 혜성이 우주선과 충돌했을 때 우주인이 감지하는 혜성의 속력, 운동량 및 에너지를 각각 V, P, E라고 가정해 보겠습니다. 만약 우주선이 더 빠른 속도로 달아나다가 쫓아오는 혜성에 부딪혔다면 이때 우주인이 감지하는 V, P, E의 값은 어떻게 변할까요?

ⓐ V, P, E 모두 변화 없이 일정하다.

ⓑ V, P, E 모두 감소한다.

ⓒ V와 P는 작아지고 E는 그대로이다.

ⓓ V와 E는 작아지고 P는 그대로이다.

ⓔ E와 P는 작아지고 V는 그대로이다.

답: 혜성이 쫓아온다면

정답은 ⓑ입니다. 혜성도 빠르게 움직이지만 혜성의 속도는 광속보다 훨씬 작습니다. 우주인은 혜성보다 빨리 움직이거나 혹은 느리게 움직일 수 있습니다. 우주인이 빨리 움직이면 움직일수록 혜성은 상대적으로 느리게 움직이는 것으로 관측됩니다. (그리고 만약 우주인이 충분히 빨리 갈 수 있다면 혜성은 뒤로 가는 것으로 관측됩니다.) 혜성의 관측되는 속도가 줄어듦에 따라 우주선에서 관측되는 혜성의 운동량과 운동에너지 또한 줄어들게 됩니다. 결국 충돌할 때 운동량과 에너지는 충돌로부터 달아남으로써 감소되므로 우주인은 혜성으로부터 더 빨리 달아나려 할 것입니다.

광자가 쫓아온다면

이 상황은 상대성이론을 처음 접하는 많은 물리학자들을 곤란에 빠뜨렸습니다. 광자로부터 도망치려는 우주선을 생각해 보겠습니다(물론 우주선은 광자를 절대 피할 수는 없지요). 광자가 우주선에 부딪혔을 때 우주인이 감지하는 광자의 속력, 운동량 및 에너지를 각각 V, P, E라고 하겠습니다. 만약 우주선이 더 빠른 속도로 달아나다가 광자와 부딪쳤다면 이때 우주인이 감지하는 V, P, E는 어떻게 변할까요?

ⓐ V, P, E는 변함없이 일정할 것이다. ⓑ V, P, E는 모두 감소할 것이다.
ⓒ V와 P는 작아질 것이고, E는 그대로일 것이다.
ⓓ V와 E는 작아질 것이나, P는 그대로일 것이다.
ⓔ P와 E는 작아질 것이고, V는 그대로일 것이다.

답: 광자가 쫓아온다면

정답은 ⓔ입니다. 비록 관측자가 빛으로부터 달아나더라도 관측된 빛의 속력은 감소하지 않습니다. 이상하게 들리겠지만 실험적으로 증명된 이 사실은 물리학의 초석 가운데 하나입니다. 따라서 V는 변하지 않을 것입니다. 그런데 관측자가 접근하는 빛으로부터 빠르게 달아날수록 도플러효과로 인해 관측되는 빛의 진동수는 작아지고 파장은 길어집니다. 즉 빛에 적색편이가 일어납니다. 광자는 붉어질수록 에너지와 운동량이 작아집니다. 사진을 현상하는 암실의 안전등이 붉은 이유도 바로 이 때문이지요. 따라서 P와 E는 작아집니다. 우리에게 익숙한 직관으로 판단해도 세 개 중에 두 개는 맞습니다. 혜성으로부터 우주선이 달아날 때처럼 광자로부터 우주선이 달아날 때 직관적으로 V, P, E는 모두 감소하리라고 생각됩니다. 다소 낯선 운동량과 에너지라는 물리량이 보다 우리에게 친숙한 속력보다 더 직관을 따른다는 것이 이상하게 보일 수도 있겠습니다.

어느 쪽이 움직이는 것일까요?

소리의 음원으로부터 멀어지는 관측자가 듣는 진동수의 도플러효과는 관측자로부터 멀어지는 음원에 의해 생기는 효과와 같습니다.

ⓐ 참이다.　　　　　　　ⓑ 거짓이다.

광원으로부터 멀어지는 관측자가 보는 진동수의 도플러효과는 관측자로부터 멀어지는 광원에 의해 생기는 효과와 같습니다.

ⓐ 참이다.　　　　　　　ⓑ 거짓이다.

답: 어느 쪽이 움직이는 것일까요?

첫 번째 문제의 정답은 ⓑ이고, 두 번째 문제의 정답은 ⓐ입니다. 도플러효과는 한 가지만 있는 것이 아니라 여러 가지가 있습니다.

만약 관측자가 음원으로부터 음속으로 멀어진다면, 관측자가 듣게 되는 소리의 진동수는 0이 됩니다. 이것은 관측자가 전혀 소리를 듣지 못하기 때문입니다. 소리를 앞지른 것이지요. 만약 음원이 관측자로부터 음속으로 멀어지면, 받아들이게 되는 진동수는 1/2로 작아집니다. 음파는 음원이 정지하고 있을 때에 비해 두 배의 공간에서 퍼지기 때문입니다. 만약 관측자가 음속으로 음원에 접근하면 진동수는 두 배가 됩니다. 관측자에 대한 소리의 속도가 두 배가 되기 때문입니다. 또 만약 음원이 음속으로 관측자에게 다가오면 진동수는 무한대가 됩니다. 모든 파가 하나의 충격파로 뭉쳐지기 때문입니다.

소리의 경우 음원과 수신자 중 어느 쪽이 움직이는가에 따라 큰 차이가 나타납니다. 이 경우 도플러효과에 의해 어느 쪽(음원 또는 관측자)이 움직이는지 구분할 수 있습니다. 이것을 빛에 적용하면, 지구가 별에 접근하는지 아니면 별이 지구에 접근하는지를 구분할 수 있을 것이라고 생각할 수 있습니다. 만약 그렇다면 우주에서 누가 진짜 움직이고 있는지를 결정하는 시험으로 사용할 수 있겠지요. 그러나 상대성이론의 가장 핵심적인 개념은 절대운동은 없고 항상 상대적 운동만이 있다는 것입니다. 예를 들면 우리가 별에 가까워진다고 할 때 우리가 움직이는 것인지 별이 움직이는 것인지 구분할 수 없습니다.

따라서 빛의 경우 도플러효과는 소리의 도플러효과와는 분명 다릅니다. 빛의 경우 도플러효과는 어느 쪽(별 또는 지구)이 움직이는지 나타내지 못합니다. 별이 움직이든 지구가 움직이든 똑같은 편이가 나타납니다.

이제는 어떻게 소리가 상대성이론의 원칙을 위배하고 움직이는지 의문이 생깁니다. 모든 물리학이 같은 기본 법칙을 따라야 하는 것이 아닌가요? 소리의 경우에는 중요한 역할을 하는 제3의 어떤 것이 있습니다. 바로 공기입니다. 우주에도 광파에 대해 소리에서 공기 같은 역할을 하는 어떤 것(에테르)이 있다고 생각한 적도 있었습니다. 그러나 실제 세계는 그렇게 짝 맞춰져 있지 않았지요. 아무것도 없는 우주 공간에는 어떤 것이 정말로 움직이고 있는지 알아낼 수 있는 기준은 없습니다.

빛 시계

우주에서 로켓이 6분[로켓 시간]마다 섬광을 방출합니다. 멀리 떨어진 행성에서 이 섬광들을 관측합니다. 만약 로켓이 빠른 속도로 행성에 접근하면 행성의 관측자가 보는 섬광의 시간 간격은 어떻게 될까요?

ⓐ 6분보다 짧다.

ⓑ 6분이다.

ⓒ 6분보다 길다.

답: 빛 시계

정답은 도플러효과를 따르는 ⓐ입니다. 발송자와 관측자 사이의 상대 속도가 크면 클수록 관측되는 시간 간격은 짧아집니다. 예를 들어 로켓이 행성을 향해 0.6c의 속력으로 접근한다면, 섬광은 3분 간격으로 보이게 됩니다.

다시, 빛 시계

6분마다 섬광을 보내는 로켓이 두 행성 A와 B 사이에서 움직입니다. 이 로켓은 행성 A를 출발해서 행성 B로 갑니다. 만약 B에서 3분 간격으로 섬광이 보였다면, A에서는 몇 분 간격으로 섬광이 보일까요?

ⓐ 3분 간격

ⓑ 6분 간격

ⓒ 9분 간격

ⓓ 12분 간격

답: 다시, 빛 시계

정답은 ⓓ입니다. 이것은 다음과 같은 과정으로 알 수 있습니다. 지구의 발신자가 지구에 대해 정지해 있는 먼 행성으로 3분 간격으로 섬광을 보내는 다음 페이지 그림 I을 생각해 보겠습니다. 먼 행성의 관측자는 3분마다 섬광 신호를 받습니다.

그러나 지구와 행성 간을 여행하는 로켓은 그 신호를 더 긴 시간 간격으로 받습니다. 가령 6분 간격으로 섬광이 보이는 속도로 로켓이 움직인다고 가정해 보겠습니다. 그리고 로켓이 신호를 받을 때마다 로켓도 불빛을 낸다고 생각해 보겠습니다. 아인슈타인의 첫 번째 가정은 모든 좌표계에서 빛의 속도는 같다는 것입니다. 따라서 로켓의 섬광 신호는 지구의 불빛과 같이 움직이고, 먼 행성에서는 3분 간격으로 보이게 됩니다(그림 II).

그림 I

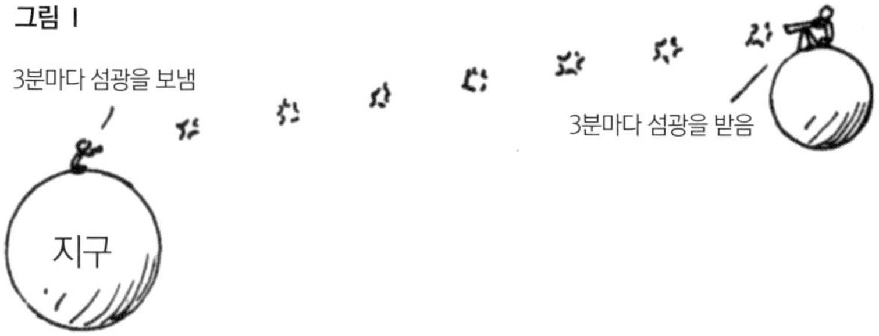

그림 II

이것은 앞 문제 '빛 시계'와 일치하는 결과입니다. 그러나 지구에서는 로켓의 신호가 몇 분 간격으로 보이게 될까요? 여기서 아인슈타인의 두 번째 가정을 적용해 보겠습니다. 요컨대 어떤 관측에 의해서도 지구가 정지해 있고 로켓이 움직이는 것인지 아니면 로켓이 정지해 있고 지구가 움직이는 것인지 구분할 수 없습니다. 모든 운동은 상대적이니까요. 로켓에서 지구의 섬광이 두 배의 시간 간격으로 나타나므로(3분이 아니라 6분), 지구에서도 로켓의 신호를 두 배의 시간 간격으로 관측하게 될 것입니다. 그러면 6분이 아니라 12분이 됩니다.

따라서 로켓에서 6분 간격으로 보낸 불빛 신호는 로켓이 접근하는 행성에서는 3분 간격으로 보이고 로켓이 멀어지는 행성에서는 12분 간격으로 보입니다. 빛에서의 이러한 상호 관계는 모든 속도에서 성립합니다. 만약 로켓이 더 빨리 움직여 접근하는 행성에서 관측된 불빛의 시간 간격이 1/3 또는 1/4로 줄어들면, 멀어지는 행성에서 관측된 불빛의 시간 간격은 세 배 또는 네 배로 됩니다. 이 간단한 관계식은 음파에서는 성립하지 않습니다('어느 쪽이 움직이는 것일까요?' 문제를 기억하세요).

편도 여행

정오에 로켓이 지구에서 출발하여[로켓 시간으로] 한 시간 동안 일정한 고속으로 여행을 합니다. 이 시간 동안 로켓은 6분마다 총 열 번의 섬광을 방출합니다. 지구의 관측자는 12분 간격으로 이 불빛을 봅니다. 열 번째 불빛이 방출되었을 때, 로켓의 시계는 1시를 가리켰습니다. 열 번째 불빛이 지구에 도달했을 때, 지구의 시계는 몇 시를 가리킬까요?

ⓐ 1시
ⓑ 1시 30분
ⓒ 2시
ⓓ 2시 30분

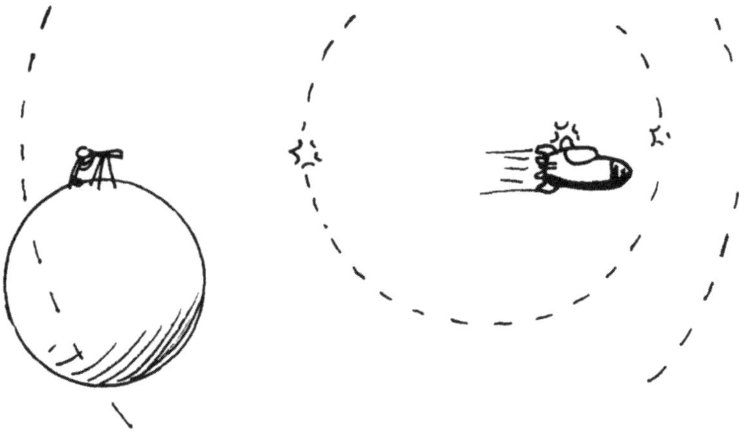

답: 편도 여행

정답은 ⓒ입니다. 우리는 불빛이 지구에 도달하려면 시간이 걸린다는 것을 알고 있으므로 이 결과가 그다지 이상하게 보이지 않습니다. 그리고 지구에서 12분 간격으로 열 개의 섬광을 보았으므로 10×12=120분=2시간입니다. 계속해서 다음 문제를 볼까요?

왕복 여행

로켓이 열 번째 섬광을 방출했을 때 갑자기 방향을 바꿔서 같은 속도로 지구로 돌아온다고 가정해 보겠습니다. 로켓은 돌아오는 동안 6분 간격으로 열 개의 섬광을 계속 보냅니다. 이 불빛은 지구에서 3분 간격으로 보입니다. 따라서 로켓이 지구에 돌아왔을 때 로켓의 시계는 2시를 가리킬 것이지만[한 시간은 가는 데, 한 시간은 오는 데], 지구의 시계는 몇 시를 가리킬까요?

ⓐ 2시
ⓑ 2시 30분
ⓒ 답이 없다.

답: 왕복 여행

정답은 ⓑ입니다. 고속 로켓 속의 사람은 단지 두 시간을 늙지만 지구에 있는 사람은 두 시간 30분이 늙습니다. 만약 로켓이 더 빨리 움직인다면, 시간의 차는 더욱 커집니다. 예를 들어 0.87c의 속력으로 움직이는 로켓에서의 두 시간은 지구 좌표계에서 네 시간이 되고 0.995c에서는 20시간이 됩니다. 일상적인 속력에서도 이러한 시간 차이는 아주 작지만 존재합니다. 이것이 시간 지연(time dilation)입니다. 우주여행을 할 때는 누구나 시간 변화를 경험합니다. 결국 우주 여행자는 시간 여행자이기도 하죠. 두 사람이 시공간에서 동일한 공간에 있다가 한 사람만 멀리 떠났다가 같은 속력으로 다시 돌아오면 그 사람은 시간을 잃어버린 셈입니다.

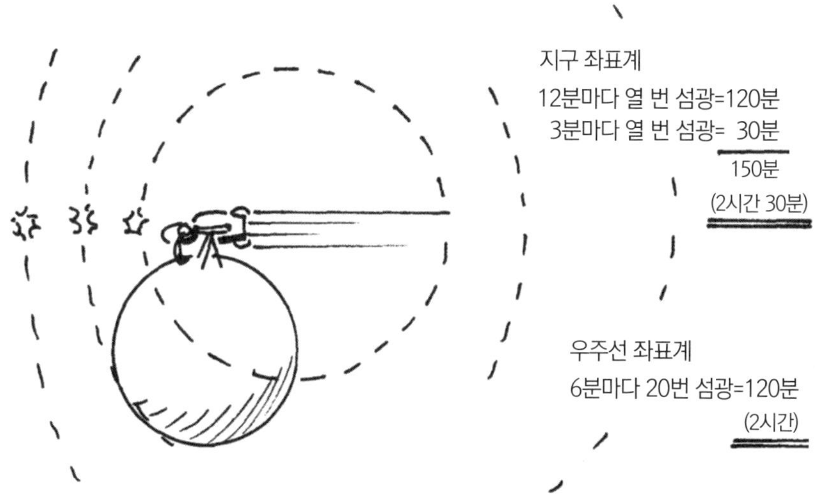

생물학적 시간

시계에는 빛 시계뿐만 아니라 모래시계, 전자시계, 기계시계 그리고 생물학적 시계까지 다양한 종류가 있습니다. 물체의 운동으로 인해 하나의 시계가 느려진다고 해서 다른 모든 종류의 시계에서도 같은 효과가 나타날까요?

ⓐ 그렇다. 모든 시계에 반드시 똑같이 영향을 미친다.
ⓑ 아니다. 반드시 모든 시계에 영향을 미치지는 않는다.

답: 생물학적 시간

정답은 ⓐ입니다. 두 개의 서로 다른 종류의 시계를 같은 빠르기로 맞춰서 가게 한 후, 상자 속에 넣어 밀봉했다고 가정해 보겠습니다. 이제 이 상자가 일정한 운동을 합니다. 만약 운동이 어느 한 시계에만 영향을 미친다면 밀봉한 상자 속에 있는 사람은 두 시계의 차이를 알아차리게 됩니다. 따라서 그 사람은 상자가 움직이는지를 알 수 있는 방법을 갖게 됩니다! 이것은 밀폐된 상자 속의 사람은 정지 상태와 일정한 운동 상태를 구분할 수 없다는 상대성이론의 기본 원리에 위배됩니다. 따라서 하나의 시계가 천천히 가면 모든 시계는 (우리 몸의 생물학적 시계까지도) 완전히 같은 양만큼 천천히 가야 합니다.

강력한 상자

원자폭탄이 폭발에 의해 방출되는 모든 에너지를 가둘 수 있는 강력한 상자 안에서 폭발했다고 가정해 보겠습니다. 폭발 후 상자의 무게는 어떻게 될까요?

ⓐ 폭발 전보다 무거워진다.
ⓑ 폭발 전보다 가벼워진다.
ⓒ 폭발 전과 같다.

답: 강력한 상자

정답은 ⓒ입니다. 원자폭탄은 자신의 질량 일부를 에너지로 변환시킵니다. 따라서 폭탄은 폭발 후 무게가 줄어듭니다. 하지만 에너지도 생각해야 합니다. 에너지도 마찬가지로 질량을 갖고 있으니까요. 얼마나 될까요? 에너지는 정확히 폭탄이 잃어버린 양만큼의 질량을 갖습니다. 그리고 이 모든 에너지는 상자 안에 있지요. 따라서 상자의 총 질량은 폭발 후에도 변하지 않습니다.

켈빈 경의 아이디어

100여 년 전에 맥스웰의 스승이었던 물리학자가 있었습니다. 바로 켈빈 경이었지요. 273K 같은 절대온도[켈빈온도]를 사용할 때 우리는 그를 떠올릴 수 있습니다.

켈빈 경은 '에테르'라 불리는 보이지 않는 물질이 온 우주를 채우고 있다고 생각했습니다. 그리고 에테르로 빛과 물질의 존재를 설명했습니다. 정지 상태에서 에테르는 단지 텅 빈 진공이지만 진동이 생기면 음파가 공기를 통해 퍼지는 것과 같이 진동이 에테르를 통해 퍼지는데 이 에테르의 파를 광파라고 생각했습니다. 물질을 이루는 원자는 담배 연기가 공기 중에서 소용돌이치는 것처럼 에테르 속의 작은 소용돌이로 생각했습니다. 에테르는 마찰이 없었으므로 한 번 생긴 소용돌이는 계속 유지되는 것이지요.

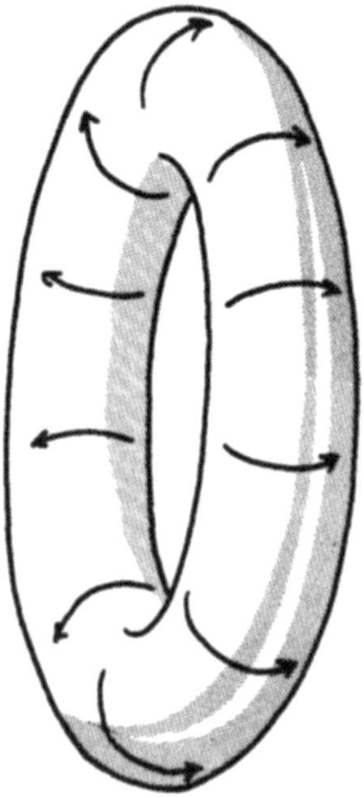

만약 켈빈 경의 아이디어가 옳고, 원자가 에테르의 소용돌이이며, 이 소용돌이 원자를 파괴할 수 있다고 가정해 보겠습니다. 이 원자 붕괴로 운동에너지가 방출된다고 기대할 수 있을까요?

ⓐ 그렇다.

ⓑ 아니다.

답: 켈빈 경의 아이디어

정답은 ⓐ입니다. 회전하는 바퀴가 운동에너지를 갖는 것과 마찬가지로 소용돌이 원자는 운동에너지를 가지고 있습니다. 원자가 파괴되면 이 에너지는 어느 곳으로든 가야 합니다. 사실 물질의 파괴에 의해 방출되는 에너지는 원자폭탄이 실제로 출현하기 100여 년 전에 이미 예견되었다고 할 수 있습니다.

켈빈 경은 우주의 모든 것을, 하나의 근본적인 어떤 것이 다양한 상태로 나타나는 현상으로 설명하려 했습니다. 그리고 이것은 여전히 오늘날 물리학의 목표이기도 합니다. 켈빈 경의 시도는 그 시대의 과학 수준으로 이해할 수 있는 한계를 넘어선 것이었지만 그는 올바른 방향을 분명히 알고 있었습니다.

덧붙여서, 켈빈 경은 많은 실용적인 발명품(항해 나침반 기구, 해저 전신 케이블용 장치, 계산기 등)도 고안했습니다. 그는 과학뿐만 아니라 사업에서도 실용적인 사람이었습니다.

아인슈타인의 딜레마

자유 공간에서 빛의 속도에 관해 설명한 것 가운데 옳은 것은 무엇일까요?

ⓐ 항상 일정하다.

ⓑ 어떤 곳에서는 더 느리다. 광속이 항상 일정한 것은 아니다.

답: 아인슈타인의 딜레마

불경스럽게 들리겠지만, 정답은 ⓑ입니다. 중력은 빛을 구부려 휘게 만들 수 있습니다. 따라서 광선 빔의 낮은 부분은 곡선의 안쪽에서 L로부터 l로 가는 반면 빔의 높은 부분은 곡선의 바깥쪽에서, H로부터 h로 갑니다. L에서 l이, H에서 h보다 짧으므로 낮은 부분이 높은 부분보다 조금 움직입니다.

만약 손전등에서 나온 빔이 한 조각의 종이 위에 도달한다면, 빛은 높은 부분에서보다 낮은 부분에서 천천히 움직여야 합니다.

아인슈타인이 이 사실을 발표했을 때 사람들은 그에게 대놓고 비아냥거렸습니다. 아인슈타인을 비난하는 사람들은 이전에도 이미 많았습니다. 어떤 이들은 정치적 이유로, 어떤 이

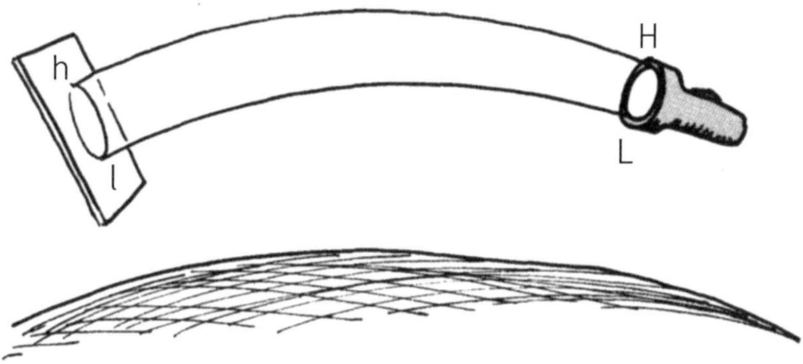

들은 풍부한 물리학적 지식을 가지고 있었는데도 아인슈타인의 이론을 도저히 이해할 수 없었기에 그를 비난했지요. 아인슈타인은 처음에 광속이 일정하다고 말했으나 이제 광속이 항상 일정한 것은 아니라고 말해야만 했습니다. 따라서 그는 비난을 듣게 되었고 해명 강연을 했습니다.

아인슈타인은 이것을 다음과 같이 설명했습니다. 중력이 전혀 없거나 또는 매우 작아 이를 무시할 수 있는 우주의 어떤 곳에서는 특수하고 간단한 경우가 적용되는데, 이것이 바로 **특수**상대성이론입니다. **특수**상대성이론에서 광속은 일정합니다. 그러나 일반적으로 우주에는 중력이 있으며 중력을 고려하면 좀 더 복잡한 경우를 취급해야 하는데 이것이 **일반**상대성이론입니다. **일반**상대성이론에서 광속은 일정하지 않습니다. **일반**상대성이론에서 광속은 지구나 질량이 큰 다른 물체에 접근함에 따라 감소합니다. 따라서 아래쪽의 빔이 지구에 더 가깝기 때문에 윗부분의 빔보다 더 천천히 갑니다.

우리는 보통 빈 공간에서 광속이 어떤지에 관해 이야기합니다. 물론 유리나 물속에서 광속은 감소합니다. 그러므로 질량 주위의 빈 공간은 마치 유리나 물로 채워진 것처럼 행동한다고 구상하는 사람도 있습니다. 이들은 광속이 질량 주위에서 감소하는 현상도 이 같은 방법으로 설명하려 하지만 대부분의 사람들은 다른 방법으로 설명하는데, 다음 '시간의 왜곡'에서는 이 문제를 다루도록 하겠습니다.

시간의 왜곡

다음 중 옳은 것은 무엇일까요?

ⓐ 정지한 상태라도 우주에는 시간이 천천히 간다고 알려진 곳이 있다.

ⓑ 시간이 천천히 가는 정지한 장소가 우주에 있다고 밝혀진 바 없다.

답: 시간의 왜곡

과학소설에서처럼 정답은 ⓐ입니다.

아인슈타인은 다음과 같은 방법으로 중력을 생각할 수 있다고 했습니다. 물건이 밑으로 떨어지는 것이 아니라 바닥이 올라오는 것이다! 실제로 바닥은 위로 가속하는 우주선의 바닥처럼 위로 가속됩니다.

다른 천체의 중력이 거의 없는 우주 공간에서 우주선이 로켓에 의해 추진할 때, 우주선 속의 모든 것은 우주선 맨 뒤로 떨어지는 것으로 보입니다. 로켓에 의해 생긴 가속도는 인공의 중력을 만듭니다. 아인슈타인은 인공의 중력 효과와 실제 중력 효과가 서로 차이가 없다고 말했습니다. (물론 인공의 중력은 단지 로켓이 연료를 다 소모할 때 까지만 지속될 수 있겠지요.)

인공의 중력과 실제 중력 사이에 차이가 없는 것으로 보이지만, 다음과 같이 한번 생각해 보겠습니다. 두 개의 섬광이 우주선 밑에서 위로 보내졌습니다. 우주선이 움직이는 연속적인 그림을 살펴보세요. 각 그림 사이는 편의상 1초 간격이라고 하겠습니다.

그림 사이에서 우주선이 움직인 거리는 우주선이 가속하고 있기 때문에 점점 증가하고 있습니다. 섬광 A는 첫 번째 화면에서 출발하고 섬광 B는 둘째 화면에서 정확히 1초 후에 출발합니다. 빛이 움직인 거리는 일정합니다. 불빛 A는 세 번째 화면에서, 불빛 B는 여섯 번째 화면에서 각각 꼭대기에 도달했습니다.

따라서 1초 간격으로 출발했던 섬광들이 3초 간격을 두고 도착합니다. 1초 간격으로 출발한 불빛들이 긴 꼬리를 남긴다고 가정하겠습니다. 섬광들은 3초 간격을 둔 긴 불빛 꼬리로 도착하게 됩니다. 도착할 때의 진동수는 출발할 때의 진동수보다 작아집니다.

아인슈타인에 따르면 우주선의 인공 중력과 실제 중력은 서로 같습니다. 만약 그 둘이 같다면, 예컨대 어떤 건물의 바닥에서 출발한 불빛은 출발할 때보다 작은 진동수로 건물의 꼭대기에 도달해야 합니다.

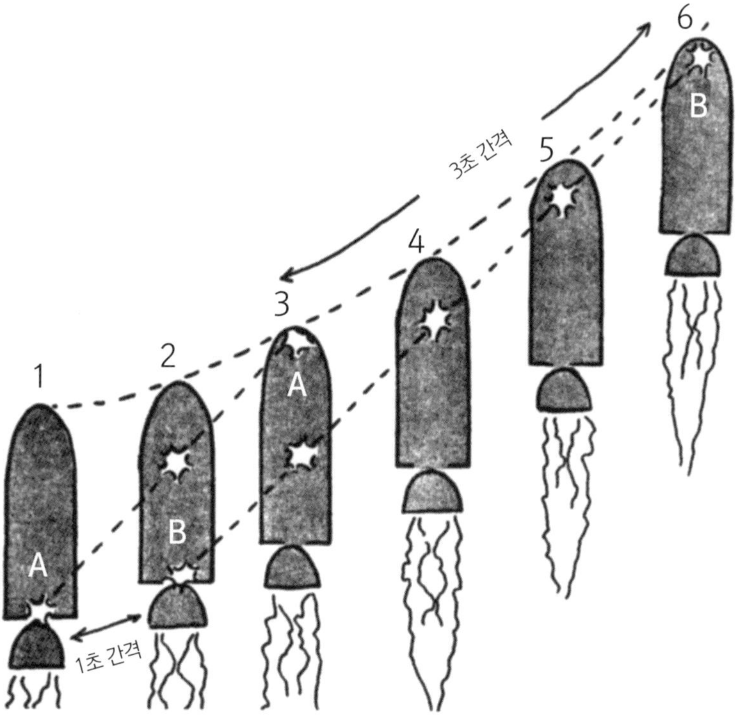

예를 들면 바닥으로부터 초당 1,000개의 비율로 불빛을 보내면 불빛들은 가령 초당 999개의 더 낮은 비율 또는 진동수로 꼭대기에 도달해야 합니다. 그러나 이것은 믿기 어려운 일입니다. 사라진 불빛은 어디로 간 것일까요? 1초 동안 1,000개가 바닥에서 출발했는데 1초 동안 단지 999개만이 꼭대기에 도달하게 된다니…… 무언가가 1초당 한 개의 섬광을 먹어 치우는 것일까요? 당연히 불빛을 먹어 치우는 것은 있을 수 없습니다.

이제 신의 한수가 필요합니다. 아인슈타인은 꼭대기에서 진동수가 바닥에서의 진동수와 달라질 수 있는 유일한 이유는, 꼭대기의 시계가 바닥의 시계와 다른 속도로 가기 때문이라는 것을 깨달았습니다. 예를 들면 정상보다 1/2 속도로 가는 시계에 따르면 24시간 동안 해가 두 번 뜨게 됩니다. 1/4 속도로 가는 시계에 의하면 네 번 뜨게 됩니다. 만약 바닥에서 불빛의 진동수가 꼭대기에서보다 크다면 그것은 바닥의 시계가 꼭대기의 시계보다 천천히 가기 때문입니다.

중력은 시간을 천천히 가게 합니다. 질량은 중력을 만듭니다. 그러므로 질량은 시간이 천천히 가게 합니다. 따라서 질량 근처에서의 시간은 질량에서 멀리 떨어진 우주 공간의 장소에서보다 더 천천히 갑니다. 사람의 발이 머리보다 더 천천히 늙는 것입니다. 얼마나 천천히 갈 수 있을까요? 만약 충분히 큰 질량만 있다면 심지어 시간을 멈추게 할 수도 있습니다.

시간이 천천히 가면 모든 것이 천천히 갑니다. 빛조차도. 이것이 바로 빛이 왜 질량 근처에서 천천히 가는가를 설명해 줍니다('아인슈타인의 딜레마' 문제를 기억하세요). 따라서 원한다면 광속은 변화시키지 않고 빛을 천천히 가게 할 수 있습니다. 시간의 속도를 변화시키면 되는 것입니다. 만약 시간을 정지시킬 수 있는 충분한 질량이 있다면 빛 또한 정지합니다. 사실상 잡히는 것이지요. 어떠한 빛도 이 질량의 함정을 벗어날 수 없습니다. 이것을 '블랙홀'이라 부릅니다.

블랙홀은 이론상으로 존재합니다. 어떤 과학자들은 블랙홀이 실제로 존재한다고 생각합니다. 아인슈타인 자신은 블랙홀이 실제로는 존재할 수 없다고 생각했습니다. 어느 쪽이든 해답은 우리가 죽기 전에 밝혀질 것으로 기대됩니다(블랙홀은 1990년대 이후 간접적으로 관찰하기 시작했고, 최근에는 중력파에 의해 직접적으로 관측한 사실이 발표되었습니다: 옮긴이).

다시 문제로 돌아와서 우주에는 시간이 천천히 가는 곳이 있을까요? 정답은 분명히 '그렇다'입니다. 우리가 지금 있는 곳이 바로 그런 곳입니다.

$E=mc^2$

유명한 방정식 $E=mc^2$ 또는 $m=E/c^2$(c는 광속)은, 주어진 에너지의 양 E를 생성하기 위해서 핵 원자로에서 질량 결손 m이 얼마나 많이 일어나야 하는가를 말해 줍니다. 다음 중 옳은 것은 무엇일까요?

ⓐ 똑같은 방정식, $E=mc^2$ 또는 $m=E/c^2$은, 손전등이 주어진 에너지의 양 E를 낼 때, 손전등의 건전지의 질량이 얼마나 많이 줄어드는지도 말해 준다.

ⓑ 방정식 $E=mc^2$은 핵에너지에는 적용되나 배터리에서의 화학에너지에서는 적용되지 않는다.

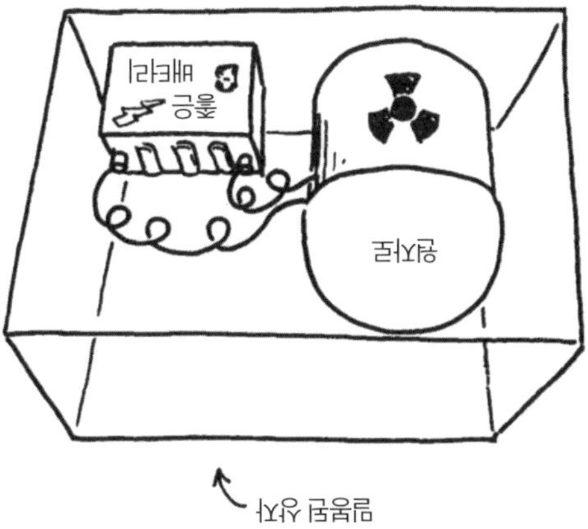

답: $E=mc^2$

정답은 ⓐ입니다. 만약 방정식 $E=mc^2$이 핵에너지 같은 한 형태의 에너지에 적용되면, 이 식은 다른 모든 종류의 에너지에도 적용되어야 합니다. 그 이유는 어렵지 않습니다. 상자 속에 핵 원자로와 건전지를 넣고 밀봉했다고 가정해 보겠습니다. 상자에서는 어떤 것도 새로 들어가거나 나올 수 없습니다. 이제 원자로에서 전기에너지를 생산해서 건전지에 들어가도록 합니다. 핵 원자로는 에너지를 발생시킴에 따라 질량이 줄어듭니다. 잃은 질량은 어디에 있을 수 있을까요? 어떤 것도 상자를 나올 수 없으니 질량이 있을 수 있는 곳은 건전지밖에 없지요. 따라서 건전지는 에너지를 얻으면서 질량을 얻게 되고, 에너지를 방출하면서 질량을 잃게 됩니다. 건전지로부터 에너지를 얻는다면 이것은 결국 건전지의 질량으로부터 얻은 셈입니다.

상대성이론에서 오토바이와 전철

초강력 전기 배터리를 장착한 오토바이와 전철을 생각해 보겠습니다. 둘 다 각각 광속에 근접한 속도로 움직이고 있습니다. 이 둘을 정지 좌표계에서 관측했을 때, 질량이 증가하는 것은 무엇일까요?

ⓐ 오토바이 ⓑ 전철 ⓒ 둘 다 ⓓ 없다.

답: 상대성이론에서 오토바이와 전철

정답은 ⓑ입니다. 움직이는 물체의 질량이 항상 증가한다는, 다시 말해 움직이는 물체의 속력이 광속에 접근함에 따라 질량이 무한대가 된다는 것은 상대성이론의 신봉자들 사이에 널리 퍼진 착각입니다. 물체의 질량은 속도가 더해질 때 증가하는 것이 아니라 오직 **에너지**가 더해질 때 증가합니다. 전철은 발전소로부터 전선을 통해 에너지를 공급받습니다. 그러나 오토바이는 에너지 공급원을 가지고 다닙니다. 전철에는 새로운 에너지가 공급되는 반면, 오토바이에는 어떤 새로운 에너지도 공급되지 않습니다. 에너지에는 관성이 있습니다. 그래서 전철의 질량은 속도에 따라 증가하지만 오토바이의 질량은 속도에 관계없이 변하지 않습니다.

재미있는 사실은 전철이 얻은 질량은 전원 공급지에서의 질량 감소량과 같다는 사실입니다. 만약 전철이 1,000kg을 얻으면, 발전소에서는 연료와 연소로 인한 생성물의 질량 1,000kg이 줄어듭니다! 오토바이의 경우 오토바이와 사람이 얻은 질량은 배터리의 질량 감소와 상쇄되어 질량의 순 변화는 없게 됩니다. 따라서 모든 물체의 질량이 단순히 그 속도가 광속으로 된다고 하여 무한대로 되지 않습니다. 결국 빛은 광속으로 움직이고 빛의 질량은 분명 무한대가 아닙니다.

보충 문제

본문에서 다룬 문제들과 유사한 다음 문제들을 스스로 풀어 보세요. 물리적으로 생각하는 것을 잊지 마시기 바랍니다. (정답과 해설은 없습니다.)

1. 우주선이 우주 정거장으로부터 $\frac{3}{4}c$의 속도로 멀어지고 있습니다. 이 우주선에서 정거장으로부터 멀어지는 방향으로 $\frac{3}{4}c$의 속력으로 로켓을 발사했습니다. 정거장에 대한 로켓의 속력은 얼마일까요?
   ⓐ $\frac{3}{4}c$보다 작다.　ⓑ $\frac{3}{4}c$　ⓒ $\frac{3}{4}c$보다 크고 c보다 작다.　ⓓ $1\frac{1}{2}c$

2. 그림자와 같은 비물질은 종종 광속을 넘을 수 있을까요?
   ⓐ 그렇다.　ⓑ 아니다.

3. 정지 상태의 길이가 각각 100m, 110m인 터널과 기차가 있습니다. 낮은 속도에서는 기차가 터널 안으로 완전히 들어갈 수 없지만 상대론적 속도에서 다음 중 어떤 좌표계에서 볼 때 기차가 완전히 터널 속으로 들어갈 수 있을까요?

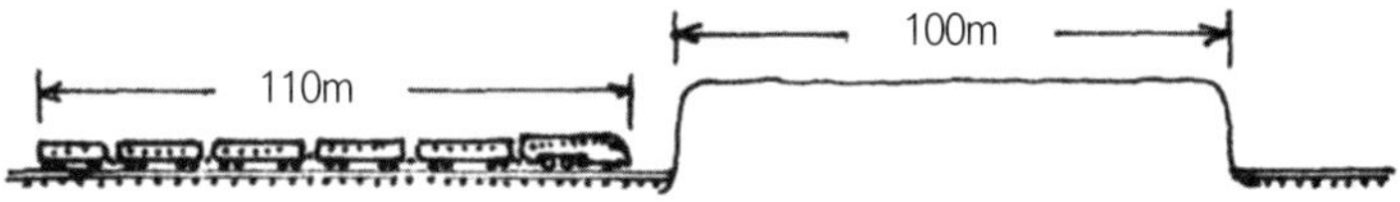

   ⓐ 터널　ⓑ 움직이는 기차　ⓒ 둘 다 모두　ⓓ 둘 다 아니다.

4. 광원이 반짝이면서 빠른 속도로 관측자에게 접근할 때, 증가하는 것은 무엇일까요?
   ⓐ 빛의 진동수
   ⓑ 빛의 속도
   ⓒ 둘 다 모두
   ⓓ 둘 다 아니다.

5. 아인슈타인의 중력이론에 따른다면 매우 무거운 물체를 지나는 빛의 속력은 멀리 떨어진 관측자에게 어떻게 나타날까요?

ⓐ 증가하는 것으로

ⓑ 감소하는 것으로

ⓒ 전혀 변하지 않는 것으로

6. 엄밀하게 고려한다면 매우 높은 건물의 바닥에 있는 사람이 볼 때 건물 꼭대기에 있는 사람은 나이를 어떻게 먹을까요?

ⓐ 느리게

ⓑ 빠르게

ⓒ 똑같이

Chapter 08

양자

Quanta

여기 수천 년에 걸쳐서 아주 조금씩 밝혀진 아이디어가 하나 있습니다. 바로 우리가 살고 있는 세계가 또 다른 세계의 결과로 이루어졌다는 것이지요. 모든 것의 바닥에 깔려 있는 세상은 우리의 시야에서 벗어나 있습니다. 너무 작아서 눈으로는 볼 수 없기 때문이지요. 이 생각에 따르면 우리는 모두 미립자 또는 분자 또는 원자 또는 핵 또는 쿼크라 불리는 매우 작은 것들로 만들어졌습니다. 마치 모든 것이 에너지와 빛, 전기조차도 양자라고 하는 작은 무리들로 이루어진 것처럼 보입니다.

만약 우리가 양자의 작동 방식을 이해한다면(세상이 단지 양자로 이루어져 있다면) 세상 전체가 어떻게 돌아가는지 이해할 수 있을 것입니다. 이것이 물리학의 꿈이지요.

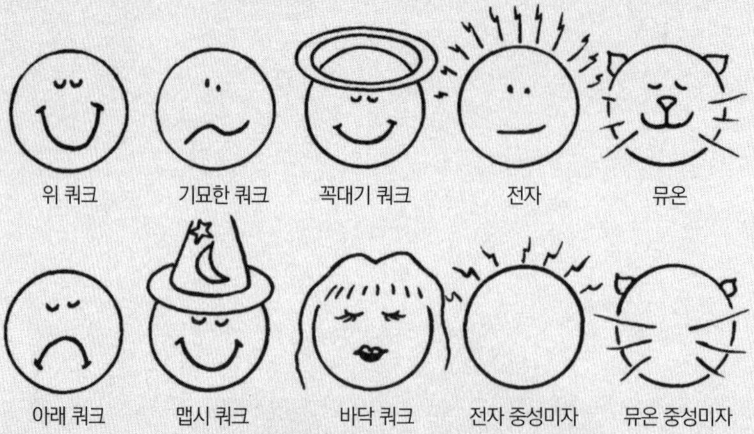

'몇몇 소립자 친구들'

보이는 것은 나타난 것으로 말미암아 된 것이 아니니라.

_「히브리서」 11장 3절

죽은 이론의 잔해

“과학은 죽은 이론들을 바탕으로 만들어졌다”고 합니다. 예를 들면 우리는 다음 중 어떤 것이 확실히 옳다고 이야기할 수 있을까요?

ⓐ 원자가 어떤 모양으로 보이는지에 대해서

ⓑ 원자가 어떤 모양으로 보이지 않는지에 대해서

ⓒ 둘 다 확실하다.

ⓓ 둘 다 확실하지 않다.

답: 죽은 이론의 잔해

정답은 ⓑ입니다. 과학책을 읽게 되면 과학자들(혹은 과학책의 저자들)은 자신들이 세상이 어떻게 움직이는지 그 작동 원리를 모두 알고 있다고 생각하는 것 같습니다. 하지만 이것은 잘못된 느낌입니다. 과학자들이 정말로 알고 있는 모든 것은 "세상이 어떻게 움직이는가?"가 아니라 "세상이 어떻게 움직이지 않는가?"입니다. 과학은 논리에 의해 증명되는 기하학과는 다르기 때문입니다. 과학에서 증명은 궁극적으로 실험에 바탕을 둡니다. 실험실은 과학의 대법원입니다.

어떤 물체가 사각형으로 관측되었다고 생각해 보겠습니다. 이 사실은 이 물체가 정말로 사각형이라는 것을 의미할까요? 그렇지 않습니다. 정밀한 현미경으로 들여다보면 이 물체는 단지 대략적으로 사각형이라는 것을 알 수 있습니다. 따라서 이 물체가 사각형이라는 것은 절대로 확신할 수 없습니다. 다만 원이 아니라는 것만은 확신할 수 있겠지요.

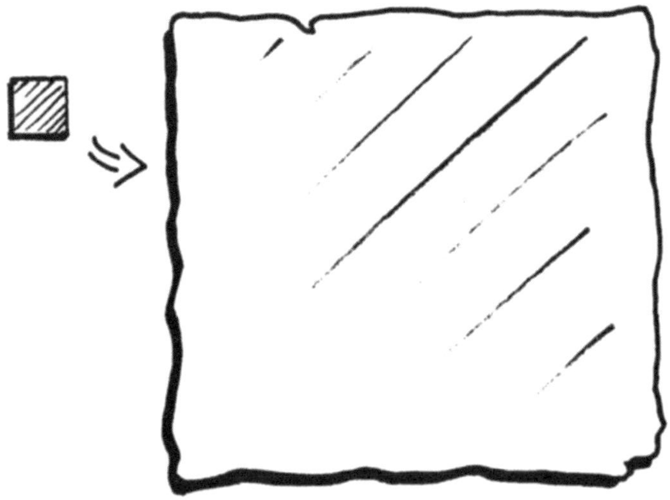

개념들이 틀렸음을 확실하게 증명할 수는 있지만, 어떤 개념도 확실하게 옳다는 것을 증명할 수는 없습니다. 아무도 원자가 어떻게 생겼는지 확실히 알 수 없지만 누구라도 원자가 고양이처럼 생기지 않았다는 것을 (확실히) 알 수 있듯 말이지요.

우주선(cosmic rays)

밤하늘에서 별빛이 쏟아집니다. 우주선[우주방사선] 또한 밤하늘에서 쏟아집니다. 쏟아진 우주선의 에너지 총량은 쏟아진 별빛의 에너지 총량과 비교하면 어떨까요?

ⓐ 쏟아진 우주선의 에너지 총량이 훨씬 적다.
ⓑ 거의 비슷하다.
ⓒ 쏟아진 우주선의 에너지 총량이 훨씬 많다.

답: 우주선(cosmic rays)

정답은 ⓑ입니다. 그렇다면 왜 별빛에 관한 시는 있어도 우주선에 대한 시는 없을까요? 우리는 우주를 보이는 대로 생각하기 때문입니다. 하지만 우리는 정말로 얼마나 많은 것을 보는 것일까요?

작게 더 작게

다음 중 더 작은 것은 무엇일까요?

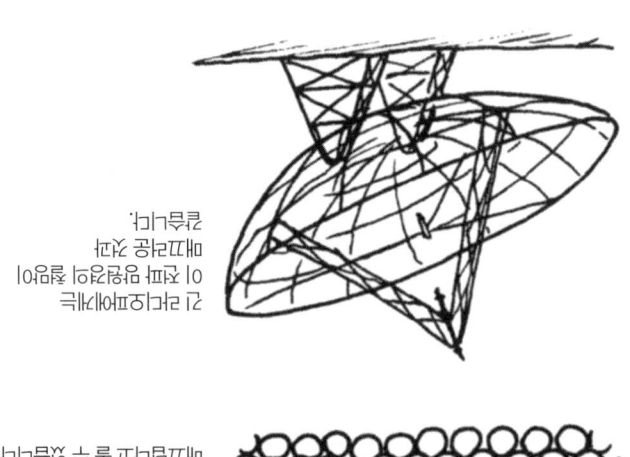

ⓐ 원자

ⓑ 광파

ⓒ 둘은 비슷한 크기이다.

답: 작게 더 작게

정답은 ⓐ입니다. 우리는 어떻게 이 사실을 알 수 있을까요? 누군가 실험실에서 측정했기 때문일까요? 그렇지 않습니다! 우리는 반사 현상을 보고 원자가 광파보다 훨씬 작다는 것을 알 수 있습니다. 만약 원자가 광파보다 훨씬 작지 않다면, 훌륭한 반사(정반사)를 할 만큼 매끄러운 면을 만드는 것이 불가능할 것입니다. 반사된 파동의 파장이 표면의 울퉁불퉁한 부분의 크기보다 훨씬 크다면, 반사가 깨끗하게(정반사) 일어날 것입니다.

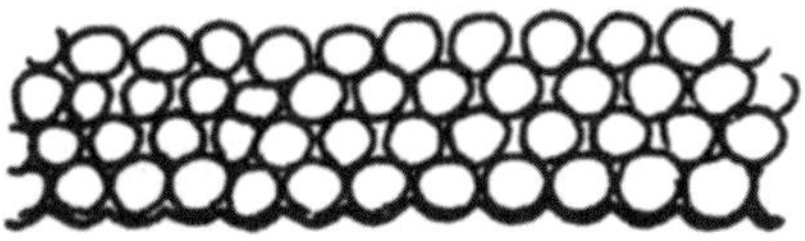

광파가 원자보다 더 크기 때문에, 광파에게 이 고체의 표면은 매끄럽다고 볼 수 있습니다.

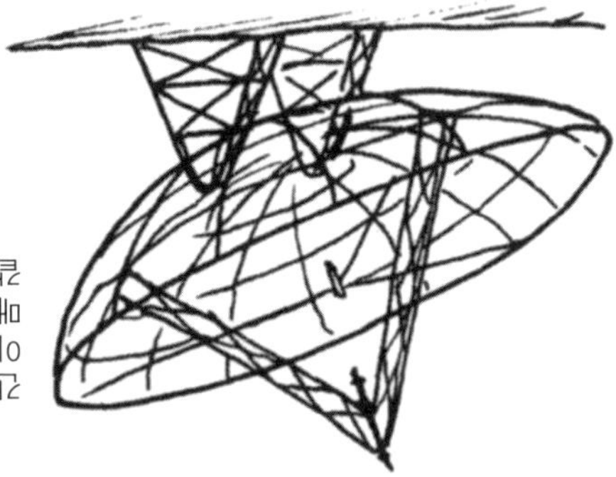

긴 라디오파에게는 이 전파 망원경의 철망이 매끄러운 것과 같습니다.

덧붙여 말하면, 만약 여러분이 자외선 망원경 거울을 만드는 중이라면 이 망원경은 가시광선 망원경 거울보다 더 매끄러운 면으로 만들어져야 할 것입니다. 반대로, 적외선 망원경은 보통 망원경 거울보다 더 거친 면으로 된 거울을 사용해도 됩니다. 전자파를 수신하는 거울은 닭 튀김할 때 쓰는 철망을 반사경으로 사용해도 될 정도로 거칠어도 됩니다.

자동차의 칠이 벗겨진 곳에 반사된 햇빛은 붉게 보입니다. 왜 그럴까요? 칠이 벗겨진다는 것은 표면이 울퉁불퉁하고 거칠다는 것입니다. 따라서 푸른색 계통의 짧은 파장은 자동차 표면에서 효과적으로 반사하기가 어렵지만 붉은색 계통의 긴 파장은 비교적 반사가 잘 됩니다. 이는 푸른색이 붉은색보다 파장이 짧다는 것을 말해 주는 좋은 예가 되지요.

뜨거운 빨강

직녀성은 푸른 별이고, 안타리스(전갈자리 성운의 가장 밝은 1등급 적색 거성: 옮긴이)는 빨간 별입니다. 둘 중 누가 더 뜨거울까요?

ⓐ 직녀성
ⓑ 안타리스

여러분이 길을 걷다가 어느 모퉁이의 가게에서 붉은 네온사인을 보았습니다. 그 안에 있는 네온은 안타리스 별만큼 뜨거울까요?

ⓐ 네온은 안타리스 별만큼 뜨겁다.
ⓑ 아니다.

답: 뜨거운 빨강

첫 번째 문제의 정답은 ⓐ입니다. 고체가 가열되면 처음에는 붉게 빛나고 온도가 계속 올라감에 따라 오렌지색으로, 다음에는 노란색, 그 다음에는 흰색으로 빛납니다. 다시 말해 온도가 계속 올라감에 따라 푸른색으로 빛나게 됩니다. 강철 공장에서는 녹아 있는 강철의 색깔로 강철의 온도를 측정합니다. 매우 높은 압력에서 빛을 내는 기체는 녹아 있는 고체의 색이 변하는 것처럼 온도에 따라 색이 변하기 때문입니다.

두 번째 문제의 정답은 ⓑ입니다. 만약 네온사인이 안타리스 별만큼 뜨겁다면 간판은 녹아 버릴 테지만 실제로 네온사인은 만져도 되고 별로 뜨겁지도 않습니다. 그렇다면 어떻게 네온사인은 붉게 빛날 수 있을까요? 빛을 내는 것이 고체도 아니고 높은 압력의 기체도 아니기 때문입니다. 빛을 내는 것은 낮은 압력의 (네온) 기체입니다. 낮은 압력의 기체는 같은 색으로 빛나는 고체만큼 에너지를 내지는 않습니다. 따라서 낮은 압력의 기체는 같은 색깔의 고체보다 훨씬 낮은 온도를 가지게 됩니다.

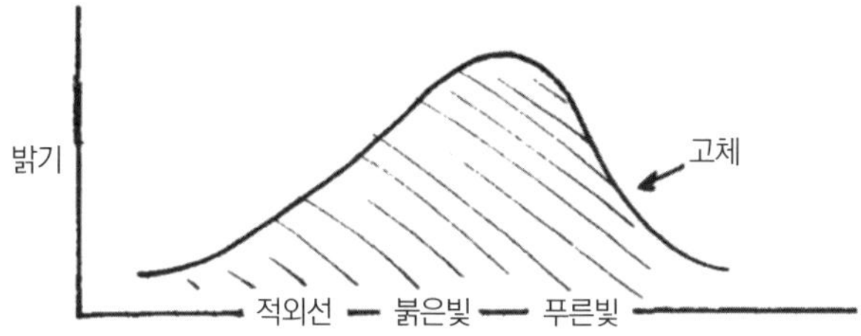

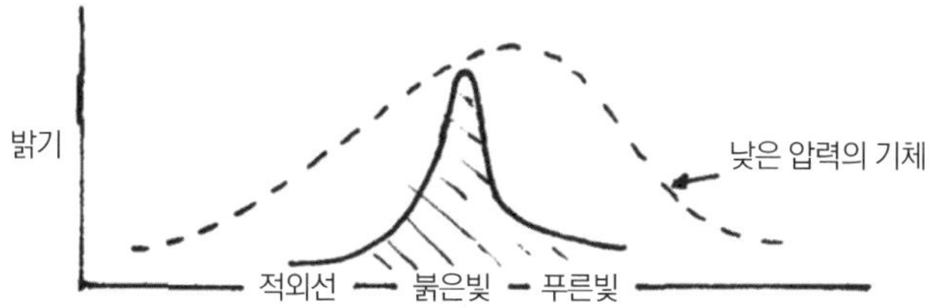

이런 현상은 프리즘에서도 관찰할 수 있습니다. 만약 여러분이 프리즘을 통해 빛을 보면 프리즘은 구성하는 모든 색깔로 그 빛을 나눕니다. 만약 프리즘을 통해 붉고 뜨거운 고체 또는 별을 본다면 **모든** 색을 다 보게 될 것입니다. 붉은색이 가장 밝게 나타나겠지만, 다른 모든 색도 붉은색과 함께 나타날 것입니다. 만약 프리즘을 통해 네온사인을 본다면, **단지** 붉은색(매우 희미한 다른 색 약간)만이 나타날 것입니다. 낮은 압력의 네온 가스는 높은 압력의 기체 또는 고체보다 적은 전자기파(적은 수의 색깔)를 방출합니다. 그래서 네온은 붉게 빛나면서도 '차갑다'고 할 수 있지요.

사라진 특성

선스펙트럼은 기체에서 방출된 빛이 얇은 슬릿을 통해 프리즘을 지나게 되면 나타납니다. 연속 스펙트럼이 나타나는 경우는 기체가 어떤 상태일 때일까요?

ⓐ 여러 종류의 원자들이 섞여 있을 때
ⓑ 낮은 압력일 때
ⓒ 높은 압력일 때
ⓓ 세 가지 모두
ⓔ 모두 아니다.

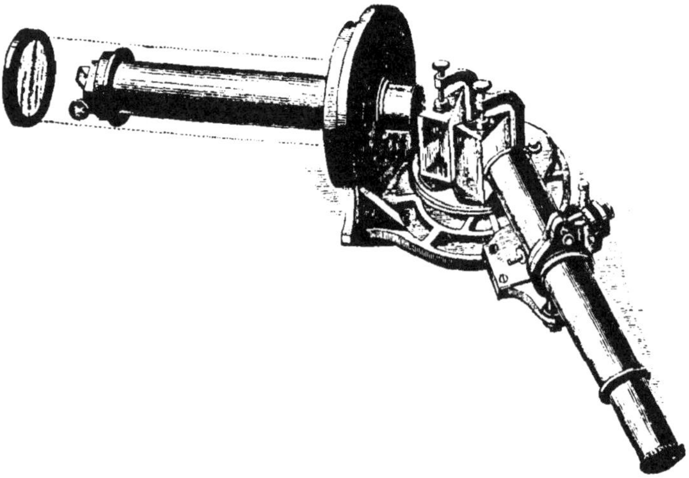

답: 사라진 특성

정답은 ©입니다. 원자가 따로 떨어져 있을 때, 원자의 전자들은 어떤 일정한 궤도 안에서 움직이게 됩니다. 원자가 에너지를 얻거나 잃게 되면 전자들이 허용된 궤도 사이를 뛰어다니게 됩니다. 각각의 점프는 특정한 에너지 값을 갖는데 이것은 특정한 어떤 색(또는 진동수나 파장)을 가진 광자가 방출된다는 의미입니다. 따라서 원자가 가열될 때 모든 색깔을 방출하지는 않습니다. 단지 어떤 특정한 색만 방출할 뿐이지요. 이것을 '선스펙트럼'이라고 부릅니다. 빛이 통과한 슬릿의 몇 가지 색의 영상만이 보이기 때문이지요. 이 영상이 선스펙트럼의 선입니다. 그리고 선스펙트럼의 선 사이는 어둡게 나타납니다.

이제 원자들이 따로 떨어져 있지 않고 다른 원자들과 함께 꽉 차 있는 상태를 의미하는 높은 압력에 있다고 생각해 보겠습니다. 원자들은 서로 다른 원자의 궤도를 방해합니다. 그러면서 새로운 다른 모양의 궤도들이 존재하기 시작합니다. 원자들이 다른 궤도로 점프를 하고, 점프에 따른 색은 달라집니다. 곧 빨간색에서 보라색까지 모든 색이 다 나타나고 여러분은 연속 스펙트럼을 보게 될 것입니다. 그래서 낮은 압력의 기체는 선스펙트럼만 나타나지만 높은 압력의 기체는 연속 스펙트럼을 보여 주는 것이지요.

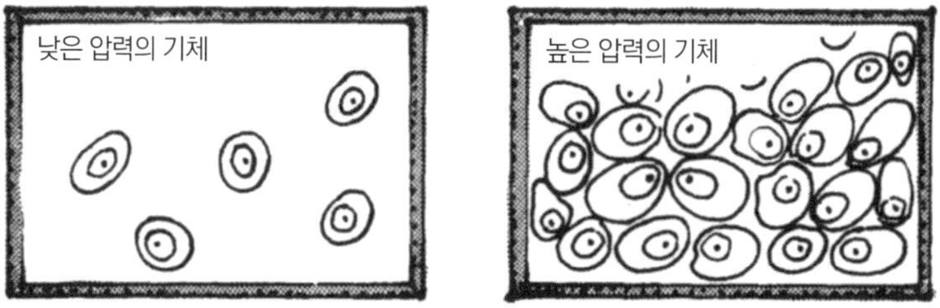

똑같은 일이 매달려 있는 종에서도 생깁니다. 매달려 있는 각각의 종들은 고유의 진동수, 음색, 특성을 갖지만 함께 묶여 있는 종들은 서로를 어지럽히게 됩니다. 종들은 각각의 진동수와 음색, 특성을 잃게 되지요. 심지어는 종소리 같은 소리를 내지 않기도 합니다.

낮은 압력의 기체에서는 원자의 개별적인 특성을 볼 수 있지만 높은 압력의 기체 혹은 고체에서는 원자의 개별적인 특성을 잃어버리게 됩니다.

경제적인 빛

40W의 백열전구와 형광등이 있습니다. 둘 중 더 많은 빛을 내는 것은 무엇일까요?

ⓐ 백열전구

ⓑ 형광등

ⓒ 둘의 밝기는 같다.

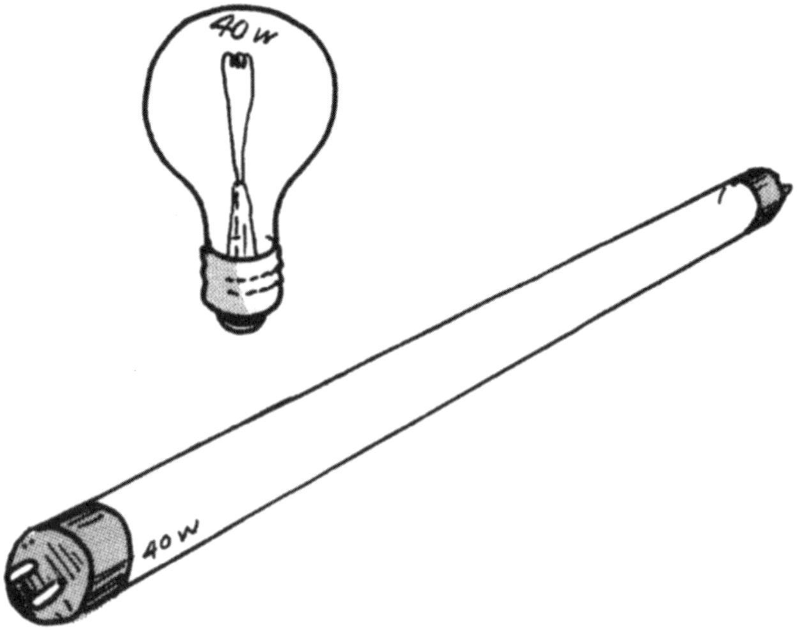

답: 경제적인 빛

정답은 ⓑ입니다. 왜냐하면 전구가 더 많은 열을 내기 때문이지요. 불 켜진 형광등에는 손을 댈 수 있지만 백열전구에는 그럴 수 없습니다. 손이 타게 될 테니까요. 백열전구를 뜨겁게 하기 위해서는 전력이 필요합니다. 형광등은 전구보다 대략 네 배 정도 빛을 많이 냅니다. 형광등에서 나오는 에너지의 대부분은 빛으로 쓰입니다. 백열전구에서 나오는 에너지는 빛뿐만 아니라 백열전구를 뜨겁게 하는 데에도 많이 사용됩니다.

이런 이유는 기체에 에너지를 줄 때와 고체에 에너지를 줄 때의 차이와 관련이 있습니다. 기체 상태에서 원자들은 상대적으로 떨어져 있지만, 고체에서는 꽉 차서 붐비는 상태입니다. 혼자 떨어져 있는 종을 때릴 때와 종으로 가득 찬 상자를 때릴 때를 생각해 보세요. 혼자 떨어져 있는 종은 매우 맑은 소리가 납니다. 종에 전달된 대부분의 에너지는 종의 고유한 음을 가지는 맑은 소리로 나옵니다. 그러나 종이 가득 든 상자는 그렇지 않습니다. 상자에서 나는 소리는 어느 하나의 종이 가진 고유하고 맑은 소리가 아니라 여러 음이 섞여 분명하지 않은 소리입니다. 음향학을 하는 사람들은 이것을 **백색소음**이라고 합니다. 흰색이 여러 색깔의 빛을 모두 합친 것처럼, 백색소음도 여러 진동수의 합성이기 때문이지요.

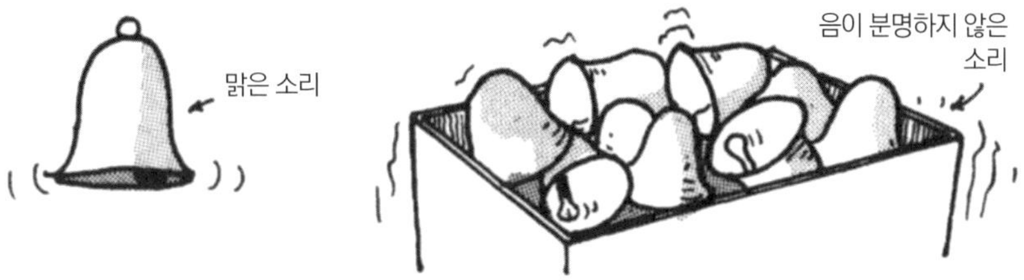

원자들은 작은 종처럼 행동하며 이들이 방출하는 전자기파는 소리와 같습니다. 고립된 원자로부터 방출되는 전자기파는 원자들의 특성에 맞는 특정한 진동수를 가집니다. 이것은 형광등에서 기체 원자들로부터 전자기파가 방출되는 현상에 해당됩니다. 형광등 속의 원자에게 주어진 에너지의 대부분은 가시광선으로 방출됩니다. 하지만 백열전구의 필라멘트 속에서 북적이는 원자들에게 주어진 에너지는 일부만 가시광선으로 방출됩니다. 에너지의 대부분은 흔히 '열 방출'이라고 불리는 적외선의 형태로 방출됩니다. 적외선은 요리하는 데는 도움이 될 수 있지만 우리 눈에 보이지는 않습니다.

만약 더 많은 전류가 백열전구의 필라멘트에 흐른다면 전구는 더욱 뜨거워지고 더 많은 열과 빛을 방출합니다. 빛이 증가하는 정도가 열이 증가하는 정도보다 크기 때문에 전구는 좀 더 효율적일 수 있습니다. 그러나 전구의 수명이 더 짧아집니다.

안전등

흑백사진 필름은 붉은빛보다 푸른빛에 더 민감합니다[암실의 안전등이 붉은색인 이유가 이 때문입니다]. 여기서 알 수 있는 사실은 무엇일까요?

ⓐ 푸른빛 1J보다 붉은빛 1J에 더 많은 광자가 있다.

ⓑ 붉은빛 1J보다 푸른빛 1J에 더 많은 광자가 있다.

ⓒ 붉은빛 1J과 푸른빛 1J에는 같은 수의 광자가 있다.

답: 안전등

정답은 ⓐ입니다. 사진 필름은 빛에서 나온 광자 한 개가 필름의 분자 한 개에 부딪쳐 화학 반응을 일으킬 때 감광됩니다.

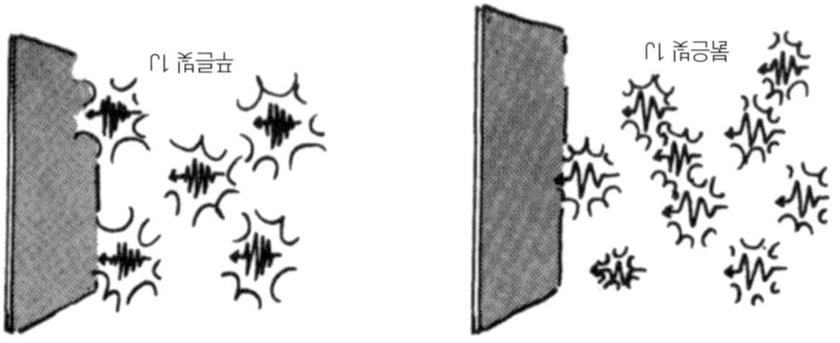

두 개의 광자가 동시에 같은 분자에 충돌할 확률은 거의 0에 가깝습니다. 우선 붉은색이든 푸른색이든 빛 1J에 든 총 에너지 양은 같아야 합니다. 만약 푸른빛이 붉은빛보다 더욱 효과적이라면 각각의 푸른색 광자는 각각의 붉은색 광자보다 더 많은 에너지를 담아야 합니다. 푸른색 광자가 필름 분자에 충돌할 때 푸른색 광자는 감광되기 위해 필요한 에너지를 가지고 있습니다. 하지만 각각의 붉은색 광자가 필름 분자에 충돌할 때 감광되지 않습니다. 각각의 붉은 광자는 더 적은 에너지를 갖기 때문이지요.

광자

광자는 빛 에너지의 작은 묶음입니다. 모든 광자들은 같은 양의 에너지를 갖습니다.

ⓐ 그렇다.
ⓑ 아니다.

모든 노란색 광자들은 같은 양의 에너지를 갖습니다.

ⓐ 그렇다.
ⓑ 아니다.

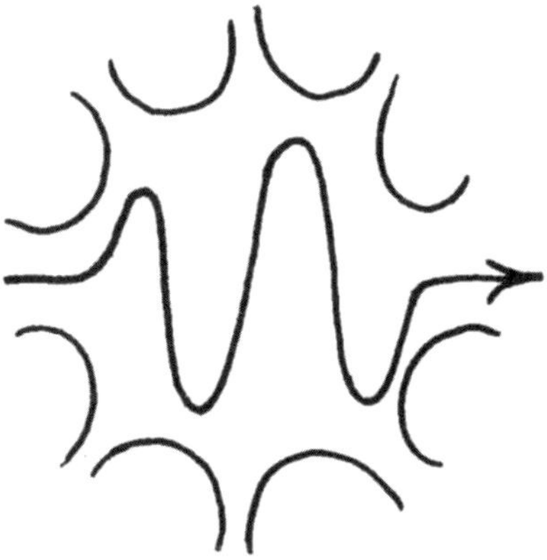

답: 광자

첫 번째 문제의 정답은 ⓑ입니다. 광자의 에너지는 색깔에 따라 다릅니다. 붉은 광자는 적외선 광자보다 더 많은 에너지를 갖고, 노랑은 빨강보다 파랑은 노랑보다 보라는 파랑보다 자외선은 보라보다 더 많은 에너지를 가집니다.

두 번째 문제의 정답은 ⓐ입니다. 같은 빛깔의 모든 노란 광자들은 어떤 (그보다 많지도 적지도 않은) 특정한 양의 에너지를 가집니다.

광자 나누기

노란빛은 반으로 잘릴 수 있고, 잘린 각각의 노란빛은 여전히 노란색입니다. 노란빛 속의 광자 한 개를 '반으로' 자를 수 있을까요? 만약 그렇게 할 수 있다면 광자는 여전히 노란색으로 보일까요?

ⓐ 반으로 자를 수 있고, 여전히 노란색으로 보일 것이다.
ⓑ 반으로 자를 수 있으나, 노란색으로 보이지 않을 것이다.
ⓒ 반으로 자를 수 없고, 비록 자를 수 있더라도 노란색으로 보이지 않을 것이다.
ⓓ 반으로 자를 수 없지만, 만약 자를 수 있다면 노란색으로 보여야 한다.

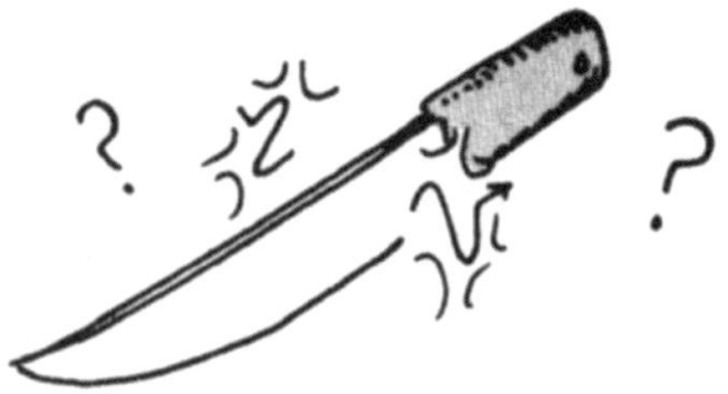

답: 광자 나누기

정답은 ⓒ입니다. 광자를 자르려고 한다면 광자가 항상 자르는 면의 어느 한쪽에 있는 것을 발견할 것입니다. 광자가 어느 쪽에 있을지 알 수 없지만 광자는 항상 자르는 면의 어느 한쪽에 완전체로 있게 됩니다. 다시 말해 자를 수 없습니다. 광자를 자를 수는 없지만 광자는 흡수될 수 있으며, 광자 한 쌍(처음의 광자보다 낮은 진동수)으로 에너지가 다시 방출됩니다. 이러한 현상은 형광물질에서 일어납니다. 형광물질의 분자는 한 개의 자외선 광자를 흡수한 뒤 한 쌍의 붉은 광자(가시광선)를 방출할 수 있습니다. 붉은 광자 두 개의 에너지 합은 자외선 광자 한 개의 에너지와 같습니다.

광자 펀치

전자기파가 에너지를 전달한다는 것은 누구나 알고 있습니다. 그래서 태양에너지가 태양으로부터 우리가 사는 곳까지 오는 것이지요. 그런데 전자기파가 운동량도 전달할까요?

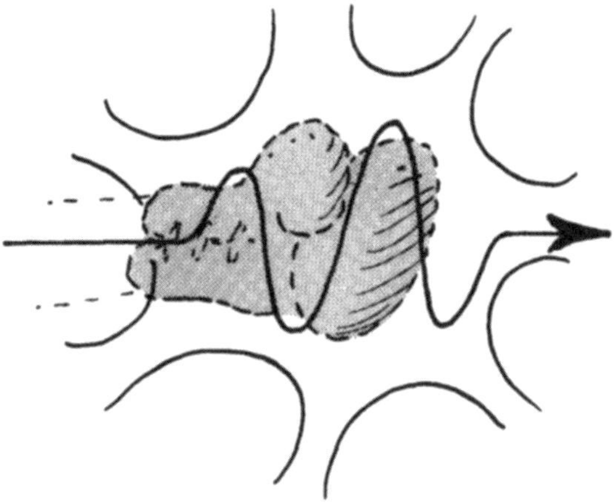

ⓐ 에너지를 전달하는 모든 전자기파는 운동량도 전달한다.

ⓑ 빛에너지는 순수한 에너지이므로 운동량을 전달하지 않는다.

ⓒ 전자기파는 에너지와 운동량 모두를 전달한다.

답: 광자 펀치

정답은 ⓒ입니다. 모든 파동이 운동량을 운반하는 것은 아닙니다. 실제로 대부분의 파동이 운반하는 총 운동량은 0입니다.● 예를 들면 수면파는 에너지를 운반하지만 떠 있는 코르크 마개를 밀어내지 않습니다. 코르크 마개는 위아래로 움직이고 곧 제자리로 돌아옵니다. 코르크가 얻은 운동량은 없습니다. 음파도 마찬가지입니다. 그러나 전자기파는 다릅니다.

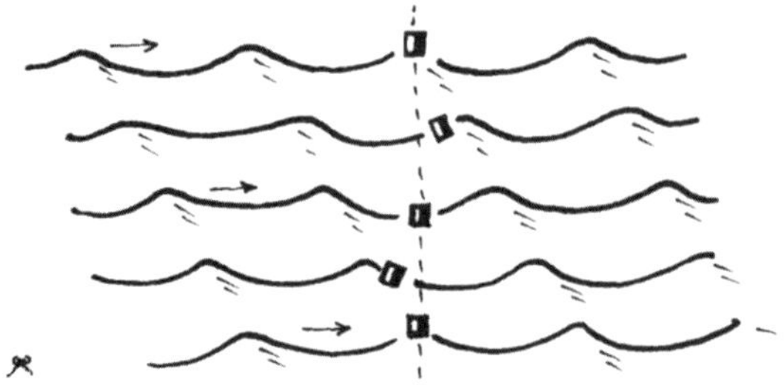

사실 전자기파는 운동량을 전달하기 때문에 특이하다고 할 수 있습니다. 혜성의 꼬리가 태양의 반대 방향으로 생기게 하는 것이 바로 태양빛의 운동량 때문이지요!

빛은 운동량을 가지기 때문에 뉴턴은 빛이 파동이라는 것을 믿을 수 없었습니다. 아인슈타인은 운동량의 어떤 성질을 통해서 빛이 질량을 가진 입자(그는 이것을 광자라고 불렀어요)라고 생각하게 되었지요. 아인슈타인은 만약 빛이 어떤 물체를 밀어낼 수 있다면, 빛은 반드시 운동량을 가져야 한다고 생각했습니다. 그런데 운동량은 질량에다 속도를 곱한 값입니다. 따라서 빛은 속도를 갖고 있을 뿐만 아니라 질량도 갖고 있다는 의미가 됩니다.

이렇게 빛이 물체에 미치는 힘을 복사 압력이라 부릅니다. 여러분은 앞의 예시들을 통해 복사 압력이 항상 태양으로부터 어떤 것을 밀어낸다고 생각할지도 모르겠습니다. 하지만 놀랍게도 항상 그렇지는 않습니다. 다음 장에서 이 문제에 대해 이야기해 보겠습니다.

● 파동에서 총 운동량은 파의 각 부분의 운동량의 합이고, 2차 효과를 무시하면 광파의 경우를 제외하고 이 합은 0입니다.

태양 복사 압력

태양 복사 압력은 무언가를 태양계 밖으로 날려 보낼 수 있을까요?

ⓐ 그렇다.

ⓑ 아니다.

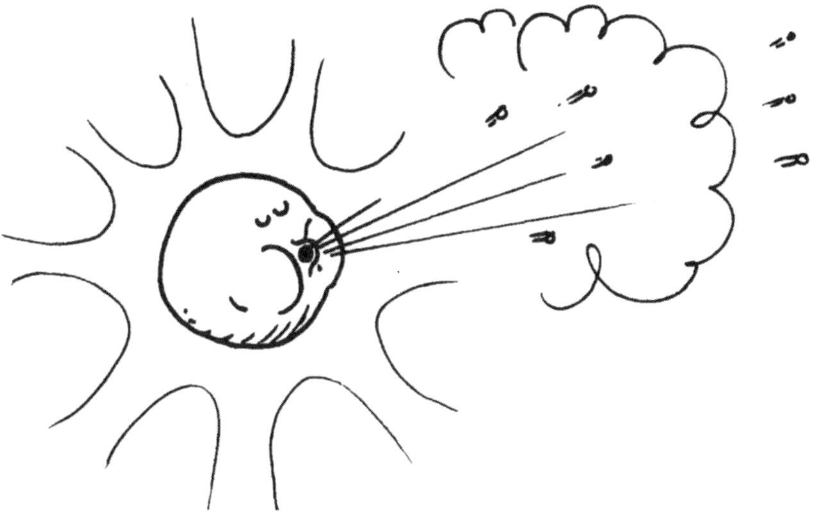

태양 복사 압력은 무언가를 태양에 떨어지도록 할 수 있을까요?

ⓐ 그렇다.

ⓑ 아니다.

답: 태양 복사 압력

첫 번째 문제의 정답은 ⓐ입니다. 태양 주변의 궤도에 있는 작은 먼지 알갱이를 생각해 보겠습니다. 알갱이에 미치는 태양 복사 압력은 알갱이 표면적(그림자의 면적) 또는 실루엣에 비례할 것입니다. 또 알갱이에 미치는 중력은 알갱이의 질량에 비례하고 알갱이의 질량은 그것의 부피에 비례하겠지요. 작은 입자는 큰 입자에 비해서 단위 부피당 넓은 그림자 면적을 가집니다. 다시 말해 만약에 이 알갱이가 아주아주 작다면, 태양 복사 압력은 중력을 넘어설 수 있다는 뜻입니다. 혜성의 꼬리가 항상 태양의 반대쪽으로 향해 있는 것은 태양 복사 압력이 중력을 넘어선 것을 보여 주는 현상입니다. 그리고 큰 빗방울은 중력의 지배를 받는 반면 바람이 작은 빗방울을 밀어낼 수 있는 것도 같은 방식으로 설명할 수 있습니다.

두 번째 문제의 정답도 ⓐ입니다. 이것은 앞부분과 모순되는 것처럼 보일 수 있지만 그렇지 않습니다. 위에서 말한 알갱이가 충분히 커서 중력이 태양 복사 압력보다 크다고 가정해 보겠습니다. 행성이나 소행성이 이런 경우에 속합니다. 그러면 알갱이는 태양계에 속박되어 있지요? 이처럼 우리가 태양 주위를 움직이는 그 알갱이를 보면 태양 빛이 알갱이 위로 비처럼 쏟아지는 것처럼 보일 것입니다. (만약 알갱이가 움직이는 궤도가 원이라면, 태양 빛은 물질의 운동 방향에 대해 수직으로 다가오겠지요.) 그러나 알갱이의 입장에서 보면 약간 다릅니다. 예를 들어 정지한 자동차에 대해 수직으로 비가 내릴 때, 움직이는 자동차 속에서 보면 비가 약간 앞쪽에서 다가옵니다. 따라서 움직이는 알갱이에서 보았을 때 태양 빛도 약간 앞쪽에서 쏟아지는 것처럼 오게 됩니다(천문학자들은 이것을 '광행차'라고 부릅니다). 복사 압력은 입자의 궤도 운동을 방해하는 성분을 가집니다. 그래서 알갱이는 궤도를 도는 속력이 점점 줄어들고 결국 나선 모양을 그리며 태양으로 천천히 떨어지게 됩니다. 이것을 '포인팅-로버트슨 효과(태양계의 진공청소기)'라고 부릅니다.

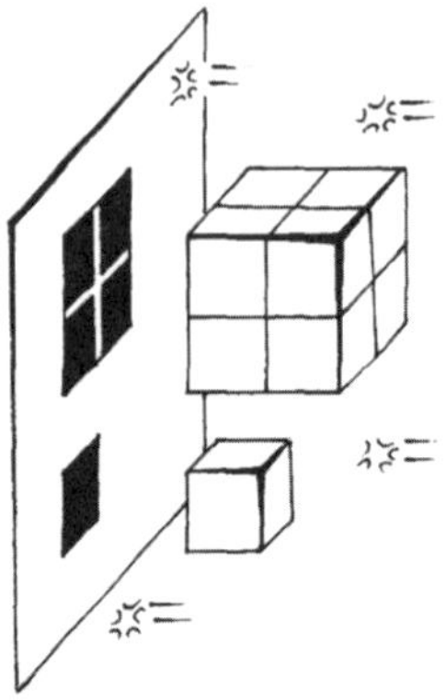

오븐 속에 무엇이 있나요?

다음 중 따뜻해진 오븐 속에 들어있는 것은 무엇일까요?

ⓐ 파장이 2m인 전자파

ⓑ 파장이 2㎜인 전자파

ⓒ 둘 다

ⓓ 둘 다 아니다.

답: 오븐 속에 무엇이 있나요?

정답은 ⓑ입니다. 전자파는 문자 그대로 오븐 속에 꼭 들어맞아야 하는데 파장이 2m인 전자파는 보통 크기의 오븐에 맞을 수가 없습니다.

파장이 2㎜인 전자파는 가정용 오븐(물론 전자레인지, 보통 가스 불 오븐 또는 장작 오븐)에서 발견할 수 있습니다. 오븐 속의 에너지는 대부분 적외선에 가깝습니다. 적외선의 파장은 전자파보다 짧지만 가시광선보다는 깁니다. 자, 이제 오븐 속에 2㎜의 라디오파가 있다는 걸 알았지요? 그런데 오븐 속에 전자파가 많이 있을까요? 아닙니다. 오븐 속에는 2㎜파가 약간 있을 뿐입니다. 하지만 오븐 속에는 오븐의 크기에 맞을 수 있는 모든 종류의 파들이 조금씩 있을 수 있다는 것이 중요한 개념입니다. 처음에는 이것이 그럴듯해 보이지만, 얼마 후에는 'X선들은 매우 작은 파이므로 오븐의 크기에 맞지 않을까?'라고 생각하게 될 것입니다. 그러면 가정용 오븐 속에 X선이 있을까요? 오븐에는 확실히 약간의 파장이 아주 작은 파는 있지만 X선은 없습니다. 왜 X선은 그 논리가 적용되지 않을까요? 왜 가정용 오븐에는 X선이 없을까요? 이제부터 이렇게 된 이유를 간단하게 살펴보겠습니다.

자외선 재앙

그림에서처럼 물통에 담긴 물을 순간적으로 널빤지로 휘저어 크고 긴 물결을 만들었습니다. 물결에 손을 대지 않으면 잠시 후 이 물결은 어떻게 될까요?

ⓐ 더 크고 긴 물결이 된다.
ⓑ 여러 개의 작고 짧은 물결(잔물결)로 된다.

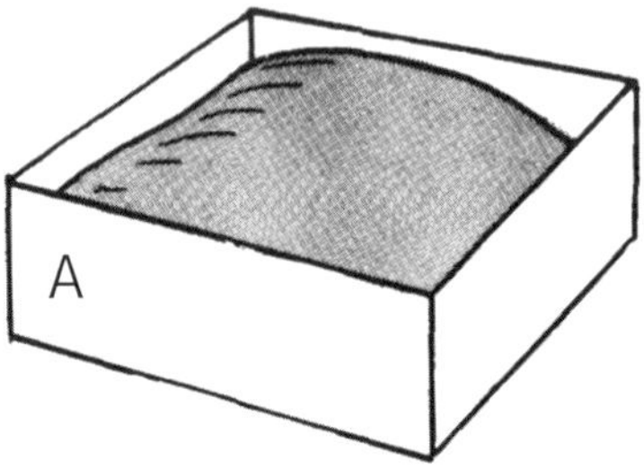

만약 광파가 물결과 같은 파동이라고 생각하고 물통에 약간의 노란빛을 넣었다면, 잠시 후 노란빛은 어떻게 될까요?

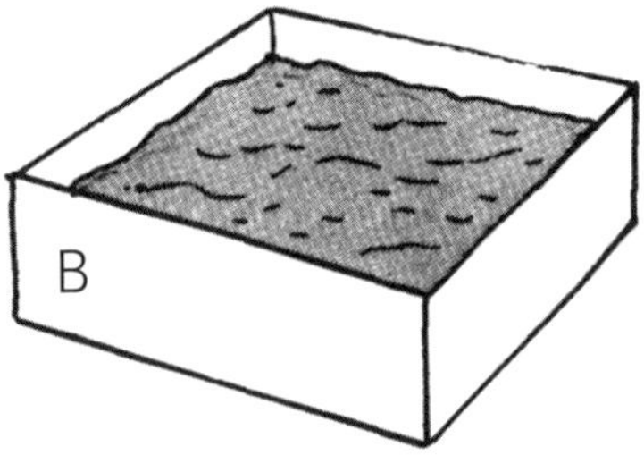

ⓐ 푸른색으로 변한다.
ⓑ 붉은색으로 변한다.
ⓒ 노란색 그대로이다.

물통 속의 광파는 실제로 물결처럼 움직이나요?

ⓐ 그렇다. ⓑ 아니다.

답: 자외선 재앙

첫 번째 문제의 정답은 ⓑ입니다. 실제로 경험해 보면 이 문제의 정답은 누구나 알 수 있습니다. 그러나 왜 파장이 긴 물결이 여러 개의 잔물결로 바뀔까요? 왜냐하면 물결의 에너지는 물통의 크기에 들어맞을 수 있는 **가능한** 모든 크기의 물결로 나누어지는데, 물통에 맞는 긴 파장보다 짧은 파장이 훨씬 더 많기 때문입니다. 이론적으로는 물통에 들어맞을 수 있는 물결의 종류는 무한대입니다. 그리고 대부분은 파장이 매우 짧지요.

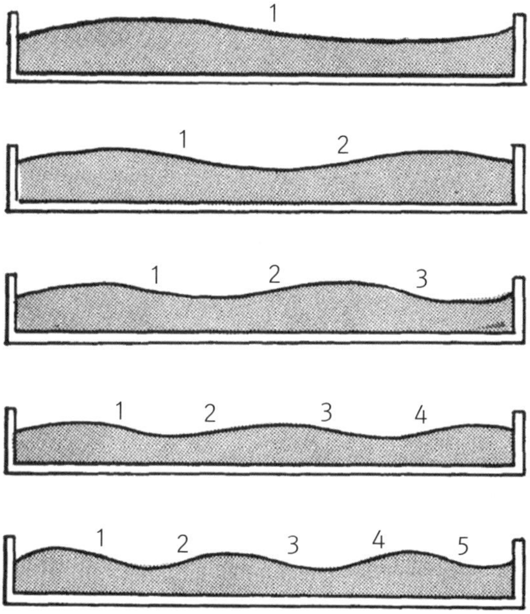

두 번째 문제의 정답은 ⓐ입니다. 통 속에 있는 파장이 긴 물결은 파장이 짧은 물결로 바뀝니다. 만약 노란색 빛의 파장이 짧아진다면 노란색 빛은 푸른색 빛으로 바뀔 것입니다(붉은색 빛은 노란색 빛보다 파장이 깁니다). 그러나 여기서 끝나지 않고, 노란색 빛은 계속 짧아져 보라색 빛이 되고 자외선, X 선이 됩니다.

마지막 문제의 정답은 ⓑ입니다. 만약 어떤 상자 속에 있는 빛을 나가게 하지 못하도록 하고 상자에 노란색 빛을 계속 공급한다면 상자의 내부는 노란색의 뜨거운 오븐이 될 것입니다. 이제 노란색 빛을 가하는 것을 멈추고 오븐을 밀봉한 채 가만히 둔다면, 그리고 만약 광파가 물결처럼 행동한다면, 노란색 빛은 푸른색 빛으로 되고 보랏빛으로, 자외선 등으로 변할 것입니다. 가정용 오븐 속의 모든 열은 자외선이 될 것입니다. 확장해서 생각하면 태양의 모든 열과 빛은 자외선이 될 것입니다. 나아가 우주의 모든 열과 빛은 자외선 복사로 변하게 될 것입니다. 자외선 재앙이 일어나는 것이지요. (그러고 나서는 곧 X선 재앙이 일어나겠지요.)

그러나 자외선 재앙은 실제로 일어나지 않습니다. 왜 그럴까요? 왜 노란색 빛의 에너지는 물결처럼 모든 다른 크기의 파들로 나누어지지 않을까요? 우선 노란색 빛의 에너지가 약간 다른 크기의 파로 나누어진다는 것을 알고 있어야 합니다. 만약 뜨거운(태양 같은) 노란색 물체를 프리즘을 통해 살펴보면 주요한 노란색 빛에 합쳐져서 붉은색 빛과 푸른색 빛이 나타납니다. 이것은 노란색의 에너지가 약간의 긴 파(붉은빛)와 약간의 짧은 파(푸른빛)로 분리된다는 뜻입니다. 그렇지만 약간의 짧은 푸른색 빛이 있더라도 대부분의 빛은 노란색으로 남습니다. 왜 그럴까요? 푸른색 빛을 만드는 것은 어렵고 자외선을 만드는 것은 더욱 어렵기 때문입니다. 어떤 특별한 색깔이나 파장의 광파를 만들려면 최소한의 정해진 에너지가 필요합니다. 파동의 에너지는 최소한 광자 한 개의 에너지와 같아야 하는데, 푸른색 광자는 붉은색 광자보다 더 많은 에너지를 필요로 합니다('안전등'과 '광자 나누기' 문제를 기억해 보세요). 에너지를 나누는 것은 카지노에서 칩의 종류를 붉은 칩, 노란 칩, 그리고 푸른 칩으로 나누어 가지는 것과 똑같습니다. 푸른 칩을 무한정 많이 가질 수는 없지요.

자, 이제 왜 노란색의 뜨거운 오븐(또는 가마)이 노란색으로 그대로 있는지 알게 되었습니다. 노란색 광파는 아주 긴 라디오파가 될 수는 없는데, 왜냐하면 이 긴 파동들은 오븐의 크기에 맞지 않기 때문입니다. 또 노란색 광파는 아주 짧은 자외선이나 X선도 될 수 없습니다. 파장이 짧은 파동을 만들기 위해서는 큰 에너지가 필요한데, 그럴 만한 충분한 에너지가 없으므로 노란색 광파는 긴 전자파도 될 수 없고 매우 짧은 자외선 또는 X선이 될 수도 없습니다.

회절

회절[모서리 주위에서 파동이 구부러지는] 현상으로 알 수 있듯이 광자는 파동처럼 행동합니다. 입자로 이루어진 선도 파동처럼 행동합니다. 우리는 파동처럼 움직이는 입자를 물질파라고 합니다. 이것과 관련하여 다음 중 옳은 것은 무엇일까요?

ⓐ 모든 파동은 구멍을 지날 때 회절이 일어난다.
ⓑ 물질파만 구멍을 지날 때 회절이 일어난다.
ⓒ 물질파만 구멍을 지날 때 회절이 일어나지 않는다.

답: 회절

정답은 ⓐ입니다. 파동은 작은 구멍을 지날 때 항상 퍼져나갑니다. 즉 회절이 일어난다는 뜻입니다. 만약 입자가 파동의 특성을 갖지 않는다면 입자는 완벽하게 직진할 것입니다. 우리는 물결파를 볼 수 있지만 우리가 볼 수 없는 파동들도 많이 있습니다.

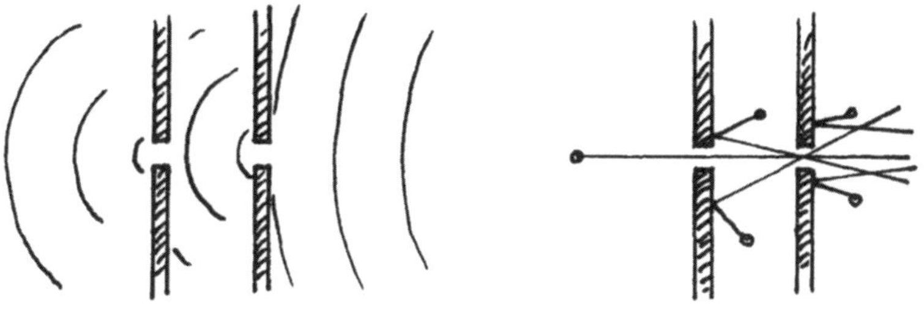

예를 들면 음파와 가시광선을 제외한 전자기파 같은 것들이지요. 우리는 이 '보이지 않는' 것들이 **파동의 성질을 가지고 움직인다**는 증거를 보고 이것들이 파동이라고 추론합니다. 파동의 성질을 가지고 움직인다는 증거 중 하나(아주 명백한 증거)가 바로 회절입니다.

불확정성에 대한 불확정성

하이젠베르크의 불확정성원리에 따르면 반드시 불확정성 h가 있어야 하는 곳은 어디일까요?

ⓐ 입자의 운동량에 있어야 한다.
ⓑ 입자의 에너지에 있어야 한다.
ⓒ 공간에서 입자의 위치에 있어야 한다.
ⓓ 입자의 일생 동안 있어야 한다.
ⓔ 모두 틀렸다.

답: 불확정성에 대한 불확정성

정답은 ⓔ입니다. (이것은 앞에 나온 '광자 나누기'의 내용을 기초로 합니다.)

불확정성원리는 전자와 양성자 같은 '입자'의 파동성 때문에 생겨난 것입니다. 파동은 입자의 동역학(입자의 운동량, 에너지 그리고 각운동량)을 설명해 줄 수 있습니다. 또한 파동은 시간과 공간을 통해 진행합니다. 우리는 공간을 통해 움직이는 파동의 파장으로 입자의 운동량을 알 수 있고, 시간을 통해 움직이는 파의 진동수로 입자의 에너지를 알 수 있습니다. 그러나 파동은 입자를 정확하게 나타낼 수 없습니다! 입자는 공간 내에서 오직 한 장소에 위치합니다. 하지만 파동은 오직 한 장소에 위치하지 않습니다. 이런 파동과 입자 사이의 불일치는 절대로 해결될 수 없습니다. 이러한 불일치는 단지 절충될 수 있을 뿐이며 그것도 불확정성원리에 의해 이루어집니다. 만약 영원히 돌아다니지 않고 한 지역에서 그저 흔들거리다가 죽은 파동이 있다면 이것은 입자와 같을 것입니다. 이런 종류의 파를 '파속(파동의 다발)'이라고 부릅니다.

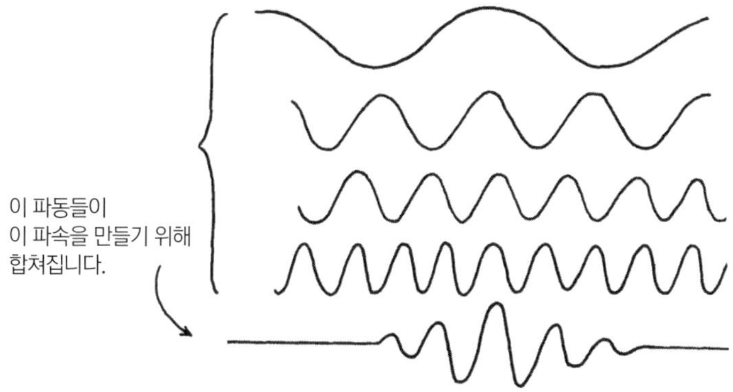

파속은 아주 많은 간단한 파동들이 서로 더해지면서 만들어집니다. 많은 파동들을 더해서 나타나는 효과 중 하나는 더해지면서 서로가 상쇄된다는 것입니다. 파동들은 서로 다른 파장이나 진동수를 가지고 있어서 일부는 같은 위상이 되고 나머지는 그렇지 않기 때문입니다. 그러나 완전히 상쇄되어서는 안 됩니다. 입자가 존재하기를 바라는 어떤 한 지점에서는 모든 파동이 같은 위상이어야 합니다. 이와 같은 방법으로 파들이 합쳐진 효과는 특별한 한 위치에서 보강되고 다른 곳에서는 상쇄가 됩니다.

따라서 우리가 입자라 부르는 파동의 다발(파속)을 만드는 것은 서로 다른 파들이 합쳐지는 것입니다. 자, 이제 감이 잡히나요?

파장이나 진동수는 입자의 운동량을 나타냅니다. 만약 다른 파동을 합친 것이 입자를 만든다면, 입자는 자연스럽게 운동량과 에너지를 가지게 될 것입니다. 이런 합성을 '불확정성'이라고 합니다.

물론 우리는 운동량이나 에너지에서 불확정성이 없기 때문에 오직 하나의 파동으로 입자를 만들 수 있습니다.

하지만 한 개의 파동은 파속을 만들지 못합니다. 하나의 파동은 영원히 움직입니다. 따라서 하나의 파동으로 입자를 만들면, 입자가 존재하는 위치나 시간을 알 수 없습니다. 다시 불확정성이 생깁니다. 그러나 만약 위치나 시간의 불확실함을 감수한다면 운동량이나 에너지의 불확정성은 없앨 수 있습니다. 비슷하게 만약 운동량이나 에너지의 불확실을 감수한다면 위치나 시간의 불확정성을 제거할 수 있습니다. 어떤 것에서든 불확정성의 일부를 제거할 수 있으나 **모든 것**에서 **모든** 불확정성을 제거할 수는 없습니다.

플랑크 상수로 알려진 h는 얼마만큼의 불확정성이 존재해야 하는지를 말해 줍니다. h는 빛의 속도나 전자의 전하처럼 우주의 기본 상수입니다. h는 아주 작은 값이므로 광자나 전자의 세계로 들어가기 전까지는 그 효과는 명백하지 않습니다. 그러나 명백하든 그렇지 않든 이것은 **항상** 존재합니다. 두 불확정성의 곱의 최솟값은 h입니다.

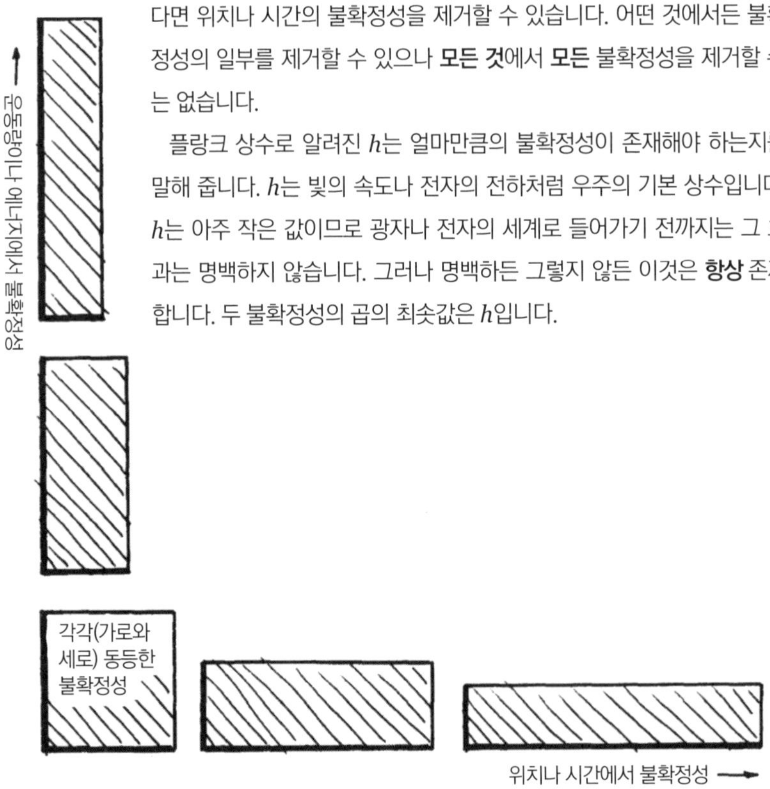

냠냠

멀리 떨어진 우주 공간에서 한 외톨이 전자가 양성자를 만납니다. 전자와 양성자 사이에 전기적으로는 끌어당기는 힘이 작용합니다. 그리고 곧 어떻게 될까요?

ⓐ 핵력에 의하여 떨어진 상태를 유지한다.
ⓑ 함께 결합되어 서로 소멸하여 순수한 에너지로 변한다. 이것이 별을 빛나게 만든다.
ⓒ 양성자는 전자를 삼켜 버린다.
ⓓ 전자는 양성자를 삼켜 버린다.

답: 냠냠

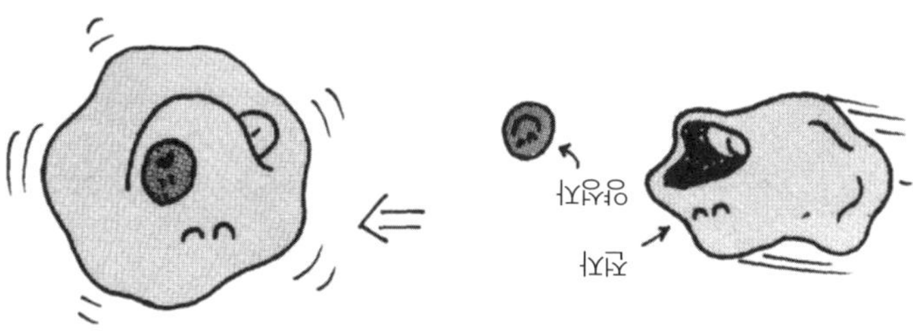

정답은 ⓓ입니다. 전자의 파속은 양성자의 파속보다 훨씬 더 큽니다. 그래서 양성자가 전자를 삼켜 버리는 일은 없습니다. 양성자의 질량 자체는 매우 작지만, 양성자의 질량은 전자 질량의 약 2천 배입니다. 그러나 전자의 질량이 아주 작다고 해서 전자의 크기가 매우 작다고 생각해서는 **안 됩니다!** (무엇보다도, 빈 공간은 질량은 없지만 우주의 대부분을 차지하고 있지 않나요?) 실제로는 전자의 파속이 양성자의 파속을 삼키게 됩니다! 크고, 가벼운 전자 파속의 중심부에 작고 무거운 양성자의 파속이 있게 됩니다. 이는 이용 가능한 에너지를 가지고 가능한 최대로 압축된 것입니다. 교과서에 나오는 재미없는 표현을 빌리자면 “이것은 자신의 가장 낮은 에너지 상태에 있다”라고 할 수 있습니다.

전자의 중심에 양성자가 있는 것은 누구일까요? 바로 수소 원자입니다.

진로를 바꾸는 궤도

어떤 사람들은 원자핵 주위를 움직이는 전자를 태양 주위를 돌고 있는 행성의 축소판으로 비교합니다. 전자가 원자핵 주변을 도는 것은 당연한 일일까요? 핵 주위의 전자가 각운동량을 가지는 것은 필수적인 일인가요?

ⓐ 그렇다.

ⓑ 아니다.

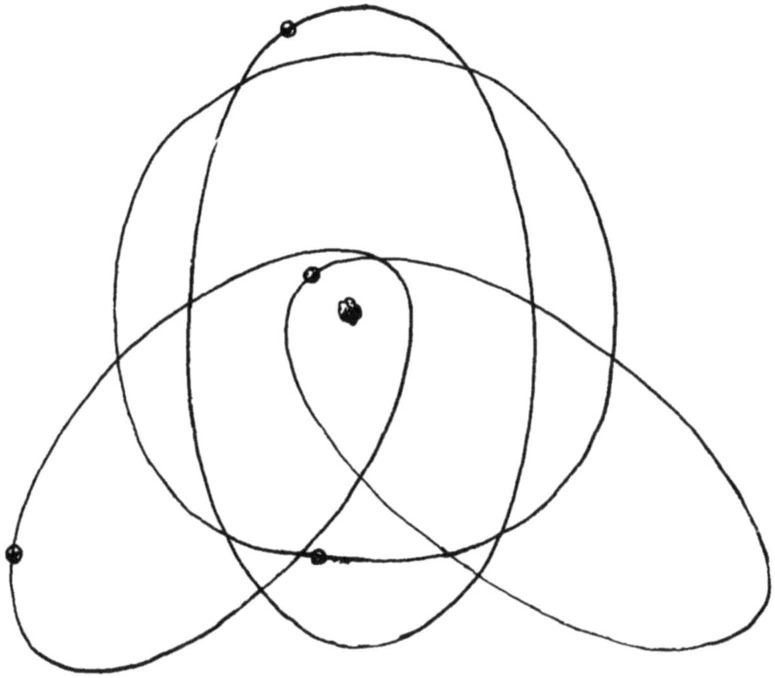

답: 진로를 바꾸는 궤도

정답은 ⓑ입니다. 인공위성이 태양과 같이 중력으로 끌어당기는 물체 주위를 돌기 위해서는 각운동량이 필요합니다. 하지만 원자 내부의 전자의 상황을 생각하면 아주 다릅니다. 전자는 실제로 핵 속으로 바로 끌려 들어갈 수도 있습니다. 하지만 전자는 즉시 다른 쪽으로 튀어나오고 다시 끌려 들어가는 과장을 반복합니다. 전자는 원자핵 속에 남아 있을 수 없고 보통은 원자핵을 꿰뚫고 지나갑니다. 이렇게 움직이는 전자를 우리는 파동 모델을 사용해서 가장 잘 이해할 수 있습니다. 즉, 이 전자의 파동은 너무 커서 작은 원자핵 속으로 맞아 들어갈 수 없습니다. 그 파동은 원자핵 주위를 원운동할 수 있고 원자핵을 바로 지나왔다가 다시 갔다가 할 수도 있습니다. 사실 모든 원자 중 가장 단순한 원자에서 가장 간단한 '궤도'에 있는 수소 원자의 전자는 궤도를 가지지 않고 단지 원자핵을 통과해 앞뒤로 운동하는 파동으로 밝혀졌습니다. 수소 원자 전자는 물리학을 전공하는 학생들이 첫 번째로 공부하는 내용입니다.

바닥상태

원자는 빛이나 열로부터 에너지를 흡수할 수 있습니다. 흡수한 에너지는 전자의 파동을 핵 근처의 낮은 궤도로부터 더 높은 궤도로 끌어올립니다. 원자가 흡수된 에너지를 방출할 때 전자의 파동은 다시 낮고 작은 궤도로 떨어집니다. 그러면 가장 작은 궤도인 바닥상태의 궤도에 있는 전자는 어떠한 에너지도 방출할 수 없습니다. 그 이유는 무엇일까요?

ⓐ 운동에너지가 0이기 때문이다.

ⓑ 전자의 파동은 그보다 더 낮고, 작은 궤도에는 맞지 않기 때문이다.

ⓒ 둘 다 맞다. ⓓ 둘 다 틀리다.

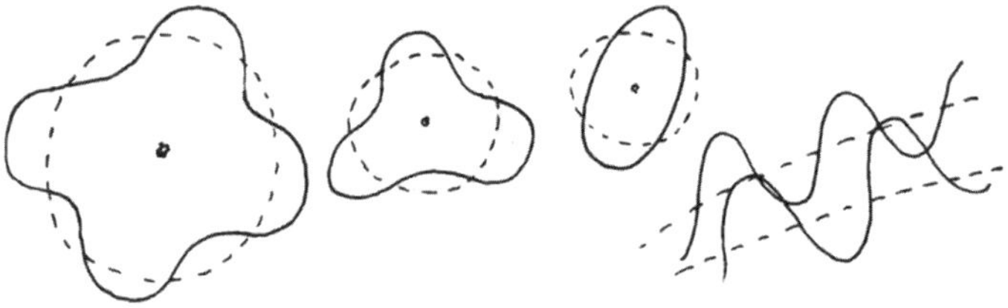

답: 바닥상태

정답은 ⓑ입니다. 전자의 파장은 궤도의 원둘레와 꼭 맞아야 합니다. 최소한 원둘레를 한 바퀴 도는 것은 한 파장과 일치합니다. 전자의 파동은 단순히 더 낮고 작은 궤도에는 맞지 않는 것입니다. 바닥상태의 궤도에서 전자의 파동은 여전히 운동에너지를 가지지만(그렇지 않다면 파동이라 할 수 없습니다), 더 작은 원둘레의 궤도에는 크기가 들어맞지 않으므로 바닥상태의 전자가 가진 에너지는 없어질 수 없습니다. 여기서 두 가지 중요한 점이 있습니다. 첫째, 서로 다른 궤도에 있는 전자의 파동은 서로 떨어져 있는 것이 아닙니다. 비록 어떤 책에서는 분리된 것처럼 잘못 그려져 있지만 사실은 상당히 겹쳐져 있습니다. 두 번째로 행성이 스스로 높은 궤도에서 낮은 궤도로 떨어질 수 없는 것처럼 전자의 파동도 스스로 높은 궤도에서 낮은 궤도로 전이할 수 없습니다. 어떤 외부적 요인이 전이를 일으키고 결과적으로 에너지를 방출하지요. 다음 문제의 주제가 이에 관한 이야기입니다.

파동일까요, 입자일까요?

원자 내에서 전자는 어떻게 행동할까요?

ⓐ 파동처럼 행동한다.　　　　ⓑ 입자처럼 행동한다.

ⓒ 둘 다

하나의 전자는 자기 자신과 간섭을 일으킬 수 있을까요?

ⓐ 그렇다.　　　　ⓑ 아니다.

답: 파동일까요, 입자일까요?

첫 번째 문제의 정답은 ⓒ이고, 두 번째 문제의 정답은 ⓐ입니다.

한 전자가 원운동을 할 때 에너지를 방출하므로('싱크로트론 복사' 문제를 기억해 보세요) 원자핵 주변을 돌고 있는 전자가 복사에너지를 영구적으로 방출할 것이라고 생각할 수 있습니다. 왜 그럴까요? 왜냐하면 전자는 파동의 형태로 원자핵 주위의 모든 곳을 스며들어 가기 때문입니다. 따라서 전자가 어디 있는지를 정확히 말할 수 없습니다. 우리는 전자가 어디에 있을지에 대한 확률 분포만을 알 수 있습니다. 이것이 바로 파동이 있는 곳입니다. 전자의 확률은 핵을 중심으로 원을 그리며 퍼져 있고, 전자가 이런 식으로 머물러 있는 한 전자의 알려진 위치에 관해서는 아무것도 변하지 않습니다. 위치가 변하지 않는 것은 운동을 하지 않는다는 뜻이고, 그러면 복사도 없다는 의미입니다.

그러면 원자는 어떻게 에너지를 방출할까요? 경우에 따라서 원자는 다른 원자나 양성자와 부딪칠 수 있습니다. 그러한 충격은 원형 파동의 일부분을 다른(낮은) 궤도로 밀어내면서 원을 찌그러뜨립니다. 원이 찌그러지면서 전자가 이제는 다른 궤도에 있을 확률이 있습니다. 그래서 이제는 한 개의 파동이 아니라 두 개의 파동이 생겼습니다. 그러한 두 파동은 서로 겹쳐서 간섭합니다. 어떤 곳에서는 보강 간섭이 다른 어떤 곳에서는 상쇄 간섭이 일어날 수 있습니다. 보강 간섭이 일어나는 곳에서는 전자를 발견할 확률이 더 높고 상쇄 간섭이 일어나는 곳에서는 전자를 발견할 확률이 더 낮습니다. 전자가 존재할 확률은 더 이상

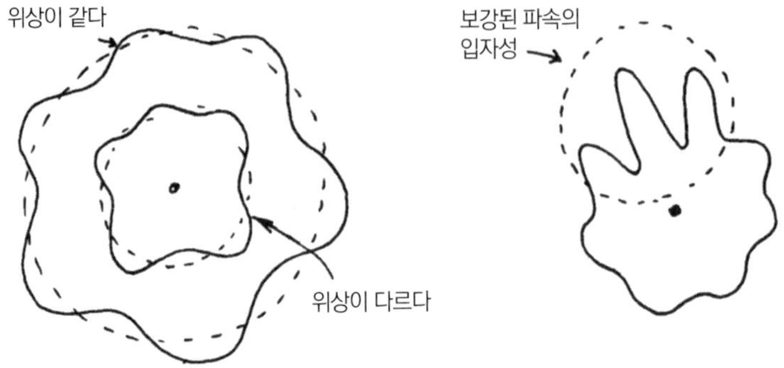

핵 주위의 '모든 곳에 원을 그리며 퍼져 있지 않습니다'. 전자가 있을 가능성이 가장 높은 곳인 파속이 원자핵 주위를 돌고, 예상대로 싱크로트론 복사를 합니다.

이런 경우에 전자 궤도의 확률은 두 궤도 사이에서 섞여 있어서 전자의 파동은 스스로 간섭을 일으킵니다. 그 간섭에 의해 생긴 파속이 입자처럼 행동하게 됩니다.

중요한 것은 복사를 일으키기 위해 무언가가 파동의 일부를 더 낮은 궤도로 밀어낸다는 점입니다.● 레이저에서는 지나가는 전자기파 속의 광자가 파동을 밀어냅니다. 이때 전자기파는 전자의 파속을 형성하는 궤도로 정확하게 밀어냅니다. 그러면 이 파속은 통과하는 파의 진동수로 원자 주위를 진동하게 됩니다. 이것을 공명 효과라고 합니다('밀어 올리기' 문제를 기억해 보세요).

원자가 우주 공간에 고립되어 있다고 가정해 보겠습니다. 만약 충분한 에너지를 가지고 있다면 전자는 스스로 복사에너지를 방출할 것입니다. 그러면 복사의 원인은 무엇일까요? 파동의 일부를 다른 궤도로 밀어내는 것은 또 무엇일까요? 이는 매우 중요한 문제입니다. 그리고 이것은 새로운 낯선 개념에 대한 열쇠가 될 수 있지요. 답은 공간일 수 있습니다. 전자기파나 광자가 없는 어두운 빈 공간은 실체가 없는 광자를 가지고 있습니다. 실체가 없는 광자는 불확정성원리가 허용하는 매우 짧은 시간 동안 불쑥 나타났다 사라집니다. (불확정성을 떠올려 보세요. 시간이 매우 짧다면 에너지는 거의 알 수 없습니다. 그리고 만약 에너지가 알려져 있지 않다면 그것은 0은 아닐 것입니다. 그래서 모든 종류의 물체는 아주 짧은 시간 동안 공간에 존재할 수 있습니다. 이상하게 느껴질 수 있지만 사실입니다!) 더욱이 자발적으로 복사를 일으키게 하는 것은 이러한 유령 광자라는 존재입니다. 물론 광자들이 실체적인 것을 수행한다면 유령 광자라고 부를 수 없습니다. 그래서 이것들을 가상 광자(virtual photon)라고 부릅니다. 이것은 라틴어로 '실체가 아닌 것(phantom)'이라는 의미입니다.

● 이것은 루이스 엡스타인의 유명한 문제 중 하나입니다.

전자의 질량

한 개의 전자의 전하가 무한한 공간에 퍼져 있다고 생각해 보겠습니다. 이 전하를 전자의 크기와 같은 아주 작은 부피로 압축시키기 위해 일이 필요할 것입니다. 그러면 이 일을 하는 데 필요한 에너지는 어느 정도일까요?

ⓐ 거의 0

ⓑ 전자의 질량에 해당하는 에너지

ⓒ 거의 무한대

답: 전자의 질량

정답은 ⓑ입니다. 물질이란 에너지가 응결된 형태입니다. 질량-에너지 등가는 아인슈타인의 유명한 방정식 $E=mc^2$으로 주어집니다. 전자의 크기로 줄어든 전하의 퍼텐셜에너지와 등가(같은 양)의 질량은 바로 전자의 질량입니다.

또 다른 방법으로 이 사실에 대해 살펴보겠습니다. 전자를 무한한 크기의 파속이라고 생각해 보겠습니다. 이 전자를 압축하면 파장이 짧아집니다. 무한한 크기의 파속을 전자의 크기로 줄이는 데 드는 일은 전자의 등가 질량에 가까운 파장과 그 파장에 해당하는 진동수와 에너지를 낳을 것입니다. 재미있는 것은 전자의 질량을 설명하는 완전히 다른 이 두 가지 방법이 137이라는 숫자만큼의 차이가 있는데요. 이 숫자는 매우 중요합니다. 물리학에서 자주 등장하니 기억해 두세요. [물리에서 1/137을 미세구조상수(fine-structure constant)라고 하고 보통 알파(α)로 부르는데 전자기 상호 작용의 측정에 중요한 역할을 하는 상수입니다. 1916년 조머펠트가 최초로 도입할 때는 보어의 원자 모델에서 핵에 가장 가까운 원궤도를 움직이는 전자의 속력과 빛의 속력의 비로 구한 값입니다. 이후 현대 물리의 여러 분야에서 자주 등장하는 상수입니다: 옮긴이]

전자 압축

한 개의 전자를 계속해서 압축하면 어떻게 될까요?

ⓐ 무한히 큰 밀도의 파속이 된다.

ⓑ 더 많은 전자가 생긴다.

ⓒ 위의 사실 모두 아니다.

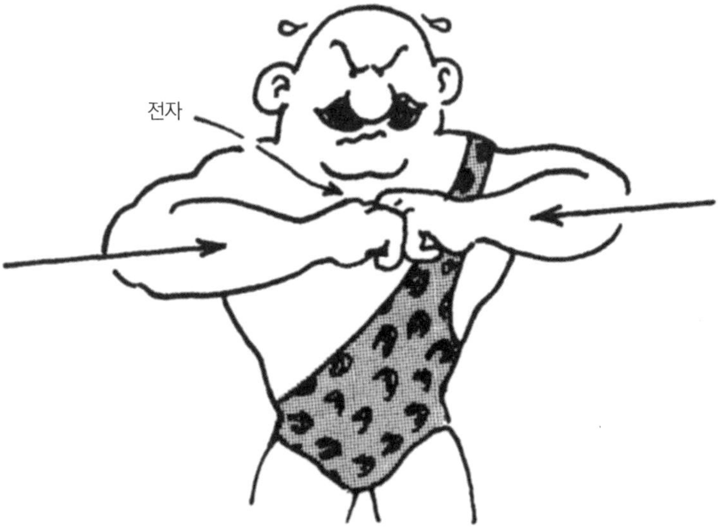

답: 전자 압축

정답은 ⓑ입니다. 짧은 파장을 가지는 전자기파가 존재하기 위해서는 높은 에너지가 필요합니다. 그렇기 때문에 파속을 압축하는 데는 에너지가 필요합니다. 전자의 파속을 점점 작게 만들려면 더 많은 에너지를 주어야 한다는 뜻입니다. 파속을 쥐어짤 수 있는 충분한 에너지가 주어지면 추가적인 전자와 함께 양전자(positron)라고 불리는 서로 대응되는 반전자(anti-electron)를 만듭니다. 즉, 압축을 계속하면 더 작은 전자를 만드는 것이 아니라 더 많은 수의 전자를 만들게 된다는 것이지요.

반물질의 질량

반물질은 물질의 질량에 반하는 질량반질량을 가질까요?

ⓐ 그렇다. ⓑ 아니다.

답: 반물질의 질량

정답은 ⓑ입니다. 반전자는 양의 전하를 띠고 있다는 것만 제외하면 전자와 같습니다. 그러면 반전자의 질량은 전자의 질량과 다른 성질을 가질까요? 아닙니다. 이유를 생각해 보겠습니다. 반전자가 전자를 만나면 그들은 서로를 소멸시키고(쌍소멸) 복사에너지를 폭발적으로 방출합니다. 대개는 강력한 X선이지요. 그래서 쌍소멸 후에 에너지가 남아 있는 것입니다. 그리고 에너지는 곧 질량입니다. 만약 전자와 반전자가 서로 같지만 반대의 질량을 가진다면, 반응 후에 이들의 총 질량은 0이 되어야 할 것입니다. 질량이 0이라는 의미는 복사에너지를 방출하지 않는다는 뜻인데 이것은 사실과 다릅니다. 즉 X선의 질량은 전자 두 개의 질량에 해당합니다. 전자와 반전자의 질량이 같다는 말이지요. 추가로, 모든 반물질이 전하가 반대인 것은 아닙니다. 예를 들면 중성자와 반중성자는 둘 다 전하를 가지지 않지만, 그럼에도 둘이 만나면 서로를 파괴하고 에너지를 방출합니다.

마법의 양탄자

반물질로 만들어진 우주선이 있다면 지구의 중력은 우주선을 잡아당기는 대신 위로 밀어 올릴 것입니다. 마법의 양탄자처럼 말이지요.

ⓐ 참이다.

ⓑ 거짓이다.

답: 마법의 양탄자

정답은 ⓑ입니다. 반물질의 질량은 복사 질량으로 변환될 수 있습니다. 그리고 복사 질량도 다른 모든 물질들의 질량처럼 중력의 영향을 받습니다. 태양의 중력이 태양 근처를 지나가는 빛을 휘어지게 하는 사실을 떠올려 보세요(빛은 복사의 형태입니다). 만약 한 물체가 질량이 있다면 이것은 중력의 영향을 받는 동시에 중력의 원인이 되기도 합니다. 그리고 이것의 반물질은 질량을 가집니다. 진짜 질량이지요.

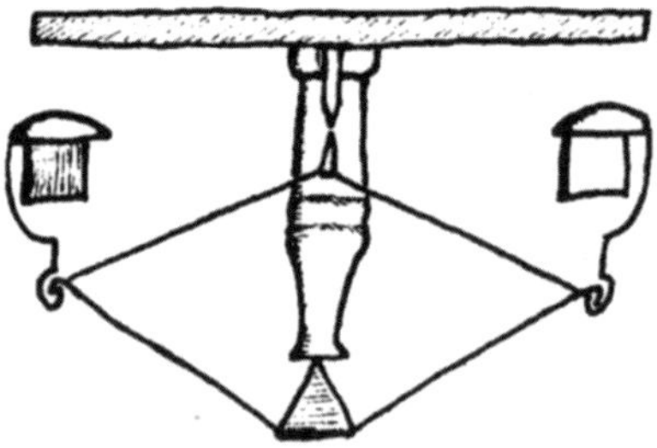

딱딱함과 부드러움

은하수는 때때로 서로 충돌합니다. 원자핵도 마찬가지로 서로 충돌하기도 합니다.● 다음 그림은 전형적인 충돌 경로와 이에 따라 휘는 모습을 나타낸 것입니다. 그림 I에서 충돌하는 물체는 충격에 의해 도로 튀어나오고, 그림 II에서는 거의 방향이 변하지 않고 계속해서 나아가는 것을 볼 수 있습니다. 그림 I과 그림 II는 각각 무엇의 충돌을 보여 주는 것일까요?

ⓐ 그림 I은 은하의 충돌, 그림 II는 핵의 충돌을 보여 주고 있다.
ⓑ 그림 I은 핵의 충돌, 그림 II는 은하의 충돌을 보여 주고 있다.

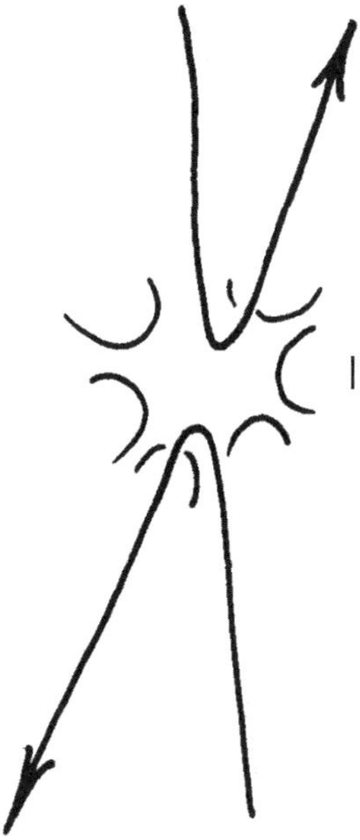

● 높은 속력의 핵은 우주선이나 방사성 원자, 입자가속기에서 나옵니다.

답: 딱딱함과 부드러움

정답은 ⓑ입니다. 은하수는 수십억 개의 별들이 모여 있는 형태입니다. 우리는 은하수(Milky Way)라고 불리는 은하에 살고 있지요. 때때로 먼 은하가 서로 충돌하는 것이 관찰됩니다. 하지만 은하의 별은 거대한 부피를 차지하며 우주 공간에 퍼져 있기 때문에 각각의 별들끼리 충돌은 거의 일어나지 않습니다. 그러므로 은하들의 충돌은 그렇게 심각한 것이 아닙니다. (충돌할 때 우주에 있는 별의 밀도는 현재의 밀도보다 기껏해야 두 배 정도 되고 별은 더 넓게 퍼져 나갑니다.)

은하는 너무나도 거대해서 서로 접촉할 때에도 각 은하의 중심이 10만 광년 정도 떨어져 있어 그들 사이의 중력은 그렇게 강하지 않습니다. 은하가 서로 꿰뚫고 지나갈 때 중력은 더 강해지는 것이 아니라 더 약해집니다! (땅속으로 굴을 뚫고 들어갈 때 중력이 약해지는 것과 똑같습니다. '지구의 내부 공간' 문제를 떠올려 보세요.)

서로 작용하는 힘의 크기는 작고 은하의 질량은 크기 때문에 은하는 충돌 후에도 그림 II처럼 거의 직선으로 계속해서 나아가게 됩니다. 이때 경로는 아주 조금 치우치게 됩니다. 이것을 부드러운 충돌(soft collision)이라고 합니다.

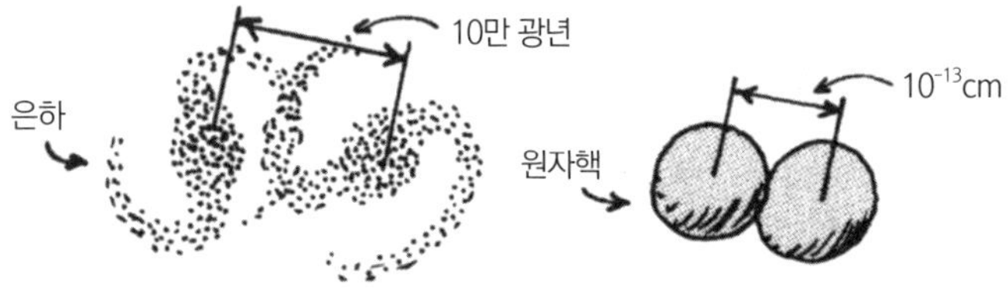

반면에 원자핵은 매우 작고 밀도가 매우 크며 딱딱합니다. 충돌하는 핵의 중심은 $\frac{1}{10,000,000,000,000}=10^{-13}$cm 정도의 엄청나게 가까운 거리까지 접근합니다. 그리고 핵 사이의 힘은 정전기력과 핵력인데, 둘 다 중력보다 더 강합니다. 충돌하는 핵 사이에 작용하는 힘은 크고 핵의 질량은 작아서 핵의 경로는 충돌에 의해 심하게 뒤틀릴 수 있습니다. 경로가 크게 휘게 됩니다. 이것을 단단한 충돌(hard collision)이라고 부릅니다.

이 이야기를 과학 역사의 관점에서 살펴보겠습니다. 처음에는 핵이 딱딱한지 부드러운지 아무도 몰랐습니다. 아무도 이것을 본 적이 없었겠지요. 당시 사람들은 핵이 부드럽다고 생각했습니다. 그런데 러더퍼드라는 사람이 얇은 금박 속의 원자핵에 방사성 물질로부터 나오는 원자핵을 실제로 충돌시켜 핵의 경로가 충돌에 의해 어떻게 변하는지를 실험했습니다. 원자핵의 경로가 매우 크게 바뀌는 것을 관찰하고, 러더퍼드는 자신이 결코 본 적은 없지만 원자핵이 딱딱하다는 것을 알게 되었습니다.

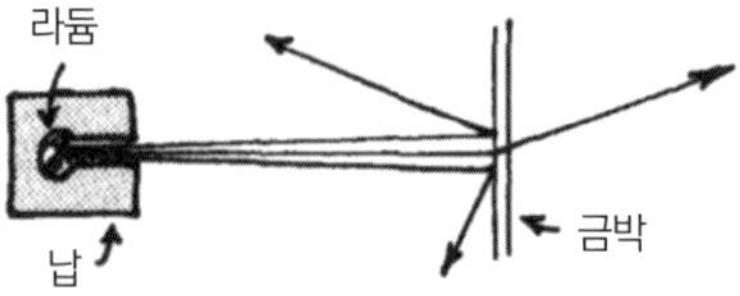

제이만(Zeeman) 효과

우리는 태양이 자기장을 가지고 있다는 사실을 어떻게 알게 되었을까요?

ⓐ 태양 근처로 가는 우주선에서 측정해 본 결과 알게 되었다.

ⓑ 지구 위에 있는 자기나침반에서 태양자기장의 효과를 관측한 결과 알게 되었다.

ⓒ 중력을 가지는 것은 자성도 또한 가져야 한다는 사실로부터 추론해서 알게 되었다.

ⓓ 태양으로부터 오는 빛이 자성을 가지는 것을 확인함으로써 알게 되었다.

ⓔ 사실 태양 자기장에 대해 아는 것이 없으므로, 현재까지는 알 수 있는 방법이 없다.

답: 제이만(Zeeman) 효과

정답은 ⓓ입니다. 여러분이 만약 프리즘을 통해 형광등 불빛을 들여다본다면 검은 바탕 위에 분리된 여러 개의 색깔 띠, 즉 스펙트럼을 볼 수 있습니다.

지난 19세기 후반에 네덜란드의 물리학자 제이만은 광원을 강한 자기장 속에 놓아두면 이 스펙트럼의 선이 각각 세 개의 성분으로 분리된다는 사실을 발견했습니다. 20세기 초에 강력한 분광기로 태양스펙트럼을 조사했을 때 태양스펙트럼의 선이 분리되어 있다는 것이 관찰되었습니다.

최초의 접근

제이만 효과를 이용하여 물리학자들이 최초로 원자에 있는 전자를 제어할 수 있었기 때문에[1896년] 물리학자들은 제이만 효과에 매우 열광했습니다. 이 제어 방법은 바로 자성과 자기력이 선을 분리하는 것이었습니다. 에너지의 방출이나 흡수할 때 생기는 스펙트럼선이 자기장 속에 놓일 때, 스펙트럼선이 갈라지는 이유는 무엇일까요?

ⓐ 자기력은 광자의 색깔을 조금 변화시킬 수 있기 때문이다.

ⓑ 자기력은 어떤 기체는 끌어당기고 어떤 기체는 밀어내기 때문이다.

ⓒ 자기력은 전자가 원자 안에서 움직이는 방법을 변화시키기 때문이다.

ⓓ 자기력은 광자를 분리시키기 때문이다.

답: 최초의 접근

정답은 ⓒ입니다. 무엇이 선스펙트럼을 만드는 것일까요? 스펙트럼이 선으로 분리되는 것은 빛을 내는 기체의 원자 내 전자의 궤도에 자기장이 영향을 미치기 때문입니다. 기체 원자의 핵 주위를 공전할 때 전자가 갖는 진동수의 변화가 생기면 스펙트럼의 위치도 변할 것입니다. 자기장은 이 진동수에 영향을 미칩니다. 자기장 속을 움직이는 전자는 자기장의 방향과 전자의 속력에 의해 변하는 힘을 받습니다. 전자가 자기장의 방향과 나란히 움직인다면 힘을 받지 않습니다. 하지만 자기장에 수직으로 움직이면 자기장의 방향과 전자의 운동 방향 모두에 수직인 힘이 생깁니다.

이 힘이 어떻게 전자의 궤도 운동에 영향을 미칠까요? 전자의 궤도 운동은 그림에서 보는 것처럼 원 모양이라고 생각하면 됩니다. 이 원 모양은 자기장에 평행한 방향으로 진동하는 것과 동시에 자기장에 수직입니다. 이때 자기장에 나란한 운동 성분은 자기장의 영향을 받지 않습니다. 오직 자기장에 수직인 궤도 운동이 자기장의 영향을 받습니다. 전자가 어떤 방향으로 궤도 운동을 하는가에 따라 자기장은 핵이 전자에 가하는 구심력을 증가시키거나 감소시키는 데 영향을 미칩니다('전자 덫' 문제를 떠올려 보세요).

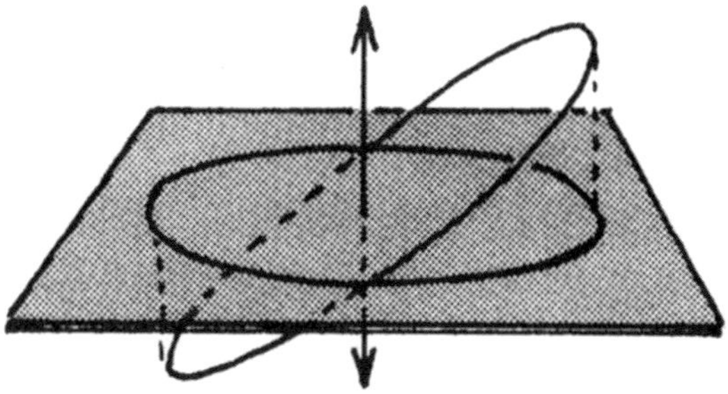

그래서 원자의 절반은 약간 높은 진동수로 전이된 전자를 가지게 되고 나머지 절반은 약간 낮은 진동수로 전이된 전자를 가집니다. 그러나 평면 방향에서 일어나는 원운동의 진동수는 전자의 공전 방향에 따라 증가하거나 감소하는 반면, 수직 방향으로 진동하는 운동의 진동수는 변하지 않습니다.

자기장에 수직인 방향에 있는 원자로부터 오는 방사선을 조사해 보면 스펙트럼선은 각각 세 부분으로 갈라집니다. 자기장과 나란한 방향의 운동에 의해 나타나는 한 개의 선은 자기장에 영향을 받지 않지만, 그 양쪽에는 각각 시계 방향이나 반시계 방향으로 회전하는 전자에 의해 생기는 두 개의 선이 생깁니다.

• **문제:** 자기장과 나란한 방향에서 볼 때 자기장에 나란한 운동에 의해 어떤 선스펙트럼을 관찰할 수 있을까요? 그리고 이 각도로 볼 때 얼마나 많은 선스펙트럼을 관찰할 수 있을까요?

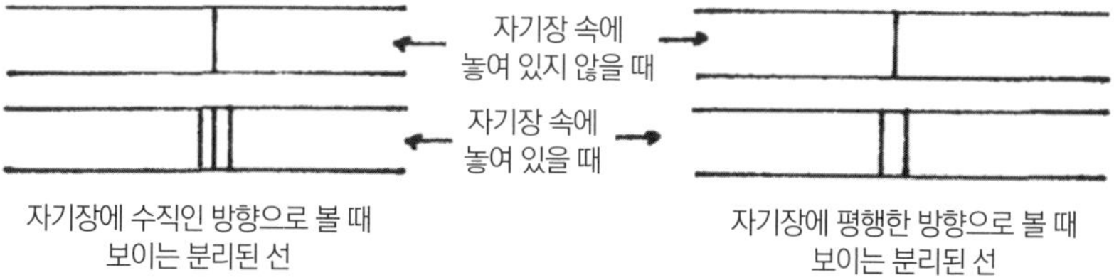

북적북적

아래 그림에서 X, Y, Z 세 개의 공은 똑같은 양전하를 가지고 있습니다. 두 공 사이의 힘이 가장 크게 작용하는 것은 어떤 경우인가요?

ⓐ X와 Y

ⓑ X와 Z

ⓒ Y와 Z

ⓓ 모든 공 사이에 작용하는 힘은 같다.

답: 북적북적

정답은 ⓒ입니다. 모든 공은 같은 부호의 전하를 가지고 있으므로 서로 밀어내는 힘을 가집니다. 그러나 Y는 X 또는 Z와 X보다도 Y와 Z가 서로 가까이 있기 때문에 Y와 Z 사이에 작용하는 척력이 가장 큽니다. 힘은 거리가 멀수록 약해집니다. 이것은 자연에 존재하는 힘인 중력, 자기력, 강한 핵력과 약한 핵력 모두에 해당되는 사실입니다. 그러나 모든 물체 사이에 작용하는 모든 힘에 관해서는 그렇지 않습니다. 예를 들어 고무줄에 작용하는 힘은 거리를 멀리 떨어지게 할수록 커집니다.

공 사이의 거리를 두 배로 하면 그들 사이에 작용하는 힘이 1/2로 줄 것이라고 예상하겠지만 사실은 1/4로 줄어듭니다. 왜 그럴까요? 대전된 입자 사이에 작용하는 힘은 거리의 제곱에 반비례하는 법칙을 따르기 때문입니다. 하지만 '가상 광자'라는 전혀 다른 접근으로 생각해 보겠습니다. 공들은 서로 가상 광자를 교환함으로써 서로 힘을 가하게 됩니다. 가상 광자는 운동량을 전달합니다. 광자의 운동량과 파장은 반비례하므로 공 사이의 거리가 두 배로 되었을 때 그에 해당하는 광자의 운동량은 반으로 줄어듭니다. 그래서 힘이 반으로 줄어든 것일까요? 아닙니다. 공 사이의 거리가 두 배로 될 때 광자가 공 사이를 운동하는 시간이 또한 두 배로 늘어나지요. 따라서 공 사이의 힘, 즉 운동량의 변화율은 다시 절반으로 줄어듭니다. 그래서 힘은 처음의 1/4이 됩니다.

반감기

멀리 떨어진 어떤 행성에 방사성 에너지 공급 장치에 의해 가동되는 우주 정거장을 남겨 두려고 합니다. 여기 질량이 같은 두 개의 공급 장치 중 하나만을 선택할 수 있습니다. 공급 장치 I은 반감기가 6개월인 방사성동위원소를 사용하고 공급 장치 II는 동력 장치 I에 비해 절반의 방사능 파워를 가지지만 반감기가 1년인 방사성동위원소를 사용합니다. 우주정거장을 더 오래 가동시킬 수 있는 공급 장치는 어떤 것일까요?

ⓐ 공급 장치 I　　ⓑ 공급 장치 II　　ⓒ 둘 다 같다.

답: 반감기

정답은 ⓑ입니다. 이 공급 장치들을 우리 머릿속에서 한번 작동해 보겠습니다. 공급 장치 II가 1 단위의 동력으로 가동하기 시작했다고 생각해 보겠습니다. 1년 후 이것은 1/2로 떨어지고 다시 1년이 지나면 1/4, 또 1/8이 될 것입니다. 공급 장치 I은 II보다 두 배 강력하므로 2 단위의 동력으로 움직이기 시작하겠지요. 이 방사능은 반감기가 6개월이므로, 1년 후 이것은 두 번의 반감기가 지나게 되므로 1/2로 떨어지고 또 1년이 지나면 1/8로, 그리고 1/32로 될 것입니다. 따라서 공급 장치 II가 오래 지속된다는 것을 알 수 있습니다.

연	0	1	2	3
공급 장치 I	2	$\frac{1}{2}$	$\frac{1}{8}$	$\frac{1}{32}$
공급 장치 II	1	$\frac{1}{2}$	$\frac{1}{4}$	$\frac{1}{8}$

광통신에서도 비슷한 상황이 존재합니다. 방출된 레이저는 광섬유로 보내지는데요. 빛이 완전히 투명하지 못한 물질을 통과할 때 일정한 거리 안에서 빛의 절반이 흡수되고 빛이 다시 그 일정한 거리를 지나면 남아 있는 것의 절반이 또 흡수됩니다. 광섬유관은 완전히 투명하지 않기 때문에 이런 법칙을 따를 것입니다.

이제 레이저의 세기를 두 배로 하는 것과 유리관의 흡수율을 반으로 줄이는 것 중 어느 쪽이 빛이 광섬유에 흡수되지 않고 전달될까요? 광섬유에서 전달될 때 손실을 줄이는 것이 방사성동위원소의 반감기를 늘리는 것과 수학적으로 동일합니다.

제논의 반 나누기

제논은 아리스토텔레스 전 시대에 살았던 고대 그리스인입니다. 제논은 논리적으로 명백한 것이 실제로 생각해 보면 전혀 명백하지 않다는 것을 보여 줍니다. 예를 들면 어떤 길의 맞은편에 완전히 도달하는 것은 절대로 있을 수 없는 일이라고 말합니다. 왜냐하면 길 맞은편으로 가기 위해서는 먼저 처음 거리의 절반을 가야 하고, 남아 있는 절반에서 또 절반을 가야 하고, 남아 있는 1/4의 반을, 남아 있는 1/8의 반을…… 이런 식으로 영원히 가야 하기 때문이지요. 따라서 제논은 길의 맞은편에 완전히 도달하려면 무한히 긴 시간이 걸린다고 주장합니다. 실제로 제논의 방식대로 거리를 계속 절반으로 자른다고 할 때, 길을 영원히 반으로 자를 수 있을까요?

ⓐ 그렇다.　　　　　　　ⓑ 아니다.

이제 반대편에 도달하는 데 정말로 영원한 시간이 걸리게 될까요?

ⓐ 확실히 그럴 것이다!　　　　ⓑ 말도 안 된다!

답: 제논의 반 나누기

첫 번째 문제의 정답은 ⓐ입니다. 거리를 계속해서 절반으로 자를 수 있습니다. 실제로 자르기는 어려워도 이론적으로는 영원히 자를 수가 있습니다. 우리는 여기서 물질이 아닌 공간을 자르거나 나누는 것에 대해 이야기하고 있으므로 원자를 자르는 것에 대한 걱정은 할 필요가 없습니다.

두 번째 정답은 ⓑ입니다. 길에서 반대편에 도달하는 것은 일상적인 경험이므로 이것은 상식적으로 말할 수 있습니다. 하지만 논리적으로는 어떤가요? 처음에 절반을 가는 데 일정한 양의 시간(가령 1/2분)이 걸립니다. 나머지 절반의 절반을 또 가는 데는 1/4분이 걸리고, 또 나머지의 반은 1/8분이 걸리며, 다음 간격은 1/16분이 걸리고, 다음은 1/32분…… 이런 식입니다. 횡단하는 데 걸리는 시간은 이 분수들의 무한한 합입니다. 1/2+1/4+1/8+1/16+1/32+…… 영원히. 그러나 분수의 개수가 무한개여도, 그 합은 무한대가 아닙니다. 이것이 바로 답이 ⓑ인 이유가 됩니다. S=1/2+1/4+1/8+1/16+…… 이라 하겠습니다. 모든 것에 2를 곱하면 다음과 같습니다.

2S=2/2+2/4+2/8+2/16+…… 또는 2S=1+1/2+1/4+1/8+……

이제 방정식들을 빼면 다음과 같습니다.

2S=1+1/2+1/4+1/8+……
-S= -1/2-1/4-1/8……
S=1

이것이 의미하는 것은 1=S=1/2+1/4+1/8+1/16+…… 영원히, 따라서 1분에 거리를 횡단할 수 있다는 것입니다!!!!

이런 분석은 돈을 공급하는 것을 조절하는 은행에서도 적용됩니다. 어떻게 작용하는지 이해하기 위해서는 두 가지를 알고 있어야 합니다. 첫 번째는 대부분의 많은 돈은 은행에 예금되고, 두 번째는 대부분의 큰 구매는 은행으로부터 빌린 돈으로 계산된다는 것입니다. 이제 1만 원으로 얼마만큼의 물건을 살 수 있을까요? 정확히 1만 원에 해당하는 만큼일까요? 아닙니다! 그것보다 많습니다. 1만 원을 가지고 있는 사람이 그것을 은행에 저금하면 은행은 그 1만 원을 다른 사람에게 대출해 주고, 이 사람은 대출받은 돈으로 1만 원에 해당하는 물건을 삽니다. 바로 이 1만 원은 곧 은행에 저금되고 다시 누군가에게 대출이 됩니다. 이 순환은 계속 반복될 수 있어 이론적으로 이 1만 원은 무한한 양의 물건값을 지불하는 데 사용될 수 있습니다! 그런데 왜 이런 일이 실제로 생기지 않을까요?

법에 의해 은행은 각각 예금된 돈에 대해 특정한 비율(가령 예금된 돈의 1/2)만 대출할 수 있기 때문입니다. 따라서 1만 원이 예금되면 은행은 5,000원만 대출해 줄 수 있습니다. 그 5,000원이 다시 예금되면 은행은 5,000원의 절반, 즉 2,500원을 대출하고…… 이런 식으로 계속됩니다. 이제 원래의 1만 원으로 얼마만큼의 물건을 살 수 있을까요? 이 돈이 들어올 때마다, 이 1만 원은 더 적은 값의 물건을 사게 되지만, 만약 이것이 무한히 반복된다면 이것이 살 수 있는 물건의 가치는 10,000+5,000+2,500+1,250+……이고, 이것은 이 1만 원에 해당됩니다. 만약 나라 전체에 자금 공급을 증가시키려면 국가에서 더 많은 돈을 만들어야 한다고 생각하는 사람도 있지만, 사실은 그럴 필요도 없습니다. 정부가 하는 일은 단지 은행으로 하여금 더 많은 돈을 (가령 예금된 돈에 대해 1/2 대신 3/4을) 대출할 수 있도록 하는 것입니다. 그러면 1만 원이 지불할 수 있는 총 금액은 어떻게 될까요?

10,000[1+(3/4)+(3/4)(3/4)+(3/4)(3/4)(3/4)+(3/4)(3/4)(3/4)(3/4)+……]은 얼마인가요? 앞의 문제에서 사용한 방식을 다시 사용해 보겠습니다.

이 수열에서 3/4를 곱한 같은 수열을 뺍니다.

$$
\begin{array}{rl}
S= & 1 + 3/4 + (3/4)(3/4) + (3/4)(3/4)(3/4) + \cdots\cdots \\
-3/4S= & \quad - 3/4 - (3/4)(3/4) - (3/4)(3/4)(3/4) - \cdots\cdots \\
\hline
1/4S= & 1
\end{array}
$$

그러면 간단한 계산으로 S=4. 따라서 1만 원은 4만 원에 해당하는 상품의 값을 지불하게 됩니다. 예금된 1만 원에 대해 9,000원을 대출한다면 1만 원으로 얼마만큼의 물건을 구매할 수 있을까요? 10만 원의 가치에 해당하는 물건을 살 수 있을 것입니다.

만약 은행이 예금된 1만 원에 대해 5,000원을 대출한다면 각 달러는 2만 원 가치의 상품값을 지불할 수 있고, 7,500원을 대출하면 4만 원 정도를 지불할 수 있으며, 9,000원을 대출하면 10만 원만큼을 치를 수 있습니다. 따라서 국가는 단지 은행이 예금된 돈에 대해 더 큰 비율로 대출해 주도록 해서 아주 쉽게 원하는 양의 돈을 만들 수 있는 것처럼 보입니다. 어떻게 될까요? 이것이 경제에서 말하는 인플레이션입니다!!!

제논의 생각과 딱 들어맞는 몇 가지 상황이 있습니다. 전기를 저장하는 축전기(콘덴서)라는 장치가 있습니다. 축전기를 방전시킬 때, 축전기는 일정한 시간 동안 전기의 절반을 잃게 됩니다. 똑같은 시간 간격으로 축전기는 다시 남아 있는 전기의 반을 잃게 되며 이 과정은 시간에 따라 반복됩니다. 따라서 전기를 모두 잃어버리는 데는 무한한 시간이 걸린다는 결론이 나오지요! 방사능을 잃는 방사성 물질에 대해서도 같은 이야기를 할 수 있고 또한 절대 0도에 도달하려고 하는 냉각기에 대해서도 마찬가지입니다.

핵융합과 핵분열

지구에 존재하는 천연우라늄은 아마 과거의 별들을 구성하고 있던 철 원자핵이 융합하여 만들어졌을 것입니다. 이 핵융합은 별을 뜨겁게 달구었을까요? 아니면 차갑게 식혔을까요?

ⓐ 차갑게 식혔다.

ⓑ 뜨겁게 달구었다.

ⓒ 둘 다 가능하다.

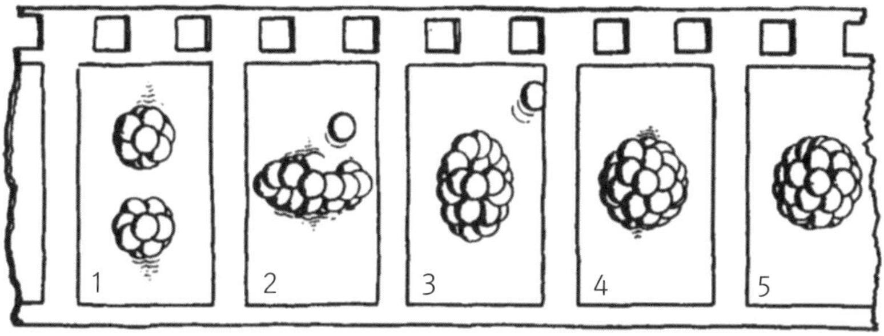

핵융합

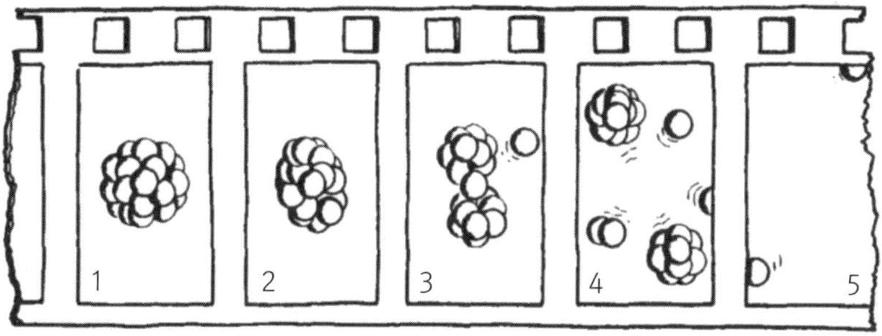

핵분열

답: 핵융합과 핵분열

정답은 ⓐ입니다. 여러분은 가벼운 원자핵 두 개가 무거운 핵을 만드는 반응인 핵융합이 태양이나 수소폭탄이 그렇듯이 항상 에너지를 방출하면서 일어난다고 생각할지도 모릅니다. 하지만 그렇지는 않습니다. 왜일까요? 무거운 원자핵이 더 가벼운 원자 두 개 혹은 그 이상을 만들기 위해 쪼개지는 핵분열도 마찬가지로 원자로 안에서 혹은 우라늄 폭탄에서처럼 에너지를 방출할 수 있기 때문입니다. 그러면 만약 핵융합이 항상 에너지를 방출하고, 핵분열 역시 항상 에너지를 방출한다면 여러분은 끊임없이 원자핵을 합쳤다가 나눴다가 하면서 무한한 에너지를 만들 수 있을 것입니다. 이것은 사실이라 하기에는 비현실적으로 좋은 일이군요!!

만약 무거운 우라늄 핵이 철 원자핵으로 핵분열을 할 때 에너지를 방출한다면, 철로 우라늄을 만들기 위한 핵융합에서는 무조건 에너지를 흡수해야만 합니다. 마찬가지로 만약 두 개의 수소 원자핵이 헬륨으로 핵융합을 할 때 에너지를 방출한다면, 수소폭탄처럼 헬륨으로 수소를 만들기 위한 핵분열에서는 무조건 에너지를 흡수해야 합니다.

이것은 결국 모든 핵들이 적당한 무게를 갖고 싶어 하는 것으로 나타납니다. 수소는 가볍고 철은 대략 적당합니다. 그리고 우라늄은 무겁습니다. 그래서 수소는 핵융합을 하고 싶어 합니다(비록 반응이 자발적으로 시작되지는 않더라도 그렇습니다). 그리고 우라늄은 핵분열을 하고 싶어 합니다. 핵이 적당한 무게를 '갖고 싶어 한다'라는 것은 어떤 의미일까요? 이것은 물이 아래로 '흐르고 싶어 한다'라고 하는 것과 같은 것입니다. 만약 당신이 물을 아래로 흐르게 하면 에너지를 방출합니다. 물론 에너지를 주면 물은 위로 흐르겠지요.

많은 사람들이 우주가 처음 시작되었을 때 거의 수소로 이루어져 있었다고 생각합니다. 별을 구성하고 있던 수소는 더 무거운 원소로 핵융합을 했습니다. 수소가 더 이상 철보다 무거운 원소로 핵융합하지 않을 때까지, 핵융합은 별을 빛나게 하는 에너지를 방출했습니다. 하지만 결국 이것은 핵들이 우라늄처럼 철보다 더 무거운 원소로 핵융합 반응을 일으키도록 했습니다. 왜냐하면 우라늄은 존재하니까요! 그리고 이 핵융합은 별로부터 에너지를 흡수해야 했을 것입니다. 그래서 이 별들은 우라늄을 만들면서 식었을 것입니다. 우라늄이 만들어질 때 얼마나 열을 흡수할까요? 정확하게 원자로 안에서 혹은 우라늄이 철로 핵분열할 때 방출하는 에너지만큼입니다.

사망률

한국에서 1,000명의 아기가 태어난다고 했을 때 절반인 500명만이 68세까지 살 것으로 예상을 합니다. 그리고 방사성동위원소 '휴머니트론'이 68년의 반감기를 갖고 있습니다. 이제, 1,000명의 아기와 1,000개의 '휴머니트론' 원자가 동시에 생명을 얻었다고 가정해 보겠습니다. 다음 중 옳은 것은 무엇일까요?

ⓐ 살아남아 있는 어린이 수와 원자의 수는 항상 대략 일정할 것이다.

ⓑ 처음 68년 동안 살아남은 휴머니트론의 평균이 살아남은 아기의 평균보다 많을 것이다. 68년 이후에는 항상 살아남은 사람이 더 많을 것이다.

ⓒ 처음 68년 동안 살아남은 아기의 평균은 살아남은 휴머니트론의 평균보다 많을 것이니, 68년 이후에는 살아남은 원자가 더 많을 것이다.

답: 사망률

정답은 ⓒ입니다.

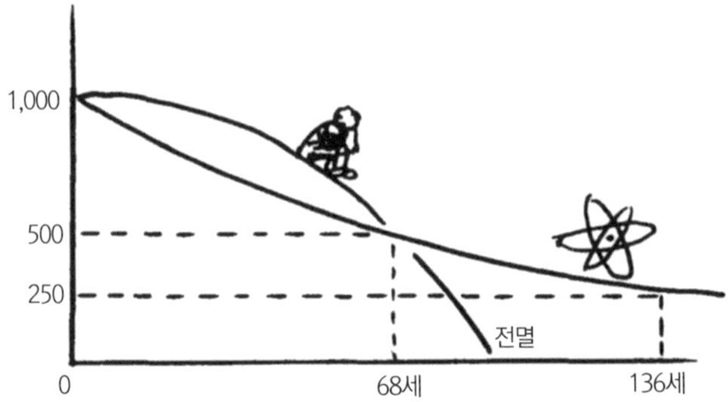

사람과 방사성원소에 대한 사망률 곡선의 형태는 서로 다른 모양을 가지고 있습니다. 1,000명의 아기 중에 90%가 35세일 때 살아 있고 80%가 50세일 때 살아 있습니다. 50세 이후 사망률은 급격히 증가합니다. 50%만이 68세에 도달하고 25%가 77세에, 10%가 84세에 살아 있습니다. 1%가 92세에, 0.1%가 97세에, 0.01%가 100세에 살아 있습니다. 반면에 휴머니트론을 살펴볼까요? 1,000개의 '휴머니트론' 중에 50%가 68년, 25%가 136년에 도달합니다.

곡선이 이렇게 다른 이유는 무엇일까요? 사람이 47세에서 1년을 더 살 확률은 99%이지만 76세에서 1년을 더 살 확률은 90%밖에 되지 않습니다. '휴머니트론'이 1년을 더 살 확률은 항상 약 99%입니다. 이런 점에서 '휴머니트론'을 사람으로 치면 항상 47세인 것과 같습니다. 즉 '휴머니트론'이 1년 더 살 확률은 47세의 인간이 1년 더 살 확률 99%와 항상 같습니다.

이것의 교훈은 무엇일까요? 방사능 또는 다른 종류의 곡선에 관한 것일까요? 그보다는 바로 세상을 보는 다른 방법을 제시한다는 점입니다. 우리는 보통 인생을 살아온 나이로 봅니다. 아직 남아 있는 인생이 얼마인가를 기대하는 것은 인생을 유용하게 보는 방법이 될 것입니다. 다음 표를 보면 사람의 나이를 대략 평균적인 남아 있는 인생에 대한 기대치로 변환할 수 있습니다.

당신이 살아온 날들

10	15	20	25	30	35	40	45	50	55	60	65	70	75	80	85
55	51	46	42	38	33	29	25	21	18	14	11	9	7	5	4

여전히 기대할 수 있는 날들

여러분이 열 살이라면 55년의 인생이 남아 있다고 기대할 수 있습니다. 그렇다면 왜 5년 후인 15세 때의 기대치가 50이 아니라 51이 될까요?

이렇게 남아 있는 기대치가 늘어난 것은 어떤 사람이 차가 다니는 도로를 안전하게 건너는 기대치가 도로의 일부를 지난 후에 늘어나는 것과 같은 이유입니다. 우리가 인생을 사는 것은 차가 쌩쌩 달리고 있는 무한개의 차선이 있는 도로를 뛰어서 건너고 있는 것과 같습니다. 차선을 횡단하면 할수록 차가 더 많은 차선을 건너야 하는 상황이라고 생각할 수 있지요.

'휴머니트론' 또한 무한개의 차선으로 된 도로를 뛰어서 횡단하지만, 각 차선의 교통량은 같다고 할 수 있습니다. 여러분도 한번 생각해 보세요 !

보충 문제

본문에서 다룬 문제들과 유사한 다음 문제들을 스스로 풀어 보세요. 물리적으로 생각하는 것을 잊지 마시기 바랍니다. (정답과 해설은 없습니다.)

1. 전자를 원자핵 근처에 잡아 두는 힘은 무엇일까요?
   ⓐ 정전기력 ⓑ 중력 ⓒ 자기력 ⓓ 어느 것도 아니다.

2. 궤도를 돌고 있는 전자가 원자핵을 향해 나선을 그리며 떨어지지 않는 이유는 이론적으로 어떤 힘 때문일까요?
   ⓐ 각운동량 ⓑ 전기력 ⓒ 전자의 파동성 ⓓ 에너지 준위의 불연속

3. 원자핵은 하나 혹은 그 이상의 양성자(양전하를 가지는 입자)로 이루어져 있습니다. 이 양성자들의 성질로 옳은 것은 무엇일까요?
   ⓐ 양성자들을 서로 붙드는 데 아무런 힘을 필요로 하지 않는다.
   ⓑ 정전기력에 의해 서로 붙들려 있다.
   ⓒ 중력에 의해 서로 붙들려 있다.
   ⓓ 자기력에 의해 서로 붙들려 있다.
   ⓔ 위 설명 모두 틀렸다.

4. 물체를 당기거나 밀어내는 자연에 존재하는 모든 종류의 힘들은 물체 사이의 거리가 두 배가 되면 물체 사이의 힘은 1/4로 줄어듭니다. 맞는 말인가요?
   ⓐ 맞다. ⓑ 틀렸다.

5. 불확정성원리에 대한 설명으로 맞는 것은 무엇일까요?
   ⓐ 모든 관측은 필연적으로 어느 정도 잘못되었다. 정확한 관측은 없다.
   ⓑ 이론적으로 입자의 위치와 운동량을(또는 에너지와 시간을 동시에) 알 수 없다.

ⓒ 물리학은 본질적으로 불확실하다.

ⓓ 위 설명 모두 맞다.

ⓔ 위 설명 모두 틀렸다.

6. 백열등으로부터 나온 빛의 밝기를 진동수의 함수로 복사 곡선에 나타낸 그림입니다. 만약 이 빛이 처음에 기체를 통과했을 때 나타나는 복사 곡선은 다음 중 무엇일까요?

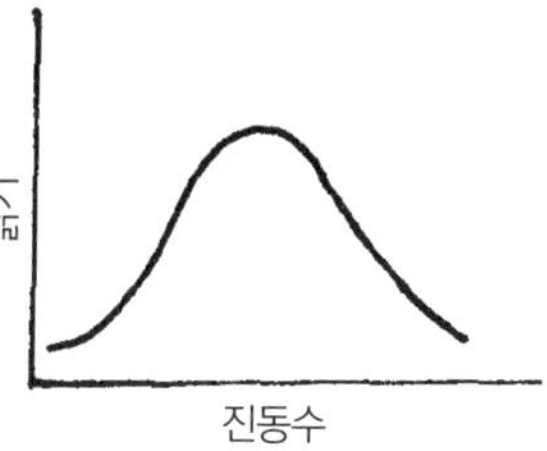

ⓐ 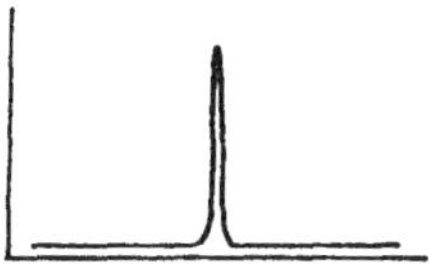

ⓑ 

ⓒ 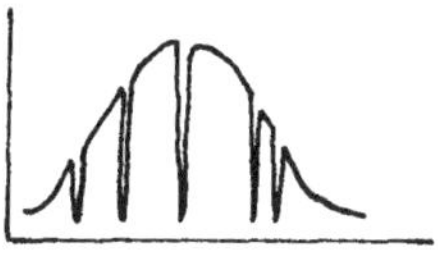

ⓓ 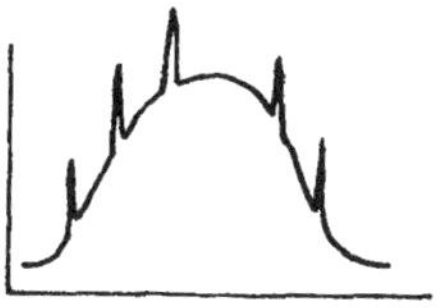

7. 다음 그림은 백열광을 내는 고체로부터 나온 빛의 복사 곡선입니다. 기체 상태의 원자에서 방출되는 빛이 생성하는 복사 곡선은 무엇일까요?

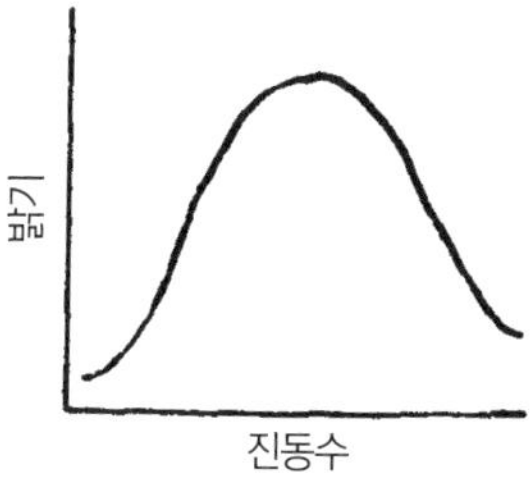

ⓐ 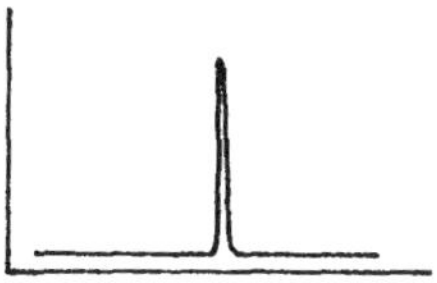

ⓑ 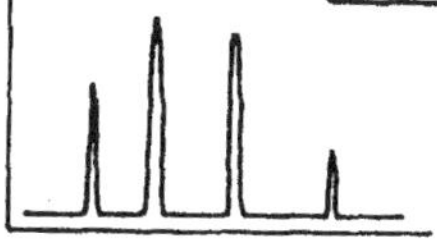

ⓒ 

ⓓ 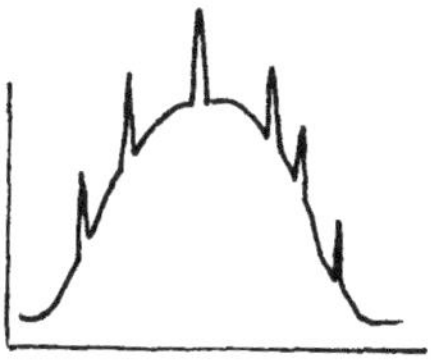

경험이 없는 철학은 독약이다.

| 색인(INDEX) |

ㅂ

ㅅ

ㅇ

ㅊ

ㅋ

ㅌ

ㅍ

ㅎ